# DEUTSCHE KLEINWAGEN

# Hanns Peter Rosellen DEUTSCHE KLEINWAGEN

### nach 1945

**geliebt, gelobt
und unvergessen**

Weltbild Verlag

Lizenzausgabe mit Genehmigung
des Bleicher Verlag, Gerlingen,
für Weltbild Verlag GmbH, Augsburg 1991
© Bleicher Verlag, Gerlingen
Gesamtherstellung: Wiener Verlag, Himberg bei Wien
Printed in Austria
ISBN 3-89350-040-5

*Mein Dank gilt all denen, die mir mit ihrem Wissen,
ihren Unterlagen und großen Opfern an Zeit dabei
geholfen haben, dieses Buch zu schreiben.
So haben sie es ermöglicht, eine automobil-
historisch wichtige Epoche vor dem Vergessen zu
bewahren.*

*Hanns Peter Rosellen*

6

# Wie's damals war ...

Der Rundfunk meldete wieder ein Fluggeschwader. Und wie gewohnt, verschwanden die Berliner auch diesmal, im Juli 1944, in ihre Luftschutzkeller. Doch der Bombenangriff blieb aus, die 40 Librator-Bomber drehten kurz vor Berlin nach Westen ab. Ziel: Das Opel-Werk in Brandenburg. Wenige Minuten später war das größte und modernste europäische Lastwagenwerk dem Erdboden gleichgemacht.

## Bomben auf Deutschlands Autofabriken

Von nun an flogen die Bomber der Amerikaner, Engländer, Franzosen und Sowjets systematisch Fabriken der Automobilindustrie an; der Zweite Weltkrieg hatte seinen Höhepunkt erreicht. Auf sechs der zehn Produktionsstätten von mittleren und schweren Lastwagen wurden in zwölf Angriffen 6530 Tonnen Bomben abgeworfen, auf weitere sechs Firmen in rund 18 Angriffen ganze 3592 Tonnen Bomben.

Im August 1944 flogen rund 80 Maschinen Wolfsburg an, warfen etwa 300 Spreng- und Brandbomben ab und zerstörten Montagehallen, Küchenanlagen und Barakken. Wenig später — im Herbst 1944 — schlugen innerhalb von 14 Tagen in vier der fünf Mercedes-Benz-Werke soviele Bomben ein, daß die Produktion stillstand. Bei BMW arbeiteten zu diesem Zeitpunkt nur noch wenige Abteilungen, weil das Werk in München-Milbertshofen zu einem Drittel zerstört war. Das Opel-Stammwerk Rüsselsheim hatten die Bomben zur Hälfte in Schutt und Asche gelegt.

Und nur weil starker Westwind herrschte und die für ein Bombengeschwader abgeworfenen Lichtmarkierungen ostwärts trieben, blieben Kölns Ford-Werke vor der totalen Zerstörung bewahrt. Der Krieg ließ von Deutschlands Auto-Industrie wenig übrig:

| | |
|---|---|
| Mercedes, Sindelfingen | zu 85% zerstört |
| Mercedes, Gaggenau | zu 80% zerstört |
| Borgward, Bremen | zu 80% zerstört |
| Adler, Frankfurt | zu 80% zerstört |
| Mercedes, Untertürkheim | zu 70% zerstört |
| Volkswagenwerk | zu 64% zerstört |
| Hanomag, Hannover | zu 60% zerstört |
| Maybach, Friedrichshafen | zu 50% zerstört |
| Opel, Rüsselsheim | zu 47% zerstört |
| BMW, München | zu 30% zerstört |
| BMW, Eisenach | zu 30% zerstört |
| Phänomen, Zittau | zu 30% zerstört |

Was die Angriffe der Gegner nicht erreicht hatten, die totale Zerstörung, sollten die Deutschen selbst erledigen. Noch am 19. März 1945 gab Adolf Hitler den Befehl dazu: „Alle militärischen, Verkehrs-, Nachrichten-, Industrie- und Versorgungsanlagen, sowie Sachwerte, die sich der Feind für die Fortsetzung seines Kampfs ... nutzbar machen kann, sind zu zerstören."

Nur wenige hielten sich daran. Das Chaos war schon jetzt perfekt; Eisenbahnen ruhten, das Telefonnetz war zerstört. Als Ende März die Amerikaner die Ford-Werke besetzten, schoß eine Resttruppe der deutschen Artillerie über den Rhein herüber. Ein Teil der Gebäude verfiel zu Trümmern. Am 30. April beging Hitler Selbstmord, am 9. Mai 1945 ergab sich das deutsche Volk bedingungslos.

Der Krieg war zu Ende. Bereits im Februar hatten die Sieger (in der Konferenz in Jalta) Deutschland unter sich aufgeteilt. Jetzt war es soweit; Besatzungszonen entstanden, die bisherigen Gesetze wurden außer Kraft gesetzt. Nun versuchten die Militärs in ihren Gebieten mit eiserner Strenge Ordnung in das totale Chaos zu bringen.

Es herrschte sogenanntes Fraternisierungs-Verbot, ein Deutscher durfte nicht mit Handschlag begrüßt werden. Und einem Deutschen eine Zigarette anzubieten, galt als strafbare Handlung. Daß sich Deutsche bei Unterredungen mit Militärs setzen durften, war ein großes Entgegenkommen.

Im Juli übernahmen die Alliierten Besatzungsmächte die oberste Regierungsgewalt. Die vier Oberbefehlshaber schlossen sich dazu in Frankfurt am Main zum „Kontrollrat" zusammen. Zur gleichen Zeit berieten die Regierungen in Washington, London, Paris und Moskau, was auf längere Sicht aus dem besiegten Land werden solle.

## Der Weg zum Bauernhof

Solche Überlegungen hatte der Staatssekretär im US-Schatzministerium, Henry Morgenthau jr., schon während des Krieges in zwei Denkschriften niedergelegt: Durch radikale Demontage der Industrie, Zerstörung der Bergwerke, einer dauernden Entmilitarisierung und Zwangsarbeit für Millionen Deutsche, hieß es darin, sollten die Reste des Dritten Reichs zum Agrarstaat werden. Morgenthaus Plan gipfelte in dem Satz: „Deutschlands Weg zum Frieden führt zum Bauernhof." Nur wenn das Land ein „einziger großer Kartoffelacker" werde, könne das kriegerische Volk endgültig niedergehalten werden. US-Präsident Roosevelt hatte zwar 1944 den Plan gebilligt, doch unter dem Einfluß Englands schließlich wieder aufgegeben. Dennoch hielten sich in der deutschen Bevölkerung Gerüchte, daß die Umwandlung zum Agrarstaat beschlossene Sache sei: Die Beschlagnahme der 70 000 deutschen Patente und deren freie Nutzung waren ein erster Schritt dazu. Die Rationierung von Nahrungsmitteln und Ausgabe von Lebensmittelkarten, die jedem Deutschen gerade 1200 Kalorien pro Tag zugestanden, schien ein weiterer Schritt dahin. Doch die Siegermächte legten erst in der Potsdamer Konferenz vom 17. Juli bis 2. August 1945 fest, wie es weitergehen würde: Verbot von Kriegsgerät aller Art, Überwachung und Beschränkung der Herstellung von Metallen, Chemikalien, Erzeugnissen des Maschinenbaus. Alle überflüssigen Kapazitäten sollten anhand eines Reparationsplans demontiert und vernichtet wer-

den. Warenherstellung und Dienstleistungen sollten nur soweit gesichert sein, als „sie zur Befriedigung der Bedürfnisse der Besatzungsstreitkräfte und 'displaced persons' notwendig und für die Erhaltung eines mittleren Lebensstandards in Deutschland wesentlich" waren (Potsdamer Abkommen).

### Rüstungsproduzent Autoindustrie

Mit totaler Demontage mußten auch alle Firmen rechnen, die von den Militärs als Rüstungsproduzenten im weitesten Sinne eingestuft wurden. Und davon war fast die gesamte Auto-Industrie betroffen. BMW und Daimler-Benz hatten zusätzlich Flugmotoren gebaut, Hanomag auf Befehl der Reichsregierung Kanonen montiert. Ford und Opel hatten der Reichswehr Lastwagen geliefert.
Dazu kam die personelle Demontage: Im Oktober 1945 kündigter die Militärs die „Säuberung des Industrie- und Wirtschaftslebens" an. Nach dem Gesetz zum Zweck der „Entfernung aller Nazis aus führenden Stellungen

*In den ersten Monaten nach Kriegsende beherrschten Militärfahrzeuge die Straßen. Deutsche gingen zu Fuß oder mit dem Rad. Die Straßenbahnen fuhren selten.*

des Industrie- und Wirtschaftslebens" mußten alle Betriebe bis zum 20. Oktober Listen sämtlicher Mitarbeiter beim Arbeitsamt einreichen. Nun prüften die Besatzer, wer im Dritten Reich der Partei oder den angeschlossenen Organisationen zugehörig war.

Und da Adolf Hitler Deutschlands Führungskräften mit mehr oder weniger sanftem Druck das Parteibuch aufgezwungen hatte, verloren Vorstandsvorsitzende, Direktoren, Techniker und Kaufleute bei dieser „Entnazifizierung" über Nacht ihre Stellung, oder – falls sie gerade aus der Kriegsgefangenschaft zurückkamen – durften sie bei ihrer alten Firma nicht wieder arbeiten. Da zudem jeder Arbeitgeber bestraft wurde, der solche Personen einstellte, blieb oft fähigen Köpfen keine andere Wahl, als in freiberuflicher Tätigkeit eine neue Existenz zu suchen.

## Die Idee vom Einheitsauto

Im Rahmen des ersten Industrieplans duldeten die Besatzer einen Wiederaufbau der deutschen Industrie, der jedoch den Stand des Krisenjahres 1932 nicht übersteigen durfte. Dazu gehörte auch die Beschränkung beim Bau von Autos. Anfangs schwebte den Alliierten vor, für den notwendigsten Bedarf in den Zonen nur noch zwei Einheitstypen zuzulassen. Volkswagen sollte das Monopol im Personenwagen-, Ford das Monopol im Lastwagenbau erhalten. Doch das ließ sich nicht verwirklichen. So limitierten die Besatzer im Industrieplan die Produktion für die Westzonen auf 40 000 Pkw und 40 000 Lkw, sowie 10 400 Krafträder (mit 60 ccm Hubraum) jährlich. Das entsprach einem Stahlverbrauch von 200 000 Tonnen. Alles, was an Maschinen und Geräten vorhanden war, um mehr zu produzieren, sollte demontiert werden.

Wesentlich rigoroser gingen da die Sowjets in ihrem Besatzungsgebiet vor. Die Phänomen-Werke in Zittau wurden bereits im Sommer 1945 total demontiert. Bis März 1946 dauerte die Demontage der Auto-Union-Betriebe in Zschopau (DKW), Chemnitz (Wanderer) und Zwickau (Horch), bei der Maschinen im Werte von 55 Millionen Reichsmark auf Eisenbahnzügen gen Osten rollten. Allein BMW-Eisenach durfte Vorkriegsbestände zu fertigen Autos zusammenbauen, die dann aber ebenfalls die Russen kassierten. 1948 folgte die offizielle Enteignung der Überreste von Horch, DKW, Wanderer, Phänomen, Framo und BMW-Eisenach zum „Volkseigenen Betrieb (VEB) IFA".

## Der Bezugsschein

Wer damals ein Auto über den Krieg gerettet hatte, konnte – sofern er genug Benzin besorgte – sofort Fuhrgeschäfte übernehmen, denn der Transportbedarf wuchs immens. Straßenbahnen, Eisenbahnen fuhren kaum.

An einem Oktoberabend 1945 hielt ein Jeep vor dem Haus des Fürther Bürgers Ludwig Erhard, um ihn als Kandidaten für den Posten des bayerischen Staatsministers für Wirtschaft nach München zu bringen. Damals kannte niemand den hageren Professor des Nürnberger Instituts für Wirtschaftsbeobachtung. Wenige Wochen zuvor hatte sich in Niedersachsen der erste industrielle Zusammenschluß, der „Produktionsausschuß der Automobil-Industrie" in der britischen Zone konstituiert.

Der Erwerb eines Autos blieb für einen Deutschen in jenen Jahren unerfüllbar. In Köln (Ford), Wolfsburg (VW) und Stuttgart (Daimler-Benz) lief noch Ende 1945 eine kleine Produktion an, doch diese Autos kassierten die Militärs. Von den 1000 Wagen, die schon 1946 jeden Monat in Wolfsburg vom Band rollten, gingen nur 25 an Deutsche. Denn nur wer vom Wirtschaftsrat einen Bezugsschein bekam, erhielt ein Auto zugeteilt, das natürlich auch bezahlt werden mußte. Die Preisbildungsstelle setzte damals den Preis des Volkswagens auf 3600 Reichsmark fest und hob ihn zum 1. April 1947 auf 5000 Reichsmark an. Angesichts des Wertverfalls der Reichsmark ein Diskount-Preis. Denn ohne Bezugsschein kostete ein gebrauchter Opel Kadett aus der Vorkriegszeit rund 10 000 bis 15 000 Reichsmark und ein Zweithand-BMW 326 ging für 50 000 Mark weg. Auch Benzin gab es nur auf Bezugsscheine, Kraftstoff-Marken genannt. Jeder, der nach Meinung der Besatzer befugt war, ein Auto zu bewegen, erhielt Marken im Werte von 10 Litern pro Monat. Wer mehr wollte, mußte es sich auf dem Schwarzen Markt hinzutauschen.

Die Reichsmark war nichts mehr wert. 20 amerikanische Zigaretten kosteten auf dem Schwarzen Markt 150 Reichsmark, ein Kilo Kaffee 1100 Reichsmark, ein Ei 12 Reichsmark. Noch beliebter war der Warentausch. Vor allem US-Zigaretten hatten einen festen Tauschwert, weshalb die hungernde Bevölkerung bald von der „Chesterfield-Währung" sprach.

## Die Wälder verheizt

Um die dauernde Energiekrise zu überbrücken, bauten die wenigen Deutschen, die Auto fuhren, ihre Benzin-

*Wegen Benzinmangel wurde auch dieser Lastwagen auf Holzvergaser umgebaut. In der Tonne hinter dem Fahrersitz verschwelten Holzscheite, deren Gas in den Motor strömte.*

motore auf Holzgas um, so, wie es schon im Krieg üblich war. In einem großen Generator verschwelten Holzscheite, und die entstehenden CO-Methan-Gase strömten in den Motor. Ganze Wälder, von Bombenangriffen sowieso schon zerrupft, fielen nun den Holz-Generatoren zum Opfer. Ford-Köln beispielsweise beschäftigte eine eigene Holzfäller-Truppe, die in der Eifel Kleinholz für die Werkslastwagen hackte.

Eine Autozeitschrift — noch ungebunden — verriet auf schlechtem Papier: „Dieselkraftstoffbetrieb in jedem Zweitakter möglich." Und der Staatskommissar für Brennstoffverbrauch in Bayern teilte damals mit, daß Versuche laufen, aus bayerischem Torf und Braunkohle Benzin zu gewinnen.

Im dritten Quartal 1947 drehten die Alliierten den wenigen Autofahrern den Hahn noch weiter zu: Ein Mangel an Tankern führte in der gesamten westlichen Welt zu Treibstoffkürzungen. Aus diesem Grund forderten die Besatzer auch eine besondere Genehmigung für Fahrten an Wochenenden und Feiertagen. Nachts ruhte der Verkehr generell von 24.00 bis 5.00 Uhr.

Motorräder durften nur bis zu 60 ccm Hubraum gebaut werden, erst ab Juni 1947 rutschte das Limit auf 100 ccm hoch. Der Vatikan bestellte bei einer Nürnberger Fabrik

40 Motorräder im Werte von 7000 Dollar. Bestimmt waren sie für Geistliche in den Besatzungszonen.

Für die Deutschen herrschte strenge Arbeitsdienstpflicht. Wer sich drückte, mußte mit Entzug der Lebensmittelkarten rechnen. Das Durchschnittsalter der Personenwagen lag bei 10,6 Jahren, der Lastwagen bei 8,8 Jahren. Rund 90 Prozent aller Autos waren reparaturbedürftig. Entsprechend wuchs die Nachfrage nach Ersatzteilen für die unendlich vielen Vorkriegs-Typen. Offiziell gab es nur auf Bezugsscheine Teile gegen wertlose Reichsmark zu kaufen, deshalb blühte auch hier der Schwarze Markt. Selbst große Firmen ließen sich auf Tauschhandel ein, gaben etwa Lastwagen gegen Fahrräder, die sie wiederum an die Belegschaft verkauften. Legal war das nicht, doch die Militärs spürten Verständnis für die Not und drückten oft ein Auge zu.

**Tief verwurzelt: Der Hang zum Motorsport**

Die große Not hielt allerdings einige wenige nicht davon ab, an Renn-Autos zu denken. Obwohl man nichts zu beißen hatte, konstruierte man schnelle Sportwagen mit billigsten Mitteln. Schon im Herbst 1946 fand das erste Nachkriegsrennen am Eggberg statt. Besonders die französischen Militärbehörden förderten den deutschen Motorsport. Sie unterstützten die arme Rennwagenfirma Veritas, duldeten sogar, daß 1947 auf dem Hockenheimring Rundstreckenrennen gefahren wurden und hoben dazu das damals allgemein gültige Wochenendfahrverbot für Kraftfahrzeuge auf.

Überhaupt galten die Franzosen als besonders autofreundlich; im Gegensatz zu den anderen Besatzungszonen galt bei ihnen kein Tempolimit auf Autobahnen, Landstraßen und Ortschaften.

Doch wer konnte es sich leisten, in Hungerszeiten Motorsport zu treiben? Es waren einige Idealisten, die aus Schrott-Teilen – die noch aus Kriegszeiten zur Genüge in der Landschaft herumlagen – mit viel Phantasie und Improvisationskunst Einzelstücke zusammenbastelten.

Die Stars der Strecke kannten sich: Da gab es den ehemaligen BMW-Ingenieur Hermann Holbein, den früheren BMW-Ingenieur Ernst Loof (Veritas) und den BMW-Motorenkonstrukteur Alex Freiherr von Falkenhausen (AFM). Auch der Verleger des kleinen Fachblatts „Das Auto", Paul Pietsch, mischte im Rennzirkus mit. Da gab es Egon Brütsch, Sohn eines Strumpffabrikanten, der sich – im Tausch gegen Strümpfe – sogar einen Maserati leisten konnte. Idealisten, aber auch Stars; denn, wenn sich auch nur wenige ein Auto leisten konnten, die Zuschauer beim Motorsport zählten oft hunderttausende.

Sie alle wunderten sich sicher, woher in Zeiten strengster Benzinrationierung die Rennfahrer überhaupt den Treibstoff hatten. Sie tauschten ihn gegen Autoteile oder besorgten sich andere chemische Mischungen wie Alex von Falkenhausen. Er tauschte für seine Rennen in einer nahegelegenen Fabrik Methylalkohol und mischte es mit dem wenigen – ihm zugeteilten Benzin.

## Von Bi-Zone und Denkschriften

Um die allgemeine Lage zu verbessern, hatte die britische und amerikanische Militärregierung ihre verwalteten Länder im Januar 1947 zur „Bi-Zone" verschmolzen. Doch eine Rezession in aller Welt ließ Rohstoffe überall knapp werden.

Umso erfreuter demontierten die Siegermächte die deutsche Industrie. Vor allem die Russen leisteten jetzt gründliche Arbeit. Im Rahmen der Reparationen holten sie im Rüsselsheimer Opel-Werk sogar die Fließbänder des Kadett ab, um den Einliter-Wagen künftig als „Moskvitch" in Rußland zu bauen. Im Ruhrgebiet sprengten

und demontierten die Alliierten rund 350 Betriebe. Wertvolle Werkzeugmaschinen rollten per Eisenbahnwaggon ebenso ins Ausland wie das Kantinenbesteck von BMW.

Während einerseits Deutschland abmontiert wurde, begann andererseits hinter dem Rücken der Besatzer ein zaghafter Aufbau. Die wenigen Auto-Hersteller forderten 1947 rund 33 500 Tonnen Stahl. Zugeteilt wurden ihnen 11 500 Tonnen, ein Drittel weniger als im Jahr zuvor.

Neu gegründete Verbände bombardierten die Militärregierungen mit Denkschriften. So arbeitete der Produktionsausschuß eine Schrift aus über „Deutschlands zukünftigen Bedarf an Kraftfahrzeugen", eine andere Denkschrift befaßte sich mit der „Behebung des Reifendefizits im Kfz-Verkehr".

Immerhin bewirkten diese schriftlich formulierten Proteste, daß am 28. August 1947 ein zweiter Industrieplan aufgestellt wurde, der zwar ebenfalls Beschränkungen und Demontagen verordnete. Doch ging es jetzt nicht mehr rigoros um die Zerschlagung der deutschen Wirtschaft.

## Streiks, des Hungers wegen

Dazu beigetragen hatte die Meinung des US-Außenministers George C. Marshall. An der Harvard-Universität hatte er am 5. Juni 1947 einen Vortrag darüber gehalten, daß zum Schutz gegen den östlichen Machtbereich Europa wirtschaftlich gestärkt werden müsse. Und zwar mit Warenlieferungen, Wiederaufbau-Krediten und Aufträgen.

Während man in Washington noch an Details zu einem Marshall-Plan tüftelte, verschlimmerte sich die Lage. Die Reichsmark verfiel immer mehr, der Schwarzhandel gedieh wie nie zuvor. Ende 1947 brachen in Köln die ersten Streiks aus.

Arbeiter protestierten gegen die mangelhafte Lebensmittelversorgung, die immer noch durch strenge Rationierung eingeschränkt war. Die Ford-Betriebsleitung tauschte damals hinter dem Rücken der Militärs einen Lastwagen gegen einige Tonnen Lebensmittel ein, die wiederum an die Belegschaft gingen. Erste wilde Streiks entbrannten im Januar und Mai 1948 auch in Bayern. „40 000 legten die Arbeit nieder", meldete damals die Süddeutsche Zeitung. Die Streikenden betonten, daß sie den Versicherungen der Behörden nicht mehr glaubten und über die „fortwährenden Versprechungen" des

Bayerischen Ernährungsministers empört seien. Die Süddeutsche Zeitung wußte damals zu berichten, daß Deutschlands Arbeiter mit Lebensmittelkarten unterschiedlich versorgt würden: „Die Bevorzugung der Exportarbeiter hat in weiten Schichten der übrigen Arbeiterschaft böses Blut gemacht." Wetterte damals der Bayerische Ministerpräsident: „So geht es auf keinen Fall weiter." Er griff das System der Zuteilungsermittlung an, wonach Kalorien nach dem Grundsatz eines Minimum festgesetzt und die Anbauflächen der Landwirtschaft vom Papier aus verordnet wurden.

Die Besatzer hatten Statistiken erstellen lassen, die über die Versorgungslage der Deutschen Aufschluß gaben. Die legal zur Verteilung kommende Produktion je Kopf der Bevölkerung ermöglichte demnach folgende Leistungen für jeden Deutschen:

- alle 18 Jahre ein neues Hemd
- alle 29 Jahre ein Paar Schuhe
- alle 98 Jahre einen Anzug

Nur ein paar wenige Idealisten konnten da noch an ein Volksautomobil denken.

## Die Reste einer großen Industrie

Vor dem Krieg hatte Deutschland als eines der großen autoerzeugenden Länder gegolten. Was übrig blieb war karg: Volkswagen, Daimler-Benz und Opel bauten 1947 in kleinen Stückzahlen wieder Personenwagen.

Adler, Hanomag, Hansa, die Renommiermarke Maybach in Friedrichshafen und der Neander-Motorfahrzeugbau in Düren, sie alle hatten 1939 Personenwagenbau aufgeben müssen. Und bis jetzt – zwei Jahre nach Kriegsende – noch keinen Wiederbeginn gefunden.

Daß es hinter dem Rücken der Besatzer im stillen Konstruktionsbüro dazu jedoch Aktivitäten gab, mag das Beispiel Adler zeigen. Vor dem Krieg der viertgrößte deutsche Auto-Hersteller, hatte sich die Frankfurter Firma durch hochwertige Technik einen Namen gemacht. Schon 1932 brachte sie im Adler Trumpf Junior einen Frontantriebswagen mit Lenkradschaltung.

Nach dem Zweiten Weltkrieg begann man wieder mit dem Bau von Fahrrädern und Schreibmaschinen. So wie BMW, Ford und andere Fahrzeug-Hersteller hatte auch Adler seine Karosserien bei der Firma Ambi-Budd in Berlin pressen lassen. Diese Firma lag jedoch im Osten der Stadt und war von den Russen beschlagnahmt worden, womit Adler auch seine Karosseriewerkzeuge ver-

lor. Dennoch begannen Adler-Techniker 1947 mit dem Bau von zwei Prototypen des erst 1938 total renovierten Adler Trumpf Junior. Denn sämtliche Werkzeuge für die Herstellung des 1,0-Liter-Motors, des Getriebe-Blocks, der Achsen und Lenkung hatten den Krieg in Frankfurt überlebt.

*Karmann baute 1948 für Adler diesen „Trumpf Junior"*

Die Adler-Konstrukteure verbesserten in mühevoller Kleinarbeit die Vorkriegs-Konstruktion, legten das Viergang-Getriebe vor die Vorderachse und gewannen dadurch 170 mm mehr Platz im Innenraum. Der überarbeitete 995-ccm-Motor leistete nun 30 PS. Auf die beiden Fahrwerke ließ Adler von den Karosseriefirmen Wilhelm Karmann Osnabrück, und Gebrüder Wendler, Ulm, je eine Karosserie im alten Stil aufbauen.

Damit zogen die Frankfurter auf die – am 22. Mai 1948 beginnende – Technische Exportmesse in Hannover. Das Interesse war überwältigend. Es fanden sofort Besprechungen der leitenden Manager statt, die Bodengruppe bei MAN in Mainz-Gustavsberg herstellen zu lassen. Zusammen mit Karmann und Wendler plante man eine kleine Serienfertigung – zunächst nur für den Export. Denn die separate Herstellung von Karosserie und Chassis an verschiedenen Orten hätte den Adler für den Inlandsmarkt vorläufig zu teuer werden lassen.

Einen ähnlichen Anfang hatte damals auch Ford gewagt. Die Kölner hatten ihre Werkzeuge ebenfalls bei Ambi-Budd. Sie bastelten einen Prototyp ihres Vorkriegs-Taunus, der ebenfalls auf jener Exportmesse Premiere feierte.

Adler verhandelte zu dieser Zeit mit BMW, um künftig ein gemeinsames Karosseriewerk zu errichten. BMW sollte dann die großen Fahrzeuge über zwei Liter Hubraum bauen, Adler wollte sich auf Autos bis zu zwei Liter

Ein Auto, das auf keinem
Salon und in keinem Ka-
talog zu sehen war: Der
Adler Trumpf Junior in
ganz modernem Kleid.
Die Reutlinger Karos-
seriefabrik Wendler hatte
es im Frühjahr 1949
unter strengster Geheim-
haltung im Auftrag der
Adler-Werke geschnei-
dert.

Diese Limousine mit der weit um die Ecken gezogenen Windschutzscheibe sollte für das Modelljahr 1951/52 auf dem Markt erscheinen. Bis dahin – so hatten sich die Frankfurter Adler-Leute ausgerechnet – hätte nämlich das Vorkriegsmodell soviel Geld in die Kassen gebracht, daß die Investitionen für diesen 1,3-Liter-Wagen vorhanden wären. Als Generaldirektor Hagemeyer den Autobau strikt verbot, wanderte der Wendler-Prototyp auf den Schrottplatz.

Hubraum spezialisieren. Je nach Erfolg könnten dann beide Firmen organisch zusammenwachsen.

Doch die führenden Adler-Leute hatten die Rechnung ohne den Generaldirektor gemacht. Adler-Chef Hagemeier kam im Juli 1948 aus amerikanischer Gefangenschaft zurück. Seine erste Amtshandlung: Er befahl, keine Autos mehr zu bauen. Er glaubte, die Amerikaner würden den deutschen Markt künftig mit Autos überschwemmen. Er fürchtete den Volkswagen, der damals für die Besatzungsmächte in immer größeren Stückzahlen vom Band rollte.

Auf der anderen Seite beschwor damals die Fachzeitschrift „Das Auto" die Adler-Werke, jetzt wieder mit der Produktion des Trumpf Junior zu beginnen: „Wenn aber bei Adler heute eine übergroße Vorsicht hinsichtlich der Absatzmöglichkeiten eines neuen mittelstarken Adler-Wagens bestehen sollten, warum bedient man sich nicht der Methode der genauen Marktanalyse?" Und die Experten schrieben: „Selbst wenn Adler heute für den Automobilbau finanzielle Opfer bringen müßte, ja wenn es für die Dauer eines Jahres Automobile ohne Gewinn bauen würde, müßten sie wieder auf dem europäischen Markt erscheinen. Besser heute als morgen." Adler-Chef Hagemeier ließ sich nicht vom Kurs abbringen. Er ordnete die Verschrottung der beiden Ausstellungswagen, sowie einiger Neuentwicklungen an, die während des Krieges hergestellt worden waren. Adler konzentrierte sich ganz auf den Bau von Fahrrädern und Schreibmaschinen. Später kamen noch Motorräder hinzu, doch Adler-Autos gab es nie mehr.

*Um überhaupt voranzukommen, bastelte ein Münchner 1948 dieses Auto-Fahrrad. Solche seltsamen Eigenbauten gehörten damals zum Straßenbild.*

Ähnliches geschah bei Maybach. Die Renommiermarke aus Friedrichshafen sah nach der Teilmontage 1948 keine Zukunft mehr für große Autos und spezialisierte sich auf den Großmotorenbau. Auf einer Berliner Autoschau verkaufte das Werk den letzten Vorkriegswagen für 38 000 Mark. Erst 1956 beschäftigte sich Maybach noch einmal mit Autos: Für den Eigenbedarf ließ man einen noch vorhandenen Chassis des Typs SW 42, Baujahr 1943, von der Karosseriefabrik Spohn in Ravensburg eine große Limousine (mit dem Dach des BMW 501 und Mercedes-Blechteilen) bauen.

Andere Firmen wiederum, die nichts mit dem Autobau zu tun hatten, trugen sich ernsthaft mit Plänen, gerade jetzt Fahrzeuge anzubieten. Etwa die Hamburger Werft Blohm & Voss. Sie hatte schon während des Kriegs mit der Entwicklung eines dreirädrigen Kleinstwagens mit zwei hintereinander liegenden Sitzen begonnen. Bis zur Währungsreform tüftelte man erfolglos daran herum.

### Kopfgeld: 60 Mark

Am 19. Juni 1948 stand es in der Zeitung: Morgen würde das „Gesetz zur Neuordnung des Deutschen Geldwesens" in Kraft treten. Die verfallene Reichsmark wurde abgeschafft. Am Sonntag, dem 20. Juni, durfte jeder Einwohner in den drei Westzonen 40 neue Deutsche Mark in Empfang nehmen. 20 neue Deutsche Mark erhielt er einen Monat später. Sparguthaben und Wertpapiere, kurz Geldvermögen, wurde im Kurs 1:10 abgewertet. Atmete der Kommentator der Süddeutschen Zeitung auf: „Wir empfinden es wie die Erlösung von einem Alpdruck, daß jetzt, drei Jahre nach der bedingungslosen Kapitulation, endlich jene fundamentale Reformmaßnahme anzulaufen begonnen hat, ohne deren Gelingen eine wirklich echte Gesundung der Wirtschaft unmöglich ist."

Einen Tag später stellte sich der Vorsitzende der Sonderstelle Geld und Kredit, Ludwig Erhard, ans Mikrophon und verkündete eigenmächtig dem deutschen Volk, daß nun für große Warengruppen auch die Bewirtschaftung aufgehoben sei. „Der einzige Bezugsschein, den wir künftig brauchen", sagte Erhard kühn, „ist die Deutsche Mark." Prompt holten die verärgerten Offiziere den Wirtschaftsdirektor aus dem Büro und brachten ihn vor die alliierten Wirtschaftsoffiziere. Wie er dazu komme, fuhr man ihn an, die Bewirtschaftungsvorschriften abzuändern. Erhard kurz und bündig: „Ich habe sie nicht geändert, ich hebe sie auf."

## Die Autokäufer nach der Währungsreform

Es waren an den Neuzulassungen beteiligt im Jahr
1948
    die Industrie
        mit 38.3 % gegenüber 15,6 % in 1938
    der Handel
        mit 18,3 % gegenüber 25,4 % in 1938
    Behörden
        mit 18,1 % gegenüber  5,6 % in 1938
    Beamte, Angestellte usw.
        mit  6,7 % gegenüber 22,6 % in 1938
    das Handwerk
        mit  2,1 % gegenüber 11,4 % in 1938
    Land- und Forstwirtschaft
        mit  1,4 % gegenüber  6,8 % in 1938

Es verteilen sich die Neuzulassungen im Jahre
1948 auf
    Beamte, Angestellte, Arbeiter usw.
        mit 32,5 % gegenüber 68,4 % in 1938
    den Handel
        mit 20,0 % gegenüber  5,5 % in 1938
    die Landwirtschaft
        mit 11,5 % gegenüber  9,5 % in 1938
    das Handwerk
        mit 10,2 % gegenüber  7,8 % in 1938
    die Industrie
        mit  8,7 % gegenüber  1,8 % in 1938
    die Behörden
        mit  5,0 % gegenüber  4,0 % in 1938

Für rund 400 Warenarten entfiel das Reglement, 90 Prozent aller Preisvorschriften wurden außer Kraft gesetzt. Wenige Tage nachdem der neugegründete Verband der Automobilindustrie eine Denkschrift „Bedarf der Auto-industrie an Eisen und Stahl" herausgegeben hatte, fiel Bewirtschaftung und Preisvorschrift für Kraftfahrzeuge. Von einem Tag zum anderen konnte jeder Bürger, der 5300 neue Deutsche Mark hinblätterte, in Wolfsburg einen Volkswagen kaufen. Doch welcher Privatmann hatte damals schon soviel Geld? Die meisten Kopfquoten-Bürger starteten mit ihrem Geld in die Geschäfte — die plötzlich überquollen vor Waren — um sich erst einmal satt zu essen.
Wer aber kaufte nach der Währungsreform Autos? Die Statistik ergab eine völlige Umschichtung gegenüber den Vorkriegsjahren. Besonders auffallend: der Anteil der Behörden stieg beträchtlich an. Die Kaufkraft der Privatleute sank drastisch. Alle Gruppen, die dringend auf ein Auto angewiesen waren, konnten sich allenfalls ein Motorrad leisten.

## Die Benzin-Währung

Auch nach der Währungsreform waren die Verhältnisse noch schlechter als in den „Friedenszeiten" (Volksmund), jenen Jahren vor 1939. Das zeigte sich auch an den Benzin-Zuteilungen. Gab es damals noch 55,4 Liter pro Monat und Auto, durften die Autofahrer 1948 nur mit durchschnittlich 15,3 Liter rechnen. Zum Jahresende 1948 lief sogar das Kraftfahrzeug-Mißbrauchsgesetz aus, die alte Straßenverkehrsordnung des Dritten Reiches trat wieder in Kraft. Aber Juristen mußten damals Autofahrer daran erinnern, daß auch darin Tempolimits verankert waren. In Ortschaften galt Tempo 40, auf Landstraßen und Autobahnen in der US-Zone Tempo 64 km/h, in der englischen Zone 80 km/h. Die Stadt Köln reagierte noch strenger auf den etwas stärkeren Straßenverkehr: auf allen Ausfallstraßen wurde hier das Tempo auf 30 km/h begrenzt. Nur in der französischen Zone durfte jeder so schnell fahren wie er wollte.
Doch um Tempobeschränkungen gab es damals keine Diskussionen. Man war froh, überhaupt fahren zu dürfen. Hauptgesprächsthema unter Autofahrern blieben die oft ungerechten Benzin-Zuteilungen. Jeder Aussteller, der mit dem Wagen im Mai 1949 zur Technischen Exportmesse nach Hannover fuhr, erhielt vom Veranstalter mindestens 30 Liter Benzin. Von einer Autofabrik erzählten sich Experten, daß sie jeden Monat 7000 Liter zu ihrem amtlichen Kontingent dazukaufte. „Wobei uns nur die Feststellung interessiert, daß überhaupt 7000 Liter Treibstoff ohne Marken dazugekauft werden können", wunderte sich das Fachblatt „Das Auto".
Der Schwarze Markt mit Benzin blühte noch immer. Vor allem amerikanische Besatzungssoldaten tauschten mit Vorliebe Benzin gegen D-Mark. Denn der Dollar brachte auf dem Schwarzen Markt knapp sechs D-Mark, in Benzin verwandelt dagegen das drei- bis vierfache. Spötter beklagten, daß aus der Zigarettenwährung nun eine Benzin-Währung geworden sei.
Aber auf dem Schwarzen Markt sahnten nicht nur die US-Boys ab. Zwielichtige Gestalten priesen oft unerfindliche Lösungsmittel an, die, mit Benzol vermischt, ein gerade brauchbares Fahrbenzin ergaben. Manche verkauften Leichtöl gleich kesselweise, das — im Auto ver-

brannt — unerträglich stank. Amtliche Stellen schätzten, daß es praktisch keinen Autofahrer mehr gab, der sich allein mit seinen Kraftstoff-Marken begnügte. In einer Kölner Kneipe landete die Polizei ihren größten Coup: sie beschlagnahmte gefälschte Benzinmarken im Wert von 40 000 Litern.

## Der Drang zum Kleinwagen

Bei diesem Gerangel um Benzin hatte ein Kleinstauto, das mit einem Minimum an Treibstoff auskam, beste Absatzchancen. Und einige aufsehenerregende Konstruktionen standen am 14. April 1949 auf der „Ersten internationalen Motorschau Reutlingen". Über 200 Aussteller waren gekommen. „Noch nie nach dem Krieg hat

*Der Bremer Ingenieur Hermann Henne konstruierte dieses Lastenfahrrad. Ausgerüstet mit einem zahnradlosen Dreigang-Antrieb sollte das Zweirad auch mit schwerer Last beladen, leicht mit Beinkraft fortzubewegen sein.*

eine Schau einen so umfangreichen Gesamtüberblick über das Kraftfahrzeug geboten, wie diese", stellte die ADAC-Motorwelt fest. Der Landrat Kern habe sogar dafür gesorgt, daß ein amerikanischer Straßenkreuzer, Marke Dodge, zu sehen war.

Allein an den Osterfeiertagen passierten damals 25 000 Besucher die Drehkreuze am Eingang. Man staunte über die „geradezu friedensmäßige Ausstattung der einzelnen Stände" (Motorwelt). Ford, Opel und VW waren natürlich vertreten, Renault zeigte den 4 CV. Der italienische Motorroller „Vespa" fand großes Interesse und auch der Dreizylinder-Stern-Motor „Zitra" mit 500 ccm Hubraum und 20 PS Leistung, der von dem Ex-Rennfahrer Zimmermann, Nürnberg, speziell als Einbaumotor für Kleinwagen gedacht war. Doch der Preis lag mit 2400 Mark viel zu hoch. Dafür bot der Rennfahrer Hermann Holbein mit seinem „Champion" ein ganzes Kleinstauto.

Der Volkswagen galt als Mittelklasse. Der Gedanke, darunter einen Kleinwagen auf die Räder zu stellen, ließ Tüftler und Geschäftsleute jetzt nicht mehr los.

Die Tageszeitung „Die Welt" fragte damals Leser, welche Anforderungen sie an ein Kleinstauto stellen würden. Rund 3000 Antworten kamen. Zur Überraschung der Experten wurde nicht ein viersitziger Familienwagen, sondern ein Zweisitzer mit Notsitzen als Cabrio-Limousine von 59 Prozent aller Einsender gewünscht. Er solle eine Spitze von 82 km/h fahren und 5,7 Liter Benzin auf 100 Kilometer schlucken. „Die erstaunlich wenig streuenden Wünsche zeigen, daß sich die Einsender sehr ernsthaft mit dem Problem auseinandergesetzt haben", schrieb damals die Zeitschrift „Der Motorsport" zu der Umfrage.

## Befruchtung für Konstrukteure: Die Kleinwagen-Tagung

Das Ergebnis der WELT-Umfrage war auch Gegenstand einer Diskussion von Ingenieuren. Der Hamburger Arbeitskreis der Arbeitsgemeinschaft Kfz-Technik im Verband Deutscher Ingenieure (VDI) rief am 13. Oktober 1949 zu einer Tagung „Der kleine Zweisitzer als Gebrauchswagen" ins Hamburger Völkerkunde-Museum.

Zu Anfang schilderte der präsidierende Ingenieur Dr. Stadie die Situation in den Westzonen. Während 1939 ein Pkw auf 21 Einwohner kam, mußten sich nun 285 Einwohner einen Pkw teilen. Sollte der Vorkriegsstand erreicht werden, fehlten 720 000 Fahrzeuge. Mit dem Ersatz überalterter Autos errechnete Stadie einen Bedarf von 1,2 Millionen Wagen in den nächsten fünf Jahren. Stadie betonte, daß sich die Mentalität der Autokäufer gewandelt habe. Galt es vor dem Krieg als Grundlage einer sicheren Existenz, zuerst ein eigenes Haus, zumindest aber eine komfortabel ausgestattete Wohnung zu haben, so hätten die Erfahrungen der Bombenjahre dazu geführt, den Wert der festen Habe sehr viel geringer und die Vorteile der Selbstbeweglichkeit höher einzuschätzen.

Nach einem, in verschiedenen Ländern ermittelten Vergleichswert dürfe der Verkaufspreis eines Pkw rund sechs Monatsgehälter nicht übersteigen. Die damaligen Wagen, etwa der Volkswagen, lagen dagegen bei etwa 22 Monatsgehältern.

So stellte man gewisse Grundregeln für die Konstruktion eines Kleinwagens unterhalb des Volkswagen auf, die in der unten stehenden Tabelle festgehalten sind.

Auf der Tagung kamen die Experten zu dem Schluß, daß ein solches Auto halb so teuer sein müsse wie ein VW. Wobei der Einwand kam, daß ja nur 34,5 Prozent der VW-Käufer die einfache Standardversion bestellten, 65,5 Prozent dagegen das Luxusmodell.

Der Kleinstwagen müsse ein Vierradwagen und von einem luftgekühlten Zweitakter angetrieben sein. Denn nur der sei technisch unkompliziert. Dazu gehöre ein Dreigang-Getriebe mit Rückwärtsgang und ein elektrischer Anlasser. Der Einradantrieb reiche zwar auf guten Straßen Norddeutschlands, habe seine Grenzen jedoch im Gelände. Ein Zweiradantrieb mit Differential sei schon notwendig. Um Kardanwelle und technischen Aufwand zu sparen, einigten sich die Experten auf den Heckantrieb, auch sei ein geschlossener Aufbau unabdingbar.

Ein Teilnehmer, Professor Cornelius von der Technischen Hochschule Lübeck, hatte aufgrund der Ergebnisse gleich einen Zweisitzer zu Papier gebracht. Ein Coupé mit einem Luftwiderstandsbeiwert von 0,36 cw, einem Leergewicht von nur 250 Kilogramm und einem 400-ccm-12-PS-Motor von Ilo, der das linke Hinterrad antreiben sollte. Theoretisch würde der Kleinwagen eine Spitze vor 80—90 km/h erreichen und sich mit vier Litern Benzin auf 100 Kilometern begnügen.

Diese Tagung mag viele Impulse an diejenigen gegeben haben, die an einer Kleinwagen-Konstruktion schmiedeten. Allerdings mag auch viele hoffnungsfrohe Fabrikanten folgende Nachricht verschreckt haben: VW-Chef Heinz Nordhoff gab bekannt, daß die für 1950 vorgesehene Jahresproduktion von 60 000 Autos bereits Ende 1949 ausverkauft sei.

Die belebteren Straßen veranlaßten eine Autozeitschrift zu dem Aufruf, daß Pferdefuhrwerke und Radfahrer doch endlich die Autobahn meiden sollten. Erschreckt stellten damals die Haftpflichtversicherer fest, daß die Zahl der Schäden von 1948 auf 1949 um 134 Prozent

|  | VOLKSWAGEN | Der geplante deutsche Kleinwagen |
|---|---|---|
| Motor | 4 Zyl.-4-Takt-Heck<br>Luftgekühlt<br>1,1 l Hubraum<br>25 PS Leistung<br>ca. 7,8 l Verbrauch | 2 Zyl.-2-Takt-Heck<br>Luftgekühlt<br>0,4—0,5 l Hubraum<br>12—15 PS Leistung<br>ca. 4 l Verbrauch |
| Aufbau | Viersitzige Limousine | Zwei- bis dreisitzige Limousine |
| Geschwindigkeit | Spitze 105,<br>prakt. Reise 90 | Spitze 85,<br>prakt. Reise 65 |
| Gewicht | 650 Kilo lt. Katalog<br>plus 350 Kilo prakt.<br>Beiladung | 350 Kilo<br>plus 170 Kilo prakt.<br>Beiladung |
| Preis | 4800 Standard<br>5450 Luxus | rund 2 500 |

angestiegen war. Sorgen bereiteten die betrunkenen Verkehrssünder, deren Zahl sich seit 1947 von zwei auf vier Prozent verdoppelte. Deshalb gründete ein Mann namens Emil Kleve 1949 den „Bund für alkoholfreien Verkehr". Jahresbeitrag: 50 Pfennige.

**Protestfahrt nach Bonn**

Zum Jahresende 1949 geisterten Gerüchte herum, die Benzinbewirtschaftung werde endlich aufgehoben. Der CDU-Abgeordnete Etzel verkündete, im nächsten Februar sei es soweit.
Doch die Kraftstoff-Marken blieben, nur der Literpreis wurde heraufgesetzt. Am 21. Dezember hatte Wirtschaftsminister Erhard eine Verordnung diktiert, wonach der Preis für Benzin um 50 Prozent von 40 auf 60 Pfennige pro Liter herauufrutschte. Es folgte erbitterter Widerstand der Autofahrer. Der ADAC rief seine Mitglieder zu Demonstrationsfahrten auf. Eine Kolonne rollte in Bonn zum Wirtschaftsministerium, wo man die Autofahrer lakonisch mit der Bemerkung „nicht unter dem Druck der Straße zu verhandeln" abwies. Der ADAC warf Erhard vor, die Verordnung über die Benzinpreiserhöhung sei rechtswidrig. Allem Protest zum Trotz; der Preis blieb.
Ein kleines Trostpflaster war die Steuerreform zum 1. Januar 1950. Großverdiener ab 6000 Mark im Monat brauchten nur noch 50 anstatt 70 Prozent Steuern zu zahlen. Allen Einkommen brachte die Reform etwa 15 Prozent Steuersenkungen.
Wie wenig die Bundesbürger verdienten, zeigte eine Erhebung über durchschnittliche Löhne in 2000 Industriebetrieben. Danach verdienten 60 Prozent aller Beschäftigten über 21 Jahren nicht mehr als 250 bis 350 Mark im Monat. So gab es auch heiße Debatten im Bundestag, als der Milchpreis von 32 auf 36 Pfennige stieg.

**Austauschmotor für 98 Mark**

In Blankenese wurde per Zeitungsannonce eine Zweifamilien-Villa mit 920 Quadratmeter Park für 48 000 Mark angepriesen, und die Bundespost entschloß sich, die Post statt bisher zweimal künftig dreimal zuzustellen. Das Personal holte sie sich aus dem Heer der 1,608 Millionen Arbeitslosen, die es Anfang 1950 in der jungen Bundesrepublik gab.
Die Automode aus dem amerikanischen Detroit brachte

den Schaltknüppel am Lenkrad, damals Fernschaltung genannt. Man schwärmte für die vordere Sitzbank, auf der auch drei Leute Platz fanden, das weiße Lenkrad, möglichst mit chromblitzendem Signal(Hup)ring, Blinklichter und Dreiecks-Ausstellfenster. Überhaupt galten die großen bunten Straßenkreuzer als das Nonplusultra im Autobau.
Pontonform und eine Fernschaltung rechts von der Lenksäule besaß sogar der Lloyd LP 300 – eigentlich sollte er „Star" heißen – der im April 1950 vorgestellt wurde und im Sommer in Serie ging. Der kleine Wagen des Bremer Carl Friedrich Borgward geriet zur richtigen Storchschnabel-Verkleinerung moderner Mittelklassewagen. Mit seiner Sperrholzkarosserie und dem Kunststoff-Überzug hieß er im Volk auch bald „Leukoplast-Bomber". Ein kleiner Viersitzer mit luftgekühltem 300-ccm-Zweizylinder-Zweitakt-Motor, der 2800 Mark kostete. Der Austauschmotor war für 98 Mark zu haben.
Vier Personen saßen eng in der Dreimeter-Limousine, das Temperament blieb gedämpft, und der Motor jaulte wie ein Schloßhund. Doch es war der einzige Viersitzer mit festem Dach über'm Kopf unterhalb des Volkswagens. Die Bestellungen stapelten sich.

**Die große Lüge**

Dieser kleine Lloyd brachte eigentlich an den Tag, daß die Interessenten von Kleinwagen beim Kauf nicht konsequent handelten. Es galt als ungeheuer chic, ein zweisitziges Sportcabriolet zu fahren, und von dieser Begeisterung für den kleinen Sportwagen ließen sich die Experten und Konstrukteure blenden. Doch die ernsthaften Käufer griffen letztendlich zum geschlossenen Viersitzer – auch wenn er weniger schön war, weniger temperamentvoll, und man auf allen vier Plätzen beengt saß.
Nach dem enormen Erfolg des kleinen Lloyd hatte das der Bremer Carl Friedrich Borgward sehr schnell begriffen. Innerhalb kurzer Zeit stellte er deshalb eine etwas größere Limousine, den Goliath GP 700, auf die Räder. Ein 4,10 m-langes Mittelklasseauto mit Zweizylinder-700-ccm-Motor, der 24 PS leistete. Ein Wagen mit großem Innenraum, rund 1000 Mark teurer als der Volkswagen, doch mit den gleichen Fahrleistungen bei weniger Motorhubraum. Ab 1952 bot der Goliath sogar schon ein vollsynchronisiertes Viergang-Getriebe.
In diese Marktlücke plazierte die neuerstandene Auto-Union wenige Monate später – im August 1950 – auch

*Typisch für den kleinen Lloyd LP 300 war das Jaulen des Motors. Die kleine Limousine mit der kunstlederbezogenen Sperrholzkarosserie bot jedoch 4 Sitze und ein Dach über dem Kopf.*

ihren „DKW-Meisterklasse". Ebenfalls eine viersitzige Limousine mit Zweizylinder-Zweitakt-Motor (700 ccm, 23 PS), nur 400 Mark teurer als der Volkswagen Export, jedoch mit mehr Innenraum, besserer Straßenlage und temperamentvollen Fahrleistungen.

Nach heutigen Maßstäben Kleinwagen, doch damals schon knapp an der Grenze zur Mittelklasse, fanden die beiden Neulinge jene Käufer, die sich mit dem Einheitsauto Volkswagen nicht abfinden mochten und mehr Platz und Komfort suchten.

Mit dem Erscheinen des DKW und des Goliath wurden die anderen 700-ccm-Zweisitzer wie der Gutbrod Superior und der projektierte Hanomag Partner ganz zwangsläufig in die Außenseiterrolle gedrückt. Und so unbekannte Marken wie Wendax und Staunau mit ihren 750-ccm-Limousinen konnten gegen die renommierten Marken nun nichts mehr ausrichten. Der Ausleseprozeß begann.

### Verkappter Kleinwagen: Der Auto-Roller

Es gab damals — im Herbst 1950 — immer noch recht wenige Leute, die in die 700-ccm-Klasse steigen konnten. Selbst der Kauf des kleinen Lloyd LP 300 war vielen

unerschwinglich. Für sie bot die Industrie den Motorroller an. Ein vollverkleidetes Zweirad, bei dem das Triebwerk auf dem Hinterrad saß. Dadurch blieb vorn ein richtiger Fußraum für den Fahrer, ein breites Blech schützte zumindest die Beine vor Wind und Wetter.

Die italienische „Vespa" war der populärste und erfolgreichste Vertreter dieser Fahrzeug-Kategorie. Die Hoffmann-Werke in Lintorf bauten ihn in Lizenz, worauf NSU die italienische „Lambretta" in Lizenz nahm. Das verkleidete Zweirad hieß bald auch „Auto-Roller" und Typenbezeichnungen wie „Maicomobil" (Der Roller von Maico) verstärkten den Eindruck, daß es sich hier um ein Zweirad-Auto handeln solle. Tatsächlich fand der Motorroller zwischen 1950 und 1953 soviel Freunde, daß man von einem regelrechten Roller-Boom sprach.

### Die Rohstoff-Krise

Im Bundesgebiet fuhren 1950 rund eine halbe Million Personenwagen auf den Straßen, im Oktober fielen die Geschwindigkeitsbeschränkungen — sowohl in Ortschaften wie auch auf Autobahnen — und die Sonntagsfahrverbote. Es ging aufwärts. Dazu beigetragen hatten wesentlich die Exporte. Am 25. Juni begann nämlich im

Osten der Korea-Krieg, bei dem sich die Amerikaner stark engagierten.

Es folgte ein weltweiter Nachfrageschub nach allen Gütern. Firmen wie Vokswagen, Opel und Ford hatten Lieferfristen bis zu zwei Jahren. Eine Reihe kleinerer Auto-Hersteller lebte allein davon, diejenigen Kunden zu beliefern, die ihre Autos schneller haben wollten und dafür auch eine neue Marke in Kauf nahmen.

Die erste Wirtschaftswunder-Welle verebbte bald. Im zweiten Halbjahr 1950 litt die Bundesrepublik unter Devisenmangel. Bald spürte man eine Rohstoff-Krise, vor allem Stahl und Feinbleche wurden rar. Besonders erschwerend war der Zwangsexport deutscher Kohle. Die Alliierten kauften nämlich im Ruhrgebiet eine Tonne Exportkohle für 46,22 Mark und verschifften soviel in die Heimat, daß die Bundesrepublik drei Millionen Tonnen US-Kohle zum Preis von 145 Mark wieder einführen mußte, um den eigenen Bedarf zu decken. Dennoch blieb ein Kohleloch: Westdeutschlands Walzwerken fehlten damals monatlich 250 000 Tonnen Koks. Dadurch konnten dringend benötigte 150 000 Tonnen Walzstahl nicht erzeugt werden. Und diese Unterversorgung traf ganz besonders die Auto-Industrie.

Für sie bedeutete dies eine Krise mitten im Boom. Um überhaupt die Kalkulationen zu retten, mußten Kunden sogenannte Materialzuschläge zwischen 80 und 300 Mark bezahlen. Dies allein reichte nicht: Die Auftragsbücher waren zwar prall gefüllt, doch die Manager wußten kaum noch, wie sie diese Aufträge erledigen sollten. Um sich wenigstens vor Regreßansprüchen zu sichern, führte man statt der verbindlichen „Kaufverträge" unverbindlichere „Kaufanträge" ein.

Anfang des Jahres 1951 verordnete Bonn wieder die Bewirtschaftung von Eisen und Stahl. Die Eisen-Kontingente waren nach Branchen verteilt. Innerhalb der Auto-Branche erhielt alles der „Verband der Automobilindustrie" (VDA), der die Zuteilungen unter seinen Mitgliedern aufteilte. Das bedeutete jedoch für kleine Auto-Produzenten, die nicht zum VDA gehörten, von der Zuteilung weitgehend ausgesperrt zu sein.

Der zweite Ausleseprozeß unter den Automarken begann, einige kleinere Firmen gingen in Konkurs. Andere, wie etwa Hanomag, verloren angesichts der schier unlösbaren Schwierigkeiten den Mut, einen Personenwagen in Serie zu bauen.

Innerhalb des VDA begann ein erbittertes Ringen, von dem Eisen-Kuchen ein möglichst große Stück abzubekommen. Nach nächtelangen Sitzungen einigten sich die Firmenvertreter schließlich darauf, den Zulassungs-

anteil des Vorjahres als Verteilerschlüssel zu nehmen. VW, Opel und Ford erhielten die größten Stahl-Portionen. Wer mehr wollte, mußte auf dem schwarzen Markt Bleche mit Preisaufschlägen bis zu 25 Prozent kaufen. Daß damit zwar Autos, aber auch rote Zahlen produziert wurden, liegt auf der Hand.

## Luxussteuer für Autos

Bei solchen Schwierigkeiten blieb auch die Staatskasse nicht verschont. Drei Milliarden Mark fehlten Bundesfinanzminister Fritz Schäffer im Etat. Um das auszugleichen, planten Bundeskanzler Adenauer und Wirtschaftsminister Ludwig Erhard unpopuläre Maßnahmen. Doch die zehn geplanten Einzelgesetze „Zum Schutze der Bevölkerung vor der Korea-Krise" schob Bonn auf die lange Bank. Ein Gesetz hätte nämlich auch das Auto betroffen: Für Wagen über 12 000 Mark Anschaffungspreis sollte der Käufer Luxussteuern zahlen.

Mehreinnahmen erhoffte man sich auch von einer Reform der Kfz-Steuern. Das Finanzministerium hätte garzugerne das Leergewicht der Fahrzeuge besteuert, das Bonner Verkehrsministerium dagegen eher die PS-Leistung des Motors pro Liter Hubraum. Doch das hätte hubraumschwere und benzingefräßige Maschinen begünstigt. Auch die Industrie war sich nicht einig: Hersteller leichter Wagen, wie VW und Opel, plädierten für eine Gewichtssteuer, Daimler-Benz und die Produzenten von Zweitakt-Wagen lehnten sie ab. So blieb die Hubraumsteuer bestehen, wie sie schon das Kontrollratsgesetz vom 11. Februar 1946 bestimmte: mit 18 Mark pro 100 ccm Hubraum.

## Finanzamt contra Autofahrer

Auch zu Beginn des Jahres 1952 konnten sich die Mehrzahl der Bundesdeutschen kein Auto leisten. Gemessen an den europäischen Nachbarn waren die Bürger arm. Hier ein Vergleich der Netto-Volkseinkommen pro Kopf:

- 784 DM Bundesrepublik
- 1250 DM Frankreich
- 1402 DM England
- 1698 DM Belgien
- 4615 DM USA

Die Benzinpreise waren inzwischen bis auf 69 Pfennige pro Liter hinaufgerutscht, und die Finanzämter zierten

sich bei Arbeitnehmern, Unkosten fürs Auto anzuerkennen. Im Münchener Wirtschaftsministerium hatte man ausgerechnet, daß für 10 000 Kilometer Privatfahrt
- ein Geschäftsmann nur 1188 Mark
- ein Privatmann dagegen 2777 Mark

zahlen mußte.

Ein Fabrikwerkmeister hatte mit seinem kleinen Wagen Anfahrtwege zur Arbeit bei der Steuer geltend gemacht, denn der 60jährige hätte per Straßenbahn über insgesamt drei Stunden fahren müssen, mit dem Auto erreichte er seinen Arbeitsplatz in nur 17 Minuten. Das Finanzamt lehnte ab. Der Werkmeister klagte und bekam Recht: „Es ist nicht einzusehen, weshalb er die technischen Errungenschaften der heutigen Zeit nicht ausnutzen soll, um mit deren Hilfe die Arbeitsleistung zu steigern." Doch der Bundesfinanzhof revidierte das Urteil: „Die allgemeine Anerkennung des Abzugs von Kraftfahrkosten bei Arbeitnehmern könnte ... in Betracht kommen, wenn diese von ihnen in einem Umfang benützt würden, daß nach der Verkehrsanschauung das Halten eines Kraftwagens von diesem Personenkreis als üblich anzusehen wäre: wie etwa in Amerika." Doch damit entschieden die Richter in die verkehrte Richtung. Erst eine Verringerung der Unterhaltungskosten durch Steuererleichterungen hätten eine weite Verbreitung des Autos zur Folge gehabt.

So konnten 1952 nur 7,6 Prozent der Neuzulassungen auf Arbeitnehmer fallen. Behörden und freie Berufe waren mit 24,3 Prozent die besseren Autokunden. Selbst der kleine Lloyd gehörte zu den unerschwinglichen Träumen. Man fuhr damals Motorroller oder Motorrad und hatte seine Wünsche soweit zurückgeschraubt, daß man sich nur ein „fahrbares Dach über den Kopf" wünschte.

Der Lloyd, inzwischen zum 400-ccm-Auto herangewachsen und 3665 Mark teuer, lag zwar immer noch unter dem VW, doch die Masse der Bevölkerung suchte nach einem noch kleineren Mobil. Und viele Marken wie Messerschmitt, Kleinschnittger, Fuldamobil suchten dem entgegenzukommen.

## Der Hecht im Karpfenteich

Dennoch: Der Volkswagen war inzwischen zum Maßstab des deutschen Autos geworden. Von Jahr zu Jahr stieg die Produktion. VW-Chef Nordhoff rationalisierte und verbesserte konsequent den Käfer. Das Ergebnis: Die Preise des Volkswagens fielen 1953 um 200 Mark.

Nordhoff hatte ganz bewußt die Preise gesenkt, denn er fühlte sich als „Hecht im Karpfenteich" (Nordhoff über Nordhoff). Er wollte den Volkswagen in tiefere Preisklassen drücken und den vielen kleinen Firmen das Wasser abgraben.

Die Methode hatte Erfolg: Auch andere Hersteller mußten die Preise senken, während Löhne und Rohstoffpreise anzogen. Für viele kleine Firmen bedeutete das den Rutsch in die Pleite.

Vor allem Techniker waren damals der Ansicht, daß man ein Kleinstauto nun nicht mehr als Verkleinerung normaler Wagen sehen könne, es müßten dafür vielmehr neue Wege gefunden werden. Ein solcher schien erspäht, als im Oktober 1953 die kleine italienische Firma Iso ein rundes Mobil namens „Isetta" vorstellte. Ein Fronttür-Fahrzeug mit hinten eng zusammenstehenden Rädern. Eine echte Eigenkonstruktion, die auf einfachstem Wege herzustellen war. Der Kleinstwagenmarkt hatte einen ganz neuen Anstoß bekommen.

## Neu: Ratenkäufe

Im Oktober 1953 veröffentlichte das Emnid-Institut in Bielefeld überraschendes: Die Ratenkäufe stiegen nicht nur rapide an, sondern 51 Prozent aller Ratenkäufer waren Arbeiter. Wenn auch nur 27 Prozent der Teilzahlungskäufe fürs Auto oder Motorrad verwendet wurden. Kühlschränke lagen weiter vorn. Die Gewerkschaften sorgten sich prompt, weil die Abzahlungsverpflichtungen künftig bremsend auf die Streikfreudigkeit wirken könnten.

Die Auto-Industrie hatte im Sommer 1953 ihre erste Verkaufskrise hinter sich gebracht. Besorgt fragten damals die Badener Bodensee Nachrichten: „Ist der Automarkt bereits gesättigt?" Doch es war nur eine Atempause der Käufer, die erst die nächste Frankfurter Automobilausstellung abwarten wollten.

Mehr Sorgen hatte da die Motorrad-Industrie: Ein total verregneter Sommer bescherte ihnen große Halden von Zweirädern, der strenge Winter förderte ebenfalls nicht den Verkauf. Die Käufer wollten sich nun nicht mehr mit einem Auto-Roller abfinden, sondern suchten das Dach über dem Kopf.

In vielen Motorradfabriken herrschte Ratlosigkeit: Sollte man sich in das Abenteuer stürzen, einen Kleinwagen zu bauen? Oder die Fahrzeugbranche ganz verlassen? Die Motorradindustrie durchlebte eine Strukturkrise. Hinter den Kulissen wurde eifrig um Fahrzeugkonstruktionen gefeilscht, neu konstruiert und gerechnet. Im Grunde, das wußten wahrscheinlich alle, war der Markt schon verteilt unter den Etablierten. Der Volkswagen galt als Maßstab, mit ihm konkurrierten noch der DKW und Goliath in der 700-ccm-Klasse und in der 400-ccm-Klasse beherrschte inzwischen der Lloyd das Marktfeld. Außenseiter konnten sich nur noch darunter ansiedeln.

Das Käuferpotential war hier durchaus noch verlockend, denn immer noch blieb für viele Bundesbürger auch der 400-ccm-Wagen kaum erschwinglich. Der Gesetzgeber hatte zudem eine neue Grenze gesetzt: Ab Mitte 1954 galt nämlich eine neue Führerschein-Ordnung. Und wer noch den alten Führerschein IV erwarb, zu dessen Prüfung lediglich theoretisches Wissen gehörte, durfte nicht nur Motorräder, sondern auch Kleinautos bis zu einem Motorhubraum von 250 ccm fahren.

## Die Kunststoff-Ära

Wieder begann ein Wettlauf um das Marktsegment. Einige glaubten, daß nur die Weiterentwicklung des Motorrollers zu drei Rädern hin und mit Faltverdeck der künftige Weg zum Volksmobil sei. Andere, wie Hoffmann, Heinkel und BMW, arbeiteten getrennt am selben Grundkonzept in verschiedenen Variationen: nach dem Vorbild der italienischen Isetta. Eigene Wege – und zeitweise sogar recht erfolgreich – ging der Messerschmitt Kabinenroller mit seinen hintereinander liegenden Sitzen.

Doch zu jener Zeit – im ersten Halbjahr 1954 – gab es Konstrukteure, die mit anderen Mitteln das Ziel zu erreichen suchten: mit Kunststoff. In anderen Ländern blühten hier und da schon einige zaghafte Versuche. Aufsehenerregend war das, was der größte Auto-Konzern der Welt, General Motors, zu Mitte 1953 vorführte: Die GM-Leute stellten ein zweisitziges Sportcabriolet vor. Ein Einzelstück, damals in die Rubrik der Traumwagen einzuordnen; die „Chevrolet Corvette" besaß nicht nur eine atemberaubende Form, sondern eine Karosserie ganz aus Polyesterharz, auch Fiberglas genannt. Die Kunststoffhaut wog nur wenige Kilo und erforderte – außer einer Holzform, über die der Kunststoff kam – keine Werkzeuge. Da Blechverformungspressen schon fast eine halbe Million Mark kosteten, waren sie für kleine Fahrzeug-Hersteller unerschwinglich. Was aber hier die Amerikaner zeigten, schien für den Kleinstwagenbau geradezu prädestiniert zu sein; geringes Gewicht, geringe Herstellungskosten. Genau das, was man suchte.

Wieder begann ein heftiges Experimentieren, im Süden engagierte sich der Ex-Rennfahrer Egon Brütsch, im Norden der Krankenstuhl-Fabrikant Wilhelm Meyer.

Doch die Auto-Bauer waren mit ihren Ideen der Zeit voraus. Chemiker der Badischen Anilin- und Soda-Fabriken (BASF) und Bayer wußten zu jener Zeit selbst noch nicht so recht, wie der – vorläufig noch sehr teure – Kunststoff zu verarbeiten sei. In den großen Firmen begann man damals gerade, kleine Zulieferteile für die etablierte Fahrzeug-Industrie aus dem neuen Material zu entwickeln. Gleich ganze Autos daraus zu bauen, schien noch utopisch. Mühsam mußten Männer wie Brütsch und Meyer, sowie Hanns Trippel in Frankreich ihre eigenen Erfahrungen mit Kunststoff-Karosserien sammeln.

## Lückenfüller: Goggomobil

In Dingolfing lebte zu jener Zeit auch ein Landmaschinen-Fabrikant namens Hans Glas. Wie wohl fast alle Maschinenfabriken, so hatte sich auch der Niederbayer seine eigenen Gedanken über den Fahrzeugmarkt gemacht. 1951 hatte er den Rollerboom genützt, um mit einem Motorroller „Goggo" (dem Kosename seines Enkels) ins Geschäft zu kommen. Seither grübelte er allerdings auch, wie ein deutsches Kleinauto aussehen müsse. Im Gegensatz zu vielen, die gleichen Drang verspürten, hatte Glas jedoch eine einträgliche Fabrik, die zu seinem Vorhaben genug Geld abwarf. So leistete er sich den Luxus, durch die Bundesländer zu reisen und alle Fahrzeugkonstruktionen zu begutachten, die bekannt waren. Gefielen sie ihm, versuchte er Auto und Konstrukteur nach Niederbayern zu locken.

Durch seine hierarchische Art, Fahrzeugkonstruktionen nach eigenem Willen umzumodeln, verschreckten er und sein Sohn Andreas allerdings sensible Techniker gleich bei den ersten Verhandlungen. So wurde er auch nie handelseinig, und es vergingen Jahre.

Durch den schleppenden Roller-Verkauf in Zeitdruck geraten, setzten sich Vater und Sohn Glas schließlich selbst daran, ein Kleinauto zu entwerfen, wobei sie auf die Erfahrungen des ehemaligen Flugzeugkonstrukteurs Karl Dompert zurückgreifen konnten.

Das Trio ließ sich Mitte 1954 nicht von Kunststoff und von Zweisitzer-Träumen beeinflussen: jedoch von der Fronttür-Idee. Man baute ein kleines Vierrad-Fahrzeug mit geschlossenem Aufbau, vier Sitzen und einer Fronttür. Noch im Dezember 1954 gab Glas grünes Licht für die Herstellung einer Vorserie von 50 Exemplaren.

Parallel dazu entwickelte der frühere Adler-Ober-Inge-

*Mit seinem Goggomobil kam der niederbayerische Landmaschinen-Fabrikant Hans Glas im Mai 1955 auf den Markt. Innerhalb des ersten Baujahres produzierte er bereits 9000 Exemplare.*

nieur Felix Dozekal einen Zweizylinder-Zweitakt-Twin-Motor mit 250 ccm Hubraum, der 14 PS leistete.
Prospekte wurden gedruckt und verteilt: Das „Goggomobil T 250" (Slogan: „Die Lösung einer brennenden Frage"), auch als Vierrad-Roller angepriesen, sollte sobald wie möglich in Serie gehen. „Aus Zweckmäßigkeitsgründen ist der Einstieg nach vorn verlegt worden", hieß es im Prospekt, „denn Seiteneinstieg bedingt bei Kleinfahrzeugen unbequemes Bücken."
Einer, dem das an den Prototypen garnicht gefiel, hieß Schorsch Meier, Ex-Rennfahrer, Inhaber einer BMW- und Goggo-Vertretung in München und Freund der Familie Glas. Und wenn Schorsch seinen Freund Anderl traf, gab es jedesmal heftige Diskussionen um die

Fronttür. So auch zur Silvester-Feier von 1954 auf 1955. Schon in Sektlaune, stritten beide wieder einmal darum, ob das neue Auto nicht doch besser Seitentüren trüge. Kurz nach Jahreswechsel wurde beiden das Reden zuviel. Schon leicht angeheitert, verdrückten sie sich vor den anderen Gästen, schlichen in die Versuchswerkstatt, wo die Prototypen standen. Mit einer Blechschere schnitt Anderl Glas einem Exemplar kurzentschlossen Seitentüren in die Karosserie, und nun probten beide, ob es sich durch die Fronttür oder die beiden Seitentüren besser einsteigen ließe. Schließlich überwog der Gedanke an die Sicherheit der Insassen, Schorsch Meier hatte seinen Freund überzeugt. Das Goggomobil in seiner Serienform war geboren.

Anfang Mai 1955 begann die Serienfertigung. Und es zeigte sich bereits nach wenigen Wochen, daß die – bis dahin relativ unbekannte – Firma Glas einen Volltreffer gelandet hatte. Die Storchschnabel-Verkleinerung eines richtigen Viersitzers, robust und einfach im Aufbau, kam beim Publikum an. Bald kaufte Hans Glas zur Produktionserweiterung die Motorrollerfabrik Erich Röhr in Landshut auf.

**Das rollende Ei**

In München war schon einen Monat zuvor, im April 1955, die Serie zu einem unkonventionellen Kleinstauto angelaufen: Die Bayerischen Motorenwerke hatten nämlich von der italienischen Firma Iso die Lizenz für den Bau des runden Isetta-Mobils erworben. Die Übernahme schloß gleichzeitig die Belieferung der nordischen Staaten, sowie der Schweiz und Österreich ein. In Frankreich hatte sich nämlich einige Monate zuvor schon ein anderer Lizenznehmer gefunden, der Iso's Kind unter dem Namen „Velam" baute, Spanien und die Benelux-Staaten damit belieferte.

Um die Isetta möglichst schnell auf den Markt zu bringen, hatten die Münchener Techniker an der Original-Isetta nur wenig geändert: lediglich die Scheinwerfer wanderten auf die Kotflügel zur besseren Fahrbahn-Aus-

*BMW versuchte, mit der Isetta ein Stück vom Kleinstwagenkuchen abzuschneiden. Das rollende Ei mit der Fronttür war eine Lizenz der italienischen Iso Isetta.*

leuchtung. Unterm Blech verwendete BMW statt des ursprünglichen 326-ccm-Zweitakt-Doppelkolben-Motors mit neun PS die 245-ccm-Viertakt-Maschine des BMW-Motorrads R 25, die hier – unter Gebläsekühlung – 12 PS abgab. Mit dem ganzen Image der Marke, einem relativ großen etablierten Händlerstamm drückte BMW die eigenwillige Isetta in den Markt.

Der Erfolg war durchschlagend: Bereits 1955 – also im ersten Produktionsjahr – verkaufte BMW genau 12917 Isettas, Glas brachte 9916 Goggomobile an den Mann. Erstmals wurden in der Bundesrepublik Kleinstautos in industriellem Maßstab produziert. Das bedeutete: Relativ gesichertes Kundendienst- und Ersatzteilnetz und ein höheres Verarbeitungsniveau. Wiederum waren damit Außenseiter aus einer Marktlücke verdrängt, kleinere Firmen verschwanden oder wanderten in andere Branchen ab.

Dennoch gab es in jenen Monaten genug kleine, die den Kampf mit den Etablierten aufnehmen wollten. Nie zuvor standen auf einer Automobilausstellung soviele Klein- und Kleinstwagen-Konstruktionen wie zur IAA im September 1955.

Doch der Schein trog, denn der Konkurrenzkampf war bereits entschieden. Volkswagen hatte erst im August die Preise nochmals gesenkt; ein Standard-Modell kostete nun 3790 Mark. Ein Kampfpreis, der Lloyd dazu zwang, den – inzwischen zum Wagen mit Ganzstahl-Karosserie herangewachsenen – LP 400 für nur 3350 Mark anzubieten. Das kleine Goggomobil kostete 3097 Mark, die BMW Isetta 2580 Mark. Preise, die nur durch rationellste Fertigung und große Serien zu erreichen waren. Handwerkliche Produktion konnte so billig nicht angeboten werden.

**Götterdämmerung der Kleinen**

Die Maßstäbe verrutschten. Während Volkswagen pro Jahr 361 584 Wagen ausspuckte, galt Lloyd mit einer Jahresproduktion von rund 50 000 Stück bereits als klein. Der Ausleseprozeß ging gnadenlos weiter. Um sich nicht von dem Newcomer aus Dingolfing überholen zu lassen, bot Lloyd 1956 ebenfalls ein 250-ccm-Auto an; es war der LP-Aufbau mit einer verkleinerten Maschine. Andererseits erkannte man in Bremen auch den Drang nach mehr Hubraum; der Lloyd kam auch als 600-ccm-Version.

Der harte Konkurrenzkampf kam den Kunden zugute. Während die Durchschnittseinkommen auf etwa 900 Mark anstiegen, waren in den letzten fünf Jahren die Autopreise gepurzelt. Erstmals konnten die Arbeitnehmer sich ein kleines Fahrzeug leisten, vom Motorroller oder Motorrad stieg man um ins Goggomobil, in die Isetta oder in den Lloyd.

Und da der Preissprung zwischen Volkswagen und Goggomobil nur rund 800 Mark betrug, wagten manche Bundesbürger gleich den Kauf eines Volkswagens. Endlich billigte nämlich Vater Staat auch den Arbeitnehmern eine Kilometer-Pauschale zu. Anfangs erhielten Autos über 200 ccm eine Pauschale von 50 Pfennigen pro Kilometer, während Fahrzeuge unter 200 ccm als Zweiräder eingestuft wurden und deren Besitzer nur 22 Pfennige pro Kilometer steuerlich zugestanden bekamen. Im Herbst 1956 änderte Bonn die Regelung, gestand nun Autos bis 500 ccm Hubraum eine Kilometer-Pauschale von 36 Pfennigen und größeren Wagen von 50 Pfennigen zu. Die Kfz-Steuer war bereits am 1. April 1955 von 18 auf 14,40 Mark pro 100 ccm gesenkt worden.

Das Wirtschaftswunder nahm eigentlich erst jetzt seinen Anfang. Der Bundesbürger gab durchschnittlich 131 Mark im Jahr für Alkohol, 87 Mark für Tabak und 13 Mark für Kinobesuche aus. Mit knapp 500 000 Arbeitslosen erreichte die Bundesrepublik den bis dahin tiefsten Stand nach dem Krieg. Die Vergleiche mit den „Friedenszeiten", der Zeit vor 1939, wurden seltener, das Volk lebte jetzt besser als damals.

In der Bundesrepublik wurden 1956 genau 910 996 Personenwagen gebaut, allein ein Drittel davon Volkswagen. Ein Jahr später übersprang die Pkw-Produktion zum erstenmal die Millionengrenze. Die Motorradzulassungen fielen um 38 Prozent, die Kleinwagen-Zulassungen stiegen um 33,1 Prozent.

Die Spirale nach oben war in Gang gesetzt. Die steigende Motorisierung brachte dem Volk weiteren Wohlstand, der wiederum in erster Linie zum Autokauf benützt wurde. Die Ansprüche stiegen aber auch, bald wollte der Bundesbürger kein Provisorium auf Rädern mehr. Das traf in erster Linie eigenwillige Konstruktionen wie die BMW Isetta, den Kleinschnittger, den Kabinenroller. Man wollte ein richtiges Auto mit Frontbug, vier Sitzen

und ein festes Dach über dem Kopf. Dem wurde das Goggomobil eher noch gerecht. Deshalb war sein Verkaufserfolg und der des Lloyd recht konstant. Noch 1957 wurde das Angebot an kleinen Limousinen größer. NSU erschien mit dem 600-ccm-Wagen „Prinz" und Glas brachte in dieser Klasse den „Isar 600/700". Wiederum verschoben sich die Maßstäbe: Der VW galt langsam als Kleinwagen, die 600-ccm-Autos als Kleinstwagen.

Die frühere 700-ccm-Klasse aus den Häusern Goliath und DKW war zur gehobeneren Mittelklasse mit 900-ccm-Motoren herangewachsen und konkurrierte nun ungewollt mit den 1,2- und 1,5-Liter-Modellen von Ford und Opel. In die verbliebenen Marktlücken setzten allerdings die Auto Union — und Monate später die Borgward-Gruppe — eine neue Klasse: die großen Kleinwagen. Zur Frankfurter Automobilausstellung im September 1957 brachte DKW den „Junior" heraus, ein elegantes und hochmodernes Fahrzeug mit Dreizylinder-Zweitakt-750-ccm-Motor und 34 PS. Schneller, größer und schöner als der biedere Volkswagen — aber nur wenig teurer. Ehe der Junior allerdings in Serie ging, hatte Borgward nachgezogen: Er brachte 1959 die Lloyd „Arabella" mit Vierzylinder-Viertakter, 900 ccm und 38 PS heraus. Den direkten Konkurrenten zum „Junior". Beide Wagen, der Junior und die Arabella, waren Kleinautos ohne die Kompromisse vergangener Notzeiten.

Sie knöpften allerdings weniger dem Volkswagen Kunden ab — der seinen Siegeszug in immer größeren Stückzahlen fortsetzte —, sondern eher der aufstrebenden 300-ccm-Klasse.

Ein technisches Zeitalter ging zu Ende: Eine Epoche der Kleinstwagen, die aus materieller Not heraus gebaut wurden. 15 Jahre nach dem Ende des Zweiten Weltkriegs gehörte die Bundesrepublik zu den Ländern mit den meisten Automobilen.

Die Notzeiten und Pionierleistungen derjenigen, die damals dem geteilten Volk auf die Räder helfen wollten, dürfen nicht in Vergessenheit geraten. Deshalb soll dieses Buch den Außenseitern im Automobilgeschäft gewidmet sein und das Schicksal wenig oder garnicht bekannter Autos und ihrer Schöpfer festhalten.

*Fritz Fend, Technischer Fertigungsbetrieb, Rosenheim*
*Fend-Fahrzeugbau GmbH, Rosenheim*
*Regensburger Stahl- und Metallbau*
*(Messerschmitt-Werk), Regensburg*
*Fahrzeug- und Maschinenbau GmbH*
*(Inh. Knott und Fend), Regensburg*

# König der Roller

In den bangen Tagen nach der Kapitulation wagten selbst Optimisten nicht mehr zu hoffen, daß jemals wieder deutsche Autos in größerer Serie gebaut werden würden. Daran glaubte auch der junge Fritz M. Fend nicht mehr. Er hatte im Mai 1945 gerade seine Uniform ausgezogen und bei einem Bauern für 8,50 Mark Wochenlohn Arbeit als Knecht gefunden. Der 25jährige Ingenieur hatte bis Kriegsende mit an neuen Fahrwerkskonstruktionen für die ersten Düsenjäger gearbeitet und wußte, daß die Besatzer Entwicklungsleute gerne als Kriegsgefangene mit ins eigene Land nahmen. Um dieser Verschleppung zu entgehen, gabelte er lieber Heu und reparierte Landmaschinen. Als die erste Panik in Deutschland vorüber war, wollte er wieder in den erlernten Beruf zurück. Nach einer kurzen Praktikantenzeit in einer Gießerei schrieb ihm der Vater, daß er auf Anordnung der Amerikaner den Lebensmittelladen in Rosenheim nicht weiterführen dürfe. So zog der Junior im Januar 1946 dorthin und führte ohne Begeisterung das elterliche Geschäft. Hatte er jedoch abends die Ladentüre abgeschlossen, so beschäftigte er sich mit dem Plan, ein Fahrrad mit Wetterschutz zu bauen. Denn dies schien Fend das Fortbewegungsmittel der Zukunft.

## Leistungsmessung auf der Treppe

Er stellte Grundsatzüberlegungen an; denn ein Fahrzeug, das mit Muskelkraft angetrieben wurde, durfte ja nicht viel schwerer sein als ein Fahrrad. Aber es galt nicht nur die Gewichtsfrage zu lösen. An einem Berg beispielsweise kann ein Fahrradfahrer einfach absteigen, bei einem verkleideten Fahrzeug geht das nicht. Also konstruierte Fend auch ein Getriebe, das ein Absteigen hinfällig machen sollte. Er mußte allerdings erst einmal klären, welche Leistung ein Mensch schaffen kann. Da Fend keinen Zugang zu den notwendigen technischen Unterlagen hatte, griff der Lebensmittelhändler zur Selbsthilfe. In einem hohen Treppenhaus nahm er Leistungsmessungen an sich selbst vor. Mit verschieden schweren Gewichten im Rucksack rannte oder trottete er die Stufen auf und ab.

Dabei stoppte er die Zeiten und notierte genau, was er als Dauerleistung, erhöhte Dauerleistung und als Kurz- und Spitzenleistung empfand. Die Übersetzungen seines künftigen Getriebes simulierte Fend mit den Stufen. So entsprachen zwei oder drei Stufen – auf einmal genommen – einer langen Übersetzung, kleine Stufen einer kurzen Übersetzung. „Bei sehr kleinen Treppenabsätzen kommt sehr schnell die Grenze der Leistungsfähigkeit", notierte Fend, „weil die Beine mit dem Austrippeln der einzelnen Stufen einfach nicht mehr mitkommen." Alle ermittelten Daten trug der Rosenheimer sorgfältig in Diagramme ein und entdeckte, daß eine Hin- und Herbewegung der Füße, wie sie auch bei Kindertretautos üblich ist, mehr Leistung bringt als die übliche Drehbewegung an Fahrrädern.

## Betrieb ohne Arbeit

Trotz Materialknappheit blieb es nicht bei Plänen. Aus alten Holzlatten baute Fend das Modell seines Tretfahrzeugs. Hauptsächlich diente die Form dazu, die beste Sitzposition zu ermitteln. Denn um menschliche Kräfte optimal zu übertragen, bedurfte es einer besonderen Haltung, die weder zu flach noch zu steil sein konnte. Streng achtete der 26jährige darauf, daß alle Teile mit einfachsten Mitteln herzustellen waren. Fend hatte nun erstmals eine klare Vorstellung davon, wie sein „Flitzer" aussehen würde.

Jetzt wollte er sich selbständig machen, um das Fahrzeug zu bauen und weiterentwickeln zu können. Doch er wußte, daß dies Utopie war: Rohmaterial konnte Fend selbst gegen hochwertige Waren kaum auf dem Schwarzen Markt erstehen.

Im Spätsommer 1946 hing dann doch das Schild „Technischer Fertigungsbetrieb Fritz M. Fend" an einer altersschwachen Holzhalle auf dem Rosenheimer Industriegelände. Was man damals unter Industrie verstand, sah Fend in der Umgebung. Mit primitivstem Werkzeug arbeitete man oft uralte Wehrmachtsbestände in sogenannte Friedensware um. So stanzte beispielsweise der Nachbar aus Vollgummireifen der früheren Armee Gummibänder.

Fend war noch ärmer dran, denn ihm fehlte nicht nur das Arbeitsgebiet, sondern auch die Betriebslizenz. In den folgenden Monaten beschränkte sich seine Tätigkeit darauf, die alte Halle abzudichten und von Behörde zu Behörde zu hasten, um die offizielle Genehmigung zum Führen eines Betriebes zu erhalten. Nebenbei tauschte der ehrgeizige junge Mann Fotoapparate und Schmuck aus Familienbesitz auf dem Schwarzen Markt gegen Schweißgeräte und Werkbänke. Als er schließlich sogar eine kleine Drehbank erstanden hatte, blieb auch der erste kleine Lohnauftrag nicht aus.

Das Glück war für ihn erst komplett, als ihm die Besatzer im April 1947 die Genehmigung erteilten, einen „technischen Fertigungsbetrieb" zu eröffnen. Fend hatte den Namen mit Bedacht so nichtssagend gewählt, weil er nicht wußte, in welcher Branche er sich in Zukunft würde über Wasser halten können.

Einige weitere Lohnaufträge sicherten bald das nötige Existenzminimum, so daß Fend nebenher seine Fahrzeugpläne wieder aus der Schublade holen konnte. Unter erheblichen Materialschwierigkeiten bastelte Fend am ersten Chassis und zimmerte mit seinen beiden Arbeitern die nötigsten Teile an den fahrbaren Untersatz.

Am 5. Oktober 1947 war es soweit: Bei Anbruch der Nacht schob Fend das kleine Dreirad vor die Werkstatt-Tür. Als sich Fend aber ans Lenkhorn setzte, merkte er, daß die Lenkung genau verkehrtherum einschlug. Doch deshalb verschob er die Probefahrt nicht: „Du hast soviele Flugzeuglenkungen gesteuert, die nach irgendwelchen Richtungen gingen, also ist das auch zu schaffen." Angetrieben von dem Fuß-Pendel-Antrieb fuhr das kleine Dreirad durch die einsamen und dunklen Straßen von Rosenheim — mit Geschwindigkeiten, die bei 25 km/h gelegen haben mögen.

Antrieb und Chassis hatten ihre Bewährungsprobe bestanden. Blieb das Problem, eine leichte passende Verkleidung zu finden, denn an dünnes Blech war nicht heranzukommen. Mit Wasserglas, einem Silikat, das Hausfrauen zum Einlegen von Eiern benutzen, leimte der findige Fend Schicht um Schicht altes Zeitungspapier aufeinander. An einem kleinen Holzmodell seines Flitzers probierte er die Billigst-Verkleidung aus. Doch er sah bald ein, daß sich die neuartige Karosseriehaut nur für schönes Wetter eignete, im Regen sog sie sich voll Wasser. Also blieb das Chassis erst einmal ganz ohne Verkleidung. Ein Punkt schien erreicht, wo es einfach kein Weiterkommen gab.

Eines Tages polterte ein Doppelbeinamputierter auf einem Rutschbrett in Fends Halle. Mit affenartiger Geschwindigkeit schwang er sich auf die nächste Werkbank. „So, hier bleib ich sitzen. Ich mag dieses Ding nicht mehr", klagte er und deutete auf das kleine Brett, „das macht mich noch verrückt vor Schmerzen." Viele Kriegsversehrte benützten damals solche kleinen Holzbretter mit Eisenrädern an jeder Ecke und schoben sich mit zwei Stöcken vorwärts. Fend erkannte seine Chance; denn Betriebe, die für Kriegsinvaliden Fahrzeuge bauten, wurden von deren Verband (VDK) unterstützt und konnten deshalb auch von den Besatzern mit Materialzuteilungen rechnen. Dagegen hatten Firmen, die keine geregelte und von den Besatzern bevorzugte Produktion nachweisen konnten, nur geringe Aussicht auf Anrechtscheine zum Bezug von Rohmaterialien.

Innerhalb weniger Wochen baute Fend aus alten Abfall-Blechteilen ein kleines Dreirad mit einem Sitz und einem Hebel in der Mitte. Wie bei — als Holländer bezeichneten — Kinderautos ließ sich das Fahrzeug mit diesem Hebel lenken und gleichzeitig durch Vor- und Zurückdrücken vorwärtsbewegen. Die Vorarbeiten zu diesem Fahrzeug erforderten sehr viel Arbeit. Allein die Beschaffung der Stanzabfälle bei den Eisenhändlern kostete viel Zeit. Aus den — meistens geraden — Blechstücken wurden die nötigen Vierkantrohre mit dem Hammer zurechtgeklopft. Aus alten Autoreifen schnitten Fend und seine Leute kleine Stücke, die sie zu passenden kleineren Reifen wieder zusammenpusselten.

### Das Muskel-Dreirad mit Motor

Daß Fend aus Abfallprodukten ein kleines Fahrzeug gebaut hatte, sprach sich in Windeseile herum, und bald interessierte sich auch der Versehrtenverband dafür. Er bestellte in den nächsten Monaten weitere 50 dieser seltsamen Gestelle, die so sehr an Daimlers erste Benzinkutsche erinnerten. Fends Invalidenfahrzeug kostete 200 Reichsmark, und das war nicht viel in einer Zeit, in der die Währung schon nichts mehr wert war.

*Fritz M. Fend mit seinem Flitzer: Durch Vor- und Zurückdrücken des Lenkhebels bewegte sich das Dreirad von der Stelle.*

Die Pläne für das „große Fahrzeug" (Fend) waren solange in der Schublade geblieben, bis die Idee aufkam, auch dieses Ding als rollenden Versehrten-Stuhl anzubieten. In das noch vorhandene und unverkleidete Fahrgestell baute der Rosenheimer statt des Fuß-Pendel-Antriebs den Holländer-Antrieb. Dann fuhr der Firmenchef zum Versehrten-Verband. Fend legte klar, daß in einem vollverkleideten Fahrzeug die Invaliden endlich wettergeschützt säßen und daß außerdem durch den Aufbau das Gebrechen des Fahrers verdeckt werde, was sich psychologisch recht positiv auswirken müßte. Das sah auch der VDK ein. Auf dessen Fürsprache erhielt Fend Materialzuteilungen, womit er endlich Rohre und Bleche kaufen konnte.

Das komplette Musterfahrzeug lief am 19. Juni 1948 – einen Tag vor der Währungsreform – zum ersten Male komplett mit Aufbau durch Rosenheim. Mit drei Fahrrad-Rädern und der Kabine, die so sehr an eine Flugzeugkanzel erinnerte, fand Fends Flitzer auf Bayerns Straßen enormes Aufsehen.

Das sprach sich sogar bis zum Arbeitsministerium in München herum. Der Minister bat Fend persönlich, sein Mobil doch einmal in der bayerischen Landeshauptstadt vorzuführen. Fend ruderte also mit seinem Flitzer zum Rosenheimer Bahnhof und verlud das Gefährt im Gepäckwagen des Zuges.

Im Hof des Arbeitsministeriums warteten schon Staatssekretäre und Beamte. Und sofort nach der Ankunft wollte jeder der Staatsdiener selbst einige Runden mit dem Muskel-Dreirad drehen. Fends einzige Sorge war, daß sich etwa ausgerechnet der Minister die Finger an der aufklappbaren Kanzel klemmen könnte.

Der Flitzer gefiel so gut, daß der Rosenheimer gleich einen Auftrag über fünf Stück mit nach Hause nahm. Für den Konstrukteur war dieser Groß-Auftrag ein wichtiges Aushängeschild. Er hatte nun die Möglichkeit, eine Serie vorzubereiten.

Die Währungsreform wehte die bösen Träume vom unterentwickelten Deutschland etwas weg. Ab und zu tauchten Fahrrad-Hilfsmotore mit 35 ccm Hubraum auf. Fend kaufte sich ein solches Aggregat und baute es im September 1948 versuchsweise in seinen Flitzer ein. Das war der erste Schritt weg vom ursprünglichen Konzept, ein von Körperkraft getriebenes Fahrzeug zu bauen. Die Fahrversuche überraschten alle, denn das kleine Dreirad rauschte mit einer „Mordsgeschwindigkeit" (Fend) von 40 km/h durch die Stadt. Für solch hohe Geschwindigkeiten waren Lenkung und Federung aber gar nicht eingerichtet.

*Durch die Zeitungen ging damals dieses Bild eines Ge-
lähmten, der mit seinem Fend Flitzer rund 6000 Kilometer durch Deutschland gefahren war.*

*Die nächste Entwicklungsstufe: Fend Flitzer mit Schub-
karren-Reifen.*

Während in der Holzhalle noch der Staatsauftrag abgewickelt wurde, experimentierte der Chef sehr intensiv
mit dem Motor-Flitzer herum. Sicherheitshalber behielt
er den Hau-Ruck-Antrieb bei, denn bei Defekten bewährte sich die Muskelkraft noch immer.

Jeder Polizist in Rosenheim kannte inzwischen das ko-
mische Ding vom Industriegelände. Obwohl Fend ohne
Nummernschild die Straße entlang tuckerte, hielt ihn
niemand an. Dieses Dreirad paßte nämlich nicht recht
in die Gesetzbücher. War es ein verkleidetes Fahrrad
mit Motor, ein Motorrad mit Verkleidung oder gar ein
richtiges Auto?

Unverhoffte Publicity bekam Fend, als eines Tages Reporter einer Illustrierten einen großen Bericht vom Rosenheimer Flitzer brachten. Hier hatte sich allerdings
der Druckfehlerteufel eingeschlichen und aus den bescheidenen 35 ccm ganze 350 ccm Hubraum gemacht.
Für den — richtig gedruckten — Preis von 900 Mark
empfanden viele Leser den Flitzer als richtiges Dis-
kount-Angebot. Entsprechend war die Reaktion. Wasch-
körbeweise schleppte der Briefträger Anfragen aus allen Teilen Westdeutschlands in den Fertigungsbetrieb.
Der Trend zum stärkeren Motor war also damals schon
vorhanden, und Fend hatte ihn erkannt. Sein neuer
Versuchs-Flitzer besaß nämlich einen 100-ccm-Motor
von Fichtel & Sachs. Und um die 2,25 PS auf die Straße
zu bringen, arbeitete Fend zu diesem Zeitpunkt schon
daran, den Flitzer für noch höhere Geschwindigkeiten fit
zu machen.

Die bisher verwendeten Transportfahrräder reichten dazu nicht mehr aus, zudem waren sie nur eine Notlösung
gewesen. Da es im Frühjahr 1949 noch keine Autoreifen
in kleiner Größe zu kaufen gab, verwendete Fend
Schubkarrenreifen, die allerdings nur ein Laufrillenprofil
aufwiesen. Deshalb beließ man wenigstens hinten das
Fahrrad-Rad. Mit dem stärkeren Motor erreichte der
Flitzer Geschwindigkeiten um 60 km/h, und Kauf-Inter-
essenten bot Fend gleich das neue Modell an.

Das erste Fahrzeug verkaufte Fend an einen Quer-
schnittgelähmten in Offenbach bei Frankfurt. Da der
Konstrukteur sein Fahrzeug sowieso dem Motorenliefe-
ranten Fichtel & Sachs vorzeigen wollte, fuhr der Boß
der Wagen selbst zum Kunden. Die Sachs-Techniker in
Schweinfurt waren schon immer darauf bedacht, Ein-
baufälle mit ihren Motoren selbst zu beurteilen, um op-
timale Ausnützung sicherzustellen. Vom Chef der Moto-
renentwicklung bei Fichtel & Sachs erhielt Fend damals
ein Lob: „Dös g'fallt mer." Die Achse Rosenheim—
Schweinfurt entwickelte sich besonders freundschaftlich.

Die Weiterfahrt nach Offenbach bereitete Fend dann Kopfzerbrechen. Der kleine Motor hatte keine richtige Gebläsekühlung und die Luftleitschächte der Karosserie nützten nur dann, wenn der Wind von vorne blies. Verlangsamte sich die Fahrt an steilen Bergen, bestand Gefahr, daß das luftgekühlte Herz des Flitzers einen Hitzschlag erlitt. Um der Gefahr aus dem Wege zu gehen, zog Fend aus seinem Pullover einen Faden und befestige ihn am Rückspiegel. Wurde der Faden vom Luftstrom nach hinten gezogen, hatte der Rosenheimer auch die Gewißheit, daß dem Motor genug Luft in die Rippen wehte.

Vor allem zu Anfang erschwerten die Zulieferer den Serienbau. Sie lieferten an Fend oft falsche oder qualitativ minderwertige Ware an. Deswegen blieb Fend auch einmal auf der Autobahn liegen. Im nächsten Dorf stellte sich dann heraus, daß gar kein Benzin mehr im Tank war, weil nämlich die Zulieferer-Firma anstatt der bestellten Fünfliter-Tanks nur solche mit drei Litern Inhalt geliefert hatte.

Überall, wo Fend mit seinem Flitzer auftauchte, stauten sich die Neugierigen, denn das Interesse an fahrbaren Untersätzen und billigen Mobilen war groß. Als Fend wieder einmal nach München fuhr, parkte er sein Gefährt für einige Minuten in der Schwanthaler Straße. Als er zurückkam, umlagerte wieder einmal eine riesige Menschentraube den Flitzer. Seine Worte „Laßt mich durch, ich will zu meinem Fahrzeug" stießen aber diesmal auf taube Ohren. „Wir auch", schrie ein Mann aus dem Gedränge zurück. Die Versicherung von Fend, er sei der Besitzer, galt nicht. Das könne ja jeder sagen, brummten die Umstehenden und rückten noch enger zusammen. Mit viel Ellenbogenkraft gelang es Fend, bis in die Nähe des Fahrzeugs vorzudringen, als sich plötzlich vor ihm das Dach des Flitzers über die Köpfe der Menschenmenge erhob. Einige kräftige Männer hatten die Gelegenheit genützt, den leichten Kabinenroller von unten anzusehen.

## Der Handschuh als Bremse

Als am 7. April 1949 die Technische Messe in Frankfurt ihre Pforten öffnete, fehlte Flitzer-Fend nicht. Da auf dem Ausstellungsgelände für ihn kein Platz mehr war, stellte sich der Rosenheimer keck an den Eingang. Kurze Zeit später versperrte ein Menschenauflauf den Zugang zur Ausstellung, was sofort die Polizei auf den Plan rief. Fend räumte seinen „Stand" und zog einige

Ecken weiter. Auch hier das gleiche Spiel: Menschentrauben, die den Verkehr beeinträchtigten, und die Polizei, die Fend zum Weiterwandern zwang.

Schon zu Anfang 1949 begannen Versuche, den damals hochmodernen Riedel-Motor mit liegendem Zylinder (100 ccm) und 4,5 PS in den Flitzer einzubauen. Da auch dieser Motor kein Gebläse besaß, bastelte Fend ein eigenes.

Der findige Konstrukteur — wie immer, knapp bei Kasse — baute dann wiederum ein Versuchs-Chassis, an das nichts weiter angebracht war wie der Riedel-Motor, Räder und Federung. Es besaß keine Kupplung, keinen Auspuff und keine Kotflügel. Das Primitiv-Fahrgestell schob man im großen Gang an und sprang dann auf. Da der Rosenheimer Mobilbauer auch an den Bremsen gespart hatte, lag neben dem Versuchsfahrer immer ein Handschuh, mit dem er während der Fahrt hinter sich griff und den Kerzenstecker herauszog, wenn man anhalten wollte.

Drei Gänge — statt der zwei des Sachs-Motors — machten den neuen Flitzer bergfreudiger. Mit den 4,5 PS brachte es das leichte Dreirad auf etwa 70 km/h. Die ungleiche Bereifung fiel nun endlich weg. Fend konnte damals Reifenhersteller Dunlop überzeugen, auch kleine Reifen mit Profil zu produzieren. Durch die bessere und sicherere Bereifung konnte man wiederum die Federung wesentlich verbessern, und die Straßenlage profitierte von den drei gleich großen Rädern.

Die Roadster-Version erhielt nun ein Verdeck aus durchsichtigem Kunststoff, das seine Festigkeit durch aufblasbare Rippen erhielt. Die Neuigkeit bewährte sich jedoch nicht; den Luftrippen fehlte die Festigkeit im Fahrtwind.

## Teilhaber ohne Kapital

Mit einem Flitzer startete Fend eines Tages ins Gebirge, denn das neue Gebläse sollte immer schwierigere Bewährungsproben bestehen. Er fuhr auf Bergpfaden, die eigentlich für Fahrzeuge gar nicht zugelassen waren. Fend quälte seinen Einsitzer einen Steilhang bis zur Berghütte hinauf. Oben riß zu allem Unglück das einzige Bremsseil. „Irgendwie muß ich ja wieder runter," dachte Fend, schwang sich an die Lenksäule und ließ den Flitzer rollen. Nach dem ersten Steilhang merkte Fend, wie sich sein Fahrzeug zum Geschoß entwickelte: Er kletterte während der Schußfahrt vorsichtig auf den Sitz des türlosen Roadsters und sprang mit einem schnellen

*Großes Aufsehen erregte der junge Fend überall dort, wo er mit seinen Mobilen auftauchte. Mit 4,5 Pferdestärken im Heck schaffte das Dreirad immerhin Tempo 70.*

Satz hinaus. Dann klemmte Fend von außen den Ellenbogen über die Seitenwand und bremste mit gespreizten Beinen die ganze Rutschpartie ab. Hinter einer Geröllhalde kam er endlich zum Stehen. Der Flitzer blieb ganz, die Schuhe waren hin.

Neben den Flitzern entstand im Sommer 1949 ein Lastenroller. Eine Pritsche mit zwei Rädern vorn, dahinter dann ein mopedähnlicher Aufbau. Fahrer und Motor belasteten das hintere einzelne Rad. Die Geländegängigkeit dieses Nutzfahrzeugs fand Ingenieur Fend derart gut, daß seine Mannschaft damals sogar einige ADAC-Geländefahrten mit dem Lastenroller probierte.

Das Geschäft lief gut, und die Holzhalle in Rosenheim,

aus der nun zehn Fahrzeuge pro Monat rollten, hatte bald ihre Kapazitätsgrenzen erreicht. Wollte Fend weiterhin gut im Geschäft bleiben, brauchte er eine breitere Kapitaldecke.

Per Zeitungsannonce suchte er nach Geldgebern. Es meldeten sich Leute, die mit großen Worten eine Massenproduktion in Aussicht stellten. Fend war beeindruckt. Doch so recht wollte niemand anbeißen: Sobald Fend bares Geld sehen wollte, um Bauten und Produkt zu erweitern und zu verbessern, zogen sich die feinen Herren dezent zurück.

Schließlich fand der Bayer einen Partner in einer Münchener Firma, die — vollkommen branchenfremd — nach

32

*Auf der Suche nach einem billigen und leichten Verdeck, erprobte man aufblasbaren, durchsichtigen Kunststoff – System Luftmatratze.*

dem Krieg als erste eine Elektromesse veranstaltet hatte und als Erfolg plötzlich über volle Kassen verfügte. Zusammen mit einigen anderen Partnern gründete man im Winter 1951/52 die „Fend Kraftfahrzeug GmbH." mit Sitz in München. Doch nach der Firmengründung wollte es nicht recht weitergehen. Fend sah wiederum kein Geld, baute zwar weiterhin seine Flitzer – nur verdienten jetzt mehrere Leute am Verkauf.

Als Fend seinen Mitgesellschaftern nach einiger Zeit klarmachte, daß nun die Produktion erweitert werden müsse, stellte sich heraus, daß die früher so reiche Firma inzwischen wieder verarmt war und von den anderen Partnern auch nichts zu erwarten war.

Fend erhielt den Rat, sich doch ans Regensburger Messerschmitt-Werk zu wenden. Die früheren Flugzeugwerke suchten neue Erzeugnisse für die leeren Fabrikhallen. Die „Fend Kraftfahrzeug GmbH" wurde aufgelöst. Die Geschäftspartner, die nichts eingebracht hatten, ließen sich nun von dem Rosenheimer auch noch abfinden.

## Messerschmitt steigt ein

Vollbepackt mit Konstruktionszeichnungen fuhr Fritz M. Fend im Januar 1952 nach Regensburg. Im Büro von Professor Willy Messerschmitt erläuterte Fend, wie er sich die Weiterentwicklung des Flitzers vorstellte.

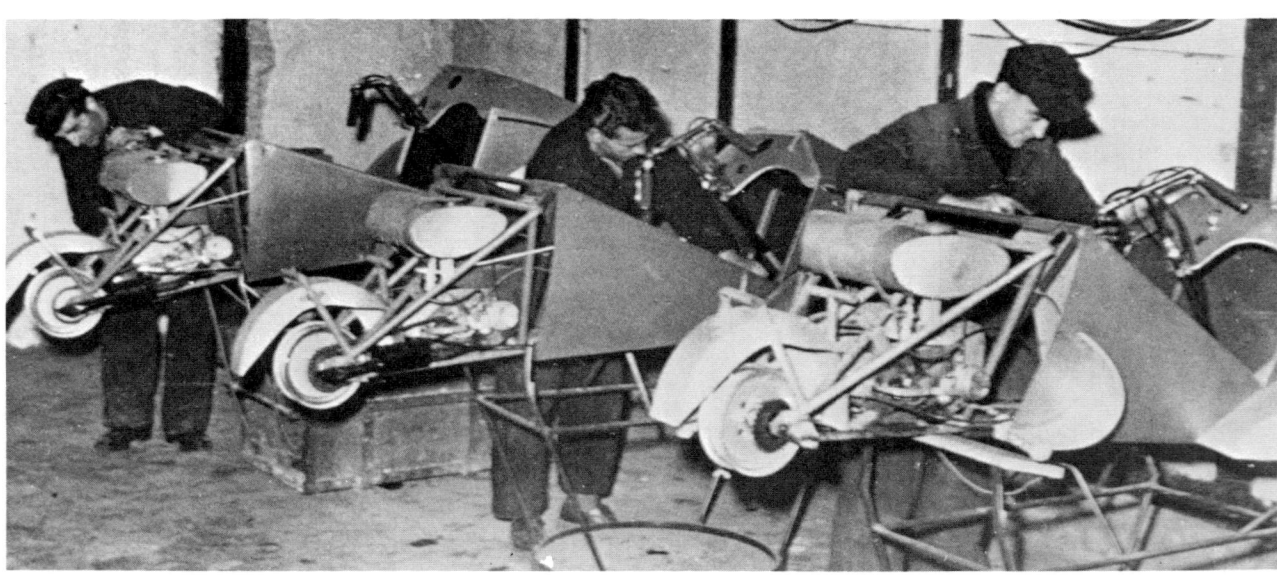

*Serienbau in der Rosenheimer Holzhalle.*

Es war nicht die erste Begegnung mit dem weltberühmten Flugzeug-Konstrukteur. Im zweiten Weltkrieg hatte der junge Ingenieur Fend den Technik-Routinier („Fassen Sie sich kurz, junger Mann, ich begreife schnell") durch neue Grundsatzüberlegungen für Fahrwerke sehr schnell fliegender Maschinen beeindruckt. Dem barschen Messerschmitt schien Fend's Konstruktionstalent nähere Betrachtung wert. Nach dem Krieg hatten sich beide aus den Augen verloren.

Jetzt saßen sie sich wieder gegenüber: Ingenieur Fend, der nun mit Rollermobilen sein Geld verdiente und Flugzeugbauer Messerschmitt, der in seinen Hallen keine Flugzeuge mehr bauen durfte.

Er ließ hier nach dem Krieg Eisenbahnwaggons reparieren, Stahl- und Brückenteile bauen und produzierte alles, was Geld brachte, ob Holzbearbeitungsmaschinen oder Ladenregale. Messerschmitt suchte immer noch ein Produkt, mit dem das Programm abgerundet werden könnte. Durch Vermittlung dritter, die dafür eine hohe Provision kassierten, saßen nun beide zusammen und planten die Zukunft.

Der Flugzeugprofessor wollte jedoch Fends einsitzigen Flitzer nicht und griff sofort zum neuen Plan, den der stämmige Fend ausgeheckt hatte: Einen Kabinenroller mit zwei hintereinander angeordneten Sitzen und Plexiglashaube, die sich zum Einstieg seitlich wegklappen ließ. Außerdem sollte der Lastenroller unverändert ins Programm aufgenommen werden.

Messerschmitt wollte den Kabinenroller in Regensburg in Lizenz bauen, während die Weiterentwicklung bei Fend in Rosenheim laufen sollte. Im Frühjahr 1952 war der Handel abgeschlossen.

Mitte 1952 bastelte man in Rosenheim die ersten Prototypen des Fend-Kabinenroller (kurz: FK 150) zusammen. Im Heck saß ein 150-ccm-Fichtel & Sachs-Motor, der 6,5 PS leistete. Die Plexiglashaube bestand aus mehreren Teilen, weil es technisch nicht möglich war, alles aus einem Guß zu bauen. Die Erprobungsfahrten führten unter anderen zum Großglockner, was auch im allerersten Prospekt nicht verschwiegen wird: „Die Gebläsekühlung ermöglicht die Überwindung längster Steigungen ohne den Motor zu überhitzen oder zu überanstrengen. So brauchen Sie selbst auf das Erlebnis der Überquerung von hohen Alpenpässen nicht zu verzichten."

„Dieser ideale Dreiradroller wird sich in Kürze die Freundschaft aller derjenigen erobern, denen die Kosten eines Autos zu hoch sind und deren Ansprüchen ein Motorrad nicht genügt", versprach der Werbetext. Kupplung und Schaltung waren in einem Hebel zusammen-

*Professor Willy Messerschmitt (links) und Fritz M. Fend (rechts) wurden 1952 handelseinig. In Messerschmitts Regensburger Werk sollte der Flitzer in Großserie gebaut werden.*

gefaßt. Eine Schiene am Schaltknüppel kuppelte gleichzeitig mit der Schaltbewegung aus und mit dem Zurückspringen der Ratschenschaltung wieder ein. Später sollte sich aber zeigen, daß dieses einfache System nicht für den Alltagsbetrieb taugte. Denn die Kundendienststellen stellten diese Automatik oft falsch nach, was dann zu Kupplungsschäden führte.

Pünktlich zum Genfer Automobilsalon im März 1953 rollten die ersten zehn Vorserien-Exemplare von den Produktions-Böcken. Ein Kabinenroller wurde sofort in eine Kiste genagelt und als Ausstellungsstück in die Schweiz geschickt. Fend wollte es sich aber nicht nehmen lassen, dem internationalen Publikum den nun „Messerschmitt" getauften Kabinenroller (kurz: KR) vorzuführen. Der KR 175 ließ die Fachwelt schon auf Grund seines berühmten Namens aufhorchen und mit seinem Preis von 2100 Mark traf er genau zwischen die wenigen Kleinstwagen und Motorräder, sowie die in Mode gekommenen Motorroller.

„Die Grundidee des Kabinenrollers ist goldrichtig", lobte damals ADAC-Motorwelt. Man nannte ihn „Käseglocke" oder „Schneewittchensarg", die Insassen wurden scherzhaft als „Menschen in Aspick" bezeichnet. Doch das Mobil mit der Plexiglas-Haube verkaufte sich gut. Bis zu 80 Exemplare wurden pro Tag in Regensburg gebaut. In der Klasse bis 360 ccm blieb der Kabinenroller der einzige in industriellen Serien gefertigte Kleinstwagen, mit Abstand gefolgt vom Kleinschnittger F 125 und dem Fuldamobil.

Als der Preis des Kabinenrollers aber auf 2470 Mark heraufgesetzt wurde, stagnierte der Absatz. Doch nach einiger Zeit hatte sich die Kundschaft auch an den etwas höheren Preis gewöhnt. Für Professor Messerschmitt war diese Kundenreaktion aber eine Warnung, den angepeilten Preis von 2700 Mark doch nicht zu realisieren. „Verdient hat es der Kabinenroller, daß ihm seine Väter die letzten Untugenden abgewöhnen", hatten die Tester des Fachblatts „Das Auto" schon 1954 geschrieben und damit die schlechte Motoraufhängung und die damit verbundene hohe Geräuschkulisse unter der „Käseglocke" bemängelt. Nach dem ersten Produktionsjahr hatten die Regensburger schon einige Detailverbesserungen vorgenommen. Der Schaltautomat wurde durch eine getrennte Fußkupplung und einen verkürzten Schalthebel ersetzt. Anstatt des Kickstarters mit Handzug baute man nun eine Dynastart-Anlage ein, die Gleichstromanlage speisten zwei Batterien.

An weiteren Verbesserungen arbeitete Fend. Im Frühjahr 1954 baute er einen Kabinenroller mit einer

*Bis hinauf zur Spitze des Groß-Glockners gingen damals die Versuchsfahrten mit den Kabinenroller-Prototypen.*

gefälligeren Form. Im Heck arbeitete nun ein Zweizylinder-Zweitakt-Riedel-Motor mit 200 ccm und acht Pferdestärken, die dem neuen Kabinenroller zu einer Spitze von 100 km/h verhalfen. Fend war beeindruckt von der Laufruhe des Riedel-Aggregats und hätte diesen Twin gerne in die Regensburger Serie eingeführt. Es war aber damals schon abzusehen, daß die Riedel-Werke den immer härter werdenden Wettbewerb nicht durchhalten konnten; deshalb kehrte man zu Fichtel & Sachs zurück. Hier gab es nun ebenfalls einen 200-ccm-Motor zu kaufen — allerdings mit nur einem Zylinder.

Um das neue Modell gründlich zu erproben, fuhr Fend's Mannschaft einige Prototypen Tage und Nächte hintereinander, bis der Tachometer jeweils 25 000 Kilometer anzeigte.

**Der Düsenjäger des kleinen Mannes**

Im Frühjahr 1955 feierte der Messerschmitt Kabinenroller KR 200 sein Debüt. Er war nicht nur äußerlich eleganter. Unterm Blech wurde er völlig überarbeitet. Er besaß

- hydraulische Stoßdämpfer an allen Rädern
- Motor in drei Punkten gummigelagert, Kette im Ölbad, Kettenkasten zugleich Schwingarm für das Hinterrad
- 200-ccm-Motor mit 10 PS
- größerer Tank (14 Liter statt 12 Liter)

*Bereits 1954 war der Prototyp zu einem Kabinenroller mit 200-ccm-Motor fertig.*

- statt motorradähnlichen Drehgasgriff am Lenker, nun Bedienungsorgane „nach Automobilnorm" („Das Auto")
- breitere Spurweite vorn (1080 statt 920 mm)
- Rückwärtsgänge (Für Rückwärtsfahrt wurde der Motor nach Abstellen und Auslaufen im umgekehrten Drehsinn angelassen)
- verbesserter Innenraum

Die Fahrleistungen überraschten die Fachpresse. Zwar erreichten die 10-PS-Kabinenroller die im Prospekt versprochenen 100 km/h meist nicht, aber die Beschleunigung von 0–80 km/h (in 35,0 Sekunden) begeisterte einen Tester derart, daß er vom „Düsenjäger des kleinen Mannes" schrieb.

Überhaupt wurde dem Messerschmitt KR 200 bescheinigt, daß er der „einzige Kleinfahrzeugtyp um 2500 Mark ist, der tatsächlich eine vollkommene Harmonie von Motortemperament und Fahreigenschaften bietet". Doch 1955 wurden auch erste Zweifel an der Zukunft des Kabinenrollers laut: „Man könnte eine gewisse Tragik darin sehen, daß der Kabinenroller gerade in der Zeit, als er mit dem Schritt vom KR 175 zum KR 200 zu bemerkenswerter Perfektion entwickelt wurde, so eindrucksvolle Konkurrenten erhielt: die Mobile mit nebeneinanderliegenden Sitzen. Ihnen gegenüber muß der Kabinenroller in seiner Grundlage etwas spartanisch anmuten, und es mag manchem Betrachter so erscheinen, als ob hier ein Pioniertyp seine Schuldigkeit getan habe . . ." (Paul Simsa in „Das Auto, Motor, Sport").

Die ersten Unkenrufe verhallten. Trotz der neuen BMW-Isetta – als Konkurrent mit nebeneinanderliegenden Sitzen – verkaufte sich der Kabinenroller so gut wie nie zuvor. 11 909 Stück dieser kleinen „Düsenjäger" fanden 1955 ihre Käufer. Sogar etwas mehr, als in zwei Jahren vom Vorgängertyp gebaut worden waren.

Mercedes-Benz schwamm in dieser Zeit in einer Welle von Sporterfolgen und demonstrierte, wie werbewirksam doch Siege auf der Rennpiste sein konnten. Deshalb beschlossen auch Messerschmitt und Fend mehr Wert auf sportliches Image zu legen. Man baute einen serienmäßigen KR 200 zu einer Rennversion um. Die Plexiglas-Haube wurde abgenommen und durch einen hautengen Aufsatz ersetzt, der lediglich einen Ausguck für den Kopf des Fahrers ließ. Die Innenraumausstattung reduzierten die Rosenheimer bis auf ein Minimum ab, und die Kotflügel paßte man stromlinienförmig der höheren Geschwindigkeit an. Der serienmäßige 200-ccm-Motor erhielt einige Modifikationen und leistete nun 13 PS.

Im Herbst 1955 startete Messerschmitt mit viel Pressewirbel Rekordfahrten auf dem Hockenheimring. Anfangs lief alles wie berechnet: Das kleine Dreirad jagte mit 130–140 km/h dahin und hielt einschließlich Tanken, Reifen- und Fahrerwechsel mühelos einen Schnitt von 107 km/h. Als die Dunkelheit hereinbrach, senkte sich dichter Nebel über die Strecke, um ein Haar wäre alles umsonst gewesen, weil der Rundendurchschnitt auf 95 km/h sank und das unter den bestehenden Rekorden lag. Um nicht aufgeben zu müssen, zündete Fend schließlich die Strohballen am Fahrbahnrand an, um den Fahrern die Orientierung zu erleichtern. Der Kabinenroller schaffte es; er stellte 25 neue Weltrekorde auf. Aber Messerschmitt mochte sich des großen Erfolges seines Mobils nicht mehr recht freuen, denn um diese Zeit war der Karo (Kurzform für Kabinenroller) schon kein Geschäft mehr. Wie Experten damals vermuteten, war daran eine mangelnde Einkaufsplanung und eine schlechte Arbeitsvorbereitung schuld. Außerdem ging der Trend der Käufer eindeutig zum größeren Fahrzeug. Zum Jahresende 1955 lasteten auf dem Messerschmittkonzern, in dem die Kabinenrollerfertigung nur ein Teilbereich war, Schulden von fünf Millionen Mark, für die jedoch das bayerische Wirtschaftsministerium bürgte. Da angeblich der damalige Bundesverteidigungsminister Theodor Blank Professor Messerschmitt versprochen hatte, seine neuen Flugzeugkonstruktionen würden zum Standardmodell der neu aufzubauenden Bundeswehr, glaubte man in München noch, Messerschmitt werde bald viel Geld aus Bonn bekommen.

Die stolze Mannschaft und das Rekordfahrzeug: Auf dem Hockenheimring hatte der modifizierte KR 200 im Herbst 1955 25 neue Weltrekorde aufgestellt.

In der Hoffnung, mit der Bundeswehr ins Geschäft zu kommen, entwickelte Fend einen symetrisch ausgelegten Geländewagen mit zwei völlig getrennt arbeitenden Motoren. So konnte sich das Auto zur Not selbst anschleppen und aus zwei defekten ließ sich ein ganzer Wagen herstellen.

Die Kabinenrollerproduktion rutschte ins Minus. Jeden Monat kostete sie 150 000 bis 200 000 Mark und verschlechterte die Bilanz des gesamten Konzerns.

Als der Staat bei Vergabe der ersten Flugzeugaufträge forderte, der Flugzeugprofessor müsse sich von seinen verlustbringenden Produktionszweigen trennen, fiel ihm der Entschluß leicht, sein Regensburger Werk Mitte 1956 an den bayerischen Staat abzutreten.

Vater Staat fürchtete nämlich, daß Subventionen, die für den Flugzeugbau bestimmt waren, auch der Kabinenrollerproduktion zufließen könnten. Mit der Ausgliederung des Werkes und der Übernahme durch das Land Bayern war plötzlich die Münchener Landesregierung für wenige Monate Kabinenroller-Fabrikant. Gegen Ende des Jahres 1956 teilte man die einzelnen Hallen des Werkes nach Produktionszweigen auf, zog Drahtzäune durchs Gelände und bot die einzelnen Fertigungszweige, unter anderem auch den Kabinenrollerbau, zum Verkauf an.

Obwohl Professor Messerschmitt mit dem Zweisitzer nun nichts mehr gemein hatte, durfte der weiterhin den Namen tragen. Nicht mehr tragen durfte Fends Kleinstauto aber das typische Messerschmitt-Zeichen, den stilisierten Vogel. Daran hatten inzwischen die Mercedes-Leute Anstoß genommen. Sie brachten die Rollerbauer vor den Kadi und wiesen nach, daß unter gewissen perspektivischen Verzerrungen die traditionelle Messerschmitt-Hausmarke dem Untertürkheimer Stern zum Verwechseln ähnlich sehe. So verbot das Gericht dem „König der Roller" — wie ihn die Karo-Werbung nannte — das Tragen der Hausmarke.


**Die Endlösung**

Als es zum Verkauf der Abteilung Fahrzeugbau ging, traten einige Bewerber auf. Die Auto-Union hatte Vertreter geschickt, und auch Zündapp interessierte sich für den Kabinenroller. Konstrukteur Fritz M. Fend bewarb sich zusammen mit dem Fabrikanten Valentin Knott — Zulieferer von Bremsen und Naben am Karo — um den Fahrzeugbau.

Auto Union und Zündapp verzichteten schließlich, weil es ihnen nur ums Fahrzeug, weniger um die Fabrikationsstätte ging. Fritz M. Fend und Valentin Knott übernahmen schließlich alles und gründeten am 15. Januar 1957 die Fahrzeug- und Maschinenbau GmbH, Regensburg.

Endlich hatte Fend erreicht, wovon er jahrelang geträumt hatte: Die Großserienfabrikation seiner Idee in eigener Hand zu verwirklichen. Doch der Höhepunkt der Kabinenroller-Ära war überschritten. Die kritischen Betrachtungen in Testberichten bestätigten es. So schrieb die Zeitschrift „Roller, Mobil und Kleinwagen": „Ein Kabinenroller ist kein Kleinwagen, sondern eine Kabine auf Rollerrädern und mit einem Rollermotor. Ein Roller, der nicht umfällt und in dem man nicht naß wird . . . man sollte nicht allzuviel erwarten."

Der Erwerb der Produktionsanlagen wurde den beiden Gesellschaftern vom Freistaat Bayern mit einem 4-Millionen-Mark-Kredit über etliche Jahre hinweg nach einem System finanziert, das von Gewinn und Umsatz abhing. Die neuen Inhaber rationalisierten die Fertigung erst einmal nach ihren Gesichtspunkten und untersuchten, welche Dinge selbst billiger herzustellen wären. Typisches Beispiel hierfür war die Plexiglashaube. Im Lohnauftrag war sie teuer, und die Zulieferer wollten nicht mit sich handeln lassen. Deshalb entwickelte Fend innerhalb von drei Monaten eine Anlage, die das Karodach um 10 Mark pro Stück billiger produzierte.

Neben exakter Qualitätskontrolle widmete sich Fend neuen Konstruktionen. Als erstes erweiterte er das Karo-Programm um ein Cabriolet.

Daneben entwickelte er einen Jeep, in der Hoffnung, mit der aufstrebenden Bundeswehr ins Geschäft zu kommen. Fend baute dieses Geländefahrzeug mit zwei voneinander unabhängigen Zweizylinder-Triebwerken. Gas- und Kupplungspedal steuerten beide Maschinen. Dagegen konnte vom Schalthebel aus bestimmt werden, welcher Motor seine Kraft an die Räder bringen sollte. Sogar Tank und Batterie hatte das Fahrzeug für jeden Motor getrennt. Je nach Gelände konnte der Wagen mit Front-, Heck- oder Vierradantrieb gefahren werden. Die Vorteile dieser Konstruktion waren bestechend: Der Fahrer war völlig unabhängig von einem einzigen Aggregat. Zur Not konnte sich der Fend-Jeep sogar selbst anschleppen. Alle Teile, die vorn eingebaut waren, fanden auch hinten Verwendung. Dank der symmetrischen Anordnung brauchte der Halter wenig Ersatzteile zu horten, denn Fend ging davon aus: „Aus zwei kaputten muß man einen ganzen Wagen machen können."

Der Bayer hatte mit dem Prototyp wenig Glück: „Wir hatten nicht die nötigen Hebel, unser Projekt im Bundesverteidigungsministerium richtig zu verkaufen."

### Die „Dampf"-Maschine

Fend experimentierte außerdem an einer neuen Sport-Ausführung des Kabinenrollers. Der Publikums-Erfolg des früheren Rekordfahrzeugs ließ ihn nicht ruhen. Zudem fragte die Kundschaft immer öfter in Regensburg an, ob der Karo nicht bald mit „mehr Dampf" zu liefern sei.

Die Fahrversuche mit dem Dreirad hatten ergeben, daß die Fahrstabilität ohne weiteres auch für hohe Geschwindigkeiten ausgereicht hätte, aber die Kurvenfestigkeit war doch sehr beschränkt.

Da zudem das Geld für eine völlige Neuentwicklung nicht vorhanden war, baute Fend dem Karo einfach eine breite Spur ans Heck. Bei der Achskonstruktion gab er

*Nach englischer Art: TG Roadster mit Steckscheiben und außenliegendem Reserverad.*

sich besonders viel Mühe. Um die Spuränderung der hinteren Pendelachse zu kompensieren, wurde die Kinemathik so ausgelegt, daß die Pendelbewegung durch eine Drehung in der Hochachse ausgeglichen wurde.

Fend sieht in seiner damaligen Konstruktion den Vorläufer zur späteren Schräglenker-Hinterachs-Aufhängung. „Leider haben wir uns diese Konstruktion damals nicht schützen lassen", bedauert er heute.

Zur Frankfurter Automobil-Ausstellung im September 1957 zeigte der Fahrzeug- und Maschinenbau den vierrädrigen Kabinenroller „Tiger" zum ersten Mal. Wahlweise sollte man ihn mit 400- oder 500-ccm-Motoren eigener Herstellung zum Preis von etwa 3400 Mark kaufen können. Die angegebenen Fahrleistungen waren für damalige Zeiten berauschend: 0-100 km/h in nur 20 Sekunden, Spitze 140 km/h. Fahrleistungen, die selbst

diejenigen gestandener Mittelklasse-Wagen überflügelten. Die Neugierigen kamen massenweise zum Stand, unter ihnen auch einige Krupp-Leute. Sie machten Fend darauf aufmerksam, daß für die zu Krupp gehörende Lkw-Marke „Südwerke" alle exotischen Tiernamen geschützt seien. Den Krupp-Juristen fiel auch das neue Markenzeichen ins Auge; drei ineinander gehakte Ringe, in denen die Anfangsbuchstaben der Firma F(ahrzeug- und) M(aschinenbau) R(egensburg) ruhten. Die Essener bemängelten gleich mit, daß die drei Ringe den Markenzeichen der Südwerke zu ähnlich sehe.

Gewitzt durch den früheren Prozeß mit Mercedes versprach Fend sogleich Änderung. Die Regensburger Firma setzte ihre Buchstaben nicht mehr — wie bisher — in Kreise, sondern in drei ineinander greifende Karos, die wiederum Verbindung zur Kurzform des Kabinenrollers herbeiführten.

Mit der Umbenennung des „Tiger" war es schwieriger: Schließlich war der Flitzer unter diesem Namen überall bekannt geworden. Man half sich mit einem Kunstgriff und pickte die Buchstaben „T" und „g" aus dem Wort heraus. Da bei den neuen Modellen auch der Name Messerschmitt nicht mehr verwendet werden durfte, blieb von allen schönen Worten nur eine trockene Buchstaben- und Zahlenkombination übrig: FMR-Tg 500. Unter Kennern blieb er trotzdem der „Tiger".

Eine bayerische Kapelle spielte Märsche und Schlager, als sich am 2. Mai 1958 die Prominenz von Regensburg, Presse, Polizei und FMR-Händler im Werk trafen. Anlaß war der Serienanlauf des Tg. Acht Monate waren vergangen, seit er auf der IAA vorgestellt worden war, nun sollte endlich die Serie anlaufen, und am gleichen Tage würden die ersten 20 Exemplare vom Band rollen.

Das Tauziehen der Händler um die begehrten Wagen fing schon Stunden zuvor an. „Warum gehen zwei nach Berlin, aber nur einer nach Frankfurt", jammerte ein Händler, „wo wir Hessen doch viel mehr Karos bisher verkauft haben". Viele Vertreter hatten Nummernschilder mitgebracht, um die Super-Karos gleich nach Hause fahren zu können. Der Streit um die ersten Fahrzeuge drohte als Mißklang den feierlichen Tag zu sprengen.

So montierte ein Händler das Nummernschild am Tg eines abwesenden Kollegen ab, setzte das eigene drauf und fuhr damit heim. Später behielt der eine den Kfz-Brief, der andere wollte das Fahrzeug nicht zurückgeben.

Nach der ersten spontanen Begeisterung für den Super-Kabinenroller ließ die Nachfrage zu wünschen übrig.

Der Abwärtstrend im Verkauf wurde in den Regensburger Werkshallen stärker spürbar. „Ich kann keinen Kabinenroller mehr kaufen", klagte ein junger Mann, „obwohl er mir gut gefällt. Aber man hat damit beim anderen Geschlecht kein Glück."

Trotzdem begann Fend, die bisherigen Kabinenroller-Karosse weiter zu entwickeln. Die neue Linie folgte der Heckflossen-Mode und lockerte die bisher schmucklose Schnauze durch einen karpfenmaulähnlichen Kühlergrill auf. Aber die Mühe lohnte nicht mehr.

Die Fabrikanten Knott und Fend erkannten die Zeichen der Zeit und begannen schon 1959 die Stamm-Mannschaft mit anderen Dingen zu beschäftigen. Die Produktion von Cola-Flaschen-Automaten schien der des Kabinenrollers am nächsten zu kommen. In der Montage, im Blechbau und in der Lackierung bedeutete es keine große Umstellung. Schließlich wurde die Regelung eingeführt, einige Tage Karos über die Bänder laufen zu lassen, am nächsten Tag dann Cola-Automaten und – je nach Auftragbestand – einen Tag Tg-Modelle.

Das Automatengeschäft lief besser als das Fahrzeuggeschäft, und nach einiger Zeit eroberte sich die FMR in dieser Branche einen festen Marktanteil. So fiel es auch nicht sehr ins Gewicht, daß die Aufträge für die „Käseglocken" immer seltener eingingen.

Man versuchte 1961 noch einmal dem Käufer die Kabinenroller schmackhaft zu machen: Mit Anhebung der Garantiezeit auf ein Jahr ohne Kilometerbegrenzung. Erst 14 Jahre später führten auch die großen deutschen Automobilhersteller eine solche Garantie allgemein ein. 1962 meldeten Zeitungen, die Kabinenroller-Produktion laufe aus. Die Regensburger hatten die Fertigung allerdings nur weiter gedrosselt und konzentrierten sich mehr als bisher auf das Automaten-Geschäft. Fend hatte einen Groschenschlucker für Heißgetränke entwickelt, und ein Lastenmoped namens Mokuli brachte ebenfalls guten Gewinn.

Der Auftragseingang für Karos hatte sich schließlich bei 70 Stück pro Monat eingependelt. Eigentlich hätte nichts im Wege gestanden, die Dreiräder und die Tg-Modelle weiterhin so zu bauen wie bisher. Doch die Einkaufssituation veränderte sich grundlegend. Fend erklärte es an einem Beispiel: „Wir brauchten einen speziellen Benzinhahn, der zwar früher von etlichen Motorrad-Herstellern benutzt, doch heute einzig und allein für uns gebaut wurde. Die Hersteller konfrontierten uns eines Tages mit der Situation: Entweder kauft ihr eine ganze Jahresproduktion auf einmal, oder wir müssen die Preise um 30 Prozent heraufsetzen."

So sollte die Weiterentwicklung des KR 200 aussehen. Das Modell 1962 ging nie in Serie.

Die Zuliefererteile konnten in solch kleinen Stückzahlen nicht mehr zum alten Preis geliefert werden. Für die Motorenproduktion galt das gleiche. Hier half allerdings der gute Draht zu Fichtel & Sachs über manche Klippe. Für die Schweinfurter Motorenbauer war die monatliche Lieferung nach Regensburg schon lang kein großes Geschäft mehr, und um aber der FMR den Bau der Karos nicht völlig abzugraben, bauten die Schweinfurter ein paar Tage lang nur die 200 ccm-Motoren. Damit lag der gesamte Jahresbedarf für FMR fertig in den Lagern und konnte auch in kleinsten Stückzahlen abgerufen werden.

Auch die Kulanz von Fichtel & Sachs konnte es auf die Dauer nicht ausgleichen, daß Fend und Knott eines Tages den Preis des Kabinenrollers kräftig hätten heraufsetzen müssen. Damit, das wußten alle bei FMR, hätte der Kabinenroller seinen letzten treuen Kundenstamm verloren.

Als 1964 die endgültige Einstellung der Kabinenrollerproduktion beschlossen wurde, half auch der Protest einiger Fan-Clubs nichts mehr: die Getränke-Automaten hatten das Fließband voll für sich. Ab August 1964 blieb von Fends Idee vom Volksverkehrsmittel nur noch die Ersatzteilieferung übrig.

Fend trennte sich wenig später von der FMR und betreibt seither in Regensburg ein eigenes Konstruktionsbüro.

## Fend Flitzer

KAROSSERIE
Kabinenroller, ein Sitz, Einstieg durch vorn ange-
schlagene nach oben zu öffnende Kuppel
MOTOR
Luftgekühlter Einzylinder Zweitakt-Motor (Victoria),
38 ccm, Verdichtung 6,0:1, 1 DIN-PS bei 5500 U/
min, Gemischschmierung 1 : 25, Startanlage durch
Fuß-Pendel-Antrieb, ein Nadel-Vergaser
Batterie: – (Fahrraddynamo)
Füllmengen: Tankinhalt 1,5 Liter
KRAFTÜBERTRAGUNG
Zweigang-Getriebe, Lamellen-Kupplung, Schalt-
griff am gekröpften Motorradlenker
Mittelmotor vor dem Hinterrad, Heckantrieb
FAHRWERK
Rohrrahmen (aus zwei abgekanteten Profilen zu-
sammengeschweißt), Stahlblechkarosserie (kombi-
nierte Schalen -und Profilrahmenbauweise), Starr-
achse vorn, hinten ungefederte Fahrrad-Hinterrad-
gabel, hinteres Einzelrad
Bremsen: Fahrrad-Nabenbremsen auf das Hinter-
rad
Lenkung: Achsschenkellenkung mit gekröpften Mo-
torradlenker
Reifen vorn: 20 × 2,25
Reifen hinten: 26 × 2,25
MASSE, GEWICHTE
Länge 2000 mm, Breite 1151 mm, Höhe 1100 mm,
Radstand 1500 mm, Spurweite vorn 1000 mm,
Wendekreisdurchmesser 6,1 m, Leergewicht 75 kg
VERBRAUCH
1,2 Liter auf 100 km (Benzin-Öl-Gemisch)

FAHRLEISTUNGEN
Höchstgeschwindigkeit 40 km/h
PREIS
938,– DM
PRODUKTIONSZAHLEN
ca. 30 Stück
BAUJAHR
von August 1948 bis März 1949

## Fend Flitzer

KAROSSERIE
Kabinenroller, ein Sitz, wahlweise geschlossen
(Einstieg durch vorn angeschlagene Kuppel) oder
als Roadster lieferbar
MOTOR
Luftgekühlter Einzylinder Zweitakt-Motor (Fichtel &
Sachs), Bohrung/Hub: 48/54 mm, 98 ccm, Verdich-
tung 6,0:1, 2,5 DIN-PS bei 3500 U/min, maximales
Drehmoment 0,5 mkp bei 2500 U/min, Gemisch-
schmierung 1 : 25, zweifach gelagerte Kurbelwelle,
Handstarter, ein Fallstrom-Vergaser Bing
Batterie: 6 Volt/18 Ah, Gleichstrom-Lichtmaschine
50 Watt
Füllmengen: Tankinhalt 5 Liter

KRAFTÜBERTRAGUNG
Zweigang-Getriebe mit Ratschen-Schaltung, Lamellenkupplung, Schaltgriff am gekröpften Motorradlenker
Mittelmotor vor dem Hinterrad, Heckantrieb
Übersetzungen:
1. Gang 2,78 : 1
2. Gang 1,50 : 1
Achsübersetzung: 3,8 : 1
FAHRWERK
Rohrrahmen (aus zwei abgekanteten Blechprofilen zusammengeschweißt), Stahlblechkarosserie (kombinierte Schalen- und Profilrahmenbauweise), vorn Starrachse, hinten ungefederte Fahrrad-Hinterradgabel, hinteres Einzelrad
Bremsen: Fahrrad-Nabenbremse auf das Hinterrad
Lenkung: Achsschenkellenkung mit gekröpftem Motorradlenker
Reifen vorn: 4.00 x 100
Reifen hinten: 36 x 2,25
MASSE, GEWICHTE
Länge 2000 mm, Breite 1151 mm, Höhe 1100 mm, Radstand 1500 mm, Spurweite vorn 1000 mm, Wendekreisdurchmesser 6,1 m, Leergewicht 95 kg
VERBRAUCH
2,5 Liter auf 100 km (Benzin-Öl-Gemisch)
FAHRLEISTUNGEN
Höchstgeschwindigkeit 60 km/h
PREIS
1285,– DM
PRODUKTIONSZAHLEN
98 Stück
BAUJAHR
von März 1949 bis März 1950

## Fend Flitzer
KAROSSERIE
Kabinenroller, ein Sitz, wahlweise geschlossen (Einstieg durch vorn angeschlagene Kuppel) oder als Roadster lieferbar
MOTOR
Luft/gebläsegekühlter Einzylinder-Zweitakt-Motor (Riedel) mit querliegendem Zylinder, Bohrung/Hub: 48/54 mm, 98 ccm, Verdichtung 6,8:1, 4,5 DIN-PS bei 4500 U/min, maximales Drehmoment 0,7 mkp bei 3000 U/min, Gemischschmierung 1 : 25, zweifach gelagerte Kurbelwelle, Handstarter, ein Bing-Schiebevergaser
Batterie: 6 Volt/18 Ah, Gleichstrom-Lichtmaschine 70 Watt
Füllmengen: Tankinhalt 10 Liter
KRAFTÜBERTRAGUNG
Dreigang-Ziehkeil-Getriebe, Einscheiben-Trockenkupplung, Schaltgriff am gekröpften Motorradlenker
Mittelmotor vor dem Hinterrad, Heckantrieb
Übersetzungen:
1. Gang 3,12 : 1
2. Gang 2,45 : 1
3. Gang 1,20 : 1
Achsuntersetzung: 3,8 : 1
FAHRWERK
Rohrrahmen (aus zwei abgekanteten Profilen zusammengeschweißt), Stahlblechkarosserie (kombinierte Schalen- und Profilbauweise), vorn Starrachse, hinten Triebsatz-Schwinge, hinteres Einzelrad
Bremsen: Fahrrad-Nabenbremsen auf das Hinterrad
Lenkung: Achsschenkellenkung mit gekröpftem Motorradlenker
Reifen: 400 x 100 (vorn und hinten)
MASSE, GEWICHTE
Länge 2000 mm, Breite 1151 mm, Höhe 1100 mm, Radstand 1500 mm, Spurweite vorn 1000 mm, Wendekreisdurchmesser 6,1 m, Leergewicht 120 kg
VERBRAUCH
2,8 Liter auf 100 km (Benzin-Öl-Gemisch)

FAHRLEISTUNGEN
   Höchstgeschwindigkeit 75 km/h
PREIS
   1285,– DM
PRODUKTIONSZAHLEN
   154 Stück
BAUJAHR
   von März 1950 bis Dezember 1951

# Messerschmitt KR 175

KAROSSERIE
   Kabinenroller, zwei hintereinander liegende Sitze, Plexiglaskuppel, die zum Einstieg seitlich weggeklappt wird
MOTOR
   Luft/gebläsegekühlter Einzylinder-Zweitakt-Motor (Fichtel & Sachs), Bohrung/Hub: 62/58 mm, 174 ccm, Verdichtung 6,6:1, 9 DIN-PS bei 5250 U/min, maximales Drehmoment 1,3 mkp bei 4000 U/min, Gemischschmierung 1 : 25, zweifach gelagerte Kurbelwelle, elektrischer Starter, ein Bing-Startvergaser
   (Daten des Protoyps: 148 ccm, 6,5 DIN-PS bei 5200 U/min)
   Batterie: zwei hintereinander geschaltete 6 Volt-Batt./12 Ah
   Gleichstrom-Lichtmaschine 90 Watt
   Füllmengen: Tankinhalt 12 Liter
KRAFTÜBERTRAGUNG
   Viergang-Getriebe mit Ratschenschaltung und automatischer Dreischeiben-Ölbad-Kupplung, Schalthebel an der rechten Seite
   ab 1954: Viergang-Getriebe mit Ratschenschaltung, Dreischeiben-Ölbadkupplung mit Kupplungsgriff

am gekröpften Motorradlenker, Schalthebel an der rechten Seite
Antrieb über Rollenkette an das Hinterrad
Mittelmotor vor dem Hinterrad, Heckantrieb
Übersetzungen:
1. Gang 3,22 : 1
2. Gang 1,85 : 1
3. Gang 1,24 : 1
4. Gang 0,95 : 1
Achsübersetzung: 2,37 : 1
FAHRWERK
   Stahlrohrrahmen mit geschlossener Bodenwanne, mit Stahlblechkarosserie verschweißt, vorn Dreieck-Querlenker, hinten Kettenkasten als Schwinge ausgearbeitet, vorn und hinten Gummibandfederung, hinteres Einzelrad
   Bremsen: mechanische Trommelbremsen auf alle Räder, Bremsfläche 170 cm²
   Lenkung: Achsschenkellenkung mit gekröpftem Motorradlenker
   Reifen: 4.00–8
MASSE, GEWICHTE
   Länge 2820 mm, Breite 1220 mm, Höhe 1200 mm, Radstand 2030 mm, Spurweite vorn 920 mm, Wendekreisdurchmesser 8 m, Leergewicht 210 kg, zulässiges Gesamtgewicht 360 kg
VEBRAUCH
   3 Liter auf 100 km (Benzin-Öl-Gemisch)
FAHRLEISTUNGEN
   Höchstgeschwindigkeit 90 km/h (autobahnfest: 75 km/h)
PREIS
   März 1953: 2100,– DM, ab Juli 1954: 2470,– DM
PRODUKTIONSZAHLEN
   10666 Stück
BAUJAHR
   von März 1953 bis März 1955

# Messerschmitt KR 200

KAROSSERIE
   Kabinenroller, zwei hintereinander liegende Sitze; Plexiglaskuppel, die zum Einstieg seitlich weggeklappt wird
MOTOR
   Luft/gebläsegekühlter Einzylinder-Zweitakt-Motor (Fichtel & Sachs), Bohrung/Hub: 65/68 mm, 191 ccm, Verdichtung 6,6:1, 10,2 DIN-PS bei 5250

Lenkung: Achsschenkellenkung mit gekröpften Lenkspeichen
Reifen: 4.00–8

MASSE, GEWICHTE
Länge 2820 mm, Breite 1220 mm, Höhe 1200 mm, Radstand 2030 mm, Spurweite vorn 1080 mm, Wendekreisdurchmesser 9 m, Leergewicht 240 kg, zulässiges Gesamtgewicht 430 kg

VERBRAUCH
3,5 Liter auf 100 km (Benzin-Öl-Gemisch)

FAHRLEISTUNGEN
Höchstgeschwindigkeit ca. 100 km/h

PREIS
KR 200 Standard: 2395,– DM
KR 200 Export: 2535,– DM

PRODUKTIONSZAHLEN
15840 Stück

BAUJAHR
ab Februar 1955 bis Dezember 1956

U/min, maximales Drehmoment 2,3 mkp bei 5250 U/min, Gemischschmierung 1:25, Umkehrspülung, zweifach gelagerte Kurbelwelle, ein Bing-Fallstrom-Vergaser
Batterie: 12 Volt/18 Ah, Gleichstrom-Lichtmaschine 90 Watt
Füllmengen: Tankinhalt 14 Liter

KRAFTÜBERTRAGUNG
Viergang-Getriebe mit elektrisch geschaltetem Rückwärtsgang (Drehsinnwechsel des Motors), Lamellenkupplung im Ölbad, Ratschenschaltung an der rechten Seite
Mittelmotor vor dem Hinterrad, Heckantrieb
Übersetzungen:
1. Gang 3,62 : 1
2. Gang 1,85 : 1
3. Gang 1,24 : 1
4. Gang 0,86 : 1
R-Gang 3,62 : 1
Achsübersetzung: 2,31 : 1

FAHRWERK
Rohrrahmen mit Bodenwanne, Stahlblechkarosserie, vorn Dreieck-Querlenker, Gummifederung, hinten Kettenkasten als Schwinge ausgearbeitet, vorn und hinten Teleskopstoßdämpfer, hinteres Einzelrad
Bremsen: mechanische Trommelbremsen auf alle Räder, Bremsfläche 250 cm²

# FMR KR 200 & KR 201

KAROSSERIE
KR 200 – Kabinenroller, zwei Sitze, wegklappbare Plexiglaskuppel, Standard- und Exportausführung
KR 201 – Kabinenroller -Roadster, zwei Sitze, Faltverdeck

MOTOR
Luft/gebläsegekühlter Einzylinder-Zweitakt-Motor (Fichtel & Sachs), Bohrung/Hub: 65/58 mm, 191 ccm, Verdichtung 6,3:1, 9,7 DIN-PS bei 5000 U/min, maximales Drehmoment 1,53 mkp bei 4000 U/min, Gemischschmierung 1:25, Umkehrspülung, zweifach gelagerte Kurbelwelle, ein Bing-Schrägdüsenvergaser

Batterie: 12 Volt/14 Ah, Gleichstrom-Lichtmaschine 90 Watt
Füllmengen: Tankinhalt 14 Liter

KRAFTÜBERTRAGUNG
Viergang-Getriebe mit elektrisch geschaltetem Rückwärtsgang (Drehsinnwechsel des Motors), Lamellenkupplung im Ölbad, Ratschenschaltung an der rechten Seite
Mittelmotor vor dem Hinterrad, Heckantrieb
Übersetzungen:
1. Gang 3,22 : 1
2. Gang 1,85 : 1
3. Gang 1,24 : 1
4. Gang 0,95 : 1
R-Gang 3,22 : 1
Achsübersetzung: 2,31 : 1

FAHRWERK
Rohrrahmen mit Bodenwanne, Stahlblechkarosserie, vorn Dreiecks-Querlenker, Gummifederung, hinten Kettenkasten als Schwinge ausgearbeitet, vorn und hinten Teleskopstoßdämpfer, hinteres Einzelrad
Bremsen: mechanische Trommelbremsen auf alle Räder, Bremsfläche 250 cm²
Lenkung: Achsschenkellenkung mit gekröpften Lenkspeichen
Reifen: 4.00–8

MASSE, GEWICHTE
Länge 2820 mm, Breite 1220 mm, Höhe 1200 mm, Radstand 2030 mm, Spurweite vorn 1080 mm, Wendekreisdurchmesser 9 m, Leergewicht 240 kg (KR 201: 230 kg), zulässiges Gesamtgewicht 430 kg

VERBRAUCH
3,5 Liter auf 100 km (Benzin-Öl-Gemisch)

FAHRLEISTUNGEN
Höchstgeschwindigkeit 100 km/h

PREIS

|  | Januar 1957 | Mai 1958 |
| --- | --- | --- |
| KR 200 Sport | 2245,– DM | – |
| KR 200 de Luxe | 2395,– DM | 2395,– DM |
| KR 201 Roadster | 1998,– DM | 2395,– DM |

PRODUKTIONSZAHLEN
25 350 Stück

BAUJAHR
KR 200 Standard: von Jan. 1957 bis Dez. 1957
KR 200 Export:   von Jan. 1957 bis Jan. 1964
KR 201 Roadster: von Febr. 1957 bis Jan. 1964

# FMR Tg 500

KAROSSERIE
Kabinenroller, zwei Sitze, Plexiglaskuppel
Roadster, zwei Sitze, Faltverdeck

MOTOR
Luft/gebläsegekühlter Zweizylinder-Zweitakt-Reihenmotor (FMR), Bohrung/Hub: 67/70 mm, 494 ccm, Verdichtung 6,5 : 1, 19,9 DIN-PS (nur angekündigt mit 24,5 DIN-PS) bei 5000 U/min, maximales Drehmoment 3,4 mkp bei 4000 U/min, Gemischschmierung 1 : 30 (ab 1959: 1 : 40), Umkehrspülung, dreifach gelagerte Kurbelwelle, ein Fallstrom-Dreistufen-Registervergaser Bing 7/28/10
Batterie: 12 Volt/24 Ah, Gleichstrom-Lichtmaschine 160 Watt
Füllmengen: Tankinhalt 30 Liter

KRAFTÜBERTRAGUNG
Viergang-Getriebe mit H-Schaltung und mechanisch geschaltetem Rückwärtsgang, Zweischeiben-Trockenkupplung, Knüppelschaltung auf der rechten Seite
Mittelmotor hinter der Hinterachse, Heckantrieb
Übersetzungen:
1. Gang 2,67 : 1
2. Gang 1,45 : 1
3. Gang 0,83 : 1
4. Gang 0,59 : 1
Achsübersetzung: 3,12 : 1

FAHRWERK
Rohrrahmen mit Bodenwanne, Stahlblechkarosserie, vorn Querlenker, Gummifederung, hinten Pendelachse mit senkrechtem Führungsrohr, Schrau-

benfedern, vorn und hinten Teleskopstoßdämpfer
Bremsen: hydraulische Trommelbremsen, Brems-
fläche 440 cm$^2$
Lenkung: Achsschenkellenkung mit gekröpften
Lenkspeichen
Reifen: 4.40–10
MASSE, GEWICHTE
   Länge 3000 mm, Breite 1270 mm, Höhe 1245 mm,
   Radstand 1885 mm, Spurweite vorn 1110 mm, hin-
   ten 1040 mm, Wendekreisdurchmesser 9,5 m,
   Leergewicht 350 kg, zulässiges Gesamtgewicht
   560 kg
VERBRAUCH
   5,7 Liter auf 100 km (Benzin-Öl-Gemisch)
FAHRLEISTUNGEN
   Höchstgeschwindigkeit 130 km/h, Beschleunigung
   0–100 km/h in 25 sek.
PREIS

|  | Mai 58 DM | Jan. 59 DM | Jan. 61 DM |
|---|---|---|---|
| Tg 500 | 3650,– | 3650,– | 3725,– |
| Tg 500 Roadster | – | 3455,– | 3455,– |

PRODUKTIONSZAHLEN
   ca. 950 Stück
BAUJAHR
   (Debüt 15. September 1957)
   Tg 500: vom 2. Mai 1958 bis November 1961
   Tg 500 Roadster: von Januar 1959 bis November
   1961

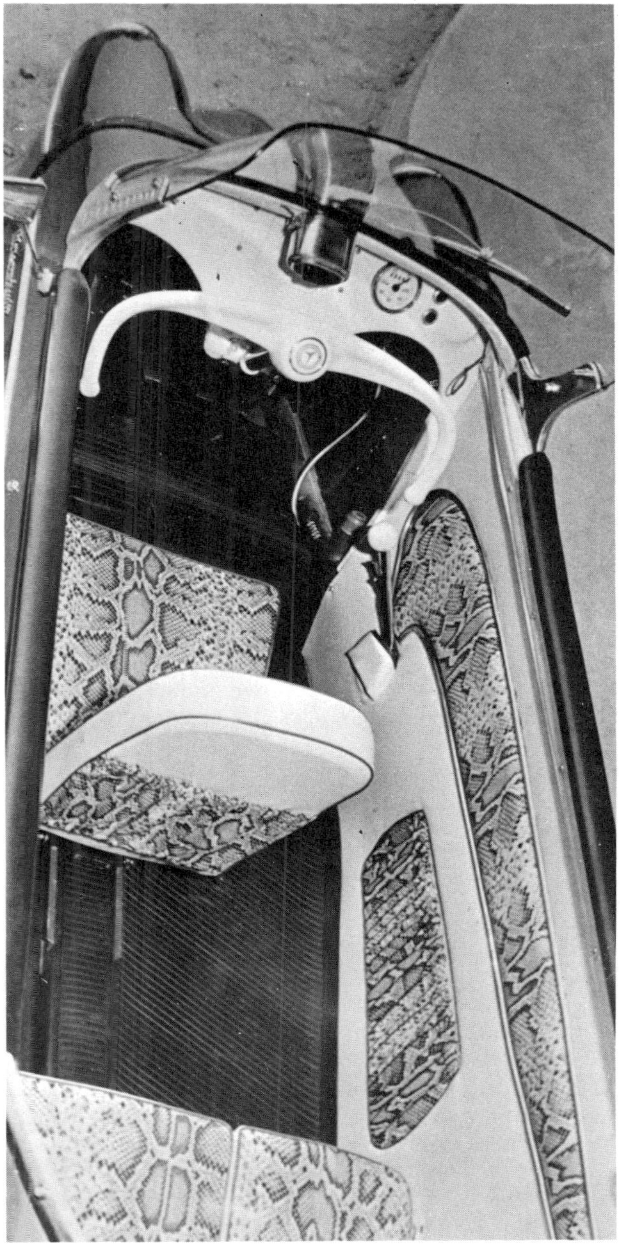

*Für den exklusiven Geschmack: KR 201 Roadster mit
Pseudo-Krokodilleder-Ausstattung.*

*Fahrzeug- und Maschinenbau Gustav Kroboth*
*Seestall über Landsberg*

# Das Allwetter-Gefährt

Auf einer regionalen Motorrad-Ausstellung im Herbst 1954 klopfte ein Motorrollerfabrikant seinem Konkurrenten freundschaftlich auf die Schulter: „Am besten, Sie kommen mal vorbei und schauen sich unser Werk an." Die Einladung galt Gustav Kroboth, 51, der im bayerischen Seestall einen kleinen Betrieb besaß.

Kroboths Visite sollte jedoch nicht etwa der Festigung freundschaftlicher Bande dienen, sondern den Grundstein für neue Geschäftsverbindungen legen. Denn Kroboth hatte schneller gehandelt als seine Konkurrenten und war deshalb ein gesuchter Gesprächspartner.

Wie die gesamte Zweiradbranche waren auch Kroboth und sein Gesprächspartner von dem verregneten Sommer des Jahres 1953 schwer getroffen worden, weil seither die Käufer Motorräder und Motorroller verschmähten. Die Bundesrepublikaner suchten das fahrbare Dach über dem Kopf, das nicht mehr in Anschaffung und Unterhalt kostete wie ein Zweirad. Die Branche wiederum hatte mit solch plötzlichem Umschwung nicht gerechnet und saß nun auf hohen Lagerbeständen. Der Messerschmitt Kabinenroller fand dagegen reißenden Absatz.

Die kleinen Roller-Hersteller reagierten flexibel. Da das Frühjahrsgeschäft 1954 gar nicht recht anrollen wollte, setzte sich Gustav Kroboth kurzerhand ans Zeichenbrett und konstruierte ein Dreirad-Mobil, das er schlicht „Allwetter-Roller" taufte. Schon wenige Tage darauf entstand nebenan in der Werkstatt ein kräftiges Chassis mit Zentralrohrrahmen und Roller-Rädern. Aus Schweinfurt ließ sich Kroboth einen 175-ccm-Einzylinder-Zweitakt-Motor schicken: denselben Typ, den Fichtel und Sachs auch an Messerschmitt lieferten. Das Lenkgetriebe bezog er von der Zahnradfabrik Friedrichshafen und die mechanischen Trommelbremsen von ATE. Die beiden Vorderräder hingen an zwei querliegenden Blattfedern, ebenso war das hintere Einzelrad an einer in Längsrichtung liegenden Feder aufgehängt. Der Motor tuckerte vor dem Hinterrad und eine Rollenkette übertrug die neun Pferdestärken aufs Rad.

Mit dem nackten Chassis unternahm Ingenieur Kroboth bereits im Mai 1954 die ersten Versuchsfahrten am nahegelegenen Kesselberg. Das leichte Fahrgestell zog recht flott die Serpentinen hoch und erfüllte auf Anhieb Kroboths Anforderungen an die Straßenlage. Lediglich die Übersetzung des Getriebes erforderte nach Meinung des Firmenchefs eine Überarbeitung, was gleich an Ort und Stelle durch Auswechseln von Zahnrädern vorgenommen wurde.

Nun ließ Kroboth nach eigenen Entwürfen von einigen Firmen die Bleche für die erste Karosserie zurechthämmern. Es war eine – fertigungstechnisch durchaus nicht leicht herzustellende – Blechhaut, die durch ihre Rundungen dem damaligen Zeitgeschmack weitgehend entgegenkam. Das kleine Mobil erhielt eine gewölbte Windschutzscheibe und – dem Trend der Mode entsprechend – eine Lenkradschaltung, sowie eine durchgehende Sitzbank. Rechts und links vom Mittelmotor fand sich sogar Platz für zwei Gepäckräume, die durch die umgelegte Rückenlehne der Sitzbank beladen wurden. Kroboth empfahl das gleichmäßige Auslasten, um im Fahrbetrieb dem Mobil Balanceschwierigkeiten zu ersparen.

Mit dem fertigen Prototyp unternahm Kroboth wiederum ausführliche Testfahrten. Dabei stellte sich heraus, daß die Verkleidung des Hinterrads durch ihre Formgebung besonders viel Schmutz auffing und deshalb geändert werden mußte.

## Überall Bewunderer

Die Bauern im bayerischen Seestall wunderten sich überhaupt nicht mehr, daß da in ihrem Dorf ein solches Mobil umhertuckerte. Sie waren es schon von der Erprobung der Motorroller gewohnt, daß vor ihrem Dorf industrielle Geschäftigkeit die ländliche Ruhe störte.

An die breite Öffentlichkeit trat Rollerfabrikant Gustav Kroboth mit seinem Dreirad im Juni 1954, als er damit an den Start zur Lechtaler Berg- und Seenfahrt rollte. Und da er diese Geländefahrt sogar gewann, wurde die Fachwelt erstmals auf den Allwetter-Roller aufmerksam. Allerdings: Lob erntete Kroboth in der Presse nicht. Spöttisch sprachen die Fachleute damals von der „Bastelei eines Flüchtlingsbetriebes". Dennoch arbeitete Kroboth von nun an mit Hochdruck daran, den Allwetter-Roller serienreif zu machen.

Hoffnung auf gute Geschäfte schürte vor allen Dingen ein Münchener Motorradhändler namens Mittag, der Gustav Kroboth versprach, jede Stückzahl des Allwetter-Rollers abzunehmen.

Die Aussichten auf eine Großserienfabrikation begrub Kroboth allerdings, als er bei der Werkzeugmaschinenfabrik Esslingen die Kosten in Höhe von rund 300 000 Mark für die nötigen Karosserie-Pressen erfahren hatte. Die „ADAC-Motorwelt" schrieb damals, was der zähe Kroboth nun plante: „Heute sieht er für sein Werk eine große Chance in der Anfertigung von Hand."

In Tag- und Nachtfahrten sammelte der Prototyp etwa 20 000 Versuchskilometer. Danach nahm Kroboth und

seine Mitarbeiter den Prototyp auseinander und untersuchten ihn auf mögliche Verschleißerscheinungen.

Parallel dazu baute der fleißige Sudetendeutsche mit Hilfe von Bankkrediten eine größere Halle für die Mini-Produktion des Allwetter-Rollers. Noch im August 1954 lieferte er die ersten Exemplare an Kunden aus.

Gegenüber dem Prototyp besaßen die serienmäßigen Allwetterroller jetzt zwei kleine seitliche Türen, größere Luftschlitze an der Heckklappe sowie die einfache Windschutzscheibe des Volkswagens. „Der Kroboth-Allwetterroller will einen Pkw nicht ersetzen, sondern dem Besitzer bei den Anschaffungs- und Haltungskosten eines Motorrades den Wetterschutz und die Bequemlichkeit eines Pkws bieten", hieß es im Prospekt, „Sie müssen nur auf 100 Stundenkilometer und mehr Tempo verzichten und sich mit 70–80 km/h Höchstgeschwindigkeit begnügen." Wer völligen Wetterschutz haben wolle, könne sich Aufsteckfenster und Warmluftheizung einbauen lassen, wodurch „der Fahrkomfort bis an die Grenze des überhaupt möglichen herankommt." Der Prospekt wies auch auf die großzügigen Raumverhältnisse hin: „Es gibt kaum einen Pkw, der mehr Platz bietet."

Und mit einem Seitenblick auf den Motorradlenker des Konkurrenten Messerschmitt Kabinenrollers warb Kroboth bissig: „Sicher und elegant ist die Autolenkung des reizenden Fahrzeugs, das Sie nicht zum Gespött der anderen macht, sondern überall Bewunderer findet."

Das kleine Dreirad wurde wahlweise mit dem 175-ccm-Fichtel & Sachs-Motor oder dem 200-ccm-ILO-Triebwerk geliefert. Der elektrische Anlasser kostete in jedem Falle 98 Mark Aufpreis.

*Der Kroboth-Motorroller. Im Grunde ein vollverkleidetes Motorrad mit dem Triebwerk in der Mitte.*

*Schon 1928 hatte Gustav Kroboth im Sudetenland Autos gebaut: mit 500-ccm-Motor und Pendelachsen.*

*Der Prototyp des Kroboth-Allwet-*
*terrollers mit gebogener Wind-*
*schutzscheibe und weißem Auto-*
*Lenkrad.*

## Mit Mohnmühlen ins Geschäft

Der Seestaller Neubürger besaß Erfahrungen im Fahrzeugbau. Schon um 1920 hatte er im Sudetenland seinen ersten Motorrad-Motor konstruiert, 1928 gar einen
Kleinwagen, ähnlich dem BMW-Dixi, mit Pendelachsen
und 500-ccm-Motor in kleinster Serie gebaut.
Nach 1945 wurde Kroboth aus seiner Heimat ausgewie-
sen und ins bayerische Seestall verschlagen. In dem
winzigen Bauerndorf gab es scheinbar für den rastlosen
Techniker kein Betätigungsfeld. Doch er resignierte
nicht. In den umliegenden Wäldern suchte er nach alten
Panzern und abgestürzten Flugzeugen aus vergangenen
Kriegstagen. Aus den Wracks baute er aus, was er für
seine Werkstatt brauchen konnte. Aus alten Teilen bastelte er eine Bohrmaschine und tüftelte eine Drehbank
aus. Er vulkanisierte am Küchenherd alte Reifen auf und
schmolz in Stahlhelmen Aluminium ein. Im Frühjahr
1947 fertigte er mit geringstem Aufwand Holz-Spielzeug
an und entdeckte wenig später eine Nachfrage nach
Mohnmühlen. Aus dem Nichts entstand so eine kleine
Serien-Produktion.
So verdiente der Vertriebene Gustav Kroboth kurze Zeit
nach der Währungsreform schon wieder eine ganze
Menge Geld, das er als leidenschaftlicher Tüftler immer
wieder in seine Werkstatt investierte.

## Der Sprung nach vorn

Als er Ende 1950 in einer Fachzeitschrift von jenen
blechverkleideten Zweirädern las, die von Italien aus als
„Motorroller" Furore machten, ließ das dem Fahrzeug-
Ingenieur keine Ruhe: Er baute einen einfachen Motorroller mit 100 ccm, ohne Anlasser — zum Anschieben.
Verkaufspreis 700 Mark. Kroboth schaffte damit den
ersten Sprung ins Zweiradgeschäft, denn er stieß in eine
Marktlücke. Als Motorrad-Konstrukteur kannte er die
Nachteile dieser Roller. Motor, Tank und Reserverad
saßen auf dem Hinterrad, um vorn Platz für die Beine
des Fahrers zu schaffen. Durch diese Hecklastigkeit
verschlechterte sich die Straßenlage des Rollers gegenüber herkömmlichen Motorrädern. Deshalb konnten ein-
gefleischte Kradfahrer nie mit den Motorrollern glücklich
werden.
Kroboth schloß diese Marktlücke: er baute nach Motor-
rad-Rezepten und verkleidete seine Zweiräder wie Roller. Innerhalb von drei Jahren sicherte sich Kroboth auf
diese Weise einen kleinen, aber steten Marktanteil.
Als der Absatz aber stoppte, hatte Kroboth sein Heil zunächst im Export gesucht, stürzte sich dann in Windeseile auf den Bau des Allwetter-Rollers. Das Geld dazu
hatten ihm einige Banken vorgestreckt. Denn mit dem
Verdienst aus der Mohnmühlen-Produktion hatte sich

zwar der Motorroller-Bau finanzieren lassen, für den Allwetter-Roller waren die Investitionen – trotz des bescheidenen Aufwandes – zu hoch. Und der Vertriebenen-Aufbaukredit in Höhe von 5000 Mark konnte nur ein Tropfen auf den heißen Stein sein.

Auf der Motorrad-Ausstellung im September 1954 hoffte Kroboth für sein Dreirad noch einen Geldgeber oder einen Lizenznehmer zu finden. Doch alle Gespräche verliefen im Sande. Auch das Treffen mit Maico-Chef Otto Maisch in Büsnau brachte kein Ergebnis.

Die Vertragshändler versprachen Kroboth zwar, jeden gebauten Allwetter-Roller sofort abzunehmen. Doch was der Fabrikant von diesen Versprechungen zu halten hatte, zeigte das Beispiel des Münchener Vertreters. Kurz nachdem er in Seestall prahlte, er könne vom Allwetter-Roller „nicht genug" bekommen, geriet er durch den Konkurs der Rabeneick-Motorradfabrik selbst in finanzielle Strudel und beging Selbstmord.

Einen soliden Aufbau der Produktion hätten zweifellos staatsverbürgte Kredite ermöglicht. Doch die Abgeordneten von Land und Bund, die das kleine Werk am Lechufer besuchten, machten keinen Hehl aus ihrer Meinung: Der Trend gehe ganz klar zum größeren Auto. Für ein dreirädriges Mobil sehe man keine Zukunft.

Um die drohende Überschuldung abzufangen, wendete sich Kroboth schließlich an die holländische Firma „Fransen und Sohnen", mit der er durch das Rollergeschäft Kontakte pflegte. Die Fahrradfabrik in Venlo hätte vielleicht mit den nötigen Mitteln aus dem finanziellen Engpaß geholfen. Ein kommende Zusammenarbeit dokumentierte sich nach außen schon dadurch, daß Gustav Kroboth ein Exemplar des Allwetter-Rollers auf der Rollerausstellung in Amsterdam herumzeigte. Doch das Happy-end blieb auch diesmal aus: Die holländischen Geldgeber hatten rund tausend Fahrräder nach Indien geliefert, warteten aber vergeblich auf Bezahlung. Als Folge zog Fransen sein Angebot zurück. Für Kroboth schwand damit auch die letzte Hoffnung, sein Werk zu retten.

Der kleine Betrieb meldete den Vergleich an. Die Belegschaft montierte bis Sommer 1955 noch die letzten Lagerbestände zu Fahrzeugen zusammen, ehe der Vergleichsverwalter Maschinen und Grundbesitz verkaufte. Etwa fünfzig Allwetter-Roller hatte Kroboth insgesamt gebaut, ehe er sich eine neue Existenz als Fahrlehrer aufbaute.

*Der in Serie gefertigte Roller besaß Lenkradschaltung und ein Faltverdeck. Seitliche Aufsteckfenster kosteten Aufpreis.*

*Das Fahrwerk des Kroboth: Die Vorderräder hängen an zwei querliegenden Blattfedern. Der kleine Tank saß über dem Ilo-Motor.*

## Kroboth-Allwetterroller

KAROSSERIE
  Roadster, 3 Sitze
MOTOR
  Luft/gebläsegekühlter Einzylinder-Zweitakt-Motor (ILO), Bohrung/Hub: 62/66 mm, 197 ccm, Verdichtung 6,0 : 1, 9,5 DIN-PS bei 4000 U/min, maximales Drehmoment 1,4 mkp bei 3200 U/min, Gemischschmierung 1 : 20, zweifach gelagerte Kurbelwelle, ein Vergaser Bing 1/26/31
  Batterie: 12 Volt/45 Ah, Gleichstrom-Lichtmaschine 90 Watt
  Füllmengen: Tankinhalt 10 Liter, Getriebeöl 0,5 Liter
KRAFTÜBERTRAGUNG
  Dreigang-Getriebe (Hurth) mit Klauenschaltung, Mehrscheibenkupplung im Ölbad, Schalthebel am Lenkrad, Kraftübertragung mit Rollenkette auf Hinterrad, Mittelmotor, Hinterradantrieb
  Übersetzungen:
  1. Gang 4,00 : 1
  2. Gang 2,11 : 1
  3. Gang 1,00 : 1
  Achsuntersetzung: 3,00 (geschätzter Wert)

FAHRWERK
  Rohrrahmen-Chassis mit Stahlblechkarosserie verschraubt, vorn zwei querliegende Halbelliptik-Blattfedern, hinten eine längsliegende Halbelliptik-Blattfeder, hinteres Einzelrad
  Bremsen: mechanische Trommelbremsen auf alle Räder
  Reifen: 4.00—8
  Lenkung: ZF-Schneckenrollenlenkung
MASSE, GEWICHTE
  Länge 2800 mm, Breite 1300 mm, Höhe 1200 mm, Radstand 1600 mm, Spurweite vorn 1150 mm, Wendekreisdurchmesser 8 m, Leergewicht 210 kg, zulässiges Gesamtgewicht 280 kg
VERBRAUCH
  3,5 Liter auf 100 km (Benzin-Öl-Gemisch)
FAHRLEISTUNGEN
  Höchstgeschwindigkeit 70—80 km/h
PREIS
  2650,— DM
PRODUKTIONSZAHLEN
  5 Stück
BAUJAHR
  (Debüt Juni 1954)

# Kroboth-Allwetterroller

KAROSSERIE
  Roadster, 3 Sitze
MOTOR
  Luft/gebläsegekühlter Einzylinder-Zweitakt-Motor (Fichtel & Sachs), Bohrung/Hub: 62/58 mm, 174 ccm, Verdichtung 8,6:1, 9 DIN-PS bei 5250 U/min, maximales Drehmoment 1,3 mkp bei 4000 U/min, Gemischschmierung 1 : 20, zweifach gelagerte Kurbelwelle, ein Bing-Vergaser, Kickstarter (gegen Aufpreis elektrischer Anlasser)
  Batterie: 12 Volt/45 Ah, Gleichstrom-Lichtmaschine 90 Watt
  Füllmengen: Tankinhalt 10 Liter, Getriebeöl 0,5 Liter
KRAFTÜBERTRAGUNG
  Viergang-Getriebe mit Klauenschaltung, Dreischeiben-Ölbad-Kupplung, Schalthebel am Lenkrad, Kraftübertragung mit Rollenkette auf Hinterrad
  Mittelmotor, Hinterachsantrieb
  Übersetzungen:
  1. Gang 3,22 : 1
  2. Gang 1,85 : 1
  3. Gang 1,24 : 1
  4. Gang 0,95 : 1
  Achsuntersetzung: 3,19 : 1

FAHRWERK
  Rohrrahmen-Chassis mit Stahlblechkarosserie verschraubt, vorn zwei querliegende Halbelliptik-Blattfedern, hinten eine längsliegende Blattfeder, hinteres Einzelrad
  Bremsen: mechanische Trommelbremsen auf alle Räder
  Reifen: 4.00—8
  Lenkung: ZF-Schneckenrollenlenkung
MASSE, GEWICHTE
  Länge 2800 mm, Breite 1300 mm, Höhe 1200 mm, Radstand 1600 mm, Spurweite vorn 1150 mm, Wendekreisdurchmesser 8 m, Leergewicht 210 kg, zulässiges Gesamtgewicht 280 kg
VERBRAUCH
  3,5 Liter auf 100 km (Benzin-Öl-Gemisch)
FAHRLEISTUNGEN
  Höchstgeschwindigkeit 70—80 km/h
PREIS
  2480,— DM
PRODUKTIONSZAHLEN
  ca. 50 Stück
BAUJAHR
  von 9. September 1954 bis März 1955

*Elektromaschinenbau Fulda GmbH, Fulda*

# Evergreen aus Hessen

Es klopfte an der Tür des Bosch-Großhändlers Karl Schmitt. Herein kam ein Mann namens Norbert Stevenson, der anfragte, ob Schmitt daran interessiert sei, einen Kleinwagen zu bauen.

Karl Schmitt, der wohlhabende Diplom-Ingenieur in Fulda, besaß neben seinem Bosch-Großhandel noch eine Firma, die „Elektromaschinenbau Fulda", und verdiente durch viele Reparaturaufträge an Notstromaggregaten der Besatzungsmacht recht gut. Norbert Stevenson war arbeitslos und bemüht, sein Kleinwagenprojekt an den Mann zu bringen.

Nach Kriegsende hatte Stevenson als freier Journalist bei der Rhein-Zeitung gearbeitet und mit seinem Verleger die Begeisterung zum Auto geteilt. Kurz nach der Währungsreform im Juli 1948, war der Journalist zu dem Entschluß gekommen, aktiv im Autobau mitzumischen, und Verleger Stein unterstützte ihn dabei finanziell. Stein erhoffte sich vom Autobau eine neue Existenzgrundlage, nachdem ihm sein Verlagsobjekt aus der Hand geglitten war.

## Student Stevenson

Die Entwicklungsabteilung verlegte man in Stevensons Keller. Hier wurden nicht nur Zeichnungen angefertigt, es entstand auch die sogenannte Sitzkiste, ein Gestell aus Holz und Pappe, in dem der Innenraum des projektierten Dreirad-Fahrzeugs mit nebeneinanderliegenden Sitzen simuliert wurde.

Gegen Beleg durfte Stevenson einige Ersatzteile gängiger Autos kaufen, die in das künftige Auto eingebaut werden sollten: Räder, Reifen, Vorderachsteile, sogar einen 350-ccm-Horex-Columbus-Motor. Dann ging Verleger Stein die finanzielle Puste aus — nach 2700 D-Mark

Kosten. Stevensons Projekt drohte sich in Luft aufzulösen, denn notgedrungen mußte er alle gekauften Teile wieder veräußern.

Danach hatte es der 32jährige Stevenson auf eigene Faust versucht. Er hatte neue Projekte gezeichnet; diesmal ein Dreirad-Fahrzeug mit hintereinander angeordneten Sitzen. Mit dem Konzept ging Stevenson im Sommer 1949 hausieren.

Für sein Projekt versuchte er zuerst einen Opel-Händler in Fulda zu gewinnen, doch der zeigte wenig Interesse. Aber das Gespräch mit Karl Schmitt ließ Stevenson wieder Hoffnung schöpfen. Der hatte sich ebenfalls mit Plänen befaßt, ein Auto zu bauen und glaubte mit einem Dreirad-Wagen mit vorderem Einzelrad die billigste Fortbewegungsmaschine gefunden zu haben. Nach kurzer Bedenkzeit begrub er seine eigenen Pläne und übernahm — vorerst auf Honorarbasis — Stevenson und dessen Fahrzeug-Idee. Er glaubte aber nicht so recht an die Lösung mit hintereinanderliegenden Sitzen, ging kurzerhand in seinen Betrieb und fragte seine Arbeiter: „Wollt Ihr in einem Auto lieber hinter- oder nebeneinander sitzen?" Eindeutig fiel die Antwort für das Nebeneinander aus, und Schmitt stellt seinem neuen Konstrukteur die Bedingung, das künftige Kleinstauto müsse eine Sitzbank haben.

Stevenson begann im Oktober 1949 mit dem Bau eines Chassis. Innerhalb von zweieinhalb Monaten bastelten die Fuldaer einen Rohrrahmen mit zwei Vorderrädern und einem Hinterrad.

Obwohl der Firmenchef den Rang eines Diplom-Ingenieurs trug, wogegen sein Konstrukteur lediglich ein Semester Maschinenbau an der Technischen Hochschule Berlin absolviert hatte, ließ Schmitt seinem neuen Mann vollkommen freie Hand, was Stevenson dankbar und selbstironisch zu der Bemerkung verleitete: „Wer

gibt schon einem Studenten die Chance, selbständig ein Auto zu bauen?"
Auf jeden Fall nützte „Student Stevenson" seine Chance. Er löste seine Aufgaben mit viel Ambitionen. So wies das neue Chassis eine echte „Center Point Axle", eine Radmittenlenkung auf. Bei dieser Konstruktion liegen die Lenkachse bzw. die Achsschenkelbolzen genau auf der Längsachse des Rades. Der Vorteil dieser im Kraftfahrzeugbau idealen Lösung liegt im Wegfall des sonst üblichen Lenkrollradius. Dadurch wird im Fahrbetrieb die Lenkung frei von Störkräften, die namentlich dann eine Unruhe in die Lenkung bringen, wenn einseitig Hindernisse überfahren werden. Besonders bei von Haus aus nicht besonders kursstabilen Dreirad-Fahrzeugen war ein solches Konstruktionsprinzip eine sehr erstrebenswerte Lösung.

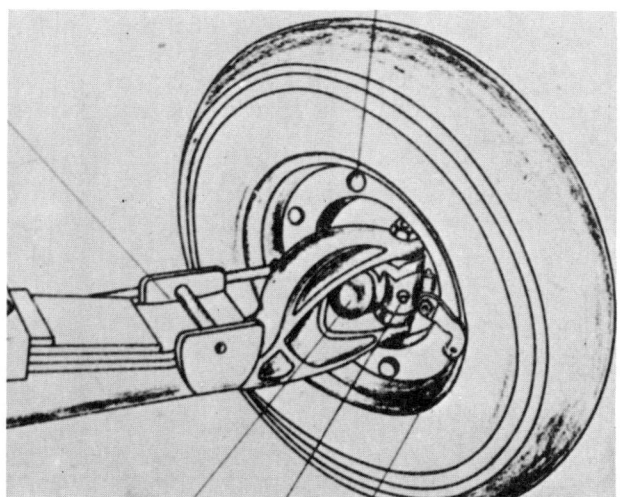

Die Vorderradaufhängung des Fuldamobils war so ausgelegt, daß ein negativer Lenkrollradius entstand.

Erst 1955 verwirklichte Citroen beim DS 19 eine geometrisch gleichartige Konstruktion, und 1972 brachte Audi mit dem Typ 80, etwas später Mercedes-Benz mit der S-Klasse den negativen Lenkrollradius in die Großserie.

**Premiere im Faschingszug**

Drei Monate später, um die Weihnachtszeit 1949, war Stevensons erstes Chassis mit einem 200-ccm-Zündapp-Motor fahrbereit, und man unternahm erste Probefahrten. Im Versuchsbetrieb zeigte das 142 Kilogramm

schwere Chassis ein verblüffendes Temperament und eine für ein Dreirad unerhört gute Straßenlage.
Mit Geschwindigkeiten bis zu 40 km/h fuhren Schmitts Techniker mit dem Chassis gegen Bordsteine, um die Stoßbeanspruchung der Vorderachse zu untersuchen und die Unempfindlichkeit der Lenkung unter Beweis zu stellen.
Das primitiv zusammengeschweißte erste Fahrgestell entbehrte jeglicher Karosserie und besaß — aus Kostengründen — nur Ackerschleppersitze. Es wurde ohne Nummernschilder und Zulassung ohne Furcht und Respekt vor der Obrigkeit in und um Fulda bewegt. Die ersten Entwürfe zu einer Karosserie entstanden im Januar 1950 bei der Firma Leibold in Fulda. Die Stromlinienform realisierte man nach Rezepten aus dem Wohnwagenbau. Ein in solider Schreinerarbeit gefertigtes Holzgerippe wurde mit aufgenageltem Stahlblech verkleidet und schwarz-weiß lackiert. Als im Februar 1950 der neue Kleinwagen komplett war, stellte sich heraus, daß allein die Karosserie leider mehr wog, als das ganze Chassis. Das 310-kg-Auto entpuppte sich plötzlich als behäbig und im Fahrverhalten völlig verändert. Die Erprobung begann von neuem. Deshalb wurde allerdings das offizielle Debüt nicht verschoben.
Als Anfang März erstmals nach dem Krieg ein Faschingszug durch Fulda rollte, ließ man das kleine Mobil mitlaufen. Das Schrittempo bekam dem Kleinstwagen gar nicht gut. Der Motor besaß kein Gebläse und wurde nur durch Fahrtwind und riesige seitliche Luftschächte gekühlt. Am nächsten Berg erlag er einem Hitzschlag. Im Vergaser kochte das Benzin.
Dennoch war in der Presse in den folgenden Tagen zu lesen, daß aus der alten Bischofsstadt ein neues Kleinstauto zu erwarten sei. Die erschreckende Gewichtszunahme des Dreirades hatte sich nicht herumgesprochen. Am 9. März meldete die „Neue Zeitung" noch, der Wagen werde ein Gewicht von nur 240 Kilogramm haben. Die „Neue Presse" lobte am 12. März das Kleinstauto als ein „kippsicheres Dreirad mit vollem Wetterschutz", und am 16. März 1950 war in den „Lübecker Nachrichten" zu lesen, das Fortbewegungsmittel aus Fulda könne „zwei Personen mit Gepäck über große Strecken und alle üblichen Steigungen" befördern.
Der Presse und den Kunden gegenüber betonte Firmenchef Schmitt immer wieder die Kippfestigkeit des „Fuldamobils", wie er das Dreirad getauft hatte. Während sich die ersten Interessenten meldeten, grübelte Stevenson darüber nach, wie er den Wagen vervollkommnen könnte.

Beim Prototyp hatte er aus Kostengründen die Stoßdämpfer weggelassen. Da aber der Wagen in jeder Situation durch die Schraubenfedern schaukelte „wie ein Schiff bei mittlerem Seegang" (Stevenson), sah man die Notwendigkeit, wenigstens einen Stoßdämpfer am Hinterrad anzubringen.

Mit dem gedämpften Fuldamobil unternahm der Konstrukteur in den nächsten Wochen Geschäftsfahrten durch die junge Bundesrepublik. Denn bislang fehlte für den Serienbau des Fuldamobils immer noch ein recht existenzwichtiges Teil; ein gebrauchstüchtiger Motor.

Der Zündapp-Motor, der im Prototyp recht und schlecht seinen Dienst leistete, war in der Serie nicht zu verwenden: Er hatte weder Gebläse noch elektrischen Anlasser, und seinem Getriebe fehlte der Rückwärtsgang.

**Verschrottung nach 3000 Kilometern**

Stevenson fuhr nach Nürnberg und versuchte dort, die Firma Triumph zu Motorenlieferungen zu bewegen. Der neue Doppelkolbenmotor der Zweiradfirma schien sehr geeignet zu sein, das Fuldamobil mit 11 PS auf Trab zu bringen. Der Empfang verstimmte aber den neuen Kunden sehr. Kaum tuckerte er auf den Hof der Firma, lästerte ausgerechnet Direktor Otto Reitz: „Was ist denn das für ein komischer Cello-Kasten?"

Da nahm die kleine Motorenfabrik Baker & Pölling in Niedernhall (Württemberg) das Fuldamobil schon ernster. Firmenchef Pölling bot seinen Baumsägen-Motor an, ein leichtes Aluminium-Aggregat mit Laufbuchsen. Für Stevenson erklärte sich der Motorbauer sogar bereit, die Aggregate so zu liefern, wie es die Hessen wünschten; mit einem Zahnkranz auf dem Lüfterrad zum Anschluß eines elektrischen Anlassers. Außerdem solle der Hubraum von 200 auf 250 ccm vergrößert werden, damit die Leistung auf rund 8 Pferdestärken steigen könnte.

Das Getriebeproblem löste die Firma Hurth in München, die aus ihrem Vorkriegsprogramm ein Dreigang-Getriebe mit Rückwärtsgang anbot, das ursprünglich für rikschaähnliche Fahrzeuge entwickelt worden war. Beim Fuldamobil ging nämlich die Kraft per Kette vom Motor an das Getriebe über und von dort per Kette weiter ans Hinterrad.

Das zweite Fuldamobil wurde um Weihnachten 1950 gebaut. Es war als Roadster ohne Türen und mit einem kleinen Bug ausgelegt. Der Karosseriebauer verpaßte dem Wagen trotzdem zwei Türen. Hierbei wurde erstmals der Baker & Pölling-Motor mit dem Hurth-Getriebe gekuppelt, und der Radstand des neuen Wagens betrug nun 1000 anstatt 1500 mm.

Dieser Wagen wurde sofort verkauft, aber seine hohen Produktionskosten ließen es ratsam erscheinen, künftig die ganze Karosserie aus Holz zu bauen. Nach alter Bootsbauermanier versuchten die Hessen, das Holz mit Spachtel und Öllacken vor Witterungseinflüssen zu schützen. Das gab nach Ansicht des Konstrukteurs „eine Oberfläche wie ein Mahagoni-Schlafzimmer". Die aufwendige Lackierung wiederum machte auch die Holzbauweise viel zu teuer, und außerdem bildeten sich nach kurzer Zeit Risse in der Oberfläche des Holzgehäuses. Man kopierte die alte DKW-Bauweise, die inzwischen auch Lloyd beim LP 300 übernommen hatte, und überzog das Sperrholz mit Kunstleder, was sich unter den gegebenen Voraussetzungen noch als die rationellste und beste Methode erwies. Überhaupt war das Fuldamobil zwar mit einfachsten Mitteln zu bauen, doch in der Fertigung sehr teuer. Am Fahrgestell zum Beispiel gab es lange Schweißnähte, die allein fast zehn Arbeitsstunden ausfüllten. Auch die ungewöhnliche Lösung, neben dem Chassis zusätzlich einen Karosserierahmen zu verwenden, war nicht gerade rationell.

Der erste Prototyp hatte inzwischen 3000 Versuchskilometer hinter sich gebracht und die genügten, eine Verschrottung zu beschließen.

**Zylinder im Rücken**

Bald fand Schmitt einen Zulieferer, der möglichst leichte Holzkarosserien herstellte. Die Flugzeugbaufirma Schleicher, ehemals durch die Fertigung von Segelflugzeugen in Leichtbauweise geübt, sollte künftig die Aufbauten liefern. Daß Schleicher sein Handwerk verstand, bewies die Spedition mit der ersten Lieferung. Mit fünf Aufbauten war der kleine Lkw aus Poppenhausen losgefahren, als er Fulda erreichte, konnte der Fahrer nur vier abliefern. Eine Windbö hatte eine Rohkarosse vom Lastwagen gehoben und in eine Wiese geweht, wo sie der Transporteur später unbeschädigt wiederfand.

Nachdem die Zulieferung aller Teile klappte, begann im Februar 1951 die handwerkliche Produktion. Aber zum angekündigten Preis von 1850 Mark konnte Schmitt nicht mehr liefern. 2250 Mark kostete jetzt das Fuldamobil, wahlweise als Roadster ohne Türen oder als geschlossener Zweisitzer.

Kurz nachdem die kleine Serie angelaufen war, stellte

sich heraus, daß die Baker-Pölling-Triebwerke nicht das hielten, was der Hersteller versprochen hatte. Die 8,5 PS wurden nur äußerst selten erreicht. Die Verarbeitung der kleinen Aggregate ließ sehr zu wünschen übrig. Der günstige Einkaufspreis von nur 176 Mark (der Fichtel & Sachs-Motor kostete damals schon 296 Mark) wurde mit mangelnder Qualität erkauft. So kam es oft vor, daß der Kolben gegen den Zylinderkopf schlug, was ein furchtbares Klingelgeräusch verursachte. Da im Elektromaschinenbau – wie bei vielen anderen Kleinbetrieben auch – eine Wareneingangs-Kontrolle fehlte, entdeckte man den Fehler immer erst dann, wenn der Kunde vor der Halle schon auf sein Auto wartete. Eilig eingebaute Austausch-Motore litten an den gleichen Fehlern. Manchmal beschwerten sich die Kunden: „Der Zylinder ist mir in den Rücken geschossen." Es kam nämlich vor, daß der Zylinder vom Kurbelgehäuse abriß und, da der Einzylinder liegend eingebaut war, mit voller Wucht gegen die Sperrholzwand schlug, was – durch die Lage des Motors bedingt – wiederum der Fahrer durch den Sitz hindurch deutlich im Kreuz spürte.

Nach den ersten 48 Fuldamobilen, die bis zum Juni 1951 verkauft waren, ebbte die Nachfrage schlagartig ab. Die vorn abfallende Form gefiel dem Publikum wenig, weil sie gar nicht an „richtige Autos" erinnerte. Wie Konstrukteur Stevenson erkannte, hatte die Keilform auch handfeste Nachteile: In der Praxis zeigte sich, daß es nicht gut ist, wenn bei einem Kleinstwagen die Frontscheibe zu weit weg vom Fahrer sitzt. Er muß sie eben abwischen können, wenn sie beschlägt. Der Weg der Heißluft vom Motor war einfach zu lang und nicht isoliert. Es kam am Ende nur kalte Luft an die Scheibe.

So entwarf man in Fulda ein neues Modell mit hochgezogenem Bug, das im Werk deswegen schnell „Busenauto" getauft wurde. Bei dieser Gelegenheit bot eine Firma an, die Karosse aus Stahlprofilen zu bauen, die anschließend mit Holz gefüttert wurden, um daran Aluminiumblech anzubringen. Doch eine Zusammenarbeit zerschlug sich, denn diese Bauweise war zeitraubend und teuer.

Als im August 1951 das Sperrholz-„Busenauto" als Typ N erschien, lieferte man weiterhin die mangelhaften Baker & Pölling-Motore. Die Fuldaer Autobauer schickten einhundert Triebwerke nach Niedernhall zurück, aber Pölling gab sich keine große Mühe, den Fehler zu beheben. Er legte einfach mehrere Dichtungen zwischen Zylinder und Kurbelgehäuse und vermied dadurch nicht nur das Anschlagen des Kolbens am Zylinderkopf, sondern auch die Entwicklung einer befriedigenden Lei-

stung. Denn durch das Einschieben der Dichtungen sank die Kompression. Beides änderte sich nach dem zweiten oder dritten Anziehen der Zylinderkopfschrauben, dann nämlich hatten sich die Dichtungen weit genug gesetzt, um den alten Zustand wieder herzustellen.

Schließlich griff Fulda-Chef Schmitt ebenfalls zu einem Trick: Er bestellte nochmals hundert neue Motore, die auch prompt geliefert wurden. Als die Rechnung ins Haus flatterte, gab er zu verstehen, daß die neue Lieferung erst dann bezahlt würde, wenn die ersten hundert schadhaften Maschinen ordentlich repariert seien.

Inzwischen geriet die württembergische Motorenfirma in Konkurs, und da der Verwalter die schludrig reparierten Triebwerke nicht selbst instandsetzen konnte, brauchte Schmitt die letzte Lieferung nicht zu bezahlen.

Als dieser Vorrat aufgebraucht war, mußte Schmitt bei Fichtel & Sachs einkaufen. Die Schweinfurter allerdings konnten nur einen Motor mit 360 ccm liefern, der 9,5 PS bei 3400 U/min entwickelte. Dieses Triebwerk hatte zwei wesentliche Fehler. Es war als stationärer Motor nicht so recht für den Betrieb in einem Automobil abgestimmt, und es bot wegen seines Hubraums den Fuldamobil-Käufern nicht mehr die Möglichkeit, das Fahrzeug mit dem Führerschein IV zu bewegen.

**Der Silberfloh**

Schon einige Wochen vor dem Übergang auf den Sachs-Motor hatte das Fuldamobil eine Aufwertung erfahren. Statt der bisherigen Holz-Kunststoff-Verkleidung nagelte man gehämmertes Aluminiumblech auf den Holzrahmen, wobei die Bodenplatte weiterhin aus Sperrholz bestand. Abgesehen vom originellen und adretten Aussehen bot das Alublech die Möglichkeit, auch ohne Lackierung auszukommen. Der Kunde brauchte weder Lackpolitur noch Wachs, notfalls konnte er sein Fuldamobil N 2 mit einem trockenen Lappen sauberreiben.

Das gehämmerte Blech überdeckte manchen Formfehler, außerdem sparte Schmitt neben den Lackieranlagen das Spachteln. Obwohl das Fuldamobil N mit nacktem Aluminiumblech als „Silberfloh" bald als besonders originell bekannt wurde, bestellten in den nächsten Wochen viele Kunden ein lackiertes Kleinauto, und da sie auch bereit waren, dafür mehr zu zahlen, führte man ab Frühjahr 1953 die lackierte Alukarosserie gegen Aufpreis im Programm. Mit der Umstellung auf Aluminiumkarosserien legte Schmitt die Karosseriefertigung ins eigene Haus.

Der Typ N mit der gehämmerten Karosserie hob sich durch das eigenwillige Äußere deutlich von anderen Kleinstwagenkonstruktionen ab. Das Fuldamobil hatte sich damit ein Image geschaffen; es galt als besonders weich gefedertes Familien-Fahrzeug, das Campingfreunden schon Liegesitze bot.

Der Aluminium-Floh wurde zwar um 250 Mark teurer, aber mit 2490 Mark lag er immer noch recht günstig, und ernsthafte Konkurrenz machte ihm in jener Zeit allenfalls der Kleinschnittger.

„Einer langen und gründlichen Prüfung des Kleinwagenproblems", warb damals Karl Schmitt in Prospekten, „verdankt das Fuldamobil seine formschöne, zweckmäßige und wohldurchdachte Konstruktion." Das Mißtrauen gegen seinen Dreirad-Wagen versuchte der Diplom-Ingenieur mit folgenden Argumenten abzubauen: „Warum Dreirad-Wagen?"

— weil ein Wagen mit drei Rädern, ähnlich wie ein Tisch mit drei Beinen, auf unebenem Boden immer fest steht und niemals, wie ein Tisch mit vier Beinen, unsicher wackelt. Die drei Räder des Fuldamobils haften daher gleichmäßig auch auf einer gewölbten und unebenen Fahrbahn;
— weil drei Räder das teure Differential und dessen Nachteile bei Schnee und Glätte vermeiden;
— weil man bei richtiger Anordnung der Sitze mit drei Rädern ebenso kippsicher wie mit vier Rädern fährt.
— weil dadurch die Anschaffungs- und Abnutzungskosten für die vierte Bereifung erspart werden;
— weil durch das eine Rad hinten sich die Karosserie zwangsläufig verjüngt und eine günstige Stromlinienform entsteht, was erhöhte Geschwindigkeit und geringeren Treibstoffverbrauch zur Folge hat."

Doch auch der Elektromaschinenbau Fulda konnte keine Wunder vollbringen. Die so oft gepriesene Kippfestigkeit des Fuldamobils kannte ihre Grenzen, wenn der Wagen auf griffigem Boden überfordert wurde. Tatsächlich hatte

sich bisher das Fuldamobil auf dem ungepflasterten Werkshof als erstaunlich kippsicher erwiesen. Umso überraschter war deshalb die gesamte Mannschaft aus Fulda, als bei einer Kundenvorführung auf Betonboden das Dreirad nur noch auf zwei Rädern fuhr und beinahe auf dem Dach landete.

*Eine Karosserie aus gehämmertem blankem Aluminiumblech besaß das Fuldamobil N-1; im Volksmund hieß es deshalb bald „Silberfloh".*

Auf der Suche nach Weiterentwicklung stattete man versuchsweise ein Fuldamobil mit dem 250-ccm-Zweizylinder-Adler-Motor aus, der wesentlich ruhiger und kultivierter als das Sachs-Aggregat lief. In einem anderen Fuldamobil heulte auch ein 300-ccm-Lloyd-Motor.

Mit dem Typ N beteiligten sich Konstrukteur Norbert Stevenson und Werkmeister Werner Zinser an einigen Wettbewerben, unter anderem der Deutschlandrundfahrt des ADAC 1953. Die Aussichten auf einen Sieg lagen in vielen Fällen von vornherein schlecht, da die Fuldamobile in der Klasse der Motorräder mit Seitenwagen starten mußten, die leichter und wendiger das Ziel erreichten.

Dennoch sorgte der Rallye-Fahrer des Hauses, Sander, für den gelegentlichen Eingang von Goldmedaillen.

Eine andere Art von Goldmedaille holte das Fuldamobil 1953 in Düsseldorf. Auf der Ausstellung „Besser leben" erhielt das Mobil aus Hessen den Preis für seinen Beitrag zur Volksmotorisierung.

Eines Tages begehrte ein Spanier beim Elektromaschinenbau die Lizenz für den Bau des Fuldamobils. Er bestand jedoch darauf, daß Schmitt als Beweis für die Güte des Fahrzeugs einige Wagen nach Madrid starten ließ. So fuhren sechs durchaus serienmäßige Fuldamobile los, besetzt von einigen Auserwählten aus dem Elektromaschinenbau und begleitet von einem VW-Transporter. Ohne jegliche Reparatur schafften die kleinen Dreiräder die weite Strecke von Fulda nach Madrid und bewiesen damit dem Südländer ihre Robustheit. Zum Vertrag kam es trotzdem nicht.

Obwohl Mitte 1953 bis zu acht Exemplare pro Woche entstanden, fand man in der Bischofstadt immer noch die Zeit, jedes Auto einzeln vom TÜV abnehmen zu lassen. Mit einem freundlichen „Na, was haben wir denn heute?" erschien an jedem Wochenende ein Diplom-Ingenieur vom TÜV in der Rangstraße; er drehte in jedem Exemplar einige Proberunden, ehe er schließlich seinen TÜV-Segen dazu gab.

An der unteren Grenze der Zulässigkeit waren anfangs beim Fuldamobil die mechanischen Bremsen, die das Fahrzeug nur ungenügend verzögerten. Deshalb erschien es Karl Schmitt als ein Geschenk des Himmels, als er vom Bremsenhersteller Alfred Teves 60 Satz Öldruckbremsen geschenkt bekam. Zweirad-Produzent Walbaschewski (Marke: „Walba") hatte für seine Motorroller Öldruckbremsen entwickelt und bei Teves bauen lassen. Nachträglich hatte sich herausgestellt, daß die Bremsen derart giftig zogen und an einem Motorroller Überschläge provozieren müßten. Fuldamobil-Schmitt,

als sparsamer Mensch bekannt, hätte die Bremsen gar zu gern in seine Kleinstautos eingebaut. Doch selbst hier waren sie nicht zu verwenden. So bastelte Stevenson an den mechanischen Bremsen herum, legte die Sekundär-Bremsbacke still und erreichte damit sofort bessere Verzögerungswerte.

Diplom-Ingenieur Schmitt verkaufte sogar das Versuchs-Fuldamobil-Modell mit dem Adler-Motor. Ein Münchener Kunde, der den Führerschein IV besaß (Fahrerlaubnis von Motorrädern und Kleinautos bis 250 ccm) hatte ihn dazu überredet, dieses einzige Modell herauszurücken. Stevenson war entsetzt; denn das Versuchsmodell ließ sich nur mit viel Gefühl fahren. Beim scharfen Anfahren riß nämlich der Motor brutal die Kette über die Zähne des hinteren Radkranzes hinweg.

Schmitt baute zwar nach wie vor in seiner kleinen Fabrik Notstromaggregate, Elektrogeräte und Dia-Projektoren mit Linsen aus alten Armeebeständen, doch der größte Posten in der Bilanz war in diesen Jahren das Autogeschäft. Er hatte ein Lager angelegt, in dem er jederzeit 250 Ausstattungen für den Serienbau in Reserve hielt.

Durch seine Bauweise (Karosserie-Holzrahmen und Fahrgestell-Rohrrahmen) war das Fuldamobil besonders robust. Als ein Kunde mit seinem Wagen ins Werk kam und jammerte „seit 300 Kilometern quietscht mein Wagen so komisch", stellte Werkmeister Zinser schnell fest, daß eine Schweißnaht am zentralen Rohrrahmen gebrochen war. Eigentlich hätte das Auto zusammenbrechen müssen, wenn der Karosserierahmen nicht das ganze Auto zusammengehalten hätte.

*Um einem Spanier die Qualität des Fuldamobils zu beweisen, starteten fünf Exemplare von Fulda nach Madrid. Bild: Tankpause in Frankreich.*

*Innerhalb von 10 Tagen baute Stevenson die Form des Fuldamobil S, dessen Karosserieteile von den Vereinigten Deutschen Metallwerken angeliefert wurden.*

### Gemausert

Die größeren Stückzahlen der letzten Monate nährten bei Firmenchef Schmitt das Bemühen, von der handwerklichen Fertigung wenigstens teilweise herunterzukommen. Als die Vereinigten Deutschen Metallwerke (VDM) in Werdohl vorschlugen, Aluminiumbleche warm zu verformen, nahm man das Angebot gerne an. „Hauptsache, es sind runde Formen," hatten die Leute aus Werdohl gesagt.

So baute Stevenson im Juni 1953 zusammen mit einem Schreiner innerhalb von 10 Tagen ein Gipsmodell für das Fuldamobil „S". Danach zogen die VDM-Techniker erstmals Karosserieteile aus Aluminium, so daß die einzelnen Teile in der Rangstraße nur zusammengeschweißt zu werden brauchten. Doch am ersten fertigen Exemplar bemerkte der Konstrukteur, daß der Aufbau schrecklich dröhnte.

Mit elektrischen Amplituden-Meßgeräten stellte man fest, daß die Schwingungen von der Motoraufhängung ausgingen. Abhilfe brachte eine Hinterachs-Schwinge nach Art des Vespa-Motorrollers, bei dem Motor und Schwinge eine Einheit bildeten. Zwar waren die Ge-

räusche gedämpft, aber dadurch lenkte nun das hintere Rad mit und machte das gesamte Fahrzeug unstabil. Mit einem zusätzlichen Panhardstab baute man die gefährliche Eigenschaft ab, doch auch damit lag das neue Fuldamobil nicht mehr so gut auf der Straße wie der Vorgänger.

Diese ganzen Schwierigkeiten verzögerten den Serienanlauf. Hatte Schmitt den Prototyp des Fuldamobil S-1 schon im Juli 1953 gezeigt, so war er doch erst im März 1954 — vorerst nur in taubenblauer Farbe — lieferbar. „Das Modell S hat sich in der Form sehr gemausert", lobte zum Serienanlauf die „Motor-Rundschau", „vor uns steht nun ein bequemer Zweisitzer, ein formschönes Rollermobil." Auch die „Kölnische Rundschau" hob die „diesmal mehr ansprechende Form" hervor. Und die „ADAC-Motorwelt" meinte: „Als gelungen kann man das tropfenförmig zulaufende Heck bezeichnen, doch erscheint die Rückscheibe reichlich klein."

In Testberichten kam allerdings deutlich die Kritik an der schlechteren Straßenlage zum Ausdruck. So monierte die Zeitschrift „Roller, Mobil und Kleinwagen": „Schon ein Bruchteil des verfügbaren Drehmoments genügt, das Hinterrad durchrutschen zu lassen. Winzige Quermomente lassen das Fahrzeug herumschlagen, da das Gleichgewicht dann labil (ist)." Schuld daran sei die zu geringe Belastung des Hinterrades. Auch fanden die Tester am neuen Fuldamobil eine ziemlich reichlich übersetzte Lenkung vor: „Man fühlt sich zunächst unheimlich und vermißt den Kontakt zur Straße." Was an Lenkung und Straßenlage fehlte, machten andere Qualitäten gut. „Es ist gewaltig viel Platz da," schrieben die Redakteure von „Roller, Mobil und Kleinwagen", „sogar das Aus- und Einsteigen ist nicht unbequemer als bei vielen Wagen." Bei dieser Prüfung glänzte das Fuldamobil auch durch sehr solide Verarbeitung. „Die ganze Schlosserei am Fuldamobil ist ungewöhnlich solide", stellte man fest, „wenn wir irgendwo hinfaßten, hatten wir nie Stücke in der Hand, es drängte sich regelrecht auf: Siehste, gut haben die das gemacht." Als Standard-Version behielt der Elektromaschinenbau vorerst das alte N-Modell neben den neueren S-Typen im Programm.

Als 14-Tage-Versuch gedieh im Frühjahr 1954 in Fulda ein Fahrgestell mit einem vorderen und zwei hinteren Rädern. Auf dem Vorderrad saß ein 175-ccm-Sachs-Motor, der mit dem Rad mitschwenkte. Stevenson dachte daran, neben dem Fuldamobil einen kleinen Roadster anzubieten, dem er eine Sperrholz-Karosserie mit gehämmertem Aluminiumblech zurechtzuschneidern gedachte. Der Roadster sollte keine Türen haben, dafür aber zwei Sitzbänke, die — ähnlich dem späteren Zündapp-Janus — Lehne an Lehne standen. Aus den Sitzen konnte man mit zwei Handgriffen ein großes Bett zurechtschieben.

Nach drei Tagen Probefahrt entschied aber Karl Schmitt, daß der Wagen nicht gebaut würde: „Mehrere Modelle im Programm, das können wir uns nicht leisten." Obwohl der Elektromaschinenbau ein voll eingezahltes Stammkapital von 200 000 Mark hatte und finanziell gesünder war als mancher Konkurrent in der Branche, hielt der vorsichtige Firmenchef die Kapitalbasis seines Betriebes für zu schwach.

### Der NWF-Doppelgänger

Die neue Karosserie des S-Modells mit der Heckklappe und dem kleinen Bullauge brachte dem Elektromaschinenbau mehr Käufer und sogar einen Lizenznehmer. Die Nordwestdeutsche Fahrzeugbau GmbH (NWF) in Wilhelmshaven hatte sich bisher darauf spezialisiert, Omnibusaufbauten für die Kölner Ford-Werke zu liefern. Als die Rheinländer 1954 ihre Aufträge nicht mehr außer Haus gaben, suchten die Wilhelmshavener Karosseriebauer im Lizenznachbau des Fuldamobils S eine neue Existenz.

Im Juni 1954 studierten NWF-Techniker den Bau von Fuldamobilen, und zwei Monate später begann in Wilhelmshaven die Produktion, wobei auch der Lizenznehmer die fertig gebogenen Aluminium-Teile von VDM bezog. Schmitt wollte von nun an nur noch die Schweiz und die Benelux-Länder mit Fuldamobilen beliefern, während NWF vom 1. Juli 1954 an Produktion und Vertrieb für Deutschland und das restliche Ausland übernahm.

Gegenüber dem Fuldaer Original unterschied sich das NWF-Fuldamobil äußerlich nur durch eine bis unter die

Türunterkante gezogene seitliche Regenleiste, und unterm Blech benützten die NWF-Leute einen ILO-Motor vor 200 ccm Hubraum.

„Das war allerdings eine ziemliche Unverschämtheit", empörte sich darüber Stevenson, „denn die ILO-Motore hatten nur ein Dreigang-Getriebe mit einer Getriebespreizung — also vom ersten bis zum größten Gang — von 1:2,7. Das ist ganz motorradmäßig, und bei Steigungen von 15 Prozent blieb dem Fahrzeug die Puste aus. In der Fuldaer Version schaffte es immerhin den Kentsenberg — damals 28 Prozent — auf seiner 24-Stunden-Fahrt Fulda — Triest."

Obwohl NWF die Fuldamobil-Fertigung ursprünglich ganz groß aufziehen wollte, dauerte die Tagesproduktion von 20 Fahrzeugen nur kurze Zeit. Der Absatz stockte, und um wenigstens die Lizenzgebühren nach Fulda nicht in bar zahlen zu müssen, lieferten die NWF-

Leute dafür fertige Fuldamobile beim Elektromaschinenbau ab, die wiederum Firmenchef Schmitt mitverkaufte.

Nach der Statistik des Verbandes der Automobilindustrie verkaufte NWF rund 700 Fuldamobile, ehe die Produktion der Dreiräder aus Wilhelmshaven im Jahr 1955 verebbte. Es war das Jahr der Klein- und Kleinstwagen; das Goggomobil des niederbayerischen Landmaschinenfabrikanten Hans Glas erschien, die BMW-Werke beanspruchten mit der Isetta ein großes Stück des Markt-

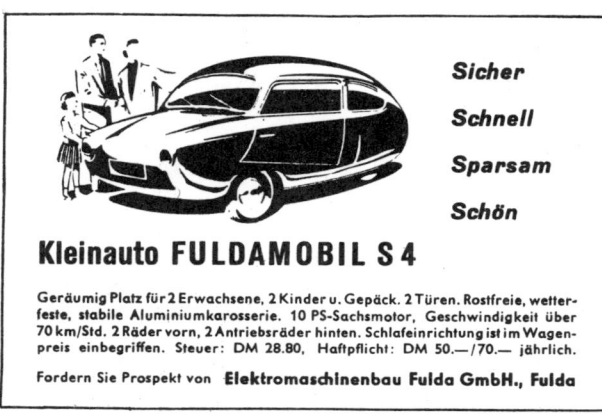

*(Werbung 1956)*

anteils für sich, und Carl F. Borgward verkaufte soviele Lloyd-Fahrzeuge wie nie zuvor.

Hinzu kam die Verordnung, wonach die bisherige Steuervergünstigung für Dreirad-Fahrzeuge fortfiel. Grund genug für Schmitt, sein Fuldamobil ebenfalls den neuesten Gegebenheiten anzupassen.

Das Modell S-4, das auf der Frankfurter Automobilausstellung 1955 das Licht der Öffentlichkeit erblickte, war jedenfalls in vielen Punkten verbessert und modernisiert worden. Die neue Variante besaß hinten – ähnlich der BMW-Isetta – eine Schmalspur-Hinterachse mit zwei Rädern im Abstand von 400 mm. Diese Fahrwerksverbesserung wirkte Wunder. „Zur Straßenlage darf man ohne falsche Übertreibung ,sehr gut' sagen", lobte ein Tester, „. . . das zweite hintere Rad hat immer festen Boden, da kann nichts rutschen und nichts schiefgehen."

Anstatt des 360-ccm-Motors erhielt das Fuldamobil S-4 den von Fichtel & Sachs ganz neu entwickelten 191-ccm-Einzylinder, der übrigens auch im Messerschmitt-Kabi-

nenroller KR-200 Verwendung fand. Das kleine 10-PS-Aggregat wollte fleißiger geschaltet werden als der alte 360-ccm-Motor. Ein Fuldamobil-Kunde fand allerdings an seinem neuen S-4 den Rückwärtsgang nicht und kabelte nach Fulda: „Wo ist Rückwärtsgang?" Der R-Gang wurde elektrisch geschaltet. Wurde der Zündschlüssel normal eingesteckt und gedreht, lief der Motor vorwärts. Drückte man den Schlüssel bis auf die nächste Stufe hinein, lief die Kurbelwelle in anderer Drehrichtung und das Fahrzeug fuhr rückwärts.

Zur gleichen Zeit baute man in Fulda eine Roadster-Ausgabe des S-4, die nun die Typenbezeichnung S-5 trug. Im holländischen Den Haag hatte sich ein Interessent gemeldet, dem man nun den S-5 gerne in Lizenz gegeben hätte. Aber daraus wurde nichts.

## Das Zündapp-Mobil

Einen ernsthafteren Anwärter für eine Lizenz fand Karl Schmitt in dem Motorradfabrikanten Fritz Neumeyer. Der Chef von Zündapp unterschrieb noch zum Jahresende 1955 einen Vertrag, wonach die renommierte Motorradfabrik im nächsten Jahr das neue Fuldamobil S-6 in Lizenz bauen wollte. Der S-6 unterschied sich vom S-4 eigentlich nur dadurch, daß die bisherige Heckklappe mit dem winzigen Bullauge wegfiel und durch eine großzügige Heckscheibe ersetzt wurde. Schmitt ließ nach der Unterschrift Neumeyers zwei Musterwagen des neuen Typs bauen, die nach Nürnberg verschickt wurden. Dort zerlegten sie die Zündapp-Techniker wiederum in alle Einzelteile, um das künftige Projekt möglichst genau zu studieren. Zündapp hatte mit den Hessen von Anfang an vereinbart, daß das Fuldamobil von den Motorradbauern gründlich überarbeitet und das Zündapp-Mobil selbstverständlich einen Motorradmotor aus der eigenen Fertigung haben werde.

Die Fuldaer Facharbeiter lernten im Januar 1956 ihre Kollegen aus Nürnberg an, als von heute auf morgen das ganze Unternehmen abgeblasen wurde. Zündapp-Chef Fritz Neumeyer ließ es sich 40 000 Mark kosten, um aus den Lizenzverträgen mit dem Elektromaschinenbau Fulda wieder freizukommen. Neumeyer fand, daß ein Viersitzer weit mehr Chancen auf dem Markt habe und entschloß sich kurzfristig, die neuartige Kleinwagenkonstruktion des Flugzeugkonstrukteurs Claudius Dornier zu übernehmen.

Diplom-Ingenieur Schmitt stand mit seinem Fuldamobil wieder allein auf dem Markt; bis sich ein Rhodesier fand, der den für Zündapp bestimmten Typ S-6 im Schwarzen Erdteil in Lizenz nahm. Das brachte aber dem Fuldaer Autofabrikanten nur wenig ein. Deshalb entschloß er sich, zur Internationalen Fahrrad- und Motorrad-Ausstellung im Oktober 1956 den S-6 offiziell vorzustellen und danach auch selbst in Serie zu bauen.

Als zu dieser Zeit die Hessen einige Male gefragt wurden, ob sie denn nicht einen Kleintransporter bauen könnten, zögerte Schmitt nicht lange. Auf der Basis des Fuldamobils bastelte man einen Vierrad-Mini-Transporter, der von einem 400-ccm-Lloyd-Motor angetrieben wurde. Einige Exemplare entstanden, ehe auch in diesem Geschäftszweig die Nachfrage verebbte und allein der eingeschworene kleine Kundenstamm des Fuldamobils eine weitere Produktion möglich machte.

**Ex-Kaiserin Soraya und das Fuldamobil**

Gerade in jener Zeit sorgte der Schwabe Egon Brütsch mit seinen Kunststoff-Autos auf allen Automobilausstellungen für beträchtliches Aufsehen, und das mag der

Ansporn für Schmitt gewesen sein, auch die Konstruktion des Fuldamobils zu überdenken.

Dabei erkannte der sparsame Hesse, daß eine Kunststoffkarosserie mit geringen Investitionen zu bauen sei und daß vor allem auch der Kunde enorme Vorteile von der Kunststoffhaut am Auto habe.

Zum Jahresbeginn 1957 werkelte man in Fulda an einem neuen Auto, das zwar in der Grundform viel mit dem bisher gebauten S-6 gemein hatte, jedoch durch eine Polyesterhaut leichtgewichtiger war. Trotz Kunststoff-

*Die Liegesitze im Fuldamobil.*

*Erprobung an der holländischen Küste. Aus Den Haag hatte sich ein Interessent gemeldet, der das Fuldamobil S-5 in Lizenz nehmen wollte. Sofort schickte Schmitt zwei Wagen dorthin.*

*Mit großer Heck-
scheibe und Kunst-
stoffkarosserie
brachte man im Sep-
tember 1957 das
Fuldamobil S-7 auf
den Markt.*

karosserie blieb man wiederum dem Sperrholzboden
treu („wasserfest, Garantie: 10 Jahre"). Man mochte,
um die steigenden Produktionskosten aufzufangen, das
Fuldamobil nicht mehr so aufwendig bauen wie bisher.
Nach Ansicht von Werkmeister Zinser lag die Vorderachse durch die Pendelachse „zu hoch", deshalb verzichteten die Hessen auf die bisherige aufwendige Achskonstruktion und hingen die Vorderräder direkt an den
Enden der querliegenden Blattfedern auf. Die Führung
der Räder übernahmen zwei senkrechte Rohre.
Als zur Internationalen Automilausstellung 1957 NSU
zum ersten Male seinen Kleinwagen „Prinz" zeigte, debütierte auch das Fuldamobil S-7. Der einige Kilogramm
leichtere Aufbau brachte das Mobil etwas schneller in
Fahrt. Das Fuldamobil besaß größere Fensterflächen
und eine glattere Linienführung. Die Felgen waren zwei-
geteilt, um ein müheloses Montieren der Reifen zu ermöglichen. Das neue Modell führte aber nur ein stilles
Mauerblümchendasein. Allein das Image, früher ein
Dreirad-Fahrzeug gewesen zu sein, verschreckte viele
Kunden.
„Reifenpannen", so pries der Fuldamobil-Prospekt noch
immer das Dreirad-System, „sind praktisch ausgeschlos-
sen, denn die Vorderräder greifen stets die Nägel und
schleudern sie nach hinten. Wegen ihrer schmalen hin-

teren Spur werden aber die Hinterräder nicht getroffen."
Und an anderer Stelle hieß es: „Straßenlöcher werden
entweder nur von den Vorderrädern oder nur von den
Hinterrädern durchfahren. Die Zahl der hierbei auftre-
tenden Stöße ist also geringer, als bei gleicher Spurbreite vorn und hinten."
Die große Stunde des Fuldamobils schlug im März 1958,
als der englische Importeur der Heinkel-Kabine, York
Nobel, beschloß, nicht mehr länger nur Autos zu verkaufen, sondern endlich auch selber zu bauen. Das
Fuldamobil schien ihm der richtige Wagen zu sein, seine
großen Verkaufserfolge, die er mit Heinkels Kabine er-
rungen hatte, nun fortzuführen. Da der smarte Engländer nicht irgendeine Autofirma eröffnen wollte, sondern
eine Gesellschaft von der die Welt spricht, gründete er
die York Nobel Industries und gewann mit sicherem
Instinkt für Public-Relations-Rummel Soraya, Exkaiserin
von Persien, zum Direktor seiner Gesellschaft. Sie soll
einen Teil ihres Vermögens in das neue Unternehmen
eingebracht haben. Nobel waren durch seine Frau Direktor die Klatschspalten in den Zeitungen der Welt geöffnet. Lauthals propagierte er, bei ihm könne jeder das
billigste Auto der Welt kaufen. Er schaffte es sogar, sein
Angebot wahrzumachen, indem er das Fuldamobil als
„Nobel 200" im Selbstbaukasten verkaufte.

Zusätzlich ins Programm nahm Nobel eine offene Version des Fuldamobils, für das er die phantasievolle Bezeichnung „bubble-car" erfand. Dieser Roadster bestand aus zwei Sitzen und einer großen Ladefläche dahinter. Es schwebte Autoproduzent Nobel vor, daß dies der ideale Einkaufswagen für englische Hausfrauen sei.

„Bubble-car" erinnerte an Bubble-gum (Kaugummi), und Nobel ließ wissen, daß er deshalb den neuen Namen erfunden (oder besser gesagt: dem britischen Volksmund entnommen) habe, weil das Auto innen größer als außen sei. Mit der Exkaiserin an seiner Seite reiste der clevere Geschäftsmann durch die Lande und warb für sein Produkt. Er verschwieg allerdings immer schamhaft, daß die Nobel-Wagen nur Lizenzbauten des deutschen Fuldamobils waren, die sich vom Original lediglich durch eine Zweifarben-Lackierung unterschieden.

Bescheiden hielten sich die Fuldamobil-Männer im Hintergrund und genossen still den ersten Erfolg des Lizenznehmers Nobel, der ihr Auto weltbekannt machte. Lebemann Nobel, der selbst einen Rolls Royce bevorzugte und nur deshalb in einen anderen Landstrich Englands übersiedelte, um an seinem Luxus-Gefährt als Auto-Kennzeichen die Initialen seines Namens zu tragen, übernahm jene Öffentlichkeitsarbeit, die man in Fulda immer vergessen hatte. Die Lizenzbauten ließ Nobel bei der Firma „Bristol Aeroplane Company" fertigen. Er beschränkte sich darauf, dem Produkt seinen Namen zu geben und es zu verkaufen.

Noch einmal mag Karl Schmitt daran geglaubt haben, daß sein Fuldamobil noch die Welt erobern könne. Mit der Kunststoffkarosserie war es einfacher als mit Blech, weitere Lizenzen zu vergeben. Potente Käufer, wie eine Finanzgruppe aus Chile, erhielten eine Gipsform und konnten sich aus Fulda komplette Teilesätze bestellen. Sie brauchten im Heimatland nur alles fein säuberlich zusammensetzen. Auch in Argentinien tauchte 1959 das Fuldamobil, diesmal als „Bambi", auf.

Während das Fuldamobil im Heimatland immer weniger Abnehmer fand, erschienen in aller Welt Lizenzbauten auf dem Markt. In Schweden hieß das zählebige Mobil „King", in Holland „Bambino". In Norwegen fanden sich ebenso Lizenznehmer wie in Irland und in Griechenland, wo das Fuldamobil als „Attika" neue Urstände feierte.

In England dagegen halfen auch Nobels großangelegte Werbekampagnen dem kleinen Auto kaum zu langanhaltendem Erfolg. Selbst Sorayas Lächeln vermochte

*York Nobel und die englische Ausgabe des Fuldamobils: der Nobel 200.*

die Insulaner nicht zum Kauf des Baukasten-Autos zu erwärmen.

Die Fuldaer änderten im Auftrage Nobels die Front des Roadsters, der fortan „Sporty" hieß; aber auch das brachte keine Kundschaft mehr ins Haus. Es wurde bald stiller um die Nobel Industries, bis sie um 1961 ganz verschwanden.

In Fulda wäre Schmitt konkursreif gewesen, hätte er und sein Elektromaschinenbau allein vom Bau des Kleinstwagens leben müssen. Seine Bosch-Vertretung sowie die Verlagerung des Produktionsprogramms auf diverse elektrische Geräte bewahrte den Elektromaschinenbau von vornherein vor der Verlustzone. Neben den Notstrom-Aggregaten entwickelte Schmitt heizbare Westen und widmete sich im übrigen Spezialanfertigungen.

Die Produktion des Fuldamobil sank immer mehr zur kargen Nebeneinnahme herab. Seit Nobel in England seinen Bubble-Traum ausgeträumt hatte, benützten die Fuldaer für ihre Produktion seine Zweifarben-Lackierung und bauten für Süd-Afrika in allerkleinsten Stückzahlen auch die offene Version, wobei den Kunden sämtliche Extrawünsche zugestanden wurden. Ob das Verdeck eine besondere Form haben sollte, oder die Sitze anatomisch anders gewünscht wurden − die Miniserie erlaubte fast jeden extravaganten Wunsch.

### Spielerei so nebenbei

Als 1964 der Messerschmitt-Kabinenroller nicht mehr gebaut wurde, hatte das schwerwiegende Folgen für die Fuldaer Konkurrenz: Motorlieferant Fichtel & Sachs

*Das angeblich billigste Auto der Welt, der Nobel 200, wurde als Selbstbaukasten geliefert. Mit hübschen Mädchen schmückte York Nobel seinen Ausstellungsstand auf dem Londoner Automobilsalon 1958.*

stellte nämlich damit den Bau des 191-ccm-Motors ein, den man seit 1957 in Fulda verwendete. Schmitt wäre eigentlich gezwungen gewesen, ebenfalls den Autobau ganz einzustellen. Er wandte sich hilfesuchend an Heinkel, von denen er wußte, daß die Stuttgarter noch ihren 194-ccm-Viertakt-Kabinenmotor in kleinster Serie produzierten. Die Heinkel-Leute ihrerseits waren froh, überhaupt noch einen Abnehmer für ihr Kleinst-Aggregat zu finden und belieferten den Elektromaschinenbau ab 1965 damit. Für Schmitt war die Umstellung auf den Viertakter ein Grund, am Fuldamobil längst notwendige Verbesserungen vorzunehmen. Die bisherige mit Seilzug betätigte Fußbremse wich endlich einer hydraulischen, und die Vorderräder hingen nunmehr an richtigen Federbeinen. Eins änderten die Fuldaer nicht: den Anschlag der Türen. Obwohl schon seit 1960 die Zulas-

sungsbehörden verlangten, daß an neuen Fahrzeugen die Türen vorn angeschlagen sein mußten, gelang es Schmitt immer wieder, eine solche Änderung durch Ausnahmegenehmigungen hinauszuzögern, da sie teure Investitionen erfordert hätte.

Heinkel bot dem Elektromaschinenbau an, sämtliche Werkzeuge zur Herstellung des kleinen Viertakters zu übernehmen, da nunmehr die Fuldaer die einzigen Kunden für diesen Motor waren und die geringen Stückzahlen nur Verluste brachten. Schmitt lehnte 1965 ab: Die finanziellen Schwierigkeiten der Dingolfinger Autofabrik Glas erschreckten ihn zutiefst und machten ihm klar, daß weitere Investitionen nicht lohnten.

Der Ausbau seiner Bosch-Großhandlungen und seines Elektromaschinenbaus erschienen ihm doch als das risikolosere Geschäft, und so wurde der Bau des Fulda-

*Anfangs entwarf man die offene Version nur für York Nobel, der diese Roadster-Version als „Sporty" anbot. Später baute man in Fulda diese Variante in eigener Regie und exportierte sie nach Süd-Afrika.*

mobils immer mehr zu einer „Spielerei so nebenbei" (Schmitt).

In Einzelexemplaren bastelten die Fuldaer noch ihr Mobil für ganz treue Kunden, und das Geschäft mit den Teilesätzen für die Lizenznehmer lief im bescheidenen Rahmen. Hauptsächlich die griechische Firma Vioplastic verlangte noch nach Teilen für ihren „Attica", der später „Alta 200" hieß.

Als Motorenlieferant Heinkel von Daimler-Benz ge-schluckt wurde, verbot der neue Hausherr im Jahr 1968 den unrentablen Geschäftszweig mit Kleinstmotoren. Damit lag für das Fuldamobil das Todesurteil fest. Bis zum Jahresbeginn 1969 reichte der Vorrat an Heinkel-Motoren noch aus, die laufende Produktion von rund fünf Fuldamobilen im Monat zu bedienen. Dann war Firmenchef Schmitt gezwungen, genau zwei Jahrzehnte nach dem ersten Entwurf den Bau des Fuldamobils auslaufen zu lassen.

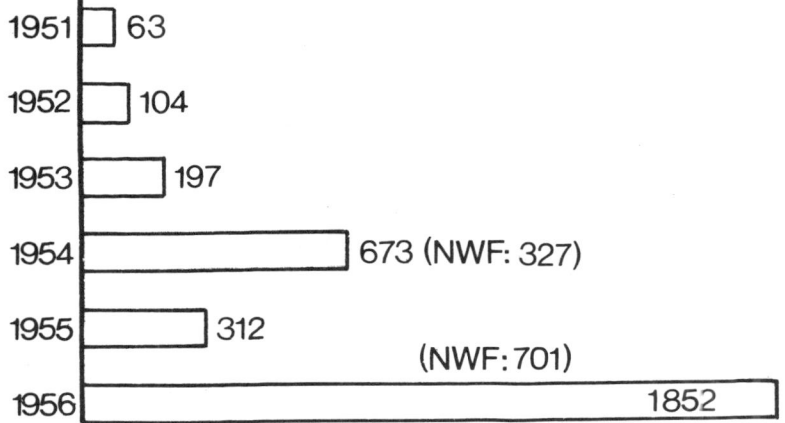

| 1951 | 63 |
| 1952 | 104 |
| 1953 | 197 |
| 1954 | 673 (NWF: 327) |
| 1955 | 312 |
| 1956 | (NWF: 701) 1852 |

Zulassungen Fuldamobil

# Fuldamobil*

KAROSSERIE
Coupé, 2 Türen, 2 Sitze (Prototyp)

MOTOR
Luftgekühlter Einzylinder-Zweitakt-Motor ohne Gebläse (Zündapp) 198 ccm, Verdichtung 6,0:1, 6,5
DIN-PS bei 3800 U/min, maximales Drehmoment
1,0 mkp bei 2800 U/min, Gemischschmierung
1 : 20, ein Bing-Schiebervergaser, zweifach gelagerte Kurbelwelle, Handstarter
Batterie: 6 Volt/16 Ah, Gleichstrom-Lichtmaschine
40 Watt
Füllmengen: Tankinhalt 10 Liter, Getriebe 0,5 Liter

KRAFTÜBERTRAGUNG
Dreigang-Getriebe mit Klauenschaltung, Mehr-
scheiben-Kupplung im Ölbad, Kraftübertragung
Motor-Getriebe und Getriebe-Hinterrad durch
Kette, Mittelschaltung
Mittelmotor vor dem Hinterrad, Heckantrieb
Übersetzungen:
1. Gang 2,71 : 1
2. Gang 1,83 : 1
3. Gang 1,00 : 1
R-Gang —
Achsuntersetzung:
Motor-Getriebe 1 : 2
Getriebe-Hinterrad 1 : 3

FAHRWERK
Karosserie (Holzrahmen mit aufgenageltem Stahl-
blech) mit Zentralrohrrahmen verschraubt, vorn
Pendelachse, hinten gezogene Hinterradschwinge,
Schraubenfedern vorn und hinten, hinteres Einzel-
rad
Bremsen: mechanische Trommelbremsen auf die
Vorderräder
Lenkung: Kettenlenkung (Rad-Mittellenkung)
Reifen: 4.00—8

MASSE, GEWICHTE
Länge 2720 mm, Breite 1400 mm, Höhe 1320 mm,
Radstand 1500 mm, Spurweite vorn 1200 mm,
Leergewicht 310 kg, zulässiges Gesamtgewicht ca.
460 kg

VERBRAUCH
3,5 Liter auf 100 km (Normalbenzin-Öl-Gemisch)

FAHRLEISTUNGEN
Höchstgeschwindigkeit 65 km/h

PREIS
(vorgesehen 1850,— DM)

PRODUKTIONSZAHLEN
1 Stück

BAUJAHR
(Debüt 9. März 1950)

---

* Foto mit Konstrukteur Stevenson und Opel Kapitän

## Fuldamobil
**KAROSSERIE**
Coupé, 2 Türen, 2 Sitze
Roadster, 2 Sitze
**MOTOR**
Luft/gebläsegekühlter Einzylinder-Zweitakt-Motor (Baker & Pölling), Bohrung/Hub: 87/70 mm, 248 ccm, Verdichtung 6,0:1, 8,5 DIN-PS bei 4200 U/min, maximales Drehmoment 1,5 mkp bei 3000 U/min, Gemischschmierung 1:20, Leichtmetall-Zylinderblock, Laufbuchsen, zweifach gelagerte Kurbelwelle, ein Schiebervergaser Fischer-Amal
Batterie: 6 Volt/16 Ah, Gleichstrom-Lichtmaschine 75 Watt
Füllmengen: Tankinhalt 17 Liter, Getriebeöl 0,5 Liter
**KRAFTÜBERTRAGUNG**
Dreigang-Getriebe (Hurth) mit Klauenschaltung, Mehrscheibenkupplung im Ölbad, Kraftübertragung Motor-Getriebe und Getriebe-Hinterrad durch Kette, Mittelschaltung
Mittelmotor vor dem Hinterrad, Heckantrieb
Übersetzungen:
1. Gang 4,00 : 1
2. Gang 2,11 : 1
3. Gang 1,00 : 1
R-Gang 4,53 : 1
Achsuntersetzung: Motor-Getriebe 1 : 2
Getriebe-Hinterrad 1 : 3
**FAHRWERK**
Karosserie (Holzrahmen mit Sperrholzplatten vernagelt und mit Kunstleder verkleidet) verschraubt

mit Zentralrohrrahmen, Pendelachse vorn, gezogene Hinterradschwinge, vorn und hinten Schraubenfedern, hinten ein Teleskopstoßdämpfer, hinteres Einzelrad
Bremsen: mechanische Trommelbremsen auf die Vorderräder
Lenkung: Kettenlenkung (Rad-Mittellenkung mit Zahnstangen-Getriebe) Übersetzung 1 : 9
Reifen: 4.00—8
**MASSE, GEWICHTE**
Länge 2720 mm, Breite 1400 mm, Höhe 1340 mm, Radstand 1800 mm, Spurweite vorn 1200 mm, Leergewicht 320 kg, zulässiges Gesamtgewicht 460 kg
**VERBRAUCH**
2,8 bis 4,0 Liter auf 100 km (Benzin-Öl-Gemisch)
**FAHRLEISTUNGEN**
Höchstgeschwindigkeit 75 km/h
**PREIS**
2250,— DM
**PRODUKTIONSZAHLEN**
48 Stück (Coupé 26 Stück, Roadster 22 Stück)
**BAUJAHR**
ab Februar 1951 bis Juni 1951

## Fuldamobil
**KAROSSERIE**
Coupé, 2 Türen, 2 Sitze
Roadster, 2 Sitze
**MOTOR**
Luft/gebläsegekühlter Einzylinder-Zweitakt-Motor

(Baker & Pölling), Bohrung/Hub: 87/70 mm, 248 ccm, Verdichtung 7,0:1, 8,5 DIN-PS bei 4200 U/min, maximales Drehmoment 1,5 mkp bei 3000 U/min, Gemischschmierung 1:20, Leichtmetall-Zylinderblock, Laufbuchsen, zweifach gelagerte Kurbelwelle, ein Schiebervergaser Fischer-Amal
Batterie: 6 Volt/16 Ah, Gleichstrom-Lichtmaschine 75 Watt
Füllmengen: Tankinhalt 17 Liter, Getriebeöl 0,5 Liter

KRAFTÜBERTRAGUNG
Dreigang-Getriebe (Hurth) mit Klauenschaltung, Mehrscheibenkupplung im Ölbad, Kraftübertragung Motor-Getriebe und Getriebe-Hinterrad durch Kette, Mittelschaltung
Mittelmotor vor dem Hinterrad, Heckantrieb
Übersetzungen:
1. Gang 4,00 : 1
2. Gang 2,11 : 1
3. Gang 1,00 : 1
R-Gang 4,53 : 1
Achsuntersetzung: Motor-Getriebe 1 : 2
Getriebe-Hinterrad 1 : 3

FAHRWERK
Karosserie (Hartholz-Rahmen mit Sperrholzplatten vernagelt und Kunstleder verkleidet) verschraubt mit Zentralrohrrahmen, vorn Pendelachse mit querliegender Blattfeder, hinten gezogene Hinterradschwinge mit Schraubenfeder und einem Teleskopstoßdämpfer, hinteres Einzelrad
Bremsen: mechanische Trommelbremsen auf die Vorderräder
Lenkung: Kettenlenkung (Rad-Mittellenkung mit Zahnstangen-Getriebe) Übersetzung 1 : 9
Reifen: 4.00–8

MASSE, GEWICHTE
Länge 2750 mm, Breite 1397 mm, Höhe 1346 mm, Radstand 1800 mm, Spurweite vorn 1200 mm, Wendekreisdurchmesser 6,5 m, Leergewicht 335 kg, zulässiges Gesamtgewicht ca. 470 kg

VERBRAUCH
4,5 Liter auf 100 km (Benzin-Öl-Gemisch)

FAHRLEISTUNGEN
Höchstgeschwindigkeit 75 km/h

PREIS
2250,– DM

PRODUKTIONSZAHLEN
26 Stück

BAUJAHR
ab Juni 1951 bis August 1951

## Fuldamobil N-1

KAROSSERIE
Coupé, 2 Türen, 2 Sitze
Roadster, 2 Sitze, 2 Türen

MOTOR
Luft/gebläsegekühlter Einzylinder-Zweitakt-Motor (Baker & Pölling) 247 ccm, Verdichtung 7,0 : 1, 8,5 DIN-PS bei 4200 U/min, maximales Drehmoment 1,5 mkp bei 300 U/min, Gemischschmierung 1 : 20, Leichtmetall-Zylinderblock, Laufbuchsen, zweifach gelagerte Kurbelwelle, ein Schiebervergaser Fischer-Amal
Batterie: 6 Volt/16 Ah, Gleichstrom-Lichtmaschine 75 Watt
Füllmengen: Tankinhalt 17 Liter, Getriebeöl 0,5 Liter

KRAFTÜBERTRAGUNG
Dreigang-Getriebe (Hurth) mit Klauenschaltung, Mehrscheiben-Kupplung im Ölbad, Kraftübertragung Motor-Getriebe und Getriebe-Hinterrad durch Kette, Mittelschaltung
Mittelmotor vor dem Hinterrad, Heckantrieb
Übersetzungen:
1. Gang 4,00 : 1
2. Gang 2,11 : 1
3. Gang 1,00 : 1
R-Gang 4,53 : 1

FAHRWERK

Karosserie (Hartholz-Rahmen mit Sperrholzplatten vernagelt und Kunstleder verkleidet) mit Zentralrohrrahmen und Sperrholzbodenplatte verschraubt, vorn Pendelachse mit querliegender Blattfeder, hinten gezogene Hinterradschwinge mit Schraubenfeder und einem Teleskopstoßdämpfer, hinteres Einzelrad

Bremsen: mechanische Trommelbremsen auf die Vorderräder

Lenkung: Kettenlenkung (Rad-Mittellenkung mit Zahnstangen-Getriebe) Übersetzung 1 : 9

Felgen: 2.45—8″

Reifen: 4.00—8″

MASSE, GEWICHTE

Länge 2850 mm, Breite 1397 mm, Höhe 1280 mm, Radstand 1800 mm, Spurweite vorn 1200 mm, Wendekreisdurchmesser 6,5 m, Leergewicht 315 kg, zulässiges Gesamtgewicht ca. 480 kg

VERBRAUCH

4,5 Liter auf 100 km (Benzin-Öl-Gemisch)

FAHRLEISTUNGEN

Höchstgeschwindigkeit 75 km/h

PREIS

2490,— DM

PRODUKTIONSZAHLEN

ca. 320 Stück

BAUJAHR

von August 1951 bis September 1952

**Fuldamobil N-2**

KAROSSERIE

Coupé, 2 Türen 2+2 Sitze

Roadster, 2 Türen, 2 Sitze

MOTOR

Luft/gebläsegekühlter Einzylinder-Zweitakt-Motor (Fichtel & Sachs), 359 ccm, Verdichtung 6,5 : 1,

9,5 DIN-PS bei 3400 U/min, maximales Drehmoment 2,3 mkp bei 1500 U/min, Gemischschmierung 1 : 20, zweifach gelagerte Kurbelwelle, ein Schiebervergaser Fischer-Amal

Batterie: 6 Volt/16 Ah, Gleichstrom-Lichtmaschine 75 Watt

Füllmengen: Tankinhalt 17 Liter, Getriebeöl 0,5 Liter

KRAFTÜBERTRAGUNG

Dreigang-Getriebe (Hurth) mit Klauenschaltung Mehrscheiben-Kupplung im Ölbad, Kraftübertragung Motor-Getriebe und Getriebe-Hinterrad durch Kette, Mittelschaltung

Mittelmotor vor dem Hinterrad, Heckantrieb

Übersetzungen:

1. Gang 4,00 : 1

2. Gang 2,11 : 1

3. Gang 1,00 : 1

R-Gang 4,53 : 1

Achsuntersetzung: Motor-Getriebe 1 : 2

Getriebe-Hinterrad 1 : 3

FAHRWERK

Karosserie (Hartholz-Rahmen mit gehämmerten Aluminium-Blech verkleidet — gegen Aufpreis: glattes, lackiertes Aluminium-Blech) mit Zentralrohrrahmen und Sperrholzbodenplatte verschraubt, vorn Pendelachse mit querliegender Blattfeder, hinten gezogene Hinterradschwinge mit Schraubenfeder und einem Teleskopstoßdämpfer, hinteres Einzelrad

Bremsen: mechanische Trommelbremsen auf die Vorderräder

Lenkung: Kettenlenkung (Rad-Mittellenkung mit Zahnstangen-Getriebe) Übersetzung 1 : 9

Felgen: 2.45—8″

Reifen: 4.00—8″

MASSE, GEWICHTE

Länge 2850 mm, Breite 1397 mm, Höhe 1280 mm, Radstand 1800 mm, Spurweite vorn 1200 mm, Wendekreisdurchmesser 6,5 m, Leergewicht 305 kg, zulässiges Gesamtgewicht ca. 470 kg

VERBRAUCH

4,5 Liter auf 100 km (Benzin-Öl-Gemisch)

FAHRLEISTUNGEN

Höchstgeschwindigkeit 80 km/h

PREIS

2760,— DM

ab Juli 1953: 2990,— DM

ab Juni 1954: 2200,— DM

PRODUKTIONSZAHLEN
  380 Stück
BAUJAHR
  von September 1952 bis August 1955

## Fuldamobil S-1

(als Lizenz: Nordwestdeutscher Fahrzeugbau „NWF 200")
KAROSSERIE
  Coupé, 2 Türen, 2+2 Sitze
MOTOR
  Luft/gebläsegekühlter Einzylinder-Zweitakt-Motor (ILO), Bohrung/Hub: 62/66 mm, 197 ccm, Verdichtung 6,0:1, 9,5 DIN-PS bei 4900 U/min, maximales Drehmoment 1,4 mkp bei 3200 U/min, Gemischschmierung 1 : 20, zweifach gelagerte Kurbelwelle, ein Vergaser Bing 1/26/31
  Batterie: 12 Volt/45 Ah, Gleichstrom-Lichtmaschine 90 Watt
  Füllmengen: Tankinhalt 17 Liter, Getriebeöl 0,5 Liter
KRAFTÜBERTRAGUNG
  Dreigang-Getriebe (Hurth) mit Klauenschaltung, Mehrscheiben-Kupplung im Ölbad, Kraftübertragung Motor-Getriebe und Getriebe-Hinterrad durch Kette, Mittelschaltung
  Mittelmotor vor dem Hinterrad, Heckantrieb
  Übersetzungen:
  1. Gang 4,00 : 1
  2. Gang 2,11 : 1
  3. Gang 1,00 : 1
  R-Gang 4,53 : 1
  Achsuntersetzung: 3,41 : 1
FAHRWERK
  Aluminiumkarosserie mit Stahlrohrrahmen und Sperrholz-Bodenplatte verschraubt, vorn Pendel-

achse mit querliegender Blattfeder, hinten gezogene Hinterradschwinge mit Schraubenfeder, Panhardstab und zwei Teleskopstoßdämpfer, hinteres Einzelrad
  Bremsen: mechanische Trommelbremsen auf die Vorderräder
  Lenkung: Zahnstangenlenkung
  Reifen: 4.00—8
MASSE, GEWICHTE
  Länge 2970 mm, Breite 1470 mm, Höhe 1330 mm, Radstand 1800 mm, Spurweite vorn 1240 mm, Wendekreisdurchmesser 7,5 m, Leergewicht 375 kg, zulässiges Gesamtgewicht 525 kg
VERBRAUCH
  4 Liter auf 100 km (Benzin-Öl-Gemisch)
FAHRLEISTUNGEN
  Höchstgeschwindigkeit 80 km/h
PREIS
  2780,— DM
PRODUKTIONSZAHLEN
  701 Stück (NWF)
  3 Stück (Elektromasch. Fulda)
BAUJAHR
  (Debüt: Juli 1953)
  von März 1954 bis August 1955

## Fuldamobil S-2

KAROSSERIE
  Coupé, 2 Türen, 2+2 Sitze
MOTOR
  Luft/gebläsegekühlter Einzylinder-Zweitakt-Motor (Fichtel & Sachs) Bohrung/Hub: 78/75 mm 359 ccm, Verdichtung 6,5:1, 9,5 DIN-PS bei 3400 U/

min, maximales Drehmoment 2,3 mkp bei 2500 U/min, Gemischschmierung 1 : 20, zweifach gelagerte Kurbelwelle, ein Schiebervergaser Fischer-Amal

Batterie: 12 Volt/45 Ah, Gleichstrom-Lichtmaschine 90 Watt

Füllmengen: Tankinhalt 17 Liter, Getriebeöl 0,5 Liter

## KRAFTÜBERTRAGUNG

Dreigang-Getriebe (Hurth) mit Klauenschaltung, Mehrscheibenkupplung im Ölbad, Kraftübertragung Motor-Getriebe und Getriebe-Hinterrad durch Kette, Mittelschaltung

Mittelmotor vor dem Hinterrad, Heckantrieb

Übersetzungen:

1. Gang 4,00 : 1
2. Gang 2,11 : 1
3. Gang 1,00 : 1
R-Gang 4,53 : 1

Achsuntersetzung: 3,41 : 1

## FAHRWERK

Aluminiumkarosserie mit Stahlrohrrahmen und Sperrholz-Bodenplatte verschraubt, vorn Pendelachse mit querliegender Blattfeder, hinten gezogene Hinterradschwinge mit Schraubenfeder, Panhardstab und zwei Teleskopstoßdämpfer, hinteres Einzelrad

Lenkung: Zahnstangenlenkung

Bremsen: mechanische Trommelbremsen auf die Vorderräder

Reifen: 4.00—8

## MASSE, GEWICHTE

Länge 2970 mm, Breite 1470 mm, Höhe 1330 mm, Radstand 1800 mm, Spurweite vorn 1240 mm, Wendekreisdurchmesser 7,5 m, Leergewicht 375 kg, zulässiges Gesamtgewicht 525 kg

## VERBRAUCH

4 Liter auf 100 km (Benzin-Öl-Gemisch)

## FAHRLEISTUNGEN

Höchstgeschwindigkeit 80 km/h

## PREIS

2990,— DM
(ab Juli 1955: 3350,— DM)

## PRODUKTIONSZAHLEN

ca. 430 Stück

## BAUJAHR

von November 1954 bis August 1955

# Fuldamobil S-3

## KAROSSERIE

Coupé, 2 Türen, 2+2 Sitze

## MOTOR

Luft/gebläsegekühlter Einzylinder-Zweitakt-Motor (Fichtel & Sachs), Bohrung/Hub: 65/58 mm, 191 ccm, Verdichtung 6,3:1, 10,2 DIN-PS, bei 5250 U/min, maximales Drehmoment 1,5 mkp bei 4000 U/min, Gemischschmierung 1 : 20, Umkehrspülung, zweifach gelagerte Kurbelwelle, ein Horizontalvergaser Bing 1/24/87

Batterie: 12 Volt/45 Ah, Gleichstrom-Lichtmaschine 90 Watt

Füllmengen: Tankinhalt 18 Liter, Getriebeöl 0,5 Liter

## KRAFTÜBERTRAGUNG

Viergang-Getriebe mit elektrisch geschaltetem Rückwärtsgang, Mehrscheiben-Kupplung im Ölbad, Mittelschaltung

Motor vor dem Hinterrad, Heckantrieb

Übersetzungen:

1. Gang 3,62 : 1
2. Gang 1,85 : 1
3. Gang 1,24 : 1
4. Gang 0,86 : 1
R-Gang 3,62 : 1

Achsuntersetzung: 3,41 : 1

## FAHRWERK

Aluminiumkarosserie mit Stahlrohrrahmen und Sperrholz-Bodenplatten verschraubt, Pendelachse vorn mit querliegender Blattfeder, hinten gezogene Hinterradschwinge mit Schraubenfeder und zwei Teleskopstoßdämpfer, hinteres Einzelrad

Bremsen: mechanische Trommelbremsen auf die Vorderräder

Lenkung: Zahnstangenlenkung

Reifen: 4.00—8

MASSE, GEWICHTE
Länge 2970 mm, Breite 1470 mm, Höhe 1330 mm, Radstand 1800 mm, Spurweite vorn 1240 mm, Wendekreisdurchmesser 7,5 m, Leergewicht 360 kg, zulässiges Gesamtgewicht 525 kg

VERBRAUCH
4,5 Liter auf 100 km (Nomalbenzin-Öl-Gemisch)

FAHRLEISTUNGEN
Höchstgeschwindigkeit 85 km/h

PREIS
——

PRODUKTIONSZAHLEN
2 Stück

BAUJAHR
(Versuchsmodelle: gebaut im Februar 1956)

## Fuldamobil S-4

KAROSSERIE
Coupé, 2 Türen, 2+2 Sitze
Roadster, 2 Türen, 2 Sitze (S-5)

MOTOR
Luft/gebläsegekühlter Einzylinder-Zweitakt-Motor (Fichtel & Sachs), Bohrung/Hub: 65/68 mm, 191 ccm, Verdichtung 6,3:1, 10 DIN-PS bei 5250 U/min, maximales Drehmoment 1,5 mkp bei 4000 U/min, Gemischschmierung 1:20, Umkehrspülung, zweifach gelagerte Kurbelwelle, ein Horizontalvergaser Bing 1/24/87

Batterie: 12 Volt/45 Ah, Gleichstrom-Lichtmaschine 90 Watt
Füllmengen: Tankinhalt 18 Liter, Getriebeöl 0,5 Liter

KRAFTÜBERTRAGUNG
Viergang-Getriebe mit elektrisch geschaltetem Rückwärtsgang, Mehrscheiben-Kupplung im Ölbad, Mittelschaltung
Mittelmotor vor dem Hinterrad, Heckantrieb
Übersetzungen:
1. Gang 3,62 : 1
2. Gang 1,85 : 1
3. Gang 1,24 : 1
4. Gang 0,86 : 1
R-Gang 3,62 : 1
Achsuntersetzung: 3,41 : 1

FAHRWERK
Aluminiumkarosserie mit Stahlrohrrahmen und Sperrholz-Bodenplatte verschraubt, vordere Radaufhängung an querliegender Blattfeder, hinten gezogene Hinterradschwinge im Ölbadkettenkasten, Schraubenfeder und zwei Teleskopstoßdämpfer, hinteres Doppelrad mit schmaler Spur (auf Wunsch: hinteres Einzelrad)
Bremsen: mechanische Trommelbremse auf die Vorderräder
Lenkung: Zahnstangenlenkung
Reifen: 4.00–8

MASSE, GEWICHTE
Länge 3100 mm, Breite 1470 mm, Höhe 1330 mm, Radstand 1900 mm, Spurweite vorn 1240 mm, hinten 400 mm, Wendekreisdurchmesser 6,5 m, Leergewicht 390 kg, zulässiges Gesamtgewicht 590 kg

VERBRAUCH
4,5 Liter auf 100 km (Normalbenzin-Öl-Gemisch)

FAHRLEISTUNGEN
Höchstgeschwindigkeit 85 km/h

PREIS
2780,– DM

PRODUKTIONSZAHLEN
ca. 168 Stück

BAUJAHR
von September 1955 bis Oktober 1956

## Fuldamobil S-6

**KAROSSERIE**
Coupé, 2 Türen, 2+2 Sitze
**MOTOR**
Luft/gebläsegekühlter Einzylinder-Zweitakt-Motor
(Fichtel & Sachs), Bohrung/Hub: 65/68 mm, 191
ccm, Verdichtung 6,3:1, 10 DIN-PS bei 5250 U/
min, maximales Drehmoment 1,5 mkp bei 4000 U/
min, Gemischschmierung 1 : 20, Umkehrspülung,
zweifach gelagerte Kurbelwelle, ein Horizontalver-
gaser Bing 1/24/87
Batterie: 12 Volt/45 Ah, Gleichstrom-Lichtma-
schine 90 Watt
Füllmengen: Tankinhalt 18 Liter, Getriebeöl 0,5 Li-
ter
**KRAFTÜBERTRAGUNG**
Viergang-Getriebe mit elektrisch geschaltetem
Rückwärtsgang, Mehrscheiben-Kupplung im Ölbad, Mittelschaltung
Motor vor dem Hinterrad, Heckantrieb
Übersetzungen:
1. Gang 3,62 : 1
2. Gang 1,85 : 1
3. Gang 1,24 : 1
4. Gang 1,00 : 1
R-Gang 3,62 : 1
Achsuntersetzung: 3,41 : 1

**FAHRWERK**
Aluminiumkarosserie mit Stahlrohrrahmen und
Sperrholz-Bodenplatte verschraubt, vordere Rad-
aufhängung an querliegender Blattfeder mit Füh-
rungsrohren, hinten gezogene Hinterachsschwinge
m Ölbadkettenkasten, Schraubenfedern und zwei
Teleskopstoßdämpfer, hinteres Doppelrad mit
schmaler Spur (auf Wunsch: hinteres Einzelrad)
Bremsen: mechanische Trommelbremse auf die
Vorderräder
Lenkung: Zahnstangenlenkung
Reifen: 4.00—8
**MASSE, GEWICHTE**
Länge 3100 mm, Breite 1470 mm, Höhe 1330 mm,
Radstand 1900 mm, Spurweite vorn 1240 mm, hin-
ten 400 mm, Wendekreisdurchmesser 6,5 m, Leer-
gewicht 375 kg, zulässiges Gesamtgewicht 600 kg
**VERBRAUCH**
4,5 Liter auf 100 km (Normalbenzin-Öl-Gemisch)
**FAHRLEISTUNGEN**
Höchstgeschwindigkeit 80 km/h
**PREIS**
2890,— DM
**PRODUKTIONSZAHLEN**
ca. 123 Stück
**BAUJAHR**
von Oktober 1956 bis Juni 1957

## Fuldamobil S-7

**KAROSSERIE**
Coupé 2 Türen, 2+2 Sitze
Roadster „Sporty", 2 Sitze
**MOTOR**
Luft/gebläsegekühlter Einzylinder-Zweitakt-Motor
(Fichtel & Sachs), Bohrung/Hub: 65/68 mm, 191

ccm, Verdichtung 6,3 : 1, 10 DIN-PS bei 5250 U/min, maximales Drehmoment 1,5 mkp bei 4000 U/min, Gemischschmierung 1 : 20, Umkehrspülung, zweifach gelagerte Kurbelwelle, ein Horizontalvergaser Bing 1/24/87
Batterie: 12 Volt/45 Ah, Gleichstrom-Lichtmaschine 90 Watt
Füllmengen: Tankinhalt 18 Liter, Getriebeöl 0,5 Liter

KRAFTÜBERTRAGUNG
Viergang-Getriebe mit elektrisch geschaltetem Rückwärtsgang, Mehrscheiben-Kupplung im Ölbad, Mittelschaltung
Mittelmotor vor dem Hinterrad, Heckantrieb
Übersetzungen:
1. Gang 3,62 : 1
2. Gang 1,85 : 1
3. Gang 1,24 : 1
4. Gang 0,86 : 1
R-Gang 3,62 : 1
Achsuntersetzung 2,75 : 1

FAHRWERK
Kunststoff-Karosserie mit Stahlrohrrahmen und Sperrholz-Bodenplatte verschraubt, vorn senkrechte Führungsrohre, querliegende Blattfeder, hinten gezogene Hinterradschwinge im Ölbadkettenkasten, Schraubenfeder, vorn und hinten Teleskopstoßdämpfer, hinteres Doppelrad mit schmaler Spur, 4 Räder (auf Wunsch: 3 Räder)
Bremsen: mechanische Trommelbremsen auf die Vorderräder, Bremsfläche 112 cm²
Lenkung: Zahnstangenlenkung
Reifen: 4.40—8

MASSE, GEWICHTE
Länge 3150 mm, Breite 1450 mm, Höhe 1350 mm, Radstand 2100 mm, Spurweite vorn 1220 mm, hinten 400 mm, Wendekreisdurchmesser 7 m, Leergewicht 320 kg, zulässiges Gesamtgewicht 580 kg

VERBRAUCH
4,7 Liter auf 100 km (Benzin-Öl-Gemisch)

FAHRLEISTUNGEN
Höchstgeschwindigkeit 80 km/h

PREIS
3100,— DM

PRODUKTIONSZAHLEN
ca. 440 Stück

BAUJAHR
von Juli 1957 bis September 1965

## Fuldamobil S-7

KAROSSERIE
Coupé, 2 Türen, 2+2 Sitze

MOTOR
Luft/gebläsegekühlter Einzylinder-Zweitakt-Motor (Heinkel), Bohrung/Hub: 64/61,5 mm, 198 ccm, Verdichtung 6,8 : 1, 10 DIN-PS bei 5500 U/min, maximales Drehmoment 1,35 mkp bei 4500 U/min, hängende Ventile, seitliche Nockenwelle durch Zahnräder angetrieben, Leichtmetall-Zylinderkopf, zweifach gelagerte Kurbelwelle, ein Pallas-Vergaser 22/15 P
Batterie: 12 Volt/18 Ah, Gleichstrom-Lichtmaschine 90 Watt
Füllmengen: Tankinhalt 18 Liter, Motoröl 1,5 Liter, Getriebeöl 0,5 Liter

KRAFTÜBERTRAGUNG
Viergang-Getriebe, Mehrscheiben-Kupplung im Ölbad, Mittelschaltung
Motor vor dem Hinterrad, Heckantrieb
Übersetzungen:
1. Gang 3,95 : 1
2. Gang 2,07 : 1
3. Gang 1,38 : 1
4. Gang 1,00 : 1
R-Gang 3,49 : 1
Achsuntersetzung: 5,83 : 1

FAHRWERK
Kunststoff-Karosserie mit Stahlrohrrahmen und Sperrholz-Bodenplatte verschraubt, vorn Federbeine (Teleskopstoßdämpfer kombiniert mit Schraubenfedern), hinten gezogene Hinterradschwinge im Ölbadkettenkasten, Schraubenfeder, Teleskopstoßdämpfer, hinteres Doppelrad mit schmaler Spur, 4 Räder (auf Wunsch 3 Räder)
Bremsen: mechanische Trommelbremsen auf die Vorderräder, Bremsfläche 160 m²
Lenkung: Zahnstangenlenkung
Reifen: 4.40—8

MASSE, GEWICHTE
Länge 3150 mm, Breite 1450 mm, Höhe 1350 mm, Radstand 2100 mm, Spurweite vorn 1220 mm, hinten 400 mm, Leergewicht 330 kg, zulässiges Gesamtgewicht 550 kg

VERBRAUCH
4,5 Liter auf 100 km (Normalbenzin)

FAHRLEISTUNGEN
Höchstgeschwindigkeit 85 km/h

PREIS
    3450,– DM
PRODUKTIONSZAHLEN
    ca. 260 Stück
BAUJAHR
    von Oktober 1965 bis Frühjahr 1969

*York Nobel (links) und seine Mitarbeiter präsentieren das Fuldamobil S-7, das kurze Zeit nach dem Ende der York Industries auch in Deutschland zweifarbig zu haben war.*

*M.E.V. Studiengesellschaft*
*für Kraftfahrzeugentwicklung, Herne*
*Ruhrfahrzeugbau – R. Müthing, Herne*
*Rotenburger Metallwerke Rudolf Stierlen KG,*
*Rotenburg*

# Düsenjäger der Landstraße

Über laufende Preiserhöhungen bei Landmaschinen aufgebracht, hatten im Herbst 1952 die Fachverbände der Bauern zum Käuferstreik aufgerufen. Über Nacht kam das Geschäft in dieser Branche zum Erliegen und brachte selbst alteingeführten Vertretern wie Romanus Müthing in Silbach (im östlichen Sauerland) Sorgen um die künftige Existenz.

Als Müthing im Dezember während einer – wieder einmal recht erfolglosen – Geschäftsreise in Attendorn übernachtete, fiel ihm in der Zeitung die Annonce eines „Passat-Werkes in Krefeld" auf: Man suchte Vertreter für Kleinwagen.

Kaufmann Müthing wußte, wie groß der Bedarf nach einem wirklich guten Kleinstauto in Westdeutschland war. Deshalb schrieb er sofort nach Krefeld und bewarb sich um die Vertretung in Westfalen. Nach einiger Wartezeit erhielt er im Februar 1953 die langersehnte Bestätigung per Telegramm: „In Ordnung, Sie sind unser Mann".

Hinter dem hochtrabenden Namen „Passat-Werk", das nun nach Gelsenkirchen umgezogen war, stand ein Mann namens Kurt Faust. Als Ingenieur und Konstrukteur hatte er sich nach 1945 mit der Herstellung von Traktoren und Motorrädern – meist aus Vorkriegsbeständen – recht erfolglos verdingt und hoffte nun mit dem Bau von Kleinwagen auf eine bessere Zukunft.

Schon Mitte 1952 hatte Faust in der Öffentlichkeit einen amerikanisch anmutenden Kleinwagen gezeigt, der Passat hieß. Das Interesse der Bevölkerung an jeder Art von Fortbewegungsmittel schwemmte Faust so viele Anfragen zu, daß er glaubte, innerhalb kurzer Zeit einen Serienbau aufziehen zu können.

Da ihm aber noch alte Schuldner auf den Fersen saßen, hatte er sich mit dem Kaufmann Heinz Elschenbroich zusammengetan, der vorerst nach außenhin als Inhaber galt. Die Stadt Gelsenkirchen hatte den beiden Auto-Bastlern angeblich ein Grundstück zur Verfügung gestellt, wo in den folgenden Monaten der „Passat" und

ein neu entwickelter Kleinwagen „Aeolus" in Serie gebaut werden sollten.

Vom „Passat" gab es bereits ein Exemplar, ein Coupé mit recht ausgeprägten Flossen an den hinteren Kotflügeln. Als Motor sollte in der pontonförmigen Karosse ein 600-ccm-Aggregat dienen. Und der Preis stand auch schon fest: 3600 Mark.

### Passat-Abenteuer

Verschwommener waren dagegen die Vorstellungen vom „Aeolus". Der Dreirad-Wagen mit dem vorderen Einzelrad besaß nach den Zeichnungen von Faust ebenfalls abenteuerlich aussehende Heckflossen, eine Plexiglas-Kuppel und einen 200-ccm-Motor im Heck (Prospekt: „Von dem Konstrukteur Küchen entwickelt").

Für die Sitzanordnung hatte sich Faust etwas besonderes ausgedacht: „Fahren Sie allein, dann steuern Sie den Aeolus wie ein Flugzeug vom Mittelsitz aus mit dem in die Mitte geklappten Lenkrad hinter einer Vollsicht-Glaskuppel. Fahren Sie zu zweien, dann sitzen Sie, leicht gestaffelt, Seite an Seite, in größter Bequemlichkeit." Faust hatte für sein Mobil ein automatisches Getriebe vorgesehen, das mittels Riemen und verstellbarer Riemenscheibe gleichmäßige Kraftübertragung ohne Kupplung versprach. Es mag das gleiche Prinzip gewesen sein, das fünf Jahre später von der holländischen Firma DAF im Serienbau verwirklicht wurde.

Ende 1952 experimentierte Faust noch an einem Chassis herum; und so kam es, daß der Prospekt vom „Aeolus" eher fertiggestellt war als ein fahrbereites Exemplar. Im Prospekt trumpften die Passat-Chefs nicht wenig auf. Sie versprachen „ein Fahrzeug, das ohne Schalthebelbetätigung vom Stand weg losschießt bis zur Höchstgeschwindigkeit, nur mit dem Gashebel regiert wird, dessen Motor Sie nicht abwürgen können,

*„Fahren Sie allein, dann steuern Sie den Aeolus wie ein Flugzeug vom Mittelsitz aus mit dem in die Mitte geklappten Lenkrad hinter einer Vollsicht-Glaskuppel"* (Aeolus-Prospekt von 1952).

das Nonplusultra der Fahrbequemlichkeit, ein wahrer Düsenjäger der Landstraße."

Die finanzielle Grundlage für den Bau der Passat-Autos war reichlich dürftig. Jedenfalls verlangten Faust und Elschenbroich von jedem Interessenten, dem die Vertretung in Aussicht gestellt wurde, einen Vorschuß von etwa 4000 Mark für ein später zu lieferndes Vorführmodell.

Romanus Müthing zahlte – so wie andere Vertreter auch – und war froh, in einer neuen Branche Fuß gefaßt zu haben. Immerhin hatte ihm das Passat-Werk versprochen, auf der Frankfurter Automobil-Ausstellung im März 1953 einen „Passat" und drei „Aeolus" zu zeigen und hernach die Serienproduktion aufzunehmen (Vertreter-Vertrag: „Die Lieferung von 5 Fahrzeugen pro Monat wird zugesichert.").

„Ich nehme an", schrieb Müthing damals hoffnungsfroh, „daß die Vertreter, die durch Vorfinanzierung der Ausstellungsfahrzeuge mitgeholfen haben, die Produktion in Gang zu bringen, in Zukunft durch größere Lieferquoten bevorzugt werden."

Die Sorge Autos zu bekommen war weitaus größer als die Frage nach Absatzmöglichkeiten. Zu diesem Zeitpunkt wußte aber Romanus Müthing noch nicht einmal, ob der „Passat" eine geteilte Achse hat, wie der „Aeolus" geöffnet wird und welches Motorenfabrikat die Gelsenkirchener zu verwenden gedachten.

## Geplatzte Seifenblasen

Als die Ausstellung näher rückte, freute sich Passat-Vertreter Müthing vergeblich auf das öffentliche Debüt seiner Marke. Einige Tage zuvor kam die Nachricht. „Was die Ausstellung betrifft," schrieb ihm Elschenbroich, „so haben wir uns redlich Mühe gegeben noch einen Platz zu bekommen. Leider vergeblich." Man wollte deshalb trotzdem nach Frankfurt fahren und – so hieß es – die Fahrzeuge auf der Straße zeigen. „Wir haben berechtigte Hoffnung", tröstete Elschenbroich, „daß ein Teil der Bildveröffentlichungen mit der Unterschrift versehen ist: ‚Stand der Attraktion der IAA auf der Straße?'"

Je näher aber die Ausstellung rückte, umso mehr Abstriche machte Faust. Schließlich hieß es, der „Aeolus" werde nicht fertig, weil verschiedene Vertreter ihre finanziellen Zusagen nicht gehalten hätten. Müthing half in seiner Begeisterung wiederum mit Geld aus und diskontierte sogar Wechsel. Noch einen Tag vor Eröffnung der Ausstellung, am 17. März 1953, verbreitete Elschenbroich Optimismus: „Sorgen bzgl. der Finanzierung und Produktion nach der Ausstellung erscheinen uns angesichts der augenblicklichen Schwierigkeit, überhaupt zur Ausstellung zu kommen, fast bedeutungslos."

Bedeutungslos erschien Romanus Müthing die Passat-Angelegenheit nun nicht mehr, denn auch nach der

Automobil-Ausstellung geschah nichts. Das Passat-Werk verschwand, Passat-Chef Faust wanderte ins Christliche Hospiz, die Rechtsanwälte hatten nun das Sagen. Landmaschinen-Experte Müthing war um einige tausend Mark ärmer, aber um etliche Erfahrungen im Automobil-Geschäft reicher.

### Die Dreirad-Studiengesellschaft

Als großer Autoliebhaber glaubte Müthing immer noch an seine Zukunft in der Automobilbranche. Unterstützt wurde er in seiner Meinung von dem brotlos gewordenen Faust-Partner Heinz Elschenbroich, der — genau wie Müthing — nun gegen Faust prozessierte. Das bisher gezahlte Lehrgeld sei erst dann verloren, wenn Müthing aussteige, meinte Elschenbroich. Er schlug vor, das Autoprojekt jetzt in eigene Hände zu nehmen und konsequent weiterzuführen. So vermittelte er gegen ein Beratungs-Honorar von 180 Mark das Gespräch zwischen

dem wohlhabenden Müthing und dem Ingenieur Kurt C. Volkerath aus Quelle bei Bielefeld. Das war der Konstrukteur des berühmten Opel-Raketenwagens aus der Vorkriegszeit. Volkerath betrieb nach 1945 ein kleines Milchgeschäft und war nun gerne bereit, gegen gutes Honorar wieder Autos zu konstruieren. Er besaß Gespür für elegante Linien und kannte sich in der Aerodynamik recht gut aus. Ihm schwebte ein strömungsgünstiges 2+2-Coupé vor, das auf dem Fahrgestell des Volkswagens aufgebaut werden sollte. Ein Modell hatte er zum ersten Treffen gleich mitgebracht.

Müthing war nicht abgeneigt, den Bau dieses Wagens zu finanzieren. Schon kurze Zeit später erkundigte er sich, woher man die Volkswagen-Fahrgestelle bekommen könne. Das VW-Werk lieferte ausschließlich an Karmann-Osnabrück neue Chassis. So feilschte man mit einigen VW-Großhändlern, von denen sich einer bereit fand, gebrauchte Chassis anzuliefern. Bei einer Kalkulation stellte sich allerdings heraus, daß selbst mit den Zweithand-Fahrgestellen der Preis des Stromlinien-

*Der „Passat": ein zweisitziges Coupé mit versteckten Scheinwerfern, langem Heck und Pontonform. Das einzige komplette Auto des Passat-Werks in Gelsenkirchen.*

*Ein alter Kutschbauer sägte und nagelte in der Halle der neuen Gesellschaft eine Holzform zurecht, über die später die Karosserieteile des Pinguin-Prototyps geklopft wurden. In der Tür sitzend: Betriebsleiter Heinz Elschenbroich.*

Coupés doppelt so hoch geworden wäre, wie ein normaler Volkswagen.

Schließlich einigte man sich darauf, künftig ein Dreirad-Fahrzeug zu bauen. Volkerath brachte innerhalb kurzer Zeit ein kleines Modell nach Silbach und, nachdem Rohkalkulationen ergeben hatten, daß der Serienbau nicht zuviel kosten würde, schritt man zur Verwirklichung. Im Mai 1953 gründete Müthing die M. E. V. Studiengesellschaft für Kraftfahrzeugentwicklung. Dem Landmaschinenvertreter war es durchaus nicht recht, als Autofabrikant aufzutreten, deshalb sollte die M. E. V. Studiengesellschaft — weitab von Silbach, nämlich in Herne, die Entwicklung von Volkeraths Modell zur Serienreife vorantreiben.

Betriebsleiter der M. E. V. wurde Heinz Elschenbroich, der in Herne schon bald eine kleine Halle pachtete. Hier baute Volkerath mit einigen Leuten den ersten Zentralrohrrahmen zum geplanten Dreirad mit einem 200-ccm-Einzylinder-Zweitakt-ILO-Motor im Heck.

Mit dem fahrbereiten Chassis und einem notdürftig montierten Sitz begannen bald die Erprobungsfahrten über

Landstraßen, Autobahnen und Feldwege. In der Zwischenzeit klopfte ein alter Kutschbauer die Teile zur ersten Karosserie über dem Holzklotz. Bei der zweiten Blechhaut kamen die Experten der Vereinigten Deutschen Metallwerke (VDM) in Werdohl zu Hilfe. Sie hatten ein Verfahren entwickelt, mit dem man Aluminium-Bleche ohne große Preßwerkzeuge warm verformen konnte. VDM bog auf diese Weise schon für Porsche Karosserieteile, aber auch fürs Fuldamobil.

### Der kleine Porsche

Pünktlich zum Zweirad-Salon im September 1953 in Frankfurt waren die beiden ersten Prototypen komplett. Der „Pinguin", wie Müthing sein kleines Mobil getauft hatte, erweckte viel Interesse in der Presse und beim Publikum. Und wegen seiner entfernten Ähnlichkeit mit den Porsche-Sportwagen hatte der Pinguin bald seinen Spitznamen weg. Der kleine Porsche. Man sprach aber auch vom „Porsche auf drei Rädern". Die langgestreckte

Form gefiel jedenfalls. Besondere Merkmale: Die vordere durchgehende Sitzbank für drei Personen, Lenkradschaltung, Blinklichtanlage.

Aber wenn auch im Prospekt geschrieben stand „Kein Wunschtraum – sondern Wirklichkeit", so war der Pinguin noch weit vom Serienbau entfernt. So weit, daß Müthing auf einen der beiden Ausstellungswagen „Versuchswagen" schreiben ließ.

Nach der Entwicklung hatte die MEV-Studiengesellschaft ihren Zweck erfüllt und wurde nun umgetauft zur „Ruhrfahrzeugbau – R. Müthing, Herne". Nun galt es, die beiden Prototypen bis zur Serienreife zu erproben und die Produktion vorzubereiten.

Motorenlieferant ILO unterstützte die Autobauer aus dem Ruhrgebiet kräftig. So wurde unter anderem ein Pinguin im Oktober 1953 nach Pinneberg gebracht, wo ILO ausführliche „Auslaufmessungen" zur Ermittlung der Fahrwiderstände durchführte. Man ermittelte für den Pinguin einen Luftwiderstandsbeiwert von $c_w = 0,403$ und errechnete, daß bei entsprechender Hinterachsübersetzung mit dem 200-ccm-Motor eine maximale Geschwindigkeit von 85 km/h leicht zu erreichen sein würde. Kummer bereitete allerdings das hohe Gewicht des Fahrzeugs. Wenn auch im Prospekt von nur 280 kg Leergewicht die Rede war, so brachte doch der Pinguin-Prototyp stolze 450 kg auf die Waage.

### Kalte Duschen

Die gesamte Entwicklung kostete Müthing eine ganze Menge Geld, das vorläufig der Verkauf der Landmaschinen wieder einbringen mußte. Als Autofanatiker kümmerte ihn das anfangs wenig. Doch im Winter 1953 fragte der Direktor seiner Sparkasse freundschaftlich, ob denn auch genügend Vermögen zum Verpfänden da sei. Dieser Wink machte Romanus Müthing nachdenklich. Bisher hatte ihn der Pinguin etwa 80 000 Mark gekostet – nicht wenig für damalige Zeiten und nicht wenig für einen Privatmann. Mit noch höheren Beträgen mußte er rechnen, bis der Pinguin in Serie laufen würde.

Ihm wurde klar, daß er allein das ganze Projekt finanziell nicht werde verkraften können. Da er auch keine Kapitalgesellschaft gründen mochte, begann im Januar 1954 die Suche nach einem Lizenznehmer. Der sollte den Pinguin in Serie bauen, Müthing wollte den Wagen weiterentwickeln. Da der Westfale in der Landmaschinenbranche gut eingeführt war, versuchte er sein Glück hier. Doch alle winkten ab. Es meldeten sich aber auch

(Prospekt des Ruhrfahrzeugbaus Herne)

Motor-Journalisten, die gegen saftige Provisionen ihre Vermittlungsdienste anboten. Als ernsthafter Interessent zeigte sich schließlich Motorroller-Fabrikant Jakob Oswald Hoffmann aus Lintorf.

Allerdings mußte Müthing ihm im Februar 1954 abschreiben: „... müssen wir Ihnen leider mitteilen, daß eine Umkonstruktion erforderlich wurde, welche mit der entsprechenden Erprobung mehrere Monate in Anspruch nimmt."

Was war geschehen? Es hatte sich ganz plötzlich gezeigt, daß die Fahrgestelle der beiden Prototypen zu gebrechlich geraten waren. Konstrukteur Volkerath hatte bei aller Mühe um eine elegante Linie der Stabilität des Chassis zu wenig Aufmerksamkeit geschenkt. Trotz vieler Bastelei bekam er Abstimmung und Statik des Zentralrohrrahmens nicht in den Griff. Das gesamte Projekt drohte daran zu scheitern.

In seiner Not fuhr Romanus Müthing zum Konstrukteur des Fuldamobils, Norbert Stevenson, nach Fulda. Für ein gutes Honorar mit Aussicht auf eine Festanstellung wechselte Stevenson Anfang 1954 zum Ruhrfahrzeugbau über.

Hier konstruierte er das Fahrgestell völlig um. Statt des bisherigen Zentralrohrrahmens erhielt der Pinguin nun einen Doppelrohrrahmen. Die bisherige Gummifederung wich hydraulischen Teleskopstoßdämpfern und Spiralfedern. Die Seilzugbremsen tauschte Stevenson gegen Öldruckbremsen aus. Der bisher fest im Rahmen eingebaute Motor saß nun auf einer Triebsatzschwinge, was sich in besserer Geräuschisolierung und einer sicheren Straßenlage positiv auswirkte.

*Norbert Stevenson, Konstrukteur des Fuldamobils, baute im April 1954 ein ganz neues stabiles Doppelrohrrahmen-Chassis für den Pinguin.*

Die als unsicher empfundenen ersten beiden Pinguin-Prototypen hatten auf Firmenchef Müthing wie ein Schock gewirkt. Die Devise hieß nun nicht mehr einfach und billig, sondern haltbar und sicher – wenn auch aufwendig. Stevenson, der bei der Konstruktion des Fuldamobils schon genügend Erfahrungen gesammelt hatte, löste seine Aufgabe zur vollsten Zufriedenheit. Das neue Chassis des Pinguin geriet zum Musterbeispiel an Stabilität.

**Ein Hauch von Perfektion**

Allerdings beschränkte sich Müthings Hang zum Besseren nicht aufs Fahrgestell. Auch die Karosse des Pinguin

wurde nun überarbeitet. Beim dritten Aufbau, den die Karosseriefirma Wickenbrock, Recklinghausen, im Frühjahr 1954 gefertigt hatte, blieb man weiterhin bei Volkeraths Styling – doch dieser Wagen besaß schon eine Kofferraum-Klappe vorn.

Der nächste Pinguin wurde völlig umgebaut. Müthing erkannte, daß ein Zweisitzer nur begrenzte Verkaufschancen hatte. Deshalb erhielt die Zweit-Auflage eine hintere Sitzbank, die wenigstens für Kleinkinder reichen sollte. Seitenfenster hinter den Türen wurden nötig, das Heckfenster vergrößert und die vordere Haube öffnete sich nun bis hinunter zur Stoßstange. Ein äußerlich völlig neuer Pinguin war geboren: Ein gut ausgestattetes Kleinstauto, an dem auf Müthings Wunsch, nichts fehlen durfte.

Dieser Aufwand machte sich nicht nur im Preis, sondern auch im Gewicht bemerkbar. Das Auto wog immer noch 450 Kilogramm und hätte eigentlich eines größeren Motors bedurft.

Ausgesprochen erbost reagierte Müthing, als er eines Tages in der „Neuen Presse" unter der Überschrift „Ein Porsche auf drei Rädern" las, daß sein früherer Konstrukteur die alte Ausführung des Pinguin propagierte. „Zu meinem Erstaunen muß ich feststellen, daß Sie ... die Unverschämtheit besitzen, mit meinen Projekten für Ihren Namen zu werben", schrieb Müthing an Volkerath. „Ich möchte Sie ausdrücklich darauf hinweisen", zürnte Müthing, „daß die von Ihnen konstruierten Fahrzeuge verschrottet wurden und bei der Neukonstruktion auf keines der von Ihnen konstruierten Teile zurückgegriffen wurde. Sie wissen selbst, auf welch schwachen Füßen Ihre Konstruktion stand."

**Das ungeliebte Projekt**

Für die neue Ausführung fand sich in der Zwischenzeit ein Lizenznehmer. Rudolf Stierlen, Inhaber der Rotenburger Metallwerke, baute bisher Landmaschinen und suchte für sein Schweinfurter Werk einen neuen Geschäftszweig. Per Zeitungsannonce fanden Müthing und Stierlen zusammen.

Der wohlhabende Stierlen wußte von der Pleite mit den ersten Prototypen. Er war aber fest entschlossen, die verbesserte Ausführung in Serie zu bauen, sofern das neue Modell den konstruktiven und qualitativen Anforderungen standhielt.

Um sein Versprechen zu unterstreichen, zahlte Stierlen noch im März 1954 an Müthing einen Vorschuß von

10 000 Mark und gab der Ruhrfahrzeugbau in Herne den Bau von 12 Versuchsfahrzeugen in Auftrag, die er mit 60 000 Mark bezahlte.

Zwei dieser Wagen sollten sofort nach Fertigstellung auf eine 35 000 Kilometer lange Erprobungsfahrt geschickt werden. Erst wenn diese Mammut-Tour zur vollsten Zufriedenheit verlief, wollte Stierlen einen Produktionsvertrag mit Müthing machen. Der Westfale würde außerdem auf Lebenszeit den Gesamt-Vertrieb für die Bundesrepublik bekommen.

Im Mai 1954 rollten die beiden ersten Fahrzeuge der neuen, von Stevenson verbesserten Baureihe. Um sicherzustellen, daß die beiden Fahrer auf der Erprobungstour auch wirklich Kilometer „machten", mußten sie ihr Fahrtenbuch jeden Abend bei der zuständigen Polizeidienststelle abstempeln lassen.

Auf dieser großen Rundfahrt besuchten die Fahrer gleich künftige Pinguin-Händler. So schrieb im Juni 1954 ein Händler an Müthing: „Vorige Tage war der kleine Porsche hier. Ich habe eine Probefahrt gemacht, und es hat mir ganz gut gefallen. Nur das Geräusch im Auto ist viel zu groß und muß grundsätzlich geändert werden."

Abgesehen von dem schweren Unfall einer dieser Versuchsfahrzeuge, bei dem der Schwager Müthings in seiner Eigenschaft als Versuchsfahrer schwer verletzt wurde, verlief alles recht reibungslos. Im Juli 1954 lieferte Müthing die bestellten 12 Fahrzeuge bei Stierlen ab und dieser ließ wissen, daß ab September die Serienproduktion laufen werde. Einen richtigen Vertrag gab es aber immer noch nicht. Es stand zwar schon fest, daß

Konstrukteur Stevenson, Betriebsleiter Eschenbroich, sowie einige weitere Mitarbeiter zum 1. September 1954 vom Ruhrfahrzeugbau zu den Rotenburger Metallwerken ins Werk Schweinfurt überwechseln würden. Konkrete Absprachen zwischen Stierlen und Müthing gab es aber nicht.

In der Presse war derweil immer noch die Rede davon, daß im Herbst der Ruhrfahrzeugbau den „kleinen Porsche" in Serie bauen werde. Von dem ummodellierten Pinguin und den Serienplänen der Rotenburger Metallwerke war nichts an die Öffentlichkeit gedrungen.

Werkzeuge und Geräte, Zeichnungen und Büromöbel schaffte man im August 1954 nach Schweinfurt. Müthing glaubte fest daran, daß der Serienbau seines Kleinfahrzeugs kurz vor dem Anlauf stünde. – Doch nichts geschah.

Inzwischen stellte Hoffmann seine Auto-Kabine 250 vor, und bei Hans Glas in Dingolfing wurde das Goggomobil aus der Taufe gehoben. Der Trend ging – das war ganz deutlich – vom Dreirad zum kleinen Vierrad-Wagen.

Konstrukteur Stevenson hatte ein übriges dazu beigetragen, Stierlen unsicher zu machen. „In dieser Form, wie wir angefangen haben", klagte Stevenson, „ist das nicht der richtige Kleinstwagen." Er wies auf die italienische ISO-Isetta und die Hoffmann-Kabine hin und wollte Stierlen bewegen, ebenfalls in diese Richtung hin zu arbeiten. Den Pinguin fand Stevenson nun nicht mehr zeitgemäß, außerdem sei das Fahrzeug – gemessen an neueren Konstruktionen – viel zu schwer und in der Herstellung zu teuer.

*Rudolf Stierlen, Inhaber der Rotenburger Metallwerke, wollte den Pinguin in Serie bauen. Zur Bedingung machte er aber, daß zwei der Wagen auf eine 35 000 Kilometer lange Erprobungsfahrt gingen.*

## Pinguins Dahinsiechen

Eine Kosten-Analyse im Schweinfurter Werk zeigte Stierlen die Richtigkeit von Stevensons Worten. In Serie gebaut, wäre der Pinguin tatsächlich teurer im Verkaufspreis geworden als vergleichbare Konkurrenzmodelle — hier namentlich das Fuldamobil. Müthing hatte in dem Bemühen, eine solide und komfortable Konstruktion an Stierlen zu liefern, zuwenig auf Fertigungskosten geachtet. Und schließlich hatte der Chef der Rotenburger Metallwerke auch nicht verlangt, ein besonders kostengünstiges Auto zu bauen, sondern zur Grundlage der Lizenzübernahme gemacht, daß die Pinguine eine Strecke von 35 000 Kilometer schadlos überstehen.

Um die Freude an den Pinguinen nicht ganz zu verlieren, ließ Stierlen die Möglichkeiten prüfen, das kleine Dreirad zum Vierrad umzukonstruieren. Bei Wickenbrock in Recklinghausen ließ man sogar einen Prototyp basteln.

Im Dezember 1954 ließ dann aber Stierlen wissen, daß er den Pinguin nicht bauen werde, weil die Autos zu teuer würden. Elschenbroich vermutete damals allerdings, daß dahinter nur die Absicht stünde, Verkäufer und Lizenzgeber Müthing im Preis zu drücken.

Tatsächlich hatten die Rotenburger Metallwerke zunächst noch nicht die Absicht, den Pinguin ganz aufzugeben. Das zeigte die Anmeldung eines neuen Warenzeichens. Der Pinguin sollte künftig „Hobby" heißen, wogegen die Auto Union Einspruch erhob. Auch der Name „Bel Ami" konnte nicht geschützt werden.

Im April 1955 bastelte man in Schweinfurt immer noch an den Versuchsfahrzeugen herum. Stevenson erprobte eine Kardanwelle anstatt der Rollenkette. Durch Verwendung einer Kunststoff-Karosserie sollte nun das ganze Fahrzeug leichtgewichtiger werden. Auch das rettete das Projekt nicht. Stevenson beschwerte sich damals: „Eine derartige Mißwirtschaft, wie ich sie hier in Schweinfurt mit der Zeit kennenlernte, hatte ich vordem für unmöglich gehalten."

Rudolf Stierlen war es inzwischen klar geworden, daß er mit dem Pinguin keine Marktanteile mehr erringen konnte. Goggomobil und BMW-Isetta machten im Frühjahr 1955 das große Geschäft. Er beschloß, das gesamte Projekt — mit Einwilligung Müthings — weiterzugeben. Regulär verkaufen konnte er es nicht, da ja der Handel mit dem Westfalen noch nicht einmal perfekt war. Im Juni 1955 wurden die Leute entlassen, die Stierlen erst vor einem knappen Jahr aus Herne geholt hatte.

Die Fahrrad- und Motorradfabrik Express zeigte sich im August 1955 interessiert. Man wurde aber nicht handelseinig, weil Express endlich doch ein Vierrad-Fahrzeug wünschte. Motorradfabrikant Kreidler hätte unter Umständen noch den Pinguin adoptiert, wären ihm nicht die Preise zu hoch gewesen, die Stierlen verlangte. Tatsächlich summierten sich inzwischen Müthings und Stierlens Kosten zu insgesamt 150 000 Mark. Und das war Kreidler zu teuer für eine Konstruktion, die inzwischen auch bald zwei Jahre alt war. Auch die Motorradfabrik Horrex winkte damals ab.

Die Rotenburger Metallwerke gingen im Januar 1956 zudem in den Besitz der Firma Kugelfischer über, und das Zweigwerk Schweinfurt wurde ganz geschlossen. Zum Leidwesen Müthings kümmerte sich jetzt gar niemand mehr um die Weiterverwertung des Pinguin.

Stierlens letzter Versuch: Im März 1956 bot er einem Fachjournalisten fünf Prozent der Erlössumme, wenn dieser einer neuen Lizenznehmer ausfindig machte. Selbst für nur 15 000 Mark fanden Werkzeuge und Wagen keinen Interessenten mehr. So wurde kurzerhand alles verschrottet. Romanus Müthing blieb der Landmaschinenbranche treu.

## Pinguin

KAROSSERIE
   Coupé, 2 Türen, 2 Sitze
MOTOR
   Luft/gebläsegekühlter Einzylinder-Zweitakt-Motor (ILO), Bohrung/Hub: 62/66 mm, 197 ccm, Verdichtung 6,0 : 1, 9,5 DIN-PS bei 4900 U/min, maximales Drehmoment 1,4 mkp bei 3200 U/min, Gemischschmierung 1 : 20, zweifach gelagerte Kurbelwelle, ein Vergaser Bing 1/26/31
   Batterie: 12 Volt/45 Ah, Gleichstrom-Lichtmaschine 90 Watt
   Füllmengen: Tankinhalt 15 Liter, Getriebeöl 0,5 Liter
KRAFTÜBERTRAGUNG
   Dreigang-Getriebe (Hurth) mit Klauenschaltung, Mehrscheiben-Kupplung im Ölbad, Kraftübertragung Getriebe-Hinterrad durch Kette, Lenkradschaltung
   Mittelmotor vor dem Hinterrad, Heckantrieb
   Übersetzungen:
   1. Gang 4,00 : 1
   2. Gang 2,11 : 1
   3. Gang 1,00 : 1
   R-Gang 4,53 : 1

FAHRWERK
   Zentralrohrrahmen mit Aluminium-Karosserie verschraubt, vorn Pendelachse mit Zuglenkern, hinten gezogene Hinterradschwinge, vorn und hinten Gummizugfederung, hinteres Einzelrad
   Bremsen: mechanische Trommelbremsen auf die Vorderräder
   Lenkung: Zahnstangenlenkung
   Reifen: 3,50 x 13
MASSE, GEWICHTE
   Länge 3425 mm, Breite 1420 mm, Höhe 1235 mm, Radstand 2060 mm, Spurweite vorn 1200 mm, Wendekreisdurchmesser 7,5 m, Leergewicht 450 kg, zulässiges Gesamtgewicht 560 kg
VERBRAUCH
   5 Liter auf 100 km (Normalbenzin-Öl-Gemisch)
FAHRLEISTUNGEN
   Höchstgeschwindigkeit 85 km/h
PREIS
   (geplant: 3775,— DM)
PRODUKTIONSZAHLEN
   2 Stück
BAUJAHR
   (Debüt: September 1953)

## Pinguin

KAROSSERIE

Coupé, 2 Türen, 2+2 Sitze

MOTOR

Luft/gebläsegekühlter Einzylinder-Zweitakt-Motor (ILO), Bohrung/Hub: 62/66 mm, 197 ccm, Verdichtung 6:0 : 1, 10 DIN-PS bei 4900 U/min, maximales Drehmoment 1,4 mkp bei 3200 U/min, Gemischschmierung 1 : 20, zweifach gelagerte Kurbelwelle, ein Vergaser Bing 1/26/31

Batterie: 12 Volt/45 Ah, Gleichstrom-Lichtmaschine 90 Watt

Füllmengen: Tankinhalt 17 Liter, Getriebeöl 0,5 Liter

KRAFTÜBERTRAGUNG

Dreigang-Getriebe (Hurth) mit Klauenschaltung, Mehrscheiben-Kupplung im Ölbad, Kraftübertragung Getriebe-Hinterrad durch Kette (ab Frühjahr 1955: Umbau auf Kardanwelle), Lenkradschaltung

Motor vor dem Hinterrad, Heckantrieb

Übersetzungen:

1. Gang 4,00 : 1
2. Gang 2,11 : 1
3. Gang 1,00 : 1

R-Gang 4,53 : 1

FAHRWERK

Doppelrohrrahmen mit Aluminium-Karosserie verschraubt, vorn Pendelachse mit Federbeinen, hinten gezogene Triebsatzschwinge mit zwei Teleskopstoßdämpfern, Schraubenfedern, hinteres Einzelrad

Bremsen: hydraulische Trommelbremsen auf die Vorderräder

Lenkung: Schneckenrollenlenkung

Reifen: 3,50 x 13

MASSE, GEWICHTE

Länge 3425 mm, Breite 1420 mm, Höhe 1235 mm, Radstand 2200 mm, Spurweite vorn 1250 mm, Leergewicht 430 kg, zulässiges Gesamtgewicht 580 kg

VERBRAUCH

5 Liter auf 100 km (Normalbenzin/Ölgemisch)

FAHRLEISTUNGEN

Höchstgeschwindigkeit 80 km/h

PREIS

(geplant: 3295,– DM)

PRODUKTIONSZAHLEN

10 Stück

BAUJAHR

(internes Debüt: Mai 1954)

*Meyra-Werke, Wilhelm Meyer, Vlotho/Weser:*

# Flotte Fahrstühle

Jedesmal, wenn ein Militär-Jeep von der Hauptstraße in den kleinen Nebenweg abbog, schrie der Mann im Schornstein der Holzhalle nach unten; seine Kollegen räumten dann flugs alle Baumaterialien ins Versteck.

Wilhelm Meyer, 37, Fabrikant von Krankenfahrstühlen, hatte zwar im Frühjahr 1946 eine aus dem Krieg übriggebliebene U-Boot-Halle kaufen dürfen, doch die britischen Militärbehörden erlaubten ihm nicht, die — ehemals an der Weser stehende — Holzhalle winterfest auszubauen. Deshalb ließ er es von seinen Leuten heimlich machen und setzte eine Wache auf den Schornstein. Denn Meyer brauchte mehr Raum, um mehr Krankenfahrstühle zu bauen; der Krieg hatte tausende von Invaliden hinterlassen, die eines Rollstuhls bedurften.

Seit 1937 war der Schlossermeister selbständig, und er hatte sich mit Fleiß in Vlotho an der Weser eine kleine Krankenstuhlfertigung aufgebaut. Der Krieg verschonte zwar die Gebäude der Meyra-Werke, doch die Belegschaft war in alle Winde zerstreut. Nach der Kapitulation im Mai 1945 suchte Wilhelm Meyer mehr als sechs Monate lang seinen Facharbeiterstamm von rund 40 Leuten zusammen. Dann begann er wieder mit dem Bau von Rollstühlen, die nun begehrter waren als je zuvor. Schon zum Jahreswechsel beschäftigte Wilhelm Meyer mehr als 70 Leute.

Bald dachte er daran, die Produktion auszuweiten und da bot sich die Gelegenheit, jene alte Holzhalle zu kaufen, in der ursprünglich an der Weser U-Boote gebaut werden sollten. Während Meyer sie auf seinem Gelände aufbaute und zu friedlicheren Zwecken herrichtete, setzten die britischen Militärs mit der Demontage deutscher Industriebetriebe ein. Er erhielt den Bescheid,

an der Halle nicht mehr weiterzubauen, gleichzeitig sollte er Drehbänke und Fräsmaschinen abgeben.

Im Gegensatz zu anderen deutschen Fabrikanten blieb Wilhelm Meyer jedoch das Schicksal erspart, seinen Maschinenpark wirklich abbauen zu müssen. Denn durch seine Rollstühle hatte er schnell Kontakt zu dem in München gegründeten Verband der Kriegsversehrten (VdK) gefunden. Und der setzte sich bei den Militärs immer wieder dafür ein, daß Wilhelm Meyer weiter Krankenstühle bauen durfte.

Mit Sondergenehmigungen ausgestattet, erhielt er auch reichlich Material von der Industrie- und Handelskammer zugeteilt, denn im zerstörten Deutschland waren Rohmaterialien knapp geworden und jede Firma erhielt nur begrenzte Zuweisungen: mit sogenannten Material-Scheinen.

Aber auch damit erhielt Meyer nicht alles, was er für die kleine Fabrikation brauchte. Als eines Tages Kugellager fehlten, wandte sich Meyer an das technische Rote Kreuz in Bad Oeynhausen. Hier handelte er aus, daß Krankenfahrstühle gegen Kugellager aus England eingetauscht wurden. Er durfte nun fast immer auf Hilfe bei den Militärs hoffen. Waren sie sonst ängstlich bestrebt, Deutschlands Industrie nieder zu halten, duldeten sie den Expansionsdrang des Fabrikanten aus Vlotho.

Sie drückten sogar beide Augen zu, als sie auf dem kleinen Fabrikgelände Auto-Teile entdeckten. Wilhelm Meyer und sein Konstrukteur Ernst Hoberg beschäftigten sich nämlich mit Plänen — wie vor dem Krieg — einen komfortablen Krankenfahrstuhl mit Motor zu bauen. Eine Mischung zwischen Auto und Rollstuhl.

## Kommißbrot-Versuche

Dazu erwarb Meyra 1947 einen alten Hanomag Kommißbrot, Baujahr 1929, mit Heckmotor und starrer Hinterachse. Das Gebraucht-Vehikel baute Hoberg nun auf ein vorderes Einzelrad um, womit der Hanomag zum Dreirad wurde. Ein Wagen mit dieser Anordnung Motor hinten, Antrieb hinten und vorderes Einzelrad würde mit geringem mechanischen Aufwand eine gute Straßenlage haben. Doch das täuschte. Als Wilhelm Meyer auf dem Fabrikgelände die erste Fahrt unternahm, schob das Dreirad in der ersten Kurve bereits über das Vorderrad weg, der Hanomag schleuderte gegen eine Mauer.

Das kleine Auto erlitt Totalschaden, doch Meyer — unverletzt davongekommen — lehrte dieses Experiment, daß ein künftiger Meyra-Wagen keinen Heckmotor haben dürfe.

*Der Meyra-Motorkrankenstuhl, Baujahr 1948.*

Mit dem von ILO gekauften 200-ccm-Mustermotor bauten Meyer und Hoberg nun ein Dreirad, vorn Motorrad, hinten auto-ähnlich. Das seegrün-farbene Fahrzeug mit den schwarzen Motorrad-Kotflügeln war ganz auf die Fortbewegung von Schwerkriegsbeschädigten abgestimmt. Es besaß eine indirekte Lenkung mit Motorradlenker, zwei Türen und einen Kunstledersitz. Die aufgeklappte Heckklappe gab den Platz für einen Passagier frei. Der Motor saß in der Mitte des Fahrzeugs und gab seine drei PS über eine Kette an die Hinterräder.

Das Musterexemplar stellte Meyer auf der in Frankfurt stattfindenden Konsumgütermesse im März 1948 aus. Das motorisierte Fortbewegungsmittel aus dem Weserbergland erregte dann auch beträchtliches Interesse.

Obwohl der Reichsmark-Preis noch gar nicht feststand, bestellten viele Schwerkriegsbeschädigte den „Meyra 48". Für sie war dies die einzige Art, nach den Schrecken des Krieges wieder ein unabhängiges Leben führen zu können.

Wilhelm Meyer notierte immer mehr Bestellungen, bis ihm klar wurde, daß er selbst mit höchsten Investitionen die Anzahl der verkauften Fahrzeuge nicht fristgerecht hätte bauen können. Sofort schaltete er nun um auf die unverbindlicheren „Vornotierungen".

## Serienbau in Gruppen

Die Währungsreform brachte geordnete wirtschaftliche Verhältnisse und Wilhelm Meyer kalkulierte den Preis seines Motorfahrzeugs mit 1600 neuen Deutschen Mark. Mit einer weiteren Halle vergrößerte man den Betrieb im August 1948, und hier begann nun die handwerkliche Serie des Motorwagens. Gruppen von etwa fünf Monteuren gingen von Gestell zu Gestell und komplettierten das aufgebockte Rohrrahmen-Chassis. Auf diese Weise entstanden bis zu sieben Exemplare pro Tag.

In den Westzonen des zerstörten Deutschlands wurden besonders die sogenannten Versorgungsstellen aktiv, die sich im besonderen Maße um Kriegsversehrte kümmerten. Jeder der etwa 800 000 Kriegsinvaliden hatte Anspruch auf einen nicht-motorisierten Schiebe-Krankenstuhl, wer jedoch Meyras motorisierten Krankenstuhl haben wollte, mußte rund 1000 Mark aus eigener Tasche drauflegen.

Wenige Wochen nach dem Serienanlauf flatterten Meyra bereits erste Kundenbriefe ins Haus, mit dem Wunsch: „Baut uns doch ein Verdeck drüber." Der Gedanke, auch bei schlechtem Wetter unterwegs sein zu können, ließ die motorisierten Schwerbeschädigten nicht ruhen.

Zu dieser Zeit existierten auch noch Verdeckbauer: Sattlermeister, die schon vor dem Krieg darauf spezialisiert waren, für Cabriolets Stoffverdecke zu nähen. Einen solchen Spezialisten hatte Wilhelm Meyer im Rheinland ausgemacht und bestellte ihn nach Vlotho. Noch im Herbst 1948 baute man einige Meyra 48 mit Stoffverdeck, doch Wilhelm Meyer gefielen sie gar nicht. Mit der seitlichen Klappspange erinnerten die Verdeck-Fahrzeuge immer an den Klappmechanismus von Kinderwagen. „Damit macht man doch den lächerlich, der drinsitzt", meinte Meyer. Weil sich Meyer wehrte, diese Version in Serienbau zu geben, handelten seine Kun-

Prototyp eines weiterentwickelten Motorkrankenstuhls, bei dem der Motor im Innenraum lag. Gebaut 1950.

Prototyp einer Rikscha mit Dach. Zwischending zwischen Motorrad und Mobil. Gebaut 1951.

Als Wilhelm Meyer 1951 aus Indonesien einen Auftrag über den Bau von Rikschas erhielt, ließ er dieses Fahrzeug konstruieren.

den auf eigene Faust. Sie bastelten sich selbst Verdecke auf ihren Typ 48 und fuhren damit stolz zur Vorführung nach Vlotho.

Der Export von Kranken-Schiebestühlen in alle Welt empfahl damals schon die kleine Fabrik als soliden Fahrzeug-Produzenten. Deshalb brachte die Post eines Tages einen Brief aus Indonesien, in dem ein Händler bat, Meyra möge ihm doch Rikschas liefern.

Bereits wenige Wochen später – im Sommer 1949 – tüftelte Ernst Hoberg die Pläne zu einer Riksha aus. Nach Art der in Italien aufgekommenen Motorroller, war die Riksha vollverkleidet, der Motor saß auf dem vorderen Einzelrad, die Passagiere nahmen hinten Platz. Man gab dem Export-Artikel sogar eine große Frontscheibe aus Celluloid, und ein Prototyp besaß ein richtiges Dach. Nach der Lieferung von etwa 30 Exemplaren reklamierten die Indonesier allerdings die Konstruktion. Der Schweiß des vornsitzenden Kulis werde den Fahrgästen vom Wind zugeweht.

Für die nächste Riksha-Lieferung baute man deshalb die Transporträder wieder nach altbewährter asiatischer Art: Die Fahrgäste saßen zwischen den beiden Vorderrädern, der Kuli auf dem hinteren Einzelrad.

Die Erfahrungen im Riksha-Bau und der Zwang den Typ 48 weiterzuentwickeln, gaben in dem 200-Mann-Betrieb den Anstoß zu neuen Experimenten. Im Frühjahr 1950 bastelte Hoberg an einem neuen Dreirad mit vorderem Einzelrad, einem Scheinwerfer und großer Windschutzscheibe. Die Räder stammten vom Motorroller, der Lenker vom Motorrad. Die spitz zulaufende Front und das freistehende Vorderrad gaben dem Prototyp des „Meyra 55" ein recht futuristisches Aussehen. Das zweite Exemplar entsprach schon mehr rationellen Gesichtspunkten: Es besaß eine Windschutzscheibe mit Rahmen und Scheibenwischer, eine etwas bauchige Front mit einem Scheinwerfer, das freistehende Vorderrad und eine Tür auf der rechten Seite. Eine Mischung aus Motorroller und Mobil, jedoch – nach den Prinzipien des Hauses Meyra – ganz auf die Bedürfnisse von Versehrten zugeschnitten. Beim Typ 55 saß der Motor, wiederum das bewährte 200-ccm-Ilo-Triebwerk, mitten im Fahrgastraum: Direkt darüber der Motorradlenker mit allen nötigen Bedienungshebeln.

Als Wilhelm Meyer im Sommer 1950 den Bau des Typs 48 auslaufen ließ, begann zugleich die handwerkliche Fertigung des Typs 55. Doch die Verkaufszahlen zeigten bald, daß dieses Mobil bei der Versehrtenkundschaft nicht gefragt war: Vor allem der Mittelmotor störte die Behinderten beim Ein- und Ausstieg. Zudem

vermißte die anspruchsvoller gewordene Kundschaft nur den Rückwärtsgang.

Nach 194 Exemplaren lief der Typ 55 im Sommer 1952 aus. Meyra zeigten einen neuen „55", der diesmal schon zu einem richtigen Kleinstwagen herangewachsen war. „Das Fahrzeug stellt eine Weiterentwicklung des bisherigen Modells dar", schrieb die Zeitschrift „Auto und Kraftrad" im September 1952, „und weist darüberhinaus einen ansprechenden und modernen Linienfluß auf."

Das neue Modell besaß eine richtige Fronthaube, die das Vorderrad bedeckte. Durch die breitere Spur hatten nun zwei Personen im Wagen nebeneinander Platz. Der Motor saß unter der Sitzbank und trieb über Gelenkwellen die – an Drehstabfedern aufgehängten – Hinterräder. Weil ILO keinen Motor-Getriebe-Block mit Rückwärtsgang liefern konnte, wechselte Wilhelm Meyer den Aggregate-Lieferanten. Der neue Typ 55 besaß nun einen 250-ccm-Baker & Pölling-Motor, der sieben PS leistete und das kleine Auto auf eine Spitze von 70 km/h brachte. Die serienmäßige Verbundglas-Windschutzscheibe produzierte Meyra selbst; indem man zwei Scheiben sorgsam aufeinander klebte. Anfangs war nicht nur das Verdeck aus Segeltuch, sondern auch die Türen, erst bei späteren Modellvarianten stattete Wilhelm Meyer seine Fahrzeuge mit Blechtüren und Seitenfenstern aus.

Überhaupt konnte sich Fabrikant Meyer bei seinen Kleinstserien ganz und gar auf Kundenwünsche einstellen. Und es fiel kaum ein Fahrzeug ganz genau wie das andere aus. Wer als Versehrter mit Pedalen umgehen konnte, erhielt seinen „Meyra 55" mit Auto-Lenker. Voll-Invaliden steuerten ihren „55" dagegen mit einem Motorradlenker. Und je nach Invaliditätsgrad wurde der einzelne Kundenwagen ausgerüstet. So konnte Wilhelm Meyer seine Spezialautos für den damals nicht geringen Preis von 3030 Mark verkaufen. Ein viersitziger Lloyd 300 kostete damals nur wenig mehr.

Immerhin sprach Wilhelm Meyer mit diesem Wagen nicht nur Versehrte an, einige Exemplare verkaufte er auch an gesunde Menschen. Da zudem die Kundschaft immer anspruchsvoller wurde und mehr denn je autoähnliche Kleinwagen suchte, baute Meyra neue Prototypen.

## Der Schwiegervater als Testfahrer

Im Frühjahr 1953 tüftelte Ernst Hoberg an einem Zweisitzer, der vorne zwei und hinten ein Rad besaß; ein

richtiges kleines Auto mit pontonförmiger Karosserie. Bei den Probefahrten zeigte sich aber sehr schnell die Kippneigung des Dreirads, deshalb entwickelten die Meyra-Techniker daraus einen Monat später ein kleines vierrädriges Cabriolet. Dieser kleine Wagen mit den zwei innenliegenden Scheinwerfern und den 15-Zoll-Rädern trieb ein 250-ccm-Heckmotor, der dem Auto allerdings nur geringes Fahrtemperament verlieh.

Bisher hatte sich Fabrikant Meyer im Kundenkreis ganz auf Versehrte beschränkt, seine Firma lebte vom Bau von Krankenfahrstühlen, der Autobau war für ihn allenfalls ein prestigebringendes Zubrot.

Mit dem hübschen Zweisitzer hoffte er doch insgeheim, etwas stärker ins Auto-Geschäft steigen zu können. In jenen Monaten lagen die Lieferfristen der Auto-Fabrikanten besonders hoch, das Volk suchte zwar das billige Mobil, schwärmte jedoch gleichzeitig vom eleganten Cabriolet. Wilhelm Meyer versuchte, mit seinem Zweisitzer solche Wünsche zu erfüllen.

Zwei Prototypen ließ er bauen. Das Blech bogen seine Arbeiter über den Holzklotz. Nachdem Meyers Schwiegervater, Wilhelm Hackert, den Wagen ausgiebig in der Umgegend von Vlotho erprobt und für gut befunden hatte, fuhr Firmenchef Meyer damit nach Osnabrück. Hier fragte er bei der Karosseriefabrik Wilhelm Karmann an, ob sie nicht bereit wäre, für Meyra die Blechhaut des Muster-Modells in kleiner Serie zu bauen. Die Karmann-Techniker zeigten sich an dem Auftrag uninteressiert und rechneten dem Fabrikanten aus Vlotho vor, daß die Blechverarbeitung an dieser Konstruktion überdurchschnittlich aufwendig geworden wäre.

Schon auf dem Nachhauseweg überlegte Meyer, wie er mit rationelleren Mitteln eine solche Karosserie bauen könne. Zusammen mit seinen Technikern entwarf er dann ein neues Cabriolet. Hierbei ließ sich Seitenkotflügel und Fronthaube aus einem Blechstück biegen, die Frontschnauze mit dem blinden Kühllufteintritt mußte nur noch angeschweißt werden. Nach wie vor blieb das aufwendig zu biegende schräg abfallende Heck. Wenige Wochen später fiel auch das Heck dem rationelleren Denken zum Opfer. Übriggeblieben war nun ein etwas pummelig wirkendes Cabriolet, das jetzt Meyer selbst in kleinster Serie bauen wollte. Im Juli 1953 stand der Prototyp, im September 1953 sollte die Meyra-Neuheit der Öffentlichkeit zur Internationalen Automobilausstellung in Frankfurt gezeigt werden und kurz darauf der Serienbau beginnen.

### Die Fronttür-Idee

Doch es kam anders als geplant: Im Oktober 1953 entdeckte Wilhelm Meyer in einer Auto-Fachzeitschrift das Bild der italienischen Iso-Isetta. „Das ist genau das

Richtige für Versehrte", dachte sich der Fabrikant, wobei er vor allem von der Fronttür-Lösung beeindruckt war. Nach einer eilig einberufenen Konferenz mit seinen Technikern stand fest, daß man ein von Grund auf neues Mobil mit vorderer Tür bauen wollte.

Ernst Hoberg entwarf ein Stahlrohrrahmen-Chassis mit breiter Spurweite vorn. Auf dem hinteren Einzelrad saß ein 197-ccm-Ilo-Motor, der nun mit elektrischem Anlasser ausgestattet war und dessen Getriebe auch einen Rückwärtsgang besaß. Waren die Mobile aus Vlotho bisher alle mit Drehstabfedern ausgestattet, wagte man bei dem neuen Chassis den Aufwand vorn Querlenker einzubauen, die mit Spiralfedern abfederten.

Am Hinterrad besaß der neue Wagen sogar einen selbstgebauten, mechanischen Stoßdämpfer. Er bestand aus einem Stahlrohr, in dem Gummielemente und eine Feder steckten. Nun schneiderten die Meyra-Techniker eine Sperrholz-Karosserie, die — wie damals Lloyd und Fuldamobil N — mit Kunstleder überzogen war. Die zweiteilige Fronttür gab den Einstieg frei für zwei Erwachsene und zwei Kinder. Besonders Doppelampu-

*Zwei Räder vorn, ein Rad hinten: Prototyp zu einem neuen kleinen Cabriolet mit 250-ccm-Motor. Gebaut im Frühjahr 1953.*

*Der Schritt vom Drei- zum Vierrad: Wilhelm Meyer hätte diesen Wagen mit 300-ccm-Heckmotor gerne bei Karmann in kleiner Serie bauen lassen.*

tierte und Querschnittsgelähmte konnten das Fahrzeug ohne Hilfe besteigen. Der rechte Sitz ließ sich durch eine Rollenführung ganz nach vorne ziehen. Nun konnte sich der Passagier – auf der Straße stehend – auf den Sitz setzen, ohne den Fahrzeugboden berühren zu müssen. Durch Abstoßen rollte der Sitz dann in seine Ausgangsposition zurück.

Bei den ersten Probefahrten mit den drei Prototypen zeigte es sich allerdings, daß das Öffnen der linken Türhälfte wenig Nutzen brachte. Durch das – nicht wegklappbare – Lenkrad konnte man auf der linken Seite sowieso nicht einsteigen. Und die breitere Türöffnung schwächte nur die Steifigkeit der Karosserie. Deshalb legte man die nächsten Exemplare so aus, daß sich nur die rechte Türhälfte öffnen ließ und umging damit auch das Iso-Patent.

Auch die Bedienung war ganz auf Versehrte zugeschnitten. Der neue „Meyra 200" besaß zwar ein weißes Lenkrad, doch dort, wo bei anderen Fahrzeugen die Lenkradschaltung saß, ragte ein halber Motorradlenker in den Raum, der Gashebel, Kupplungsgriff und Schaltgriff in sich vereinigte.

Wie üblich, übernahm Meyers Schwiegervater die Testfahrten. Zusammen mit zwei anderen Mechanikern fuhr er die drei Prototypen rund 5000 Kilometer weit, zuerst in kleineren Strecken rund um Vlotho, später gingen die Fahrten über Landstraßen und Autobahnen bis nach München.

Ehe allerdings eine kleinere handwerkliche Serie anlief, waren die Automobilausstellungen schon vorüber. So feierte der „Meyra 200" ein im Dezember 1953 stilles Debüt, unbemerkt von der Fachpresse. „Ein Kleinwagen von Format", pries der Prospekt die Neuheit. Auf eine komfortable Ausstattung habe man beim Meyra 200 größten Wert gelegt. „Verblüffend ist die Geräumigkeit des Fahrzeuges, welche einem Pkw mittlerer Größe gleichkommt." Durch die Gummiaufhängung des Motors würden lästige Vibrationen ferngehalten und daher seien im Inneren des Wagens „die so lästigen Zweitakt-Geräusche kaum wahrnehmbar". Im Frühjahr 1954 war es endlich soweit: Der längst veraltete Typ 55 wurde aus dem Verkaufsprogramm gestrichen, stattdessen bauten die Meyra-Werke (Slogan: „Hersteller der Meyra-Krankenfahrzeuge für Straße und Zimmer") nur noch den Typ 200. Verkaufspreis: 2200 Mark.

Doch obwohl Wilhelm Meyer nun ein durchaus modernes, geschlossenes Fahrzeug mit Fronttür im Programm hatte, gingen die Geschäfte auf diesem Sektor nur schleppend. Der Konkurrenzkampf auf dem Klein-

*Zur rationelleren Fertigung stutzte man in Vlotho dem Cabriolet zuerst die Front (oben), dann das Heck (unten).*

wagen-Sektor war härter geworden, der Messerschmitt-Kabinenroller, der Kleinschnittger F 125 und in der 400-ccm-Klasse der Lloyd P 400 setzten sich immer mehr durch. Nur die Versehrten-Kundschaft blieb Meyra treu, aber das lange nicht für rentable Stückzahlen. Innerhalb von zehn Monaten verkaufte Meyra etwa 50 Exemplare des neuen Modells.

### Das erste serienmäßige Kunststoff-Auto

Hätte Wilhlem Meyer vom Autobau leben müssen, er wäre längst Pleite. Doch sein breites Programm von Krankenfahrstühlen gab ihm auch in den harten Zeiten eine solide Geschäftsbasis. Der Kleinwagen-Bau blieb lediglich zur Abrundung des Fabrikations-Programms bestehen.

*Beim Meyra 200 ließ sich nur die rechte Seite der Front öffnen.*

Trotz allem dachte Wilhelm Meyer aber auch an die Weiterentwicklung seines kleinen Mobils. Die Holzkarosse war für den kleinen Motor zu schwer geraten, das 350-Kilo-Auto für die 9,3 PS in krassem Mißverhältnis. Auch die Fertigung war zu aufwendig.

In den Zeitungen las er im Frühjahr 1954 davon, daß es nun möglich sei, Autokarosserien aus Kunststoff herzustellen. In den USA erschien damals der Sportwagen „Chevrolet Corvette", und die Propheten des Fachs waren sicher, daß sich in Zukunft der Kunststoff durchsetzen werde. Noch einmal glaubte Wilhelm Meyer an seine Zukunft als Kleinwagen-Fabrikant.

Wilhelm Meyer nahm Kontakt zur Badischen Anillin- und Soda-Fabrik (BASF) in Ludwigshafen auf, fragte an, wie weit in der Bundesrepublik die Kunststoff-Verarbeitung sei. Hier experimentierten die Kunststoff-Chemiker selbst noch. Dennoch nahm Meyer die Zutaten für den

neuen Stoff mit nach Hause und versicherte, er werde mit den BASF-Leuten in Kontakt bleiben.

In Vlotho erprobte man in den folgenden Wochen die Polyesterharz-Bestandteile. In der kleinen Versuchsabteilung bastelte Ernst Hoberg und seine vier Leute zuerst einmal gerade Platten, um überhaupt nähere Verarbeitungserfahrungen zu sammeln. Ganz zu Anfang wollte der Kunststoff überhaupt nicht trocknen, bis in Räumen gearbeitet wurde, in denen gleichmäßige 21 Grad Wärme herrschten. Kaum beherrschte man den Plattenbau, bastelte man eine Form zurecht, in der die Tür des „200" aus Kunststoff hergestellt werden konnte. Im Juli 1954 fuhr Wilhelm Meyer mit der Kunststoff-Tür nach Ludwigshafen. Dort staunten die Chemiker, was der Fabrikant mit ihrem Kunststoff zustande gebracht hatte.

In der Folgezeit entwickelte sich ein kontinuierlicher Gedankenaustausch zwischen Ludwigshafen und Vlotho. Wobei den Technikern an der Weser allerdings verborgen blieb, daß in Süddeutschland ein gewisser Egon Brütsch ebenfalls mit Fiberglas für Autos experimentierte. Jeden Monat verbrachte Wilhelm Meyer fünf Tage in Ludwigshafen, um in den BASF-Labors zuzuschauen, was alles aus diesem Kunststoff gefertigt werden konnte.

Nach etwa acht Monaten des bloßen Experimentierens entwarf Ernst Hoberg eine Kunststoff-Karosserie. Endlich brauchte Meyra keine Rücksicht auf die unerschwinglichen Werkzeugkosten zu nehmen, endlich zeichnete man wohlgerundete Linien für das kleine Mobil.

Im Februar 1955 entstanden wiederum drei Prototypen eines neuen Meyra 200 — diesmal mit Kunststoff-Hülle. Das Chassis übernahm man vom Vormodell, die Karosserie besaß wiederum eine rechte Fronttür. Jetzt besaß das neue Auto auch einen kleinen Vorbau, den die Kunden als Motorhaube so sehr begehrten.

Der Schwiegervater übernahm abermals das Testprogramm. Aber eines Tages erhielt Wilhelm Meyer einen Telefonanruf, sein Schwiegervater sei verunglückt. Erschreckt eilte er zum Unfallort, um dort zu sehen, daß sein Testfahrer mit dem kleinen Mobil eine acht Meter tiefe Böschung hinuntergestürzt war. Die Lenkung hatte blockiert. Zum Glück war dem Fahrer nichts passiert, die Risse in der Kunststoff-Karosserie ließen sich sogar leicht ausbessern.

Dieser Unfall gab aber den Anstoß, die Außenhaut des Wagens auf ihre Sicherheit zu testen. Der Chef selbst setzte sich in einen der Prototypen, um dann mit etwa

*Aus Sperrholz mit Kunstleder überzogen bestand die Karosserie des Meyra 200; zu schwer für den 200-ccm-ILO-Motor.*

30 km/h gegen eine Mauer zu fahren. Die Schäden am Auto untersuchte Hoberg und sein Team ganz genau, dann flickte man die Risse und der „200" lief weiter im Testprogramm.

Einen Monat nachdem BMW den italienischen Kleinwagen Isetta als Lizenzbau für den deutschen Markt vorstellte, präsentierte Meyra seinen neuen „200-2". Im Mai 1955 begann die handwerkliche Serienproduktion — unbeachtet von Fachpresse und Fachleuten.

Dennoch wurde der „Meyra 200-2" einmal zum Publikumsmagneten. Denn zur Deutschen Industrie-Messe in Hannover Ende Mai 1955 stand ein Exemplar des ersten in Serie gebauten Kunststoff-Autos auf dem Ausstellungsstand des Chemiekonzerns BASF. „Zu jeder Tageszeit war das Fahrzeug von Menschentrauben umlagert", schrieb die BASF damals in ihren Mitteilungen.

Noch einmal, im September 1955 zur Internationalen Automobilausstellung (IAA) in Frankfurt, erlebte der Meyra 200-2 einen ähnlichen Höhepunkt. In einer Nebenhalle fiel das Kunststoff-Auto zwar nur Kennern auf. Doch als der damalige Bundespräsident Professor Theodor Heuss das kleine Fronttür-Auto von der Weser bei seinem Eröffnungsrundgang durch die Ausstellung genauer betrachtete, war dem Mobil auch einige Augenblicke das Interesse der Nation sicher.

**Warum sich Meyer von seinen Kunden verklagen ließ**

Zwar wurde der Meyra 200-2 von vielen Versehrten bestellt, es zeigte sich aber immer deutlicher, daß Wilhelm Meyers Mobile gegen die große Konkurrenz von Leistung und Preiswürdigkeit her nichts ausrichten konnten. Die BMW Isetta und das Goggomobil waren die gefragten Kleinwagen dieser Zeit. Vor allem die Isetta galt für Behinderte als erstrebenswert, denn mit Zusatzgeräten versehen, bot sie genau das, was Amputierte, Kriegsopfer und Gelähmte suchten: ein preiswertes, kräftiges und billiges Fortbewegungsmittel.

Das erkannte selbst Wilhelm Meyer. Nach der IAA 1955 beschloß er, die Produktion seiner Mobile ganz einzustellen. Es lagen zwar noch 500 Bestellungen vor, da aber jedes gebaute Auto inzwischen einen Verlust von etwa 200 Mark einbrachte, hoffte Meyer, alle diese Bestellungen rückgängig machen zu können. Doch Meyer machte die Rechnung ohne seine Kunden. Die bestanden nämlich auf die Lieferung des Wagens.

Nun ließ es Meyer auf einen Musterprozeß ankommen. Die Fabrik ließ sich von einem Kunden daraufhin verklagen, den bestellten Wagen auch zu bekommen. Im Frühjahr 1956 entschieden die Richter des Oberlandesgerichts Bielefeld, daß Meyra die bestellten Fahrzeuge auch ausliefern müsse, denn es gäbe „nichts vergleichbares auf dem Markt" (Urteilsbegründung).

So blieb Wilhelm Meyer nichts anderes übrig, als alle vorhandenen Bestellungen korrekt auszuführen. Bis zur Jahresmitte 1956 montierten die Meyra-Werke die Restposten zu kompletten Wagen. Die letzten Exemplare erhielten sogar noch einen 350-ccm-ILO-Motor, der mit seinen 14 PS den „200-2" etwas temperamentvoller machte.

Eine finanzielle Krise brachte der Autobau den Meyra-Werken nicht, denn der Bau von Krankenfahrstühlen war nach wie vor der Hauptgeschäftszweig geblieben. Und die Versehrten-Einbausätze passend für die BMW-Isetta und andere Personenwagen, brachten dem 400-Mann-Betrieb mehr Verdienst als die eigenen Autos.

*Der erste deutsche in Serie gebaute Wagen mit Kunststoff-Karosserie war der Meyra 200-2. Auf der Industrie-Messe Hannover, im Mai 1955, stand ein Exemplar auf dem Ausstellungsstand der BASF.*

## Meyra 55

KAROSSERIE
Roadster, 1 Tür, 1 Sitz

MOTOR
Luft/gebläsegekühlter Einzylinder-Zweitakt-Motor (Baker & Pölling), Bohrung/Hub: 87/70 mm, Verdichtung 1:6,2, 7 DIN-PS bei 3000 U/min, maximales Drehmoment 1,1 mkp bei 2000 U/min, Gemischschmierung 1 : 20, Dreikanal-Spülung, zweifach gelagerte Kurbelwelle, ein Bing-Horizontalvergaser, elektrischer Anlasser
Batterie: 6 Volt/16 Volt, Gleichstrom-Lichtmaschine 75 Watt
Füllmengen: Tankinhalt 10 Liter, Getriebeöl 0,5 Liter

KRAFTÜBERTRAGUNG
Dreigang-Getriebe (Hurth) mit Klauenschaltung, Mehrscheibenkupplung im Ölbad, Mittelmotor im Fahrgastraum, Kraftübertragung über Rollenkette auf die Hinterräder (ohne Differential), Motorradlenker mit Drehgriffschalter
Übersetzungen:
1. Gang 3,80 : 1
2. Gang 2,11 : 1
3. Gang 1,00 : 1
R-Gang 4,53 : 1
Achsuntersetzung: 3,1 : 1

FAHRWERK
Stahlblech-Karosserie mit Holzrahmen an einem Stahlrohrrahmen-Chassis verschraubt, vorderes Einzelrad und beide Hinterräder an Drehstabfedern aufgehängt
Bremsen: mechanische Trommelbremsen auf alle Räder

Reifen: 4,00 – 8
Lenkung: Motorrad-Direktlenkung

MASSE, GEWICHTE
Länge 2520 mm, Breite 980 mm, Höhe 960 mm, Radstand 2000 mm, Spurweite hinten 1200 mm, Leergewicht 200 kg, zulässiges Gesamtgewicht 350 kg

VERBRAUCH
3,0 Liter auf 100 km (Normalbenzin-Öl-Gemisch)

FAHRLEISTUNGEN
Höchstgeschwindigkeit 70 km/h

PREIS
2200,– DM

PRODUKTIONSZAHLEN
ca. 100 Stück

BAUJAHR
Juli 1950 bis August 1952

## Meyra 55

KAROSSERIE
Roadster, 2 Segeltuchtüren (ab 1953: Blechtüren), 2 Sitze

MOTOR
Luft/gebläsegekühlter Einzylinder-Zweitakt-Motor (Baker & Pölling), Bohrung/Hub: 87/70 mm, 248 ccm, Verdichtung 6,0 : 1, 8,5 DIN-PS bei 4200 U/min, maximales Drehmoment 1,5 mkp bei 3000 U/min, Gemischschmierung 1 : 20, Leichtmetall-Zylinder-Block, Laufbuchsen, zweifach gelagerte Kurbelwelle, ein Schiebevergaser Fischer-Amal, elektrischer Anlasser
Batterie: 6 Volt/16 Ah, Gleichstrom-Lichtmaschine
Füllmengen: Tankinhalt 15 Liter, Getriebeöl 0,5 Liter

KRAFTÜBERTRAGUNG

Dreigang-Getriebe (Hurth) mit Klauenschaltung, Mehrscheibenkupplung im Ölbad, Motor im Fahrgastraum, Kraftübertragung über Rollenkette auf die Hinterräder (ohne Differential), Motorradlenker mit Drehgriffschalter (ab 1953: Autolenker)
Übersetzungen:
1. Gang 4,00 : 1
2. Gang 2,11 : 1
3. Gang 1,00 : 1
Achsübersetzung: 3,0 : 1

FAHRWERK

Holzrahmenverstärkte Stahlblechkarosserie mit Stahlrohrrahmen-Chassis verschraubt, vorderes Einzelrad und beide Hinterräder an Drehstabfedern einzeln aufgehängt
Bremsen: mechanische Trommelbremsen auf alle Räder
Lenkung: indirekte Motorradlenkung (ab 1953: Zahnstangenlenkung)
Reifen: 4.00 – 8

MASSE, GEWICHTE

Länge 2850 mm, Breite 1360 mm, Höhe (mit Verdeck) 1450 mm, Radstand 2567 mm, Spurweite hinten 1200 mm, Leergewicht 260 kg, zulässiges Gesamtgewicht 460 kg

VERBRAUCH

3,5 Liter auf 100 km (Normalbenzin-Öl-Gemisch)

FAHRLEISTUNGEN

Höchstgeschwindigkeit 70 km/h

PREIS

3030,– DM

PRODUKTIONSZAHLEN

ca. 330 Stück

BAUJAHR

von September 1952 bis Oktober 1953

## Meyra 200

KAROSSERIE

Moto-Coupé, 1 rechte Fronttür, 2+2 Sitze

MOTOR

Luft/gebläsegekühlter Einzylinder-Zweitakt-Motor (Ilo), Bohrung/Hub: 62/66 mm, 197 ccm, Verdichtung 6,0:1, 9,5 DIN-PS bei 4900 U/min, maximales Drehmoment 1,54 mkp bei 3200 U/min, Gemischschmierung 1 : 20, zweifach gelagerte Kurbelwelle, ein Vergaser Bing 1/26/31, elektrischer Anlasser

Batterie: 12 Volt/45 Ah, Gleichstrom-Lichtmaschine 90 Watt
Füllmengen: Tankinhalt 17 Liter, Getriebeöl 0,5 Liter

KRAFTÜBERTRAGUNG

Dreigang-Getriebe (Hurth) mit Klauenschaltung, Mehrscheibenkupplung im Ölbad, Kraftübertragung über Rollenkette auf das hintere Einzelrad
Motor vor dem Hinterrad, Hinterradantrieb
Übersetzungen:
1. Gang 3,80 : 1
2. Gang 2,11 : 1
3. Gang 1,00 : 1
R-Gang 4,53 : 1
Achsübersetzung: 2,00 : 1

FAHRWERK

Kunstleder-überzogene Sperrholzkarosserie mit Stahlrohrrahmen verschraubt, vorn Drehstabfedern und Schraubenfedern, hinten gezogene Hinterradschwinge mit mechanischem Teleskopstoßdämpfer, hinteres Einzelrad
Bremsen: hydraulische Trommelbremsen auf alle Räder
Lenkung: Zahnstangenlenkung
Reifen: 3.50 – 13

MASSE, GEWICHTE

Länge 3500 mm, Breite 1600 mm, Höhe 1460 mm, Radstand 2140 mm, Spurweite vorn 1400 mm, Leergewicht 350 kg, zulässiges Gesamtgewicht 480 kg

VERBRAUCH

3,5 bis 4,0 Liter auf 100 km (Normalbenzin-Öl-Gemisch)

FAHRLEISTUNGEN
    Höchstgeschwindigkeit 70 km/h
PREIS
    2500,– DM

PRODUKTIONSZAHLEN
    ca. 50 Stück
BAUJAHR
    von Oktober 1953 bis April 1955

## Meyra 200-2

KAROSSERIE
    Moto-Coupé, 1 rechte Fronttür, 2+2 Sitze
MOTOR
    Luft/gebläsegekühlter Einzylinder-Zweitakt-Motor (Ilo), Bohrung/Hub: 62/66 mm, 197 ccm, Verdichtung 6,6 : 1, 9,7 DIN-PS bei 4900 U/min, maximales Drehmoment 1,4 mkp bei 3200 U/min, Gemischschmierung 1 : 20, Umkehrspülung, zweifach gelagerte Kurbelwelle, elektrische Dynastart-Anlage, ein Bing-Vergaser 1/26/31
    Batterie: 12 Volt/45 Ah, Gleichstrom-Lichtmaschine 90 Watt
    Füllmengen: Tankinhalt 17 Liter, Getriebeöl 0,5 Liter

KRAFTÜBERTRAGUNG
    Dreigang-Getriebe (Hurth) mit Klauenschaltung, als Drehgriffschalter an einem Hilfsgriff neben dem Lenkrad, Mehrscheiben-Trockenkupplung, Kraftübertragung über Rollenkette auf das hintere Einzelrad
    Motor vor dem Hinterrad, Hinterradantrieb
    Übersetzungen:
    1. Gang 3,80 : 1
    2. Gang 2,11 : 1
    3. Gang 1,00 : 1
    R-Gang 4,33 : 1
    Achsübersetzung: 2,00 : 1

FAHRWERK
> Polyesterharz-Karosserie mit Stahlrohrrahmen verschraubt, vorn Drehstabfederung und Spiralfedern, hinten gezogene Hinterradschwinge mit hydraulischem Teleskopstoßdämpfer
>
> Bremsen: hydraulische Trommelbremse auf alle Räder
>
> Lenkung: Zahnstangenlenkung
>
> Reifen: 3.50 – 13

MASSE, GEWICHTE
> Länge 3450 mm, Breite 1600 mm, Höhe 1460 mm, Radstand 2140 mm, Spurweite vorn 1420 mm, Leergewicht 380 kg, zulässiges Gesamtgewicht 500 kg

VERBRAUCH
> 4,0 Liter auf 100 km (Normalbenzin-Öl-Gemisch)

FAHRLEISTUNGEN
> Höchstgeschwindigkeit 70 km/h

PREIS
> 3450,– DM

PRODUKTIONSZAHLEN
> ca. 480 Stück

BAUJAHR
> von Mai 1955 bis Juli 1956

(Werbung 1954)

# Propeller drauf

„Er ist einer jener Männer, die Deutschland auf zwei Räder setzten", pries ihn im Juni 1954 die amerikanische Motor-Zeitschrift „motor critic", und „Life" nannte ihn den „bestangezogenen Mann in der deutschen Zweirad-Branche". Der Mann der sich solchen Lobes aus der Neuen Welt erfreuen durfte, hieß Jakob Osswald Hoffmann, 58. Der Düsseldorfer Konditorsohn hatte sich in der Zweiradbranche seit 1945 aus dem Nichts an die Spitze gearbeitet. Er galt als einer der „typischen neuen Kapitalisten von Düsseldorf" (Life) und wurde mit Leuten wie Alfred Krupp und Jost Henkel verglichen.

Tatsächlich gehörte Hoffmann zu jener Garde von Männern, die nach dem Zweiten Weltkrieg wieder an den Aufschwung Deutschlands glaubten und dementsprechend handelten. Schon vor dem Krieg hatte er in Solingen eine Fahrradfabrik betrieben, die allerdings bei einem Bombenangriff völlig zerstört wurde.

Nach 1946 bekam Hoffmann schnell eine Lizenz zur Herstellung von Fahrrädern, und schon 1947 – als andere unter Rohstoffmangel klagten – lieferte er die ersten Zweiräder aus. Ein Jahr später erhielt Hoffmann einen Lohnauftrag der Auto Union, zehntausend Rahmen für das DKW Motorrad R-125 zu produzieren. Danach stieg Hoffmann selbst ins Kraftradgeschäft ein.

Der große Aufschwung kam jedoch 1949. Er entdeckte auf der Frankfurter Frühjahrsmesse den Vespa-Motorroller, eine Neuentwicklung der italienischen Flugzeugfirma Piaggio & Co. Hierbei saß der Motor vollverkleidet unter der Sitzbank. Der Platz vor dem Sitz blieb für die Beine frei, und ein Schutzschild schirmte den Fahrer gegen den Fahrtwind ab. Hoffmann erkannte als erster die Vorteile gegenüber herkömmlichen Motorrädern und bewarb sich bei den Italienern um eine Lizenz für Deutschland.

Die bekam er schnell. Allerdings mit Auflagen. Es war Hoffmann strengstens untersagt, Abweichungen von der ursprünglichen Vespa-Konstruktion vorzunehmen.

Als der Vertrag perfekt war, vergrößerte Hoffmann sein Lintorfer Werk. Als eine der ersten Firmen neben dem Volkswagenwerk schafften die Hoffmann-Werke eine nagelneue 450-Tonnen-Presse an. Man dachte sogar daran, eine eigene Motorenfertigung einzurichten. Aber der gelernte Bankkaufmann errechnete, daß Motoren – nach Piaggio-Lizenzen bei der etablierten Motorenfabrik ILO gebaut – dort billiger zu beziehen waren.

### Konkurrenz für BMW

Als die Serie der deutschen Vespa anlief, wurde sie sehr schnell ein begehrtes Fahrzeug. Viele Kunden sahen in dem verkleideten Zweirad einen Kompromiß zwischen dem allzuoffenen Motorrad und dem „fahrenden Dach", das sich viele noch nicht leisten konnten.

Drei Jahre lang verkaufte Hoffmann fast konkurrenzlos seine Vespas an deutsche Käufer. Nebenher verwirklichte er langgehegte Motorrad-Ideen. Mit viel Geld und Elan ließ er einen Zweizylinder-Viertakt-Boxermotor von 250 ccm entwickeln. Das Aggregat bestach durch Formschönheit und ruhigen Lauf und konnte sich durchaus mit dem Einzylinder-Triebwerk von BMW messen. Anläßlich eines Besuchs von BMW-Chef Kurt Donath in Lintorf, zeigte Hoffmann stolz sein neues Motorrad

„Gouverneur" mit Kardanantrieb und kündigte der weiß-blauen Marke damit härteste Konkurrenz an.
Noch im Juli 1953 baute Hoffmann monatlich 1850 Roller und zusätzlich einige hundert Motorräder. Von da ab sank aber die Produktion stetig, wie in der gesamten Zweirad-Industrie. Der Trend war eindeutig: Die Kundschaft strebte zum kleinen Auto.

## Der Dreisitzer

So mußte auch Hoffmann etwas unternehmen, um das bisherige Produktionsniveau beizubehalten. Eines Tages im Frühjahr 1954 ging er zu seinem Versuchschef

Hans Röger: „Wir müssen auf etwas anderes als Zweiräder übergehen." Nach langen Beratungen einigte man sich darauf ein kleines Auto zu entwickeln. Röger brachte zu Papier, wie er sich einen Hoffmann-Personenwagen vorstellte. Nachdem die Pläne fertig und vom Chef genehmigt waren, begann er, ein Modell zu bauen. Es war ein kleines 2,80 Meter langes Coupé, das beinahe dem Hanomag Kommißbrot ähnlich sah und mit einfachen Fertigungsvorgängen herzustellen war: Im Heck sollte der Zweizylinder-Hoffmann-Motor sitzen. Im Innenraum des Hoffmann-Wagens hätten auf einer 1,30 Meter langen Sitzbank drei Personen nebeneinander Platz gehabt.
Rögers Projekt gedieh solange, bis Hoffmann in einer

*Auf Erprobungsfahrt rund um Lintorf: das Fahrgestell der Hoffmann-Kabine. Das Zweizylinder-Viertakt-Triebwerk stammte aus dem „Gouverneur"-Motorrad.*

102

Zeitschrift die Neuentwicklung der italienischen Iso-Isetta gesehen hatte. Die einfache Form, das sah Fachmann Hoffmann gleich, hätte nur ein Minimum an Werkzeugen erfordert. Also schrieb der Vespa-Fabrikant, geübt im Umgang mit italienischen Firmen, an die Mailänder Iso-Werke und bat um die Lizenz zum Bau der Isetta in Deutschland. Doch Iso lehnte ab. Vielleicht hatte man sich nach der finanziellen Basis erkundigt und erfahren, daß diese bei Hoffmann nicht besonders groß war. Iso hoffte wohl auf einen größeren Lizenznehmer. Die Absage entmutigte Hoffmann nicht. Zunächst erkundigte er sich inwieweit die Italiener ihr rollendes Ei in Deutschland patentrechtlich abgesichert hatten. Er beauftragte einen Düsseldorfer Patentanwalt mit den entsprechenden Nachforschungen und schickte zusätzlich einen Mitarbeiter ins Deutsche Patentamt nach München. Das Ergebnis schien recht ermutigend. „Die Überprüfung der ausgelegten Patentanmeldungen und Gebrauchsmuster hat ergeben", so stand im Abschlußbericht, „daß von Seiten Iso und Moto-Guzzi irgendwelche Ansprüche betreffend Isetta bis zum 18. Mai 1954 nicht vorlagen." Der Berichterstatter räumte allerdings ein, daß die Patentanmeldungen zur Zeit den normalen Geschäftsgang durchlaufen und deshalb noch nicht alle öffentlich ausliegen könnten. Hoffmanns Patentforscher kamen zu folgendem Resümee: „Es kann nicht einwandfrei festgestellt werden, ob von Iso ein Schutzanspruch auf die Tür der Frontseite erhoben worden ist. Wir würden daher zweckmäßigerweise eine Seitentür vorsehen."

Hoffmann wußte nun genau, was zu tun war. Mit einem Foto der Isetta ging er zu seinem Versuchschef Röger, der noch eifrig an seinem kleinen Modell bastelte. Hoffmann: „Ich weiß was Besseres. Wir bauen eine Kabine." Diese Kabine sollte jedoch keine Fronttür, sondern seitliche Türen haben. Außerdem, so bestimmte der Fabrikant, dürfe sein Fahrzeug keinen seitlich liegenden Motor haben. Das Triebwerk solle zentral zwischen den beiden eng zusammenstehenden Hinterrädern liegen.

Nachdem der Startschuß gegeben war, sputete man sich. Die Hoffmann-Techniker bauten zuerst einen stabilen Rahmen und setzten das Zweizylinder-Triebwerk aus eigenem Haus ins Heck. Sie besorgten ein Hermes-Getriebe, Lenkungsteile und Räder.

Hoffmann trieb seine Leute zur Eile an. Ihm ging es darum, das Mobil möglichst bald in Serie zu bauen und schon auf den Markt zu sein, bevor Iso vielleicht die ersten Exemplare über die Alpen brachte.

Die Versuchsabteilung hatte inzwischen das erste Chassis fertig und begann mit Fahrten im Gelände. Ein notdürftig zurechtgeklopfter Windschutz war die einzige Zierde des neuen Fahrzeugs. Vier Mann wurden abgestellt um Tag und Nacht reihum mit dem Mobil Kilometer zu sammeln.

Anfangs fuhren die Lintorfer nur kleine Runden ums

*Die Hoffmann-Kabine als Standard-Version: mit rechter Seitentür, breitem Armaturenbrett und Lenkradschaltung.*

Werk, um bei einer Panne den Wagen schnell wieder heimholen zu können. Während die Konstruktionsabteilung mit der exakten Anfertigung der Blechhaut beschäftigt war, schnurrte das Chassis Stunde für Stunde zuverlässig Kilometer ab. Bei Kilometerstand 13 000 trat der erste Schaden auf: Zahnräder im Getriebe waren herausgerissen. Röger ließ ein neues Getriebe einbauen, doch der Schaden wiederholte sich nach einer gewissen Zeit immer wieder.

Nach langem Suchen fanden die Ingenieure die Fehlerquelle: Hoffmann hatte darauf bestanden, daß dem neuen Fahrzeug die damals so begehrte Lenkradschaltung eingebaut werden müsse. Bei einem Heckmotor-Fahrzeug stellte aber diese Art der Schaltung die Techniker vor fast unlösbare Probleme. Denn die Übertragung der Schaltwege waren nicht nur sehr lang, sondern auch durch den spitzen Winkel am Ende der Lenksäule außerordentlich kompliziert. Röger löste die Schwierigkeit mit einer Gummimuffe, die aber – das stellte sich später heraus – die einzelnen Zahnräder beim Schalten nicht sauber löste und zum Defekt führte.

Während die Versuchsabteilung noch herumtüftelte, ließ Hoffmann schon die ersten beiden Exemplare komplett mit Karosserie bauen. Modell eins hatte eine rechte Tür und war als Standardversion konzipiert, Modell zwei besaß zwei seitliche Türen als Luxusausgabe. Im Gegensatz zum Versuchs-Chassis saßen in den beiden neuen Wagen nicht 250-ccm-Motoren, sondern 300-ccm-Triebwerke.

Hoffmanns Techniker hatten nämlich herausgefunden, daß der Zweizylinder-Boxermotor des Gouverneur-Motorrades weitaus runder und kräftiger lief, wenn der Hub um drei Millimeter verlängert wurde. Der damit zum 300-ccm-Triebwerk vergrößerte Motor besaß nicht nur mehr Pferdestärken, sondern auch ein kräftigeres Drehmoment, das besonders der etwas schwereren zweitürigen Kabine noch zu gutem Temperament verhalf.

Innerhalb weniger Wochen waren damit Hoffmanns Autopläne zur Realität gediehen. Das Abendessen, das Hoffmann spendierte, als an einem der letzten Maiabende 1954 die ersten beiden Kabinen fahrbereit waren, hatten seine bei Tag und Nacht arbeitenden Techniker redlich verdient.

Am nächsten Tag ließ sich Hoffmann die Kabine von seinem Versuchschef Röger noch einmal vorführen. Nachdem er einige Runden auf dem Hof gedreht hatte, vertraute ihm der Vespa-Fabrikant schon die Zukunftspläne an: „Wir brauchen nur noch einen Propeller obenraus, dann fliegt sie."

*Von vorn der italienischen Iso-Isetta ähnlich: Die Kabine.*

### Ein kluger Entschluß: Seitentüren

Als die Hoffmann-Werke Anfang Juni 1954 die ersten beiden kompletten Wagen der Öffentlichkeit vorstellte, staunte die Fachwelt. „Die Hoffmann Kabine stellt konstruktiv eine absolute Neukonstruktion dar," schrieb „Die Welt". Andere Journalisten waren der Ansicht, Hoffmann habe die Nachbau-Lizenz von Iso erhalten.

Deshalb fragte auch die Zeitschrift „Auto, Motor und Sport" verwundert: „Der Passagier muß aussteigen, wenn der Fahrer ein- oder aussteigt. Die Antwort, warum die Konstrukteure von Hoffmann dieser Sitzanordnung den Vorzug gegeben haben, ist man uns bisher schuldig geblieben." Anders beurteilte Amerikas „Motor critic" die seitliche Anordnung der Türen: „Ein kluger Entschluß, denn die Isetta mit ihrer großen Tür vorn ist in einer engen Großstadt ein Problem." „Die Hoffmann Kabine macht zuerst den Eindruck", schrieb die ADAC-Motorwelt damals, „als ob es sich um einen Lizenz- oder zumindest Teile-Lizenzbau der Iso-Werke handelt. Hoffmann erklärt jedoch, daß man es hier mit einer durchaus eigenen Konstruktion zu tun habe, die bereits vor mehr als einem Jahr entwickelt worden sei."

Hier hatte Hoffmann zweifellos übertrieben; richtig aber war, daß die Kabine eine eigenständige Lösung und nicht – wie oberflächliche Betrachter glaubten – eine genaue Kopie des italienischen Mobils war.

Die Hoffmann Auto-Kabine besaß ein richtiges Chassis im Gegensatz zur teilweise selbsttragenden Karosse der Isetta. Der Radstand des Mobils war um 150 mm länger, und dadurch wirkte die Lintorfer Kabine gestreckter als Isos Mobil. Unter dem Blech arbeitete statt des Einzylinder-Zweitakters Hoffmann's Zweizylinder-Viertakt-Motor aus dem Gouverneur-Motorrad. Als Kraftübertragung wählte man den teureren Weg und stattete die Kabine mit Kardanantrieb aus. Der Motor war leicht zugänglich und saß genau zwischen den eng zusammenstehenden Hinterrädern. Während die Isetta nur einen kleinen Instrumententräger besaß, der sich mit der Tür öffnete, besaß die Hoffmann Kabine ein über die ganze Breite des Wagens laufendes Armaturenbrett aus Preßspan.

Hoffmann verschwieg allerdings bei der Vorstellung, daß im Heck der Kabinen der neue 300-ccm-Motor saß. Stattdessen ließ er verlauten, das Fahrzeug werde mit 250 ccm gebaut. Der Grund: Der 300-ccm-Motor hatte sich zwar im Motorrad schon bewährt, im Auto mußte er dagegen seine Feuerprobe erst noch bestehen. Insofern schien es Hoffmann zu gewagt, schon jetzt die Kabine als 300er anzubieten. Vielleicht wollte man vorerst in Lintorf auch nicht die Besitzer des Führerscheins IV vor den Kopf stoßen, die ja nur Fahrzeuge bis zu 250 ccm Hubraum fahren durften.

Nach der Vorstellung gingen die Vorbereitungen zur Serie mit Hochdruck weiter. Das provisorische Chassis hatte nun etwa 40 000 Kilometer gefahren. Ab jetzt wurden Versuchsfahrten mit kompletten Kabinen nach Krefeld und zum Nürburgring unternommen. Derweil baute man in Lintorf weitere fünf Exemplare von Hand zusammen.

Schon im Juli traf Osswald Hoffmann alle Vorbereitungen, um eine Nullserie von fünfzig „Auto Kabinen" herzustellen. Die Schwierigkeiten mit der Gangschaltung und dem Getriebe waren inzwischen durch eine qualitativ bessere Gummimuffe behoben. Immerhin: „Die Schwierigkeiten mit der Schaltung haben uns um Monate zurückgeworfen," mußte später Versuchschef Röger bestätigen. Spätestens im September 1954 sollte – trotz aller Schwierigkeiten – die endgültige Serie anlaufen.

Die Bleche der ersten Exemplare bog man mit soge-nannten Gummiwerkzeugen. Hierbei wird das Blech über dem Werkzeug gespannt und mit einem Gummipuffer unter großer Kraft in die Wölbung gedrückt. Später, so plante Hoffmann, würden die einfachen Blechverformungs-Werkzeuge gegen richtige Pressen ausgetauscht. Die Deutsche Bank hatte sich bereit erklärt, eine moderne Produktionsstraße zu finanzieren.

## Vertrag gekündigt

Hoffmann stürzte sich deshalb mit Elan ins Autogeschäft, weil es sich abzeichnete, daß seine einträglichste Quelle, die Motorroller-Produktion, im September auslaufen würde. Die Vespa hatte schon seit Monaten bei deutschen Kunden an Attraktivität verloren, weil andere Motorroller mit mehr PS lockten. Als endlich Piaggio einen stärkeren Motor herausbrachte, stellte Lizenznehmer Hoffmann nur geringe Mehrleistung fest. Er protestierte daraufhin in Genua, doch Dr. Enrico Piaggio schrieb zurück: „Wenn wir in unserer Werbung die PS-Zahl nach oben abrunden, dann geht Sie das garnichts an." Verärgert hatte Hoffmann daraufhin einen stärkeren Motor für die deutsche Vespa entwickelt, was ihm – so wollte der „Spiegel" wissen – eine Million Mark kostete. Im Juni 1954 stoppte er dafür die Lizenzgebühren an Piaggio, worauf ihm nun die Italiener prompt den Vertrag kündigten. Die Vespa-Produktion sollte nun zum September 1954 auslaufen, und Hoffmann hoffte, bis dahin die Kabine so weit entwickelt zu haben, daß sie danach die leerwerdenden Bänder füllte.

Immerhin lief bis zum August alles nach Plan. Die ersten Exemplare der Kabinen-Null-Serie liefen vom Band, als Standard-Version mit einer rechten Tür. Garzugerne hätte man auch einige Luxus-Kabinen mit zwei Türen gebaut, doch dazu fehlten die Preßwerkzeuge für die linke Tür. Ihre Anschaffung scheiterte an Geldmangel. Erst im Herbst, wenn die Deutsche Bank die versprochenen Kredite auszahlen würde, wäre auch die Luxus-Kabine mit zwei seitlichen Türen zur Auslieferung gekommen.

## Ärger mit Iso

Doch Ende August flatterte Hoffmann eine einstweilige Verfügung auf den Tisch. In überschwenglicher Freude hatte nämlich Hoffmann in Anzeigen verbreitet, daß die italienische Isetta eine Nachahmung seiner Auto-Kabine

*Als Luxusversion wollte Hoffmann später eine Kabinen-Variante mit zwei Seitentüren anbieten.*

sei. Das war für die Mailänder Anlaß genug, vor Gericht zu gehen. Angeschlossen hatte sich der Klage — für Hoffmann ganz überraschend — BMW. Die Bayern, das ging klar aus allem hervor, hatten die Lizenz zum Bau der Isetta erworben und waren nun fest entschlossen, sich den Gag nicht wegnehmen zu lassen, dieses rollende Ei als erste auf den deutschen Markt zu bringen. Hoffmann ließ sich nicht einschüchtern. Er glaubte seiner Sache sicher zu sein. Schließlich hatte er auf den Rat seiner Patentanwälte gehört und alle jene Details vermieden, die patentrechtlich geschützt sein konnten. Daß die Isetta als äußeres Erscheinungsbild bereits Gebrauchsmusterschutz in Anspruch nahm, wollte der Lintorfer Fabrikant nicht gelten lassen. Seine Anwälte hatten ihn in dieser Ansicht bestärkt.

So legten die Lintorfer erst einmal Widerspruch ein und ließen die Kabinenentwicklung weiterlaufen. Ganz überraschend für den Werbechef war Hoffmann nun gewillt, auf dem Pariser Automobilsalon im Oktober 1954 sein kleines Fahrzeug vorzuführen. Dieser Entschluß fiel so kurzfristig, daß man trotz großer Mühe keinen Platz mehr im Ausstellungsgelände anmieten konnte. Deshalb logierten die Lintorfer Mobilhersteller in einem in der Nähe der Auto-Show liegenden Hotel — und führten im Foyer interessierten Zuschauern ihre Kreation vor.

Währenddessen lieferten die Hoffmann-Werke die allerersten Modelle der „Auto-Kabine 250", versehen mit einem 300-ccm-Motor, an die Händler aus. Spätestens jetzt erkannten Iso und BMW, daß der kleine Zweisitzer keine der üblichen Eintags-Projekte war, sondern ein ganz ernsthafter Konkurrent der Isetta werden könnte.

Beim Landgericht München erhoben sie Klage gegen Hoffmann mit dem Vorwurf, die Hoffmann Auto-Kabine sei ein Plagiat der Isetta.

### Wasser abgelassen

Obwohl die ersten 80 Kabinen bereits ausgeliefert waren und etwa 800 weitere Bestellungen vorlagen, wartete Hoffmann immer noch auf die Auszahlung des Kredites über 500 000 Mark, der von der Deutschen Bank fest zugesagt worden war und mit dessen Hilfe in Lintorf die Produktion in größeren Stückzahlen möglich werden sollte.

Durch die einstweilige Verfügung und die nun erhobenen Klagen von Iso und BMW gegen Hoffmann erfuhren die Geldgeber allerdings, daß sie den Serienbau zweier Autos finanzierten, die nicht nur auf dem Markt hart miteinander konkurrieren würden, sondern sich von weitem auch ähnlich sahen. Die Deutsche Bank hatte nämlich nicht nur Hoffmann Geld versprochen, sondern war als Hausbank von BMW auch bereit, den Aufbau der Isetta-Produktion in München zu kreditieren.

Als auch noch bekannt wurde, daß die Vespa, der bisherige Verkaufsschlager im Hoffmann-Programm, nicht mehr in Lintorf gebaut wurde, zahlte die Deutsche Bank den versprochenen Kredit erst garnicht aus.

Hoffmann erfuhr dies an einem Freitag und rief den Versuchschef zu sich: „Herr Röger, ist ihre Kabine in Ordnung?" „Ja, natürlich." „Gut, dann fahren Sie am Montagmorgen zur Rheinisch-Westfälischen Bank nach

Düsseldorf." Röger sollte den Direktoren dieser Bank das kleine Auto vorführen, und Hoffmann hoffte darauf, die von der Deutschen Bank verweigerten Kredite nun von der Rheinisch-Westfälischen Bank zu bekommen.

Doch auch das Düsseldorfer Geldinstitut mochte kein Geld locker machen. Nachdem alle Versuche, die nötigen Barmittel zu beschaffen, fehlgeschlagen waren, blieb J. Osswald Hoffmann garnichts anderes übrig, als am 25. November 1954 den Vergleich anzumelden.

Die Gründung einer Auffanggesellschaft scheiterte ebenfalls, deshalb fanden die Hoffmann-Arbeiter Mitte Dezember statt des fälligen Lohnes nur 25 Mark in der Tüte. Der Chef stand auf dem Werkshof und zeigte allen seine leere Brieftasche. „Ich fühlte mich wie ein Fisch im Aquarium", beschrieb er dem Nachrichtenmagazin „Der Spiegel" seine Lage, „plötzlich hat mir jemand das Wasser abgelassen."

Die Belegschaft fühlte sich um ihren Lohn betrogen und begann, das Werk zu plündern. Einige nahmen sich halbfertige Motorräder mit nach Hause, andere bauten Maschinenteile ab. Versuchsleiter Röger und Produktionschef Hermann Portmann versuchten, die Leute zu beruhigen. Schließlich rief die Werkleitung die Polizei zu Hilfe, die mit 25 Mannschaftswagen das Gelände abriegelte. „Es ist einer der häßlichsten Konkurse seit Kriegsende", bedauerte ein Bankier.

Hoffmann wollte seinen Arbeitern nichts schuldig bleiben, deshalb bat er das Gericht, man möge ihm gestatten, aus seiner Villa Gemälde, Teppiche und seine zwei Privatwagen zu verkaufen. Aber auch dieser Erlös reichte nicht, um die Ansprüche der Arbeiter zu befriedigen.

Der Vergleichs- und spätere Konkursverwalter zog ein. Alle Belegschaftsmitglieder wurden entlassen und nur einige wenige wieder eingestellt, um die halbfertigen Motorräder und Kleinwagen mit Zustimmung der Gläubiger fertigzubauen. Mit etwa sechs Mann baute man aus den vorhandenen Vorräten in den Monaten Januar bis März 1955 noch etwa 2000 Hoffmann-Fahrzeuge, davon etwa 33 Kabinen.

## Keine Zwillinge

Völlig unabhängig vom Konkurs seiner Firma mußte sich Jakob Osswald Hoffmann am 7. Dezember 1954 vor dem Münchener Landgericht gegen den Vorwurf wehren, die Isetta ohne Genehmigung kopiert zu haben.

Es ging um die Frage, ob Form und Konstruktion der Isetta so ungewohnt und originell seien, daß „sie inzwischen weitgehend Verkehrsgeltung" erlangt hätten. Hoffmanns Anwalt meinte, Isetta und Kabine seien allenfalls Geschwister keinesfalls Zwillinge. Die Ähnlichkeit liege im Wesen der gestellten Aufgabe, zwei Personen nebeneinander auf einem möglichst kleinen Raum, aber doch bequem, unterzubringen.

Landgerichtsdirektor Dr. Wendel überzeugte sich persönlich davon, ob sich die rollenden Eier ähnelten. Im Februar 1955 urteilte dann das Gericht zu Ungunsten von Hoffmann. In der Begründung ging man davon aus, daß es in der Form nicht darauf ankäme, ob die Tür vorn oder seitlich angebracht sei. BMW und Iso bekamen zu 80 Prozent recht, Hoffmann zu 20. Der gescheiterte Fabrikant legte sogleich Revision gegen das Urteil ein, wohl in der Hoffnung, weitere Schadenersatz-Ansprüche wenigstens vorläufig von seiner zusammengebrochenen Firma abzuwenden.

Im März 1955 war die Liquidation der Hoffmann-Werke abgewickelt. Die Revisionsverhandlungen zogen sich bis zum Herbst hin, dann empfahl das Münchener Gericht beiden Kontrahenten einen Vergleich. Da es die Hoffmann Kabine nicht mehr gab, andererseits die Isetta nach ihrem Debüt im April 1955 Aufschwung für die Bayern gebracht hatte, einigten sich beide Seiten friedlich: Hoffmann erhielt sogar noch eine BMW-V8-Limousine zum Geschenk.

Mit sechzig Jahren begann J. Osswald Hoffmann 1956 noch einmal ganz von vorn. Als Zulieferer für die Osnabrücker Karosseriefirma Karmann und anderen Firmen verdiente er wieder Geld. Später kamen Aufträge von der Bundeswehr hinzu, womit er sich eine neue Existenz in den alten Hallen aufbaute. 1972 starb Jakob Osswald Hoffmann.

## Hoffmann Auto-Kabine 250

KAROSSERIE
Moto-Coupé, 1 Tür rechts, 2 Sitze (+ 2 Kindersitze)
MOTOR
Luft/gebläsegekühlter Zweizylinder-Viertakt-Boxermotor, Bohrung/Hub: 58/50 mm, 298 ccm, Verdichtung 6,5:1, 18,5 DIN-PS bei 5400 U/min, maximales Drehmoment 1,59 mkp bei 4400 U/min, hängende Ventile, zentrale Nockenwelle durch Kette angetrieben, dreifach gelagerte Kurbelwelle, ein Bing-Schrägdüsen-Startvergaser
Batterie: 12 Volt/25 Ah, Gleichstrom-Lichtmaschine 90 Watt
Füllmengen: Tankinhalt 13 Liter, Motoröl 1,2 Liter
KRAFTÜBERTRAGUNG
Viergang-Getriebe (Hermes), Zweischeiben-Trockenkupplung, Kardanantrieb, Lenkradschaltung
Mittelmotor vor der Hinterachse, Hinterachsantrieb
Übersetzungen:
1. Gang 4,45 : 1
2. Gang 2,77 : 1
3. Gang 1,15 : 1
4. Gang 1,04 : 1
R-Gang 6,87 : 1
Achsübersetzung: 3,67 : 1

FAHRWERK
Rohrrahmen mit Stahlblechkarosserie, vorn geschobene Längsschwingarme und Reibungsdämpfer, hinten Starrachse mit Viertelelliptikfedern, Teleskopstoßdämpfer
Bremsen: hydraulische Vierrad-Trommelbremsen
Lenkung: Spindellenkung
Reifen: 4.50 x 10
Felgen: 3.00 D x 10
MASSE, GEWICHTE
Länge 2280 mm, Breite 1390 mm, Höhe 1350 mm, Radstand 1650 mm, Spurweite vorn 1220 mm, hinten 520 mm, Leergewicht 350 kg, zulässiges Gesamtgewicht 600 kg
VERBRAUCH
3,8 Liter auf 100 km (Normalbenzin)
FAHRLEISTUNGEN
Höchstgeschwindigkeit 85 km/h
PREIS
2900,– DM
PRODUKTIONSZAHLEN
113 Stück
BAUJAHR
(Debüt 2. Juni 1954) von September 1954 bis Februar 1955

*Heinkel Fahrzeugbau GmbH, Speyer*

# Fliegengewicht

Der Professor stutzte. „Das wäre doch etwas für meine Firma", schoß Ernst Heinkel, 66, durch den Kopf, als er im März 1954, zum Genfer Automobilsalon, das seltsame Mobil der italienischen Firma ISO zum erstenmal sah.

Ernst Heinkels Flugzeug-Konzern war nach dem Weltkrieg brotlos geworden — so wie die gesamte deutsche Luftfahrtindustrie. Was lag da näher, als die Erfahrungen vom Flugzeug- in den Fahrzeugbau zu übertragen? Bedächtig schritt Professor Ernst Heinkel, der Erbauer des ersten Raketenflugzeugs, um das runde Ding aus dem Süden, das Isetta genannt wurde. Sollte ein solches Fahrzeug nicht das ideale Billigst-Modell für den kleinen Mann sein?

Schon 1949 hatte Heinkel erste zaghafte Schritte auf dem Fahrzeugsektor gewagt. Seine Firma fand früh Kontakt zu der armen, aber ehrgeizigen Rennsportfirma Veritas. Sie bezog anfangs einzelne Motorenteile, später komplett nach ihren Plänen angefertigte Aggregate von Heinkel. Die Existenzgrundlage für die Heinkel-Belegschaft und Werk aber war ein Entwicklungsauftrag aus Schweden. Die Flugzeugfirma Saab wollte ins Pkw-Geschäft einsteigen, und Ernst Heinkel hatte zusammen mit der Firma Müller-Andernach einen Dreizylinder-Zweitakt-Motor für diesen Wagen entwickelt. Das war 1951 gewesen; inzwischen lieferte der Flugzeug-Professor komplette Zweitakter nach Skandinavien und hatte sich damit einen guten Ruf als Motorenhersteller geschaffen.

Inspiriert von der Isetta, kehrte Ernst Heinkel vom Genfer Automobilsalon 1954 wieder nach Stuttgart zurück. Er war fest entschlossen, etwas Ähnliches zu bauen und überlegte, wie er seinen prächtigen Einzylinder-Viertakt-Motor in das Zukunftsprojekt einspannen könnte. Seit nämlich wieder mehr Geld in den Kassen klingelte,

hatte sich der Flugzeug-Professor nicht damit begnügt, nur Lohnaufträge auszuführen. Er hatte mit seinem Konstrukteur, Dr. Bentele, einen ungewöhnlich leistungsfähigen Viertakter entwickelt. Da in den Jahren 1952 der Motorroller-Boom auf Hochtouren lief, konstruierte Heinkel zum vorhandenen Motor einen Motorroller. Um ihn produzieren zu können, hatte er in Karlsruhe einen Gebäudekomplex erworben, in dem ab Sommer 1953 der „Heinkel-Tourist" entstand. Es war der einzige deutsche Motorroller in Großserie, der einen Viertakt-Motor besaß. Der Verkaufserfolg bewies die Richtigkeit dieses Konzepts.

Allerdings sanken im Herbst und Winter 1953/54 die Zulassungszahlen von Zweirädern rapide ab. Der Nachholbedarf an Fortbewegungsmitteln hatte seinen ersten Sättigungsgrad erreicht.

Um von den großen Verkaufsschwankungen auf dem Zweiradsektor unabhängig zu werden und andererseits dem Trend zum Kleinstwagen entgegenzukommen, hatte Ernst Heinkel schon seit längerer Zeit nach einer rationell zu fertigenden Mobil-Konstruktion Ausschau gehalten.

In der Isetta glaubte er nun das richtige Konzept gefunden zu haben. Dieses italienische Ei mußte allerdings mit geringsten Investitionen in Serie zu bauen sein, denn an Plänen und Ideen hatte es eigentlich bei Ernst Heinkel nie gefehlt, wohl aber am nötigen Geld.

### Abgesteckte Ziele

Er bewarb sich bei ISO erst gar nicht um eine Lizenz, denn mit seinem Moto-Coupé wollte er unterm Blech ganz andere Wege gehen. Die Isetta erschien ihm, dem alten Flugzeugbauer, viel zu schwer. Durch gekonnte Leichtbauweise sollte der vorhandene 175-ccm-Roller-Motor auch das kleine Auto auf akzeptable Fahrleistungen bringen.

Der Stuttgarter wußte wohl damals noch nicht, daß die Bayerischen Motoren Werke die ISO-Lizenz erworben hatten und daß der Lintorfer Vespa-Hersteller Hoffmann an einem ähnlichen Fahrzeug herumbastelte. Als aber Hoffmann im Herbst 1954 die ersten Hoffmann-Kabinen zu den Händlern schickte und die Münchener mit einstweiligen Verfügungen dagegenschossen, mag auch Professor Heinkel geahnt haben, daß es mit seinem Fronttür-Auto noch Ärger geben könnte.

Durch einige neue Konstruktionselemente, die Heinkel für seinen Kleinstwagen zum Patent angemeldet hatte, erfuhren die Bayern im Frühjahr 1955 davon, daß im Stuttgarter Raum etwas Isetta-ähnliches entstand. Die ersten Fotos vom Prototyp waren schließlich der Anlaß für BMW-Chef Kurt Donath, Ernst Heinkel zu einem Gespräch zu bitten.

Der Professor legte seine Pläne vor und überzeugte die Münchener davon, daß die Ähnlichkeit mit der Isetta aufs Äußerliche beschränkt bleibe. Sein Modell würde ein Dreirad sein, einen kleineren Motor als die Isetta erhalten und entsprechend leichter sein. Zudem versicherte er, daß er das ISO-Patent der wegschwenkbaren Lenksäule (beim Öffnen der Tür) nicht verwerten werde. Milde stimmte auf der Gegenseite aber erst das Argument, Heinkels Auto werde erst im Frühjahr 1956 auf den Markt kommen. Die Produktion der Isetta begann dagegen schon einen Monat nach dieser Zusammenkunft, im April 1955. Bis zum Serienbeginn von Heinkels Dreirad rechneten sich die BMW-Leute einen entscheidenden Verkaufsvorsprung aus.

So schied man friedlich und mit abgesteckten Zielen voneinander. Da die Hoffmann-Kabine nicht mehr existierte, der Name aber für die Fahrzeuggattung trefflich schien, taufte Ernst Heinkel seine Konstruktion „Kabine".

Sorgen bereiteten die Produktionskapazitäten, denn das Stuttgarter Werk war mit dem Motorenbau voll ausgelastet. Im Werk Karlsruhe gab es keinen Platz, neben den Rollern auch noch die Kabine zu bauen. Deshalb kaufte Heinkel 1955 ein halbverfallenes Werk in Speyer und richtete dort die Fahrzeugproduktion ein. Für Schönheitsreparaturen blieb kein Geld, dafür spendierte der Chef eine ganz moderne Lackieranlage und eine Schweißstraße. Die nötige Karosseriepresse konnte sich Heinkel nicht leisten, so knüpfte er Fäden

zu Vidal & Sohn, Hersteller der Tempo-Lieferwagen in Hamburg und seit einigen Jahren als Abnehmer von Heinkel-Zweitakt-Motoren in der Kundenkartei. Die Norddeutschen erklärten sich bereit, vorerst die Blechteile der Kabine zu pressen.

„Vorn Isetta, hinten Messerschmitt-Kabinenroller", beschrieb die Presse zum Debüt im März 1956 das neue Modell. Tatsächlich bewegte sich die Heinkel-Kabine

*Professor Ernst Heinkel lieferte anfangs Motorenteile für Veritas, später baute er Zweitakter für Saab und Tempo, ehe er 1956 mit dem Bau eines eigenen Mobils begann.*

zwischen diesen beiden Konkurrenten, und zwar sowohl im Kundenkreis als auch den Fahrleistungen. Obwohl anfangs mit 2300 Mark kalkuliert, rutschte der Preis zum Serienbeginn bis auf 2750 Mark herauf und lag damit etwa preisgleich mit der Isetta. Im Gegensatz zu ihr sah die Kabine zierlicher aus, bot innen aber etwas mehr Platz. „Im Vergleich zum Preis und zur Leistung ist die Heinkel Kabine ausgesprochen komfortabel ausgestattet. Die sehr gut gepolsterte Sitzbank bietet Platz für zwei Personen, dahinter befindet sich Platz für Gepäck. Zur Not können auch Kinder auf dem Motorraum-Kasten sitzen", lobte die Zeitschrift „Das Kraftrad".

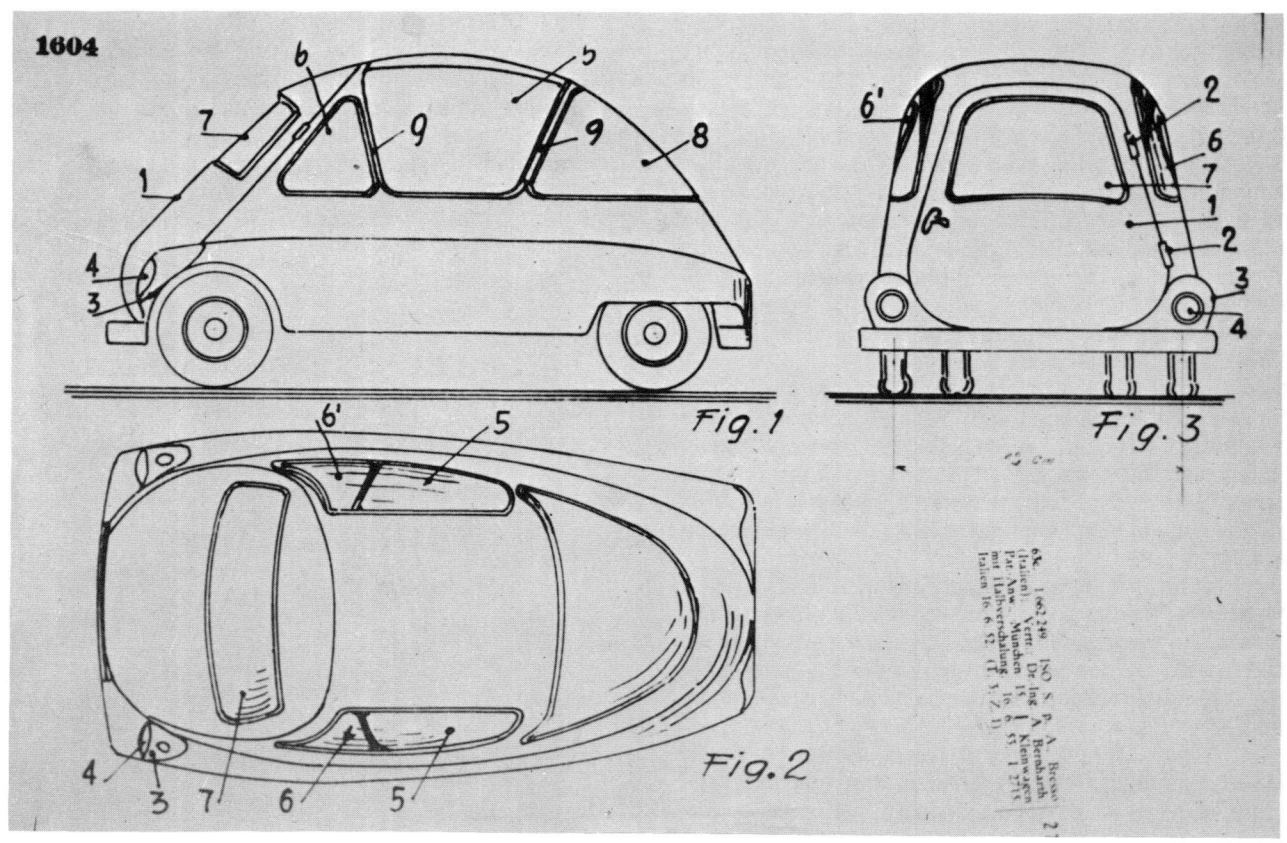

*Erste Zeichnungen zur Heinkel-Kabine.*

Das kleine Triebwerk, in dem Motor, Getriebe und Kupplung zu einer Einheit zusammengefaßt waren, beanspruchte wenig Platz. Die Schaltung lag an der linken Seitenwand und erinnerte in der Schaltkulisse an heutige Automatik-Wählhebel; die Gänge lagen – wie auch bei anderen Mobilen – aufgereiht hintereinander.

Wie bei Dreiradwagen häufig, wirkte die Fußbremse nur auf die beiden Vorderräder. Dennoch sollen die Bremseigenschaften, wie der Tester der Zeitschrift „Das Automobil" bestätigte, besser gewesen sein als bei den meisten anderen Kleinwagen aus jenen Jahren. Vielleicht zu gut, denn man hatte die Bremsfläche für das leichte Fahrzeug zu groß bemessen. Nach anfänglichen Beschwerden über blockierende Bremsen reduzierten die Heinkel-Techniker vorsichtshalber die Bremsfläche von 260 auf 187 cm².

**Wassergekühlte Reserveräder**

Obschon der geringe Hubraum von 174 ccm mäßige Fahrleistungen versprach, ließ sich die Heinkel-Kabine von ihren Mobil-Konkurrenten auf der Straße nur schwerlich abhängen. Mit echten 245 Kilogramm Leergewicht war sie 100 Kilo leichter als die Isetta und den Flugzeugfachleuten offenbar aerodynamisch besser gelungen als der bayerische Konkurrent seinen Erbauern. Das Münchner Kindl brauchte schon einen 250- bzw. 300-ccm-Motor, um auf dieselben Fahrleistungen zu kommen. Soviel Leichtbauweise an der Heinkel Kabine forderte allerdings ihren Tribut. „Es scheppert hier und da, man sucht herum, was es wohl wäre und dann ist es doch etwas anderes", kritisierte die Zeitschrift „Das Auto, Motor und Sport", „Es kommt hier sehr darauf an, daß man tunlichst die kritischen

Drehzahlen meidet, bei denen die Kabine zum Scheppern neigt." Dafür kostete Heinkels Fahrzeug nur wenig Unterhalt, und im Benzinverbrauch begnügte sich der Einzylinder mit besonders kleinen Schlücken. „Die Heinkel-Kabine kann mit ihrer besonders hervortretenden Sparsamkeit an festen und laufenden Kosten erheblich mehr bieten als das Motorrad mit Beiwagen und in einzelnen Punkten auch die Mobil-Typen", gestand der Test-Redakteur.

Nach Produktionsanlauf in Speyer bereitete die Abdichtung der Karosserie große Schwierigkeiten. Regelmäßig quoll bei Regen unter den Fenstergummis – trotz aller Konstruktionskniffe – das Wasser hervor. Auch die am Ende des Fließbandes installierte Sprühanlage half nichts, denn die Undichtigkeiten traten vor allem dann auf, wenn sich unter Alltagsbeanspruchung die Karosserie verwand. Das Reserverad, in einer Blechaushöhlung unter der Sitzbank, schwamm fast regelmäßig im Wasser. „Die Leute kaufen wassergekühlte Reserveräder ohne Aufpreis", witzelten die Heinkel-Techniker darüber. Dabei fühlten sie sich durchaus nicht wohl, denn das Problem wollte sich nicht lösen lassen. Schließlich rief Professor Heinkel alle seine klugen Köpfe zusammen, um gemeinsam diese Kinderkrankheit aus der Welt zu schaffen. „Im Flugzeug haben wir doch auch Wasser gehabt", grübelte Heinkel. „Ja, aber da gab es unten Löcher, wo das Wasser wieder herauslief", antwortete seine Mannschaft. Daraufhin löste Heinkel das Problem ebenfalls mit der Bohrmaschine.

Durch die weltweite Verbreitung der Isetta mit ihrem hinteren Doppelrad waren auch die Ansprüche an das Fahrverhalten von Dreiradwagen gestiegen. Man sah sich schließlich auch bei Heinkel gezwungen, der allgemeinen Tendenz zu folgen und der Kabine ebenfalls ein zweites Hinterrad zu geben. Bei dem neuen Typ „154" lag ein Federbein und der Kettenkasten zwischen den beiden Rädern. Die schmale Hinterachsspur machte es möglich, auch auf einem Hinterrad zu fahren und das andere als Reserverad zu benutzen.

Die Heinkel-Kabine 154 debütierte zur Internationalen Fahrrad- und Motorrad-Ausstellung (IFMA) 1956 in Frankfurt als Programmerweiterung. Nach wie vor konnte man die Kabine als Dreirad (Typ 153) kaufen. Sie entwickelte sich zu einem Verkaufsschlager in England, wohin über die Hälfte der kleinen Produktion exportiert wurde – ein Verdienst des emsigen Engländers York Nobel. Dreirad-Fahrzeuge können dort mit Motorrad-Führerschein gefahren werden und kosten

deutlich weniger Steuern als vierrädrige Automobile. Für BMW, die damals gerade in einer Absatzkrise steckten und ihre Isetta-Fahrzeuge auf dem Hof lagerten, mag der Heinkel-Erfolg in England ein Grund gewesen sein, später ebenfalls eine dreirädrige Version anzubieten.

(Werbung 1956)

Im Hinblick auf das gestiegene Eigengewicht der Vierrad-Kabine (285 kg) bohrte man in Stuttgart den Motor auf 204 ccm Hubraum auf, womit auch die Leistung von 9,3 auf 10 PS anstieg. Nach dem damals geltenden Steuerrecht konnten nämlich Autos über 200 ccm schon die Kilometer-Pauschale von 50 Pfennig für sich verbuchen, während Fahrzeuge unter 200 ccm zu den Zweirädern gestuft wurden und die Eigner nur 22 Pfennig pro Kilometer steuerlich geltend machen durften.

Kaum waren die ersten Fahrzeuge mit dem neuen Motor ausgeliefert, änderte der Fiskus seine Regelung und billigte Autos bis 500 ccm eine Kilometer-Pauschale von 36 Pfennigen zu. Nur kurze Zeit später verringerte Heinkel den Hubraum wieder auf 198 ccm, um in die nächst kleinere Hubraumklasse eingestuft zu werden.

Die Hubraumvergrößerung bereitete jedoch großen Kummer, denn die oberste Leistungsgrenze des ehemals 150-ccm-Triebwerks war erreicht, und die letzte PS-Spritze verdaute das Aggregat nur unter vielen Allergie-Erscheinungen. Früher oder später hätte also Professor Ernst Heinkel einen neuen Motor konstruieren müssen. Doch Mitte 1957 fehlte das nötige Geld.

Nach etwa 4000 gebauten Kabinen waren gerade soviele Mittel verfügbar, um eine 550-Tonnen-Presse anschaffen und die Karosseriefertigung ins eigene Haus legen zu können.

## Die viersitzige Kabine

In dieser Situation tauchte am Horizont das Ende der Kabinen-Ära auf. Das Volk verlangte nach Vierrädern nun auch Viersitzer. Ernst Heinkel wußte das, deshalb gab er seinem Techniker-Team den Auftrag, nach seinen Entwürfen eine viersitzige Kabine zu bauen. Hierbei hatte Ernst Heinkel das schräg abfallende Heck der Kabine einfach durch einen steilen Kasten ersetzt, der den nötigen Kopfraum für Passagiere auf der Fond-Sitzbank schuf. Nach einigen ausführlichen Probefahrten sah man allerdings in Speyer ein, daß sich die Kabine so nicht weiterentwickeln ließ.

Ein anderer Plan schien dem Professor attraktiver zu sein. Aus den geschäftlichen Kontakten zu der Hamburger Fahrzeugfabrik Vidal & Sohn, die mit Kleinlieferwagen der Marke „Tempo" fest im Markt etabliert war, hatte sich der Plan ergeben, gemeinsam einen kleinen Viersitzer zu entwickeln. Unter dem Projektnamen „Y" begann man 1957 in Speyer und Hamburg gleichzeitig, ein kleines Auto zu bauen, das in den Innenabmessungen dem damals sehr erfolgreichen italienischen Fiat 600 glich.

In Speyer stand im Herbst 1957 bereits ein 1:1 Holzmodell des „Y". Er sollte Frontmotor und Frontantrieb haben. Als Motor würde der Zweizylinder-Zweitakter von 400 ccm Hubraum dienen, den Heinkel bereits seit längerem für den Matador-Lieferwagen der

*Bei der Heinkel-Kabine klappte Armaturenbrett und Lenkrad beim Öffnen der Tür nicht zur Seite.*

Firma Tempo produzierte. Da Vidal & Sohn eine Tochtergesellschaft der Hanomag in Hannover war, erhielten auch die Hanomag-Techniker Kenntnis von den Plänen zum Gemeinschaftsprojekt. Ein Lastwagen brachte sogar aus Speyer das Holzmodell herbei. In Hannover änderte man Sitze und Einstieg des „Y", weil die offensichtlich schlechter geraten waren als beim italienischen Vorbild.

Doch alle Mühen lohnten nicht. Zu Anfang 1958 zeigte es sich, daß weder Heinkel noch Vidal & Sohn die Investitionen für dieses Projekt hätten aufbringen können. Die gesamten Anlagen der Heinkel-Werke in Speyer hätten für den neuen Karosseriebau nicht ausgereicht. Der „Heinkel-Tempo Y" gedieh noch nicht einmal bis zum Prototyp.

Zudem begannen in dieser Zeit die Anfänge eines deutschen Flugzeugbaus wieder, und Professor Ernst Heinkel, inzwischen 70, mobilisierte seine gesamten finanziellen Kräfte, um wieder einen Anfang zu finden.

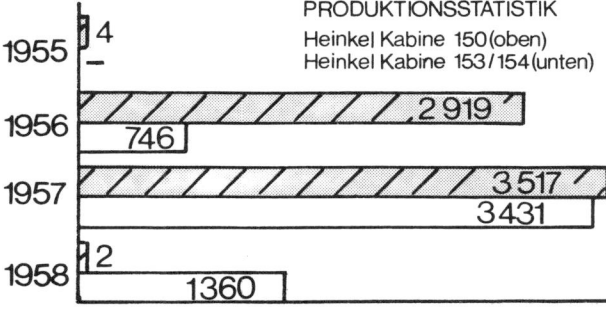

PRODUKTIONSSTATISTIK
Heinkel Kabine 150 (oben)
Heinkel Kabine 153/154 (unten)

1955  4
       –
1956  2919
       746
1957  3517
       3431
1958  2
       1360

*1956 erhielt die Heinkel-Kabine ein hinteres Doppelrad, das gleichzeitig als Reserverad diente.*

## Kabinen aus Irland

Heinkel hatte auch das Interesse an der Kabine verloren; noch 1957 bekam der Kundendienst-Chef Hermann Portmann den Auftrag, Verhandlungen über die Verlegung des Fahrzeugbaus ins Ausland einzuleiten. Aber dessen Plan, in unterentwickelte Länder zu gehen, verwarf Ernst Heinkel mit den Worten: „Sie haben wohl zu lange in der Sonne gelegen?" Mit Argentinier einigte man sich schnell auf ein Fertigungsprogramm. Eine Heinkel-Crew flog dorthin und richtete eine Produktionshalle ein, in der von 1957 bis 1959 etwa 2000 Kabinen gebaut wurden.

Ein Austin-Montagewerk in Irland interessierte sich 1958 ebenfalls für die Lizenzübernahme. Man baute einige Exemplare, und der irische Staat wurde auf das Projekt aufmerksam: in dem Bestreben, auf der kühlen Insel den Autobau anzuheizen, wollte die irische Regierung in einem stillgelegten Lokomotiven-Instandsetzungswerk die Kabinen-Produktion ganz groß aufziehen.

Das traf sich gut mit der Absicht der Stuttgarter Heinkel-Zentrale, den Kabinen-Bau ganz aufzugeben. Ein großer Teil der Werkzeuge wurde von Speyer ins irische Dundalk transportiert. Gleichzeitig übernahmen die Iren den gesamten Ersatzteilverkauf und Vertrieb der Kabine in Europa.

Doch die Qualität der Kabinen aus Irland litt unter der Unerfahrenheit der Unternehmer: Vorderachsen lagerten die Iren auf Wiesen unter freiem Himmel, und die Endmontage vollzog sich in unbetonierten Hallen. So gab es bald Ärger mit der Kundschaft.

Schließlich verkauften die Iren 1959 alles, was zur Kabine gehörte, an die kleine englische Firma Trojan. Sie hatte bisher kleine Lieferwagen gebaut und den italienschen Motorroller Lambretta für Großbritannien in Lizenz montiert. Für die Engländer war die Kabine eine willkommene Geschäftserweiterung und bis 1966 bauten sie das Mobil als „Trojan 200".

Im Juni 1958 war in der Bundesrepublik die Fertigung der Heinkel-Kabine ausgelaufen, im selben Jahr als Professor Ernst Heinkel starb. Ganz vom Auto-Geschäft löste sich seine Firma aber erst 1967, als auch die Produktion von Zweitakt-Motoren stoppte und ein Forschungsauftrag der Auto Union auslief. Im Flugzeugbau sahen Heinkels Erben die besseren Zukunftschancen.

# Heinkel Kabine 150

KAROSSERIE
Moto-Coupé, 1 Fronttür, 2 Sitze (+ 2 Kindersitze)
MOTOR
Luft/gebläsegekühlter Einzylinder-Viertakt-Motor (Heinkel 407 B-O), Bohrung/Hub: 60/61,5 mm, 174 ccm, Verdichtung 7,4:1, 9,3 DIN-PS bei 5500 U/min, maximales Drehmoment 1,32 mkp bei 4450 U/min, hängende Ventile, seitliche Nockenwelle durch Zahnräder angetrieben, Leichtmetall-Zylinderkopf, zweifach gelagerte Kurbelwelle, Ölbad-Schleuderschmierung, ein Pallas-Nadel-Vergaser 20/13
Batterie: 12 Volt/13 Ah, Gleichstrom-Lichtmaschine 90 Watt
Füllmengen: Tankinhalt 16,9 Liter, Motoröl 1,5 Liter
KRAFTÜBERTRAGUNG
Viergang-Klauengetriebe mit Kulissenschaltung, Mehrscheibenkupplung im Ölbad, Kraftübertragung Motor-Getriebe und Getriebe-Hinterrad durch Ketten, Schalthebel an der linken Seitenwand
Mittelmotor, Hinterradantrieb
Übersetzungen:
1. Gang 3,96 : 1
2. Gang 2,07 : 1
3. Gang 1,38 : 1
4. Gang 1,00 : 1
R-Gang 3,49 : 1
Motor-Getriebe-Übersetzung: 1,882 : 1
Achsübersetzung: 3,1 : 1
FAHRWERK
Selbsttragende Stahlblechkarosserie, vorn gezogene Schwingarme, Schraubenfedern, hinten Hinterradschwinge mit in Öl laufender Kette, Federbein, vorn

und hinten Teleskopstoßdämpfer, hinteres Einzelrad
Lenkung: Zahnstangenlenkung (Übersetzung 15,1 : 1)
Bremsen: hydraulische Trommelbremsen auf die Vorderräder, Bremsfläche 255 cm² (ab Juni 1956: 187 cm²)
Reifengröße: 4.40 – 10
MASSE, GEWICHTE
Länge 2551 mm, Breite 1370 mm, Höhe 1320 mm, Radstand 1760 mm, Spurweite vorn 1225 mm, Wendekreisdurchmesser 8 m, Leergewicht 243 kg, zulässiges Gesamtgewicht 475 kg
VERBRAUCH
3,5 Liter auf 100 km (Normalbenzin)
FAHRLEISTUNGEN
Höchstgeschwindigkeit 86 km/h
PREIS
2750,– DM
PRODUKTIONSZAHLEN
6438 Stück
BAUJAHR
ab März 1956 bis Februar 1958

# Heinkel Kabine 153

KAROSSERIE
Moto-Coupé, 1 Fronttür, 2 Sitze (+ 2 Kindersitze)
MOTOR
Luft/gebläsegekühlter Einzylinder-Viertakt-Motor (Heinkel 407 B-O), Bohrung/Hub: 65/61,5 mm (ab März 1957: 64/61,5 mm), 204 ccm (ab März 1957: 198 ccm), Verdichtung 6,8 : 1, 10 DIN-PS bei 5500 U/min, maximales Drehmoment 1,35 mkp bei 4700 U/min, hängende Ventile, seitliche Nockenwelle

durch Zahnräder angetrieben, Leichtmetall-Zylinderkopf, zweifach gelagerte Kurbelwelle, Ölbadschleuderschmierung, ein Pallas-Nadel-Vergaser 22/15 P
Batterie: 12 Volt/13 Ah, Gleichstrom-Lichtmaschine 90 Watt
Füllmengen: Tankinhalt 16,9 Liter, Motoröl 1,5 Liter
KRAFTÜBERTRAGUNG
Viergang-Klauengetriebe mit Kulissenschaltung, Mehrscheibenkupplung im Ölbad, Kraftübertragung Motor-Getriebe und Getriebe-Hinterrad durch Ketten, Schalthebel an der linken Seitenwand
Mittelmotor, Hinterachsantrieb
Übersetzungen:
1. Gang 3,96 : 1
2. Gang 2,07 : 1
3. Gang 1,38 : 1
4. Gang 1,00 : 1
R-Gang 3,49 : 1
Motor-Getriebe-Übersetzung: 1,882 : 1
Achsübersetzung: 3,1 : 1
FAHRWERK
Selbsttragende Stahlblechkarosserie, vorn gezogene Schwingarme, Schraubenfedern, hinten Hinterradschwinge mit in Öl laufender Kette, Federbein, vorn und hinten Teleskopstoßdämpfer, hinteres Einzelrad
Lenkung: Zahnstangenlenkung (Übersetzung 15,1 : 1)
Bremsen: hydraulische Trommelbremsen auf die Vorderräder, Bremsfläche 187 cm²
Reifen: 4.40 – 10
MASSE, GEWICHTE
Länge 2551 mm, Breite 1370 mm, Höhe 1320 mm, Radstand 1760 mm, Spurweite vorn 1225 mm, Wendekreisdurchmesser 8 m, Leergewicht 245 kg, zulässiges Gesamtgewicht 475 kg
VERBRAUCH
3,5 Liter auf 100 km (Normalbenzin)
FAHRLEISTUNGEN
Höchstgeschwindigkeit 86 km/h
PREIS
2750,– DM
PRODUKTIONSZAHLEN
5537 Stück (inkl. Modell 154)
BAUJAHR
von Oktober 1956 bis Juni 1958

## Heinkel Kabine 154

KAROSSERIE
Moto-Coupé, 1 Fronttür, 2 Sitze (+ 2 Kindersitze)
MOTOR
wie „153"
KRAFTÜBERTRAGUNG
wie „153"
FAHRWERK
Selbsttragende Stahlblechkarosserie, vorn gezogene Schwingarme, Schraubenfedern, hinten Hinterradschwinge mit in Öl gelagerter Kette, Federbein, vorn und hinten Teleskopstoßdämpfer, hinteres Doppelrad mit enger Spur
Lenkung: Zahnstangenlenkung (Übersetzung 15,1 : 1)
Bremsen: hydraulische Trommelbremsen auf die Vorderräder, Bremsfläche 187 cm²
Reifen: 4.40–10
MASSE, GEWICHTE
Länge 2551 mm, Breite 1370 mm, Höhe 1320 mm, Radstand 1760 mm, Spurweite vorn 1225 mm, hinten 400 mm, Wendekreisdurchmesser 8 m, Leergewicht 285 kg, zulässiges Gesamtgewicht 510 kg
VERBRAUCH
3,5 Liter auf 100 km (Normalbenzin)
FAHRLEISTUNGEN
Höchstgeschwindigkeit 86 km/h
PREIS
2750,– DM
PRODUKTIONSZAHLEN
5537 Stück (incl. Modell 153)
BAUJAHR
ab Oktober 1956 bis Juni 1958

*Claudius Dornier, München*

# Die rollenden Einkaufstaschen

Eigentlich hätte er mit der Konstruktion der „Do 27" mehr als genug zu denken gehabt. Schließlich hoffte Claudius Dornier junior, Sohn des berühmten Flugzeug-Konstrukteurs mit gleichem Namen, durch diese neue kleine Kuriermaschine wieder Anschluß an den internationalen Flugzeugbau zu finden.

Vater und Sohn Dornier hatten um 1950 eine Ausschreibung der spanischen Luftwaffe zur Entwicklung einer Verbindungsmaschine gewonnen. Deshalb gab Professor Dr. Claude Dornier seinem Sohn die Order, in Spaniens Hauptstadt Madrid ein technisches Büro zu eröffnen. An Ort und Stelle wollte man den erteilten Konstruktions-Auftrag ausführen, zumal im besiegten Deutschland zu dieser Zeit noch keine Flugzeuge gebaut werden durften.

## Das Nebenprodukt

Der aus Argentinien übergesiedelte Filius beschränkte sich hier aber nicht nur aufs Flugzeugbauen. Ihn reizte seit Jahren schon der Gedanke, ein einfaches kleines Auto zu bauen, das sich auch wenig begüterte Leute leisten konnten. Schon während seines Studiums – um 1937 – hatte er an fahrbaren Untersätzen herumgetüftelt. An Vaters amerikanischem Sportboot mit Außenbordmotor hatte der damals 23jährige Claudius herausbekommen, daß es sowohl mit Lenkrad wie auch mit Pinne zu steuern war. Nach diesem Vorbild versuchte er die Konstruktion eines kleinen Dreirades mit zwei Sitzen. Hierbei saß der Motor auf dem hinteren Einzelrad, und mit einer Pinne ließ sich das ganze Gefährt ohne großen technischen Aufwand lenken. Doch das Mobil mußte deshalb Theorie bleiben, weil Claudius Dornier dazu kein passendes Antriebsaggregat fand.

Schon um 1939 hatte Vater Dornier den Sohn zu Studienzwecken nach Amerika geschickt, wo er unter anderem auch bei General Motors in Detroit tiefere Einblicke in den Fahrzeugbau nahm. Bei Ausbruch des Zweiten Weltkrieges blieb Jung-Dornier gleich in der Neuen Welt und siedelte sich in Argentinien an. Hier fand er auch seine Theorie von der Notwendigkeit eines billigen einfachen Verkehrsmittels bestätigt. Denn die Menschen hingen hier wie Trauben an Türen und auf Dächern der Verkehrsmittel.

So brütete er neue Gedanken für einen Kleinwagen aus. Die Grundfläche eines solchen Vehikels müßte so klein wie möglich sein, was aber wiederum den seitlichen Einstieg über die Radkästen behindern würde. Ganz zwangsläufig – so überlegte Dornier – müßten deshalb der Fahrer und die Passagiere ein solches Kleinauto von vorne besteigen. Die Idee des Fronteinstiegs trug Dornier in Argentinien lange mit sich herum. Und während er um 1948 dort erste Skizzen anfertigte, hatte im alten Europa ein Franzose ähnliche Gedanken schon in die Tat umgesetzt. Auf dem Pariser Automobilsalon 1948 stand der Prototyp einer viersitzigen Limousine mit einer Fronttür, „Reine 1950", bei der die Vierzylinder-Einliter-Maschine als Unterflurmotor luftgekühlt quer zur Achse saß.

Der junge Dornier erfuhr von diesem Projekt im fernen Südamerika ebensowenig wie einige Jahre später von den Vorbereitungen der italienischen Firma ISO zur Konstruktion eines Mobils mit Fronttür und dem Namen „Isetta."

Erst nachdem das Dornier-Büro in Madrid schon einige Zeit arbeitete, holte Claudius Dornier junior die eingemotteten Kleinwagen-Pläne wieder aus der Schublade. Auf den Zeichenbrettern entstanden im Herbst 1953 parallel die Konstruktionspläne zur „Do 27" und zu einem Kleinwagen: Es handelte sich um ein viersitziges Mobil mit nach oben klappbarer Front- und Hecktür, bei dem die Passagiere Rücken an Rücken saßen und der Motor zwischen den Sitzen genau in der Mitte des Fahrzeugs lag. Die Form war streng symmetrisch ausgelegt, so daß sowohl die Türen als auch das linke und rechte Seitenteil mit jeweils nur einem Preßwerkzeug geformt werden konnten. Der Mittelmotor versprach bei jeder Belastung eine gleichmäßige Achslast und damit schon theoretisch ausgezeichnete Fahreigenschaften.

Um eine billige Serienproduktion zu gewährleisten, sah Dornier starre Achsen vorn und hinten vor, die an Blattfedern hingen. Auf den Zeichnungen entstanden gar schon unterschiedliche Karosserie-Versionen. So etwa ein Krankenwagen, bei dem neben dem Fahrersitz Platz für eine Bahre blieb, eine Vollcabriolet-Version, sowie eine Cabrio-Limousine, bei der – ähnlich dem Citroen 2 CV – ein Faltverdeck das feste Dach ersetzte. Am zweiten Dezember 1953 lag die endgültige Typenbeschreibung fest, und an einem kleinen Holzmodell hatte Dornier die Karosserielinie skizziert.

## Von den Socken

Beim nächsten Besuch in der Schweiz legte Dornier junior, 39, dem Vater die sorgsam ausgearbeiteten Zeichnungen vor. Der gewiefte Flugzeugbauer, inzwischen 69 Jahre alt, prüfte die Pläne seines Sohnes lange und kritisch, ehe er zustimmend nickte: „Das ist wirklich praktisch und originell. Das wollen wir bauen."

Wenn er keine Gelegenheit gehabt hätte, im Flugzeugbau Fuß zu fassen, meinte der Senior, dann wäre dies sicher der „richtige Weg weiterzumachen". So aber stand für Vater Dornier fest, daß im Münchener Dornier-Werk in den folgenden Jahren der Flugzeugbau wieder anlaufen würde. Deshalb wollte man das symmetrische Kleinauto bis zur Prototypen-Reife bringen, um es dann einem erfahrenen Fahrzeug-Hersteller zu verkaufen. Form und Art des vorderen und hinteren Einstiegs ließen sich die Dorniers im Frühjahr 1954 patentieren.

Dornier senior schlug vor, den Kleinwagen „Delta" zu taufen. Das Delta ist nicht nur ein griechischer Buch-

*Absolut symmetrisch war die Form des Delta ausgelegt. Die Sitze standen Rücken an Rücken, dazwischen lag der Motor.*

stabe, sondern bezeichnet in der Mathematik auch das Symbol für ein Dreieck. Da das Fahrzeug im Profil dem Dreieck ähnele, sei der Name recht passend. Claudius junior war begeistert.

Im Madrider Büro entstand in den nächsten Wochen eine Sitzkiste, an der man die Einstiegsverhältnisse probte. Um vor allem dem Fahrer ein besseres Ein- und Aussteigen zu ermöglichen, sollte der untere Kranz des Lenkrades hochklappbar sein; eine Lösung, die sich später als zu kompliziert erwies.

Kurze Zeit später machten sich im Münchener Dornier-Werk einige Blechschlosser daran, nach den aus Madrid ankommenden Zeichnungen eine Karosse zurechtzuhämmern. Die Front- und Hecktür, die sich ursprünglich über die ganze Breite des Wagens öffnen sollten, waren nun etwas schmaler ausgelegt. So blieb an der Karosse noch Platz für Scheinwerfer und Rücklichter. Um einen Gewichtsausgleich für die nach oben klappbaren Türen zu schaffen, spannte man eine Fe-

der übers Dach. Die Starrachsen wichen nun Schwingarmen an allen vier Rädern.

Großes Kopfzerbrechen bereitete dem Fahrzeugkonstrukteur die Wahl des Triebwerks. Für das Delta wünschte er sich eigentlich einen langlebigen Einzylinder-Dieselmotor, oder aber eine 400-ccm-Zweizylinder-Maschine. Doch nach Meinung von Dornier junior konnten Deutschlands Motorenbauer beides nicht liefern. So kaufte er als Verlegenheitslösung einen 200-ccm-ILO- und einen 200-ccm-Fichtel & Sachs-Motor. Mit beiden Aggregaten, die abwechselnd in das einzige Exemplar des „Delta" eingebaut wurden, startete Dornier im Herbst 1954 die ersten Fahrversuche rund um München. Fichtel & Sachs-Versuchsleiter Steinlein bekundete dabei außerordentliches Interesse am Delta.

Als Claudius Dornier junior im Dezember 1954 einem Motor-Journalisten den Erlkönig zeigte, war der Fachmann „völlig von den Socken" (Dornier). In einer Zeit,

*Die hintere Sitzbank ließ sich heraus-
nehmen, wodurch ein großer Lade-
raum im Heck entstand. Die Türen
schwangen nach oben und schütz-
ten den Innenraum auch bei ge-
öffnetem Wagen vor Regen.*

in der herkömmliche Autobauer in Blechwülsten und
Chrom schwelgten, verbreitete diese kompromißlose
Zweckform Verblüffung.

Immerhin war das Dornier-Delta nicht der einzige
Fronttür-Wagen, der in jenen Wochen um München
Testfahrten absolvierte. BMW erprobte nämlich das
von ISO in Lizenz genommene Mobil „Isetta".

### Nur ein Diskussionsbeitrag?

Bei den Erprobungsfahrten mußte aber Claudius Dornier feststellen, daß er als Flugzeugkonstrukteur die
Festigkeitsberechnungen im Autobau noch nicht beherrschte, denn eines Tages brach beim Delta während
der Fahrt die gesamte Vorderradaufhängung durch.

Wenn auch der 400 Kilogramm schwere Wagen es mit
dem 9-PS-Motor nur auf eine Geschwindigkeit von
65 Stundenkilometer brachte, so erwies sich doch die
gesamte Konstruktion als recht robust. Störanfälligkeit
bauten die Münchener Techniker erst ein, als mit einem
400-ccm-Victoria-Triebwerk auch ein elektromagnetisches Vorwahlgetriebe in das Fahrzeug kam. Fortwäh-
rend streikte das — mit einem kleinen Hebel am Armaturenbrett zu bedienende — Getriebe, weshalb man
das Aggregat bald wieder reuevoll gegen die ILO-
Bestückung austauschte.

Nach Abschluß der Testfahrten wollte Vater Dornier
über des Sohnes Kreation ein Urteil aus fachkundigem
Munde hören. Zu diesem Zweck schaffte man das
Delta nach Stuttgart, um es den Mercedes-Techni-
kern Fritz Nallinger, Rudolf Uhlenhaut und Hans Scherenberg vorzuführen. Nach einigen Proberunden gra-
tulierten sie Claudius Dornier zu der guten Straßenlage
des kleinen Viersitzers.

Als man im Juni 1955 schließlich das Mobil der Öffentlichkeit vorstellte, staunte vor allem die Fachwelt
über den großen Innenraum bei nur 2,88 Meter Ge-

samtlänge. Vier Erwachsene fanden ausreichend Platz. Durch Umlegen der Sitze ließ sich sogar eine große Schlafgelegenheit schaffen, und ohne die hintere Sitzbank war auch für ausgesprochen sperriges Gepäck noch Raum in dem Kleinauto. Die Sitzanordnung, bei der die Fondpassagiere mit dem Rücken zur Fahrtrichtung saßen, löste damals heftige Diskussionen aus. „Mit einer Reihe interessanter Ideen, die darin verwirklicht sind, halten wir es (das Delta) für einen beachtlichen Diskussionsbeitrag zu der aktuellen Frage, welche endgültige Gestalt die Rollermobile in Zukunft nehmen werden", meinte das Fachblatt „Auto, Motor und Sport" damals. Und die Zeitschrift „Roller, Mobil und Kleinwagen" ergänzte: „Noch vor wenigen Jahren hätten wir einer solchen reinen Zweckform keine Chancen beim Publikum vorausgesagt."

Dornier hoffte nun auf einen Interessenten, der das Delta in Serie baut. Doch selbst auf der Internationalen Automobil-Ausstellung in Frankfurt im September 1955 fanden sich außer einer Menge Schaulustiger keine ernsthaften Lizenznehmer. Berichtete die „ADAC-Motorwelt" damals: „Leider ist über das Delta nicht viel zu sagen, da es sich um einen Prototyp handelt, von dem noch nicht einmal zu erfahren war, welcher Motor eingebaut werden soll."

Auf der Ausstellung verteilte Dornier einige wenige Fotoalben mit Bildern und Daten der Neuheit an ernsthafte Interessenten, unter anderen an die Vertreter der Nürnberger Victoria-Werke. Von den etablierten Autoherstellern interessierte sich keiner für das Delta.

Wenige Monate später, im Januar 1956, nahm Dr. Eitel-Friedrich Mann Kontakt zu Dornier auf. Mann war der Schwager von Fritz Neumeyer, dem Inhaber der Zündapp-Motorradfabrik. Hier hatte man sich schon längere Zeit Gedanken gemacht, wie das Fertigungsprogramm durch einen Kleinwagen erweitert werden könnte. Nach einer Umfrage unter Fachjournalisten hatte sich nun Neumeyer entschlossen, das Delta in abgewandelter Form in Lizenz zu nehmen. Gegen eine Stücklizenz willigte Dornier junior ein. Er übergab das einzige Exemplar des Delta an Zündapp. Im Nürnberger Zündapp-Werk erfolgte fortan die Weiterentwicklung zum Zündapp „Janus".

Während seine erste Kreation — ohne seinen Rat und sein Zutun — zum Serienwagen umgemodelt wurde, tüftelte Claudius Dornier bereits an einem neuen Kleinstwagen-Projekt.

*Mit flachgelegten Sitzlehnen bot das Delta eine große Liegefläche.*

### Das Minimo

Ihm schwebte nun unterhalb herkömmlicher Kleinwagen ein „fahrbarer Stuhl" vor: ein Dreirad-Chassis mit vorderem Einzelrad, das von einem 50-ccm-ILO-Motor angetrieben wurde. Als 1957 ein solches Minimalfahrzeug im Dornier-Werksgelände in München lief, taufte Claudius Dornier das Ding „Minimo".

So recht glücklich war er mit seiner neuesten Schöpfung nicht. Innerhalb weniger Wochen dachte sich deshalb Diplom-Ingenieur Dornier eine neue Version aus.

Nach Art von Gartenmöbeln war der Sitz des verbesserten Minimo jetzt mit Kunststoffrohr-Bezug bespannt; die

*Claudius Dornier junior mit seinem Delta II.*

Beine des Fahrers deckte ein Schutzblech gegen den Fahrtwind ab. Auf dem vorderen Einzelrad saß wiederum ein 50-ccm-Motor, der das Gefährt auf Geschwindigkeiten um 25 km/h brachte. Das erste Muster entstand im Sommer 1958, und es gefiel dem Flugzeugkonstrukteur so gut, daß er in seinem Münchener Werk noch zwanzig Exemplare bauen ließ. Da der rollende Stuhl nicht auf öffentlichen Straßen fahren durfte, fand er im Werksgelände genügend Einsatzmöglichkeiten: Techniker huschten damit über den Dornier-Flugplatz, und für die Kinder des Industriellen war das Dreirad ein wahrer Feuerstuhl.

Natürlich hätte Claudius Dornier auch das „Minimo"

gerne in Lizenz gegeben. Doch die Leute, die sich dafür interessierten, erschienen ihm nicht seriös. Meist verfügten sie weder über Fabrikationsvoraussetzungen noch über das nötige Vertriebsnetz.

Nach etwa zwei Jahren fand der Konstrukteur das Dreirad zudem nicht mehr attraktiv. Dornier wußte, daß der „Fahrstuhl" in flott gefahrenen Kurven zum Kippen neigte. Er hatte bisher vergeblich daran gebastelt, dem kleinen Ding diese Unart abzugewöhnen.

### Wie ein französisches Bett

Zu Anfang der sechziger Jahre konzentrierte sich Claudius Dornier ganz und gar auf den Flugzeugbau. Erst 1968 gärten in ihm neue Ideen für ein Kleinmobil.

Die Zeiten und Voraussetzungen für Kleinstfahrzeuge hatten sich inzwischen völlig geändert. War es in den ersten Nachkriegsjahren den meisten Bürgern finanziell unmöglich, sich ein richtiges Auto zu leisten, so riefen jetzt Parkplatznot und beengte Straßenverhältnisse nach dem flinken kleinen Verkehrsmittel. „Fernreisen werden meist mit Bahn oder Flugzeug unternommen", dachte sich Dornier damals, „das Auto dient also nur dem Nahverkehr."

In einem französischen Bett von 1,50 mal 2 Meter Größe hätten zwei Personen ja auch genügend Platz, also dürfte auch die Grundfläche eines Autos nicht größer sein.

Dornier erinnerte sich zudem an sein zehn Jahre altes Boot, das bei jeder Witterung im Wasser lag und trotzdem kaum Alterserscheinungen zeigte. Aus diesem Boots-Sperrholz müßte man doch auch Autos haltbarer bauen können. Im Herbst 1968 entwarf Dornier ein nur 2,10 m langes Kleinauto, das „Delta II".

Große Fensterflächen, gerade Karosserieteile aus Sperrholz (die keine teuren Blechpressen erforderten), sowie eine formsteife Karosseriezelle mit Überrollbügel, das waren die wichtigsten Konstruktions-Merkmale des kleinen Zweisitzers. Dazu Schiebetüren, damit auch auf engstem Raum Platz zum Ein- und Ausstieg blieb.

Für die kastenförmige Fahrkabine, die kaum länger als ein Fahrrad war, fehlte allerdings wiederum die ideale Antriebsquelle. Dornier suchte nach einem 600-ccm-Motor mit etwa 24 PS, gekoppelt mit einem automatischen Getriebe. Als Verlegenheitslösung nahm er schließlich den 400-ccm-Goggomobil-Motor ins Delta II. Gezwungenermaßen benützte er auch die Achskonstruktionen des niederbayerischen Kleinwagens, wobei allerdings die Hinterachse – im Gegensatz zum Original – gedreht eingebaut worden war. Die „Deutsche Auto-Zeitung" brachte damals einen ersten Fahrbericht von der „motorisierten Einkaufstasche". Sie bemängelte prompt den kraftlosen Motor und die damit verbundene Mühe, das immerhin 420 Kilogramm schwere Fahrzeug durch eifriges Schalten auf Trab zu halten. Dagegen lobte man die Wendigkeit des kurzen Wagens: „Selbst kleinste Parklücken reichen aus, um den Mini-Mini abzustellen, notfalls auch quer."

## Außenseiter gesucht

Als „Beitrag zu einem aktuellen Thema" stellte Claudius Dornier junior den „Mini-Mini" auf der Internationalen Automobilausstellung in Frankfurt 1969 aus. Geradezu als Provokation stand das „Delta II" nicht unter den Personenwagen, sondern als „Nutzfahrzeug" mitten unter Lastwagen. „Es wird wohl ein Außenseiter sein", hatte Dornier im Prospekt zum Delta II geschrieben, „der die Produktion eines Mini-Mini nach der neuartigen Konzeption des Delta II übernehmen müßte . . ."

Und allein Außenseiter zeigten auch Interesse. Da kam beispielsweise der Vertreter einer Firma aus dem rheinischen Langenfeld, die nach Einstellung der Glas-Produktion weiterhin Ersatzteile fürs Goggomobil lieferte. Er bot die kleinen Triebwerke „wie sauer Bier" (Dornier) an und wäre unter Umständen auch bereit gewesen, eine kleine Serie des Delta II aufzulegen. Doch Claudius Dornier zeigte wenig Interesse. Er erhoffte sich mehr vom Kontakt zum österreichischen Fahrzeughersteller Steyr-Daimler-Puch.

Nachdem ein Repräsentant der Firma das Delta II auf der IAA gesehen hatte, alarmierte er die Zentrale in Graz. Ganze Techniker-Kommissionen reisten daraufhin zur Frankfurter Ausstellung, um hier den Prototyp von allen Seiten zu begutachten. Für Claudius Dornier hatte es damals den Anschein, als bahne sich hier eine enge Zusammenarbeit an. Bei jeder passenden Gelegenheit ließ er durchblicken, daß sich ein renommierter Automobilhersteller für den Serienbau des Delta II interessiere.

Nach Ausstellungsschluß schickten die Österreicher eiligst einen Boxermotor mit den entsprechenden Antriebsteilen nach München. Die Steyr-Techniker wollten nämlich zuerst einmal ein Delta mit Steyr-Aggregaten sehen, ehe sie sich zur Lizenzübernahme entschlossen. Da sie zudem bemängelten, das Ausstellungsstück sei

zu schwer, baute Claudius Dornier eine von Grund auf neue Version des Delta. Die Karosserie bestand diesmal aus dem gleichen weichen ABS-Kunststoff, aus dem auch die Hülle des französischen Citroën Méhari geformt war. Um der kompakten Form Halt zu geben, entwickelte Dornier einen rundumlaufenden Kastenprofilrahmen, der gleichzeitig als Rammschutz und Stoßstange diente und dessen Konstruktion der Münchener zum Patent anmeldete.

Da die offene Delta-Version mit der umklappbaren Windschutzscheibe durch die Kunststoff-Karosserie extrem leichtgewichtig geriet, entpuppte sich das Ganze auf einer Probefahrt im Bundeswehr-Versuchsgelände Trier als außerordentlich geländegängiges Fahrzeug. Claudius Dornier schickte im Frühjahr 1971 das Steyr-Delta nach Graz, wo der Roadster wochenlange Testfahrten durchstand. Doch mochten sich die Österreicher am Ende nicht dazu durchringen, das Delta II in Lizenz zu nehmen. Der Serienbau eines reinen Stadtwagens erschien ihnen wohl zu gewagt. Die Kontakte mit Claudius Dornier verliefen im Sande.

Der Münchener ließ sich nicht entmutigen. Auf der Basis des offenen Delta-Wagens baute Dornier nun eine weitere Version, diesmal mit festem Dach, aber wiederum aus ABS-Kunststoff. Zwar hatte der Roadster wegen dessen angeblich leichter Brennbarkeit vom TÜV keine Zulassung erhalten. Doch diesmal gingen parallel dazu die Überlegungen zur Verbesserung der Feuersicherheit, die bei einer Serienproduktion eventuell auch durch die Wahl eines anderen Kunststoffs erreicht worden wäre.

## Versuchsballon

Mit dem zwar wesentlich verfeinerten, aber auch aufwendigeren – „Delta 2" erschien Dornier zur Frankfurter Automobil-Ausstellung im September 1973. Und diesmal fand sich wieder ein Interessent; der französische Autokonzern Renault. Wiederum erklärte der Idealist Dornier sich bereit, auf der mechanischen Basis von Renault einen Prototyp herzustellen.

Die Franzosen schickten dazu den kleinsten im Typ R 4 lieferbaren Motor nach München, einen Reihen-Vierzylinder mit 780 ccm Hubraum und 27 PS. Doch das wassergekühlte Triebwerk wollte absolut nicht in den engen Motorraum des Delta passen. Es war zu hoch und zu lang, weshalb Dornier vor allem den Innenraum etwas ändern mußte. Die kultivierten Laufeigenschaften der

*Renault interessierte sich für das Delta 2. Dornier baute daraufhin den Motor des Renault 4 in seinen Stadtwagen und schickte das Exemplar nach Paris, wo Renault-Techniker Testfahrten damit unternahmen.*

Maschine entschädigten bei den ersten Fahrversuchen für die Mühe. Denn das „Delta 2" lief mit dem Vierzylinder ungewöhnlich leise, elastisch und kraftvoll.

Den Prototyp holten die Renault-Techniker anschließend nach Frankreich, wo er die ganzen Wintermonate 1973/1974 im Fahrversuch lief. Die Franzosen zeigten sich — zur Freude Dorniers — ungewöhnlich aufgeschlossen gegenüber den unkonventionellen Ideen des Flugzeugkonstrukteurs.

Als das Frühjahr anbrach, erhielt Dornier „Delta 2" aus Frankreich zurück. Die Tochterfirma Alpine habe auch einen Stadtwagen entwickelt, so entschuldigte sich Renault, und dem wolle man mit dem Delta 2 keine Konkurrenz im eigenen Hause machen. Für Dornier war es nur ein schwacher Trost, daß ihm die Renault-Leute zum Abschied versicherten, sein Konzept eines Kleinwagens sei viel moderner als das Alpine-Projekt.

So blieb das Delta 2 in allen Versionen ein Prototyp. Denn auch die beiden Elektrizitätswerke „Badenwerk AG" und „Energieversorgung Schwaben (EVS)", die zu dieser Zeit Claudius Dornier dazu ermunterten, ein Delta als Elektromobil zu bauen, wollten allenfalls einen Versuchsballon starten. Auf eigene Kosten und mit Hilfe der Elektroingenieure baute Dornier das „Delta 2 E". Ein Elektromobil, das bei den Olympischen Spielen in München 1972 Einsatz als Begleitwagen beim Marathonlauf (20 km- und 40 km-Gehen) fand. Im Pulk mit anderen Elektromobilen, wie etwa dem BMW 1602 mit Batteriesätzen, erfüllte das „Delta 2 E" brav seinen Dienst; wenn auch durch die Belastung mit den schweren Batteriesätzen sehr behäbig. Das „Delta 2 E" wurde zudem während der gesamten Spiele im Olympiadorf eingesetzt, zur Anlieferung von Wäsche und Nahrungsmittel. Für diesen Zweck installierte man gar eine provisorische Ladestation im Tiefgeschoß des Olympischen Dorfes. Sogar an den Unglückstagen der Geiselnahme, sowie der darauffolgenden turbulenten Operationen war das „Delta 2 E" als Kurierfahrzeug für Pressevertreter ständig im Einsatz.

Claudius Dornier stellte mit Befriedigung fest, daß es das einzige Elektromobil blieb, welches den gesamten olympischen Parcours ohne Auswechseln der Batterien überstand. Doch es zeigte ihm auch die Grenzen der damaligen Batteriekapazitäten.

Bis heute gibt der Chef der Flugzeugwerke nicht auf. Auch wenn das „Delta 2" keinen Weg zum Serienbau fand, so schmiedete Dornier in Friedrichshafen schon wieder an neuen Plänen für einen Mini-Mini.

# Dornier Delta

**KAROSSERIE**
Moto-Coupé, 1 Fronttür, 1 Hecktür, 4 Sitze
**MOTOR**
Luft/gebläsegekühlter Einzylinder-Zweitakt-Motor (ILO), Bohrung/Hub: 62/66 mm, 197 ccm, Verdichtung 6,0:1, 9,5 DIN-PS bei 4900 U/min, maximales Drehmoment 1,4 mkp bei 3500 U/min, Gemischschmierung 1 : 25, Umkehrspülung, dreifach gelagerte Kurbelwelle, ein Vergaser Bing 1/26/31
Batterie: 12 Volt/18 Ah, Gleichstrom-Lichtmaschine 45 Watt
Füllmengen: Tankinhalt 30 Liter
**KRAFTÜBERTRAGUNG**
Dreigang-Getriebe (Hurth) mit Ratschenschaltung, Mehrscheibenkupplung im Ölbad, Schalthebel an der linken Innenwand, Kardanwelle, Differential Mittelmotor, Hinterachsantrieb
Übersetzungen:
1. Gang 4,00 : 1
2. Gang 2,11 : 1
3. Gang 1,00 : 1
R-Gang 3,85 : 1
Achsübersetzung: 3,11 : 1

**FAHRWERK**
Selbsttragende Stahlblechkarosserie, vorn geschobene Längsschwingarme, hinten Pendelachse, vorn und hinten Schraubenfedern und Teleskopstoßdämpfer zu Federbeinen zusammengefaßt
Bremsen: hydraulische Vierrad-Trommelbremsen
Lenkung: Zahnstangenlenkung
Reifen: 4.00–12
**MASSE, GEWICHTE**
Länge 2880 mm, Breite 1400 mm, Höhe 1420 mm, Radstand 1820 mm, Spurweite vorn und hinten 1210 mm, Wendekreisdurchmesser 10 m, Leergewicht 400 kg, zulässiges Gesamtgewicht 700 kg
**VERBRAUCH**
4 Liter auf 100 km (Normalbenzin-Öl-Gemisch)
**FAHRLEISTUNGEN**
Höchstgeschwindigkeit 65 km/h
**PREIS**
– –

**PRODUKTIONSZAHLEN**
1 Stück
**BAUJAHR**
(Debüt: Juni 1955)

## Dornier Delta II

KAROSSERIE
Coupé, 2 Schiebetüren, 2 Sitze

MOTOR
Luft/gebläsegekühlter Zweizylinder-Zweitakt-Reihenmotor (Glas-Goggomobil), Bohrung/Hub: 67/56 mm, 392 ccm, Verdichtung 6,0:1, 20 DIN-PS bei 5000 U/min, maximales Drehmoment 3,3 mkp bei 3900 U/min, Umkehrspülung, Flachkolben, Leichtmetall-Zylinderkopf, dreifach gelagerte Kurbelwelle, Gemischschmierung 1 : 25, ein Bing-Drehschieber-Flachstromvergaser 7/28/4
Batterie: 12 Volt/24 Ah, Gleichstrom-Lichtmaschine 130 Watt
Füllmengen: Tankinhalt 25 Liter

KRAFTÜBERTRAGUNG
Viergang-Getriebe mit Ratschenschaltung, Zweischeibenkupplung im Ölbad, Mittelschalthebel
Heckmotor, Hinterachsantrieb
Übersetzungen:
1. Gang 2,500 : 1
2. Gang 1,333 : 1
3. Gang 0,870 : 1
4. Gang 0,615 : 1
R-Gang 2,188 : 1
Achsübersetzung: 7,8 : 1

FAHRWERK
Als starre Zelle ausgebildete Karosserie mit Überrollbügel, Seitenteile aus Boots-Sperrholz mit Kunststoff-Folie überzogen, vorn geschobene Längslenker, hinten gezogene Eingelenk-Pendelachse (gedrehte Goggomobil-Achse), vorn und hinten Schraubenfedern und Teleskopstoßdämpfer zu Federbeinen kombiniert

Bremsen: hydraulische ATE-Vierrad-Trommelbremsen
Lenkung: Zahnstangenlenkung
Reifen: 4.40—8

MASSE, GEWICHTE
Länge 2700 mm, Breite 1360 mm, Höhe 1500 mm, Radstand 1230 mm, Spurweite vorn 1200 und hinten 1160 mm, Bodenfreiheit 130 mm, Wendekreisdurchmesser 6 m, Leergewicht 430 kg, zulässiges Gesamtgewicht 620 kg

VERBRAUCH
3,5 Liter auf 100 km (Normalbenzin-Öl-Gemisch)

FAHRLEISTUNGEN
Höchstgeschwindigkeit 70 km/h

PRODUKTIONSZAHLEN
1 Stück

BAUJAHR
(Debüt: 5. September 1969)

## Dornier Delta II G

KAROSSERIE
Roadster, 2 Türen, 2 Sitze

MOTOR
Luft/gebläsegekühlter Zweizylinder-Viertakt-Boxermotor (Steyr-Puch), Bohrung/Hub: 70/64 mm, 493 ccm, Verdichtung 6,8:1, 20 DIN-PS bei 5000 U/min, maximales Drehmoment 3,3 mkp bei 3000 U/min, hängende Ventile, zentrale Nockenwelle durch Zahnräder angetrieben, Leichtmetall-Zylinderkopf, dreifach gelagerte Kurbelwelle, ein Fallstromvergaser Solex 40 PID

Batterie: 12 Volt/32 Ah, Drehstrom-Lichtmaschine 240 Watt

Füllmengen: Tankinhalt 22 Liter, Ölinhalt 1,75 Liter

KRAFTÜBERTRAGUNG

Viergang-Getriebe mit Ratschenschaltung, Trokkenkupplung, Mittelschalthebel, Heckmotor, Hinterachsantrieb

Übersetzungen:
1. Gang 3,700 : 1
2. Gang 2,060 : 1
3. Gang 1,300 : 1
4. Gang 0,875 : 1
R-Gang 5,140 : 1
Achsübersetzung: 5,125 : 1

FAHRWERK

Kunststoff-Karosserie (ABS) mit rundumlaufenden Kastenprofil-Rahmen, vorn Dreiecksquerlenker mit unterer Querblattfeder, hinten Dreieck-Schräglenker, vorn und hinten Schraubenfedern und Teleskopstoßdämpfer

Bremsen: hydraulische Vierrad-Trommelbremsen

Lenkung: Zahnstangenlenkung

Reifen: 145–SR 10

MASSE, GEWICHTE

Länge 2200 mm, Breite 1465 mm, Höhe 1650 mm, Radstand 1300 mm, Spurweite vorn und hinten 1180 mm, Wendekreisdurchmesser 6,8 m, Leergewicht 545 kg, zulässiges Gesamtgewicht 845 kg

VERBRAUCH

4,7 Liter auf 100 km (Normalbenzin)

FAHRLEISTUNGEN

Höchstgeschwindigkeit 70 km/h

PRODUKTIONSZAHLEN

1 Stück

BAUJAHR

(Debüt: 1971)

## Dornier Delta 2 e

KAROSSERIE

Coupé, 2 Türen, 2 Sitze

MOTOR

angeflanschter Bosch-Gleichstrommotor in Reihenschluß-Schaltung, speziell für den Einsatz in Elektrofahrzeugen gebaut. 11,4 PS bei 80 Volt Speisespannung, Drehzahl 2400 U/min

KRAFTÜBERTRAGUNG

Motor ist für Vor- und Rückwärtsfahrt ausgelegt

FAHRWERK

Stahlblech-Karosserie mit Kastenprofil-Rahmen, vorn geschobene Längslenker mit unterer Querblattfeder, hinten Dreieck-Schräglenker, vorn und hinten Schraubfedern und Teleskopstoßdämpfer

Bremsen: hydraulische Vierrad-Trommelbremsen

Lenkung: ZF-Einfingerlenkung

Reifen: 125–12

MASSE, GEWICHTE

Länge 2300 mm, Breite 1460 mm, Höhe 1570 mm, Radstand 850 mm, Spurweite vorn und hinten 1135 mm, Wendekreisdurchmesser 7 m, Leergewicht 546 kg, zulässiges Gesamtgewicht 1396 kg

FAHRLEISTUNGEN

Höchstgeschwindigkeit 60 km/h

PRODUKTIONSZAHLEN

3 Stück

BAUJAHR

(Debüt: August 1972)

## Dornier Delta 2 II SR

KAROSSERIE
Coupé, 2 Türen, 2 Sitze
MOTOR
Wassergekühlter Vierzylinder-Viertakt-Reihenmotor (Renault), Bohrung/Hub: 55,8/80 mm, Verdichtung 8,5:1, 782 ccm, 27,5 DIN-PS bei 5000 U/min, maximales Drehmoment 5,3 mkp bei 2500 U/min, hängende Ventile, seitliche Nockenwelle durch Kette angetrieben, Leichtmetall-Zylinderkopf, nasse Zylinderlaufbuchsen, ein Fallstromvergaser Zenith 28 IF
Batterie: 12 Volt/48 Ah, Drehstrom-Lichtmaschine 360 Watt

Füllmengen: Tankinhalt 26 Liter, Motoröl 2,5 Liter, Kühlsystem 4,8 Liter
KRAFTÜBERTRAGUNG
Vollsynchronisiertes Viergang-Getriebe, Einscheiben-Trockenkupplung, Mittelschaltung, Heckmotor, Hinterachsantrieb
Übersetzungen:
1. Gang 3,80 : 1
2. Gang 2,05 : 1
3. Gang 1,36 : 1
4. Gang 1,03 : 1
R-Gang 3,80 : 1
Achsübersetzung: 4,125 : 1
FAHRWERK
Stahlblech-Karosserie mit Kastenprofil-Rahmen, vorn Dreieckquerlenker mit unterer Querblattfeder, hinten Dreieck-Schräglenker, vorn und hinten Schraubenfedern und Teleskopstoßdämpfer
Bremsen hydraulische Vierrad-Trommelbremsen
Lenkung: Zahnstangenlenkung
Reifen: 125–12
MASSE, GEWICHTE
Länge 2200 mm, Breite 1465 mm, Höhe 1680 mm, Radstand 1400 mm, Spurweite vorn und hinten 1180 mm, Wendekreisdurchmesser 6,2 m, Leergewicht 540 kg, zulässiges Gesamtgewicht 880 kg
VERBRAUCH
5,6 Liter auf 100 km (Normalbenzin)
FAHRLEISTUNGEN
Höchstgeschwindigkeit 90 km/h
PREIS
––
PRODUKTIONSZAHLEN
1 Stück
BAUJAHR
(Debüt: September 1973)

*Zündapp-Werke GmbH, Nürnberg*

# Der Maxi-Mini

Obwohl die Motorradfabrik Zündapp in ihren beiden Werken Nürnberg und München im Jahr 1955 Rekordumsätze verbuchte, machten sich die beiden Gesellschafter Dr. h.c. Hans Friedrich Neumeyer, 52, und sein Schwager Dr. Eitel-Friedrich Mann, 45, Sorgen um die Zukunft.

## Der Traum vom Volkswagen

Zündapp verfügte zwar noch über volle Auftragsbücher, doch die Statistik zeigte, daß die Nachfrage nach motorisierten Zweirädern rapide zurückging. Nicht nur nasse Sommermonate der letzten beiden Jahre trugen dazu bei, sondern auch der am 1. Dezember 1954 eingeführte Zwang, für Motorräder und -roller mit mehr als 50 ccm Hubraum den Führerschein Klasse eins zu erwerben. Erheblich trug auch steigender Lebensstandard dazu bei, daß eine Götterdämmerung in der Zweiradindustrie hereinbrach. Denn das Volk verlangte nach einem fahrbaren Dach. Von den über fünfzig Unternehmen der Zweirad-Branche, die es im Jahre 1953 in der Bundesrepublik gab, hatten nach etwa zwei Jahren im Zeichen der beginnenden Strukturkrise nur dreißig überlebt.

So stellte sich auch für die beiden Zündapp-Chefs immer dringender die Frage, ob sie früher oder später auf andere Branchen ausweichen oder den Bau eines kleinen „Volksmobils" in Angriff nehmen sollten.

Die Idee eines solchen „Volkswagens" war den Nürnberger Motorradfabrikanten nicht neu: Schon 1924 hatte der Firmengründer erwogen, einen Kleinwagentyp der britischen Rover-Werke für Deutschland in Lizenz zu nehmen. 1931 nahmen Zündapps Pläne, neben den Motorrädern auch Autos zu bauen, sogar konkrete For-

men an. Fahrzeugkonstrukteur Ferdinand Porsche stattete am 17. September den Zündapp-Werken einen Besuch ab und besprach mit Neumeyer Einzelheiten für einen „billigen Qualitäts-Kleinwagen". Noch im selben Monat, am 28. September 1931, schlossen beide einen Vertrag über die Entwicklung eines „Volkswagens", und zwar eines Viersitzers mit Fünfzylinder-Heckmotor und Schwingachsen. Neumeyer ließ es sich damals 80 000 Reichsmark kosten, daß Porsche im Frühjahr 1932 drei Prototypen dieser Einliter-Limousine, Typ „12", nach Nürnberg brachte. Doch angesichts der schlechten allgemeinen Wirtschaftslage verzichtete Zündapp auf die Serienfertigung. Porsche entwickelte Jahre später auf der Basis des „12" den Volkswagen.

Zündapp baute 1933 stattdessen ein billig zu fertigendes Klein-Nutzfahrzeug mit 400-ccm-Motor. Der Gedanke an ein größeres Auto ließ Neumeyer nicht los; ein Jahr später tüftelte man in Nürnberg an einem Zweiliter-Wagen, dem man gar eine rassige Sport-Version zur Seite stellen wollte. Doch auch daraus entstand keine Serienproduktion. Zündapp konzentrierte sich damals darauf, seine starke Stellung auf dem Motorradsektor auszubauen.

Als dann zu Beginn des Jahres 1955 die Frage nach einem Mobil wieder dringlicher wurde, blieb keine Zeit mehr zu eigenen Entwicklungen. Zudem wollte Hans Friedrich Neumeyer nicht, wie vor dem Krieg, so viel Geld in eine Entwicklung stecken, die dann eventuell auf Grund kurzfristiger Marktgegebenheiten doch nicht verwirklicht werden könnte. Am Beispiel vieler Konkurrenten sah der Motorradfabrikant, daß dürre Jahre bevorstanden; deshalb wollte er nur vorsichtig investieren. Was sich der Nürnberger als Kleinwagen vorstellte, formulierte er damals so: „Ein solches Fahrzeug hat für die Motorrad-Industrie dann eine Chance, wenn es von Motorradkonstrukteuren konstruiert, aus Motorradteilen gebaut und ohne kostspielige Investitionen mit den Mitteln und Einrichtungen einer modernen Motorradfabrik produziert werden kann."

## Draht nach Fulda

Unter diesen Gesichtspunkten sah sich Eitel-Friedrich Mann auf einer Ausstellung den Allwetterroller des in Konkurs gegangenen Ingenieurs Gustav Kroboth an. Doch dieses Mobil schien zu primitiv. Für weitaus attraktiver hielt Hans Friedrich Neumeyer das Fuldamobil. Seit einigen Jahren gab es das Dreirad schon auf dem Markt zu kaufen, was als Zeichen einer gewissen Reife und Zuverlässigkeit galt. Bestechend erschienen dem Zündapp-Chef die geringen Investitionen zum Serienbau; denn die fertigen Karosserieteile aus Aluminium lieferten die Vereinigten Deutschen Metallwerke in Werdohl. Und ins Heck des Fuldamobils paßte ein Motorradmotor, der bei Zündapp keine neuen Investitionen verursachte.

Eines Tages fuhr Neumeyer kurzerhand nach Fulda und verhandelte dort über eine Lizenz. Er bestand allerdings auf Änderungen an dem rundlichen Auto. So störte ihn das extrem kleine Heckfenster und das hintere Einzelrad. Fuldamobil-Fabrikant Karl Schmitt, froh, daß eine solch renommierte Firma sich für das Mobil interessierte, versprach Detailverbesserungen. Aus dem Fuldamobil S-4 baute er innerhalb weniger Tage den S-6. Die gesamte Heckklappe wich einer großen gewölbten Scheibe, das hintere Einzelrad tauschte Schmitt gegen Zwillingsräder aus. Ende September 1955 schickte man das erste Exemplar des Zündapp-Fuldamobils per Eisenbahn nach Nürnberg.

Die Kunde von der Großserie des Fuldamobils bei Zündapp fand unter den Mitarbeitern Neumeyers wenig Anklang. Die Techniker zeigten sogar unverhohlenes Entsetzen über diese Entscheidung.

Neumeyer ließ sich nicht umstimmen. Im November 1955 reisten Zündapp-Leute nach Fulda, um hier den Bau des Dreirads zu studieren. Zur gleichen Zeit zerlegte man in Nürnberg die Probefahrzeuge, um Detailverbesserungen anzubringen. Bei all diesen Vorarbeiten entdeckten aber die gewieften Fertigungstechniker, daß das Fuldamobil keineswegs so rationell herzustellen war, wie es den Anschein gehabt hatte. Ungewöhnlich lange Schweißnähte und aufwendige Details entspra-

chen nicht den Anforderungen einer industriellen Serie. Versuchsleiter Doering wies Neumeyer darauf hin, daß in jedem Falle teure Konstruktionsarbeit notwendig sei.

Eine eiligst durchgerechnete Kalkulation brachte schließlich Neumeyers Entschluß ins Wanken. Nun handelte er unbürokratisch: Anfang 1956 überwies Zündapp etwa 40 000 Mark an den Elektromaschinenbau Fulda, um aus den bestehenden Lizenzverträgen freizukommen. Die teilweise schon übernommenen Werkzeuge des Fuldamobils wurden – kaum daß sie in Nürnberg eingetroffen waren – verschrottet.

Schon im Dezember 1955 hatten Neumeyer und sein Schwager Mann die Suche nach einer guten Kleinwagenkonstruktion wieder aufgenommen. Ihnen war von der letzten Automobil-Ausstellung im September noch der Kleinstwagen „Spatz" in Erinnerung, den die Firma Alzmetall produzieren wollte. Dieser hübsche Zweisitzer hätte nur geringe Investitionen erfordert, weil die Polyesterharz-Karosserie auch ohne Werkzeugpressen herzustellen wäre. Zündapp war zunächst ernsthaft interessiert, bis in Testberichten einiger Fachblätter die leichte Brennbarkeit der Spatz-Kunststoffhaut bekannt wurde.

## Journalisten-Befragung

Auf einer internen Besprechung um Weihnachten 1955 gingen Neumeyer und Mann an Hand von Automobilzeitschriften noch einmal die Auto-Neuheiten durch, die im September in Frankfurt ausgestellt waren. Dabei stieß man auf das Dornier „Delta", jenes Fahrzeug, bei dem die Passagiere Rücken an Rücken saßen und Front- und Hecktür sich nach oben hin öffneten.

Die symmetrische Form versprach eine Karosserieherstellung mit nur wenigen Blechbearbeitungswerkzeugen. Trotzdem waren sich die Zündapp-Gesellschafter nicht schlüssig, ob diese kompromißlose Zweckform dem Geschmack des Publikums entsprechen würde.

Um sich hier Sicherheit zu verschaffen, riefen Neumeyer und sein Schwager ihnen bekannte Motorjournalisten an und fragten sie nach ihrer Meinung über das seltsam ausschauende „Delta". Ergebnis der Umfrage: Die Profi-Kritiker lobten einhellig die Grundidee des Dornier-Wagens als zukunftsweisend. Die Anordnung des Motors in der Mitte verspreche ausgezeichnete Fahreigenschaften, und den Passagieren würde hier auf einem Minimum an Fläche ein Maximum an Platz geboten. Jedoch, so meinten viele Journalisten, müsse die Idee erst noch weiterentwickelt werden, denn die Form des Delta werde kaum Käufer locken.

Nach dieser Aufmunterung lag auch für die Firmenchefs die Richtung fest. Nach seiner Rückkehr aus Nürnberg rief Dr. Mann vom Münchener Zündapp-Werk aus die ebenfalls in München gelegenen Dornier-Werke an. Noch im Januar 1956 führte Claudius Dornier junior sein „Delta" vor, und im gleichen Monat schloß man einen Lizenzvertrag, der dem geistigen Vater des Delta eine Stückgebühr zusicherte.

Im Februar erhielt Zündapp das einzige Exemplar des Delta, das nun mit der Bahn gleich in die Entwicklungsabteilung des Nürnberger Stammwerks geschafft wurde. Und im April hatte es sich in der gesamten Fachpresse herumgesprochen: „Zündapp bringt das Delta."

## Vom Delta zum Janus

Den ganzen Sommer über arbeiteten die Zündapp-Konstrukteure das Delta um. Die hochklappbaren Türen wichen nun seitlich angeschlagenen. Dabei galt es darauf zu achten, den richtigen Neigungswinkel für Front und Heck zu finden. Einen so spitzen Winkel wie das Delta konnte die Neukonstruktion nicht haben, da es sonst bei geöffneter Tür in den Innenraum geregnet hätte. Zu steil durften die Türen aber auch nicht sein, um beim Querparken die geöffnete Fronttür nicht gegen den Bordstein stoßen zu lassen.

Den idealen Winkel fand man zwar leicht heraus, durfte ihn aber nicht verwenden. Die italienische Firma ISO hatte den Winkel bei ihrem Fronttür-Mobil „Isetta" patentieren lassen. Also suchten die Zündapp-Techniker einen Kompromiß. Theoretisch wurde auch erprobt, Front- und Hecktür gegen seitliche Türen zu ersetzen. Das wäre aber zu schwer und zu aufwendig geworden. Auch die Lösung, die Hecktüre zu belassen und lediglich die Fronttür gegen seitliche Einstiegsmöglichkeiten zu ersetzen, wurde aus denselben Überlegungen fallengelassen.

Höheres Gewicht wollte Dr. Doering auf keinen Fall, denn das hätte einen stärkeren Motor erfordert. Neumeyer legte aber größten Wert darauf, ein Aggregat aus eigener Produktion zu verwenden. Besonders eignete sich dazu das Triebwerk des Zündapp-Rollers „Bella 201". Der Einzylinder-Zweitakter leistete 14 PS. Mit Rücksicht auf die Besitzer des alten Führerscheins IV, die nur Wagen bis zu 250 ccm Hubraum fahren durften,

erschien es der Geschäftsleitung sinnvoll, vorerst keinen größeren Motor vorzusehen.

Die grundlegenden Karosseriekorrekturen verwandelten das bizarre Delta zu einem formschönen Zündapp-Wagen, der allerdings in seiner Blech-Verarbeitung nun auch mehr Aufwand erforderte. Offensichtlich hatten aber die Zündapp-Gesellschafter die ursprüngliche Sparsamkeit in Sachen Auto abgelegt.

Jetzt waren die Techniker bestrebt, den Wagen zu einem technisch anspruchsvollen Fahrzeug zu machen. Die Einzelradaufhängung an allen vier Rädern dämpften Federbeine mit ungewöhnlich langen Federwegen. In einer umfangreichen Analyse hatte der von Zündapp beauftragte freie Ingenieur Helmut Werner Bönsch zuvor die Federungseigenschaften aller nach dem Krieg gebauten Kleinwagen untersucht. Dabei stellte er fest, daß zum Wohlbefinden der Insassen die „Eigenschwingungszahl" des Aufbaus hundert Schwingungen pro Minute nicht übersteigen dürfe. Nach diesem Maßstab und dem Ergebnis langer Versuchsfahrten war der Zündapp-Prototyp der erste und einzige, der diese hochgeschraubten Forderungen erfüllte.

Im Fahrbetrieb wirkten sich solche Berechnungen in einer weich ansprechenden Federung aus, die erst bei zunehmender Belastung härter wurde. Man erreichte sogar das, was heute als „Antidive" üblich ist; daß der Wagen nämlich beim Bremsen nicht nach vorne nickt. Erstmals gelang es hier, eine komfortable Federung zu schaffen, die in zu schnell gefahrenen Kurven nicht gleich die Karosserie neigen ließ.

In Verbindung mit der idealen Achslastverteilung durch den Mittelmotor ergaben sich Fahrwerkseigenschaften, die zu jener Zeit weit über dem üblichen Kleinwagenstandard lagen und selbst von einem Großteil damaliger Mittelklasse-Wagen nicht erreicht wurden.

Auch bei den Bremsen investierte Zündapp viel technisches Geschick in seinen ersten Nachkriegs-Wagen: Den berechneten 725 Kilogramm Gesamtgewicht standen 500 Quadratzentimeter wirksame Bremsfläche gegenüber. In die Bremstrommeln waren schaufelförmige Rippen eingegossen, um die zwischen Radkappe und Felge einströmende Luft direkt um die Trommeln herumzufächeln und Bremswärme abzuleiten. Eine Lösung, die bisher nur bei teuren Renn- und Sportwagen angewendet wurde. Die Zündapp-Werbung sollte später diese Bremsanlage mit dem Zusatz „Turbokühlung" anpreisen.

Während Mobile ähnlicher Klasse damals meist die Pferdestärken des Motors mit Hilfe einer Kette auf die

Hinterachse übertrugen, scheute man bei Zündapp diese Billig-Lösung. Stattdessen erhielt der Prototyp eine kurze Kardanwelle. Im Gegensatz zur Isetta klappte beim Zündapp-Wagen das Lenkrad bei geöffneter Türe nicht zur Seite. Hupe, Abblendlicht und Starter saßen an einer kleinen Armaturentafel. Der Schalthebel für die Ratschenschaltung lag auf der linken Seite des Fahrersitzes. Über dem Tachometer las der Fahrer auf einer kleinen Skala ab, welcher Gang gerade eingelegt war.

Trotz allem Bemühen, möglichst leicht zu bauen, brachte der Zündapp-Wagen rund 425 Kilogramm Leergewicht auf die Waage. Der kleine Einzylinder-Zweitakter hatte daran allerhand zu schleppen. Schon die ersten Fahrversuche rund um Nürnberg zeigten das. Mit Mühe erreichte der Wagen eine Spitzengeschwindigkeit von 80 km/h, und die Beschleunigung vom Stand auf 80 dauerte rund 38 Sekunden; selbst für damalige Zeiten keine guten Werte.

Doering hätte zwar gerne die Konsequenzen daraus gezogen und gleich einen stärkeren Motor eingebaut, doch Neumeyer bestand auf dem 250-ccm-Aggregat.

Um einen passenden Namen für das Fahrzeug zu finden, schrieb die Geschäftsleitung einen internen Wettbewerb aus, den ein externer Mitarbeiter gewann: Der freie Ingenieur Helmut Werner Bönsch hatte vorgeschlagen, den Wagen „Janus" zu taufen. Mit der fast gleichen Front- und Heckpartie erinnerte ihn das Zündapp-Mobil an den römischen Gott Janus. Der Gott des Ein- und Ausgangs, der mit zwei nach entgegengesetzten Seiten blickenden Gesichtern dargestellt wurde.

### Der Donnerbolzen

Während die letzten Entwicklungsarbeiten am Janus liefen, bastelte Chefkonstrukteur Doering bereits an einem zweiten Projekt, das mehr ein Steckenpferd der Geschäftsleitung zu sein schien; einem kleinen Sportwagen.

*Bei dem italienischen Karossier Pininfarina bestellte Zündapp diese Coupé-Karosserie. Bei Climax kauften die Nürnberger dazu einen 1,2- und einen 1,6-Liter-Motor. Vorerst aber sollte der Sportwagen mit einem 600-ccm- und 30-PS-Motor ausgerüstet werden. Ab Herbst 1957 sollte eine kleine Serie beginnen. Doch dann zeigte sich, daß die Investitionen zu hoch lagen.*

Seit 1934 — als Zündapp einen Zweiliter-Sportwagen entwickelt, aber nicht gebaut hatte — träumte Hans Friedrich Neumeyer von einem solch rassigen Gefährt. Unterstützt wurde er dabei von Schwager Mann.

Vor allem Dr. Mann drängte darauf, hierbei keine „halben Sachen" zu machen, sondern etwas Exklusives zu bauen. Er erteilte Mitte 1956 dem italienischen Karossier

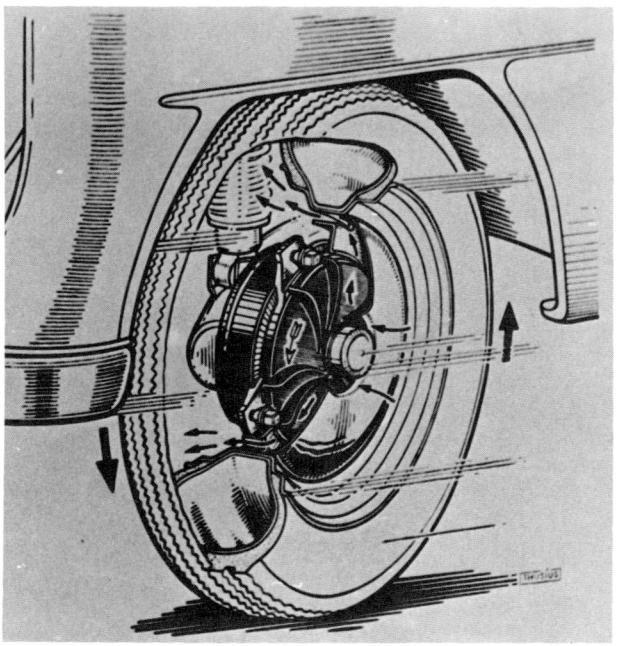

*Schaufelförmige Rippen versteiften die Trommelbremsen des Janus. Bei drehendem Rad zog ein Kühlluftstrom durch die Löcher der Radkappen an die Trommeln.*

Pininfarina den Auftrag, den Aufbau eines Sport-Coupés zu liefern, für das man in England zwei Climax-Motoren bestellte: Einen mit 1,2 den anderen mit 1,6 Liter Hubraum.

In Nürnberg schneiderte derweil Doering das passende Fahrgestell zurecht: Die Zutaten bestanden aus all dem, was für damalige Zeit gut und teuer war. Vorn im Chassis saß vorerst ein 600-ccm-Motor der schweren Zündapp-Seitenwagenmaschine, der mit 30 PS den fertigen Wagen auf eine Spitze von etwa 140 km/ bringen sollte. In kleiner Serie gebaut, hätte das Coupé etwa 7000 Mark kosten müssen; als Produktionsbeginn hatte man

den Herbst 1957 vorgesehen. Doch Eingeweihte wußten schon im September 1956 von dem geheimen Projekt. In Nürnberg, so stand es zu lesen, solle neben dem „Janus" ein „toller kleiner Donnerbolzen" („Roller und Mobil") entstehen. Falsch war allerdings die Annahme, Ghia in Turin baue dazu die Karosse.

Als Pininfarina die elegante Blechhaut anlieferte, waren alle Zündapp-Leute begeistert. So begeistert, daß die stählerne Schönheit auf Böcke aufgebaut, mit einem Tuch bedeckt und in dem Raum neben der Versuchsabteilung eingeschlossen wurde. Die Angst vor Beschädigungen diktierte solche Maßnahmen. Von dem exklusiven Einzelstück hörte fortan niemand mehr etwas. Die Produktionstechniker hatten erkennen müssen, daß die Investitionen zum Bau eines solch aufwendigen Wagens ihre bescheidene Einrichtung und finanzielle Basis bei weitem überstiegen. Man hatte genug zu tun, den Janus zur Serienfertigung durchzuboxen.

### Übles Heulen

Im September 1956 zeigte Zündapp der Presse die Vorserie des Janus. Gezwungenermaßen, denn sogenannte „Erlkönig-Fotos" plauderten sowieso die geheimen Mobil-Pläne aus.

Das erste Echo auf die Neuheit war unterkühlt. „Mehr als ein Möchtegern-Auto?" fragte das Fachblatt „Roller, Mobil und Kleinwagen". Allgemein war man erstaunt, daß diesen ausgewachsenen Viersitzer nur ein 250-ccm-Motor treiben sollte. Der Einzylinder mußte mit recht hoher Drehzahl gefahren werden, um den Janus in Schwung zu halten. Das wiederum führte zu lautem Motorgeräusch.

So vermerkten die Tester ein „sehr übles Heulen" in den ersten Janus-Wagen. Die Fahreigenschaften überzeugten dagegen alle. „Neue Maßstäbe für gute Straßenlage bei optimalen Federungskomfort", lobte die „Motor-Rundschau", und die Zeitschrift „Der Kleinwagen" notierte: „Es gibt noch keinen Kleinwagen, der es an Federungskomfort und Straßenlage mit dem Janus aufnehmen kann." Großes Lob erteilte auch die Fachleute der Zeitschrift „Das Automobil": „Der kleine Wagen liegt fast so weich wie ein großer amerikanischer Straßenkreuzer, ohne dessen unartige Kurvenneigungen zu kopieren."

Die geringe Motorkraft wurde dem Janus dagegen als Minus angekreuzt. Mokierte sich die Zeitschrift „Der Kleinwagen": „Zweifellos ist der Motor der schwierigste

*Der Prototyp des Zündapp Janus noch mit seitlichen Schiebefenstern.*

Punkt der ganzen Konstruktion. Daran ist nicht zu tippen." Die geringe Motorkraft mußte denn auch Pressechef Erasmus Grüttefien immer wieder vor Journalisten verteidigen. An einem feuchtfröhlichen Abend ließ er sich gar auf eine Wette ein, die ihm tags darauf viel Kopfzerbrechen bereitete.

Er hatte versprochen, die Turracher Höhe zu erklimmen, eine Strecke mit 23 Prozent Steigung. Als Grüttefien im Konstruktionsbüro nachfragte, ob das mit dem Janus zu schaffen sei, zog man den Rechenschieber zu Rate und meinte, der Zündapp könnte allenfalls eine 20-prozentige Steigung überwinden.

Grüttefien wollte trotzdem nicht zurückstecken. Mit einem sorgfältig vorbereiteten Janus zog er gen Turrach und probte bei Nacht und Nebel den Aufstieg. Als die Journalisten anrückten, stand der Janus bereits friedlich auf der Bergspitze vor dem Hotel. Damit wollten sich die Wetter aber nicht zufriedengeben. Deshalb

mußte Grüttefien die Bergtour nochmal veranstalten. Während er sich nach außen hin gelassen gab, bangte er um den Erfolg. Denn der Janus hatte die Steigung wirklich nur mit äußerster Not und schleifender Kupplung geschafft. Es war schon abzusehen, daß die Kupplung nach dem zweiten Aufstieg defekt sein würde.

Grüttefien schaffte es trotz aller Befürchtungen ein zweites Mal. Und die Zuschauer, die im Berg-Hotel das Ereignis feierten, ahnten nicht, daß der Janus nach dieser Gewalttour gleich ein neues Triebwerk brauchte.

### Überzeugender Gebrauchswert

In Nürnberg liefen die Vorbereitungen zur Serie auf Hochtouren. Man überlegte zwar, ob die gepreßten Karosserieteile nicht billiger von der Firma Steib zu beziehen seien, einem Hersteller von Motorrad-Seitenwagen. Doch da sich Zündapp Gelegenheit bot, Pressen aus zweiter Hand zu erwerben, richtete man in Nürnberg eine moderne Produktionsstraße ein. Hier fehlte es weder an Schweißautomaten noch an großzügigen Lackieranlagen. Im Gegensatz zu anderen Autos wurde der Janus hängend montiert. Eine Eigenheit, die rationelleres Bauen versprach. Die gesamte Fertigung war auf einen Ausstoß von maximal 20 000 Fahrzeugen ausgelegt.

Kalkulationen hatten mittlerweile gezeigt, daß der Wunsch Hans Friedrich Neumeyers, den Janus für etwa 2700 Mark anzubieten, nicht in Erfüllung gehen konnte. Um überhaupt rentabel zu arbeiten, mußte die neue Autofabrik etwa 12 000 Wagen pro Jahr bauen. Neumeyer rechnete mit einem Absatz von 15 000 Exemplaren, und damit konnte der Verkaufspreis des Janus nur bei 3290 Mark liegen.

Als im Juni 1957 endlich die Serie anlief, hatte sich gegenüber den Zündapp-Prototypen wenig verändert. Die ursprünglich vorgesehenen seitlichen Schiebefenster waren in der Serie weggefallen und Plexiglasscheiben mit vier Ausstellfenstern gewichen. Auch die Geräuschdämpfung hatte Doering vor Serienanlauf nochmals verbessert. „Kein Sportwagen, sondern ein Fahrzeug zum Auto-Wandern", jubelte die Zeitschrift „Hobby" damals. „Wir glauben", schrieb die „Frankfurter Allgemeine Zeitung" im November 1957, „daß der Janus durch seine gelungene technische Konzeption einen festen Platz am Markt einnehmen wird." Auch die Zeitschrift „Der Kleinwagen" glaubte an die Zukunft des Janus: „Einer der heutigen Kleinwagen wird – zumindest in seiner Idee – überleben: Der Janus von Zündapp."

Tatsächlich gab es auch jetzt noch keinen Kleinwagen, der soviel Innenraum bot. Auf reichlich vier Quadratmeter Grundfläche fanden vier Personen ausreichend Platz, wenn auch um die Frage, ob das Rückwärtsfahren Übelkeit erzeugt oder nicht, teilweise heftig gestritten wurde. Die Sitzbänke waren mit wenigen Griffen in eine durchgehende Liege zu verwandeln. Die Beinfreiheit war vorn und hinten größer als bei manchem Mittelklassewagen. „Roller, Mobil und Kleinwagen" bezeichnete den Serien-Janus als „Fahrzeug von überzeugendem Gebrauchswert" und notierte: „Er ist immer noch sehr laut, aber nicht mehr in so unangenehmen Frequenzen."

Dank seiner guten Straßenlage gelangen dem Janus auch einige Sporterfolge. Als Wagen der kleinsten Hubraumklasse gewann er die Langstreckenfahrt Lüttich–Brescia–Lüttich. Über die Distanz von 3300 Kilometern holte er den höchsten und einzigen Mannschaftspreis, den „Coupe des Constructeurs."

Um die massive Kritik an der dürftigen Motorleistung aus der Welt zu schaffen, versuchte Doering den Janus mit dem vom Zündapp-Motorrad her greifbaren 600-ccm-Boxermotor auszustatten. Das Musterexemplar strotzte vor Kraft, und das Fahrwerk ertrug die Mehrleistung klaglos. Allerdings benahm sich der Boxermotor genauso grobschlächtig wie der serienmäßige Zweitakter.

Deshalb probierte Doering den Janus einmal mit dem wassergekühlten Reihen-Vierzylinder des italienischen Fiat 600. Und damit zeigte sich ein ganz neues Fahrzeug mit Kraft und Laufkultur. Zündapp nahm Verbindung zu Fiat auf. Dort war man durchaus bereit, komplette Aggregate zu liefern und den Service über das Fiat-Kundendienstnetz laufen zu lassen. Hans-Friedrich Neumeyer blies das Projekt trotzdem ab. Ein Janus mit Fiat-Motor wäre in jedem Falle zu teuer geworden: Zündapp hätte an seinem Wagen noch weniger verdient.

## Der Climax-Janus

Auch ein anderes Projekt der rührigen Entwicklungsabteilung hatte wenig Aussicht auf Serienproduktion. Seit nämlich die Pläne mit dem Pininfarina-Coupé hinfällig geworden waren, hatte man auch keine rechte Verwendung für die in England bestellten beiden Climax-Rennmotoren, von denen einer ganz hoch gezüchtet war. Als sie in Nürnberg eintrafen, hatten sie Doerings Leute geheimnisvoll selbst vom Bahnhof abgeholt.

Die Techniker bauten nun ein Chassis aus Janus-Teilen zusammen, dazu einen Aufbau, der dem Serienmodell nur entfernt ähnlich sah. Statt Front- und Hecktür sorgte eine aufklappbare Plexiglaskuppel für Ein- und Ausstieg. In diesen Prototyp bauten die Nürnberger nun den Climax-Motor ein.

Die Geschäftsleitung wußte offiziell von dem Projekt überhaupt nichts – man duldete es. Das schweigsame Unbehagen zeigte sich besonders darin, daß der Technische Direktor, Dr. Hermann Popp, immer dann einen Bogen um die Entwicklungsabteilung machte, wenn er von weitem das Experimentiergestell sah.

Nach Feierabend, wenn die Belegschaft schon zu Hause war, röhrte dann das seltsame Gefährt mit dem 1,6-

*Schnitt durch den Janus: Reserverad, Motor und Tank lagen zwischen den Sitzen. Davor und dahinter blieb Platz für Passagiere. Und mit seinen vier Federbeinen setzte der Zündapp Janus neue Maßstäbe im Federungskomfort bei Kleinwagen.*

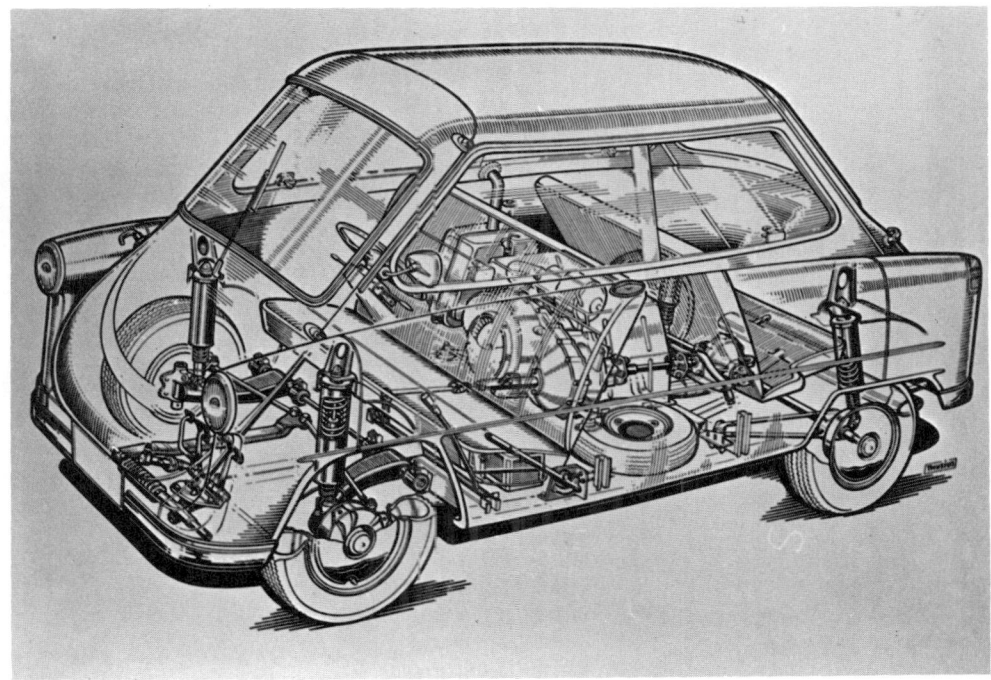

Liter-Mittelmotor und 80 PS durch das einsame Werksgelände. An diesem Fahrzeug erprobte man Details für den Serien-Janus und dabei blieb es.

Schon die ersten Produktions- und Verkaufsmonate hatten gezeigt, daß der Zündapp Janus keine größeren Kinderkrankheiten besaß. Kummer bereitete wohl zu Anfang der Auspuff, sowie die Ratschenschaltung. Sie ließ sich nur im Rollen in den nächst niederen Gang zurückschalten.

Aber die ersten Monate hatten auch gezeigt, daß sich die Verkaufserwartungen keineswegs erfüllten. Innerhalb von sechs Monaten fanden nur 1731 Fahrzeuge Käufer: Ein Viertel dessen, was Neumeyer erhoffte.

Als der „Mehrzweck-Kleinwagen mit der enormen Fahrleistung" (Zündapp-Werbung) auch in den ersten Monaten 1958 keinen größeren Anklang fand, tauchten erste Gerüchte vom Ende des Janus auf. Der Wagen sei in der Herstellung zu teuer und deshalb versuche man jetzt, den Bau der einzelnen Exemplare auf eine niedrigere Arbeitsstundenzahl zu bringen. So wußten Insider zu erzählen, daß ein Goggomobil nur 76 Arbeitsstunden zur Herstellung benötige, ein Janus dagegen 120. Die Konkurrenz plauderte hinter der vorgehaltenen Hand auch Gerüchte aus, daß Zündapp ganz zum Verkauf stünde. Dies empfand die Nürnberger Mannschaft als Rufmord. Besorgt ums Image, reiste Pressechef Erasmus Grüttefien durchs Land und beschwor jeden, der es wissen wollte: „Wir halten durch!" Er schimpfte damals über die „Schufte, die uns solche Gemeinheiten anhängen", und gab sein Ehrenwort als Beweis für das Fortbestehen der Marke Zündapp. Als Mitte Juni 1958 sogar ein neuer Motorroller, die Bella 204, debütierte, schien alles glaubhaft.

Nur vier Wochen später, im Juli, platzte die Bombe: Als Grüttefien wieder von einer Goodwill-Tour zurückkehrte, rief ihn sein Mitarbeiter an, er habe die Kündigung erhalten. Der Pressechef glaubte an einen Scherz und beschwerte sich bei der Geschäftsleitung über solch derbe Späße. Bei diesem Anruf wurde ihm aber beiläufig mitgeteilt, in seinem Briefkasten läge inzwischen auch die Kündigung.

Alle Mitarbeiter des Nürnberger Werks wurden entlassen. Im Gegensatz zu den Gerüchten hatten die beiden Gesellschafter nämlich nicht die ganze Marke Zündapp verkauft, sondern nur das Nürnberger Werk. Für sie war es ein „unsagbar harter Entschluß" das Lebenswerk

*Im Nürnberger Zündapp-Werk wurde die selbsttragende Karosserie an einen Laufkran gehängt und so von Arbeitsgruppe zu Arbeitsgruppe transportiert.*

ihres Vaters und Schwiegervaters aufzugeben. Die Beschränkung auf das Münchener Werk blieb allerdings auch die einzige Chance, die Marke Zündapp nach den erfolglosen Investitionen und den dadurch entstandenen hohen Schulden aus dem Autobau zu erhalten.

Nach der Aufgabe des Nürnberger Werks wollte Zündapp sich in dem modernen, erst 1950 aufgebauten Münchener Gebäudekomplex in kleinerem Rahmen auf den Motorradbau beschränken. Die Zweiradproduktion wurde von Nürnberg nach München verlegt. Die Zukunft sollte zeigen, daß diese Schrumpfung das Über-leben der Marke Zündapp sicherte. Innerhalb weniger Jahre festigte sich die Marktposition auf dem Zweiradsektor, Zündapp wuchs wieder zu einem gesunden Unternehmen.

Das Nürnberger Werk kaufte der Elektrokonzern Bosch samt den kompletten Produktionseinrichtungen des Janus. Bis zum 1. Oktober 1958 baute die Belegschaft noch Restbestände zu kompletten Autos zusammen, dann lief die Produktion aus. Bosch räumte hernach gründlich auf – die Schwaben hatten im Elektrobereich rentablere Geschäftszweige.

## Produktion Zündapp Janus

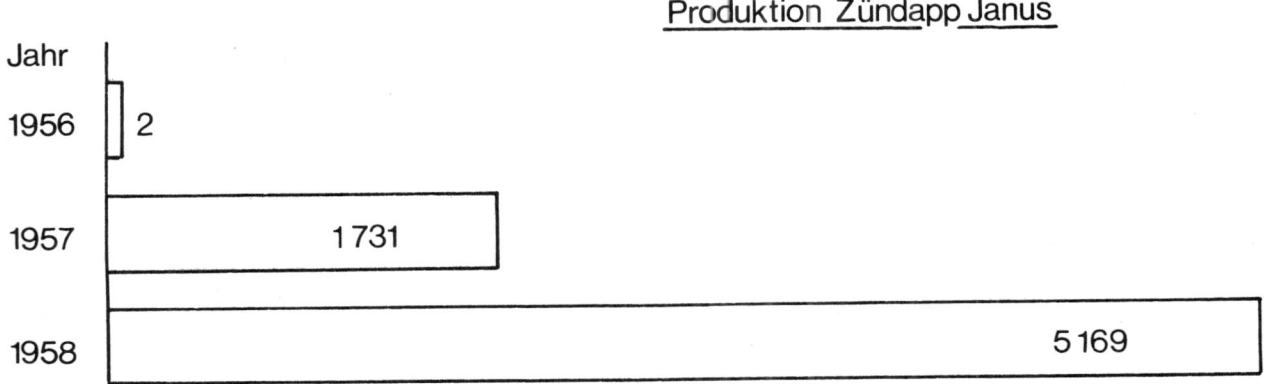

| Jahr | |
|------|------|
| 1956 | 2 |
| 1957 | 1 731 |
| 1958 | 5 169 |

Gesamt: 6 902

## Zündapp Janus 250

KAROSSERIE
  Moto-Coupé, 1 Fronttür, 1 Hecktür, 4 Sitze (Prototyp)
MOTOR
  Luftgekühlter Einzylinder-Zweitakt-Motor mit Gebläse (liegend), Bohrung/Hub: 67/70 mm, 248
  ccm, Verdichtung 7,0 : 1, 14 DIN-PS bei 5200 U/
  min, maximales Drehmoment 2,2 mkp bei 3500 U/
  min, Gemischschmierung 1 : 25, zweifach gelagerte Kurbelwelle, ein Bing-Vergaser 1/26
  Batterie: 12 Volt/24 Ah, Gleichstrom-Lichtmaschine 100 Watt
  Füllmengen: Tankinhalt 22 Liter, Getriebeöl 0,5 Liter
KRAFTÜBERTRAGUNG
  Viergang-Ziehkeil-Getriebe mit Ratschenschaltung
  an der linken Innenwand, Mehrscheiben-Kupplung
  im Ölbad, Kraftübertragung Motor-Getriebe durch
  Kette, Getriebe-Hinterachse durch geteilte, kurze
  Kardanwelle
  Mittelmotor, Hinterradantrieb
  Übersetzungen:
  1. Gang 4,16 : 1
  2. Gang 2,10 : 1
  3. Gang 1,33 : 1
  4. Gang 1,00 : 1
  R-Gang 3,975 : 1

Achsübersetzung: Motor-Getriebe 2,50 : 1, Getrie-
be-Achse 2,69 : 1
FAHRWERK
  selbsttragende Stahlblechkarosserie, vorn gescho-
  bene Schwingen, Stabilisator, hinten Pendelachse,
  vorn und hinten Federbeine (Teleskopstoßdämpfer
  mit Schraubenfedern kombiniert)
  Bremsen: hydraulische Vierrad-Trommelbremsen,
  Bremsfläche 488 cm²
  Lenkung: Zahnstangenlenkung (Übersetzung
  15,7 : 1)
  Reifen: 4.40–12
MASSE, GEWICHTE
  Länge 2860 mm, Breite 1400 mm, Höhe 1380 mm,
  Radstand 1825 mm, Spurweite vorn 1150 mm, hin-
  ten 1180 mm, Wendekreisdurchmesser 9,4 m, Leer-
  gewicht 425 kg, zulässiges Gesamtgewicht 725 kg
VERBRAUCH
  5,2 Liter auf 100 km (Normalbenzin-Ölgemisch)
FAHRLEISTUNGEN
  Höchstgeschwindigkeit 85 km/h
PREIS
  ——

PRODUKTIONSZAHLEN
  2 Stück
BAUJAHR
  (Debüt September 1956)

# Zündapp Janus 250

**KAROSSERIE**
Moto-Coupé, 1 Fronttür, 1 Hecktür, 4 Sitze

**MOTOR**
Luftgekühlter Einzylinder-Zweitakt-Motor (liegend), Bohrung/Hub: 67/70 mm, 248 ccm, Verdichtung 6,8:1, 14 DIN-PS bei 5000 U/min, maximales Drehmoment 2,15 mkp bei 4800 U/min, Gemischschmierung 1:25, zweifach gelagerte Kurbelwelle, ein Bing-Vergaser 1/26
Batterie: 12 Volt/24 Ah, Gleichstrom-Lichtmaschine 130 Watt

**KRAFTÜBERTRAGUNG**
Viergang-Ziehkeil-Getriebe mit Ratschenschaltung an der linken Innenwand, Mehrscheibenkupplung im Ölbad, Kraftübertragung Motor-Getriebe durch Kette, Getriebe-Hinterachse durch geteilte, kurze Kardanwelle
Mittelmotor, Hinterradantrieb
Übersetzungen:
1. Gang 4,16  : 1
2. Gang 2,10  : 1
3. Gang 1,33  : 1
4. Gang 1,00  : 1
R-Gang 3,975 : 1
Achsuntersetzung: Motor-Getriebe 2,50 : 1, Getriebe-Achse 2,69 : 1

**FAHRWERK**
Selbsttragende Stahlblechkarosserie, vorn geschobene Schwingen, Stabilisator, hinten Pendelachse, vorn und hinten Federbeine (Teleskopstoßdämpfer mit Schraubenfedern kombiniert)
Bremsen: hydraulische Vierrad-Trommelbremsen, Bremsfläche 488 cm²
Lenkung: Zahnstangenlenkung (Übersetzung 15,7 : 1)
Reifen: 4.40—12

**MASSE, GEWICHTE**
Länge 2890 mm, Breite 1410 mm, Höhe 1400 mm, Radstand 1825 mm, Spurweite vorn 1150 mm, hinten 1180 mm, Wendekreisdurchmesser 9,4 m, Leergewicht 425 kg, zulässiges Gesamtgewicht 725 kg

**VERBRAUCH**
5,2 Liter auf 100 km (Normalbenzin-/Ölgemisch)

**FAHRLEISTUNGEN**
Höchstgeschwindigkeit 85 km/h

**PREIS**
3290,— DM (+ 42,— DM Heizung)

**PRODUKTIONSZAHLEN**
6900 Stück

**BAUJAHR**
von Juni 1957 bis Oktober 1958

*Kersting-Modellwerkstätten, Waging/Oberbayern:*

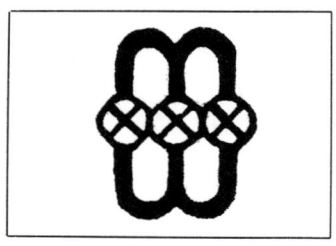

# Vermögen gekostet

Auf einer Bank im Gelände der hannoverschen Industrie-Messe 1949 saßen die drei Brüder Gerwald, Arno und Rainer Kersting und ließen sich von zarten Strahlen der Mai-Sonne wärmen. Sie grübelten über ihre Zukunft.

Zusammen mit dem Vater, Professor Walter M. Kersting, hatten sie im oberbayerischen Waging die „Kersting-Modellwerkstätten" gegründet, in denen sie sich mit Formgestaltung für verschiedene Industriegüter befaßten. Auf diesem Gebiet war Professor Kersting schon vor dem Weltkrieg führend gewesen. Doch die Söhne wollten daneben eine eigene kleine Fabrikation aufziehen. Und so wuchs neben der Formgestaltung eine Serienfertigung von Holz-Spielzeugeisenbahnen aus kleinsten Anfängen heraus. Das Geschäft blühte — bis zur Währungsreform im Juni 1948. Plötzlich verlangten die Kunden Spielzeug aus Blech, und weil den Kerstings dazu die Einrichtung fehlte, hatten sie sich wieder ganz dem Design verschrieben.

### Idee im Kino

So widmeten die drei Brüder den Besuch der Industriemesse 1949 ganz und gar der Kontaktpflege zu Kunden. Doch auf der Bank im Messegelände tauchte wiederum der Gedanke auf, irgendwo eine Marktlücke für eine eigene Produktion zu finden.

Dabei erinnerte sich Gerwald Kersting an einen Kinobesuch vor kurzer Zeit. Hier hatte er in der Wochenschau einen Bericht über die Reutlinger Automobilschau gesehen, auf der auch eine kleine Fahrmaschine — wahrscheinlich der Champion Ch-1 — Premiere feierte.

Schon in den zwanziger Jahren hatte sich Vater Kersting, Ingenieur, Architekt und Formgestalter, mit dem Bau von Kleinstwagen beschäftigt. Damals entstand der Prototyp eines dreirädrigen Jagdwagens und wenig später das Modell eines kleinen Coupés. Professor Kersting hatte auch ein automatisches Getriebe ausgetüftelt und zum Patent angemeldet, das durch verstellbare Riemenscheiben die Motorkraft stufenlos an die Räder brachte. Da sich damals kein Interessent fand, hatte er die Idee wieder fallenlassen. Vater besaß also Erfahrung im Fahrzeugbau.

Nun sahen die Kersting-Brüder ihre Zukunftschance; ein wirklicher Kleinstwagen fehlte in Deutschland. „Alle kleinen Wagen", so überlegte Gerwald Kersting, „waren früher oder später in eine Wachstumsperiode gekommen und schon bald keine Kleinstwagen mehr." Also sollte ein echter Kleinstwagen entstehen, ein Mobil zwischen Motorrad und Automobil; mit vollem Witterungsschutz, mit Heizung, geringem Verbrauch — und bequem dazu.

Diese Bedingungen waren nur zu erfüllen, wenn kein Auto im herkömmlichen Sinne — also mit Chassis und aufgesetzter Karosserie — entstand. Vielmehr mußte eine ganz neue Konzeption gefunden werden; eine Kombination von Boots- und Flugzeugbau mit freitragendem, verwindungssteifem Rumpf, ohne schwächende Türen.

Gerwald, Arno und Rainer Kersting durchkämmten die Industriemesse nochmals gründlich, um nach möglichen Konkurrenten Ausschau zu halten. Offensichtlich gab es nichts in dieser Richtung.

Nach Rückkehr von der Messe fanden die Ideen der Söhne volle Zustimmung bei Professor Kersting, der sofort seine Mitwirkung versprach. Er mahnte allerdings gleich, daß der Bau eines Prototyps hinter anderen Aufgaben rangieren dürfe; schließlich würde das tägliche Brot nach wie vor mit Design-Aufträgen verdient. Vaters Einwand dämpfte den Elan der Söhne nicht. Der künftige Kersting-Wagen sollte nicht mehr als 150 Kilogramm wiegen und für etwa 2500 Mark verkauft werden.

## Kleinstwagen mit Automatik?

Zwei Wochen nach der Rückkehr aus Hannover — im Juni 1949 — begannen die ersten Arbeiten am Bau eines Sitz-Versuchs-Gestells; ein einfaches Lattengerüst, an dem Einstieg und Sitzmöglichkeiten erprobt wurden. Ein Kersting-Sohn reiste bald darauf nach Rosenheim, um sich bei Fritz M. Fend die handwerkliche Fertigung des dreirädrigen Flitzers anzusehen.

Die Kerstings klebten, sägten und hämmerten den Prototyp erst einmal aus Sperrholz, um später für den Serienbau auf Kunststoff überzugehen. Doch die Chemiker der BASF-Zweigstelle München machten den jungen Autokonstrukteuren wenig Hoffnung; die Kunststoff-Verarbeitung steckte damals in den Kinderschuhen.

*Kersting-Kleinwagen aus den 20er Jahren.*

Zwei Herren der Essener Firma Preßwerk AG, die am 25. Juni 1949 nach Waging reisten, zeigten einen neuen Weg auf; sie empfahlen „PAG-Holz" als richtigen Werkstoff für den Serienbau des Kersting-Mobils. Hierbei wurden Furnierschichten — mit Kunststoff durchtränkt — unter gewaltigem Druck in Formen gepreßt. Die Werkzeugkosten für Karosserieformen wollte das Preßwerk in Essen sogar zur Hälfte vorstrecken. Die Brüder waren nicht abgeneigt.

Doch vorläufig bauten sie das erste Exemplar weiterhin aus einfachem Sperrholz zusammen. Der Boden des Fahrzeugs bestand aus zwei Platten mit dazwischengeleimten Längsholmen. So ließen sich Steuergestänge und -züge zum Motor durch diesen Doppelboden führen. Außerdem ergab sich innen und außen ein völlig glatter Boden, der in Längsrichtung nach unten durchhing. Bei höheren Geschwindigkeiten rechneten sich die Brüder Kersting somit einen Unterdruck zwischen Fahrzeugboden und Straße aus, der dem leichten Mobil zu besserer Bodenhaftung verhelfen sollte. Diese Platte war aber nur ein Bestandteil der Karosserie, die — wie im Bootsbau — mit den verstärkten Spanten ein starres, verwindungsfreies Ganzes bildete.

Felgen und Reifen von Lastenfahrrädern dienten behelfsmäßig als Auto-Räder, denn die gewünschten kleineren Reifen gab es nicht zu kaufen. Ohne Speichen nietete man die Felgen an gewölbte Blechscheiben, womit sie Auto-Felgen glichen.

Im August 1949 stockten die Entwicklungsarbeiten; formgestalterische Aufträge nahmen die ganze Arbeitskapazität der Kerstings in Anspruch. Erst Monate später — im Januar 1950 — verfolgten sie ihr Lieblingsprojekt weiter. Professor Kersting — mit seinem ausgeprägten Sinn fürs Praktische — hätte dem kleinen Vierrad-Fahrzeug garzugern eine Getriebe-Automatik eingebaut. Deshalb schickte er einen seiner Söhne zur Getriebefabrik Hurth, wo eine solche Automatik in Entwicklung sein sollte. Die Kerstings reisten schließlich in ganz Deutschland herum, um ein passendes automatisches Getriebe aufzustöbern. Entwürfe und Modelle gab es genug, aber keine Automatik, die richtig funktionierte.

Im Mai 1950 war es soweit: Das kleine Fahrzeug absolvierte die ersten Fahrversuche — vorläufig noch ohne Motor und Getriebe. Die Brüder schoben es eine Steigung hinauf und rollten dann eine 14prozentige Gefällstrecke hinunter. Dabei stellte sich heraus, daß die Lenkung noch zu direkt geraten war. Aus Teilen einer Handbohrmaschine fertigten die Techniker eine neue Zahnstangenlenkung, die nun den Anforderungen genügte.

## Reparaturfreundlichkeit eingebaut

Für den Prototyp hatten die Kerstings weder wasserfestes Sperrholz genommen, noch den Wagen lackiert. Schließlich ging es zunächst darum, Festigkeit und Stabilität der Karosserie zu erproben sowie Einstiegsmöglichkeiten und Bequemlichkeit des türlosen Aufbaus zu testen. Um das Musterexemplar trotzdem gegen das Wetter zu schützen, überzogen die Waginger ihre Kreation mit Kunstleder.

Als Insassenschutz statteten sie den Roadster mit einem Dach aus, das sich zum Ein- und Aussteigen zurückschieben ließ. An Sonnentagen nahm man das Dach ab − genauso wie es heute bei Hardtops üblich ist. Die Herstellung des Dachs in seiner gewölbten Form bereitete jedoch Schwierigkeiten. Furniere ergaben nämlich keine stufenlose Oberfläche. Findig klebten die Kerstings darüber eine fünf Millimeter starke Schicht aus Streifen von Hartpapier. Das Ganze wurde imprägniert und ebenfalls mit Kunstleder verkleidet.

Als im August 1950 die Auto Union endlich den seit langem bestellten, nagelneuen 125-ccm-DKW-Motorradmotor nach Waging lieferte, rückte auch der Zeitpunkt der Fertigstellung näher. Rainer Kersting entwickelte für das fünf-PS-Aggregat innerhalb von drei Wochen das notwendige Kühlgebläse. Dann baute man das Triebwerk ins Heck ein. Über eine Rollenkette gab der Motor seine Kraft auf das linke hintere Rad. Doch bereits die allerersten Probefahrten zeigten, daß sich solcher Einradantrieb in der Praxis nicht bewährte. Beim Beschleunigen blieb der kleine Wagen nur mit geübten

Lenkkorrekturen in der Spur. Deshalb bauten die Kerstings im Oktober 1950 ihr Kleinstfahrzeug nochmals um. Es erhielt nun einen Antrieb auf beide Hinterräder über ein Differential. Die beiden Trommelbremsen lagen nicht mehr − wie damals üblich − an den Rädern, sondern dicht am Differential. So entlastete man die Räder von Schwungmassen, was die einfache Gummibandfederung durch wirksamen Federungskomfort dankte: Eine Lösung, die erst Jahre später in anderen Autofirmen Nachahmer fand.

Hinterachse, Motor, Getriebe und Differential, sowie Bremsen und Federung hingen in einem kleinen Stahlrahmen, der durch vier Flügelmuttern mit der Sperrholzkarosserie verbunden war. Schnelltrenn-Verbindungen sorgten für den Kontakt zu Bedienungselementen im Wagen. Zur Reparatur oder Inspektion des „Fahrschemels" löste man die Flügelmuttern und hob von Hand die leichte Karosserie über das Aggregat hinweg. Geplant war sogar, daß der Werkstatt-Kunde das Fahraggregat seines Wagens bei Reparatur gegen ein Leihaggregat austauschte. Dann konnte der Besitzer weiterfahren und später das instandgesetzte Triebwerk wieder abholen.

Am 6. September 1950 startete der „Kleine Kersting" endlich zur Jungfernfahrt. Dabei zeigte sich, daß das

Handstartgestänge etwas zu schwach geraten war, ansonsten schnurrte das nur 2,50 Meter lange Auto so brav, wie es seine Konstrukteure erwartet hatten. Die Zulassung beim TÜV erforderte lediglich eine Änderung der Rücklichter.

Das Einregulieren des Tachometers geriet zum besonderen Ereignis, denn der „Kleine Kersting" besaß einen elektrischen Tachometer: Anstatt der üblichen biegsamen Welle saß an der Hinterachse ein kleiner Dynamo, am Armaturenbrett ein Voltmeter, dessen Skala „km/h" anzeigte. Vorteil: Kein Verschleiß mechanischer Teile.

### Das Finanzierungsdebakel

Lange bevor das zwergenhafte Mobil Premiere feierte, hatten Vater und Söhne gegrübelt, wie eine Serienproduktion zu finanzieren sei. Eine komplette Fertigungsstraße würde etwa eine Million Mark kosten. Und in 400 Exemplaren pro Jahr gebaut, hätte der „Kleine Kersting" rund 2100 bis 2500 Mark in der Herstellung gekostet.

Wo die Kerstings auch um Finanzierungshilfe baten — von niemandem erhielten sie verbindliche Zusagen.

Das bayerische Wirtschaftsministerium stellte eine Staatsbürgschaft in Aussicht. Doch sie wäre von den Banken nur anerkannt worden, wenn Professor Kersting ein größeres Vermögen als Sicherheit hätte vorweisen können. Die Waginger Techniker fuhren zu Industrie- und Handelskammern, die zwar meist großes Interesse zeigten, aber auch nicht weiterhalfen. Der Hohe Kommissar in Traunstein versprach, sich für eine Staatsbürgschaft einzusetzen, wenn einige größere Auto-Händler die Verkaufsaussichten bestätigten. Ein Landrat versuchte seine Verbindungen spielen zu lassen; doch jeder Weg führte ins Leere.

Anläßlich einer Reparaturfahrt zur Auto-Union nach Ingolstadt bestaunten die dortigen Ingenieure das kleine Mobil und lobten die unkonventionelle Technik. Doch die Frage der Kerstings nach einer Beteiligung am Serienbau blieb unbeantwortet.

Nachdem die Hoffnung dahinschwand, mit Hilfe von Bankkrediten eine Produktion aufzuziehen, suchten die Kerstings einen privaten Geldgeber. Doch es gab kein akzeptables Angebot. Zwar fanden sich einige Interessenten, die jedoch immer die Mehrheit in der gemeinsam zu gründenden Gesellschaft anstrebten. Professor Kersting bestand jedoch darauf, mindestens 51 Prozent an einer solchen Firma zu halten.

*Der Kleine Kersting besaß eine Sperrholzkarosserie ohne Türen. Zum Einstieg wurde das Verdeck über ein Parallelogramm nach hinten geklappt. Rechts: Professor Walter M. Kersting mit seinem Kleinstwagen.*

In seinem bisherigen Leben hatte er nämlich allzuoft erleben müssen, wie andere Leute Nutzen aus seinen Ideen gezogen hatten: Diesmal wollte er hart bleiben. Schließlich hatten die vier aus Waging die ganze Entwicklung unter größten Opfern mit eigenen Mitteln durchgeführt.

## Ein Glas-Auto?

Sehr interessiert an dem Holz-Mobil zeigte sich der Dingolfinger Landmaschinenfabrikant Hans Glas, der 1951 mit den „Goggo"-Motorrollern auch ins Fahrzeug-Geschäft gestiegen war. Er bat die Kerstings zu einem Besichtigungstermin nach Niederbayern.
Hans Glas begutachtete mit Sohn Andreas den Zweisitzer von allen Seiten und erklärte dann kurzentschlossen: „Gut, das wird ein Glas-Auto." Er legte gleich fest, was beim Serienbau verändert werden müsse. Türen sollte das kleine Auto bekommen — aber damit, so fürchteten die Kerstings, wäre der Grundgedanke der billigen und leichten, doch stabilen Bauweise dahin.
Auch in finanzieller Hinsicht fand man keine Einigung. Glas bot zunächst für die ganze Konstruktion 30 000 Mark, später lockte er mit einer Lizenzgebühr von 50 Mark pro Auto. Doch die Kerstings strebten aktive Beteiligung an, was der rauhbeinige Glas ablehnte. Verschnupft trennte man sich.
Segelflugzeug-Hersteller Wolf Hirth in Kirchheim wollte das Auto in seinem Betrieb zwar so bauen, wie es die geistigen Väter wünschten; doch auch ihm fehlten die soliden finanziellen Grundlagen.
Durch die Bekanntschaft von Professor Kersting mit Erhard Vitger, dem Generaldirektor der Kölner Ford-Werke, ergab eine Gelegenheit, den Prototyp in Köln vorzuführen. „Das ist eine ganz gute Sache", meinte Vitger nach der Probefahrt, „aber für uns nicht das richtige."
Das richtige schien es für die Bundespost zu sein, die seit längerem nach einem billigen Fortbewegungsmittel für die Briefkastenleerung suchte. Die Einkäufer der Post versprachen, einige hundert Exemplare zu kaufen, falls der „Kleine Kersting" in Serie ginge.
Eindruck machte die Kreation der Brüder Kersting auch auf die Redakteure des Fachblatts „Das Auto". Anfangs äußerst mißtrauisch allen Kleinstwagen-Konstruktionen gegenüber, lehnten sie es ab, zu der angebotenen Probefahrt überhaupt einzusteigen. Erst als sie aus dem Fenster sahen und drunten um den Wagen eine dichte Menschenmenge entdeckten, wurde auch Neugierde nach dem kleinen Mobil geweckt. „Auf der Autobahn schafft er mühelos 65 km/h", wunderten sie sich hernach, „dabei läuft der 125-ccm-Motor verhältnismäßig ruhig und vibrationsfrei." Die Tester lobten die Leichtgängigkeit der an der linken Seitenwand sitzenden Schaltung und drückten ihre Verwunderung darüber aus, daß — trotz der geringen Außenmaße — der Innenraum „selbst mit Mantel" geräumig sei. „Hoffen wir", resümierten die Fachleute, „daß es den Brüdern Kersting gelingt, eine rationale Produktion aufzuziehen ... aber auch, daß das Serienfahrzeug ebenso solide und sauber ausfällt, wie der mustergültige Probewagen, der uns wirklich viel Freude bereitete."
Das kleine Auto erregte soviel Aufsehen, daß eines Tages auch ein Kamera-Team der Wochenschau „Blick in die Welt" in Waging auftauchte. Für die Filmaufnahmen drehten Gerwald und Arno Kersting einige schneidige Runden mit ihrem Fahrzeug und trugen es — zum Beweis für die extreme Leichtbauweise — anschließend von der Straße in den Garten: schließlich wog es nur 140 Kilogramm.

## Der Typ II blieb Theorie

Trotz des Lobes von allen Seiten überarbeiteten die Waginger ihr Mobil im Frühjahr 1952 noch einmal gründlich. Statt des 125-ccm-Motors kam nun ein 200-ccm-Ilo-Triebwerk ins Heck. Mit zehn PS schaffte das Mini-Auto nun Geschwindigkeiten bis zu 90 km/h. Allerdings blieb auch bei diesem Umbau wiederum der Traum von einer Getriebeautomatik unerfüllt.
Professor Kersting und seine Söhne begnügten sich nicht damit, ihr Fahrzeug nur schneller zu machen. Die Fahrrad-Reifen, die auf langen Reisen nur allzuoft platzten, wurden gegen Pneus von Motorrollern ausgetauscht. Da auf einer Autobahnfahrt einmal alle vier Räder abgebrochen und der Wagen auf dem Holzboden dahingerutscht war, verstärkten die Kerstings jetzt Achsen und Federung.
Für eine Serienproduktion sollte das Waginger Mobil noch vollkommener werden. Deshalb konstruierten die Brüder im Sommer 1952 einen Typ II, bei dem man alle Erfahrungen mit dem Prototyp berücksichtigte. Aus Stabilitätsgründen fielen gar die Radausschnitte weg, und insgesamt war die Form des Wagens noch mehr rationellen Notwendigkeiten des Serienbaus angepaßt.

So sollte der Typ II des Kleinen Kersting aussehen. Ein kleines Coupé mit dem Motor vor der Hinterachse. Der Boden war leicht nach unten gewölbt, damit bei hohem Tempo ein Unterdruck zwischen Wagen und Straße entsteht, was wiederum die Straßenlage verbesserte.

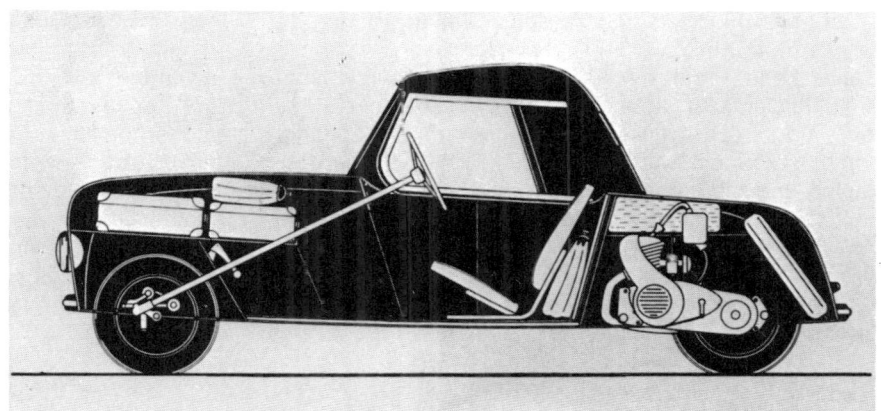

Doch über ein Holzmodell in kleinem Maßstab kam der „Typ II" nie hinaus.

Dabei hatte Professor Kersting schon weitreichende Zukunftspläne: Er erdachte für das Mobil seiner Söhne Vier- und Sechszylindermotoren, die mit Hubräumen von nur 250 ccm und speziellen Schalldämpfern so lautlos und vibrationsarm wie große Aggregate laufen sollten. Mit besonderer Hingabe arbeitete Walter M. Kersting – parallel zu Felix Wankel – sogar an einem Drehkolbenmotor, der eines Tages den „Kleinen Kersting" antreiben sollte.

Doch alle Pläne zerrannen an der harten Realität. Als sich bis 1953 kein Geldgeber und keine Beteiligungsmöglichkeit gefunden hatte, gaben die Kerstings alle Hoffnung auf. „Schmerzhaft zu sagen", schrieb Professor Kersting später, „daß die Entwicklung uns ein Vermögen gekostet hat, besonders, wenn man dabei auch unser aller Arbeitszeit mit berechnet."

Die Formgestaltung von Industrie-Erzeugnissen sicherte auch weiterhin die Existenz. Den Prototyp des „Kleinen Kersting" fuhr die Familie noch bis 1956; als rund 150 000 Kilometer auf dem Tachometer standen, erhielt ihn ein Student zum Geschenk.

*Wäre es zum Serienbau des Kleinstwagens gekommen, hätte Professor Kersting die Entwicklung eines 250 ccm-Sechszylinder-Motors in Angriff genommen.*

# Der Kleine Kersting

KAROSSERIE
  Roadster mit abnehmbarem Coupé-Dach, 2 Sitze
MOTOR
  Luft/gebläsegekühlter Einzylinder-Zweitakt-Motor (DKW), 123 ccm, Verdichtung 6,0 : 1, 5 DIN-PS bei 5000 U/min, maximales Drehmoment 1,2 mkp bei 4700 U/min, Gemischschmierung 1 : 20, Handstarter, zweifach gelagerte Kurbelwelle, ein Bing-Vergaser
  Batterie: 12 Volt/25 Ah, Gleichstrom-Lichtmaschine
  ab 1952: Luft/Gebläsegekühlter Einzylinder-Zweitakt-Motor (ILO), Bohrung/Hub: 62/66 mm, 197 ccm, Verdichtung 6,0 : 1, 10 DIN-PS bei 4900 U/min, maximales Drehmoment 1,4 mkp bei 3200 U/min, Gemischschmierung 1 : 20, zweifach gelagerte Kurbelwelle, elektrische Dynastart-Anlage, ein Bing-Vergaser
  Batterie: 12 Volt/25 Ah, Gleichstrom-Lichtmaschine
  Füllmengen: Tankinhalt 7 Liter
KRAFTÜBERTRAGUNG
  Dreigang-Getriebe mit Klauenschaltung, Mehrscheibenkupplung, Schalthebel und Handbremse an der linken Seitenwand, Antrieb durch Rollenkette über Differential auf die Hinterräder
  Heckmotor
  Übersetzungen:
  1. Gang 4,00 : 1 *
  2. Gang 2,10 : 1 *
  3. Gang 1,00 : 1 *
  R-Gang 4,12 : 1 *
  Achsübersetzung: 3,84 : 1*

FAHRWERK
  Selbsttragende Sperrholz-Karosserie mit Kunstleder überzogen, vorn Fahrschemel aus Stahlrohr mit geschobenen Längsschwingarmen, hinten Fahrschemel mit gezogenen Diagonalschwingarmen, vorn und hinten Gummibandfederung
  Bremsen: Mechanische Trommelbremsen auf die Hinterräder am Differential liegend
  Lenkung: Zahnstangenlenkung
  Reifen: 2.25 x 20 (ab 1952: 4.00 x 8)
MASSE, GEWICHTE
  Länge 2500 mm, Breite 1060 mm, Höhe 1170 mm (mit Dach), 1000 mm (ohne Dach), Radstand 1850 mm, Spurweite vorn und hinten 1000 mm, Wendekreisdurchmesser 10 m, Leergewicht 140 kg ohne Dach, 150 kg mit Dach, zulässiges Gesamtgewicht rund 350 kg
VERBRAUCH
  2,5 bis 3 Liter auf 100 km (Benzin-Öl-Gemisch)
FAHRLEISTUNGEN
  Höchstgeschwindigkeit 65 km/h (mit 125 ccm-Motor) 90 km/h (mit 200 ccm-Motor)
PREIS
  (geplant: 2500,– DM)
PRODUKTIONSZAHLEN
  1 Stück
BAUJAHR
  (Debüt: 6. September 1950)

← * geschätzter Wert

*Econom-Fahrzeugbau, Hellmuth Butenuth,*
*Berlin-Spandau*

# Berliner Krabben

„Wann wird denn die kleene Krabbe endlich jebaut?",
wollten die Berliner immer wieder wissen, sobald das
kleine Cabriolet irgendwo im Stadtbild von West-Berlin
auftauchte. Diese Frage stellte sich auch der Erbauer,
Ingenieur Hellmuth Butenuth. Er hoffte, mit Aufbau-
krediten des Berliner Senats eine Pkw-Fertigung aufziehen zu können und hauptsächlich den Bürgern der
geteilten Stadt ein billiges, anspruchsloses Fortbewegungsmittel zu verkaufen, das nicht teurer sein sollte
als ein Motorrad.

Die Voraussetzungen für eine Serienproduktion schienen günstig. Butenuth — seit 1937 Ford-Händler — verstand sich auf den Fahrzeugbau. Mit seiner Hilfe hatte
Hanomag kurz nach dem Ersten Weltkrieg den Sprung
von der Lokomotiv- und Dampfmaschinenfabrik zum
Automobil-Hersteller geschafft. Unter Butenuths Leitung
wurde damals der Hanomag Kommißbrot entwickelt;
ein Auto, das seither zu den typischen Kleinstwagen
der Automobilgeschichte zählt.

### Kleinstwagen vom Ford-Händler

Nach 1945 gab es keine Ford-Personenwagen mehr zu
verkaufen. Butenuth saß in russischer Haft. Als er im
Laufe des Jahres 1946 schließlich entlassen wurde, befaßte sich der Berliner mit dem Bau von Holzgas-
Generatoren. Unter primitivsten Voraussetzungen
bastelte er benzinschluckende Auto-Veteranen in holz-
gas-getriebene Vehikel um, die — unabhängig von der
allgemeinen Benzinknappheit — mit deutschem Wald
geheizt wurden.

Als sich die Zeiten etwas besserten, gründete er das
Econom-Werk, das ganz auf den Bau von Kommunal-
fahrzeugen spezialisiert war. Müllautos, Straßenreini-
gungs-Maschinen und langsamlaufende Lastwagen
rollten in kleinsten Serien aus der Werkstatt. Als die
Ford-Werke in Köln ihren — schon vor dem Krieg gebauten — Taunus im November 1948 wieder herstellten,
reifte in dem Ford-Händler der Plan, daneben ein
Kleinst-Auto zu bauen. Denn nur Wohlhabende konnten
sich damals diesen Mittelklasse-Wagen leisten. Leute,
bei denen es finanziell nur zum Motorrad reichte, suchten vergeblich das „fahrende Dach überm Kopf".

Butenuth legte im Herbst 1949 die ersten Striche für
sein Mini-Mobil fest; er bezog dabei alte Konstruktions-
Elemente aus Hanomags-Zeiten in die Neukonstruktion
ein. Wie beim Kommißbrot übertrug der kleine Motor
seine Kraft über eine Kette an die starre Hinterachse.
Um das fehlende Differential auszugleichen, geriet die
hintere Spur des kleinen Fahrzeugs besonders schmal;
eine Lösung, der sich Jahre später auch die italienische
ISO-Isetta bedienen sollte. Für die Vorderrad-Aufhän-
gung wählte Butenuth ebenfalls den billigsten Weg.
Die Räder hingen direkt an zwei Querblatt-Federn, lediglich gestützt durch je einen unteren Querlenker.
Die Karosserie bestand aus einer nur nach einer Seite
gezogenen Blechplatte, an die lediglich die vordere
und hintere Stirnwand angeschweißt wurde. Die pon-
tonförmige Karosserie geriet beim ersten Exemplar zu

schlicht, weshalb Butenuth für die weiteren Exemplare üppigeren Zierrat vorsah.

Im Juni 1950 tuckerten die ersten beiden Prototypen mit einem 250-ccm-ILO-Motor durch West-Berlin. Die Begeisterung der Berliner kannte keine Grenzen. Noch ehe der Meister sein Werk getauft hatte, fanden sprachgewandte Berliner den passenden Spitznamen: „Krabbe" riefen die einen, „Wanze" die anderen. Der Econom-Chef sah die Sache nüchterner. In Anlehnung an das Berliner Stadtwappen, den Bären, nannte Butenuth sein Mini-Mobil „Teddy". Er verweigerte dem kleinen Fahrzeug von Geburt an das Anrecht auf die Bezeichnung Auto und verwies darauf, daß es ein Vierrad-Roller sei; eine Aufstockung des damals beliebten Motorrollers.

Auf der vorderen Sitzbank fanden zwei Personen Platz. Dahinter deckte eine Plane das kleine Antriebs-Aggregat und den dritten Sitzplatz ab. Regnete es, ließ sich ein Verdeck einknöpfen, das den schon knappen Innenraum weiter einengte und aus dem Vierrad-Roller eine richtige Krabbendose werden ließ.

Im Juni 1950 führte Helmut Butenuth Interessenten seinen Kleinstwagen „Teddy" vor (oben). Später verbesserte er sein Mobil mit einer breiten Frontschnauze (unten, neben einem Econom-Lkw).

Neben den Econom-Lastwagen sollte das putzige Fahrzeug in Serie gebaut und für etwa 2000 Mark verkauft werden. Aber wenige Tage nach dem offiziellen Debüt erkannte Butenuth, daß dem Vierrad-Roller keine große Zukunft beschieden war. Obwohl er ein wohlhabender Mann war, fehlte ihm das Geld für die nötigen Investitionen in eine rentable Serienfertigung. Als Ford-Händler beobachtete er immer wieder, daß sich die Mitbürger nicht mehr damit begnügen wollten, ein spartanisches Gefährt mit Dach zu bewegen, sondern zum richtigen Auto strebten.

Der neue Lloyd LP 300 des Bremer Automobilfabrikanten Carl Friedrich Borgward entmutigte Butenuth ganz und gar. Er begrub seine eigenen Fabrikationspläne, die unter dem aufkommenden Rohstoff-Mangel der Korea-Krise nur noch mehr gelitten hätten. Den „Teddy" hätte Butenuth aber gern als Lizenz verkauft. In dem niederbayerischen Landmaschinen-Fabrikanten Hans Glas schien 1950 auch ein ernsthafter Interessent gefunden. Glas suchte eine gute Kleinstwagenkonstruktion und kam nach kurzem Briefwechsel nach Berlin,

um sich den Econom-Teddy genau anzusehen. „Das ist genau das richtige Fahrzeug, das wir in Deutschland brauchen", meinte der stämmige Bayer, und er amüsierte sich über das niedliche Aussehen des Zweimeter-Mobils.

Aber nach seiner Meinung war der Teddy im Innenraum zu klein, deshalb mochte er Butenuths Konstruktion nicht unverändert übernehmen. Noch mehr als der Wagen imponierte dem Landmaschinenfabrikanten der Konstrukteur. Er offerierte Butenuth, mit ins bayerische Dingolfing zu ziehen, und dort auf der Basis des Teddy einen deutschen Kleinst-Volkswagen zu bauen.

Butenuth sah in der geteilten Stadt größere Chancen. Die Ford-Vertretung arbeitete wieder lukrativ, und das Econom-Werk bot ihm genug Entfaltungsmöglichkeiten als Konstrukteur — wenn auch nur im Lastwagen-Bereich.

Hans Glas zog unverrichteter Dinge wieder heim, und Butenuth und sein Sohn fuhren die drei Exemplare des Teddy so lange, bis der Weg am Schrottplatz nicht mehr vorbeiführte.

*Der „Teddy" besaß hinten eine eng zusammenstehende Spur, die ein Differential ersparte. Eine Lösung, die erstmals beim Hanomag Kommißbrot angewendet wurde und die sich später in der Isetta bewährte.*

# Econom „Teddy"

**KAROSSERIE**
  Roadster, 2 Türen, 2+1 Sitze

**MOTOR**
  Luft/gebläsegekühlter Einzylinder-Zweitakt-Motor (ILO), Bohrung/Hub: 68/68 mm, 245 ccm, Verdichtung 5,7 : 1, 6,5 DIN-PS bei 3500 U/min, maximales Drehmoment 1,57 mkp bei 2500 U/min, Gemischschmierung 1 : 20, zweifach gelagerte Kurbelwelle, Handstarter, ein Bing-Fallstromvergaser Batterie: 6 Volt/18 Ah, Gleichstrom-Lichtmaschine 90 Watt
  Füllmengen: Tankinhalt 15 Liter

**KRAFTÜBERTRAGUNG**
  Dreigang-Getriebe, Einscheiben-Trockenkupplung, Kraftübertragung durch in Ölbad laufende Kette, Mittelschaltung
  Heckmotor, Hinterachsantrieb
  Übersetzungen:
  1. Gang 3,29 : 1
  2. Gang 1,73 : 1
  3. Gang 1,00 : 1
  R-Gang 3,52 : 1
  Achsübersetzung: 3,45 : 1

**FAHRWERK**
  Rohrrahmen mit aufgeschweißter Stahlblechkarosserie, vorn zwei Querblattfedern übereinanderliegend, Querlenker unten, hinten Starrachse ohne Differential, Vierteleliptikfedern, zwei Teleskopstoßdämpfer
  Bremsen: mechanische Trommelbremsen auf die Hinterräder
  Lenkung: Zahnstangenlenkung
  Reifen: 4.00–8

**MASSE, GEWICHTE**
  Länge 2150 mm, Breite 1130 mm, Höhe 900 mm, Radstand 1600 mm, Spurweite vorn 920 mm, hinten 760 mm, Wendekreisdurchmesser 8 m, Leergewicht 270 kg, zulässiges Gesamtgewicht 410 kg

**VERBRAUCH**
  3,5 Liter auf 100 km (Benzin-Öl-Gemisch)

**FAHRLEISTUNGEN**
  Höchstgeschwindigkeit 70 km/h

**PREIS**
  (geplanter Preis: ca. 2000,– DM)

**PRODUKTICNSZAHLEN**
  3 Stück

**BAUJAHR**
  (Debüt Juni 1950)

*Kleinschnittger-Automobil-GmbH, Arnsberg*

# Der Zwerg unter den Zwergen

Es war jeden Morgen das gleiche Bild. Ein Mann wartete hinter den Büschen so lange, bis der Wachtposten um die Ecke gebogen war. Dann lief der Mann – bepackt mit Butterbroten und Thermosflasche – über den einsamen Militärflughafen hin zu den Flugzeugwracks, die von den Amerikanern gesprengt worden waren. In den zerstörten ehemaligen Maschinen der deutschen Wehrmacht verbarg sich der hagere Mann oft den ganzen Tag und baute in mühevoller Kleinarbeit Armaturen, Elektromotoren oder ganz einfach Stahlteile aus. Der Scheinwerferspiegel einer Messerschmitt Me 109 fand ebenso Beachtung wie die Plexiglasscheibe von den Überresten einer alten Junkers Ju 88.

Wenn der fleißige Sammler abends ins heimische Ladelund zurückkehrte, begann er noch die zum großen Teil defekten Teile wieder herzurichten und in ein kleines Chassis einzubauen, in dem ein 98-ccm-DKW-Motor im Heck saß.

### Kuchenblech auf Rädern

Paul Kleinschnittger, der begeisterte Motorradfahrer, hatte schon 1939 damit begonnen, verschiedene Teile für einen Kleinstwagen zu basteln, der, lediglich als Fahrmaschine, auch Leuten mit schmalstem Geldbeutel als wettergeschütztes Mobil dienen sollte. Kleinschnittger hatte vor dem Krieg als Ingenieur in der Industrie gearbeitet und werkelte nach Feierabend an seiner Idee.

Der Krieg stoppte das Feierabendprojekt mehr als fünf Jahre. Nach 1945 war Kleinschnittger von Hamburg ins holsteinische Ladelund gezogen, wohin seine Familie während des Krieges evakuiert worden war. Hier eröffnete er kleine Werkstatt und reparierte für die Bauern alles: Er lötete Kochtöpfe, setzte altersschwache Landmaschinen wieder in Gang und wurde vom Landvolk dafür fürstlich mit Lebensmitteln entlohnt.

Allmählich hatte er auch wieder Zeit für seine Kleinwagenpläne gefunden. Für Speck, Kartoffeln und Butter, die er beim Einkauf neben die wertlose Reichsmark legen konnte, erhielt Kleinschnittger manches Kugellager und manches Stückchen Blech, das andere, die nur mit Reichsmark zahlten, nicht bekamen. Was er nicht kaufen konnte, suchte er sich auf Schrottplätzen zusammen. Als ergiebigste Materialquelle hatte sich der nahegelegene zerstörte Militärflughafen erwiesen.

In langwieriger Kleinarbeit bastelte Kleinschnittger aus den unbrauchbaren Teilen Bremstrommeln, ja sogar Bremsnocken. Er schmiedete Antriebswellen und formte ein Lenkrad. Für einen Satz Lasten-Fahrradreifen gab er seinen besten Anzug hin.

Ein Differential fand er allerdings nirgendwo. So tüftelte Kleinschnittger an einem räderlosen Ausgleich anstelle eines Differentials; einem Freilauf, an einem der angetriebenen Räder, der bei unterschiedlichem Sperrkreis die starre Verbindung löste. Bei diesem konstruktiven Kunstgriff, den sich Kleinschnittger sofort patentieren ließ, empfahl es sich aber, darauf zu achten, daß beide Antriebsräder gleich bereift waren. Ein neuer und ein abgefahrener Reifen auf der Antriebsachse montiert, hätte zur Folge gehabt, daß ständig nur der neue Reifen angetrieben würde, während der abgefahrene Reifen leer liefe.

Die ersten Probefahrten absolvierte Kleinschnittger nur mit dem Fahrgestell. Es sah aus wie ein Kuchenblech auf Rädern. So lästerten jedenfalls die holsteinischen Bauern über den „lüttje Wog", den kleinen Wagen.

## Keine Spielerei

Nach den ersten Fahrversuchen klopfte der Ingenieur aus Stahlblechen eine kleine Karosserie zusammen. Das Mobil wog jetzt fahrfertig nur 110 Kilogramm und schleppte mehr als es selber wog. Fertig gedieh der kleine „Piccolo" — wie ein „Spiegel"-Reporter das noch namenlose Fahrzeug damals bezeichnete — zum Jahresbeginn 1949.
Ein Ingenieur vom Hamburger Dampfkessel-Überwachungsverein reiste an, um das kleine Auto auf seine Betriebstauglichkeit zu prüfen. Der mißtraute gleich zu Anfang: „Das ist doch alles nur Spielerei". Doch nach dreistündiger Erprobungszeit hatte er seine Meinung geändert, und Kleinschnittger erhielt die Betriebserlaubnis, so daß er den Wagen beim Straßenverkehrsamt Niebüll zulassen konnte. Eine Ausnahmegenehmigung brauchte Kleinschnittger nur wegen des einzigen Scheinwerfers am Bug, denn schon damals verlangte das Gesetz zwei Leuchten vorn. Dagegen störte niemand, daß ein Winker oder Blinker ganz fehlte. Der Arm des Fahrers reichte als Fahrtrichtungsanzeiger aus, auch fürs Rechtsabbiegen.

Daß an der dänischen Grenze ein kleines selbstgebasteltes Auto herumfuhr, hatte sich in jener Zeit, da Autos nur wenigen, von der Besatzungsmacht Auserwählten vorbehalten waren, bald in ganz West-Deutschland herumgesprochen. Unter der Überschrift „Die Autos werden in Deutschland immer kleiner", stellte die „Frankfurter Rundschau" ihren Lesern den Roadster vor. „Nicht teurer als ein Motorrad", kündigte die „Schleswig-Holsteinische Volkszeitung" am 23. Juni 1949 Kleinschnittgers Mobil an. Der kleine Zweisitzer hatte noch keinen richtigen Namen, doch weil der Name des Erbauers (klein und schnittig) so gut zum Fahrzeug paßte, wurde es auch Kleinschnittger genannt.
Einige Reportagen vom neuen Wagen reichten aus, um der Ladelunder Briefträgerin viel Arbeit zu bereiten: Jeden Morgen kam bündelweise Post, worin Interessenten anfragten, wann es dieses kleine Auto zu kaufen gäbe. Kleinschnittger war über Nacht ein bekannter Mann, und wenn Briefe mit der lapidaren Aufschrift „An den Kleinwagenkonstrukteur in Schleswig" ankamen, wußten die Postbeamten in ganz Norddeutschland gleich, wohin der Brief gehörte.
Nach den ersten Fahrten in die nähere Umgebung, wagte sich Kleinschnittger auch auf Fernfahrt. Das Echo auf seinen Prototyp ermunterte ihn, an eine kleine Serienproduktion zu denken, die aus kleinsten Anfängen heraus aufgebaut werden sollte. Um für weitere Exemplare Material einzukaufen, begab sich Kleinschnittger mit Frau und Hund auf Reisen.

„Kuchenblech auf Rädern" nannten die Bauern in Ladelund den „Typ 98".

Die Windschutzscheibe aus Plexiglas stammte von einem abgestürzten Düsenjäger, die Kotflügel vom Motorrad.

*Ob Schnee ob Eis; im Winter 1950 rollten die Versuchs-chassis bei jedem Wetter rund um Arnsberg.*

*So sollte eigentlich die Karosserie des F-125 aussehen: Die Ur-Form blieb allerdings ein Holzmodell.*

Das Benzin war zwar allgemein knapp, doch der Ladelunder Auto-Entwickler hatte auch für große Fahrten genug Treibstoff. Petroleum, eigentlich zum Reinigen von Maschinen vorgesehen, fand nämlich als Benzin-Ersatz in einem zweiten Tank am kleinen Roadster Verwendung. Der Zweitakter mußte zwar mit Benzin gestartet werden, nahm aber in warmgelaufenem Zustand dann mit Petroleum vorlieb. Zu diesem Zweck ließ sich die Treibstoffzufuhr aus zwei verschiedenen Tanks entsprechend regeln.

### Kiste als Garage

Im Juni 1949 hatte auch das Nachrichten-Magazin „Der Spiegel" von dem norddeutschen Mobil und seinem Erbauer berichtet. Unter anderem auch darüber, daß Kleinschnittger ein paar Leute suchte, die mit ihm zusammenarbeiten wollten. „Die können dann den ganzen kaufmännischen Kram machen", hatte Kleinschnittger gesagt.

Angeregt durch diesen Satz meldete sich kurz darauf der Hamburger Kaufmannn Paul Friedrich Walter Lembke in Ladelund. Er hatte sofort nach der Währungsreform eine Menge Geld von den Besatzern für das Zerlegen alter Panzer bekommen. Mit Kleinschnittgers Mobil hoffte Lembke, sein Geld gut anzulegen. „Das Fahrzeug ist aber noch garnicht serienreif", gab der Konstrukteur zu bedenken. Denn daß plötzlich ein Mann mit so viel Geld im großen Maßstab sein Fahrzeug produzieren wollte, hatte der Ladelunder nicht zu hoffen gewagt. Winkte Kaufmann Lembke gönnerhaft ab: „Das macht doch nichts. Sie entwickeln den Wagen bis zur Serienreife. Ich finanziere alles."

Man eignete sich darauf, eine Automobil GmbH mit 20 000 Mark Stammkapital zu gründen, an der beide je zur Hälfte beteiligt wurden. Mit dem neuen Partner überlegte Kleinschnittger gleich, wo eine Fahrzeugfabrik am rationellsten aufzuziehen sei. Zwar hätten die hoffnungsfrohen Auto-Fabrikanten einen Teil des naheliegenden Militärflughafens zur Verfügung gestellt bekommen, doch der war ihnen nicht gut genug. „Wir müssen ein Gelände haben", entschied Kleinschnittger, „wo wir im Umkreis von 50 Kilometern alle Zuliefererteile und Materialien bekommen."

Man erkundigte sich noch im Juli 1949 in Neheim-Hüsten, in Bruchhausen und Arnsberg nach geeignetem Gelände. Im westfälischen Arnsberg war man recht froh,

*Es ist geschafft: Am 25. April 1950 führte Paul Kleinschnitger (kniend) neugierigen Arnsbergern den ersten Serienwagen vor.*

einen Industriebetrieb ansiedeln zu können, und der Stadtrat stellte gerne ein zunächst 10000 qm großes Industriegelände zur Verfügung, das später erweitert werden sollte. Die Stadt war sogar bereit, eine Straße bis an das Gelände zu bauen. Es war zwar mit Bombenlöcher übersät, das behinderte aber nicht den Aufbau einer Halle nicht. Jeden Morgen mußten die fünf Arbeiter erst einige Stunden Bombenlöcher zuschaufeln.

Das alles vollzog sich in unglaublich kurzer Zeit. Schon am 25. August 1949 kündigte die „Kölnische Rundschau" ihren Lesern den „Volkswagen aus dem Sauerland" an. „Für den Kleinschnittger genügt eine große Kiste als Garage", schrieb sie und prophezeite: „In ein paar Wochen wird die Produktion in einem kleinen Automobilwerk im Sauerland beginnen."

## Das Leichtmotorrad mit Regenschirm

Es sollte länger dauern. Die Fahreigenschaften des Typs 98 mit Heckmotor genügten den Anforderungen des Konstrukteurs nicht. Deshalb entwickelte der Neu-Bürger von Arnsberg einen kleinen Roadster mit Frontmotor und Frontantrieb. Die ersten Pläne zu diesem Wagen waren teilweise schon in Ladelund entstanden, und konsequent hatte Paul Kleinschnittger dieses Fahrzeug auf eine Serienproduktion hin konstruiert. Aber auch das neue Mobil sollte — wie der 98 — mit einem sehr kleinen Motor auskommen und durch besonderen Leichtbau geringe Unterhaltskosten und gute Fahrleistungen bieten. Noch im Herbst 1949 fuhr der Konstrukteur nach Pinneberg, um die Motorenfabrik ILO zur Lieferung von 125-ccm-Einzylinder-Zweitakt-Aggregaten zu bewegen. Als die Motorenbauer hörten, daß ihr — ursprünglich für Motorräder gedachtes – Triebwerk ein kleines Auto bewegen sollte, dazu noch luftgekühlt und ohne jegliches Gebläse, winkten sie ab: „Dafür geben wir unseren Motor nicht her. Wir haben unseren Namen und den wollen wir nicht aufs Spiel setzen." Kleinschnittger versprach den ILO-Leuten, daß ihr Motor in seinem Fahrzeug mindestens dreimal so lange leben könnte wie in einem Motorrad. „Ihre Energie in Ehren", antwortete ILO-Chef Christiansen, „aber diesen Motor können Sie nie für ein Auto gebrauchen." „Das soll auch kein Auto sein", widersprach Kleinschnittger, „sondern nichts anderes als ein Leichtmotorrad mit vier Rädern und Regenschirm."

Unter der Bedingung, daß Kleinschnittger mit dem ersten kompletten Exemplar nach Pinneberg zur Untersuchung komme, durfte der Arnsberger schließlich zwei Motoren kaufen.

Mit den ersten beiden Fahrgestellen jagte Kleinschnittger und sein Team von drei Leuten durch die Wälder rund um Arnsberg. Um möglichst viele Kilometer innerhalb kurzer Zeit zu sammeln, liefen die Erlkönige rund um die Uhr in drei Schichten. Selbst bei Schneetreiben und eisiger Kälte fielen die Versuchsfahrten nicht aus. Immerhin saß der Fahrer völlig ungeschützt auf dem Chassis, auf dem nur Motor und eine Sitzbank angebracht waren.

Um das teure und komplizierte Differential zu sparen, übernahm Kleinschnittger den räderlosen Ausgleich des Typs 98, der nun zusammen mit dem Frontantrieb dem neuen Fahrzeug auch bei ungünstigen Straßenverhältnissen zu bemerkenswert sicheren Fahreigenschaften verhalf. Als Federungselemente dienten Gummibänder, die je nach Belastung des Fahrzeugs einstellbar waren und als Ersatzteil nur acht Mark kosteten.

Parallel zu den Versuchsfahrten entstand in der Arnsberger Werkstatt eine erste Holzkarosserie für das neue Fahrzeug. Sie besaß lange geschwungene Kotflügel auf denen die Scheinwerfer saßen. Doch ehe dann in den ersten Monaten des Jahres 1950 die endgültige Karosserie auf Rädern stand, hatte Kleinschnittger die Scheinwerfer in die Kotflügel einbezogen und den Kühlergrill straffer geformt. Der Aufbau sollte aus Aluminium-Blech gebaut werden und so leicht wie eben möglich sein.

Kleinschnittgers Rezept: Je leichter das Fahrzeug, umso bessere Fahrleistungen mit einem sehr kleinen Motor. Dementsprechend gering sollten dann auch Benzin- und Unterhaltskosten sein.

Die Ergebnisse der Erprobungsfahrten waren recht erfolgversprechend. Der ILO-Motor fühlte sich recht wohl. Selbst hinter dem Kühlergrill der Aluminium-Karosserie blieb ihm ohne Gebläse genug Luft zur Kühlung. Nach eingehender Prüfung erteilte ILO auch den Segen zur Serienfertigung.

Schon lange zuvor – am 22. November 1949 – waren die Kleinschnittgerwerke ins Handelsregister des Amtsgerichts Arnsberg eingetragen worden. Markenzeichen der neuen Firma war die Silhouete des Typs 98, mit zwei Flügeln zur Biene stilisiert. Wie die fleißige Arbeitsbiene, so sollten auch die Arnsberger Autos immer emsig einherbrummen.

Ehe dann allerdings der erste Serienwagen vom Typ F 125 (F = Frontantrieb, 125 = Hubraum) aus der nagelneuen Fabrikhalle herausrollte, verging der Winter. Am 25. April 1950 verließen die ersten fünf Serien-Kleinschnittger die Werkhalle. Innerhalb von nur neun Monaten hatte der von seiner Idee besessene Kleinschnittger nicht nur ein neues Auto entwickelt, sondern gleichzeitig in Westfalen eine kleine Automobilfabrik „auf der grünen Wiese" gebaut.

Die „Lübecker Nachrichten" wollten damals wissen, daß die Produktion im Mai schon bei fünfzig Wagen, im Juni bei 150 liegen werde und bis zum Spätsommer monatlich 500 Autos hier gebaut würden.

Es kam anders. Noch ehe sich die neue Fabrik eingespielt hatte, machte das Finanzamt Kleinschnittgers Teilhaber Lembke einen Strich durch die Rechnung. Er bat im Mai 1950 um Auszahlung. Kleinschnittger besorgte sich bei seiner Hausbank einen Kredit und setzte seine Frau als neue Teilhaberin ein. Es blieb nur das Vertriebsproblem zu lösen. Hier sprang ein Verwandter Lembkes ein: Der „Kleinschnittger Generalvertrieb Kurt Riehn & Co." mit dem stillen Teilhaber Georg Freiherr von Dücker Reichsgraf von Plettenberg erhielt das Allein-Vertriebsrecht für ganz Westdeutschland. Um den Export kümmerte sich Kleinschnittger selbst.

Um nicht jedes einzelne Exemplar separat vom Technischen Überwachungsverein abnehmen zu lassen, strebte Paul Kleinschnittger gleich nach Serienbeginn die Allgemeine Betriebserlaubnis an. Der aus Essen angereiste TÜV-Ingenieur zeigte sich skeptisch: „Das wird doch nichts mit Ihrem Auto." Ihn störten die Aufhängungen der Vorderräder. Zwar waren Radaufhängung und Antrieb inzwischen patentrechtlich geschützt, und Kleinschnittger hatte daraufhin gar eine Bescheinigung vom Wirtschaftsministerium erhalten, als freier Erfinder tätig zu sein (Begründung: „Erfindung eines volkswirtschaftlichen Apparates"). Für den TÜV-Mann aber blieb das Ganze trotzdem fragwürdig.

*F-125-Werbung: „Für Beruf, Sport und Reise" (1950)*

*Das Armaturenbrett: Weißes Lenkrad und Lenkradschaltung, dazu eine Zeituhr in der Luxusvariante.*

Nach seiner Ansicht konnten die zwei Stahlkugeln mit einem Durchmesser von achtzehn Millimeter die gesamte Aufhängung der Vorderräder nicht halten. So erfolgte die Abnahme der ersten Autos nur unter der Einschränkung, daß die Ergebnisse weiterer Erprobungen abgewartet würden. Kleinschnittger schickte seine Versuchsexemplare wiederum zur Dauererprobung über Knüppeldämme, Wald- und Schotterwege.

Die Produktion lief derweil auf vollen Touren. Über mangelnde Nachfrage brauchte er sich damals nicht zu beklagen, obwohl sich in der Folgezeit zeigte, daß die Serienfertigung bei fünfzig Autos pro Monat konstant blieb.

Mit 1995 Mark war der kleine Zweisitzer mit dem 4,5-PS-Motor nicht viel teurer als ein mittelstarkes Motorrad, aber im Gewicht leichter als so manche 200-ccm-Solo-Maschine. Mit Seilzug wurde der Motor angeworfen, der immerhin bis zu 5000 U/min drehte. Einen Rückwärtsgang gab es nicht; wozu auch? Das 150-kg-Auto ließ sich leicht herumheben. Statt der — damals noch bei den meisten Autos, üblichen Winker besaß der F 125 schon richtige Blinklichter. Auch das Lenkrad mit dem weißen Kranz und den verchromten Speichen entsprach ganz und gar dem damaligen Zeitgeschmack und gab dem kleinen Auto einen Hauch von Luxus.

Überall erregte das Arnsberger Auto Aufsehen. Einem solch winzigen Fahrzeug begegneten die meisten Menschen anfangs mißtrauisch. Die „Leerer Zeitung" schrieb damals: „Boshafte Menschen behaupten, dieser Wagen müsse eigentlich Kopernikus heißen (und er bewegt sich doch). Aber der Kleine hat auch seine Vorteile: Die Garage ist überflüssig, denn der Wagen kann an der Garderobe abgegeben werden. Einziger Nachteil: Jeder Straßengully ist zu meiden." Das „Norwegische Tageblatt" urteilte: „Man kann ihn in die Küche bringen, muß ihn aber schräg durch die Tür tragen." Und das Fachblatt „Auto, Motor und Sport" meinte: „Wer noch kein Rheuma und keinen Speckbauch hat, was das Ein- und Aussteigen erschweren würde, dem kann dieser Zwerg unter den Zwergen ein treuer Helfer werden."

Ein Auto mit einem solch geringen Gewicht war auch damals ungewöhnlich. So besaß der F 125 keinen Wagenheber. Die „Bremer Nachrichten" beschrieben einmal, wie hier Reifen gewechselt wurden: „Reifenwechsel in 3,5 Minuten. Man hebt den Wagen an, legt ihn aufs Knie, wechselt die Räder. Den Schlauch wirft man weg, holt einen neuen (kostet 1,80 DM) aus dem Kofferraum, montiert den Reifen. Ist die Decke auch hin, so gibts für 9,80 DM eine neue. Man darf den Kleinschnittger nicht zum Spielzeug degradieren. Er ist ein wirklich ernst zu nehmendes Verkehrsmittel."

In den Testberichten wurde immer die gute Straßenlage und die „günstige" Federung des F125 hervorgehoben. Unter den Autofahrern besaß der Kleinschnittger eine Menge Spitznamen: Radieschen, Chaussee-Hüpfer, Autobahn-Fliege oder Straßenfloh sind nur einige davon. Es gab Kleinschnittger-Clubs, ein Komponist erdachte sich gar ein Lied für Auto und Erbauer, und zum Weihnachtsfest 1950 erhielt Paul Kleinschnittger von der Familie Fleischmann im Bottwartal folgenden Vierzeiler:

„Wer unser Mäusle hat erdacht,
dem sei zum Christfest Dank gesagt.
Für alles Glück und alle Freud,
die der kleine Schnittger beut."

### Händler probten den Aufstand

Das Zwergenhafte des F 125 reizte zu allerlei Späßen. Fernfahrer Alfred Bruhn aus Berlin erwettete sich damals einen Kasten Bier, indem er einen Kleinschnittger samt Fahrerin etwa 20 Meter weit auf dem Buckel trug. Ein anderer Landstraßen-Kapitän wiederum hatte einen F 125 im Werkzeugkasten seines Fernlastzugs verstaut und holte zu Stadtfahrten das kleine Auto aus der Kiste. Auch die Preiswürdigkeit der Ersatzteile weckte Humor bei Fachleuten. So amüsierte man sich über die Sage, daß man beim F 125 bei Verlust eines Gummirings der einfachen Gummibandfederung einfach für 20 Pfennige beim Kaufmann drei Weckringe kaufe und einhänge.

Der Kleinschnittger hatte sich einen kleinen – aber festen – Platz am Automobilmarkt gesichert. Nach der Statistik des VDA wurden 1950 ganze 181 Exemplare in West-Deutschland zugelassen und im Jahr darauf schon 238.

Die Händler waren trotzdem nicht zufrieden. Sie wollten, daß Paul Kleinschnittger den F 125 endlich auch mit einem 200-ccm-Motor liefere. Das Argument, unter der Motorhaube sei zu wenig Platz dafür, verhallte bei den Händlern ungehört. Sie planten den Aufstand. Mit Hilfe eines vorgetäuschten Achsbruches wollten sie dem Konstrukteur Absatzschwund vorgaukeln, um am Ende die Fertigung unter Führung von Generalvertreter Riehm in eigener Regie fortzuführen.

Doch der Firmenchef hatte aus den Reihen der Händler einen heißen Tip über das falsche Spiel bekommen. Er ließ sich nicht einschüchtern und verkaufte monatelang die Produktion, die ihm der Generalvertrieb nicht abnehmen wollte, ins Ausland.

Riehn sah schließlich ein, daß er am kürzesten Hebel saß. Auch Kleinschnittger lenkte ein. Am 10. April 1951 schloß man einen Vergleich. Hiernach zahlte Kleinschnittger an den „Kleinschnittger Generalvertrieb Kurt Riehn & Co." eine Summe von 30 000 Mark, um den auf 10 Jahre geschlossenen Vertrag aus der Welt zu schaffen. Die Zahlung einer solch hohen Summe stürzte die ohnehin nicht sehr kapitalkräftige Firma in Liquiditätsschwierigkeiten, die wiederum zur Folge hatten, das Lieferantenrechnungen nur sehr schleppend bezahlt wurden. Eine Zeitlang stuften Banken die Kreditwürdigkeit des kleinen 50-Mann-Betriebes mit nur 2000 Mark ein. Mancherlei betriebswirtschaftliche Entwicklungsprobleme und die schmale Kapitalbasis der Kleinschnittgerwerke brachten der Arnsberger Autofirma völlig zu Unrecht den Ruf ein, ein „Flüchtlingsbetrieb" zu sein.

### Das Plagiat aus Belgien

Aus Holland und Belgien meldeten sich im August 1951 die ersten Interessenten, die den Kleinschnittger-Wagen in eigener Fertigung bauen wollten. Der belgische Millionär de Reuck überwies 60 000 Mark Vorauszahlungen nach Arnsberg. Kleinschnittger schickte nun Einzelteile nach Brüssel, wo in de Reucks Werkstatt belgische Kleinschnittger-Wagen montiert wurden. Der Belgier wollte sich jedoch nicht damit zufriedengeben nur einen Roadster zu verkaufen; deshalb telegrafierte er nach Arnsberg, man möge ihm dort ein kleines Coupé entwickeln. Paul Kleinschnittger baute sofort das Modell eines solchen Wagens mit weit ausladender pontonförmiger Karosserie. Dem Zeitgeschmack entsprechend besaß der Wagen ein breit verchromtes Frontgesicht und vollverkleidete Vorder- und Hinterräder.

Als „tüchtiger und rühriger Fachmann, der sich viel Mühe gibt und gut berufen ist" (Vertrauliche Auskunft 1952) brachte Kleinschnittger das Modell des Fahrzeugs selbst nach Belgien. Bei dieser Gelegenheit kontrollierte er auch gleichzeitig, ob der F 125 dort auch ordnungsgemäß montiert würde. Zu seiner Überraschung stellte er aber fest, daß die Belgier zwar die Außenhaut ordentlich zusammenbauten, die notwendigen Verstrebungen im Inneren dagegen völlig fehlten. Sie lagen – sauber aufgeschichtet – in einer Ecke.

Die Unstimmigkeit, die jetzt folgte, war sicher der Anlaß dazu, daß die Zusammenarbeit mit de Reuck verebbte.

Mit abgeschraubter Windschutzscheibe
paßte der F 125 sogar in den Werkzeugkasten großer Fernlastwagen. Und unter
den Riesen der Landstraße hindurchfah-
ren ließ es sich mit dem Kleinschnittger
allemal.

Einen Rückwärtsgang besaß der F 125
nicht. Wozu auch? Er wog so wenig, daß
ihn notfalls eine Frau herumheben konnte.

Der Belgier verzichtete nun auch auf Kleinschnittgers Coupé-Entwurf. Stattdessen warb er in Arnsberg den technischen Zeichner namens Pater ab, der nun in Brüssel ein anderes Auto entwarf. „Kleinstwagen" hieß der Roadster, den de Reuck im Februar 1952 zum Brüsseler Automobilsalon vorstellte und der ganz offensichtlich auf der Basis des Kleinschnittger F 125 entstanden war. Fachleute entdeckten damals an dem Prototyp sogar Teile, die das Arnsberger Markenzeichen trugen. „Von deutschen Ingenieuren entwickelt", hieß es damals. Das Cabriolet mit den zwei seitlichen Türen geriet viel zu schwergewichtig, auch wenn es von einem Zweizylinder-Viertakt-Boxermotor getrieben werden sollte. Über das

nicht umhin gekommen, diesen Mann als Importeur einzusetzen oder aber die eigenen Autos unter anderem Namen verkaufen zu müssen.

## Für Beruf, Sport und Reise

Wenn es auch mit Lizennehmern nicht recht klappen wollte, das Geschäft mit dem Ausland verlief zur Zufriedenheit des Chefs. Wenn wieder einmal dreißig Wagen fertig zum Export bereitstanden, holte Kleinschnittger seinen Fiat 1400 aus der Garage. In Zweierreihen wurden 15 Wagen hinter den Fiat gebunden und quer durch

*Für den Belgier de Reuck entwarf Kleinschnittger dieses Coupé.*

*Plagiat? – Der „Kleinstwagen" feierte zum Brüsseler Salon 1952 Premiere.*

Prototypen-Stadium kam die Neukonstruktion nie hinaus.

Fünf japanische Finanzleute hatten sich zur gleichen Zeit in Arnsberg um die Lizenz bemüht, die sie auch prompt erhielten. Zwei Musterfahrzeuge wurden nach Japan verschifft, und nach Vertragsabschluß ließen sich die neuen Lizenznehmer nach und nach alle nötigen Konstruktionsunterlagen zuschicken. Als Kleinschnittger auf die ersten Gelder wartete, erhielt er einen Brief, wonach die Firma der fünf Japaner aufgelöst worden sei. Später will Kleinschnittger aber erfahren haben, daß eine andere japanische Firma mit eben diesen fünf Leuten seinen Wagen ohne Lizenzen nachgebaut habe.

Auf andere Art versuchte ein Südamerikaner ins Geschäft zu kommen. Er ließ sich in Brasilien den Namen Kleinschnittger schützen. Hätte das Arnsberger Automobilwerk eines Tages Autos dorthin verkauft, wäre es gar-

Arnsberg zum Bahnhof geschleppt. Von hier aus gingen die Wagen per Bahn in alle Länder.

Ähnlich einfach war der Transport zu Sportveranstaltungen. Da schnallte Kleinschnittger den liebevoll zurechtgemachten Roadster mit 150 ccm auf das Dach des VW-Transporters, während der zweite Werkswagen auf einem Hänger hinterher gezogen wurde. Das Arnsberger Werksteam war sportlich überaus aktiv. Es fehlte auf keiner Zuverlässigkeitsfahrt, keiner Rallye. Dazu hatte Paul Kleinschnittger auch einen kleinen Einsitzer gebaut, dessen Frontschnauze der eines Boxerhundes ähnelte. Der kleine Monoposto mit den freistehenden Rädern und Scheinwerfern diente zusätzlich als Attraktivität bei Werbeveranstaltungen.

Noch mehr beteiligten sich private Kleinschnittger-Fahrer an sportlichen Wettbewerben und brachten es manchmal zu erstaunlichen Erfolgen. Höhepunkt war

*An einem Seil hintereinander aufgereiht, zog Paul Kleinschnittger bis zu 15 Wagen hinter seinem Fiat quer durch Arnsberg hin zum Verladebahnhof.*

dabei die Rallye Lissabon–Madrid: Hier belegte ein F 125 den zweiten Platz in der Klasse bis 1100 ccm, direkt hinter einem Porsche 356. Aus diesem Anlaß stiftete der Veranstalter damals, am 7. August 1953, einen „Pokal für besondere Leistungen".

Bei diesen Sportaktivitäten entdeckte Kleinschnittger auch die Kinderkrankheiten seines Serien-Roadsters. Der Motor hing starr am Chassis und durch Schwingungen mußten alle tausend Kilometer die Befestigungsschrauben nachgezogen werden. Drei Schwingungsdämpfer schafften Abhilfe. Feine Risse im Aluminiumblech zeigten an, daß um den Einstieg herum Blechversteifungen nötig waren. Kummer bereiteten auch die Gelenkscheiben, die aus einem Gummi-Leinen-Gewebe ausgestanzt wurden. Alle 10 000 Kilometer mußten sie erneuert werden. Schließlich fand man eine Firma, die Buchsen und Textilien achtförmig umwickelte und da-

nach einvulkanisierte. Nicht verbessern konnte man dagegen das Faltverdeck, dessen Zelluloidfenster in der Sonne vergilbten und bei großer Kälte brachen. Es gab vorläufig kein besseres Material auf dem Markt.

Im Rahmen einer kontinuierlichen Modellpflege erhielt der F 125 („Der Kleinstwagen für Beruf, Sport und Reise") ab 1953 eine einteilige Windschutzscheibe und eine Pferdestärke mehr unter der Motorhaube; das Reserverad lag nun auf dem Heck, wodurch man unterm Blech etwas Kofferraum gewann. „Die Betriebsleitung macht einen durchaus seriösen Eindruck", schrieb damals das Fachblatt „Auto, Motor und Sport", „und man gewinnt das Gefühl, daß dort mit viel Liebe an dem Bau des kleinen Wägelchens gearbeitet wird."

Rund 70 Straßenflöhe kamen monatlich aus Arnsberg und 35 davon wurden exportiert. 1952 hatte man 331 Wagen gebaut, 1953 sollten es 510 Stück werden. Obwohl der Umsatz nach Angaben der Geschäftsleitung an die Millionen-Mark-Grenze heranreichte, arbeitete Kleinschnittger in seiner GmbH. immer noch mit 20 000 DM Stammkapital. 53 Arbeiter und Angestellte bauten Autos, die über etwa 60 bundesdeutsche Händler vertrieben wurden. Angesichts einer allgemeinen Absatzkrise machte sich Kleinschnittger keine Sorgen. „Ich wünschte, ich könnte mehr produzieren", hatte er im März 1953 der Zeitschrift „Der Sport" gesagt, als er nach der Auswirkung dieser Verkaufskrise gefragt wurde.

Er warb Motorradhändler an, die damals besonders schlechte Geschäfte machten. „Genauso wie uns, ist Ihnen bekannt, daß Motorrad und Roller für berufliche Zwecke den heutigen Wünschen nicht mehr entsprechen", schrieb er, „Sie bieten den Interessenten mit unserem Fahrzeug den Kleinstwagen, der unerreicht als einziger auf dem Markt ist." Gleichzeitig verteilte Kleinschnittger Seitenhiebe auf die stärker werdende Konkurrenz: „Was heute als Neuheit angeboten wird, muß erst einmal auf den Markt kommen und verkauft werden können." Der F 125 sei ein Fahrzeug, das „in seiner Klasse auf einem, von anderen Versuchen unerreichten Niveau steht".

## Formel Kleinschnittger

Der „Kleinste unter den Personenkraftwagen" (Werbeslogan") verkaufte sich gut, deshalb zeigte sich Kleinschnittger auch nicht kleinlich. So versprach er einem Motorrad-Rennfahrer einen nagelneuen F 125 zu schenken, wenn der Kraftrad-Sportler mit seinem Seitenwagen-Gefährt die neue 400 Meter lange Versuchsstrecke schneller durchfahre als ein Werksfahrer mit dem schwächermotorisierten Roadster. Der Motorradpilot ging leer aus.

Auf der gleichen Strecke landete ein Motor-Journalist am Zaun, als er die Straßenlage des mitgebrachten Messerschmitt-Kabinenrollers mit der des F 125 messen wollte.

Von ILO hatte Kleinschnittger damals einen besonders leichten 150-ccm-Einzylinder-Zweitakter erhalten, der neun PS leistete und speziell für Moto-Cross-Motorräder entwickelt worden war. Dieses Triebwerk gab den Anstoß, einen kleinen Monoposto-Rennwagen zu bauen, der eine Spitze von 125 km/h erreichte. Die ersten Versuchsfahrten absolvierte Kleinschnittger auf dem Nürburgring mit einer Durchschnittsgeschwindigkeit von

immerhin 86 km/h. Belauscht hatte ihn Ernst Leverkus, Redakteur der „Bremer Nachrichten", der darüber am 15. August 1953 berichtete: „Ein Beweis dafür, daß man mit vier Rädern und Frontantrieb trotz extrem niedrigem Gewicht und kleinsten Abmessungen eine überzeugende Straßensicherheit erreichen kann."

Mit einigen solcher Kleinst-Rennwagen, so schlug Kleinschnittger den Herren der Dortmunder Westfalenhalle vor, sollte man doch auf vorhandenen Radrennbahnen Motorsport in der Halle austragen. Gegen solche Art des Volkssports legte allerdings der Radsportverband Einspruch ein. Er fürchtete, daß Ölspuren auf der Piste später die Radfahrer gefährdeten, während den Oberradlern die Experimente der Schrittmachermaschinen keine Sorgen zu bereiten schienen. Auch der Plan des Dortmunder Kleinschnittgerhändlers, zwei Mannschaften mit je sechs Wagen auszustatten und ein Auto-Fußball-Spiel zu organisieren, ließ sich nicht verwirklichen.

## Der heulende Derwisch

Mit dem Aufkommen von Mopeds versuchte Kleinschnittger auch im Boom 1954 mitzumischen. Er hatte einen Kleinstroller konstruiert, der von einem 47-ccm-ILO-Motor angetrieben wurde. Das besondere: Gegen Aufpreis lieferte man zum Roller die passende Luftmatratze, die in die Laufräder eingehängt wurde. Zog der Fahrer dazu einen Gummigurt mit kleinen Schaufeln über das Hinterrad, konnte er Gewässer überqueren. Mit einer ähnlichen Lösung versuchte Kleinschnittger vergeblich, auch dem F 125 Schwimmfähigkeiten anzuerziehen.

Weit zukunftssicherer als dies amphibische Spielzeug aber schien dem Arnsberger ein Aufstieg zum größeren Automobil zu sein. Das fast konkurrenzlose Geschäft mit dem ultrakleinen Wagen ließ sich nicht weiter ausbauen. So suchte Kleinschnittger den Weg nach oben in die nächste Hubraumklasse. Bei seiner Fähigkeit, origineller zu konstruieren als etablierte Automacher, fürchtete er die Herausforderung der größeren Konkurrenten nicht. Er wagte furchtlos den Schritt in die 250-ccm-Klasse, obwohl er hier die Konfrontation mit Lloyd, später auch Glas, BMW und Heinkel suchen mußte. Daß diese Gegner eine Nummer zu groß für ihn sollten — selbst Fend-Messerschmitt mit seinen Kabinenrollern verfügte über ein vergleichsweise größeres wirtschaftliches Potential — hat Kleinschnittger wohl nie so recht zu sehen vermocht. Trotzig wie ein Revoluzzer

Hinter einem Porsche belegte ein F 125 den 2. Platz auf der Rallye Lissabon–Madrid. Und das in der Klasse bis 1100 ccm. Das Foto zeigt die ungleichen Siegerwagen.

Werktags fuhr der VW-Transporter neue F 125 zu den Händlern, sonntags trug er die Minisportwagen zu Rennen und Zuverlässigkeitsfahrten.

164

*Für Sport- aber auch für Werbeveranstaltungen hatte Kleinschnittger 1953 diesen 150-ccm-Monoposto zurechtgebastelt.*

stellte er die Weichen auf Kollisionskurs und begann im Herbst 1954 die Entwicklung eines Prototyps mit Stahlblech-Karosserie, der neben dem F 125 in Serie gehen sollte. Auch hier setzte der Konstrukteur auf seine bewährten Bauprinzipien: Leichtbau und Sportlichkeit.

Mit dem Prototyp wollte Kleinschnittger die Meinung der Fachpresse und des Publikums testen, ehe das neue Modell in Serie gehen sollte. So hielten sich kurz vor dem Debüt hartnäckig Gerüchte, daß in Arnsberg ein „heulender Derwisch" entstehe, „der an Fahrleistung alles übertreffe, was man bislang bei Kleinstwagen kenne" (Bremer Nachrichten).

Umso gespannter eilten die Fachjournalisten am 11. Dezember 1954 nach Arnsberg, als Kleinschnittger zum Debüt des F 250 lud. Arnsbergs Bürgermeister drehte die erste Runde, und die „Westfälische Rundschau" wünschte zur Feier des Tages „Konstrukteur Kleinschnittger für seine Schöpfung alles Gute".

Der neue F 250 besaß – wie schon der F 125 – ein

*Angetrieben durch einen 150-ccm-Motor fuhr Kleinschnittger mit diesem Monoposto 1954 auf dem Nürburgring ein Durchschnittstempo von 86 km/h.*

*Im Winter 1953/54 erprobte Kleinschnittger ein Moped, das mittels Luftmatratze schwimmfähig war.*

Rohrrahmen-Chassis, auf dem diesmal aber eine Stahlblech-Karosserie saß. Unter der Motorhaube arbeitete ein 250-ccm-ILO-Motor mit 15 PS – wiederum nur luftgekühlt und ohne Gebläse. Auch der größere Wagen besaß eine Gummiband-Federung, hatte allerdings anstatt des patentierten Freilaufs nun ein richtiges Differential. Der Karosseriestil entsprach dem Zeitgeschmack. Die Türen entbehrten jeglicher Klinke, sondern wurden ausschließlich mit dem Zündschlüssel geöffnet. Das Gewicht des zweisitzigen Coupés mit den hinteren Notsitzen gab Kleinschnittger mit 280 Kilo an. Vor allem waren es Fahrleistung und Straßenlage, die gelobt wurden. Die „Motor-Rundschau" sprach von „hoher Fahrstabilität", und die Zeitschrift „Roller, Mobil und Kleinwagen" schrieb: „Das kleine Ding läßt sich erstaunlich frech durch die Kurve ziehen." Man sprach von „sehr beachtlicher Beschleunigung" und stoppte eine Spitze von 92 km/h. „Diese Beschleunigung (0–70 in 19 sek.) erwartet wohl kaum jemand", meinten die Tester.

Der neue Kleinschnittger F 250 wurde im selben Monat vorgestellt wie das Goggomobil von Glas, ein sowohl in Hubraum wie PS-Zahl gleich großes und gleich starkes Fahrzeug. Aber das Goggomobil ging schon wenige Monate später – im Mai 1955 – in Serie. Der F 250 mußte dagegen erst zur Serienreife gebracht werden. Im Herbst 1955 sollte auch in Arnsberg die Serienfertigung beginnen. Zur Internationalen Automobilausstellung im September 1955 stellte Kleinschnittger den „großen Gerneklein" (Roller, Mobil, Kleinwagen) weiterentwickelt vor. Der völlig neu gebaute Prototyp besaß nun ein weniger aufdringliches Styling, dafür jedoch größere Fensterflächen, einen eleganteren Kühlergrill und gediegenere Innenausstattung. Allerdings wurden an dem neuen Modell auch die Türholme höher gelegt, was den Einstieg erschwerte, dafür aber eine bessere Karosseriefestigkeit brachte. Den nun feststehenden Endpreis von 3450 Mark fand man in der Presse allerdings „allzu beträchtlich". Selbst Paul Kleinschnittger war seiner Sache nicht sicher, ob denn der neue Typ in dieser Form nicht zu hohe Investitionen erforderte.

## Das Ding

Schon vor der IAA 1955 hatte er sich Gedanken gemacht, wie er ein billigeres Auto bauen könne. Er stieß dabei auf die Schalenbauweise, die vor ihm der Stuttgarter Egon Brütsch angewendet hatte. Während Brütsch mit Kunststoff arbeitete, baute Kleinschnittger bald ein dreisitziges Coupé aus Blechschalen. Das war der F 250 Super.

Das neue Fahrzeug, das neben dem aufwendigen Coupé auf der IAA 1955 erstmals gezeigt wurde, wog 265 Kilogramm, hatte ebenfalls den 250-ccm-ILO-Motor im Bug und besaß eine ausgewogene glatte Form. Das besondere an dieser Neuschöpfung war die Sitzanordnung: Der Fahrer saß in der Mitte, zwei Beifahrer rechts und links von ihm. Eine Anordnung, die auch damals höchst umstritten war.

„Der 250 Super ist 30 Kilogramm leichter als der 250 C", schrieb eine Zeitschrift, „und daher rennt das Ding mit einer Person 110 km/h." Mit einer wesentlich höheren Beladung brauchte ohnehin nicht gerechnet zu werden. Kleinschnittgers Leichtbauwerke durften nur etwa hundert Kilo Nutzlast tragen, was die Beförderung von mehr als einer Person weitgehend ausschloß.

Jedenfalls ließ sich dieses Coupé ausgesprochen rationell herstellen. Kleinschnittger hatte ausgetüftelt, daß er dazu nur ein einziges Preßwerkzeug benötigte, das die Schalen herstellt. Im unteren Schalenteil würden dann Radausschnitte, in die Schale, die als Oberteil verwendet würde, die Einstiegs-Ausschnitte mit Schablonen herausgesägt.

Auch der neue Wagen besaß die bewährte Gummiband-Federung und die Einzelradaufhängung vorn und hinten an Schwingarmen. Begeisterte Presseleute kündigten den F 250 Super schon als „ernsthaftes Fahrzeug für diejenigen (an), die sich keinen Porsche leisten können."

Kurz nach der IAA rief Kleinschnittger alle seine Händler zusammen, um ihnen nochmals beide Prototypen vorzustellen. Sie sollten mitentscheiden, welches der beiden Neuheiten – das Schalenauto oder das aufwendige Coupé – künftig neben dem F 125 in Serie gehen sollte. Der Ausschlag gab schließlich der Preis. Das Schalen-Auto war weitaus rationeller und billiger herzustellen als das Buckel-Coupé. Da der Preis eines Kleinschnittger-Wagens in jedem Falle mit dem des Goggomobils konkurrieren mußte, blieb nur der Weg zur billigsten Konstruktion. Zudem konnte das Fahrzeug in Schalenbauweise auch ohne großen Aufwand als Viersitzer und Cabriolet angeboten werden.

## Der Schrumpf-Fairlane

Nach dieser Entscheidung traf Kleinschnittger die Vorbereitungen zum Serienbau. Das künftige Programm sollte folgende Typen umfassen:

- F 250 Super – dreisitziges Coupé
- F 250 S – zweisitziges Cabriolet
- F 250 C – viersitzige Limousine

Da allerdings die einzige, für den Karosseriebau notwendige Presse ohne Werkzeuge schon 427 000 Mark kosten sollte, beschloß Kleinschnittger, diese 600-Tonnen-Presse in eigener Regie zu entwickeln und zu bauen: ein langwieriges Unterfangen, das den Serienbau noch Jahre hinauszögern sollte.

In Arnsberg lebte man nach wie vor vom Verkauf des F 125, der nach sechs Jahren Bauzeit nicht mehr zu den modernsten Konstruktionen zählte, dafür einen guten Ruf durch lange Haltbarkeit erworben hatte. Wunderte sich damals ein Journalist: „Es ist erstaunlich, daß der

*Durch Schalenbauweise rationell herzustellen war der F 250 S. Der Fahrer saß in der Mitte: Für Passagiere links und rechts daneben blieb wenig Platz übrig.*

125er-Kleinschnittger heute noch unverändert gebaut und tatsächlich auch verkauft wird." Die „Auto-Welt" wußte damals von betagten Exemplaren zu berichten, die mit dem ersten Motor eine Fahrleistung von 130 000 Kilometern geschafft hätten und „weiterhin in Betrieb sind."

In der Übergangszeit bis zum Serienlauf der 250er-Reihe schuf Kleinschnittger ein kleines Cabriolet, das er intern „Spezial" nannte. Diese Einzelanfertigung entstand zwar auf der Basis des F 250, jedoch sparte Kleinschnittger

hier an nichts: Er baute alles das ein, was er für gut und teuer fand und was nach seiner Ansicht zum Gepräge eines Klein-Sportwagens gehörte.

Wegen seiner Ähnlichkeit mit dem amerikanischen Ford Fairlane hieß das viel zu schwergewichtige Einzelstück in der Branche „Schrumpf-Fairlane". Kleinschnittger versicherte zwar überall, daß dieses Auto ein Einzelstück sei und bleiben werde, aber er mag doch insgeheim gehofft haben, daß der „Spezial" einigen potenten Kunden gefallen werde. „Ein wirklich puppiges Fahrzeug", lobte der „Kraftfahrzeug-Anzeiger" am 18. August 1956, „das nur den Nachteil haben muß, in der Blechverarbeitung aufwendig zu sein." Mit dem „Spezi" erschien Paul Kleinschnittger im September 1956 beim fünften Automobil-Turnier der Stadt Fulda und bekam für seinen Prototyp das Goldene Band und die Goldplakette verliehen.

Bei der Internationalen Fahrrad- und Motorrad-Ausstellung, die im gleichen Monat stattfand und auf der alle Kleinstwagen-Hersteller bevorzugt ausstellten, fehlte dagegen der in technische Probleme verstrickte Arnsberger. Die Tester der Zeitschrift „Das Automobil", die im November Gelegenheit gehabt hatten, einen der ersten Schalenbau-Autos zu fahren, berichteten von den Schwierigkeiten, mit denen die kleine Auto-Fabrik zu kämpfen hatte: „Die Dämpfung der Nickschwingungen scheint nicht gelungen zu sein, so daß Kleinschnittger plant, auf Teleskopdämpfer überzugehen. Auch bei den größeren Wagen verzichtete er auf ein Kühlgebläse am Motor, was bei dem Prototyp zu Wärmestau führte." Noch immer, so meldeten die „Lübecker Nachrichten", war nicht abzusehen, wann der F 250 in Serie gehen werde.

### Kleinschnittgers Konkurs

Endlich, 16 Monate nach dem Debüt des ersten F 250 in Schalenbauweise, meldete der „Hamburger Anzeiger" am 2. Februar 1957 den Serienlauf des F 250. Etwa 120 dieser Fahrzeug-Schalen hatte man noch im Frühjahr gepreßt und im Sommer 1957 begann die Endmontage der Vorführwagen für die Händler.

Seine Kreditmöglichkeiten hatte Kleinschnittger allerdings schon lange überzogen. Die Neuinvestitionen zwangen den Arnsberger Fabrikanten zu Schulden, die ihm die Banken nur ungern zugestanden. So hatte ihm seine Hausbank einen laufenden Kredit über 180 000 Mark schon im Herbst 1956 gekündigt.

Etwas kleiner als der Lloyd LP 400 (hinten) geriet Kleinschnittgers neuer 250-ccm-Wagen.

Das Schiebedach gehörte zur Ausstattung, weil alle Fenster feststehend waren. Die Türen hatten keine Klinke, sondern ließen sich nur mit dem Schlüssel öffnen.

Zur IAA 1955 überarbeitete Kleinschnittger den F 250 C total. Doch auch dann wäre die Herstellung zu aufwendig geworden. Unten: Blick in den Innenraum.

Kleinschnittger hatte aber immer darauf vertraut, daß der 250er schnell in Serie ginge und die zeitweise angespannte Geldsituation überbrücken würde.

Mit einem Einschreibebrief teilte seine Hausbank Kleinschnittger am 5. August 1957 mit, daß sie nun innerhalb von 24 Stunden ihren gekündigten Kredit zurückhaben wolle. Da es dem Arnsberger auch nicht gelang, so schnell neues Geld aufzutreiben, kam das Werk unter den Hammer. Die italienischen Fiat-Werke wollten die Hallen pachten, um hier ihren deutschen Stützpunkt aufzubauen, der schwedische Importeur versprach im letzten Augenblick noch das nötige Geld zu überweisen — alles umsonst.

„Sie sind ja garnicht konkursreif", tröstete der zuständige Rechtspfleger den Firmenchef, „Sie sind nur nicht flüssig." Dem Gesamtvermögen von 1,2 Millionen Mark standen Schulden von etwa 300 000 Mark gegenüber.

Alle Hoffnungen setzte Kleinschnittger noch auf seine in früheren Zeiten schon nicht ganz lauteren Händler.

Sie wollten eine Auffanggesellschaft gründen, und dann die Priorität über das Werk übernehmen. Da die vorhandenen Mittel dazu nicht langten, versuchten sie es mit einem einfältigen Finanz-Trick. Sie meldeten beim Konkursverwalter ihre entgangenen Gewinne für alle auf drei Jahre im voraus bestellten, aber nicht gelieferten, Wagen an. Damit war die Gesellschaft total überschuldet.

Von einem Tag auf den anderen war Paul Kleinschnittger so arm wie zehn Jahre zuvor. „Das haben Sie nicht verdient", empörte sich Kleinschnittgers Steuerberater über den Zusammenbruch. Er gab die Bürgschaft, daß Kleinschnittger wenigstens aus der Konkursmasse für 25 000 Mark Ersatzteile ersteigern konnte.

Die nächsten zehn Jahre verdiente Paul Kleinschnittger sein Brot mit der Ersatzteil-Versorgung seiner insgesamt 3000 gebauten Roadster, dann wandte er sich anderen Branchen zu.

*Überall bestaunte man den „Spezial"; ein elegantes Einzelstück, das sich Paul Kleinschnittger für den Hausgebrauch gebaut hatte. Unter der Haube steckte ein 250-ccm-Ilo-Motor.*

169

Als im Februar 1957 das allererste Modell der neuen Serie fahrbereit war, lud Kleinschnittger die Arnsberger Prominenz zur Probefahrt ein. Der Arnsberger Bürgermeister drehte auf dem kleinen ovalen Kurs neben dem Werk eine Ehrenrunde.

Im Werk begannen kurz darauf die Vorbereitungen zum Serienbau. Die Karosserieschalen für 200 Wagen lagen bereit. Auf Böcken aufgebaut gingen die ersten Wagen der Fertigstellung entgegen. Es sollten die Vorführwagen für Händler sein. Doch dann kam – für Kleinschnittger völlig überraschend – der Konkurs.

## Kleinschnittger 98

KAROSSERIE
Roadster, 2 Sitze
MOTOR
Luftgekühlter Einzylinder-Zweitakt-Motor (DKW RT 100), 97 ccm, Verdichtung 6,2:1, 3 DIN-PS bei 3800 U/min, maximales Drehmoment 0,9 mkp bei 3500 U/min, Handstarter mit Seilzug, Vergaser Sachs, Gemischschmierung 1 : 20
Batterie: 6 Volt/17 Ah, Wechselstrom-Lichtmaschine 25 Watt
Füllmengen: Tankinhalt 5,5 Liter
KRAFTÜBERTRAGUNG
Dreigang-Getriebe mit Ratschenschaltung, Lamellenkupplung, Knüppelschaltung
Hinterachsantrieb
Übersetzungen:
1. Gang 2,80 : 1
2. Gang 1,72 : 1
3. Gang 1,00 : 1
Achsübersetzung: 4,72 : 1
FAHRWERK
Rohrrahmen-Chassis mit Stahlblech-Karosserie verschraubt, vorn geschobene Längsschwingarme,

Querlenker, hinten gezogene Längsschwingarme, vorn und hinten Gummibandfederung
Bremsen: mechanische Trommelbremsen auf die Hinterräder
Lenkung: Zahnstangenlenkung
Reifen: 20 x 2,25
Felgen: 1,85 – B
MASSE, GEWICHTE
Länge 2200 mm, Breite 1060 mm, Höhe 1120 mm (mit Verdeck), Radstand 1700 mm, Spurweite vorn und hinten 870 mm, Wendekreisdurchmesser 7 m, Leergewicht 110 kg, zulässiges Gesamtgewicht 300 kg
VERBRAUCH
1,7 Liter auf 100 km (Benzin-Öl-Gemisch)
FAHRLEISTUNGEN
Höchstgeschwindigkeit 60 km/h, Dauergeschwindigkeit 50 km/h
PREIS
(geplant 1800,– DM)
PRODUKTIONSZAHLEN
1 Stück
BAUJAHR
(Debüt 1. Juni 1949)

# Kleinschnittger F 125

KAROSSERIE
Roadster, 2 Sitze
MOTOR
Luftgekühlter Einzylinder-Zweitakt-Motor (ILO-Ardie M 6–125 E), Bohrung/Hub: 52/58 mm, 123 ccm, Verdichtung 6,8 : 1, 4,5 DIN-PS bei 5000 U/min (ab 1951: 5,5 PS bei 5000 U/min – ab 1953: 6 DIN-PS bei 5500 U/min), maximales Drehmoment 1,2 mkp bei 4500 U/min (ab 1953: Umkehrspülung), Gemischschmierung 1 : 20, Handstarter mit Seilzug, Vergaser Bing 1/21 (ab 1953: Bing 1/17/2)
Batterie: 6 Volt/14 Ah, Gleichstrom-Lichtmaschine 25 Watt (elektrischer Anlasser 200,– DM Aufpreis)
Füllmengen: Tankinhalt 7,5 Liter
KRAFTÜBERTRAGUNG
Dreigang-Getriebe mit Ratschenschaltung, Lamellenkupplung, Freilauf mit räderlosem Ausgleich, Schalthebel unter der Lenksäule
Frontmotor, Frontantrieb
Übersetzungen:
1. Gang 2,84 : 1
2. Gang 1,53 : 1
3. Gang 1,00 : 1
Achsübersetzung: 3,23 : 1

FAHRWERK
Zentralrohrrahmen mit Aluminium-Karosserie verschraubt, vorn geschobene Längsschwingarme, Querlenker, hinten gezogene Längsschwingarme, vorn und hinten einstellbare Gummibandfederung
Bremsen: mechanische Vierrad-Trommelbremsen, Bremsfläche 150 cm$^2$
Lenkung: Zahnstangenlenkung
Reifen: 20 x 2,25
Felgen: 1,85 – B
MASSE, GEWICHTE
Länge 2895 mm, Breite 1185 mm, Höhe 1220 mm (mit Verdeck), Radstand 1700 mm, Spurweite vorn und hinten 1010 mm, Wendekreisdurchmesser 7,5 m, Leergewicht 150 kg (fahrbereit), zulässiges Gesamtgewicht 330 kg
VERBRAUCH
2,5 Liter auf 100 km (Benzin-Öl-Gemisch)
FAHRLEISTUNGEN
Höchstgeschwindigkeit 70 km/h
PREIS

|  | 1950 | 1951 | 1953 |  |
|---|---|---|---|---|
| F 125 | 1995,– | 2300,– | 2375,– | DM |
| F 125 Luxus | – | – | 2450,– | DM |

PRODUKTIONSZAHLEN
2980 Stück
BAUJAHR
von 25. April 1950 bis 5. August 1957

## Kleinschnittger F 250

KAROSSERIE
   Coupé, 2 Türen, 2 Sitze
MOTOR
   Luftgekühlter Zweizylinder-Zweitakt-Reihenmotor (ILO), Bohrung/Hub: 52/58 mm, 246 ccm, Verdichtung 6,8:1, 15 DIN-PS bei 6000 U/min, maximales Drehmoment 1,8 mkp bei 4000 U/min, Umkehrspülung, Gemischschmierung 1:20, dreifach gelagerte Kurbelwelle, Anlaß-Zünd-Anlage, Vergaser Bing 1/24/71
   Batterie: 12 Volt/20 Ah, Gleichstrom-Lichtmaschine 130 Watt
   Füllmengen: Tankinhalt 20 Liter
KRAFTÜBERTRAGUNG
   Dreigang-Getriebe, Lamellenkupplung, Schalthebel unter der Lenksäule, Differential
   Frontmotor, Frontantrieb
   Übersetzungen:
   1. Gang 3,67 : 1
   2. Gang 1,94 : 1
   3. Gang 1,30 : 1
   R-Gang 13,1 : 1
   Achsübersetzung: 3,4 : 1*

   *geschätzter Wert*

FAHRWERK
   Zentralrohrrahmen mit Stahlblechkarosserie verschraubt, vorn geschobene Längsschwingarme, Querlenker, hinten gezogene Längsschwingarme, vorn und hinten Gummibandfederung
   Bremsen: mechanische Vierrad-Trommelbremsen, Bremsfläche 350 cm²
   Lenkung: Zahnstangenlenkung
   Reifen: 4.00 x 12
MASSE, GEWICHTE
   Länge 3050 mm, Breite 1400 mm, Höhe 1200 mm, Radstand 1850 mm, Spurweite vorn und hinten 1080 mm, Wendekreisdurchmesser 9 m, Leergewicht 340 kg, zulässiges Gesamtgewicht 560 kg
VERBRAUCH
   4 Liter auf 100 km (Benzin-Öl-Gemisch)
FAHRLEISTUNGEN
   Höchstgeschwindigkeit 100 km/h
PREIS
   (geplant: 2985,– DM)
PRODUKTIONSZAHLEN
   2 Stück
BAUJAHR
   (Debüt 11. Dezember 1954)

## Kleinschnittger F 250 C

**KAROSSERIE**
  Limousine, 2 Türen, 4 Sitze
**MOTOR**
  Luftgekühlter Zweizylinder-Zweitakt-Reihenmotor (ILO), Bohrung/Hub: 52/58 mm, 246 ccm, Verdichtung 6,8 : 1, 15 DIN-PS bei 6000 U/min, maximales Drehmoment 1,8 mkp bei 4000 U/min, Umkehrspülung, Gemischschmierung 1 : 20, dreifach gelagerte Kurbelwelle, Anlaß-Zünd-Anlage, Vergaser Bing 1/24/71
  Batterie: 12 Volt/20 Ah, Gleichstrom-Lichtmaschine 130 Watt
  Füllmengen: Tankinhalt 20 Liter
**KRAFTÜBERTRAGUNG**
  Dreigang-Getriebe, Einscheiben-Trockenkupplung, Schalthebel unter der Lenksäule, Differential Frontmotor, Frontantrieb
  Übersetzungen:
  1. Gang 2,80 : 1
  2. Gang 1,49 : 1
  3. Gang 1,00 : 1
  R-Gang 2,94 : 1
  Achsübersetzung: 4,45 : 1

**FAHRWERK**
  Selbsttragende Stahlblech-Karosserie mit Gitterrohrverstärkung, vorn geschobene Längsschwingarme, Querlenker, hinten gezogene Längsschwingarme, vorn und hinten Gummibandfederung
  Bremsen: hydraulische Vierrad-Trommelbremsen, Bremsfläche 350 cm²
  Lenkung: Zahnstangenlenkung
  Reifen: 4.00—12
**MASSE, GEWICHTE**
  Länge 3100 mm, Breite 1400 mm, Höhe 1250 mm, Radstand 1850 mm, Spurweite vorn und hinten 1080 mm, Wendekreisdurchmesser 9,5 m, Leergewicht 295 kg, zulässiges Gesamtgewicht 400 kg
**VERBRAUCH**
  4 Liter auf 100 km (Benzin-Öl-Gemisch))
**FAHRLEISTUNGEN**
  Höchstgeschwindigkeit 100 km/h
**PREIS**
  3450,— DM
**PRODUKTIONSZAHLEN**
  3 Stück
**BAUJAHR**
  (Debüt September 1955)

## Kleinschnittger F 250 S

**KAROSSERIE**
Coupé, 3 Sitze (Fahrersitz in der Mitte), 2 Türen
**MOTOR**
Luftgekühlter Zweizylinder-Zweitakt-Reihenmotor (ILO), Bohrung/Hub: 52/58 mm, 246 ccm, Verdichtung 6,8:1, 15 DIN-PS bei 6000 U/min, maximales Drehmoment 1,8 mkp bei 4000 U/min, Umkehrspülung, Gemischschmierung 1 : 20, dreifach gelagerte Kurbelwelle, Anlaß-Zünd-Anlage, Vergaser Bing 1/24/71
Batterie: 12 Volt/20 Ah, Gleichstrom-Lichtmaschine 130 Watt
Füllmengen: Tankinhalt 20 Liter
**KRAFTÜBERTRAGUNG**
Dreigang-Getriebe, Einscheiben-Trockenkupplung, Schalthebel unter der Lenksäule, Differential Frontmotor, Frontantrieb
Übersetzungen:
1. Gang 2,80 : 1
2. Gang 1,49 : 1
3. Gang 1,00 : 1
R-Gang 2,94 : 1
Achsübersetzung: 4,45 : 1

**FAHRWERK**
Selbsttragende Stahlblech-Karosserie mit Gitterrohrverstärkung, vorn geschobene Längsschwingarme, Querlenker, hinten gezogene Längsschwingarme, vorn und hinten Gummibandfederung
Bremsen: hydraulische Vierrad-Trommelbremsen, Bremsfläche 350 cm²
Lenkung: Zahnstangenlenkung
Reifen: 4.00–12
**MASSE, GEWICHTE**
Länge 3100 mm, Breite 1400 mm, Höhe 1250 mm, Radstand 1850 mm, Spurweite vorn und hinten 1080 mm, Wendekreisdurchmesser 9,5 m, Leergewicht 305 kg, zulässiges Gesamtgewicht 400 kg
**VERBRAUCH**
4 Liter auf 100 km (Benzin-Öl-Gemisch)
**FAHRLEISTUNGEN**
Höchstgeschwindigkeit 100 km/h
**PREIS**
2985,– DM
**PRODUKTIONSZAHLEN**
1 Stück
**BAUJAHR**
(Debüt September 1955)

## Kleinschnittger F 250 Super

KAROSSERIE
Coupé, 2 Türen, 3 Sitze (Fahrersitz in der Mitte)

MOTOR
Luftgekühlter Zweizylinder-Zweitakt-Reihenmotor (ILO), Bohrung/Hub: 52/58 mm, 246 ccm, Verdichtung 6,8:1, 15 DIN-PS bei 6000 U/min, maximales Drehmoment 1,8 mkp bei 4000 U/min, Umkehrspülung, Gemischschmierung 1 : 20, dreifach gelagerte Kurbelwelle, Anlaß-Zünd-Anlage, Vergaser Bing 1/24/71
Batterie: 12 Volt/20 Ah, Gleichstrom-Lichtmaschine 130 Watt
Füllmengen: Tankinhalt 20 Liter

KRAFTÜBERTRAGUNG
Dreigang-Getriebe, Einscheiben-Trockenkupplung, Schalthebel unter der Lenksäule, Differential Frontmotor, Frontantrieb
Übersetzungen:
1. Gang 2,80 : 1
2. Gang 1,49 : 1
3. Gang 1,00 : 1
R-Gang 2,94 : 1
Achsübersetzung: 4,45 : 1

FAHRWERK
Selbsttragende Stahlblechkarosserie mit Gitterrohr-Verstärkung, vorn geschobene Längsschwingarme, Querlenker, hinten gezogene Längsschwingarme, vorn und hinten Gummibandfederung
Bremsen: hydraulische Vierrad-Trommelbremsen, Bremsfläche 350 cm²
Lenkung: Zahnstangenlenkung
Reifen: 4.00–12

MASSE, GEWICHTE
Länge 3100 mm, Breite 1400 mm, Höhe 1250 mm, Radstand 1850 mm, Spurweite vorn und hinten 1080 mm, Wendekreisdurchmesser 9,5 m, Leergewicht 285 kg, zulässiges Gesamtgewicht 390 kg

VERBRAUCH
4 Liter auf 100 km (Benzin-Öl-Gemisch)

FAHRLEISTUNGEN
Höchstgeschwindigkeit 110 km/h

PREIS
3450,– DM

PRODUKTIONSZAHLEN
22 Stück

BAUJAHR
(Debüt November 1956) von 2. Februar 1957 bis August 1957

*Egon Brütsch, Stuttgart:*

# Prophet Brütsch

„Wäre der Publikumserfolg bei Ausstellungen ein Wertmesser für den finanziellen Erfolg, müßte der Mann schon längst Millionär sein", stellte die Schweizer Zeitschrift „Motor-Reporter" fest. Der Mann, der Millionär sein müßte, hieß Egon Brütsch und versuchte in den Jahren 1954 bis 1958 den Kunststoff-Kleinwagen in Schalenbauweise unters Volk zu bringen. Im geschäftlichen Bereich fehlte dem Stuttgarter doch der nötige Griff, und auf der Kundenseite mangelte es den enthusiastischen Interessenten im Grunde doch an Mut, Brütsch-Autos zu kaufen.

## Zirkus Brütsch

Egon Brütsch zeigte schon in seiner Jugend, daß ihm an der väterlichen Damenstrumpffabrik im hohenzollerischen Jungingen nicht viel lag und er sich viel lieber mit Benzinvehikeln beschäftigte. Der gutgefüllte Geldbeutel des Vaters ermöglichte ihm eine Karriere als Rennfahrer. Zuerst auf Motorrädern, stieg er nach den ersten Erfolgen auf Vierräder um. Brütschs große Stunde kam nach dem Zweiten Weltkrieg; während andere liebe Not hatten, die unterm Heu versteckten Rennmaschinen wieder klarzumachen, tauschte Brütsch Damenstrümpfe gegen hochwertige Maschinenteile. Ein Maserati-Kompressor-Motor wurde in das selbstgebaute Rohrrahmen-Chassis versenkt und rollte künftig als „EBS (Egon Brütsch Stuttgart)-Maserati" an die Starts. Mit Veritas-Wagen und diversen Eigenbauten stritt er oft recht erfolgreich um Siegeslorbeeren. Für fünfhundert Paar Damenstrümpfe erwarb der als draufgängerisch bekannte Schwabe einen Omnibus, der den „EBS" nicht nur zu den Starts trug, sondern auch Brütschs Gästen eine kleine Bar bot. Der „Circus Brütsch", wie seine Konkurrenten den Rennstall spöttisch nannten, fehlte bei keinem Rennen.
1950 hängte der 46jährige seine Rennfahrerlaufbahn an den Nagel. Die Kompressorformel, in der der EBS startete, war nämlich verboten worden. Um weiterhin konkurrenzfähig zu bleiben, hätte Brütsch einen neuen

Rennwagen bauen oder kaufen müssen. Da die harte D-Mark den früheren Tauschgeschäften ein Ende bereitete, war ein neuer Rennwagen auch für Brütsch eine Investition, die überlegt werden wollte. „Die Zeit ist vorbei, wo man mit Damenstrümpfen Rennwagen baut", schrieb damals eine Zeitung mit deutlichem Seitenblick auf den Fabrikanten.
Künftig wollte Brütsch seinen Lebensunterhalt außerhalb der Textilbranche verdienen, nämlich mit Stahl- und Benzin. Vorbild blieb sein Rennwagen, den er nun im Maßstab 2 : 1 für Kinder herstellte.
Ein kleiner Fahrrad-Hilfsmotor von 36 ccm trieb das Luxus-Kinderspielzeug. Aber wer konnte schon 750 Mark für ein Kinderspielzeug investieren, wo der Durchschnittsverdienst eines Angestellten bei 300 Mark im Monat lag? „Dabei ist der Preis ganz knapp kalkuliert. Allein die Karosserie, die ich herstellen lasse, kostet mich fast soviel", verteidigte sich Brütsch.
Auf der Hannover-Messe 1950 drängten viele Neugierige um das Millionärs-Kinderspielzeug. Es gab aber wenig Kunden. In den darauf folgenden Monaten verkaufte Brütsch zwölf Stück der Mini-Autos. Zum Leben einfach zuwenig. Das merkte Egon Brütsch schon während der Ausstellung und suchte bei einem Rundgang durchs Messegelände neue Anregungen. Die Reifen des italienischen Motorrollers Lambretta brachten ihn auf die Idee, doch Einsitzer für ausgewachsene Leute zu bauen. Die Kinder-Rennwagen-Produktion verkaufte er 1951 an Joisten & Kettenbaum und stürzte sich Hals über Kopf in die Konstruktion eines „Touren- und Sportmodells", dessen Form heute stark an die des englischen Lotus Seven erinnert.
Beim Brütsch-Einsitzer saß ein 125-ccm-NSU-Motor im Heck. Dieses Aggregat mußte bald einem Baumsägenmotor, einem 250-ccm-Einzylinder-Zweitakter von Baker & Pölling mit Fliehkraftkupplung, weichen. Der frischgebackene Autokonstrukteur sah aber bald ein, daß der Heckmotor größere Probleme aufgab, deshalb tauchte das „Tourenmodell" nur einmal auf einer Ausstellung auf.
Egon Brütsch konzentrierte sich jetzt auf ein kleines

*Auf der Hannoverschen Exportmesse im Mai 1950 stellte Egon Brütsch einen Kinder-Rennwagen aus. Eine originalgetreue Verkleinerung seines EBS-Maserati.*

*Ein reicher Engländer kaufte ein Exemplar des kleinen Brütsch-Rennautos für seinen Sohn. Nach der Messe ließ der Engländer das Spielzeug mit seiner Privatmaschine abholen.*

Coupé. Dieses Modell „T", später wegen seines einzigen Sitzes „Eremit" genannt, besaß einen Heckmotor, dessen Antrieb sich aber auf das hintere rechte Rad beschränkte. Warum gerade rechts? „Weil fast alle Straßen zum Rand hin gewölbt sind und der größere Druck damit auf der rechten Wagenseite liegt", erklärte Brütsch damals seine Konstruktion. Dank diesen Gegebenheiten sollte sich der Hauptnachteil des Einrad-Antriebs auf ebener Strecke nicht bemerkbar machen; daß nämlich der „Eremit" beim Gasgeben nach links, beim Gaswegnehmen nach rechts zog. Ein rotes Coupé und ein gelbes Cabriolet stellte der Schwabe zur Frankfurter Automobil-Ausstellung im April 1951 aus.

Das Geld langte nicht, um einen eigenen Serienbau aufzuziehen, deshalb hoffte Brütsch auf kapitalkräftige Interessenten, die sich seiner Konstruktion annahmen. Im Vespa-Lizenznehmer Oskar J. Hoffmann, der mit seinem Lizenzbau den Motorroller in Deutschland populär machte und Ausschau nach einer Kleinwagenkonstruktion hielt, fand Brütsch einen ernsthaften Interessenten, der beide Mini-Autos in Serie bauen wollte. Hoffmann begeisterte sich zwar zunächst für die Mini-Wagen mit den 125-ccm-ILO-Motoren, scheute letzten Endes die hohen Investitionen.

Auch die Neckarsulmer NSU-Leute zeigten viel Interesse an Brütschs Einsitzer, aber mit einem Seitenblick auf die Heilbronner NSU-Fiat-Filiale ließen sie vorerst vom Autobau ab. Zudem dürfte der Umstand gestört haben, daß Brütschs Autos nur eine Person befördern

konnte, was die Marktchancen stark minderte. „Ich bin von einem Tod in den anderen gekommen", erläuterte Brütsch die damalige Situation. Auch bei Zündapp stieß er auf wenig Interesse. Der Besuch bei Steyr-Puch galt mehr der weiteren Motorenlieferung.

**Porsche en miniature**

Obwohl das „T"-Modell dem Erbauer kein Geld einbrachte, strebte der Schwabe danach, einen Zweisitzer zu entwickeln. Auf ein größeres Chassis baute Brütsch einen 300-ccm-Lloyd-Motor, den er nach seinen Skizzen von der Karosseriefirma Böbel in Laupheim einkleiden ließ. Aber das Blechkleid wog zuviel, und das Styling entsprach nicht den Vorstellungen des Konstrukteurs. Mit dieser Cabrio-Limousine, bei der sich das Stahldach auf den Kofferraum schieben ließ, mochte Brütsch keinen Staat machen, deshalb erblickte das Auto nie das Licht einer Ausstellung, sondern wurde gleich im Rohbau verschrottet.

Im März 1953 bastelte der Unentwegte mit seinen Mannen an einer neuen Konstruktion. Gleich zwei Brütsch-Chassis erhielten ihr Blechkleid von den Gebrüdern Wendler in Reutlingen. „Es ist ein Porsche en miniature", lobte die Zeitschrift „Der Deutsche Transportunternehmer" das Auto. „Der kleine Brütsch ist eben ein Meisterstück." Dem 400-ccm-Lloyd-Motor, den Egon Brütsch diesmal als Antriebsaggregat verwendete, gewöhnte er vorher das berühmte Jaulen ab, indem Brütsch ihm die Flügel der Gebläsekühlung stutzte und das Gehäuse mit einer schalldämpfenden Masse überzog. Ärger kam auf, als er damit in Faltprospekten warb. Lloyd-Eigner Borgward setzte dem Stuttgarter einen Rechtsanwalt auf die Spur, der sehr schnell dafür sorgte, daß aus dem Werbematerial Altpapier wurde.

Der Brütsch 400, wie der Mini-Porsche hieß, rollte auf Sackkarren-Reifen, denn Egon Brütsch fand, daß die bisher benützten Motorroller-Reifen viel zu hart liefen. Er hatte sich größere Felgen besorgt und Landwirtschaftsreifen aufgezogen, die eigentlich nur bis 18 km/h zugelassen waren. Als er bei Continental neue Reifen bestellte und den Zweck angab, zog er sich den Zorn der Reifenfirma zu: „Sie wollen mit einem Bindfaden das machen, was Trapezkünstler mit einem Stahlseil probieren."

Damit hatten die Conti-Leute den Haudegen Brütsch bei der Ehre gepackt. Der Schwabe hatte seinen privaten 400er über 10000 Kilometer mit solchen Reifen bestückt und trotz der Spitzengeschwindigkeit von 105 km/h nie Ärger gehabt. Brütsch nahm flugs seine Koffer und rollte Richtung Hannover. Im großen Reifenkonzern trommelte er einige Leute zusammen, die mit ihm im Tempo 90 bis Bielefeld über Landstraßen und Autobahnen holperten. Die Conti-Männer staunten zwar nicht schlecht über die Haltbarkeit ihrer Landwirtschafts-Pneus, ließen sich jedoch nicht erweichen, ihre Zustimmung zur Verwendung dieser Reifen zu geben.

Zum Genfer Automobilsalon im März 1953 fand Brütsch mit seinen roten und gelben Cabriolets Kontakt zu dem italienischen Rennfahrer und Cisitalia-Ingenieur Piero Dusio, der angeblich zusammen mit einem argentinischen Karosseriefabrikanten den Brütsch 400 für Süd-Amerika bauen wollte. Der Zweisitzer mit seinen 13 PS und dem Getriebe des Fiat-Topolino hatte eben „das Gepräge eines ausgewachsenen, teuren Wagens", wie ihm die Presse bescheinigte. Deshalb zahlte der Chef der Rheinischen Automobilfabrik (RAF), Henning Thorndal, sofort 20000 Mark, um den Wagen neben seinen kleinen Champions bauen zu dürfen.

Schließlich scheuten auch diesmal beide Interessenten die hohen Kosten, die zum Herstellen der Bleckkarossen notwendig gewesen wären. Obwohl immer wieder von großen Serien die Rede war, blieb der Brütsch 400 ein Prototyp.

„Durch Anregung vom Ausland ließ ich mich von neuen Richtlinien leiten, bei der Neukonstruktion handelsübliche und allerorts leicht und billig erhältliche Teile zu verwenden", warb Egon Brütsch im Prospekt seines neuesten Autos, des Brütsch 1200, den er im Frühjahr 1954 vorstellte. Dem Prototypen-Bauer schien dazu der Ford Taunus 12 M geeignet. Aus einem Unfallwagen montierte Brütsch alle brauchbaren Teile aus und setzte sie in ein Chassis; Vorderachse, Motor und Getriebe übernahm er unverändert. Dagegen änderte er die Lenkung. Gegenüber dem Original-Taunus hatte Brütschs Konstruktion einen 30 cm kürzeren Radstand. Die Firma Wendler klopfte wiederum das Blech zu einer wohlproportionierten Coupé-Karosserie zurecht. Auf gleicher Basis entstand auch ein Cabriolet. Für beide Karosserie-Varianten bot Brütsch einen auf zwei Vergaser verstärkten Motor an. Damit stieg die Leistung von 38 auf 45 PS an.

### Der Super-Superior

Der Ex-Rennfahrer fand mit seiner neuesten Kreation zwar wiederum viele Bewunderer, aber wenig Käufer. Die Wagen lagen mit 9500 und 10500 Mark in Preisklassen, in denen es damals noch Porsche-Wagen zu kaufen gab. Wieder glaubte Champion-Fabrikant Thorndal, Brütschs Konstruktionen seien ein besseres Geschäft als sein biederer Champion. Auch die Karosseriefirma Friedrich Wacker in Pforzheim hoffte, damit ins Autogeschäft steigen zu können. Während Thorndals Pläne wieder an Geldmangel zerrannen, einigten sich Brütsch und Wacker auf eine kleine Serie.

Der Konstrukteur schlug vor, den 1200 in Kunststoff zu bauen, und stellte dazu auch sein Wendler-Coupé zur Verfügung. Der kleine Familienbetrieb nahm direkt vom Stahlblech-Coupé die Formen ab und stellte danach ein Kunststoff-Coupé her. Egon Brütsch schwärmte von der sauberen Handwerksarbeit dieser Firma; aber zur Serie fehlte es wieder an Käufern. Seinen privaten Brütsch 1200 verkaufte der Stuttgarter schließlich nach Südamerika, um damit Geld für neue Pläne flüssig zu machen.

Zu dieser Zeit hatte Brütsch den Traum von der eigenen Automobilfabrik längst ausgeträumt. Für Leute, die es sich leisten konnten, wollte er künftig nur noch Sonderkarosserien bauen; exklusiv und teuer. Ein Schweizer Geschäftsmann hatte seine Pläne unterstützt. Er schlug vor, aus Mercedes 220-Limousinen Coupés zu bauen.

Bei den Daimler-Leuten hoffte man auf tatkräftige Unterstützung. Als aber zwei Coupés auf den Räder stan-

*Seine ersten Versuche als Auto-Konstrukteur machte Egon Brütsch an diesem Einsitzer, der im Sommer 1950 bei der Karosseriefabrik Wendler entstand.*

den, bewunderten die Untertürkheimer zwar die elegante Linienführung, ließen aber nicht über eine Zusammenarbeit mit sich reden. Der Eidgenosse übernahm kurzerhand gegen bare Kasse beide Einzelanfertigungen, und man trennte sich gütlich.

In den ersten Monaten 1954 rüstete Brütsch auch einen Gutbrod Superior, der eigentlich eine 660-ccm-Maschine besaß, auf eine 1200-ccm-Ford-Maschine um.

Ehe Brütsch seine kleine Rakete richtig publik machen konnte, wandte sich die Gunst des Publikums vom Superior ab. Gutbrod gab gerade den Autobau auf. Walter Gutbrod wollte dem Stuttgarter gerne noch fertige Autos ohne Motor liefern. Aber als die Ford-Leute Wind davon bekamen, daß ihre Motoren andere Autos ziehen sollten, stoppten die Lieferungen.

*Besonderheit des Brütsch-Autos: es besaß eine Fliehkraftkupplung, welche die Kraft des 125-ccm-NSU-Motors auf das rechte Hinterrad übertrug. Die Kupplung war sehr anfällig. Als Räder verwendete Brütsch Sackkarrenreifen.*

180

## Die Idee mit dem Kunststoff

Schon zur Zeit, als Brütsch sein Modell „400" herumzeigte, grübelte er an der Frage, wie man ohne kostspielige Blechpressen Autos bauen könnte. Viele seiner Geschäftspartner hatten verschreckt vom Autobau abgesehen, als er ihnen die Kosten für Produktionsmaschinen klar auf den Tisch legte. Nur mit neuen Wegen könnte er dieses Handicap umgehen.

Als er an einem schwülen Sommertag des Jahres 1954 in seinem Mercedes 170 Diesel die Autobahn Karlsruhe—Stuttgart entlangrollte, zündete ihm ein Geistesblitz: Aus diesem neuartigen Kunststoff, mit dem in den USA die Chevrolet-Techniker ihren Corvette-Traumwagen gebaut hatten, müßte man zwei Schalen gießen, die nachher zu einer kompletten Karosse zusammengefügt werden könnten.

Auf diese Weise, überlegte Brütsch, müßte es möglich sein, Kleinstautos für wenig Geld zu bauen. Über dieser Gedankenbrüterei verpaßte er gleich zwei Autobahn-Ausfahrten. Er kehrte um und fuhr gleich zu seinem Freund Gotthilf Schilling, einem Drechsler. Ihm schilderte er die neuen Pläne und entwarf mit wenigen Bleistiftstrichen ein kleines dreirädriges Auto. Gotthilf Schilling sollte es im verkleinerten Maßstab als Holzmodell herstellen. Fast wie ein Ei anzusehen, hochglanzpoliert war das Modell, das wenige Wochen später Egon Brütsch als Ergebnis seiner neuesten Ideen in einem kleinen Köfferchen verwahrte.

„Was haben Sie für ein hübsches Auto da draußen stehen?" sprach ihn im Herbst 1954 ein Mann in einem Frankfurter Restaurant an. Der Fremde stellte sich als Deutsch-Franzose vor, der durch Deutschland reiste und gerne eine Autokonstruktion in Lizenz bauen wolle. Der 400, mit dem Brütsch diesmal unterwegs war, hatte die Neugier des Fremden geweckt. Brütsch lenkte das Interesse gleich auf den Inhalt seines Köfferchens, das er immer bei sich führte. Die Idee der Kunststoffschalenbauweise faszinierte auch den Fremden. Man wurde schnell handelseinig, daß für 20 000 Mark die Nachbaurechte nach Frankreich gingen.

In den nächsten Tagen flatterten die ersten tausend Mark ins Haus, die Brütsch in die Lage versetzten, aus der bloßen Idee Wirklichkeit werden zu lassen. Wenige Tage darauf trieb es den Schwaben nach Ludwigshafen, wo er die Verkaufsberater der Badischen Anilin- und Sodafabriken (BASF) nach Verarbeitungshinweisen für Kunststoffe ausfragte. Nach deren Worten schien die ganze Sache recht einfach zu sein.

## Schnittiges Ei

An einem Samstagmorgen holte er sich 70 Kilogramm Kunstharz. Keine billige Angelegenheit, denn ein Kilo kostete zehn Mark. Hinzu kamen noch andere Substanzen. Am nächsten Tag mixte Brütsch mit einigen Mitarbeitern das Harz. Das 1:1-Holzmodell stand bereit. Nachdem das Kunststoff-Süppchen gekocht und aufgetragen war, lud Brütsch seine Mannen zum Mittagessen ein: „Wenn wir zurückkommen, haben wir eine ausgehärtete Karosserie." Doch die Karosserie war immer noch feucht, und auch am nächsten Tag blieb die Hoffnung auf eine ausgehärtete Haut Illusion. Die BASF-Kunststoff-Experten wußten keinen besseren Rat, als daß Brütsch die Mischung der einzelnen Chemikalien falsch abgewogen hätte.

Der Schwabe griff nochmals tief ins Portemonnaie und mischte wieder einen Topf voll Kunststoff. Wiederum blieb das Teufelszeug naß. Chemiker reisten nach Stuttgart, um sich das Malheur aus der Nähe anzusehen. Erst ein Lehrling brachte die ganze Mannschaft darauf, daß zwar die Luft die zum Härten notwendige Temperatur von 21 Grad habe, der Betonfußboden, auf dem das Holzmodell stand, aber nicht.

Trotz aller Rückschläge wurde der „Brütsch 200" pünktlich zum Pariser Automobilsalon im Oktober 1954 fertig. Ein kleines, dreirädriges Fahrzeug mit hinterem Einzelrad und glatter, eleganter Karosserie. „Hübsch ist er ja", lobte die Zeitschrift „Roller, Mobil und Kleinwagen" damals Brütschs neuestes Fahrzeug, „ein richtiges schnittiges Ei, drei Leute können nebeneinander sitzen und auch sonst sind einige Nettigkeiten dran." Um das Fahrgestell zu sparen, hatte Brütsch bei diesem kleinen Wagen die Radaufhängungen direkt an der unteren Karosserieschale befestigt. Mit dem 200-ccm-Fichtel & Sachs-Motor sollte der 230 kg schwere Dreisitzer auf eine Spitze von 100 km/h kommen.

Allerdings war „Roller, Mobil und Kleinwagen" auch skeptisch: „Von dieser Firma wurden schon mehrfach Mobile angekündigt, ohne daß etwas daraus wurde, und so wartet man am besten ab."

Doch diesmal fanden sich sehr schnell Interessenten. Zuerst meldete sich eine Schweizer Firma, danach besuchte Fabrikant Harald Friedrich im Dezember 1954 den Stuttgarter. Friedrich war Chef der Firma Alzmetall, P. Meier & Friedrich GmbH, in Altenmarkt. Man hatte sich dort bisher nur mit der Herstellung von Bohr- und Werkzeugmaschinen beschäftigt und suchte nun mit einem Kleinauto die Geschäftsbasis zu verbreitern.

Erst hieß er „Modell T", später „Eremit":
Brütsch entwarf diesen kleinen Einsitzer, der
einen 250-ccm-Baker- und Pölling-Motor im
Heck trug.

Die Karosserie, die Böbel in Laupheim für
Brütsch zurechtklopfte, geriet nicht nach den
Wünschen des Auftraggebers und wurde im
Rohzustand verschrottet.

Auf der mechanischen Basis des Lloyd 400 baute Brütsch dieses Cabriolet. Als Brütsch aber behauptete, er habe
dem Lloyd-Motor das Jaulen abgewöhnt, reagierte Borgward sauer.

*Der 1200 entstand auf dem Fahrwerk eines wiederhergerichteten Unfall-Ford-Taunus. Nach Brütschs Angaben baute Wendler in Reutlingen die Karosserie. Später guckte Fiat in Heilbronn von Brütschs Styling-Talent ab.*

Nach neun Stunden harten Feilschens war zwischen Brütsch und Friedrich der Handel perfekt. Brütsch erhielt eine Abschlagszahlung von 25 000 Mark, einen Lizenz-Vorschuß von 5000 Mark und weiterhin für jedes Brütsch-Auto, das Friedrich ab sofort in Lizenz bauen würde, eine Gebühr von 20 Mark.

### Die neuerliche Untat

Noch im Frühjahr 1955 hetzte Friedrich den von Brütsch übernommenen Prototyp einige Zeit über Feldwege, dann sank seine Stimmung bis zum Gefrierpunkt. Denn die Radaufhängungen, die direkt in der Kunststoffschale angebracht waren, beanspruchten die Karosserie derart, daß sich Risse zeigten. Friedrich wurde es klar, daß er diesen Wagen so nicht in Serie bauen und verkaufen konnte. Der bayrische Fabrikant engagierte den früheren Tatra-Konstrukteur Professor Dr. h. c. Hans Ledwinka, der den Brütsch 200 gründlich umkrempelte. Er setzte die selbsttragende Kunststoff-Karosserie auf ein Rohrrahmen-Chassis, ersetzte das hintere Einzelrad durch eine breite Hinterachse und änderte die Form.

Als zur Frankfurter Automobil-Ausstellung 1955 der veränderte Brütsch 200 unter dem Namen „Spatz" debütierte und in Serienbau ging, forderte Egon Brütsch die vereinbarten Lizenzgebühren. Doch Friedrich hielt die Kasse zu, denn der Spatz sei ein von Grund auf neues Fahrzeug, das mit Brütschs Prototyp nichts gemein habe. Trotzdem pochte der Stuttgarter auf das Geld und verwies auf den abgeschlossenen Vertrag, in dem stand: „Sollte das Fahrzeug vom Lizenznehmer an anderer Stelle gebaut werden oder in veränderter Form in Serie gehen, ist die Lizenzfirma trotzdem zur Zahlung verpflichtet."

Zum ganz großen Krach kam es aber erst zur Internationalen Fahrrad- und Motorrad-Ausstellung (IFMA) im Oktober 1956. Kurz vor Eröffnung verteilte nämlich Brütsch eine Pressemitteilung, die den Spatz von Friedrichs Dach schießen sollte: „Es ist eine Schande und Frechheit, wenn sich heute die den Spatz bauende Firma erlaubt, Zeitungsenten zu verbreiten, der Spatz sei eine Eigenkonstruktion." Friedrich schoß mit einer einstweiligen Verfügung zurück, und bald standen beide vor dem Kadi. Friedrich warf Brütsch vor, er habe ihm eine verkehrsuntüchtige Konstruktion verkauft.

Jetzt schalteten sich auch andere Lizenznehmer ein.

Der „Spatz", ein Zweisitzer, an dem Brütsch erstmals sein Kunststoff-Konzept erprobte. Die hierbei angewandte Methode, die Radaufhängung an die Kunststoffschale zu schrauben, bewährte sich aber nicht.

Brütschs Kunststoffeier im Rohbau. Das Rezept war einfach; eine obere und eine untere Kunststoffschale zusammengefügt durch ein Band. Fertig war der Aufbau. Bis zu zehn Männer konnten auf einer solchen Karosserie stehen, ohne daß sie brach.

Die Firma A. Grünhut & Co. hatte 1954 die Lizenz erhalten, den Brütsch 200 in der Schweiz zu fabrizieren. Die Schweizer änderten damals lediglich den Namen und verkauften ihr Kunststoff-Ei als „Belcar". Brütsch hatte sich seine Schweizer Kunden verärgert, als er zwei Jahre später, gerade während die Belcar-Produktion anlief, in einer Schweizer Zeitung eine Annonce aufgab, in der er in der Schweiz einen Lizenznehmer oder Importeur für ein neues Brütsch-Modell suchte. Erbost schrieben die Belcar-Leute an Prozeßgegner Friedrich: „Wir haben uns durch die neuerliche Untat des Herrn Brütsch veranlaßt gesehen, in Stuttgart Betrugsanzeige zu erstatten." Grünhut gab seine Lizenz zurück, stattdessen stieg die Fahrzeugfabrik Wollerau ins Geschäft. Sie übernahm das „Belcar", änderte es am Bug etwas und bot es zum Preis von 3580 Franken an.

Im Prozeß Grünhut gegen Brütsch mischte auch der französische Lizenznehmer Jean Avot mit. Er hatte ein Brütsch-Modell in Lizenz genommen und es in Frankreich unter dem Namen „Avolette" verkauft. Nun ließ er sich den Prozeß nicht entgehen — wohl mit dem Hintergedanken, Lizenzgebühren zu sparen.

Eine Zwickmühle, in die sich die Lizenznehmer allerdings hineinmanövrierten, zeigte damals der in Basel erscheinende „Motor-Reporter" auf: „Für die letzteren (Belcar, Avolette) könnte sich beim Obsiegen der Spatz-Gruppe unter Umständen als Folge die nicht gerade angenehme Tatsache ergeben, einerseits zwar von Lizenzgebühren befreit zu sein, andererseits aber die Fabrikation einstellen zu müssen, falls die von der Spatz-Gruppe behauptete Verkehrsuntüchtigkeit bestätigt wird." So kam es dann auch.

Justitia hielt zu Harald Friedrich. Das Gericht glaubte erkannt zu haben, daß der Spatz eine Neukonstruktion sei. Da es auch gelungen war nachzuweisen, der Brütsch 200 sei verkehrsuntauglich, verschwanden in den ersten Monaten des Jahres 1957 Belcar und Avolett vom Markt.

Für Egon Brütsch hatte das Schicksal hart zugeschlagen. Nicht nur der deutsche Lizenznehmer, auch seine ausländischen Kunden zahlten nun nichts mehr.

## Der Zwerg im Arm

Er hatte allerdings aus dem Kardinalfehler des an Friedrich verkauften Prototyps schon früh gelernt. Seine neuen Modelle, die er im September 1955 vorgeführt hatte, saßen auf einem stabilen Stahlrohr-Rahmen. Die Kunststoff-Schalen waren ihrer tragenden Funktion enthoben.

Brütsch baute in Schalenbauweise, doch nun mit Fahrgestell, den „Zwerg". Im Äußeren dem Brütsch 200 ähnlich, geriet der große Zwerg zum Zweisitzer, während im kleinen Zwerg nur eine Person Platz fand. „Meine Konstruktion kann für sich in Anspruch nehmen, der billigste und leichteste Kleinstwagen der Welt zu sein", verkündete Egon Brütsch stolz. Tatsächlich wogen die kleinen Zwerge so wenig, daß die „Mainzer Allgemeine Zeitung" schrieb: „Mit einem Gewicht von 98 Kilogramm kann der Zwerg beinahe im Arm getragen werden."

Im kleinen Zwerg diente ein 75-ccm-Zweitakter als Kraftspender. Er gab drei PS ab und brachte das Mini-Dreirad auf 60 km/h. Das kleine Aggregat entstammte dem DKW-Hobby-Motorroller, der damals Aufsehen erregte, weil er mittels eines automatischen Riemengetriebes das Schalten vergessen machte. Im Zweisitzer-Zwerg sorgte ein 250-ccm-Maico-Motor für Kraft und brachte das 185-kg-Auto auf 90 km/h. Nach Brütschs Kalkulationen sollte der kleine 1495 Mark, der große Zwerg 1695 Mark kosten.

Für die Zwerge fand Brütsch wieder einen neuen Interessenten: die „Gottlieb Gess Karosserie- und Fahrzeugfabrik" in Ebingen. Etliche Zeitungen verkündeten schon: „Brütschs Zwerge in Groß-Serie." Die Produktion blieb auch hier in den Vorbereitungen stecken.

## Das schwimmende Moped-Auto

Mit seinen Zwergen stand Brütsch allein auf der IAA 1955, während einige Stände weiter Harald Friedrich seinen Spatz zeigte.

Als die IFMA im Oktober 1956 näher rückte, bereitete Brütsch nicht nur seine prozeßauslösende Kampfschrift gegen Harald Friedrich vor, sondern auch ein neues Gefährt, das als „Moped-Auto" die Welt verändern sollte. Mit einem 50-ccm-Motor, der steuer- und versicherungsfrei war, wollte Brütsch das kleinste Auto der Welt bauen.

Buchstäblich über Nacht schuf er eine neue einsitzige Kunststoff-Karosserie, stellte sie im Garten auf und lehnte Räder dran. Dann setzte er seine Sekretärin hinein und fotografierte den Prototyp erst einmal. Die Zeit bis zum Ausstellungsbeginn der IFMA reichte gerade noch aus, die drei Räder zu befestigen.

„Mopetta — eine Brütsch-Konstruktion für den kleinen Geldbeutel", hieß der Slogan, und das Gedränge war groß, als das Volk die Mopetta sah. In Serie hergestellt, sollte es nur 750 Mark kosten, und Brütsch sprach so-

185

Polyesterharz (im Topf) und Glasfasermatten waren die Grundmaterialien, mit denen Egon Brütsch seine eleganten und leichten Mobile schuf.

Als Konkurrenz zu Harald Friedrichs „Spatz" brachte Egon Brütsch den „Bussard" auf den Markt. Doch der Bussard fing den Spatzen nicht (Bild unten rechts).

Wie bei allen Brütsch-Kreationen, die nach dem Spatz entstanden, saß die Karosserie auch bei der Rollera auf einem soliden Rohrrahmen (unten links).

gar in den ersten Prospekten vom „schwimmenden Moped-Auto – zu Land und zu Wasser".

Er hatte das kleine Dreirad hoch gestellt, damit es alle bewundern konnten und niemand merkte, daß sämtliche mechanischen Teile fehlten. Der Erfolg überraschte selbst den Stuttgarter. Aus vielen Ländern kamen Anfragen. Die Schweizer Zeitschrift „Der Motorreporter" jubelte: „Egon Brütsch ist zu Ergebnissen gelangt, die bei der kommenden IAA vom Publikum bestimmt nicht mehr übersehen werden können. Vom deutschen Publikum, jawohl, denn im Ausland hat Prophet Brütsch schon früher mehr als im eigenen Land gegolten."

Nach der Ausstellung begann Prophet Brütsch erst einmal, seine Konstruktion fahrfertig zu machen. An der linken Seite brachte er außen einen 50-ccm-Motor an, mit Kickstarter und Ketten-Antrieb auf das linke Hinterrad. Wenn auch damals die Berliner „BZ" die Mopetta als „Miniatur-Motorboot" feierte, so mag die Schwimmfähigkeit zu diesem Zeitpunkt schon illusorisch gewesen sein. Denn der außerhalb angebrachte Motor wäre nicht nur abgesoffen, sondern hätte mit seinem Gewicht die leichte Kunststoffschale auch zum Kentern gebracht. „Da staunt der Fachmann", schrieb zur Fertigstellung im Mai 1957 die Zeitschrift „Roller, Mobil und Kleinwagen", „aber immerhin ist wirklich zu bewundern, mit welcher Zähigkeit Herr Brütsch an seinen Projekten arbeitet und es ihm gelingt, trotz aller Schwierigkeiten immer wieder etwas auf die Räder zu heben."

## Die zwei-eiigen Zwillinge

Neben der Mopetta war zur IFMA im Oktober 1956 ein etwas größeres Mobil erschienen, die Rollera. Ähnlich wie die Mopetta gebaut, bot Rollera etwas größeren Innenraum und einen 100-ccm-Motor. Weil sich beide Fahrzeuge so ähnlich sahen, sprach die Zeitschrift „Roller, Mobil und Kleinwagen" von Brütschs zwei-eiigen Zwillingen.

Zwillinge waren aber auch zwei andere IFMA-Neuheiten von Brütsch: Der „Bussard" und der „Pfeil". Beides hübsche Sport-Zweisitzer mit Motoren zwischen 250 ccm und 400 ccm. Während der Bussard ein Fahrzeug mit hinterem Einzelrad war, stattete Brütsch den Pfeil mit vier Rädern aus. Insgeheim hoffte Brütsch vielleicht, daß der Vierrad-Wagen ein ernsthafter Konkurrent des Spatz werden könnte. „Schnittig, sportlich-elegant", warb der Prospekt für den Vierradwagen mit Kunststoff-Karosserie.

## Der Opelit

Doch kein Modell von Brütsch erregte soviel Aufsehen wie die Mopetta. Die automobilistischen Gemüter gerieten darüber vollends ins Durcheinander. Auf der einen Seite krasse Ablehnung („Verkehrsbehinderer"), auf der anderen Seite Begeisterung („Volksmobil"). Jetzt sprach man plötzlich von Brütschs Eifer. Doch vom Ruhm allein konnte Brütsch nicht leben. Nachdem seine Moped-Eier fahrfertig waren, lud er sie im Sommer 1957 auf seinen Mercedes und reiste damit über Land. Auf dem Dach fanden drei, im Kofferraum zwei der bunten Eier Platz, und manche Lokalzeitung fand beliebten Stoff beim Aufkreuzen des Huckepack-Transports.

„Sind Sie an so etwas interessiert?" fragte Egon Brütsch damals auch den Frankfurter Opel-Großhändler und Volksbenzin-Verkäufer Georg von Opel. Und ob der interessiert war: Im eigenen Parkhaus bewegte er die Mopetta hinauf und hinab und kam bald zu dem Schluß, Deutschland damit zu überschwemmen. Unter dem Namen „Opelit" sollte das Dreirad der dahinsiechenden Motorradfirma Horrex zu neuen Aufträgen verhelfen. 100 000 Stück wollte von Opel dort bauen lassen und innerhalb von vier Jahren verkaufen. Alles war schon recht weit gediehen, und abgesehen davon, daß von Opel auf verschiedenen Ausstellungen als Fahrzeugfabrikant debütierte, experimentierten die Horrex-Techniker mit dem „Opelit". Mit ihrer reichhaltigen Motorraderfahrung beschlossen sie, dem kleinen Fahrzeug eine neue Vorderradaufhängung zu geben.

Doch dann stieg Georg von Opel wieder aus. Ob er durch den Prozeß der Spatz-Gruppe mißtrauisch geworden war, oder ob er plötzlich an den Marktchancen des Opelit zweifelte? Vielleicht war es auch der Preis des Moped-Autos, der von Monat zu Monat höher rutschte und schließlich bei 1045 Mark lag. Offiziell hieß es, von Opels Rechtsanwälte hätten festgestellt, daß der weitläufige Verwandte von Adam Opel rechtlich gar keine Autos bauen dürfe. Damit saß Egon Brütsch mit seinen zehn bunten Mopettas wieder allein in der Welt.

# BRÜTSCH-MOPETTA

„Das schwimmende Moped-Auto"
Zu Land und Wasser
mit den gleichen Antriebs- und Lenkungsaggregaten.

## Die Sensation

**MOPETTA - eine Brütsch-Konstruktion**
**für den kleinen Geldbeutel**

**Dreirad mit Kunststoffkarosserie und Wetterschutz (1-Sitzer)**

MOTA-Motor K 50 ccm, 2,5 PS, 3-Ganggetriebe mit Gebläse, Antrieb vorn, 2 Räder hinten. Gut gefederte Vorderradgabel, die den Motor in sich aufnimmt. Direkter Antrieb auf das Vorderrad. Kurzer Mopedlenker mit MAGURA-Drehgriff, Gangschaltung, Brems- und Kupplungshebel. Fußbremse auf die Hinterräder, feststellbare Handbremse auf das Vorderrad wirkend. Drahtspeichenfelgen, Bereifung 400-100. Geräumiger Kofferplatz.

| Maße: | | | | |
|---|---|---|---|---|
| Länge | 1700 mm | | Bodenfreiheit | 180 mm |
| Breite | 880 mm | | Fahrzeuggewicht ca. | 60 kg |
| Gesamthöhe | 1000 mm | | Verbrauch: 2 Liter | |

Geschwindigkeit dem Mopedgesetz unterworfen.

**Preis: DM 750.-**

## EGON BRÜTSCH FAHRZEUGBAU STUTTGART

*(Prospekt vom Oktober 1956)*

*1958 sollte eigentlich die Mopetta-Serie bei Horrex anlaufen. Aber Auftraggeber Georg von Opel zog sich von dem Kunststoffei zurück.*

*Mit seinem ganzen Sortiment an Kunststoffautos zogen Egon Brütsch und seine Sekretärin in zwei vollbepackten Mercedes-Wagen von Stadt zu Stadt, um potente Lizenzabnehmer zu finden.*

### Brütschs V-2

Der Schwabe fand bald darauf wieder neue Interessenten. So zog ein himmelblauer „Pfeil" mit goldfarbenen Blankteilen auf der IAA 1957 einen Frankfurter Volkswagen-Händler an, der vom tristen VW-Stil frustriert war. Er legte 10 000 Mark auf Brütschs Ladentisch und bat darum, den „Pfeil" bauen zu dürfen. Natürlich durfte er. Aber in Frankfurt kam es noch nicht einmal zu Produktionsvorbereitungen.

Wenig später meldete sich ein Indonesier namens Ngo bei Brütsch. Ngo wollte die Rollera in Frankreich bauen. Man einigte sich schnell darauf, die Lizenzsumme in Raten zu zahlen, denn Ngo besaß kein großes Anfangskapital, und Brütsch brauchte dringend Geld, um den Ärger gegen Friedrich finanziell zu stützen.

Noch einmal versuchte Brütsch im Oktober 1957 sein Glück mit einer Neukonstruktion. Die Typenbezeichnung „V-2" war die Abkürzung für Volkszweisitzer. Nach alter Brütsch-Manier geriet der V-2 wiederum zum offenen Roadster.

Die Zeit hatte Wagen und Erbauer überrollt. Die Kleinwagen-Ära näherte sich dem Ende, das Volk strebte zum Mittelklassewagen. Als Brütsch das Geld ausging, wandte er sich nochmals an seinen französischen Lizenznehmer Ngo, der ihm auch prompt einige tausend Mark nach Stuttgart überwies.

Brütsch baute im Juli 1958 von dem Geld einen neuen Volkszweisitzer — auf dem Chassis eines Fiat 500. Der neue V-2 unterschied sich vom Vormodell vor allem durch Heckflossen und kleine Seitentüren. Als Dank für die Finanzierung der Karosserie taufte Brütsch den Wagen zwar V-2 N (= Ngo), doch trotzdem fand sich kein Lizenznehmer mehr. Ngo, der den Wagen anfangs in Frankreich bauen wollte, kam sehr schnell dahinter, daß die Produktion des kleinen Wagens bei einem Verkaufspreis von fast 3900 Mark zum Erliegen kommen würde.

„Jetzt hört das Drama mit dem Autobau endlich auf", entschied Brütsch im Herbst 1958. In den vergangenen Jahren hatte ihn der Autobau nur Ärger, Enttäuschung und natürlich viel Geld gekostet. Mit 52 Jahren begann der Ex-Rennfahrer ganz von vorn. Seine Erfahrung in Kunststoffen nützte er nun im Bau von Kugelhäusern. Wenige Jahre später entwickelte er Fertighäuser aus Kunststoff und hatte sofort Erfolg damit. Die Fertighäuser sicherten ihm seither auch ohne Damenstrümpfe, Rennautos und Kleinstwagen ein gutes Einkommen.

Lenkung: Zahnstangenlenkung, Übersetzung
17,6 : 1
Reifen: 4.25 x 10
MASSE, GEWICHTE
Länge 3120 mm, Breite 1810 mm, Höhe 1150 mm,
Radstand 2000 mm, Spurweite vorn und hinten
1050 mm, Leergewicht 860 kg, zulässiges Gesamt-
gewicht 1150 kg
VERBRAUCH
4,5 Liter auf 100 km (Benzin-Öl-Gemisch)
FAHRLEISTUNGEN
Höchstgeschwindigkeit 80 km/h
PREIS
3600,– DM (geplant Coupé 3800,– DM)
PRODUKTIONSZAHLEN
2 Stück
BAUJAHR
September 1952

## Brütsch 400
KAROSSERIE
Cabriolet, 2 Türen, 2 Sitze
MOTOR
Luft/gebläsegekühlter Zweizylinder-Zweitakt-Rei-
henmotor (Lloyd), Bohrung/Hub: 62/64 mm, 386
ccm, Verdichtung 6,85:1, 13 DIN-PS bei 3750 U/
min, maximales Drehmoment 2,9 mkp bei 2750 U/
min, Gemischschmierung 1 : 20, zweifach gela-
gerte Kurbelwelle, ein Solex-Flachstrom-Vergaser
30 BFRH
Batterie: 6 Volt/50 Ah, Gleichstrom-Lichtmaschine
90 Watt
Füllmengen: Tankinhalt 25 Liter
KRAFTÜBERTRAGUNG
Dreigang-Getriebe, Einscheiben-Trockenkupplung,
Schalthebel am Armaturenbrett
Frontmotor, Frontantrieb
Übersetzungen:
1. Gang 4,58 : 1
2. Gang 2,19 : 1
3. Gang 1,31 : 1
R-Gang 4,58 : 1
Achsübersetzung: 4,17 : 1
FAHRWERK
Plattformrahmen mit Stahlblechkarosserie ver-
schraubt, vorn zwei Querblattfedern, Querlenker,
hinten Starrachse mit Halbelleptikfedern
Bremsen: mechanische Vierrad-Trommelbremsen,
Bremsfläche 426 cm²

## Brütsch 1200
KAROSSERIE
Coupé, 2 Türen, 2+2 Sitze (Stahlblechkarosserie:
Wendler, Reutlingen)
Cabriolet, 2 Türen, 2+2 Sitze (Stahlblechkarosse-
rie: Wendler, Reutlingen)
Coupé, 2 Türen, 4 Sitze (Kunststoffkarosserie:
Friedrich Wacker, Pforzheim)
MOTOR
Wassergekühlter Vierzylinder-Viertakt-Reihenmotor
(Ford), Bohrung/Hub: 63,5/92,5 mm, 1172 ccm,
Verdichtung 6,8 : 1, 38 DIN-PS bei 4250 U/min
(gegen Aufpreis mit Doppelvergaser Amal-Fischer:

45 DIN-PS bei 4680 U/min), maximales Drehmoment 7,56 mkp bei 2200 U/min, stehende Ventile, seitliche Nockenwelle durch Zahnräder angetrieben, dreifach gelagerte Kurbelwelle, ein Fallstromvergaser Solex 28 VFJS
Batterie: 6 Volt/84 Ah, Gleichstrom-Lichtmaschine 130 Watt
Füllmengen: Tankinhalt 34 Liter, Motoröl 2,5 Liter, Kühlsystem 7 Liter

KRAFTÜBERTRAGUNG

Dreigang-Getriebe (2. und 3. Gang synchronisiert), Einscheiben-Trockenkupplung, Lenkradschaltung
Frontmotor, Hinterachsantrieb
Übersetzungen:
1. Gang 3,41 : 1
2. Gang 1,76 : 1
3. Gang 1,00 : 1
R-Gang 4,14 : 1
Achsübersetzung: 4,735 : 1

FAHRWERK

Plattformrahmen mit Stahlblech- bzw. Kunststoffkarosserie verschraubt, vorn doppelte Querlenker, Schraubenfedern, hinten Starrachse mit Viertelelliptik-Längsblattfedern, vorn und hinten Teleskopstoßdämpfer
Bremsen: hydraulische Vierrad-Trommelbremsen, Bremsfläche 590 cm²
Lenkung: Schneckenrollen-Lenkung (Übersetzung 13,6 : 1)
Reifen: 5.90–13

MASSE, GEWICHTE

Länge 3800 mm, Breite 1580 mm, Höhe 1300 mm, Radstand 2160 mm, Spurweite vorn und hinten 1220 mm, Leergewicht 990 kg (Kunststoff 790 kg), zulässiges Gesamtgewicht 1215 kg

VERBRAUCH

7 Liter auf 100 km (Normalbenzin)

FAHRLEISTUNGEN

Höchstgeschwindigkeit 130 km/h (mit 45 PS: 140 km/h), Beschleunigung 0–100 km/h in 32 sek.

PREIS

|  | Cabriolet | Coupé |
|---|---|---|
| 1 Vergaser-Motor | 9 970,– DM | 9 440,– DM |
| 2 Vergaser-Motor | 10 500,– DM | 9 970,– DM |

PRODUKTIONSZAHLEN

Stahlblech-Coupé bzw. Cabriolet: 3 Stück
Kunststoff-Coupé: 1 Stück

BAUJAHR

April bis Juli 1954

## Brütsch 200 „Spatz"

KAROSSERIE

Roadster (Polyesteraufbau), 3 Sitze

MOTOR

Luft/gebläsegekühlter Einzylinder-Zweitakt-Motor (Fichtel & Sachs), Bohrung/Hub: 65/58 mm, 191 ccm, Verdichtung 6,3:1, 10 DIN-PS bei 5250 U/min, maximales Drehmoment 1,51 mkp bei 4000 U/min, Gemischschmierung 1 : 20, Umkehrspülung, zweifach gelagerte Kurbelwelle, ein Horizontalvergaser Bing 1/24/87
Batterie: 6 Volt/50 Ah, Gleichstrom-Lichtmaschine 90 Watt
Füllmengen: Tankinhalt 12 Liter

KRAFTÜBERTRAGUNG

Elektrisch geschaltetes Ziehkeil-Viergang-Getriebe, Mehrscheibenkupplung im Ölbad, Schalthebel am Armaturenbrett
Mittelmotor, Heckantrieb
Übersetzungen:
1. Gang 3,62 : 1
2. Gang 1,85 : 1
3. Gang 1,24 : 1
4. Gang 0,86 : 1
R-Gang 3,62 : 1
Achsübersetzung: 3,65 : 1

FAHRWERK

Selbsttragende Kunststoffkarosserie in Schalenbauweise, vorn Pendelachse mit Federgummi-Elementen, hinten als Hinterschwinge ausgebildeter Kettenkasten, hinteres Einzelrad
Bremsen: hydraulische Trommelbremsen auf die Vorderräder

Lenkung: Zahnstangenlenkung in der Mitte des Fahrzeugs

Reifen: 4.00–12

MASSE, GEWICHTE

Länge 3300 mm, Breite 1400 mm, Höhe 1150 mm, Radstand 2100 mm, Spurweite vorn 1160 mm, Leergewicht 230 kg, zulässiges Gesamtgewicht ca. 400 kg

VERBRAUCH

4,5 Liter auf 100 km (Benzin-Öl-Gemisch)

FAHRLEISTUNGEN

Höchstgeschwindigkeit 90 km/h

PREIS

——

PRODUKTIONSZAHLEN

(ohne Lizenzbauten) ca. 5 Stück

BAUJAHR

(Debüt Oktober 1954)

## Brütsch Zwerg

KAROSSERIE

Roadster (Polyesteraufbau), 2 Sitze

MOTOR

Wahlweise:

200 ccm-Fichtel & Sachs:

Luft/gebläsegekühlter Einzylinder-Zweitakt-Motor, Bohrung/Hub: 65/58 mm, 191 ccm, Verdichtung 6,3 : 1, 10 DIN-PS bei 5250 U/min, maximales Drehmoment 1,51 mkp bei 4000 U/min, Gemischschmierung 1 : 20, Umkehrspülung, zweifach gelagerte Kurbelwelle, ein Horizontalvergaser Bing 1/24/87

200 ccm-Victoria:

Luft/gebläsegekühlter Einzylinder-Zweitakt-Motor,

Bohrung/Hub: 65/60 mm, 197 ccm, Verdichtung 7,2 : 1, 11,3 DIN-PS bei 5500 U/min, 1,85 mkp bei 4000 U/min, Gemischschmierung 1 : 25, zweifach gelagerte Kurbelwelle, ein Horizontalvergaser Bing

250 ccm-Victoria:

Luft/gebläsegekühlter Einzylinder-Zweitakt-Motor, Bohrung/Hub: 67/70 mm, 247 ccm, Verdichtung 7,2 : 1, 13,5 DIN-PS bei 5500 U/min, Gemischschmierung 1 : 25, zweifach gelagerte Kurbelwelle, ein Horizontalvergaser Bing

250 ccm-Maico:

Luft/gebläsegekühlter Einzylinder-Zweitakt-Motor, Bohrung/Hub: 67/70 mm, 247 ccm, Verdichtung 6,8 : 1, 14 DIN-PS bei 5100 U/min, maximales Drehmoment 2,1 mkp bei 4100 U/min, Gemischschmierung 1 : 25, zweifach gelagerte Kurbelwelle, ein Schrägdüsenvergaser Bing 1/25

Batterie: 6 Volt/50 Ah, Gleichstrom-Lichtmaschine 90 Watt

Füllmengen: Tankinhalt 10,5 Liter

KRAFTÜBERTRAGUNG

Viergang-Getriebe mit Ratschenschaltung, Mehrscheibenkupplung, Mittelschalthebel (bei Victoria-Motoren: Druckknopfschaltung am Lenkrad)

Mittelmotor, Heckantrieb

Übersetzungen:

1. Gang 3,62 : 1

2. Gang 1,85 : 1

3. Gang 1,24 : 1

4. Gang 0,86 : 1

R-Gang 3,62 : 1

Achsübersetzung: 2,86 : 1

FAHRWERK

Stahlrohrrahmen mit Kunststoffkarosserie verschraubt, vorn Starrachse mit Federgummielementen, hinten als Hinterschwinge ausgearbeiteter Kettenkasten, hinteres Einzelrad

Bremsen: mechanische Trommelbremsen auf alle Räder

Lenkung: Zahnstangenlenkung

Reifen: 4.00–8

MASSE, GEWICHTE

Länge 2400 mm, Breite 1200 mm, Höhe 1050 mm, Radstand 1470 mm, Spurweite vorn 1200 mm, Leergewicht 185 kg, zulässiges Gesamtgewicht 585 kg

VERBRAUCH

3,5 Liter auf 100 km (Benzin-Öl-Gemisch)

193

FAHRLEISTUNGEN
 Höchstgeschwindigkeit 85 km/h
PREIS
 1975,– DM
PRODUKTIONSZAHLEN
 12 Stück
BAUJAHR
 von September 1955 bis März 1957

Bremsen: mechanische Trommelbremsen auf die Vorderräder
Lenkung: Zahnstangenlenkung
Reifen: 4.00–8
MASSE, GEWICHTE
 Länge 2200 mm, Breite 1100 mm, Höhe 1050 mm, Radstard 1280 mm, Spurweite vorn 890 mm, Leergewicht 98 kg, zulässiges Gesamtgewicht ca. 180 kg
VERBRAUCH
 2,4 Liter auf 100 km (Benzin-Öl-Gemisch)
FAHRLEISTUNGEN
 Höchstgeschwindigkeit 65 km/h
PREIS
 1495,– DM
PRODUKTIONSZAHLEN
 4 Stück
BAUJAHR
 von September 1955 bis Juli 1956

## Brütsch Zwerg – Einsitzer
KAROSSERIE
 Roadster (Polyesteraufbau) 1 Sitz
MOTOR
 Luft/gebläsegekühlter Einzylinder-Zweitakt-Motor (DKW-Hobby), Bohrung/Hub: 45/47 mm, 74 ccm, Verdichtung 6,5:1, 3 DIN-PS bei 5000 U/min, maximales Drehmoment 1,1 mkp bei 4000 U/min, ein Horizontalvergaser Bing 4/14, Kickstarter, Gemischschmierung 1 : 20, Umkehrspülung
 Batterie: 6 Volt/18 Ah, Gleichstrom-Lichtmaschine 30 Watt
 Füllmengen: Tankinhalt 6 Liter
KRAFTÜBERTRAGUNG
 automatisches Getriebe (stufenloses Riemengetriebe – DKW)
 Mittelmotor, Heckantrieb
 Übersetzungen:
 stufenlos zwischen 8,33 : 1 bis 24,4 : 1
FAHRWERK
 Stahlrohrrahmen mit Kunststoffkarosserie verschraubt, vorn Starrachse mit Gummifederelementen, hinten als Hinterschwinge ausgebildeter Kettenkasten, hinteres Einzelrad

## Brütsch Mopetta (Opelit)
KAROSSERIE
 Roadster, 1 Sitz
MOTOR
 Luft/gebläsegekühlter Einzylinder-Zweitakt-Motor (Fichtel & Sachs), Bohrung/Hub: 38/43 mm, 49 ccm, Verdichtung 8,7:1, 2,3 DIN-PS bei 5250 U/min, maximales Drehmoment 1,75 mkp bei 2850 U/min, Gemischschmierung 1 : 20, Umkehrspülung, zweifach gelagerte Kurbelwelle, ein Pallas-Horizontalvergaser P 12/1, Kickstarter

Batterie: 6 Volt/11 Ah, Gleichstrom-Lichtmaschine 17 Watt
Füllmengen: Tankinhalt 7 Liter
KRAFTÜBERTRAGUNG
Dreigang-Getriebe mit Ratschenschaltung, Mehrscheibenkupplung, Drehgriffschaltung am Lenker
Motor hinten links, Antrieb auf das linke Hinterrad
Übersetzungen:
1. Gang 3,82 : 1
2. Gang 2,50 : 1
3. Gang 1,79 : 1
Achsübersetzung: 3,56 : 1
FAHRWERK
Stahlrohrrahmen mit Kunststoffkarosserie verschraubt, vorn Vorderradgabel mit Gummifederelementen, hinten Pendelachse mit Gummifederelementen, vorderes Einzelrad
Bremsen: mechanische Trommelbremsen auf die Hinterräder, Bremsfläche 60,8 cm²
Lenkung: Moped-Direkt-Lenkung
Reifen: 4.00–8
MASSE, GEWICHTE
Länge 1700 mm, Breite 880 mm, Höhe 1000 mm, Radstand 1000 mm, Spurweite hinten 751 mm, Leergewicht 78 kg, zulässiges Gesamtgewicht 150 kg
VERBRAUCH
2 Liter auf 100 km (Benzin-Öl-Gemisch)
FAHRLEISTUNGEN
Höchstgeschwindigkeit 45 km/h
PREIS

| | |
|---|---|
| Oktober 1956 | 750,– DM |
| März 1957 | 975,– DM |
| September 1957 | 1 045,– DM |

PRODUKTIONSZAHLEN
14 Stück
BAUJAHR
von Oktober 1956 bis Frühjahr 1958

## Brütsch Rollera
KAROSSERIE
Roadster, 1 Sitz
MOTOR
Luft/gebläsegekühlter Einzylinder-Zweitakt-Motor (Fichtel & Sachs), Bohrung/Hub: 48/57 mm, 98 ccm, Verdichtung 6,3:1, 5,2 DIN-PS bei 5250 U/min, maximales Drehmoment 2,5 mkp bei 2900

U/min, Gemischschmierung 1 : 20, Umkehrspülung, zweifach gelagerte Kurbelwelle, ein Horizontalvergaser Bing, Kickstarter
Batterie: 6 Volt/50 Ah, Gleichstrom-Lichtmaschine 90 Watt
Füllmengen: Tankinhalt 7 Liter
KRAFTÜBERTRAGUNG
Dreigang-Getriebe mit Ratschenschaltung, Mehrscheibenkupplung, Drehgriffschaltung am Lenker
Motor hinten rechts, Antrieb auf das rechte Hinterrad
Übersetzungen (Gesamt):
1. Gang 3,82 : 1
2. Gang 2,50 : 1
3. Gang 1,79 : 1
R-Gang ——
Achsübersetzung: 3,56 : 1
FAHRWERK
Stahlrohrrahmen mit Kunststoffkarosserie verschraubt, vorn Vorderradgabel mit Gummifederelementen, hinten Pendelachse mit Gummifederelementen und Drehstabausgleich, vorderes Einzelrad
Bremsen: mechanische Trommelbremsen auf die Hinterräder, Bremsfläche 60,5 cm²
Lenkung: Moped-Direkt-Lenkung
Reifen: 4.40–8
MASSE, GEWICHTE
Länge 2100 mm, Breite 1000 mm, Höhe 1100 mm, Radstand 1350 mm, Spurweite hinten 830 mm, Wendekreisdurchmesser 5,5 m, Leergewicht 85 kg, zulässiges Gesamtgewicht ca. 200 kg
VERBRAUCH
3,5 Liter auf 100 km (Benzin-Öl-Gemisch)

FAHRLEISTUNGEN
Höchstgeschwindigkeit ca. 80 km/h
PREIS
1357,– DM
PRODUKTIONSZAHLEN
8 Stück
BAUJAHR
von Oktober 1956 bis Frühjahr 1958

## Brütsch Bussard
KAROSSERIE
Roadster (Polyesteraufbau), 2 Sitze
MOTOR
Luft/gebläsegekühlter Einzylinder-Zweitakt-Motor (Fichtel & Sachs), Bohrung/Hub: 65/58 mm, 191 ccm, Verdichtung 6,3:1, 10 DIN-PS bei 5250 U/min, maximales Drehmoment 1,51 mkp bei 3500 U/min, Gemischschmierung 1 : 25, Umkehrspülung, zweifach gelagerte Kurbelwelle, ein Horizontalvergaser Bing 1/24
Batterie: 6 Volt/50 Ah, Gleichstrom-Lichtmaschine 90 Watt
Füllmengen: Tankinhalt 12 Liter
KRAFTÜBERTRAGUNG
Viergang-Getriebe, Mehrscheiben-Kupplung, Mittelschaltung
Mittelmotor, Heckantrieb
Übersetzungen:
1. Gang 3,62 : 1
2. Gang 1,85 : 1
3. Gang 1,24 : 1
4. Gang 0,86 : 1
R-Gang 3,62 : 1
Achsübersetzung: 4,21 : 1

FAHRWERK
Stahlrohrrahmen mit Kunststoffkarosserie verschraubt, vorn Pendelachse, hinten als Schwinge ausgearbeiteter Kettenkasten, vorn und hinten Gummifederelemente, hinteres Einzelrad
Bremsen: mechanische Trommelbremsen, Bremsfläche 180 cm²
Lenkung: Zahnstangenlenkung
Reifen: 4.40–12
MASSE, GEWICHTE
Länge 3300 mm, Breite 1420 mm, Höhe 1150 mm, Radstand 2100 mm, Spurweite vorn 1160 mm, Leergewicht 265 kg, zulässiges Gesamtgewicht 400 kg, Wendekreisdurchmesser 7,2 m
VERBRAUCH
3,5 Liter auf 100 km (Benzin-Öl-Gemisch)
FAHRLEISTUNGEN
Höchstgeschwindigkeit 95 km/h
PRODUKTIONSZAHLEN
11 Stück
BAUJAHR
ab Oktober 1956 bis Frühjahr 1958

## Brütsch Pfeil
KAROSSERIE
Roadster (Polyesteraufbau), 2 Sitze
MOTOR
Luft/gebläsegekühlter Zweizylinder-Zweitakt-Reihenmotor (Lloyd), Bohrung/Hub: 62/64 mm, 386 ccm, Verdichtung 6,85:1, 13 DIN-PS bei 3750 U/min, maximales Drehmoment 2,9 mkp bei 2750 U/min, Gemischschmierung 1 : 25, Umkehrspülung, dreifach gelagerte Kurbelwelle, ein Solex-Fallstromvergaser 30 BFRH

Batterie: 6 Volt/50 Ah, Gleichstrom-Lichtmaschine 90 Watt
Füllmengen: Tankinhalt 12 Liter
KRAFTÜBERTRAGUNG
Dreigang-Getriebe (Lloyd), Mehrscheiben-Trokkenkupplung, Mittelschaltung
Mittelmotor, Hinterachsantrieb
Übersetzungen:
1. Gang 4,58 : 1
2. Gang 2,19 : 1
3. Gang 1,31 : 1
R-Gang 4,58 : 1
Achsübersetzung: 3,85 : 1
FAHRWERK
Stahlrohrrahmen mit Kunststoffkarosserie verschraubt, vorn und hinten Pendelachsen, Gummifederelemente
Bremsen: mechanische Vierrad-Trommelbremsen
Lenkung: Zahnstangenlenkung
Reifen: 4.40–12
MASSE, GEWICHTE
Länge 3300 mm, Breite 1420 mm, Höhe 1150 mm, Radstand 1930 mm, Spurweite vorn und hinten 1160 mm, Leergewicht 285 kg, zulässiges Gesamtgewicht ca. 450 kg, Wendekreisdurchmesser 7,5 m
VERBRAUCH
5,1 Liter auf 100 km (Benzin-Öl-Gemisch)
FAHRLEISTUNGEN
Höchstgeschwindigkeit 110 km/h
PREIS
2990,– DM
PRODUKTIONSZAHLEN
6 Stück
BAUJAHR
(Debüt: Oktober 1956) von Oktober 1956 bis März 1958

## Brütsch V-2 (Volkszweisitzer)

KAROSSERIE
Roadster (Polyesteraufbau), 2 Sitze
MOTOR
Luft/gebläsegekühlter Einzylinder-Zweitakt-Motor (Fichtel & Sachs), Bohrung/Hub: 48/54 mm, 98 ccm, Verdichtung 6,3:1, 5,2 DIN-PS bei 5250 U/min, maximales Drehmoment 1,2 mkp bei 4000 U/min, Gemischschmierung 1 : 25, Umkehrspü-

lung, zweifach gelagerte Kurbelwelle, ein Horizontalvergaser Bing
Batterie: 6 Volt/50 Ah, Gleichstrom-Lichtmaschine 90 Watt
Tankinhalt: 7 Liter
gegen Aufpreis:
Luft/gebläsegekühlter Einzylinder-Zweitakt-Motor (Maico), Bohrung/Hub: 67/70 mm, 247 ccm, Verdichtung 6,8:1, 13,5 DIN-PS bei 5100 U/min, maximales Drehmoment 2,1 mkp bei 4100 U/min, Gemischschmierung 1 : 25, zweifach gelagerte Kurbelwelle, ein Bing-Schrägdüsenstartvergaser 1/25
Batterie: 6 Volt/50 Ah, Gleichstrom-Lichtmaschine 90 Watt
Tankinhalt: 9 Liter
KRAFTÜBERTRAGUNG
Viergang-Getriebe, Einscheiben-Trockenkupplung, Mittelschaltung
Mittelmotor, Hinterachsantrieb
Übersetzungen:
1. Gang 3,30 : 1
2. Gang 1,90 : 1
3. Gang 1,43 : 1
4. Gang 1,00 : 1
Achsübersetzung: 4,35 : 1
FAHRWERK
Stahlrohrrahmen mit aufgeschraubter Kunststoffkarosserie, vorn und hinten Pendelachsen, Gummifederung mit Rückstoßdämpfer
Bremsen: mechanische Vierrad-Trommelbremsen
Lenkung: Zahnstangenlenkung
Reifen: 4.40–8
MASSE, GEWICHTE
Länge 2550 mm, Breite 1240 mm, Höhe 1100 mm,

Radstand 1650 mm, Spurweite vorn und hinten 1100 mm, Leergewicht mit F & S-Motor 165 kg, mit Maico-Motor 195 kg, zulässiges Gesamtgewicht ca. 500 kg, Wendekreisdurchmesser 8 m
VERBRAUCH
F & S-Motor:
2,8 Liter auf 100 km (Benzin-Öl-Gemisch)
Maico-Motor:
3,5 Liter auf 100 km (Benzin-Öl-Gemisch)
FAHRLEISTUNGEN
Höchstgeschwindigkeit
F & S-Motor ca. 65 km/h
Maico-Motor ca. 100 km/h
PREIS
V-2 mit F & S-Motor: 1850,– DM
V-2 mit Maico-Motor: 2180,– DM
PRODUKTIONSZAHLEN
12 Stück
BAUJAHR
von Oktober 1957 bis Frühjahr 1958

## Brütsch V 2-N
KAROSSERIE
Roadster (Polyesteraufbau), 2 Türen, 2 Sitze
MOTOR
Luft-/gebläsegekühlter Zweizylinder-Viertakt-Reihenmotor (Fiat 500), Bohrung/Hub: 66/70 mm,

470 ccm, Verdichtung 7,0:1, 15 DIN-PS bei 4000 U/min, maximales Drehmoment 2,8 mkp bei 2500 U/min, hängende Ventile, seitliche Nockenwelle durch Kette angetrieben, dreifach gelagerte Kurbelwelle, ein Weber-Fallstrom-Vergaser 24 IMB
Batterie: 12 Volt/32 Ah, Gleichstrom-Lichtmaschine 230 Watt
Füllmengen: Tankinhalt 9 Liter, Motoröl 2,1 Liter
KRAFTÜBERTRAGUNG
Viergang-Getriebe, Einscheiben-Trockenkupplung, Mittelschaltung
Heckmotor, Hinterachsantrieb
Übersetzungen:
1. Gang 3,273 : 1
2. Gang 2,067 : 1
3. Gang 1,300 : 1
4. Gang 0,875 : 1
R-Gang 4,134 : 1
Achsübersetzung: 8,41 : 1
FAHRWERK
Stahlrohrrahmen mit Kunststoffkarosserie verschraubt, vorn und hinten Pendelachsen, Schraubenfedern und Teleskopstoßdämpfer
Bremsen: hydraulische Vierrad-Trommelbremsen
Lenkung: Schneckenrollenlenkung
Reifen: 4.40–10
MASSE, GEWICHTE
Länge 3150 mm, Breite 1400 mm, Höhe 1100 mm, Radstand 1875 mm, Spurweite vorn und hinten 1120 mm, Leergewicht 370 kg, zulässiges Gesamtgewicht ca. 700 kg, Wendekreisdurchmesser 8 m
VERBRAUCH
5,2 Liter auf 100 km (Normalbenzin)
FAHRLEISTUNGEN
Höchstgeschwindigkeit 125 km/h
PREIS
3900,– DM
PRODUKTIONSZAHLEN
3 Stück
BAUJAHR
(Debüt Juli 1958)

*Alzmetall, P. Meier & Friedrich, Altenmarkt/Alz*
*Spatz-Fahrzeugbau, Harald Friedrich, Traunreut/Obb.*
*Bayerische Auto-Werke GmbH (BAG), Traunreut/Obb.*
*Victoria-Werke AG, Nürnberg*
*Burgfalke-Werke, Obermurnthal/Bayr. Wald*

## Vom Spatz zum Burgfalke

Das kleine Dreirad bog von der Asphaltstraße ab und holperte mit Tempo über den Feldweg. Doch schon nach wenigen Metern knarrte und ächzte die Karosserie. Der Fahrer bremste jäh und untersuchte das kleine Fahrzeug. Was er dabei feststellte, ließ seine gute Laune im Nu verfliegen: In der Kunststoffhaut zeigten sich Risse. Verärgert kehrte Harald Friedrich um.

Er war Mitinhaber der Firma Alzmetall, P. Meier & Friedrich in Altenmarkt, eines 500-Mann-Unternehmens, das Bohr- und Werkzeugmaschinen produzierte. Der agile Alzmetall-Teilhaber hatte es seit längerem als Marktlücke empfunden, daß unterhalb der Volkswagen-Preisklasse das Angebot an Billig-Mobilen recht gering war. Doch als Techniker wußte er auch, warum die verkleideten fahrbaren Untersätze soviel teurer gerieten als Motorräder: Die Werkzeuge zum Formen der Blechteile kosteten enorme Investitionen.

### Zeichen der Zeit

Um so interessierter las Harald Friedrich im Oktober 1954 von Egon Brütsch, der auf dem Pariser Automobilsalon ein kleines Fahrzeug aus Kunststoff ausgestellt habe. Schon schrieb die Presse vom „zukünftigen Werkstoff im Autobau", und auch Harald Friedrich glaubte nun, die Zeichen der Zeit zu erkennen. Als Werkzeug-Maschinenhersteller suchte er eine Programmerweite-

rung in Richtung Kunststoff-Preßmaschinen zu verwirklichen.

Friedrich wußte, daß die lange Aushärtungszeit des Kunststoffs einem Großserienbau im Wege stand. Gelänge es aber, diesen Härtungsprozeß zu verkürzen, könnte er mit dem entsprechenden Know-how und den nötigen Maschinen mit der Auto-Industrie groß ins Geschäft kommen.

Als Versuchsobjekt sollte der Prototyp des Egon Brütsch dienen. So schrieb Friedrich nach Stuttgart, und Brütsch eilte samt Musterfahrzeug und Konstruktionsunterlagen nach Altenmarkt. Der bayerische Fabrikant sah sich das formschöne Mobil an und war beeindruckt von der einfachen Herstellungsweise. Nach Brütschs Plänen wurden zwei Kunststoffschalen mit einem eingebetteten Gummirollband zusammengefügt und die Radaufhängungen direkt an die Karosse angeschraubt. Somit müßte dieses kleine Dreirad konkurrenzlos billig herzustellen sein. Friedrich war von der Bauweise so angetan, daß er sich entschloß, zunächst selbst sein Glück im Fahrzeugbau zu versuchen.

Nach neunstündiger Verhandlung einigten sich Friedrich und Brütsch am 8. Dezember 1954. Der Schwabe erhielt sofort eine Abschlagszahlung von 25 000 Mark, sowie einen Lizenz-Vorschuß von 5000 Mark. Für jedes Brütsch-Auto, das Friedrich später bauen würde, wäre danach eine Gebühr von 20 Mark fällig gewesen.

## Vom Dreirad zum Mittelmotor-Wagen

Friedrich hatte gehofft, mit dem kleinen Dreirad – das auf den lustigen Namen „Spatz" getauft war – ein serienreifes Fahrzeug zu erhalten. Trotzdem wollte er sich im Frühjahr 1955 auf einigen Testfahrten von der Güte des Kunststoff-Eies überzeugen. Doch schon bei der ersten Erprobung zeigten sich dort schwere Risse in der Karosse, wo die Radaufhängungen mit dem Kunststoff verschraubt waren. „So kannst Du den Wagen auf keinen Fall anbieten", dachte Friedrich. Er

neue Aufgabe: Der damals 77jährige konstruierte einen stabilen Zentralrohrrahmen als Chassis, so wie beim Tatra, und hing, ähnlich wie beim VW, an Kurbellenkern und abgefedert mit Federbeinen, die Vorderräder auf. Im Laufe der Umkonstruktion stellte sich heraus, daß der Hinterbau dieses Dreirades im Serienbau kaum weniger aufwendig sein würde als der eines Vierrades. Da der Trend allgemein zum Vierrad ging und der Preis des Spatz durch das zusätzliche Chassis nicht bei etwa 2200 Mark – wie von Brütsch angegeben –, sondern bei 2875 Mark liegen würde, gab Friedrich schließlich

*Der Brütsch 200, genannt „Spatz": Harald Friedrich hatte die Lizenz erworben, um das Dreirad in Serie zu bauen. Als sich Schwierigkeiten zeigten, ging Friedrich vor den Kadi. Zwei Jahre prozessierte er deswegen gegen Brütsch.*

schrieb nach Stuttgart und forderte den Konstrukteur auf, das Fahrzeug entsprechend umzuändern. Doch Brütsch meldete sich nicht mehr. Da Harald Friedrich schon zu viel Geld in diese Sache gesteckt hatte, um das ganze einfach zu vergessen, wollte er den Spatz von einem namhaften Techniker umbauen lassen. Er erinnerte sich an den Konstrukteur des als technisch originell bekannten tschechischen Tatra-Heckmotor-Wagens, der nun – wenig beschäftigt – in München lebte. Ihm gab Friedrich den Auftrag, Brütschs Kuckucks-Ei soweit umzubauen, daß ein gebrauchstüchtiges, stabiles kleines Auto daraus würde. Professor Dr. Ledwinka hatte nicht nur den Tatra entworfen, sondern auch erste Vorarbeiten zum Volkswagen geleistet. Den erfahrenen Techniker reizte die

grünes Licht dazu, aus dem Kunststoff-Ei ein richtiges Vierrad-Auto zu machen. „Das Vierrad kostet tatsächlich nur rund 100 Mark mehr als das Dreirad, wobei an diesem allein das zusätzliche Rad einen wesentlichen Anteil hat", wunderte sich die Fachzeitschrift „Roller, Mobil und Kleinwagen" damals. Die Hinterachse legte Ledwinka als Pendelachse aus, wobei die dreieckförmigen Halbachsen um den zentralen Mittelrohrrahmen federten.
Hydraulische Vierrad-Trommelbremsen gehörten nach Meinung von Ledwinka zu den selbstverständlichen Forderungen an ein modernes Fahrzeug. Nun saß der 200-ccm-Sachs-Motor vor der Hinterachse, und damit geriet der Spatz zum Mittelmotor-Wagen. Abgesehen vom Wendax-Prototyp, den Dreirad-Mobilen und dem

*Der ehemalige Tatra-Konstrukteur Hans Ledwinka, damals 77 Jahre alt, arbeitete 1955 Brütschs Dreirad in einen Vierrad-Wagen um. Das Chassis zeigt denn auch das typische Tatra-Merkmal: den Zentralrohrrahmen.*

Dornier Delta, bei denen der Motor ebenfalls vor dem Hinterrad saß, war damit der kleine Spatz das erste deutsche Serienauto nach 1945, das nach diesem Konstruktionsrezept gebaut wurde. Doch damals nahm von dieser Besonderheit niemand Notiz. Erst ein Jahrzehnt später, als der Mittelmotor im Rennwagenbau Verwendung fand und von dort im französischen Matra 530 LX und im deutschen VW-Porsche 914 zum Serienbau übernommen wurde, galt dieses Konstruktionsprinzip als besonders sportlich.

Professor Ledwinka änderte damals auch die Karosserie des Spatz in einigen Details. So legte er die — ursprünglich hinter flachem Plexiglas versteckten — Scheinwerfer frei und setzte sie aufrecht. Das ergab nicht nur eine bessere Ausleuchtung der Fahrbahn, sondern entsprach auch den Bauvorschriften verschiedener europäischer Länder. Diese Gelegenheit nutzte der Spatz-Verwerter auch dazu, dem kleinen Dreisitzer im Bug eine richtige Kofferraum-Klappe zu geben.

Auch die Windschutzscheibe erforderte Änderungen. Die von Brütsch vorgesehene Plexiglasscheibe ohne rundumlaufenden Rahmen hatte vor allem den Nachteil, mit dem vorgesehenen Faltverdeck nicht wasserdicht abzuschließen. So erhielt der Spatz nun eine geteilte Scheibe mit dickem Rahmen.

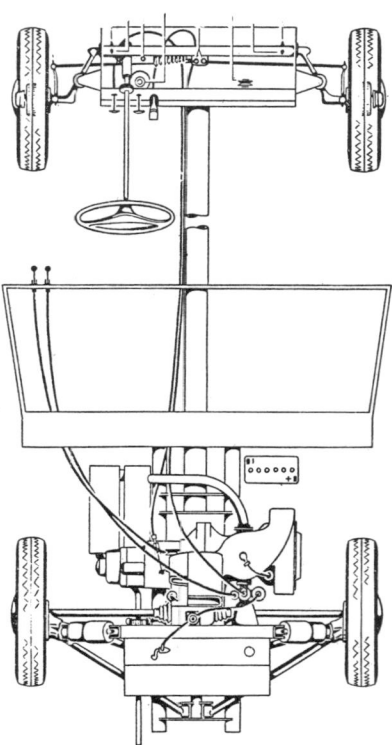

## Mit Sorgfalt erdacht

Aus dem Primitiv-Mobil von Brütsch war damit ein richtiger kleiner Roadster geworden, ein vollwertiges kleines Automobil, das allerdings auch entsprechend teuer zu bauen war. Der Verkaufspreis betrug nun 2975 Mark. Als Harald Friedrich mit seinem Auto auf der Internationalen Automobilausstellung 1955 in Frankfurt erschien, brachte er nicht nur den Roadster mit, sondern auch ein Spatz-Coupé mit rechter Seitentür. Dieses Fahrzeug sollte später einmal für 3175 Mark verkauft und in Serie gebaut werden.

*Der Spatz: ein origineller Zweisitzer mit Mittelmotor und Kunststoff-Karosserie.*

Mehr durch seine schöne Form als durch seinen Mittelmotor und dem aufwendigen Fahrwerk erregte der Spatz zur IAA Aufsehen. Der kleine Dreisitzer (Slogan: „Mit Sorgfalt erdacht – mit Liebe gebaut") wog nur 290 Kilogramm und bot die „niedrige Bauweise eines eleganten Sportwagens". Im Prospekt warb man auch mit der „aus einem Stück gepreßten und vollkommen geschlossenen Unterschale", die größtmöglichen Schutz gegen Verschmutzung „sämtlicher Einbauteile des Chassis" biete. Die Presse kritisierte am Spatz die „hohen Preise" angesichts der „begrenzten Fahrleistungen". Im übrigen rufe ein derartiges Fahrwerk ge-

In der Ecke des Ausstellungsstandes stand – völlig unbeachtet – auch der Spatz-Prototyp von Brütsch: Als Anschauungsobjekt, welche Mutation unter Friedrichs Regie das Fahrzeug in den letzten sechs Monaten durchgemacht hatte. Der gebürtige Berliner erzählte denn auch jedem, der es wissen wollte, daß der Spatz in seiner derzeitigen Form eine völlige Neukonstruktion sei und mit Brütschs Wagen nichts mehr zu tun habe. Egon Brütsch, auf der gleichen Ausstellung vertreten, wies indes darauf hin, daß der Spatz in jedem Falle ein Lizenzbau seines Dreirades sei.
Verwirrt registrierte die ADAC-Motorwelt damals: „So dürfte das Spatz-Mobil, von der Firma Harald Friedrich hergestellt, als Lizenzbau des Brütsch-Dreisitzers anzusehen sein."

radezu nach einem stärkeren Motor, meinten die Fachleute. Doch Friedrich wollte den Sachs-Motor vorläufig beibehalten. Einen ähnlich robusten, aber trotzdem PS-stärkeren, gab es nach Meinung von Friedrich damals ohnehin nicht zu kaufen. Etwas später hätte Friedrich zwar gerne von BMW jene 250-ccm-Viertakter bezogen, die von der weiß-blauen Marke auch in der Isetta verwendet wurden, doch BMW gab keine ab.
Nach der Ausstellung bereitete Harald Friedrich in Traunreut die Serienfertigung vor. Er gründete den „Spatz-Fahrzeugbau" und erstand eine entsprechend große Halle für seine neue Firma. Parallel dazu entwickelte Friedrich eine Maschine, die Karosserieschalen für den Spatz in industrieller Manier formte. Sie preßte eingelegte Glasfasermatten in Verbindung mit Poly-

202

esterharz durch Unterdruck zusammen. Während Egon Brütsch bei der Herstellung seiner Karosserie noch 24 Stunden und länger warten mußte, bis der Kunststoff trocknete, schafften es die Alzmetall-Techniker mit ihrer neuen Maschine, das Polyesterharz innerhalb von nur sieben Minuten zu härten.

**Bahnhof vor der Tür**

Schwieriger als alle technischen Probleme war es für Friedrich, nun eine schlagkräftige Vertriebsorganisation aufzubauen. Nur wenige Händler gab es, die Vertragspartner des unbekannten Spatz-Fahrzeugbaus in Traunreut werden wollten. Deshalb fanden seit Serienablauf im Februar 1956 auch nur wenige Exemplare den Weg zu Kunden.

Diese Klippe konnte nur dadurch umschifft werden, daß Friedrich einen Partner mit eingespielter Händlerschaft suchte. Friedrich fand ihn in den Victoria-Werken, Nürnberg. Die älteste Zweirad-Fabrik Deutschlands war vom Nachfrage-Rückgang bei Motorrädern und -rollern ebenso betroffen wie die gesamte Zweirad-Branche. Deshalb hießen die Victoria-Manager Harald Friedrich durchaus willkommen, als er im Frühjahr 1956 in Nürnberg sein serienreifes Modell feilhielt.

Im Juli 1956 gründeten beide gemeinsam mit einem Startkapital von 400 000 Mark die „Bayerischen Auto-Werke GmbH" (BAG). Die Spatz-Produktion lief nach wie vor im Traunreuter Werk, während Vertrieb und Verwaltung die Nürnberger übernahmen. Fortan konnten Bundesbürger ihren „Spatz" über das Victoria-Händlernetz kaufen, was den Anlauf der Produktion in größerem Stil ermöglichte.

„Spatz-Fahrer werden beneidet", versprach der Prospekt der Bayerischen Auto-Werke, „was werden wohl die Nachbarn sagen, wenn Sie mit Ihrem eigenen Spatz-Sporttyp an Ihrem Haus vorfahren?" Der Spatz verhieß Freiheit: „Der Bahnhof liegt sozusagen vor Ihrer Haustür; am Wochenende geht es mit Frau und Kind oder drei Mann hoch auf Erholungsfahrt. Billiger, bequemer und freizügiger als mit jedem Massenverkehrsmittel." Ein Seitenhieb galt freilich dem mit altmodischen seitlichen Winkern und Mittelschaltung aus-

*In ganz wenigen Exemplaren lieferte Friedrich den Spatz mit Hardtop aus. Die Flügeltüren ähnelten denen des Mercedes 300 SL.*

*Garzugerne hätte Harald Friedrich auch dieses kleine Coupé in Serie gebaut. Aber die seitlichen Türen und das Dach machten den Wagen zu schwer für den 250-ccm-Motor.*

gestatteten Konkurrenten Volkswagen: „Selbstverständlich hat der Spatz Lenkradschaltung und eine moderne Beleuchtungsanlage mit kombinierten Blink- und Parkleuchten."

„Dank dem großen Radstand und der breiten Spur verfügt der Spatz über eine hervorragende Straßen- und Kurvenlage", lobte die Zeitschrift „Das Automobil". Die Tester beurteilen Ratschenschaltung und Bremsen recht gut und priesen die Beinfreiheit als „sehr gut".

Der Spatz hatte allerdings auch seine Tücken. Da Seitentüren fehlten, geriet vor allem bei geschlossenem Verdeck das Ein- und Aussteigen zur akrobatischen Übung. Fahrer mit normaler Körpergröße waren oft gezwungen, vor dem Ein- und Aussteigen das Verdeck zu öffnen. Der Motor galt – trotz der Kunststoff-Karosse – als recht laut und zu schwach. „Trotz des günstigen Leistungsgewichts ließ der 200-ccm-Sachs-Motor jedoch das für den heutigen Verkehr erforderliche Beschleunigungsvermögen vermissen", meinten die Tester.

Schlimmer noch wog, daß der Spatz sehr leicht Feuer fing. Eine im Motorraum hervorgerufene Funkenbildung reichte aus, um die Kunststoffhaut wie Zunder glimmen zu lassen. Peinlich, daß ausgerechnet in den Händen einiger Fachjournalisten Testwagen in Brand gerieten.

### Eine Schande und Frechheit

Nicht nur das bereitete Harald Friedrich schlaflose Nächte. Denn seit Beginn der Spatz-Produktion mahnte

Egon Brütsch die – nach seiner Ansicht rechtmäßigen – Lizenzgebühren an. Friedrich verwies dann jedesmal auf die großen Unterschiede zwischen beiden Wagen. Doch der Schwabe ließ nicht locker. Er pochte auf den abgeschlossenen Vertrag, in dem unter anderem stand: „Sollte das Fahrzeug vom Lizenznehmer an anderer Stelle gebaut werden oder in veränderter Form in Serie gehen, ist die Lizenzfirma trotzdem zur Zahlung verpflichtet." Harald Friedrich stellte sich stur.

Schließlich platzte Egon Brütsch der Kragen. Wenige Tage vor Eröffnung der Internationalen Fahrrad- und Motorradausstellung im Oktober 1956 verschickte er Pressemitteilungen. „Es ist eine Schande und Frechheit", hieß es darin, „wenn sich heute die den Spatz bauende Firma erlaubt, in Zeitungsenten zu verbreiten, der Spatz sei eine Eigenkonstruktion." Harald Friedrich schoß mit einer einstweiligen Verfügung zurück. Die Branche hatte ihren Skandal.

Mit Hilfe verschiedener Gutachter versuchten die Parteien im anschließenden Prozeß das Gericht von ihrer Ansicht zu überzeugen, wobei Friedrich vor allem darauf aus war, dem Gericht die Verkehrsuntauglichkeit des Brütsch-Gefährts klarzumachen. Dies gelang auch, denn Justitia urteilte zu seinen Gunsten.

### Die Achtelcorvette

Der Ausbau der Fertigung erforderte immer mehr Geld. Dem Werkzeugmaschinen-Fabrikanten und Fahrzeugbau-Teilhaber wuchs dies alles über den Kopf. So ar-

*(Werbung 1956)*

beitete er schon im Spätsommer 1956 zielstrebig darauf hin, als Teilhaber der Bayerischen Auto-Werke auszusteigen. Der Ärger mit Brütsch hatte ihn in seinem Entschluß nur gestärkt.

Als zum Jahresende 1956 die Trennung beschlossene Sache war, bemühte sich Victoria, andere Nürnberger Motorradfabriken – wie etwa Zündapp – als Teilhaber für die Bayerischen Auto-Werke (BAG) zu gewinnen. Doch jede Firma kochte lieber ihr eigenes Süppchen.

So übernahmen die Victoria-Werke das, was zur BAG gehörte. Einige Exemplare des Spatz wurden nach Nürnberg gebracht und den Victoria-Technikern vor die Tür gestellt. Sie sollten den Wagen weiterentwickeln. Um sich überhaupt auf die Probleme des Auto-Baus einzustellen, fuhren die Motorradkonstrukteure die Test-

wagen erst einige Zeit, um sie danach in ihre Einzelteile zu zerlegen.

In Nürnberg wußte man genau um die schwachen Punkte des Spatz, und die Victoria-Leute arbeiteten darauf hin, den kleinen Motor gegen eine stärkere Ausführung zu ersetzen und die Einstiegsprobleme zu beheben.

Das von Friedrich zur IAA 1955 gezeigte Spatz-Coupé war nie in Serie gegangen, doch zur IFMA 1956 hatte die BAG einen Coupé-Aufsatz mit Flügeltüren präsentiert. Eine Lösung, die euphorische Begeisterung unter Autojüngern auslöste. Hatte doch dieselbe Einstiegslösung jenes legendäre Sport-Fahrzeug, von dem die meisten Autofahrer nur träumten: der Mercedes 300 SL. Beim kleinen Spatz fand das Publikum die Flügeltüren

Der Traum
vom
eigenen Sportwagen

– er ist erfüllt, wenn Sie sich einen Spatz für 2975.— Mark zulegen. Einige Vorteile: ganz moderne Kunststoff-Karosserie, leicht auszubessern, wenn mal ein Kratzer oder ein Loch entsteht, und sie ergibt ein so geringes Eigengewicht, daß selbst der 200er Motor unglaublich viel Leistung auf die Räder bringt. Dann: unerhörte Straßenlage, drei Mann hoch gehen rein und Gepäck für mindestens vier. Dazu gibt es noch ein Verdeck, das man bei schönem Wetter in der Garage lassen kann. Das Faltverdeck ist sowieso dabei.
Jedenfalls sollte man sich mal einen Prospekt schicken lassen . . .

**BAYERISCHE AUTOWERKE G.m.b.H. NÜRNBERG**
GESELLSCHAFTER: VICTORIA WERKE A.-G. NÜRNBERG · HARALD FRIEDRICH, TRAUNREUT

SPATZ

*(Werbung 1957)*

ebenso aufregend. Dennoch lieferte Traunreut nur wenige Exemplare dieses Typs aus. Victoria-Chefkonstrukteur Wendel knüpfte in seiner Entwicklungsarbeit an das Flügeltüren-Coupé an. In der Versuchsabteilung entstand ein Hardtop, das sich mit einem Ruck zurückklappen ließ, und ein niedliches Cabriolet mit zwei seitlichen Türen, Kurbelfenstern und großer Frontscheibe.

Parallel dazu lief ein neu gebautes Spatz-Coupé im Versuch, das zwei seitliche Türen und Schiebefenster besaß und durch eine ungewöhnlich große Heckscheibe auffiel.

Doch all diese Versuchswagen besaßen den gleichen Nachteil: sie wogen für den kleinen Einzylinder-Motor zu viel. Nicht nur das geschlossene Dach brachte Gewicht, die Türausschnitte erforderten zusätzliche Ka-

rosserieversteifungen. Das alles wäre jedoch in der Serie viel zu teuer geworden.

Schließlich begnügte sich Victoria damit, nur den Roadster weiterzuentwickeln. Und da die Nürnberger gründlich arbeiteten, krempelten sie dazu den ganzen Wagen um.

Konstrukteur Richard Loukota tüftelte einen neuen 250-ccm-Motor mit Gebläsekühlung aus, denn alle bisherigen Victoria-Aggregate waren speziell für Motorräder und -roller bestimmt. In Verbindung mit einer Getriebefirma erprobte man gar ein neues elektromagnetisches Fünfgang-Getriebe, passend zum Triebwerk. Das originelle an diesem Getriebe war vor allem die Schaltung: Rechts der Lenksäule fand der Fahrer am Armaturenbrett drei Tasten, zwei weiße und dazwischen eine schwarze. Mit der rechten bediente man den ersten, mit der linken den Rückwärtsgang, die mittlere war für den Leerlauf vorgesehen. Zum Anfahren drückte der Fahrer die rechte Taste und die Kupplung.

Während des Fahrens ließ sich ein Hebel über der Taste in die Stellung des zweiten Gangs bringen, aber erst mit dem Treten der Kupplung sprang dieser Gang auch ein. So ließen sich alle Gänge vorwählen.

*Versuchswagen für einen Roadster*

Wegen des neuen Gebläsemotors mußte schließlich gar die Form der oberen Karosserieschale abgewandelt werden. Diese Gelegenheit nützte Victoria-Chefkonstrukteur Wendel, neue Belüftungsschlitze, ein gefälligeres Armaturenbrett und eine gewölbte, etwas höhere Windschutzscheibe mit seitlichen Ausstellfenstern vorzusehen.

Obwohl damit der Dreisitzer zu etwa 90 Prozent neu geschaffen war, sah er nicht viel anders aus als der bisher gebaute Spatz. Aus diesem Grunde entschloß sich die Victoria-Geschäftsleitung, ihr kleines Auto nicht mehr als „Spatz", sondern fortan als „Victoria 250" zu verkaufen. Damit sollte die Änderungsaktion auch den Kunden deutlich werden.

Kurz vor dem Serienanlauf 1957 probte am 15. April das technische Vorstandsmitglied Fritz Bauer die Strapazierfähigkeit des neuen Wagens. Mit seinem Assistenten, Ingenieur Fuchs, startete Bauer ohne Wissen

*(Illustration aus dem Spatz-Prospekt 1957)*

*Versuchswagen eines Cabriolets mit seitlichen Türen*

der Geschäftsleitung in einem Prototyp die Blitztour Mailand und zurück. Unter Aufsicht deutscher, österreichischer und italienischer Automobilclubs wurde der Wagen verplombt und vermessen, um dann auf die 1406 Kilometer lange Tour zu gehen. Nach nur 19 Stunden und 49 Minuten fuhr Bauer wieder durchs Werktor in Nürnberg. Damit hatte das Gespann einen Schnitt von 70,95 km/h mit Tank- und Zollaufenthalt erreicht. Erst nach Beendigung der „Generalprobe" erfuhr auch die Geschäftsleitung davon, die ihrem Cheftechniker prompt eine Rüge wegen seines eigenmächtigen Vorgehens erteilte.

Wenige Tage darauf feierten die Victoria-Männer den Anlauf der Serie. Über das erste Exemplar ergoß sich der Inhalt eines Glases Sekt: Händeschütteln, Blumensträuße. Im Juni 1957 lieferten die Nürnberger erste Exemplare des Victoria 250 aus. Die Fertigung erfolgte jetzt ausschließlich in Nürnberg, lediglich die Kunststoff-Schalen bezog man weiterhin aus Traunreut. „In Anlehnung an die Chevrolet Corvette, den ersten ame-

rikanischen Seriensportwagen mit V-8-Motor und Kunststoffkarosserie nannten wir ihn ‚Achtelcorvette' (da nur ein Zylinder vorhanden)", schrieben damals begeistert die Tester der Zeitschrift „Motorwelt-Revue" vom Victoria 250. Ihnen gefiel das kleine Auto rundum, weshalb sie ihm noch „einen guten Rutsch in die IAA 1957 und die nächste Verkaufssaison" wünschten.

Doch dieser Wunsch erfüllte sich nicht. Zur Internationalen Automobil-Ausstellung im September 1957 tauchten viele neue Konkurrenten auf, die dem Victoria Käufer wegschnappten. Während andere Firmen mit vollen Auftragsbüchern heimzogen, konnte Victoria nur ein mäßiges Geschäft verbuchen. Naturgemäß sank der Absatz eines offenen Wagens zum Herbst und Winter rapide ab.

Aber auch andere Ereignisse auf dem Kleinwagenmarkt stimmten bedenklich, so vor allem der Zusammenbruch der Kleinstwagenmarke Kleinschnittger oder die Nachricht, daß Maico in Zahlungsschwierigkeiten geraten war. Die Victoria-Manager entschlossen sich schließ-

Mit Blumen und einem Glas Sekt, das über die Motorhaube geschüttet wurde, feierte die Geschäftsleitung von Victoria den Serienanlauf des 250. Am Wagen angelehnt: Das technische Vorstandsmitglied Fritz Bauer.

Das Armaturenbrett des Victoria 250. Die Schalttasten fürs Fünfgang-Getriebe wichen in der späteren Serie einem kleinen Hebel rechts vom Lenkrad.

209

lich, die Verluste der Autoproduktion nicht ins Unermeßliche wachsen zu lassen. Schon im Oktober 1957 sickerte das Gerücht durch, daß die Serienfertigung des Victoria-Wagens auslief. Im Februar 1958 rollte dann tatsächlich das letzte Exemplar des niedlichen Roadsters vom Band.

**Ende im Bayerischen Wald**

Victoria hätte gerne Produktionseinrichtungen und Vorräte des Wagens verkauft, doch wer wollte in der Zeit steigenden Wohlstandes noch ein 250-ccm-Auto bauen? Erst ein ganzes Jahr später, im Frühjahr 1959, meldete sich ein Interessent. Der Chef der Firma Burgfalke, Dahmen, hatte sich bisher im Flugzeugbau versucht und wollte nun ins Fahrzeuggeschäft einsteigen. In Nürnberg ließ er verlauten, daß er alles aufkaufen wolle, was zum Victoria 250 gehörte. Im Bayerischen Obermurnthal habe er eine alte Glasschleiferei erworben, die er zur Automobilfabrik umbauen könne. Vor der Presse prahlte Dahmen, er werde den ehemaligen Victoria 250 jetzt „Burgfalke 250 Export" taufen, künftig eine Ausführung mit Seitentüren und vorderen und hinteren Stoßstangen bauen. Im übrigen sei geplant, den „Burgfalke" später mit einem stärkeren Triebwerk zu liefern.
Doch während in der Presse von den großen Plänen der Burgfalke-Fabrik noch zu lesen war, stellten sich schon Zahlungsschwierigkeiten bei Übernahme von 180 noch vorhandenen Karosserien heraus. Victoria mußte dem allzu hoffnungsfrohen Autoproduzenten kräftig unter die Arme greifen und viele Abstriche machen, damit er überhaupt noch Werkzeuge und Material übernehmen konnte.
Nach einigen von Hand gebauten Einzelexemplaren mußte auch Dahmen einsehen, daß eine richtige Serienproduktion seine finanziellen Möglichkeiten sprengte. Mit Victoria einigte sich Burgfalke kurz darauf, für die insgesamt ausgelieferten 1588 Spatz/Victoria-Wagen nur noch die nötige Ersatzteilversorgung zu übernehmen.

Produktion

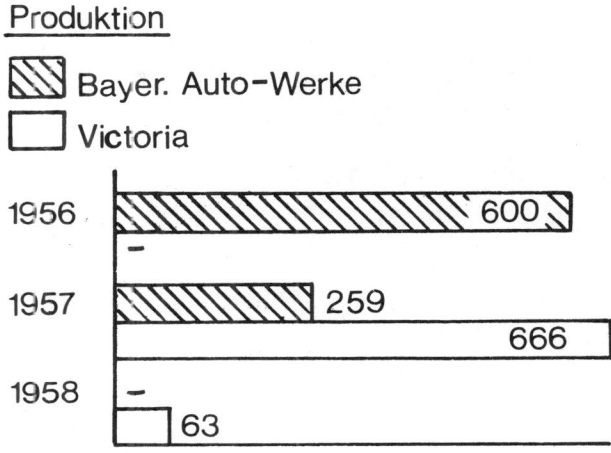

## Spatz

**KAROSSERIE**
Roadster, 3 Sitze
Coupé, 1 rechte Seitentür, 3 Sitze (Prototyp)

**MOTOR**
Luft/gebläsegekühlter Einzylinder-Zweitakt-Motor (Fichtel & Sachs), Bohrung/Hub: 65/68 mm, 191 ccm, Verdichtung 6,6:1, 10,2 DIN-PS bei 5250 U/min, maximales Drehmoment 2,3 mkp bei 5250 U/min, Gemischschmierung 1 : 20, Umkehrspülung, zweifach gelagerte Kurbelwelle, ein Bing-Fallstromvergaser, Dyna-Startanlage
Batterie: 12 Volt/13 Ah, Gleichstrom-Lichtmaschine 90 Watt
Füllmengen: Tankinhalt 15 Liter, Getriebeöl 1,75 Liter

**KRAFTÜBERTRAGUNG**
Viergang-Getriebe mit elektrisch geschaltetem Rückwärtsgang (Drehsinnwechsel des Motors), Vierscheiben-Lamellenkupplung im Ölbad, Ratschenschaltung am Lenkrad,
Motor vor der Hinterachse, Hinterachsantrieb
Übersetzungen:
1. Gang 3,62 : 1
2. Gang 1,85 : 1
3. Gang 1,24 : 1
4. Gang 0,86 : 1
R-Gang 3,62 : 1
Achsübersetzung: 4,56:1

**FAHRWERK**
Zentralrohrrahmen-Chassis mit Kunststoff-Karosserie (Polyesterharz) verschraubt, vorn Einzelradaufhängung an Kurbellenkern, hinten Pendelachse an dreieckförmigen Lenkern, vorn und hinten Teleskopstoßdämpfer und Schraubenfedern zu Federbeinen kombiniert
Bremsen: hydraulische Trommelbremsen auf alle Räder
Lenkung: Zahnstangenlenkung
Reifen: 4.40 x 12

**MASSE, GEWICHTE**
Länge 3300 mm, Breite 1400 mm, Höhe mit Verdeck 1240 mm, ohne Verdeck 960 mm, Radstand 1950 mm, Spurweite vorn und hinten 1160 mm, Bodenfreiheit 180 mm, Leergewicht 290 kg, zulässiges Gesamtgewicht 410 kg, Wendekreisdurchmesser 9,5 m

**FAHRLEISTUNGEN**
Höchstgeschwindigkeit ca. 75 km/h

**PREIS**
Roadster: 2975,– DM

**PRODUKTIONSZAHLEN**
859 Stück

**BAUJAHR**
(Debüt 15. September 1955) von Februar 1956 bis Mai 1957

## Victoria 250

**KAROSSERIE**
Roadster, 3 Sitze

**MOTOR**
Luft/gebläsegekühlter Einzylinder-Zweitakt-Motor (Victoria), Bohrung/Hub: 67/70 mm, 248 ccm, Verdichtung 7,5:1, 14 DIN-PS bei 5200 U/min, maximales Drehmoment 2,03 mkp bei 4650 U/min, Gemischschmierung 1 : 25, zweifach gelagerte Kurbelwelle, Umkehrspülung, ein Horizontalvergaser Bing 1/26/60, Dyna-Startanlage
Batterie: 12 Volt/24 Ah, Gleichstrom-Lichtmaschine 90 Watt
Füllmengen: Tankinhalt 23 Liter, Getriebeöl 1,75 Liter

**KRAFTÜBERTRAGUNG**
Elektromagnetisches Fünfgang-Vorwahl-Getriebe mit Ratschenschaltung, Einscheiben-Trockenkupplung, Drucktasten und Vorwahlhebel am Armaturenbrett
Motor vor der Hinterachse, Hinterachsantrieb
Übersetzungen:
1. Gang 3,020 : 1
2. Gang 1,588 : 1
3. Gang 0,957 : 1
4. Gang 0,700 : 1
5. Gang 0,552 : 1
R-Gang 2,960 : 1
Achsübersetzung 4,125 : 1

**FAHRWERK**
Zentralrohrrahmen-Chassis mit Kunststoff-Karosserie (Polyesterharz) verschraubt, vorn Einzelradaufhängung mit Kurbellenkern, hinten Pendelachse mit dreieckförmigen Querlenkern, vorn und hinten Teleskopstoßdämpfer und Schraubenfedern zu Federbeinen kombiniert
Bremsen: hydraulische Vierrad-Trommelbremsen
Lenkung: Zahnstangenlenkung, Übersetzung 12,6 : 1
Reifen: 4.40 x 12
Felgen: 3.00 D x 12

**MASSE, GEWICHTE**
Länge 3360 mm, Breite 1450 mm, Höhe (mit Verdeck) 1240 mm, Radstand 1950 mm, Spurweite vorn 1160 mm, hinten 1200 mm, Wendekreisdurchmesser 9,5 m, Leergewicht 425 kg, zulässiges Gesamtgewicht 690 kg

**VERBRAUCH**
5,3 Liter auf 100 km (Benzin-Öl-Gemisch)

**FAHRLEISTUNGEN**
Höchstgeschwindigkeit 97 km/h

**PREIS**
2975,— DM

**PRODUKTIONSZAHLEN**
729 Stück

**BAUJAHR**
von Juni 1957 bis Februar 1958

212

*Hermann-Holbein-Fahrzeugbau, Herrlingen/Ulm*
*Champion-Automobilbau GmbH, Paderborn*
*Rheinische Automobil-Fabrik,*
*Hennhöfer & Co., Ludwigshafen*
*Rheinische Automobil-Fabrik,*
*Henning Thorndal, Ludwigshafen*
*Maico-Fahrzeugfabrik, Pfäffingen-Tübingen*

## Der Wagen des Mittelstandes

Einen wahren Schatz hatte der ehemalige Versuchs- und Diplom-Ingenieur von BMW, Hermann Holbein (Jahrgang 1910), über die Wirren des Krieges gerettet: Sein fahrbereites BMW-Cabriolet 327 aus dem Jahre 1939.

Kaum hatte der Schwabe nach Kriegsende den Wagen unter dem Stroh einer Scheune hervorgeholt, heftete sich ein Amerikaner solange an seine Fersen, bis Holbein bereit war, das begehrte Auto abzugeben. Als Gegenleistung besorgte der GI einen Opel-Blitz Wehrmachts-Lastwagen, den er irgendwoher „organisiert" hatte.

In den Sommermonaten des Jahres 1945 baute Holbein den Lastwagen zu einem Holzvergaser-Auto um, denn Benzin galt damals als kostbares Naß, das nicht zu bezahlen war. Dagegen ließ sich der Opel mit Holz und etwas zudosiertem Traktorenöl preiswert und sehr schnell von der Stelle bewegen.

Zu dieser Zeit hatte BMW in München die Pforten geschlossen, und Oberingenieur Holbein war damit arbeitslos. Er plante nun, in Herrlingen bei Ulm – wo seine Frau ein Haus besaß – ein Ingenieurbüro zu betreiben. Doch Konstruktionsaufträge gab es nicht; so beschäftigte sich der Lastwagen-Besitzer hauptsächlich mit Schuttfahrten und Transporten aller Art. Denn wer damals einen fahrbereiten Untersatz oder gar einen Lastwagen besaß, war ein gefragter Mann.

Als Holbein wieder einmal mit seinem Opel-Blitz die Landstraße entlanghoppelte, entdeckte sein Kennerblick am Straßenrand das Wrack eines verunglückten BMW 328-Sportwagens, das natürlich bis auf den Rohrrahmen ausgeschlachtet worden war. Holbein erstand den Schrotthaufen für vierhundert Reichsmark und holte ihn eiligst auf sein Grundstück. „Wenn es wieder aufwärts geht", dachte er sich, „baust du ihn wieder zurecht."

Und bald sollte es wieder aufwärts gehen. Im August 1946 wurde am Ruhestein das erste deutsche Nachkriegsrennen ausgerufen: Grund genug für Holbein, den Schrotthaufen innerhalb kurzer Zeit notdürftig wieder aufzubauen. Als Bereifung dienten abgedrehte Jeep-Reifen. Wichtige Teile, die fehlten, konnte Holbein dank guter Verbindungen zu seinem früheren Vorgesetzten, BMW-Entwicklungschef Diplom-Ingenieur Schleicher beschaffen. Der hatte sich nach Kriegsende in München selbständig gemacht und verfügte noch über manche Ersatzteile von BMW-Wagen, nach denen andere vergeblich suchten.

Hermann Holbein gewann das Bergrennen. Für den 36-jährigen war dies der Anfang einer dreijährigen Karriere als erfolgreicher Rennwagen-Konstrukteur und Hobby-Rennfahrer. Zwar konnte er damit kein Geld verdienen, aber er war wieder im Metier. Der Siegerpreis bestand damals aus 200 Reichsmark. Ein Betrag, der nicht einmal die Kraftstoffkosten deckte. Außerdem gewann Sieger Holbein ein Sporthemd der Größe 36, obwohl er selbst Hemdengröße 41 tragen mußte.

Die Rennwagen-Bastelei, die der Lastwagenbesitzer so oft als „brotlose Kunst" bezeichnete, konnte kein Dauerzustand sein. Deshalb befaßte sich Holbein mit dem Plan, ein Kleinauto zu entwickeln. „So ein Mittelding zwischen Hanomag Kommißbrot und Fiat Topolino, möglichst mit Dieselmotor", schwebte ihm vor. Billigkeit und Haltbarkeit wollte er durch die Verwendung moderner Bauelemente erreichen.

Dabei hatte er garnicht die Absicht, ein solches Mobil selbst in Serie zu bauen. Er wollte nach Herstellung und Erprobung von zwei Prototypen alles an eine Interessengruppe verkaufen, die an ihn herangetreten war. Richtig aktiv wollte man im Autobau damit aber erst werden, wenn sich die Verhältnisse in Deutschland stabilisiert hätten.

Die Zeichnungen waren vorbereitet, ebenso ein maßstabgerechtes Tonmodell der geplanten Karosserieform. Zur Klärung von Getriebefragen fuhr Holbein im Frühjahr 1947 zur Zahnradfabrik Friedrichshafen (ZF). Dort diskutierte man über seine Pläne, fand jedoch keine Voraussetzungen für die Fertigung eines von Holbein gewünschten Kleinwagen-Getriebes.

Die gesamte Einrichtung von ZF — soweit nicht kriegszerstört — war demontiert und nach Frankreich abtransportiert worden. Von der Tatsache, daß die Zahnradfabrik Friedrichshafen sich zu dieser Zeit selbst mit einem Kleinwagenprojekt befaßte, wurde selbstverständlicherweise nicht gesprochen.

**Der Pantoffel**

Zum Eggbergrennen im Sommer 1947 hatte Holbein seinen Vorjahres-Sportwagen in Angleichung an die Form des Mille-Miglia-BMW-Siegerrennwagens von 1940 völlig neu gestaltet und ihm den Namen „HH 47" gegeben: an der Rennstrecke hieß er kurz „Bluebird von Ulm".

Beim Training zu diesem Rennen traf der Rennfahrer einen alten Bekannten wieder: Oberingenieur Albert Maier von der Zahnradfabrik Friedrichshafen. Beim vorangegangenen Besuch in Friedrichshafen hatte Holbein den Bekannten nicht getroffen, umso größer war die Freude, nach den langen Kriegsjahren sich hier wiederzusehen. In den dreißiger Jahren hatten sie zusammen manches Getriebeproblem ausgetüftelt und

1946 gewann Hermann Holbein (mit Siegerkranz) das Ruhesteinrennen. Neben ihm: Ernst Loof und Schorsch Meier, beides ehemalige BMW-Kollegen.

die Zusammenarbeit BMW-ZF vertieft. Danach verlor man sich in den Wirren des Krieges aus den Augen.

Als Holbein das Eggberg-Rennen auch noch haushoch gewann, gab es doppelten Grund zum Feiern. ZF-Maier schnitt bei dieser Gelegenheit ein Thema an, das ihn offensichtlich schon länger beschäftigte: „Man müßte einen fahrbaren Untersatz bauen. Ein einfaches Fahrzeug, das nicht viel kostet." Genau die Gedanken, über denen Holbein brütete. Bei dem Anfangsgespräch blieb es nicht. Als Holbein erzählte, er baue an einem solchen Fahrzeug, packte auch Maier aus; er bastele ebenfalls schon seit einigen Monaten an so etwas — und im übrigen habe er seine Erstausführung gleich mitgebracht.

Draußen stand der kleine Roadster, der einem Pantoffel ähnlicher sah als jedem bis dahin bekannten Kleinwagen. Vier freistehende Motorrad-Räder mit Motorrad-Kotflügeln abgedeckt, zwei Fahrrad-Leuchten von Dynamos versorgt und ein aus dem Heck ragender Motor, viel mehr war an Maiers Mobil nicht dran. Das Zweiganggetriebe stammte aus einem Irus-Rasenmäher, das 200 ccm-Stationär-Triebwerk hatte der ZF-Ingenieur von der Motorenfabrik Triumph erhalten; aber nur dank guter Beziehungen zu Triumph-Direktor Otto Reitz.

Immerhin war das Kleinstmobil so ausgelegt, daß die Herstellung keine Werkzeugmaschinen, Automaten, Pressen, Stanzen oder sonstige Bearbeitungs-Maschinen erforderte. Nur 170 Kilogramm wog der kleine

Der Ur-Champion, das erste profihaft gebaute Mobil nach dem zweiten Weltkrieg. Gebaut von der Zahnradfabrik Friedrichshafen (ZF) im Herbst 1946. Das Getriebe stammte von einem Rasenmäher, der 196 ccm-Triumph-Motor leistete 6 PS. Auf den leeren Straßen fuhr der Champion mit Fahrrädern um die Wette.

Zweisitzer und der fünf-Liter-Tank reichte für eine Fahrstrecke von 110 Kilometern. Die Stahlrohr-Sitze waren schon umlegbar, das Lenkrad zum besseren Einstieg abnehmbar und unter dem hochklappbaren Bug ließ sich sogar kleines Gepäck verstauen. Oberingenieur Maier dachte sogar daran, später einmal dieses Fahrzeug mit leicht verändertem Aufbau als Kleinstlieferwagen mit 300 Kilogramm Ladegewicht zu bauen.

An dem kleinen Wagen gab es weder Rückwärtsgang, noch Differential und auch keine Startvorrichtung. Aber wenn man es anschob, dann fuhr es ein Tempo bis zu 50 km/h. Und in Anbetracht des geringen Aufwands,

wertige Personenwagen-Getriebe zu bauen, dachte vorerst niemand. In dieser Krisensituation war bei ZF-Oberingenieur Maier — wegen seiner Behendigkeit im Werk „Blitz" genannt — die Idee gekommen, doch selbst eine Fahrmaschine zu bauen. Und um die Entwicklungsarbeit möglichst effektiv zu nützen, sollten einige wichtige ZF-Mitarbeiter, die außerhalb der zerstörten Stadt Friedrichshafen wohnten, mit den ersten fünf Exemplaren ausgerüstet werden. Da es keine andere Verkehrsmöglichkeiten gab, hätten diese Männer Heim- und Versuchsfahrten kombinieren können.

Doch Maiers vorausschauende Pläne stießen im Haus

*Das Chassis des Champion: Hinten der Motor-Getriebe-Block, dazu Nabenbremsen. Das gebogene Rohr in der Mitte diente zur Verstärkung des Einstiegs, vorn hingen die Räder an geschobenen Schwingachsen.*

so fand Hermann Holbein, fuhr es noch nicht einmal schlecht. Freilich mußte man auch mit den Ansprüchen an ein solches Vehikel völlig von dem abgehen, was man bisher kannte und für notwendig hielt.

Nachdem Maier und Holbein mit dem rasenden Pantoffel über die Eggberg-Rennstrecke „gejagt" waren, mußte der Ulmer neidlos feststellen, daß es auch mit weit einfacheren Mitteln möglich war ein Fahrgerät zu bauen, als er es geplant hatte.

Die Zahnradfabrik Friedrichshafen (ZF), die hinter diesem Projekt stand, galt vor dem Krieg als führender Getriebe-Hersteller. Doch nach der Demontage blieben ihm gerade die Einrichtungen, eine geringe Zahl von Schlepper- und Lastwagen-Getrieben zu bauen und zu reparieren. An die Möglichkeit – wie früher – hoch-

nicht überall auf Zustimmung: Vor allem der ZF-Aufsichtsrat fürchtete, durch den eigenen Autobau den Anschluß an den alten Kundenkreis etablierter Fahrzeug-Hersteller zu gefährden.

### Der Lizenz-Vertrag

Gerade in jenen Tagen des Herbst 1947, als bei ZF heftig über solche Zukunftspläne diskutiert wurde, besuchte Hermann Holbein wieder einmal die Fabrik, um ein Spezial-Hinterachs-Getriebe für seinen neuen Rennwagen „HH 48" zu bestellen. Dieser Wagen für die Rennsaison 1948 war weiterhin mit dem BMW-Sechszylinder-Motor ausgerüstet. Jedoch ein Chassis „a la

Holbein" ermöglichte es, daß der Wagen wahlweise und ohne große Umbauten mit hinterer Starrachse oder Pendelachse fahren konnte.

Maier, inzwischen zum Technischen Vorstandsmitglied bei ZF aufgerückt, ließ seinen Freund Holbein bei diesem Besuch wissen, daß Bestrebungen im Gange seien die Kleinwagen-Entwicklung – die der ZF bis dahin bereits über 200 000 Reichsmark kosteten – an eine Interessengruppe in München zu verkaufen. Holbein schaltete schnell: Wenn es möglich wäre, mit der ZF zu einem Arrangement zu kommen, dann wäre damit gegenüber seinem eigenen Projekt enormer Zeitgewinn verbunden. Mit den von der Münchener Gruppe gebotenen finanziellen Bedingungen konnte Holbein allerdings nicht Schritt halten. Dagegen erfreute sich der Rennfahrer im Hause ZF seit mehr als zwölf Jahren großer Sympathien. Aus den folgenden Beratungen entsprang der Gedanke, beide Interessen unter einen

Hut zu bringen. Die ZF erklärte sich bereit, mit Holbein einen Lizenzvertrag einzugehen. Danach wollten die Friedrichshafener Getriebebauer Holbein jede Unterstützung technischer Art geben, die zur Serienreife des kleinen Pantoffels notwendig sei. Gemeinsam wollte man weitere Konstruktionsideen dazu erarbeiten. Wenn jedoch dann das Fahrzeug in Serie gebaut würde, sollte ZF namentlich nicht mehr erscheinen.

Schneller noch einigte man sich über den Namen des kleinen Autos. Nach dem ersten Weltkrieg hatte der Bruder von ZF-Maier in Radolfzell einmal Motorräder gebaut, die "Champion" hießen. Es wurde ein Mißerfolg. Trotz des bösen Omens, aber mit Seitenblick auf Holbeins Popularität im Motorsport, sollte nun der gemeinsame Kleinwagen auch wieder "Champion" getauft werden.

Selbstverständlich wollte ZF für ihren fahrbaren Untersatz auch Geld haben. Zunächst in einem sofort zahl-

*Die erste Weiterentwicklung des „Pantoffel"; hier zeigt sich bald, daß die VW-ähnliche Form in der Serie zu teuer würde.*

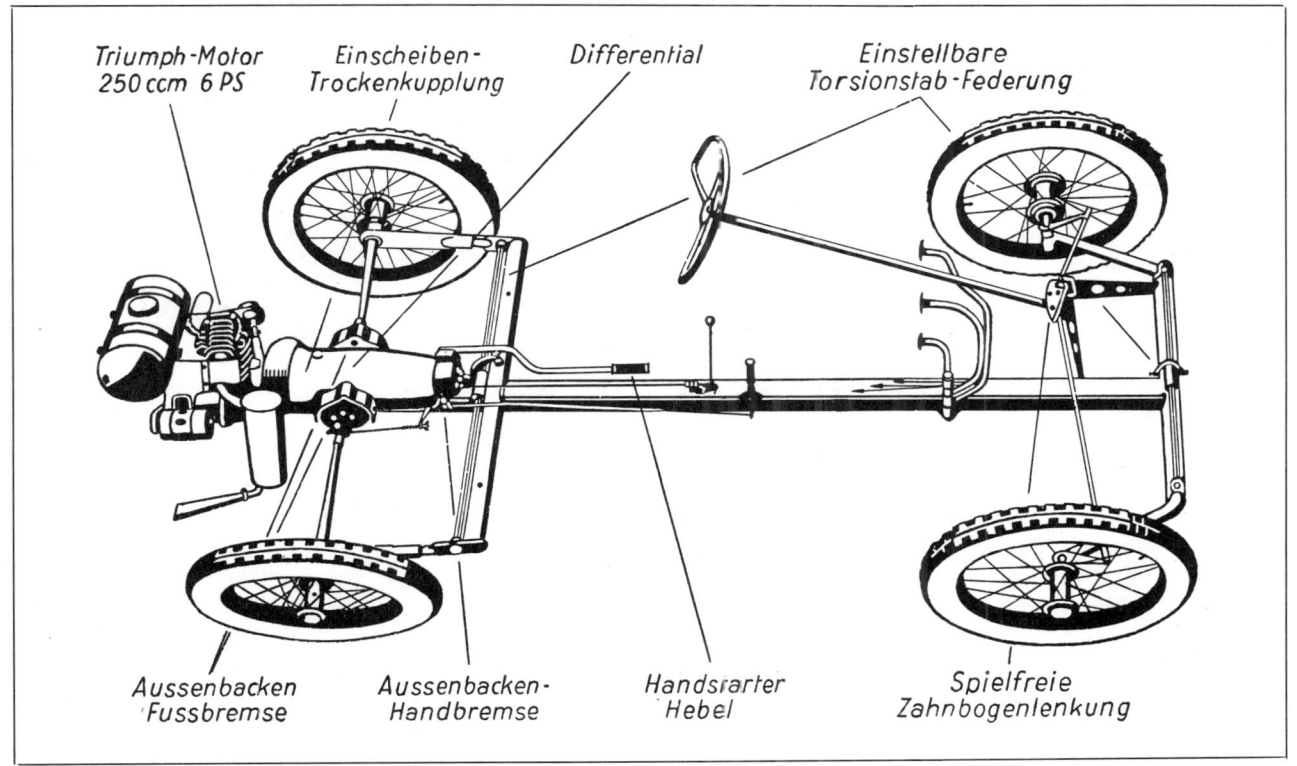

Triumph-Motor 250 ccm 6 PS

Einscheiben-Trockenkupplung

Differential

Einstellbare Torsionstab-Federung

Aussenbacken-Fussbremse

Aussenbacken-Handbremse

Handstarter-Hebel

Spielfreie Zahnbogenlenkung

*Chassis des Champion Ch-2, diesmal mit gezogenen Schwingachsen vorne.*

baren Betrag und später in Form einer an den Verkaufspreis gebundenen Stücklizenz in Höhe von zwei Prozent. Die Verhandlungen über die Zusammenarbeit zogen sich bis über die Währungsreform hin und inzwischen waren aus Reichsmark harte und rare D-Mark geworden.

Holbein schaffte auch dieses Problem. Er veräußerte nicht nur seine drei Rennwagen, sondern auch seinen – inzwischen auf zwei Exemplare angewachsenen – Lastwagenpark. Nur so konnte sich Holbein der ZF gegenüber als finanzstarker Partner empfehlen. Den Rennwagensport hängte er an den Nagel, seine eigenen Kleinwagen-Pläne legte er auf Eis.

Endlich: Am zwölften Januar 1949 kam der Vertrag zwischen der Zahnradfabrik Friedrichshafen und Holbein zum Abschluß. Damit hatte der Schwabe die Basis geschaffen, ohne allzugroßes Risiko den „Champion" fabrikationsreif zu machen und dessen Serienbau vorzubereiten. Die ZF hatte Hermann Holbein das aus-

schließliche Nachbaurecht für das „Gebiet der Deutschen Länder" übertragen, sich aber ein kostenloses Mitbenutzungsrecht an sämtlichen Konstruktionsverbesserungen, Veränderungen und Erweiterungen vorbehalten. Dies mit der Begründung „Fahrzeuge für den Eigenbedarf oder für ihre Angestellten in geringen Stückzahlen herzustellen" (Vertrag). Techniker Holbein hatte mit dem Vertrag – der sogar bis zur Rechtshilfe reichte – einen wesentlichen Vorteil eingehandelt: Da die Konstruktionsseite der Champion-Entwicklung weiterhin Bestandteil der ZF sein sollte, haftete sie in gewissem Umfange für die Ausführbarkeit nach dem jeweiligen Entwicklungsstand.

Längst waren sich ZF-Direktor Albert Maier und Hermann Holbein darüber einig, den Champion noch wesentlich zu verändern, ehe er in Serie gebaut würde. Vor allem mußte für das künftige Fahrzeug eine eigene Getriebekonstruktion erstellt, erprobt und fabriziert werden. Mit dem derzeitigen Irus-Getriebe, das nur als

Einzelexemplar existierte, war kein Staat zu machen. Die neue Konzeption von Holbein und Maier sah ein Leichtmetall-Dreiganggetriebe mit Rückwärtsgang, Differential, Handstartvorrichtung und Tachoantrieb vor. Die Handfeststell-Bremse und die auf die Hinterräder wirkenden Außenbackenbremsen sollten mit dem Getriebe vereint sein. Vorgesehen war ein Lichtmaschinenantrieb und der Triumph-Gemo-Motor von 250 ccm Hubraum mit bis zu acht PS Leistung.

In Holbeins Werkstatt entstand im Frühjahr 1949 ein Prototyp mit verlängertem Fahrgestell und einer zweisitzigen Aluminiumkarosserie und Holzboden. Die Fronthaube bedeckte die Vorderräder und ließ sich als Einheit aufklappen. Auf diese Weise fielen die separaten – teuer herzustellenden – Kotflügel weg und der fahrbare Untersatz erhielt ein modisches Aussehen, das sogar von vorn etwas an den Volkswagen erinnerte. Bald stellte sich allerdings heraus, daß die Preßwerk-

*Um Werkzeuge zu sparen, verwendete Holbein am Ch-1 Motorradkotflügel.*

*Auf der Automobilausstellung in Reutlingen, im April 1949, erklärt Hermann Holbein (am Steuer) Besuchern die Details seines Champion Ch-1.*

zeuge für eine solche Form viel zu teuer geworden wären. Deshalb modellierte Hermann Holbein in Ton ein neues Kleid für den Champion. Mit einem Scheinwerfer in der Mitte und glatten Blechflächen entpuppte sich Holbeins neue Kreation nicht nur als hübsch anzuschauendes, sondern auch als rationell herzustellendes Blechgewand. Friedrichhafen schaltete auf grünes Licht zum Bau von zehn Prototypen des „Ch 1", und dazu lieferte ZF gegen Bezahlung wesentliche Einzelteile, unter anderem auch die passenden Getriebe.

**Gestörte Beschaulichkeit**

Für den unverhofft zum Autoproduzenten avancierten Techniker stellten sich nun neue Probleme und Aufgaben. Täglich mußte Material herbeigeschafft werden, um die ersten drei Fahrgestelle zu bauen. Holbein und seine beiden Mitarbeiter schufteten in der etwa hundert Quadratmeter großen Werkstatt Tag und Nacht. Die Folge: Viele Beschwerden der Nachbarn in der ländlichen Stille von Herrlingen. Besondere Probleme bereitete die Beschaffung von zwölf einigermaßen gleichen Rädern und deren Bereifung. Schließlich fand Holbein alte Felgen in einem ausgebrannten Wehrmachts-Reparaturbetrieb. Und zu passenden Reifen verhalfen ihm die guten Beziehungen zu Rennfahrern. Als das erste Fahrgestell der Fertigstellung entgegenging, zimmerte Holbeins ehemaliger Renn-Mechaniker Willi Huber darauf eine Blechhaut nach der eigenwilligen Form des Tonmodells. Mit Ausnahme der Kotflügel, die sowieso vom Motorrad übernommen wurden, bestand die Karosserie aus einfach zu biegenden Blechteilen. Um dem Champion ein autoähnliches Aussehen zu verschaffen, plante Holbein sogar Blenden, damit die Speichen der Motorrad-Räder verdeckt würden. Kleinere Räder — wie später üblich — waren zu dieser Zeit in Deutschland nicht aufzutreiben, und mehrere Versuche, aus Italien die dort gerade aufkommenden Roller-Räder zu beschaffen, schlugen ebenso fehl wie das Bemühen, deutsche Reifen- und Räder-Hersteller zu einer solchen Entwicklung zu bewegen. Mit der Fertigstellung der nächsten beiden Chassis begann auch die Erprobung. Schon die ersten Fahrten überraschten den Konstrukteur. Ohne jeglichen Aufbau — nur mit einem Bodenbrett versehen — zeigten die fahrbaren Untersätze erstaunliches Temperament. „Wie Schlitten huschten die Fahrmaschinen über Feldwege und Gelände", fand Holbein.

Auf Wunsch wurden die Speichenräder mit Blechblenden abgedeckt.

Um den Einstieg zu erleichtern, fehlte am Lenkrad der untere Kranz.

Der hintenaufgesetzte 248-ccm-Motor saß unter dem 6-Liter-Tank und wurde mit der Haube abgedeckt.

Als am 20. April 1949 die erste Automobil-Ausstellung nach dem Krieg in Reutlingen ihre Pforten öffnete, stellte auch Hermann Holbein den ersten gerade fertig gewordenen Versuchswagen „Champion Ch-2" aus. Von den Verhandlungen mit ZF, der technischen Hilfe der Getriebebauer hatte die Öffentlichkeit nichts erfahren. Und so galt in Reutlingen Hermann Holbein als alleiniger Initiator des gesamten Champion-Projekts.

Die Freunde von der Rennstrecke und viele Fach-Journalisten glaubten, Hermann Holbein einen Gefallen zu tun, indem sie den bescheidenen Ausstellungsstand in ihren Berichten ausführlich erwähnten und das kleine Auto hochlobten. So berichtete die Zeitschrift „Das Auto": „Das Fahrzeug ist fabrikationsreif und voraussichtlich im Juni (1949) zum Preis von 2400 Mark lieferbar." Holbein fand dies übertrieben, denn tatsächlich stand noch nicht einmal die Null-Serie von zehn Fahrzeugen komplett zu Fahrversuchen bereit. Die „ADAC-Motorwelt" sparte ebenfalls nicht mit Vorschußlorbeeren: „Durch tiefe Schwerpunktlage ist eine gute Straßenlage gewährleistet, und dank des geringen eigenen Gewichts von rund 190 Kilogramm ist das Fahrzeug sehr lebendig und verfügt sogar über ein gewisses Bergsteigevermögen."

Die ersten Berichte zogen weitere Presseberichte nach sich. Eines Tages wollte Holbein Reportern der Illustrierten „Quick" demonstrieren, wie gut doch sein Mobil in der Kurve liege. Als er aber das Lenkrad herumriß, verwanden sich die ausgeglühten Felgen und schleiften an den Kotflügeln. Kurzentschlossen legte Holbein sein Mobil auf die Seite und stellte sich auf die am Boden liegenden Räder, um sie wieder hinzubiegen; die Reportage war gerettet.

Den Presseberichten folgte eine Flut von Anfragen. Innerhalb weniger Wochen schleppte die Post Holbein über 7000 Anfragen ins Haus. „Ich werde allein an den Portogebühren Pleite machen", rechnete Holbein. Deshalb bestellte er flugs einen Stempel: „Bitte legen Sie bei weiteren Anfragen Rückporto bei."

Alle Kaufinteressenten mußten erst einmal vertröstet werden, denn der Anlauf der Serie hing noch von intensiven Fahrversuchen und in erster Linie von Zulieferern ab. Es galt nun, Firmen zu finden, die Einzelteile für den Champion liefern konnten.

## Brief von Porsche

Zu diesem Zweck hatte Holbein schon früher einmal Verbindung zu der Turmuhrenfabrik Hörz in Ulm gesucht, nachdem er mit dem eigenen auf Eis gelegten Kleinwagen-Projekt im Frühjahr 1947 bei ZF abgeblitzt war. Nachdem jetzt die Firma Philipp Hörz aber erfuhr, daß hinter dem Champion-Projekt die technische Unterstützung der Zahnradfabrik Friedrichshafen stand, stimmte sie zu, die Getriebefertigung für das kleine Fahrzeug unter bestimmten Voraussetzungen zu übernehmen.

Hörz hatte während des Krieges Trimmklappen-Getriebe für Junkers-Flugzeuge hergestellt, jedoch nie Fahrzeug-Getriebe. Die ZF erklärte sich bereit, beim Anlauf der Fertigung mit dem nötigen know how zu helfen und ging sogar soweit, einige Fachleute zeitweise nach Ulm abzustellen. Die Anlaufzeit wurde auf sechs Monate kalkuliert, mit den Vorrichtungskosten von 22 000 Mark für Hörz mußte Holbein im Sommer 1949 tief in die Tasche greifen.

Durch Unterstützung von ZF erklärte sich auch die Motorenfabrik Triumph in Nürnberg bereit, für die Serie des Champion einen 250 ccm-Motor zu liefern, der bisher als stationärer Antrieb bei landwirtschaftlichen Geräten Verwendung gefunden hatte, jedoch die wechselnden Arbeitsbedingungen im Fahrzeug einwandfrei meisterte. Bosch in Stuttgart würde künftig die Lichtmaschinen liefern, Continental in Hannover erklärte sich bereit, Motorradreifen — mit behördlicher Zuteilungsquote — zu schicken. Schleicher in München schließlich stellte die Radnaben her, und Hella in Lippstadt wollte künftig Scheinwerfer nach Ulm senden.

Überall führte Holbein technische und oft harte kaufmännische Verhandlungen. Eine Aufgabe, die dem Techniker Holbein nicht leicht fiel. Um an die Teile überhaupt und zudem noch preisgünstig heranzukommen, mußte er manchem Zulieferer die Werkzeuge finanzieren. Bestellungen und Abnahmegarantien gingen zumeist über 100 bis 200 Stück.

Zuletzt suchte Holbein noch einen Lieferanten für die Karosserie. Die beiden Brüder Karl und Otto Kässbohrer — seit langem mit Holbein bekannt und Besitzer einer Anhängerfabrik in Ulm — zeigten sich nicht interessiert; und das, obwohl Ulms Oberbürgermeister Dr. Pfizer um eine Liaison bemüht war. Da bot sich die Firma Böbel in Laupheim an. Der ehemalige Flugzeugbauer Böbel meinte aber, die Blechhaut noch eleganter und billiger bauen zu können. Er hatte nach dem Krieg eine Streckzieh-Presse von Messerschmitt erworben, mit der er Omnibus-Blechteile zurechtbog. Künftig sollte nun darauf auch der Champion-Aufbau produziert werden.

*Die kleine handwerkliche Serie ließ von Exemplar zu Exemplar kleine Verbesserungen zu. Bei diesem Typ Ch-2 lugten die Scheinwerfer noch glotzäugig hervor ...*

*... beim verbesserten Modell lagen sie schon flacher in der Karosserie. Der Motorhöcker am Heck verschwand.*

Solche optimistischen Ausblicke trieben Hermann Holbein Anfang Juni 1949 nochmals an den Modelltisch. Innerhalb weniger Tage modellierte er eine neue Form aus Ton. Auch diesmal achtete er streng darauf, daß das Blech mit wenigen Handgriffen zur Karosserie wurde. Böbel arbeitete schnell und bereits am 11. Juni 1949 standen drei Prototypen im neuen Gewand zu Versuchszwecken parat. Holbein war begeistert und gab – nach kleinen Schönheits-Operationen – die zur Serienfertigung nötigen Hartholz-Modelle in Auftrag. Der Reporter der „Schwäbischen Donau-Zeitung" hatte damals Gelegenheit, einen der Prototypen zu fahren. „Der Totalaufbau, vom Rennfahrer Holbein im Stil eines Rennwagens gehalten, ist in allen seinen Einzelheiten spielzeugartig leicht und zierlich", schrieb er begeistert.

Mitten in die Tag und Nacht andauernde Erprobung der Versuchswagen platzte die Nachricht, daß Ferdinand Porsche bei der Zahnradfabrik Friedrichshafen vorstellig geworden war und für die – nach seinen Patenten – im Rohrrahmen untergebrachten Feder-Torsionsstäbe Lizenzgebühren anmahnte. Doch ZF wollte nicht die zu erwartenden Lizenzgebühren aus Herrlingen durch Abgaben nach Stuttgart geschmälert wissen. Kurzfristig fand Holbein die technische Lösung, die Torsionsstäbe außerhalb des Rohres exzentrisch anzubauen. Dadurch ergab sich die praktische Möglichkeit, mit einer Einstellschraube an jeder Achse die Bodenfreiheit beliebig einzustellen.
Wenn auch solche nachträglichen Änderungen keine unüberwindbaren Schwierigkeiten bereiteten, so zogen sie doch den Serienanlauf hinaus. Das ZF-Konstruk-

tionsbüro hatte Mühe, dem tatsächlichen technischen Stand der Versuchsfahrzeuge zu folgen und die – Holbein notwendig erscheinenden – Änderungen und Verbesserungen in die Zeichnungen zu übertragen. Schöpferisch brauchte das ZF-Büro in dieser Zeit nie tätig zu sein.

Endlich lief eine kleine Serie in der Herrlinger Halle an. Insgesamt 14 Firmen aus Ulm und Umgebung lieferten einzelne Teile in fertigen Baugruppen. Wesentlichen Anteil hatte dabei die Karosseriefabrik Böbel, die mit der Lieferung der Aufbauten etwa 50 Prozent des Arbeitsumfangs leistete. Sieben Mitarbeiter von Holbein komplettierten im neuen Holbein-Fahrzeugbau schließlich die kleinen Wagen.

Am 9. November 1949 übergab der stolze Firmenchef dem nicht minder stolzen Käufer den ersten Champion Typ Ch-2. Auf dem Bug trug der Wagen das „HH" (Hermann Holbein) als Markenzeichen. Der Typenname Champion stand schräg durch das Signum geschrieben.

Wollte Holbein seinen Kleinwagen früher noch für 2450 Mark verkaufen, verlangte er jetzt 2650 Mark. Denn allein der kalkulierte Entstehungspreis betrug 2100 Mark. „Überall spricht man jetzt von ihm", hieß es im Champion-Prospekt, „und die ersten glücklichen Besitzer möchten ihn nicht missen." Und weiter stand da: „Die doppelten, voneinander unabhängigen Bremsen bannen jede Gefahr und geben jede Sicherheit – auch bei einer Höchstgeschwindigkeit von über 60 km/h." Woraus der Prospekt-Texter den Schluß zog: „Der Champion ist das vollkommene Fahrzeug für Stadt- und Nahverkehr. Das Gebrauchsfahrzeug für den kleinen Geschäftsmann, für den Handwerker, für Vertreter, Geistliche, Ärzte und besonders für Versehrte und Schwerbeschädigte."

Die „Stuttgarter Nachrichten" lobten damals die „ausgezeichnete Steigfähigkeit" und die „überraschend gute Kurvensicherheit" des Zweisitzers. Und die „Schwäbische Post" fand den „Lilliputaner der bereiften Welt" auch im Winter „nutzbar", da die ausströmende Warmluft in Verbindung mit dem Wetterverdeck" den Fahrer besser schütze als ein Motorrad. Der „Schwäbischen Post" vertraute der frischgebackene Fabrikant damals an, daß er als nächstes die Herstellung eines Kleinst-Lieferwagens auf der Basis des Champions plane, der fünf Zentner Gewicht schleppen könne.

Zunächst hatte Holbein genug damit zu tun, die vielen Aufträge abzuwickeln, die ihm ins Haus flatterten. Vor allem Besitzer des Führerscheins IV – der sich damals ohne Fahrprüfung erwerben ließ – zeigten große Kauflust. In der Regel blätterten solche Leute in Herrlingen eine Anzahlung auf den Tisch und offenbarten dann: „Gefahren bin ich noch nie, das müßten Sie mir erst beibringen." Holbein ersetzte dann den Fahrlehrer und – abgesehen von der Zeit – demolierten die Anfänger durch ihre Unerfahrenheit meist schon Teile des Wagens, noch ehe das neue Gefährt Herrlingen verließ. Deshalb legte Holbein bald auf diese Kundschaft keinen Wert mehr.

Obwohl sich der von der ZF konstruierte Hinterachs-Block im Ch-2 bei langen und rauhen Versuchsfahrten in fachkundiger Hand als fahrtüchtig erwiesen hatte, zeigten sich nach Auslieferung von etwa 25 Wagen an dem Bauelement erste Kinderkrankheiten. Darin saßen nämlich Getriebe, Hinterachsantrieb, Differential, Kupplung und Handstarter sowie Hand- und Fußbremse. Und es gab kaum ein Teil in diesem Block, das in der kleinen Serie den Erwartungen entsprach. Immer wieder reklamierten die Kunden das Fahrzeugteil. Holbein versuchte, sich mit Regreß-Ansprüchen seiner Kunden an den Hersteller Philipp Hörz zu halten. Der hatte in den neuen Produktionszweig viel Geld investiert und gehofft, durch die Serienfabrikation des Ch-2 innerhalb kurzer Zeit auf große Stückzahlen zu kommen. Stattdessen erhielt er nun immer wieder defekte Getriebe zurück, die in teurer Nacharbeit repariert werden mußten. Schließlich stellte sich der Turmuhren-Hersteller bei Garantieforderungen stur und verteidigte seine Haltung mit dem Argument, Konstruktion und Auslegung seien Ursache für die Schäden. Umgekehrt hielt sich Lizenzgeber und Patenonkel des Champions, die Zahnradfabrik Friedrichshafen, zurück und machte den Hersteller Hörz für die aufgetretenen Mängel verantwortlich.

Schließlich blieb dem leidgeprüften Fabrikanten Holbein nichts anderes übrig, als sich von einem unabhängigen Sachverständigen ein Gutachten ausarbeiten zu lassen. Und der stellte fest, daß die Auslegung des Getriebes für das Fahrzeug zu schwach sei, denn nicht die Motorleistung konnte Bemessungsgrundlage für die Zahnraddimensionen sein, vielmehr die von der Straßenseite her auf das Getriebe wirkenden Kräfte und Stöße; diese lagen zu hoch.

Es hatte sich nämlich herausgestellt, daß die dem Fahrzeug ursprünglich zugeschriebene Höchstgeschwindigkeit von 60 sich mit dem Motor spielend auf 75 Stundenkilometer hinaufschrauben ließ. Und die Besit-

*Nur 220 Kilogramm wog der Ch-2 leer. Kein Wunder, daß ein Mann den kleinen Champion samt Insassen hochheben konnte.*

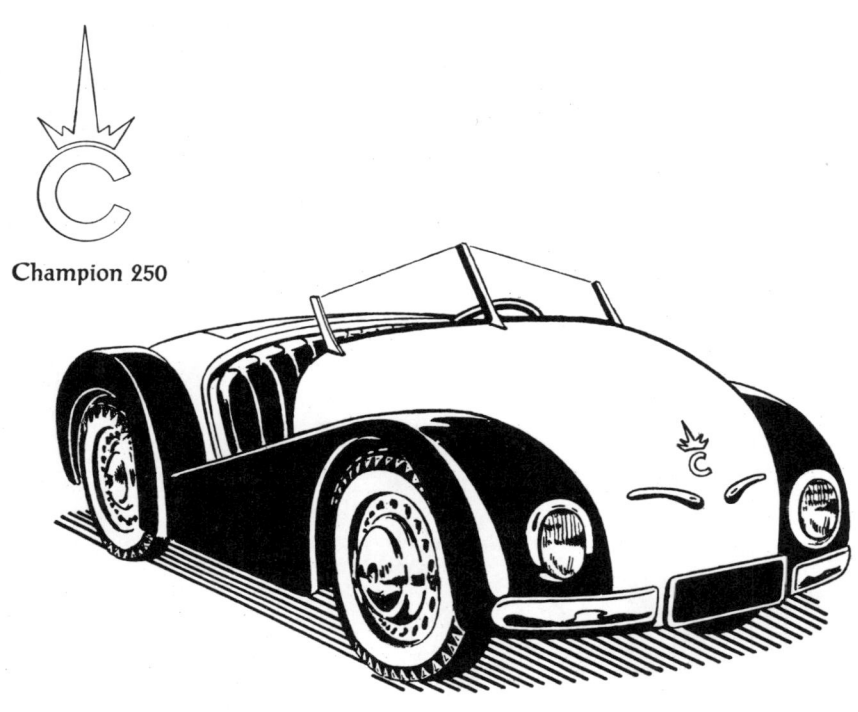

Champion 250

Der „CHAMPION TYP 250" ist der einzige bisher in Deutschland serienmäßig hergestellte Kleinwagen. In seiner jetzigen Ausführung stellt er ein modernes Fahrzeug dar, das aus erprobten Elementen gebaut, wie z. B. das Spezial-Getriebe – einer Entwicklung der Zahnradfabrik Friedrichshafen – oder der Motor – ein Erzeugnis der Triumph Werke Nürnberg –, die Betriebssicherheit und Vorteile vereinigt, die nur von bewährten Serienerzeugnissen erwartet werden können. Das Fahrgestell mit einem verwindungssteifen Zentralrohrrahmen und vier unabhängig aufgehängten Rädern ist auf einstellbare Torsionsstabfedern aufgelagert. Eine exakte Lenkung und zuverlässige mechanische Bremsen bieten im Zusammenhang mit der hervorragenden Straßenlage volle Fahrsicherheit. Die elegante Linienführung der Ganzstahlkarosserie genügt den verwöhntesten Ansprüchen.

Der „CHAMPION TYP 250" ist das ideale Fahrzeug des sportbegeisterten Fahrers für den Stadtverkehr und längere Fahrten. Er ist durch seine Leistung und Anspruchslosigkeit der Jedermann-Wagen des Alltags!

*(Prospekt-Text vom Mai 1950)*

zer machten ausgiebig Gebrauch von dieser unverhofften Leistungsstärke. Sie schrieben zwar Holbein dafür begeisterte Briefe, aber das war nicht im Sinne des Erfinders.
Abhilfe schaffte die Zahnradfabrik Friedrichshafen. Sie setzte sich für den Champion tatkräftig ein und verbesserte gemeinsam mit Holbein die Getriebekonstruktion, so daß die gröbsten Fehler beseitigt waren.

## Die totale Rückruf-Aktion

Doch inzwischen hatten sich auch Konstruktionsmängel und Ausführungsfehler an Vorderachsschenkel und Hinterradschwingen herausgestellt. Nachdem in Herrlingen die ersten Klagen über abgebrochene Radaufhängungen eintrafen, wußte Holbein, daß jetzt etwas Entscheidendes geschehen müsse, um das bisher gute Image des Champion zu erhalten. Im April 1950 rief er alle bis dahin ausgelieferten 120 Fahrzeuge im Rahmen einer Änderungsaktion in seine Werkstatt zurück. Welche Belastungen das für die junge Firma bedeutete, läßt sich kaum ermessen. Zunächst stoppte die laufende Produktion. Die Nachbesserungen mußten aus Kulanzgründen kostenlos durchgeführt werden, und damit blieb der Holbein-Fahrzeugbau in den nächsten drei Monaten ganz ohne Geldeinnahme. Nicht nur das: Die Löhne liefen weiter, und sämtliche Neuteile für alle nicht gebauten Champions mußten den Zulieferern weiter abgekauft und auf Lager genommen werden.
Auf genaue Zeitplanung rollten Tag für Tag einige Kundenautos an, und fast immer schafften es die sieben Mechaniker, ein am Morgen gebrachtes Fahrzeug bis zum Abend wieder flott zu machen. Im Rahmen der Änderungsaktion erhielten die Fahrzeuge wesentliche Verbesserungen: Das Getriebe wurde gegen eines der neuesten Konstruktion ausgetauscht, das unter anderem ein wesentlich verstärktes Differential enthielt. Hinterachs-Gelenke wechselten Holbeins Mechaniker gegen größer dimensionierte, und die Vorderachsschenkel — bisher eine Schweißkonstruktion — wurden durch solche in Gesenkschmiede-Ausführung ersetzt. Selbst Hinterradschwingen und Lenkung wurden an den Kundenfahrzeugen erneuert.
Allein die Ersatzteile kosteten Holbein pro Fahrzeug etwa 200 Mark. Dazu rechnete Holbein die Lohnkosten, womit er in jedes bisher gebaute Exemplar des Ch-2 nachträglich etwa 300 Mark investierte. Insgesamt summierten sich die Kosten der Rückruf-Aktion auf etwa

39 000 Mark. Denn es ging nicht immer ohne Zugeständnisse an die Kunden ab. Viele kassierten nämlich nicht nur die Neuteile, sondern auch noch Spesen für die Fahrten nach Herrlingen. Andere ließen ihr Fahrzeug gleich gründlich renovieren, und die Sonderwünsche reichten bis zum Ausbeulen und Lackieren der Karosserie.
Zwar beteiligten sich nach langen Auseinandersetzungen sowohl die Zahnradfabrik Friedrichshafen als auch Getriebehersteller Hörz — allerdings in recht bescheidenem Umfang — an den Umrüstungskosten. Das aber hatte zur Folge, daß die Vertragspartner untereinander in ein Spannungsverhältnis gerieten, welches dem ganzen Champion-Projekt nicht förderlich war. Immerhin erwiesen sich die geänderten Fahrzeuge wesentlich haltbarer als die Anfangs-Exemplare. Und da von der Änderungs-Aktion so gut wie nichts an die Öffentlichkeit drang, schadete dies alles auch nicht dem Ruf und der Beliebtheit des Champion Ch-2.

## Das verbesserte Modell

Mit dem Abschluß der Änderungs-Aktion im Juni 1950 war die Produktion wieder in Gang gekommen. Schon während des Stillstands der Geschäfte hatte Holbein eine verbesserte Version des Ch-2 auf die Räder gestellt, die er Ch-250 nannte und nun in Serie baute. Bei seinen Zulieferanten hatte Holbein für diesen Typ Teile für 200 Exemplare geordert.
Der Champion Ch-250 geriet gefälliger in der Form und besaß natürlich alle jene Verbesserungen, die man dem vorhergehenden Modell nachträglich eingebaut hatte. Darüberhinaus ersetzte Holbein den bisherigen Motor durch ein Triumph-Doppelkolbenaggregat, das 9 PS schaffte. Trotz höherer Leistung begnügte es sich mit weniger Benzin und — was Holbein noch wichtiger erschien — einen kultivierteren Lauf. Der bisher an den Motor angebaute Benzintank wurde durch einen größeren Behälter ersetzt, der unter dem Karosserieblech verborgen war. Dadurch fiel die überstehende hintere Motorhaube weg, was dem kleinen Roadster ein eleganteres Aussehen verlieh. Kleinere Räder verbesserten nicht nur die Optik, sondern trugen auch zu verbesserter Straßenlage bei. Eine zweigeteilte Windschutzscheibe und Stoßstangen vorn und hinten betonten — nach Ansicht Holbeins — die sportliche Note. Das bisherige Aufsteck-Verdeck machte nun einem richtigen Klapp-Verdeck Platz, und schließlich erhielt der Zwei-

*Vom Vormodell unterschied sich der neue Champion durch die geteilte Windschutzscheibe und Stoßstangen vorn und hinten.*

sitzer auch noch ein Dreispeichen-Lenkrad anstelle des bisherigen Rohrlenkers. Da die Höchstgeschwindigkeit des Ch-250 jetzt bei 70 Stundenkilometern lag, wurden die bisherigen Aluminium-Bremsbacken durch eine stabilere Gesenkschmiede-Ausführung ersetzt.

Der Champion hatte jetzt — im Juni 1950 — einen Reifegrad erreicht, der dazu ermutigte, den Roadster auch in größeren Stückzahlen zu bauen. Doch dazu hätte Holbeins finanzielle Grundlage nicht gereicht. So suchte der Herrlinger Auto-Produzent seit längerem nach einem geeigneten Partner.

### Die Profit-Geier

Eigentlich hätte Holbein da nicht lange suchen brauchen. Denn schon seit Mitte 1949 meldeten sich bei ihm eine Menge Leute, die den Champion nicht nur sehen,

sondern von der Produktion des kleinen fahrbaren Untersatzes profitieren wollten. Sie versprachen Hermann Holbein für eine Beteiligung goldene Berge.

Ging er aber solchen Angeboten auf den Grund, so stellte er fest, daß es sich zumeist um Phantasten, wenn nicht gar um Hochstapler oder Betrüger handelte. So wollte beispielsweise eine Kapitalgruppe unbeschränkte finanzielle Mittel hinter sich haben; ein anderer Interessent sprach von besten Beziehungen zu Regierungen, die bereit seien, sehr viel Geld in die Champion-Fertigung zu stecken. Doch Hermann Holbein fertigte solche fragwürdigen Geldanbieter rasch ab. Denn der Schwabe hatte bald erkannt, daß die meisten sogenannten Interessenten nur Verbindungen schaffen wollten, die sie nichts kosteten. Wenn aber der Champion ein Verkaufsschlager werden sollte, spekulierten sie darauf, am Gewinn teilzuhaben.

So kam es, daß Champion-Fabrikant Holbein auch

durchaus ernstzunehmenden Interessenten wenig Aufmerksamkeit schenkte; etwa als der niederbayerische Landmaschinenfabrikant Hans Glas anbot, den Champion in Dingolfing zu bauen.

Da hatte eine belgische Interessentengruppe ihr Wohlwollen an Holbeins Kreation bekundet und versichert, innerhalb kürzester Zeit 100 000 Mark bereitzustellen. Von Herrlingen aus schickten die Belgier lange Exposés nach Hause und hofften, Holbein zum Umzug nach Brüssel zu bewegen. Nicht weniger versprach eine holländische Gruppe, die den Champion schon als Volksmobil in den Benelux-Ländern sah.

Eine schwedische Gruppe hoffte ebenfalls auf Geschäfte mit Holbein. Nachdem ihm der Ersatz aller Kosten zugesagt worden war, erklärte er sich widerwillig bereit, ein Exemplar des Ch-2 im Februar 1950 zur St. Eriks-Messe nach Stockholm zu schicken. Da er der Sache nicht traute, hatte der schlaue Schwabe schon vor dem Versand den kleinen Roadster durch Ausbau wesentlicher Motorenteile unbrauchbar gemacht. Der fahrbare Untersatz aus Westdeutschland erregte in Schweden viel Aufsehen, weshalb die Aussteller das gute Stück für viel Geld gleich dortbehalten wollten. Erst nach langen Verhandlungen kam der Ch-2 endlich wieder nach Herrlingen zurück. Überrascht mußte Holbein feststellen, daß der Wagen in Schweden mit den fehlenden Teilen komplettiert und entgegen ausdrücklicher Verabredung Probe gefahren worden war.

Wenige Tage später fragte ein Schwede namens Meuller kurzerhand bei der Zahnradfabrik Friedrichshafen an, ob er in Skandinavien den Champion in Lizenz bauen dürfe. Die ZF bekundete großes Interesse, Holbein sah sich übergangen, denn er hatte den kleinen Wagen produktiosreif gemacht und wollte nun auch an den Lizenzgebühren partizipieren. Jetzt erkannte er plötzlich, warum sein Vertrag mit der ZF auf die „Deutschen Länder" beschränkt geblieben war. Die Bemühungen Meullers scheiterten schließlich doch am Veto Holbeins.

## Champions aus der Reithalle

Das Wirtschaftsministerium von Baden-Württemberg war inzwischen darauf gestoßen, daß bei Ulm eine preiswerte und ansehnliche Fahrmaschine gebaut wurde. Mehrfach entsandte Vater Staat Kommissionen nach Herrlingen, die Fahrzeug und Erbauer nach allen Seiten inspizierten. Schließlich mobilisierte man gar einige Landtags- und einen Bundestags-Abgeordneten, sowie die Verwaltung der Stadt Ulm, damit Holbein ja nicht in ein anderes Bundesland abwandere. Eiligst bot ihm die Stadt zuerst eine Reithalle in einer leerstehenden Kaserne und danach ein Grundstück im Industriegelände an und stellte in Aussicht sich für Förderkredite aus Staatsmitteln einzusetzen.

Zu konkreten Vereinbarungen mit dem Wirtschaftsministerium oder der Stadt war es indessen nie gekommen. Zwar ag seit Mitte Februar 1950 ein staatsverbürgter Kredit in Höhe von 300 000 Mark bereit, aber Holbein rührte das Geld nicht an, ohne die daran geknüpften Bedingungen zu kennen. Und deren Ausarbeitung dauerte ihm zu lange.

Just zur selben Zeit fuhr wieder einmal ein schwarzer Mercedes am Herrlinger Haus vor: Holbein achtete schon garnicht mehr darauf. Der elegant gekleidete Fahrer stellte sich als Helmut Benteler, Junior-Chef des Hauses Benteler in Bielefeld, vor. Aus Zeitungsberichten hatte er erfahren, daß Holbein Kleinstautos baue, deshalb bot der Chef des 4000-Mann-Unternehmens

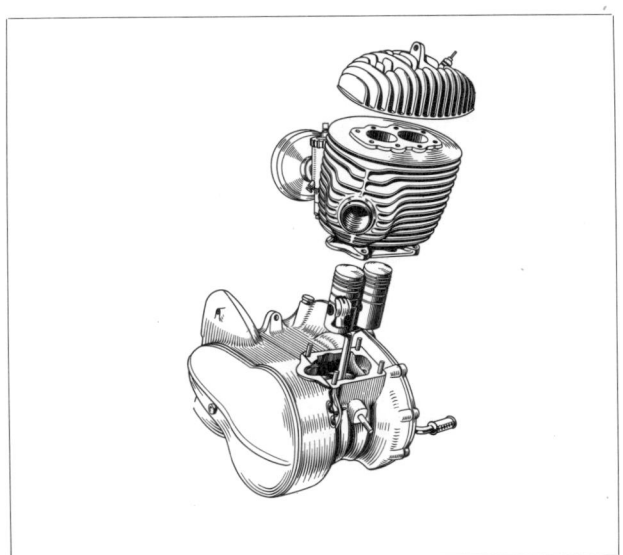

*Beim Doppelkolben-Zweitakt-Motor besitzen zwei getrennte Kolben und Zylinder einen gemeinsamen Brennraum. Dadurch versprach man sich eine besonders gute Verbrennung. Schon bei geringer Drehzahl erreichte der Motor eine hohe Leistung, die aber bei hohen Drehzahlen wieder abfiel (Bild: Triumph-Doppelkolbenmotor).*

die Lieferung von Preßteilen und Rohren für die Champion-Produktion an. Doch dann interessierte er sich auch für den kleinen Wagen. Mit Holbeins Einverständnis setzte er sich ans Steuer eines fahrfertigen Champions-Chassis und startete zu einer Probefahrt. Als Helmut Benteler nach 30 Minuten noch nicht zurückgekehrt war, sorgte sich Holbein um Fahrer und Fahrzeug. Als aber beide wohlbehalten wieder eintrafen, unterbreitete Benteler dem Fahrzeughersteller den Vorschlag, den Champion in Bielefeld rationeller und in größerer Serie zu bauen. „Der Champion ist keinesfalls so ausgereift", wehrte Holbein ab, „daß er in größerer Stückzahl gebaut werden kann." Damals stand die Rückruf-Aktion bevor, deshalb schlug Holbein vor, sich in einigen Monaten noch einmal zu unterhalten.

### Die Pseudo-Champions

Aus der laufenden Produktion hatte Kostrukteur Holbein Anfang 1950 einige Fahrgestelle des Ch-2 an die ZF geliefert. Diese „für den Eigenbedarf" bestimmten fahrbaren Untersätze erhielten in Friedrichshafen eine neue Karosserie, die nur in Anklängen an die schlichte Champion-Linie erinnerte. Das neue Kleid erhielt einen modischen Zuschnitt. Es wurde mit all dem Zierat ausgestattet, der ein Auto zu jener Zeit atemberaubend schön machte. Richtige Autofelgen, ja sogar eine umlegbare Windschutzscheibe gaben den ZF-Eigenbauten das Flair eines großen Sportwagens. Doch diese Luxus-Champions, mit denen ZF-Angestellte herumfuhren, waren nur fürs Auge, nicht für den praktischen Fahrbetrieb gelungen. Das Blechkleid kostete nicht nur eine Menge Geld in der Herstellung, sondern wog auch zuviel für das schmächtige Chassis.

Eine ähnliche Fehlgeburt brachte der französische Besatzungsoffizier und Designer Lepoix zur Welt. Auf ausdrücklichen Wunsch der ZF-Geschäftsleitung hatte Holbein ihm ein komplettes Ch-2-Fahrgestell überlassen, für das Lepoix eiligst ein kleines stromlinienförmiges Coupé zimmerte. Im März 1950 führte der Franzose seine Kreation stolz in Herrlingen vor und hoffte auf

*Für den Eigenbedarf hatte ZF einige Chassis von Holbein gekauft und baute darauf drei Exemplare dieses eleganten Roadsters (mit umlegbarer Windschutzscheibe).*

Der französische Besat-
zungssoldat und Designer
Lepoix entwarf und baute
auf dem Chassis des
Ch-250 dieses glattflächige
Coupé, das er in Herrlingen
vorführte. Aber Holbein
lehnte dieses Auto als zu
schwer ab.

Auf dem Genfer Auto-
mobilsalon im März 1950
zeigte ein Schwede namens
Meuller das Lepoix-Coupé
stolz herum, während
Holbein in Herrlingen vom
öffentlichen Auftreten des
Champion-Coupés selbst
überrascht war.

230

*Dieses Cabriolet auf der Basis des Ch-250 ließ Holbein im April 1950 bei der Stuttgarter Karosserieschmiede Vischer zurechtschneidern. Doch das Blechkleid wog für das zartgliedrige Chassis zu viel.*

Lobesworte und Cooperation mit Holbein. Doch der fand den Eigenbau viel zu schwergewichtig und für den Serienbau zu teuer.

Das Lepoix-Coupé sollte trotzdem noch zu unverhoffter Popularität kommen, als nämlich der Schwede Meuller Kontakt mit dem Franzosen aufnahm und ihm das ganz große Geschäft versprach. Noch im gleichen Monat stand das einzige Exemplar des Coupés auf dem Genfer Automobilsalon. Und der Schwede prahlte, daß dieser Pseudo-Champion in Kürze vom Norden aus die Volksmotorisierung bringen werde. In der breiten Öffentlichkeit indes wurde allerdings auch das Lepoix-Coupé als Holbeins Kreation anerkannt, der selbst vom Debüt des Champion-Halbbruders überrascht und zugleich verärgert war.

Geradezu kurios erschien es ihm aber, daß Lepoix eines Tages in Herrlingen auftauchte und von Holbein Spesen kassieren wollte. Während Meuller mit dem Coupé durch Europa reiste und die Werbetrommel rührte, glaubte Lepoix dem Holbein-Fahrzeugbau seine Unkosten anlasten zu können.

Immerhin gab das Lepoix-Coupé den Anstoß dazu, daß Techniker Holbein sich über den Champion Ch-250 hin-

aus Gedanken um die Weiterentwicklung machte. Während seine Mitarbeiter noch mit der Umrüstaktion am Ch-2 beschäftigt waren, hatte der Diplom-Ingenieur den Entwurf zu einer Cabrio-Limousine auf einem um zehn Zentimeter verlängerten Ch-250-Chassis fertig, dessen Blechhaut die Stuttgarter Karosseriefirma Vischer schneiderte. An dem ersten Muster begeisterte sich der schwäbische Champion-Vertreter derart, daß er diesen Wagen in eigener Regie produzieren und verkaufen wollte. Holbein brachte diesem Wunsch ein gewisses Verständnis entgegen; schließlich waren die Champion-Händler durch die Rückruf-Aktion und dem vorübergehenden Ausfall der laufenden Produktion ebenfalls ohne Einnahmen. Der Stuttgarter Vertreter bestellte also bei Vischer insgesamt 25 Karosserien, bei Holbein die dazu passenden Fahrgestelle und vom Motorenlieferant Baker & Pölling die Motore mit 250 ccm Hubraum.

Nach dem Bau von sechs Wagen stoppte aber Holbein plötzlich die Lieferung weiterer Fahrgestelle. Denn der geplagte Autohersteller erkannte nicht nur, daß die Vischer-Aufbauten viel zu schwer für das leichte Chassis waren, sondern daß die Vischer-Produkte qualitativ

mangelhaft hergestellt waren. Da zudem der schwäbische Vertreter das neue Mobil wie selbstverständlich unter dem Namen Champion verkaufte, fürchtete Holbein um den Ruf des Original-Champion. Dem Liefer-Boykott folgten prompt langwierige Streitereien und Prozesse.

Gleichzeitig mit der Vischer Cabrio-Limousine hatte Holbein bei der ebenfalls in Stuttgart ansässigen Karosseriefirma Fries ein kleines Coupé in Auftrag gegeben, dessen Linien etwas Ähnlichkeit mit dem legendären Hanomag Kommißbrot aufwiesen. Trotz der rundlich kompakten Form gefiel dem Konstrukteur auch das Fries-Coupé nicht. Schon die ersten Fahrversuche zeigten, daß solch zartgliedriges Chassis vom Ch-250 die Last einer geschlossenen Karosse nicht tragen konnte. Kurzfristig gab Holbein deshalb den Plan auf, das bisherige Fahrgestell als Basis für ein größeres Modell zu verwenden.

Neben den beiden Prototypen hatte Holbein jedoch noch eine dritte Musterkarosserie bei der Heilbronner Karosseriefabrik Drauz in Auftrag gegeben. In diesem Entwurf verwirklichte er eine Idee, die er bereits im Jahre 1946 an seiner damaligen – nicht realisierten –

Kleinstauto-Konstruktion zumindest theoretisch ausgetüftelt hatte; der Karosserie eine symetrische Form zu geben, so daß mehrere Preßteile mit einem Werkzeug herzustellen waren. So ließen sich der vordere rechte Kotflügel und der hintere linke mit einem Werkzeug pressen. Die hintere Motoren- und vordere Gepäckhaube entstammt demselben Werkzeug und bei den Türen mußten jeweils nur Scharniere und Griffe unterschiedlich angebracht werden, um das Preßteil sowohl als linke wie auch als rechte Tür zu verwenden. Die Seitenfenster waren halbrund gestaltet und konnten ohne teuren Mechanismus – nur mit einer zentral angebrachten Kurbel – bedient werden.

Die renommierten Karossiers in Heilbronn begnügten sich – im Gegensatz zur Konkurrrenz – nicht damit, den von Holbein erteilten Auftrag auszuführen, sondern unterbreiteten gleich Vorschläge und Berechnungen zur Serienfertigung. Da an dem dritten Entwurf die Idee vom rationellen Werkzeugeinsatz besonders konsequent gelungen war, beschloß Holbein, hier die Weiterentwicklung anzusetzen.

Zusammen mit seinem ehemaligen Kollegen, dem früheren BMW-Oberingenieur Karl Schäfer, konzipierte man ein neues Fahrgestell mit freitragender Boden-gruppe, passend zu der bereits vorhandenen Muster-Karosse aus Heilbronn. Als Antrieb war ein luftgekühl-ter Triumph-Doppelkolbenmotor von wahlweise 400 oder 450 ccm Hubraum vorgesehen, der im Heck sitzen sollte. Die Triumph-Aggregate hatten sich bereits in landwirtschaftlichen Geräten bewährt, und eine Aus-führung davon existierte sogar als Diesel-Motor.

Selbstverständlich sollten alle bisherigen Erfahrungen im neuen Ch-400 berücksichtigt werden. Deshalb ge-hörten Vierrad-Öldruckbremsen, Zahnstangenlenkung und Torsions-Gummifederung zu den selbstverständli-chen Forderungen.

In kürzester Zeit erstellten Holbein und Schäfer die not-wendigen Übersichtszeichnungen, und nach den Be-rechnungen glaubten nun beide, das komfortable und preiswerte Kleinauto projektiert zu haben. Bis Mitte Mai 1950 mußten die beiden ersten Ch-400 fertig sein, denn Hermann Holbein wollte ein Exemplar auf der er-sten Internationalen Automobilshow in Berlin zeigen.

Parallel dazu ging das Werben um den Standort künf-tiger Champion-Fabrikation weiter. Ende April erschien Helmut Benteler wiederum in Holbeins Werkstatt. Er bestaunte die neuen Prototypen mit den Vischer- und Fries-Blechhäuten und vertraute nebenbei dem Kon-strukteur an, daß er — Helmut Benteler — persönlich durch die ganze Bundesrepublik gefahren sei und sämt-liche Kleinwagen-Projekte studiert habe. Dabei sei er zu dem Schluß gekommen, der Champion wäre doch „der beste Wagen". Holbein solle deshalb bald nach Bielefeld kommen, um die bisher unverbindlichen Ge-spräche auf einer reellen Vertragsbasis fortzusetzen.

Erst nachdem die Gesamtkonzeption des neuen Ch-400 festgelegt war, entschloß sich Fahrzeug-Hersteller Holbein noch im Mai zur Reise nach Westfalen. Von der Größe des Benteler-Werks war er dort ebenso über-rascht wie von der Zuvorkommenheit, mit der er von Generaldirektor Erich Benteler empfangen wurde.

Der Schwabe merkte, daß es sich hier um ein bedeu-tendes Zulieferwerk der Automobil-Industrie handelte. Die Benteler besaßen zwei Werke. Das Stammwerk in Bielefeld leitete der ältere Erich Benteler, während das Röhrenwerk in Paderborn von dem jüngeren Bruder Helmut geführt wurde. Vor allem der Bielefelder Fa-brik war nach dem Krieg ein großer Maschinenpark er-halten geblieben, dem allerdings ein festes Produk-tionsprogramm fehlte. Hier stellten die Benteler zwar Teile für viele deutsche Automobilfabriken her, doch es war schon abzusehen, daß dieser Geschäftszweig

einmal versiegen würde. Denn die Zulieferteile würden die großen Auto-Fabriken über kurz oder lang in eige-ner Regie bauen. Für diesen Fall mußte ein zukunft-strächtiges Herstellungsprogramm bereitstehen. Und hierzu wollten sich die Brüder Benteler nicht nur im Maschinenbau-, sondern auch im Autobau engagieren. Die Bentelers erklärten dem beeindruckten Holbein, daß bereits der Firmengründer nach dem Ersten Weltkrieg Autos der Marke Hansa gebaut habe und somit beste Voraussetzungen für die künftige Champion-Produktion vorhanden seien. Die Westfalen drängten nun auf eine schnelle Entscheidung, Holbein dagegen bat sich Be-denkzeit aus. Er wollte auf jeden Fall abwarten, wie seine beiden Fahrzeug-Konstruktionen Ch-250 und Ch-400 auf der Berliner Ausstellung beim Publikum an-kommen würden.

Mit dem ersten zurechtgebastelten Ch-400 und dem in Serie gebauten Roadster Ch-250 zog der Holbein-Fahr-zeugbau nach Berlin und firmierte dort bereits unter der

*Die bei Drauz in Heilbronn gebaute Karosserie mit den symmetrischen Formen benötigte nur ein Minimum an Preß-Werkzeugen.*

in Gründung befindlichen „Champion Automobil GmbH, vorläufiger Sitz Herrlingen."

Über den Termin war Holbein nicht glücklich, denn die erste größere Autoshow nach 1945 fiel zeitlich genau mit dem Pfingsttreffen der kommunistischen Jugend im östlichen Teil Berlins zusammen, und man erwartete damals Ausschreitungen gegen den westlichen Sektor. Mit Bangen verschickte Holbein seine beiden Wagen

*Bei der Karosseriefirma Fries in Stuttgart hatte Holbein dieses kleine Coupé auf dem Chassis des Ch-250 bauen lassen. Es geriet zwar elegant, doch zu schwergewichtig.*

nach Berlin, wo sie auch prompt zwei Tage später als zugesagt ankamen.

Während die Ausstellung schon geöffnet hatte, baute Holbein noch seinen Stand auf. Mit dem Slogan „Champion, der Wagen des Mittelstandes" warb er um Kunden, und wenn auch die Presse das späte Debüt des Champion Ch-400 überhaupt nicht vermerkte, das Publikum schenkte ihm um so größere Aufmerksamkeit. Diese Publikumswirksamkeit wiederum zog einige clevere Geschäftsleute an, die Holbein geradezu beknieten, die Champion-Vertretung für West-Berlin übernehmen zu dürfen. Und kaum hatte Holbein zugestimmt, verteilten diese Leute schon am nächsten Tag eigene Prospekte auf der Ausstellung, in denen vom „Champion-Kleinwagen-Montagewerk Berlin" gesprochen wurde.

Sorgfältig registrierte Bentelers kaufmännischer Direktor Dr. Johann Heinrich von Brunn die Resonanz der Besucher auf die beiden Champion-Wagen und fuhr zur Berichterstattung wieder nach Bielefeld zurück. Und noch ehe die Ausstellung zu Ende ging, baten die Ben-

telers darum, beide in Berlin ausgestellten Wagen auf deren Rückweg in Bielefeld prüfen und kalkulieren zu dürfen. Ein Wunsch, dem Hermann Holbein gerne entsprach.

Wenige Tage später meldete sich Erich Benteler erneut in Herrlingen an. Zusammen mit seinem Finanz-, Einkaufs- und Verkaufschef von Brunn besichtigte er Holbeins Werkstätte und die Betriebe der Zulieferer. Von Brunn sah außerdem nach der kaufmännischen Seite der kleinen Auto-Schmiede. Und aus der Sicht des Finanzexperten einer großen Firma erschienen ihm die Kalkulationen, die Einkaufs- und Verkaufsbedingungen nicht ausreichend. Er fand auch die Absprachen, die Holbein von den Zulieferern diktiert worden waren, nicht unbedenklich, wonach Holbein die Produktionswerkzeuge zahlte, um 100 bis 200 Teile abkaufen zu können. Gemessen an der straffen kaufmännischen Organisation des Großbetriebes mußte das Urteil von Brunns über die kaufmännische Seite des Holbein-Fahrzeugbaus schlecht ausfallen.

Das hinderte allerdings die Bentelers nicht daran, wei-

DER EINZIGE IN DEUTSCHLAND SERIENMÄSSIG HERGESTELLTE
KLEINWAGEN MIT EINER 4-JÄHRIGEN ENTWICKLUNG

*Stolz zeigte Hermann Holbein zur Berliner Automobilausstellung im Mai 1950 erstmals seinen Ch-400. Nur 2950 Mark sollte die kleine Cabrio-Limousine damals kosten. Noch im Herbst, so plante es der Schwabe, sollte der 400er neben dem Ch-250 in Serie gehen.*

ter um Holbein zu werben. Man versprach, alle Rechte und Pflichten der kleinen Firma zu übernehmen und versicherte, daß man Hallen besitze, in denen die Champion-Produktion sofort aufgezogen werden könne. Zudem kenne man namhafte Geldgeber, die bereit wären, weit mehr Kapital bereitzustellen als das Land Baden-Württemberg.

Solch verlockendem Angebot konnte Holbein nicht lange widerstehen. Nach 14 Tagen Bedenkzeit erklärte er sich bereit, zur Unterzeichnung eines Vorvertrags nach Bielefeld zu kommen. Vorher wollte er den Ulmer Oberbürgermeister Dr. Pfizer von seiner Entscheidung persönlich unterrichten und endgültig auf die Inanspruchnahme des staatsverbürgten Kredits verzichten.

### Dr. Oetkers Auto?

Die Bentelers hatten zwar Ende Mai die beiden Champion-Wagen in ihrem Werk durchkalkulieren lassen, dennoch war der Herstellungspreis nun Grundlage eines Vorvertrages. „Das Projekt, Champion-Wagen zu bauen und zu diesem Zweck eine GmbH zu gründen, beruht auf der Erwägung, daß die beiden bisher von Holbein entworfenen Modelle zu Herstellungspreisen von ca. DM 2000,— für den offenen und ca. DM 2200,— für den geschlossenen Wagen gefertigt werden können", hieß es in dem Vorvertrag vom 30. Juni 1950. Man schätzte, daß nach „etwa zehn Monaten eine Produktion von etwa 400 Wagen pro Monat erreicht werden kann." Die dazu erforderlichen Investitionen bezifferten die Vertragspartner auf rund eine halbe Million Mark. Bereits in diesem Vertrag stand allerdings nicht mehr, daß Benteler das nötige Kapital stellt.

Die Westfalen fürchteten jetzt nämlich den Boykott ihrer bisherigen Kundschaft, falls sie selbst ins Autogeschäft stiegen. Tatsächlich hatten Daimler-Benz und die Bremer Borgward-Gruppe mit entsprechenden Konsequenzen gedroht. Deshalb legten die Bielefelder Industriellen plötzlich größten Wert darauf, daß der Champion in der Öffentlichkeit nicht mehr mit dem Namen Benteler in Verbindung gebracht wurde. Zwar liefen alle Verhandlungen nach wie vor über Benteler, doch jetzt tauchte der Name des Bielefelder Bankiers Hugo

Ratzmann auf. Er hatte in den zwanziger Jahren die Auto Union zusammengeschmiedet und im Auftrag der Dresdner Bank NSU saniert; wobei der Automobil-Teil damals an Fiat ging und unter dem Namen NSU lediglich der Motorradteil selbständig blieb. Seither war Ratzmann Aufsichtsratsvorsitzender in Neckarsulm — aber auch Gesellschafter der Hermann Lampe-Bank in Minden.

Ratzmann sollte nun als Treuhänder und Strohmann der Bentelers deren Geld „teils als Stammeinlage, teils als Darlehen" der neuen Gesellschaft zur Verfügung stellen. Als aber einen Monat später — im Juli 1950 — der eigentliche Vertrag geschlossen wurde, galt es als vereinbart, daß „anstelle des ursprünglich als Partner vorgesehenen Herrn Ratzmann das Bankhaus Hermann Lampe KG., Minden, eintritt."

Das Kapital der Bank lag aber zum größten Teil in den Händen des Backpulver-Millionärs Rudolf August Oetker (Marke: „Dr. Oetker"). Das Bankhaus galt nun nicht nur als Treuhänder des Bentelerschen Geldes im Champion-Projekt, sondern möglicherweise brachte Oetker über seine Bank ebenfalls einen Teil der 300 000 Mark Stammeinlage auf. In Bielefeld hieß der Champion deshalb oft respektlos „Oetker-Auto".

## Umzug ins Notstandsgebiet

Gleich nach Vertragsabschluß zog Holbein nach Westfalen, um hier den Produktionsanlauf vorzubereiten. Er glaubte, Benteler werde dazu seine Bielefelder Hallen zur Verfügung stellen. Doch nach dessen Ansicht war das Werk dazu nicht geeignet. Es fehlten Montagehalle und Lagerplatz. Zudem lag damals das Lohnniveau in Bielefeld mit an der Spitze in der jungen Bundesrepublik (gleich hinter Wolfsburg). Und das, so kalkulierten die Partner, verbiete es hier, ein preislich konkurrenzfähiges Fahrzeug zu bauen. Benteler dachte daran, die Fertigung nach Essen, Dortmund, Espelkamp oder Preussisch-Oldendorf zu verlegen. Schließlich entschied man sich für Paderborn. Das Land Westfalen half Investoren in diesem Notstandsgebiet mit billigen Krediten. So zog die Champion-Gesellschaft auf den früheren Militär-Flugplatz Mönkeloh, den Benteler anmietete und der neuen Gesellschaft als Untermieter überließ. Hier mußte Holbein nun erst kriegszerstörte Gebäude wieder herrichten lassen.

Inzwischen lief eine kleine Fertigung des Ch-250 als Provisorium in Bielefeld. Holbeins Mitarbeiter wohnten schon in Paderborn und fuhren mit dem Zug jeden Morgen nach Bielefeld. Hier montierten sie die kleinen Roadster und fuhren damit abends eigenhändig zurück nach Paderborn, wo die Ch-250 bis zur Auslieferung eingelagert wurden.

Plötzlich aber tauchten weitere Champions auf, die ganz offensichtlich nicht aus Westfalen kamen. Hermann Holbein hatte nach seinem Umzug einen Verwalter in seine Herrlinger Werkstatt berufen, mit dem Auftrag, die restlichen Teile zu Ch-250 zusammenzubauen und danach den Fahrzeugbau aufzulösen. Doch der Verwalter fühlte sich zu mehr berufen: Er ließ auf eigene Faust und Rechnung die zarten Ch-2 Chassis mit einer schweren Karosserie versehen und verkaufte sie als „Champion". Die zwölf Bastard-Konstruktionen erwiesen sich allesamt als unbrauchbar. Und um den eigenen Namen und den seiner Fahrzeuge nicht in Verruf kommen zu lassen, blieb Holbein nichts anderes übrig, als alle Wagen zum Preis von etwa 28 000 Mark zurückzukaufen und zu verschrotten. Für den Diplom-Ingenieur war es kein Trost, daß sein untreuer Verwalter kurz darauf zu einer Gefängnisstrafe verurteilt wurde.

Nach den Bedingungen des Vorvertrags mußte auch der Vertrag zwischen der ZF und Holbein aufgelöst werden. Wider Erwarten bereitete das keine Schwierigkeiten. Die ZF hatte nach den vielen Rückschlägen kein Interesse mehr am Champion. Die Friedrichshafener erkannten auch, daß das Fahrzeug aus Westfalen nichts mehr mit der Fahrmaschine von früher gemein hatte. Mit der Auflösung des ZF-Vertrages zum 14. Juli 1950 war natürlich auch die Haftung für die Brauchbarkeit und Ausführbarkeit der Champion-Konstruktion — bisher Holbeins starkes Rückgrat — erloschen. Holbein glaubte sich jedoch gesichert durch den Passus im Vorvertrag mit Benteler: „Die Firma (also der Holbein-Fahrzeugbau) wird mit allen Rechten und Pflichten in die neue Gesellschaft eingebracht."

Doch bei der Prüfung der Holbeinschen Geschäftsbücher glaubten die Bentelers plötzlich „unbekannte Risiken" übernehmen zu müssen. Die sollten nun bei Holbein verbleiben. Als im November 1950 vor dem Notar der eigentliche und endgültige Gesellschaftsvertrag über die Gründung der „Champion-Automobilwerk GmbH" (Stammkapital 300 000 Mark) zustandekam, stand darin nichts mehr von der Übernahme aller Rechten und Pflichten — zum Ärger Holbeins. Hauptgesellschafter — und treuhänderisch für Benteler handelnd — war das Bankhaus Lampe, vertreten durch Hugo

*Matsch und Trümmer erwarteten Hermann Holbein und seine Mannschaft, als sie im ehemaligen Flugplatz Mönkeloh einzogen.*

Ratzmann. Als zweiter Gesellschafter zeichnete mit 60 000 Mark Beteiligung Hermann Holbein.

Nun mußte Holbein alles das übernehmen, was an Reklamationen für die etwa 220 ausgelieferten Fahrzeuge, sowie aus der Liquidation des Herrlinger Betriebs anfiel.

Kaum hatten die Zulieferer durch die Presse von den Zukunftsaussichten des Champion erfahren, reagierten sie recht unfreundlich. Sie wußten, daß bei einer künftigen Fertigung keine Aussichten auf weitere Aufträge für sie bestanden und stimmten sich rasch untereinander ab, um aus der Situation möglichst viel herauszuholen: Sie verlangten die Übernahme der – inzwischen wertlosen – Werkzeuge sowie die Bezahlung dispo-

nierter Materialien. Selbst Abstandsgelder für reduzierte Stückzahlen wurden gefordert.

Alles das zahlte Diplom-Ingenieur Holbein – in kaufmännischen Dingen ohne Routine – nun wohl oder übel aus eigener Tasche. Er verkaufte sogar einige wertvolle Ruinengrundstücke an die Stadt Ulm, nur um den zahlreichen Verpflichtungen nachzukommen. Als Holbein wieder einmal zur Kasse gebeten wurde, nahm er kurzerhand seine aus Herrlingen herbeigeschafften vier Maschinen aus der Paderborner Gesellschaft und verkaufte sie.

Holbeins Mitgesellschafter wiederum zahlten Abfindungen an frühere Mitarbeiter und angebliche Teilhaber des Schwaben und zogen die Beträge rigoros von seinem Kapitalkonto ab. So schwand Holbeins Beteiligungskapital von ursprünglich 60 000 auf 20 000 Mark. Holbein hatte in den Wintermonaten des Jahres 1950/51 den Eindruck, daß die neuen Gesellschafter es darauf anlegten, daß ihm die Finanzen ausgingen. Kein Wunder, daß damit ein nüchternes, spannungsgeladenes Verhältnis zwischen den Gesellschaftern entstand.

Die Auflösung der Verbindung mit ZF hatte weitere Folgen: Der neue Champion Ch-400 war konstruktiv auf den luftgekühlten Triumph-Doppelkolben-Motor ausgelegt. Triumph-Chef Otto Reitz — bisher dem Champion zugetan — zeigte sich nun zugeknöpft. Für die schon disponierten 2000 Triebwerke verlangte er nun Sicherheiten, welche aber die Champion-Gesellschafter nicht geben mochten. Für Holbein war die gestörte Geschäftsverbindung auch das Ende eines Traums, den Champion eines Tages mit dem — bei Triumph damals projektierten — Dieselmotor auszustatten.

Sorge bereitete die Beschaffung eines anderen Aggregats. Holbeins ehemaliger BMW-Kollege Christiansen, inzwischen Chef der Ilo-Motorenfabrik, half aus. Er lieferte auch ohne Sicherheiten Motoren nach Paderborn, die dem Triebwerk des damaligen Tempo-Lieferwagens ähnlich waren. Gewicht und Kosten des wassergekühlten Zweizylinder-400-ccm-Motors lagen allerdings wesentlich höher als beim ursprünglich vorgesehenen Triumph-Motors.

Nicht genug damit: Holbein hatte den Ch-400-Prototyp mit einer freitragenden Bodengruppe — ähnlich dem Volkswagen — konstruiert. Das machte die Herstellung einfacher, den Wagen leichter. Mit Rücksicht auf den Hauptzulieferanten Benteler mußte das Fahrzeug auf dessen Wunsch hin so geändert werden, daß möglichst viele Bau-Elemente aus den von Benteler gelieferten Rohren bestanden. Das bedeutete eine völlig neue Konzeption des Fahrwerks und führte schließlich zur Verwendung eines Rohr-Rahmens — und damit zu wesentlich mehr Gewicht. Die Änderungen machten das kleine Coupé länger, schwerer und hecklastiger. Straßenlage, Kurvenstabilität und Federungseigenschaften wurden dadurch negativ beeinflußt.

Die Aufbauten bezogen die Paderborner Auto-Produzenten von der Karosseriefabrik Drauz in Heilbronn. Sie hatte das erste Muster dieser Cabrio-Limousine gezimmert. Benteler war nämlich für die Herstellung und Montage von Rohkarosserien nicht eingerichtet und die näher gelegene Karosserie-Schmiede Wilhelm Karmann in Osnabrück war an dem Auftrag nicht interessiert, weil sie enge Kontakte zu Volkswagen pflegte. So schafften

Lastwagen wöchentlich die Aufbauten vom Neckar nach Westfalen.

Dort hatte Holbein inzwischen die Zahl der Mitarbeiter laufend erhöht, wobei er immer wieder frühere BMW-Angehörige engagierte. Selbst für den Technischen Leiter des Hauptlieferanten Benteler mußte Holbein sorgen. Er fand dazu den früheren BMW-Betriebsdirektor Gotthilf Streicher, der sich in der Folgezeit mit viel Können und Strenge als „sturer Schwabe" durchsetzte.

**Was Opel für Rüsselsheim ...**

Nach neunmonatiger Erprobungszeit war der Champion Ch-400 zur Serienreife gediehen: Im Februar 1951 rollte in Paderborn die Nullserie von zehn Fahrzeugen vom Band. Inzwischen waren auch die Fertigungshallen und das kleine Verwaltungsgebäude bezugsfertig. Eine richtige Autofabrik war auf dem Flughafen Mönkeloh nicht entstanden, eher ein Auto-Montagewerk.

Drei Monate später, im Mai 1951, begann die Firma mit der Takt-Fertigung des Ch-400. „Was Mercedes für Stuttgart-Untertürkheim, was Opel für Rüsselsheim, und was Volkswagen für Wolfsburg ist", jubelte damals die „Freie Presse", „das ist der Champion für Paderborn geworden." Das gesamte Notstandsgebiet hoffte auf den Erfolg des kleinen Wagens, denn „hunderte von Arbeitssuchenden warten auf den Augenblick, wo sich die Tore der Paderborner Automobilfabrik weit öffnen" (Freie Presse).

Auf der Frankfurter Automobil-Ausstellung, die am 29. April 1951 ihre Tore schloß, hatte Hermann Holbein innerhalb weniger Tage mehrere hundert Wagen verkauft. Pausenlos rollten nun die Vorführwagen durchs Gelände, und die „Freie Presse" notierte: „Die Bestellungen türmen sich zu Bergen."

Dabei war der Neuling im Anschaffungspreis nicht billig. Zu Beginn der Entwicklung rechnete man noch mit einem Verkaufspreis von 3250 Mark. Durch die vielen nachträglichen Änderungen und Verbesserungen rutschte die Kalkulation jedoch bis auf 3750 Mark hinauf. Der direkte Konkurrent aus dem Hause Borgward, der Lloyd 300, wurde dagegen für nur 3300 Mark angeboten.

Dafür bot der neue Champion Ch-400 eine Ganzstahl-Karosserie mit Klapp-Verdeck und Öldruck-Vierradbremsen. Auch die Kurbelfenster, die im Gegensatz zu den üblichen Schiebefenstern das volle Öffnen gestatteten, gaben dem Champion das Flair eines Mittelklassewagens.

Allgemeines Lob fand der Wagen aus Paderborn wegen seines reichlich bemessenen Innenraums und der recht sauberen Verarbeitungsqualität. So pries die Zeitschrift „Das Kraftfahrzeug" 1951 den Neuling: „An dem mit einzeln aufgehängten Rädern ausgestatteten Fahrzeug ist besonders die Verwendung der Gummi-Drehfederung interessant, mit der neben sehr günstigen Federungseigenschaften ein niedriges Wagengewicht erreicht wird."

Modischen Wünschen der damaligen Zeit kam das kleine Coupé allerdings gar nicht entgegen. Während das Volk von chromüberladenen Frontschnauzen träumte, trug der Champion ein allzu schmuckloses Blechkleid. Erst später wurde die Front durch einige Zierleisten aufgepeppelt. Knüppelschaltung und Einzelsitze waren damals geradezu verpönt: Lenkradschaltung und eine durchgehende Sitzbank wie in amerikanischen Wagen erwarteten die Käufer damals selbst von Kleinwagen.

Der Champion hatte allerdings auch seine schwachen Punkte. So etwa die Straßenlage. Der schwere wassergekühlte Ilo-Motor im Heck machte in Verbindung mit der Pendelachse den Zweisitzer zum starken Übersteuerer; das heißt, bei schneller Kurvenfahrt drückt das Heck nach außen. So formulierte die Werbung in diesem Punkt auch vorsichtig: „Das günstige Leistungsgewicht gestattet dem Ch-400 seine Geschwindigkeitsgrenze mühelos zu erreichen und unter normalen Straßenverhältnissen auch zu halten." Kritik übte die Zeitschrift „Das Auto, Motor, Sport" später an der Fahrkultur: „Eine echte Spitze von 75 km/h ist zwar erreichbar, doch wird man sich normalerweise wegen des zuletzt sehr unangenehmen Lärms und der Vibrationen mit einer Höchst- und Dauergeschwindigkeit von guten 60 km/ bescheiden."

Jetzt transportierten täglich Lastwagen fertige Aufbauten von Drauz über die weite Strecke von Heilbronn nach Paderborn. Hier montierte eine Stammbelegschaft von maximal 70 Mann bis zu 14 Autos am Tag.

Der hundertste Champion 400 war längst blumengeschmückt vom Band gerollt, und der fünfhundertste wurde von Holbeins achtjähriger Tochter aus der Halle gefahren.

In den Augen der Finanziers war der Champion längst nicht mehr die einfache, zuverlässige und billige Fahrmaschine, sondern der exklusive Wagen der kleinen Klasse. Laufend stellten sie entsprechende Forderun-

gen: Der eine träumte dem feudalen „Stoewer" nach, den er vor dem Krieg besessen hatte. Der andere glaubte, aus dem kleinen Zweisitzer könne ein BMW werden. So verbesserte Holbein auf solche Anregungen hin viele Details, die den Champion aufwendiger machten. Das schlug sich natürlich prompt im Herstellungspreis nieder, wodurch die vorberechneten Kalkulationen nicht mehr stimmten. Und da die Paderborner im Hinblick auf die Konkurrenz die Preise nicht beliebig heraufsetzen konnten, schrumpfte der Gewinn.

Dafür sparte die kaufmännische Leitung, zu der auch der Einkauf gehörte, an anderen Stellen. Ohne mit dem technischen Geschäftsführer Holbein Rücksprache zu halten, wurden Fahrzeugteile von irgendwelchen Firmen beschafft. So kamen plötzlich Teile wie Wasserkühler, Gelenkwellen oder Auspufftöpfe ins Lager und später in die Fahrzeuge, die darin nie erprobt worden waren. Zwar kosteten diese Teile einige Pfennige weniger, doch damit hatte man eben nicht monatelange teure Versuche gefahren, die zur technischen Abnahme führten. Solche unkoordinierten Sparmaßnahmen führten bald zu Reklamationen, die der technischen Abteilung angelastet wurden.

Nachdem sich der technische und der kaufmännische Geschäftsführer über die Abgrenzung ihrer Zuständigkeit nicht einigen konnten, entschied Erich Benteler als Beiratsvorsitzender meist zugunsten der kaufmännischen Seite. „Sie sind ein guter Ingenieur", wurde Holbein dann abgefertigt, „aber von kaufmännischen Fragen verstehen Sie nichts."

Wenig später verbot Erich Benteler die Benutzung von Versuchsfahrzeugen durch Werksangehörige an Wochenenden, obwohl gerade hierbei die besten Ergebnisse für die Weiterentwicklung und Kontrolle der laufenden Serie erbrachten. Kurz darauf wurden Versuchsfahrten überhaupt als überflüssig bezeichnet.

Auf solche Querelen reagierte Hermann Holbein auf seine Art: Beim Empfang eines siegreichen Champion-Teams bei der Deutschlandfahrt 1952 beispielsweise, erschien er demonstrativ mit seinem Porsche-Coupé.

## Ein Autotest und seine Folgen

Als sich die Fronten weiter verhärteten, kündigte Holbein im Juni 1951 den Vertrag als Gesellschafter der Champion Automobil-Gesellschaft. „Holbein verkauft an Champion die Konstruktion eines 250-ccm-Kleinwagens und eines 400-ccm-Kleinwagens", hieß es kühl im Vertrag, „Holbein überträgt Champion alle Rechte aus seinem geistigen Eigentum aus dieser Konstruktion, einschließlich aller darin etwa enthaltenen patentfähigen Erfindungen." Als technischer Geschäftsführer blieb der Schwabe allerdings weiter in Paderborn.

Holbeins Ausscheiden als Partner nützte das Bankhaus Lampe, um die Kapitalverhältnisse bei Champion neu zu ordnen. Das Stammkapital wurde drastisch heraufgesetzt und die Benteler-eigene Delta-Kühlschrank GmbH, sowie der kaufmännische Geschäftsführer Dr. Hans Heuer als neuer Gesellschafter aufgenommen. Um die Verluste der Firma Champion mit den Gewinnen der Benteler-Werke steuerlich aufzurechnen, schloß man 1951 rückwirkend einen sogenannten „Gewinnausschluß-Vertrag", womit auch die Befehlsgewalt im Hause Champion ganz an Benteler überging. „Ungeachtet ihrer rechtlichen Selbständigkeit handelt die GmbH. (Gemeint ist Champion) ... im Innenverhältnis der Vertragsschließenden ausschließlich für Rechnung der AG.

(Gemeint ist Benteler.) Zu diesem Zweck ist sie verpflichtet, sich in jeder Hinsicht dem Willen der AG und den Weisungen ihrer Beauftragten zu unterwerfen." Der jährliche Reingewinn würde demnach künftig gen Bielefeld fließen, rote Zahlen aber auch von dort ausgebügelt werden.

Mit dem finanzstarken Partner im Rücken brauchte die Champion Automobil-Gesellschaft nun auch bei schlechtem Geschäft keine Pleite zu befürchten. Dennoch hielten sich zu jener Zeit hartnäckig Gerüchte, die vom Aus auf der Champion-Serie wissen wollten. Beigetragen hatten dazu die Einkäufer. Sie drohten den Zulieferanten, das Champion-Werk werde in Konkurs gehen, falls die angelieferten Teile nicht billiger hergegeben würden. Und die Zulieferer, die den Gewinnausschlußvertrag nicht kannten, ließen sich, aus Angst Kundschaft zu verlieren, auch drücken. Beunruhigt wurde auch die Belegschaft, weil plötzlich zwischen den Fahrzeugen auch Kühlschränke in der kleinen Taktferti-

*Schon 1950 litt die Industrie unter national unterschiedlichen Vorschriften. Die Champion-Exportwagen nach Frankreich trugen andere Scheinwerfer.*

gung erschienen. Doch von einer Absicht, den Bau des Champion aufzugeben, konnte zu diesem Zeitpunkt noch keine Rede sein. Nachdem die ersten tausend Fahrzeuge bis März 1952 ausgeliefert worden waren, verbesserte Diplom-Ingenieur Holbein den Ch-400 durch Einbau vorderer Teleskopstoßdämpfer. Dadurch verschwanden zwar die unangenehmen Nickschwingungen beim Einfedern, doch für diesen Luxus mußte der Kunde einen Aufpreis von 33 Mark zahlen.

Endgültig ins Wanken brachte den Preis der kleinen Cabrio-Limousine eine Rohstoff-Krise im Sommer 1952. Um 295 Mark schnellte nun der Preis des Champion auf 3995 Mark hoch, und zusätzlich kassierte man — wie andere Autohersteller auch — einen Rohstoff-Zuschlag von 272 Mark. Diese drastische Preiserhöhung brachte den Verkauf völlig zum Erliegen, und zeitweise standen über 300 nagelneue Fahrzeuge in den ungenutzten Hallen des ehemaligen Flugplatzes auf Halde. Mit solch hohem Preis setzte sich der Champion auf dem Markt selbst ins Aus. Denn Volkswagen konnte auch zur damaligen Zeit durch laufend steigende Stückzahlen gleichzeitig die Preise senken.

Von seinen Untergebenen und von Außenstehenden wurde Hermann Holbein immer wieder gefragt, ob und wann denn nun die Champion-Produktion auslaufe. Doch selbst als Technischer Leiter des Bereichs wußte er nicht woran er war. Seine Vorgesetzten schwiegen sich über die Zukunft der Autofertigung aus. So glaubte auch Holbein, daß ein Ende des Champions unter den neuen Geldgebern längst beschlossene Sache sei. Auf der Fertigungsstraße im Paderborner Werk wurden schließlich neben den Autos in immer größerer Zahl Kühlschränke und Lichtmasten gebaut.

Werner Oswald, Tester der Zeitschrift „Das Auto, Motor und Sport", prüfte zu jener Zeit gerade den Ch-400 auf Herz und Nieren. In seinem Bericht standen jedoch nicht nur Fahreindrücke zu lesen, sondern auch, daß Champion eine Gründung von „Holbein und den Bielefelder Benteler-Werken" sei. Der mit Holbein bekannte Oswald hatte kurz vor Erscheinen des Tests einen Fahnenabzug nach Paderborn geschickt.

Als so die Beiratsmitglieder erfuhren, was da in Kürze veröffentlicht würde, versuchten sie mit allen Mitteln dagegen anzugehen. Doch der Test war bereits gedruckt und Oswald nicht bereit, den Rückzug anzutreten. Erst durch die Androhung gerichtlicher Schritte gelang es den Champion-Juristen, die unliebsamen Worte in einem Teil der Auflage schwärzen zu lassen.

Mit dieser Panne war das Betriebsklima zwischen den neuen Herren im Haus und dem Technischen Geschäftsführer Holbein endgültig zerbrochen. Er war nun nicht einmal die Erwiderung eines Grußes wert. Und Erich Benteler höhnte damals, er werde „dafür sorgen, daß kein Hund mehr ein Stück Brot von ihm nimmt."

Noch ehe im August der Champion-Test erschienen war, hatte Holbein seine Kündigung als Cheftechniker eingereicht. Einige Mitarbeiter Holbeins hatten gleichzeitig die Konsequenzen gezogen, nachdem die Produktion von Kühlschränken, Heizkörpern und Lichtmasten überhand nahm.

Immerhin war das Ausweichen auf lukrativere Produkte aus der Sicht der Firmeninhaber verständlich; denn durch den hohen Preis pendelte sich die Champion-Produktion auf etwa 150 Wagen im Monat ein. Durch die geringeren Stückzahlen verteuerten sich wiederum die Herstellungskosten, so daß seit Sommer 1952 die Champion-Gesellschaft jedes Exemplar des Ch-400 mit rund 400 Mark unter den reinen Selbstkosten abgab. So rollte im September 1952 nach 2000 Stück der letzte Champion Ch-400 in Paderborn vom Band. Von nun an beherrschten Kühlschränke die Hallen, und der Kleinwagen wurde nur hin und wieder auf besondere Bestellung in vereinzelten Stücken gebaut. Im gleichen Monat schied auch Hermann Holbein aus. Er war froh, ohne Beteiligung an einem Vergleichs- oder Konkursverfahren davongekommen zu sein.

„Jetzt willst Du nie wieder etwas mit Autos zu tun haben", schwor er sich. Doch es sollte anders kommen. Der ihm bekannte Verkaufschef des Volkswagenwerkes, Dr. Feuereissen, bot Holbein sofort mehrere Stellen an. Nicht widerstehen konnte der Schwabe schließlich einem attraktiven und lukrativen Angebot des Fiat-Export-Chefs Pietro Bonelli. Fiat wollte einen Nachfolgetyp für den — nach zwanzig Jahren Bauzeit technisch überalterten — Fiat Topolino konzipieren und dabei auch die Erfahrung von Konstrukteur Holbein nutzen. „Wir beobachten Sie schon lange und kennen Ihre Konstruktionen", wußte Bonelli zu berichten. Als besonders interessant empfand Holbein, daß dieses Entwicklungsprojekt unter dem Namen „Ratzmann-Wagen" lief; desselben Bankiers Hugo Ratzmann, der auch beim Champion als Geldgeber mitspielte.

In Form eines Beratungsvertrages übernahm Holbein „die Überwachung der kompletten Konstruktion", was den deutschen Beitrag und Vorschlag für einen Fiat-Kleinwagen darstellte. Die Konstruktionsarbeiten und der Bau des ersten Prototyps wurden 1953 bei Fiat-Heilbronn und der Karosseriefabrik Weinsberg besorgt.

*Wasserdurchfahrten gehörten bei Geländefahrten zur Spezialität der Champions. Bedingt durch den Heckmotor konnten die Fahrer mit Schwung durch die Bäche rauschen, ohne daß der Motor streikte.*

Und im Herbst 1957 erschien im Fiat-Stammwerk Turin der Fiat 500, einer der erfolgreichsten Kleinwagen, mit wesentlichen Konstruktionselementen des Ratzmann-Wagens.

Nach Ablieferung der Prototypen 1954 hatte Holbein seine Gastrolle bei Fiat beendet. Er übernahm danach im Rheinstahl-Konzern eine Position als leitender Angestellter.

### Die Ludwigshafener RAF

Zurück zum Champion. Nachdem Holbein kurzfristig aus der Champion-Gesellschaft ausgeschieden war, lief nicht nur die Serie aus, sondern die Paderborner suchten nach einer Möglichkeit, die Produktionseinrichtungen samt allen vorhandenen Teilen möglichst schnell zu verkaufen. Sie waren vor allen Dingen daran interessiert, einen Nachfolger zu finden, der in die Rechte und Pflichten der bisherigen Automobil-Gesellschaft einstieg und damit auch etwaige Regreßansprüche und die Ersatzteilversorgung übernahm.

Der Dingolfinger Landmaschinen-Fabrikant Hans Glas zeigte wiederum gleich großes Interesse. Champion-Teilhaber und kaufmännischer Direktor Hans Heuer führte daraufhin erste Verhandlungen in Niederbayern. Vier Wochen später stand auch Betriebsleiter Albert Dennemarck dem Kauf-Anwärter gegenüber, um die neue Heimat des Champion anzusehen. „I darf doch glei Du zu Dr sagn", meinte Glas vertraulich und versprach, „wann i den Champion bau, hol i Dich mit runter." Doch daraus wurde nichts. Offenbar war dem sparsamen Bayern die Summe zu hoch, die man in Paderborn verlangte.

Dagegen ließ sich der tüchtigste Champion-Händler im Bundesgebiet davon nicht abschrecken. Die Firma Hennhöfer & Co. in Ludwigshafen hatte drei Gesellschafter: Hermann und Fritz Hennhöfer sowie den Elektromeister Josef Uttenthaler. Wie die gesamte Champion-Händlerschaft fürchteten die Ludwigshafener durch den Produktionsstopp um ihre Existenz und schalteten sich deshalb in die Verhandlungen um eine Übernahme ein. Frohlockten daraufhin die Paderborner Kaufleute in einer Pressemitteilung: „Es sind Verhandlungen mit dem Ziel einer späteren Wiederaufnahme der Fertigung im Gange." Noch ehe die finanziellen Grundlagen geregelt waren, unterschrieb Hermann Hennhöfer den Kaufvertrag. Er glaubte an die Qualität des Champion und meinte, allein die zu geringe Stückzahl sei schuld an der Misere der Westfalen gewesen. Deshalb sollte nach seinen Vorstellungen die „Rheinische Automobilfabrik, Hennhöfer & Co." (kurz: RAF), in ganz großem Stil arbeiten.

Dazu versuchte Hennhöfer auch den ehemaligen BMW-Generaldirektor Franz-Josef Popp anzuwerben. Er hatte entscheidenden Anteil an der Konstruktion der berühmt gewordenen BMW-Flugzeugmotoren und -Motorräder gehabt, fand aber nach dem Zweiten Weltkrieg auf Grund damaliger Bestimmungen der Besatzungsmächte keinen Anschluß mehr zu BMW. Bei der Rheinischen Automobilfabrik sollte Popp nun Aufsichtsrat werden. „Ich wäre bereit, hierbei mitzuwirken", schrieb Popp im November 1952 an Hermann Holbein, „wenn es gelingt, die finanziellen Grundlagen zu sichern." Voraussetzung für die Mitarbeit wäre für Popp allerdings auch gewesen, daß Champion-Initiator Holbein und die beiden früheren BMW-Konstrukteure Schleicher und Schäfer ebenfalls angeheuert würden. Damit hätte Popp in Ludwigshafen wiederum eine ganze Clique ehemaliger BMW-Leute zusammengeschart, die beste Voraussetzungen für soliden Fahrzeugbau mitgebracht hätten. Aber Holbein mochte sich in Sachen Champion nicht noch einmal engagieren und riet auch seinem ehemaligen Vorgesetzten Popp ab. Der Schwabe war überzeugt davon, daß auch die Rheinische Automobilfabrik mit dem Champion Schiffbruch erleiden würde.

Noch im Dezember 1952 entstand bei der RAF eine Vorserie des Champion 400 aus Paderborner Lagerteilen. Die wichtigsten Montage-Einrichtungen ließ Hennhöfer noch 1952 aus Paderborn herbeischleppen, denn inzwischen hatte die Landesregierung Rheinland-Pfalz für das ganze Projekt eine Bürgschaft gegeben. Verschiedene Banken, die Stadt Ludwigshafen und einige stille

Teilhaber waren sicher, ihr Kapital von insgesamt 800 000 Mark in der Rheinischen Automobilfabrik gut angelegt zu haben. Mit diesem Geld kaufte Hennhöfer alles auf, was zur Fertigung notwendig war: Montageband, Markenzeichen und Konstruktionszeichnungen.

Wie Hennhöfer lauthals verkündete, wollte er die Champion-Produktion „wesentlich" steigern. Doch ehe die Serie in den von der Stadt Ludwigshafen zur Verfügung gestellten Gebäuden anlief, wurde es April 1953. Als dann der RAF-Champion auf den Straßen erschien, unterschied er sich von den Paderborner Brüdern nur durch den Motor. Ilo hatte nämlich zwischenzeitlich den Bau des 400-ccm-Aggregats eingestellt, weshalb die RAF nun Heinkel-Motoren bezog. Das Triebwerk des ehemaligen Flugzeugkonstrukteurs Professor Ernst Heinkel unterschied sich in Hubraum und Leistung nur wenig vom Ilo-Motor, lief allerdings besonders leise und rund.

Etwa 90 Wagen stellte Hennhöfer im ersten Produktionsmonat her, und er rechnete fest damit, daß schon im Monat Mai seine 135 Arbeiter mehr als 400 Champions bauen würden. In den folgenden Monaten stieg aber die Produktion nur unwesentlich. Mehr denn je störte die Käufer, daß der Champion nur als Zweisitzer lieferbar war.

## Viersitzer in Holz

Da Hennhöfer im Champion-Nachlaß noch Zeichnungen von Holbein für ein viersitziges Fahrzeug fand, zögerte er nicht, diesen Kombiwagen zu bauen. Bei etwas verlängertem — aber konstruktionstechnisch gleichem — Fahrgestell war der Motor jedoch hier um 60 Grad zur Seite geneigt, um möglichst wenig Platz der Ladefläche zu beanspruchen. Mit Rücksicht auf das Mehrgewicht ließ Hennhöfer den Heinkel-Motor auf 500 ccm Hubraum aufbohren. Damit leistete das Aggregat nun 18 PS und verhalf dem Viersitzer zu annähernd gleichen Fahrleistungen wie sie der Zweisitzer hatte.

Zu neuen Preßwerkzeugen für das Heckteil des neuen Champion „500 G" reichte es allerdings nicht. Doch da es bei US-Station-Cars als besonders modisch galt, den Nutzraum hinter der Fahrer-Kabine als Holz-Aufbau auszulegen, und DKW seinen Kombiwagen in ähnlicher Art vorgestellt hatte, entschied man bei RAF: „So bauen wir ihn auch." Mit einigen neu eingestellten Schreinern zimmerte Hennhöfer und Uttenthaler die Karosserien des 500 G, dessen erste fünf Exemplare im Juli 1953 ausgeliefert wurden. Unter den Handwerkern fand die Neuheit einigen Anklang, vermochte jedoch nicht die Masse der Käufer zu überzeugen, die auf einen Viersitzer wartete.

Da Hennhöfer und seine Teilhaber ihre Auto-Produktion nicht im erwarteten Maße steigern konnten, erwies sich auch die Mengenkalkulation als falsch und der Bau des aufwendigen Champion 400 als nicht rentabel. Verschlimmert hatte die finanzielle Situation schon im Sommer 1953 die schlechte Zahlungsmoral etlicher Händler. Immer wieder bestellten die Verkäufer eine größere Anzahl von Fahrzeugen, nach deren Lieferung die Vertretungen plötzlich in Konkurs gingen. Selbst finanzstarke Händler zögerten die Überweisungen für gelieferte Wagen so lange wie nur möglich hinaus.

Dagegen ließen sich die Zulieferer-Firmen nicht auf lange Zahlungsfristen ein. Sie wollten — ebenso wie die Belegschaft — pünktlich ihr Geld haben. So kam, was kommen mußte: Hennhöfer und Uttenthaler standen eines Tages vor 1,18 Millionen Mark Schulden. Prompt blieben die Zulieferteile aus, die Produktion brach zusammen. Die Rheinische Automobilfabrik mußte bereits im November 1953 nach dem Bau von 1681 Champion-Wagen ihre Tore schließen.

**Der Katalysator bin ich**

Zunächst zeigte eine Schweizer Finanzierungsgruppe großes Interesse an der Liquidationsmasse. Expertengruppen reisten nach Ludwigshafen, um Werk und Auto anzusehen. Doch als die Schweizer abreisten, vergaßen sie sogar, ihre Hotelrechnung zu bezahlen: Hennhöfer und Uttenthaler mußten auch dafür noch aufkommen. Sechs Monate lag nun die Rheinische Automobilfabrik brach, ehe Mitte 1954 Henning Thorndal, ein — angeblich wohlhabender — Däne, alles übernahm. „Die Grundlagen dieses Unternehmens sind an sich gesund," meinte er damals hoffnungsfroh, „aber es braucht einen Katalysator, und der bin ich."

Am 25. Juni 1954 lud der neue Herr im Haus die Presse zu einem Festakt ein, bei dem der Champion ein drittes Mal Auferstehung feierte. „Wir sind natürlich kein Ford-Werk", erklärte Thorndal in seiner Eröffnungsrede, „und wollen das auch nie werden. Aber wir wollen auch nicht immer eine kleine bedeutungslose Autofabrik bleiben." Der Däne rechnete sich aus, daß er mit 300 Wagen pro Monat den 85-Mann-Betrieb rentabel unterhalten könne. Bei der Eröffnung drückte er aber gleichzeitig die Hoff-

nung aus, die Produktion bis zum nächsten Jahr auf 600 Wagen pro Monat zu steigern und damit alle vorhandener Kapazitäten restlos auszulasten.

Thorndal hoffte auf eine Marktlücke zwischen dem billigeren Lloyd LP 400 und dem Volkswagen Standard. Um nicht auf ihren teilweise recht umfangreichen Restbeständen aus Hennhöfers Zeiten sitzenzubleiben, räumten die geplagten Zulieferer großzügige Konditionen ein, die es Thorndal ermöglichten, den Preis des Champion 400 auf 3850 Mark und den des Kombiwagen 500 G auf 4350 Mark zu senken.

Kaum war das Montageband angelaufen, dachte Thorndal auch schon an die Erweiterung des Programms. Nach unten sollte es ein Motorroller mit dem Namen „Championette" abrunden, den Thorndal für 700 Mark verkaufen wollte. Nach oben hin heckte Thorndal zusammen mit dem Stuttgarter Prototypen-Konstrukteur Egon Brütsch den Plan aus, dessen Viersitzer-Coupé auf der mechanischen Basis des Ford Taunus 12 M in kleiner Serie anzubieten.

Doch noch ehe es überhaupt zu solcher Programmerweiterung kam, mußte der eifrige Däne feststellen, daß der Champion noch nicht einmal die nötigen Mittel zum Überleben einbrachte. Trotz Preissenkung verschmähten die Kleinwagenkäufer den Zweisitzer, während der viersitzige Kombiwagen offensichtlich zu sehr den Ruch des Nutzfahrzeugs trug. Der Absatz stagnierte bei 130 Wagen pro Monat und sank hernach rapide ab. Der Grund: Volkswagen drückte die Preise. Ein VW-Standard kostete nun nicht mehr 4150 Mark, sondern nur noch 3950 Mark. Lloyd zog mit: Der viersitzige LP 400 S ging jetzt für 3665 Mark an die Käufer. Thorndal konnte da nicht mithalten.

**„Jede legt noch schnell ein Ei"**

Bereits im Oktober 1954 — drei Monate nach der Übernahme — unternahm Thorndal einen letzten verzweifelten Versuch: er präsentierte eine völlig neue Viersitzer-Limousine und kündigte die Serienproduktion für Ende des Jahres an. Im Gegensatz zum bisherigen Programm hatte er in aller Eile einen Wagen mit Frontmotor und Frontantrieb zusammenschustern lassen, der aber wie der Champion von dem Zweizylinder-Zweitakt-Heinkel-Aggregat getrieben werden sollte. 4150 Mark solle der Wagen kosten, ließ Thorndal wissen und 6000 Exemplare würden davon im nächsten Jahr gebaut. Wie es wirklich um die Rheinische Automobilfabrik aus-

Im September 1955 – zur Internationalen Automobil-Ausstellung – stellte Maico den viersitzigen Champion vor; im wesentlichen ein um die Rücksitzbank verlängerter Zweisitzer mit einteiliger gebogener Windschutzscheibe. Den Prototyp hatte die Karosseriefabrik Baur auf die Räder gestellt.

sah, zeigte sich wenige Tage nach der Präsentation. Thorndal ließ im November 1954 das Band stillegen, um über die verkaufsschwachen Monate des Winters zu kommen. Im Februar 1955, so plante der Däne, sollte die Arbeit mit dem anlaufenden Frühjahrsgeschäft wieder beginnen.

Doch schon in der Stillegung sah die Presse das Ende Thorndals. Spottete die Zeitschrift „Das Auto" damals mit einem Seitenblick auf die viersitzige Limousine: „Wenn man sich daran erinnert, daß auch Gutbrod kurz vor Ladenschluß mit einem neuen Viersitzer-Modell aufgewartet hat, ist man versucht, mit Wilhelm Busch zu sagen: „Jede legt noch schnell ein Ei, und dann eilt der Tod herbei."

Während Thorndals Betrieb still lag, präsentierte der niederbayerische Fabrikant Hans Glas einen ganz neuen Kleinstwagen mit dem Namen „Goggomobil". Ein kleines 250-ccm-Mobil, das ähnliche Fahrleistungen wie der Champion aufwies und die Aufmerksamkeit der Käuferschaft auf sich zog. So blieb für Thorndal auch das erwartete Frühjahrsgeschäft aus. Nur etwa 300 Champions hatte der Däne gebaut, ehe er spurlos verschwand und einer Pforzheimer Bank rund 6 Millionen Mark Schulden hinterließ.

Damit scheiterte auch der dritte Versuch, den kleinen Champion, der neben dem Lloyd LP 400 als solider Kleinwagen bekannt war, zur Großserie durchzuboxen.

## Von der Güte überzeugt

Nach diesem Thorndalschen Konkurs fürchteten die Champion-Händler wieder einmal um ihre Existenz. Sie fragten in der gesamten Fahrzeug-Branche herum, wer wohl jetzt am Weiterbau des Champion interessiert sei. Auf diese Weise erfuhren auch die Motorrad-Fabrikanten Otto und Wilhelm Maisch davon, daß es hier eine ausgereifte Kleinwagen-Konstruktion zu kaufen gab. Die Pfäffinger Maico-Werke waren vom Absatzschwund im Zweirad-Geschäft genauso betroffen wie die Konkurrenten, und deshalb zeigten sich die Motorrad-, Motorroller- und Moped-Hersteller durchaus nicht abgeneigt. Denn auch die Maico-Händler hatten schon in den letzten Monaten immer wieder im Werk angefragt, wann man denn mit einem Maico-Auto rechnen könne.

Als die Champion-Händlerschaft das Interesse der Schwaben spürte, reiste der Kölner Champion-Vertreter geschäftig zwischen Ludwigshafen und Pfäffingen hin

und her und vermittelte zwischen Thorndal's Konkursverwalter und den Motorrad-Fabrikanten.

Im Mai 1955 fuhren Otto und Wilhelm Maisch schließlich zur darniederliegenden Rheinischen Automobilfabrik und besichtigten Auto und Produktionseinrichtungen. Unabhängig von Thorndals Hinterlassenschaft blieb noch die Frage nach den Karosserie-Werkzeugen, die bei der Karosseriefirma Drauz in Heilbronn lagen und gesondert gekauft werden mußten. Drauz hatte sie zur Deckung seiner Verluste zurückgehalten.

Als in der Branche bekannt wurde, daß die Maico-Werke am Champion interessiert seien, schrieb Champion-Konstrukteur Holbein einen freundschaftlichen, aber warnenden Brief an Otto Maisch, um ihn darauf hinzuweisen, daß die Konstruktion nun fünf Jahre alt sei und der Weiterbau den Gegebenheiten des Marktes nicht mehr entspreche. Doch die Brüder Maisch antworteten auf diesen Brief erst gar nicht. Sie wollten den Champion in seiner derzeitigen Form sowieso nicht weiterbauen, sondern als Viersitzer herstellen. Denn die Händler hatten die Schwaben in ihrer Meinung bestärkt, daß dem Champion nur deshalb der große Durchbruch nicht gelungen sei, weil er bisher als Zweisitzer angeboten worden war.

Im Juni 1955 einigte man sich. Für etwa 300 000 Mark kaufte Maico alles auf, was zum Champion gehörte: Rechte, Montageeinrichtungen, Werkzeuge und Lagervorräte. Zusammen mit der Karosseriefirma Karl Baur in Stuttgart begann man sogleich, die zweisitzige Cabrio-Limousine in eine viersitzige Limousine umzukonstruieren. Drauz hatte nicht viel Wert darauf gelegt, die Champion-Blechhaut weiterhin zu fabrizieren. Seit einigen Jahren bauten die Heilbronner für Ford-Köln die Karossen des Lieferwagens „FK 1000" und waren damit nicht mehr von dem unsicheren Champion-Geschäft abhängig. Den Brüdern Maisch war dies durchaus recht. Denn Baur hatte versprochen, zu vernünftigen Preisen bei der Umkonstruktion zu helfen.

Als im September 1955 die Internationale Automobilausstellung (IAA) in Frankfurt ihre Pforten öffnete, debütierte Maico als Auto-Hersteller. Die Pfäffinger zeigten neben dem unveränderten Champion-Zweisitzer den Prototyp einer viersitzigen Limousine; ein ansehnlicher Wagen mit längerem Radstand, der etwa 3590 Mark kosten und im Frühjahr 1956 auf dem Markt erscheinen sollte. Daß sich eine so renommierte Motorradfirma der bisher oft gescheiterten Kleinwagenkonstruktion annahm, fand in der Presse große Beachtung. Die „ADAC-Motorwelt" schrieb damals: „Trotzdem der Champion

246

schon einige Male Schiffbruch erlitten hat, sind wir von seiner Güte überzeugt, und wir können nur hoffen, daß er mit dem Maico-Zeichen am Bug endlich einmal die Verkaufserfolge erzielt, die diesem netten Fahrzeug wirklich zustehen." Und die Zeitschrift „Roller, Mobil und Kleinwagen" meinte: „Die Sympathie, der sich der Champion beim Publikum von jeher erfreuen durfte, hatte er wohl in erster Linie seiner hübschen Form zu danken. Auch der neue Viersitzer sieht recht nett aus."
Nach der IAA begann Maisch in Pfäffingen die aufgekauften Vorräte zu Zweisitzern zusammenzubauen, die als Maico-Champion 400 verkauft wurden. Sie waren technisch völlig identisch mit Thorndals Wagen, und Maisch

wollte auch nichts ändern, denn die Serie des Zweisitzers und des Kombiwagens sollte spätestens dann auslaufen, wenn alle Vorräte aufgebraucht waren. Otto Maisch wußte ganz genau, daß seine Firma finanziell nicht so stark war, um gleich ein ganzes Auto-Sortiment zu produzieren. Er wollte sich auf den Viersitzer konzentrieren, dessen Prototyp nach der IAA systematisch zur Serienreife vorbereitet wurde.

**Alle Flauheiten ein Risiko**

Im Laufe der Erprobungsarbeiten zeigte sich aber, daß es nicht ausreichte, einfach den Radstand des Champion zu verlängern und die Karosse so zu bauen, daß eine hintere Sitzbank Platz fand. Einige Details mußten ganz neu konstruiert werden. So erhielt der Maico-Wagen eine neue Hinterrad-Aufhängung und ein geändertes Getriebe mit eingebautem, verstärktem Differential. Das alles brachte nicht nur Mehrkosten mit sich, sondern verzögerte auch den Serienanlauf. Erst am 29. Mai 1956

erteilte das Kraftfahr-Bundesamt in Flensburg dem Wagen die Allgemeine Betriebserlaubnis.
Unabhängig davon erntete der Maico-Wagen schon fleißig Vorschuß-Lorbeeren in der Presse. So tröstete die Zeitschrift „Roller, Mobil und Kleinwagen" die Interessenten über den verzögerten Serienanlauf hinweg: „Man weiß bei Maico, daß alle Flauheiten ein Risiko bedeuten würden, die Anlaufzeit hat also Sinn und Zweck, und der Champion ist in jedem Falle sorgfältig durchgearbeitet und qualitätsmäßig auf der Höhe."
Als im Juni die Auslieferung des Viersitzers begann, lief die Fertigung des Zweisitzers Champion 400 aus. Zwar gab es immer noch Nachfrage, doch Maisch lehnte kategorisch weitere Aufträge ab. Der neue Viersitzer hieß nun nicht mehr Champion, sondern MC 400/4. Die erste Zahl stand für den Motorhubraum, die zweite für die Anzahl der Sitze. Wie schon beim Zweisitzer, bezog die Pfäffinger Fabrik die Motoren von Heinkel. Für die weitere Zukunft plante man allerdings, ein Aggregat im eigenen Hause zu entwickeln und zu bauen. Schließlich besaß Maico bisher schon einen guten Ruf als Hersteller von Motorrad-Motoren.
Nach den ersten Serien-Exemplaren zeigte sich allerdings, daß der 400-ccm-Motor für den größeren Wagen zu schwach war. Nur ein 500-ccm-Motor würde mehr Kraft liefern können. Heinkel hatte das 452-ccm-Aggregat noch parat liegen, das früher einmal im Champion-Kombiwagen verwendet wurde und sich im Kleinlastwagen Tempo-Vicking bereits seit langem bewährt hatte. Mit kleinen Änderungen lieferte Heinkel dieses Triebwerk nun auch an Maico. Im August 1956 begann die Auslieferung des MC 500/4. Einige Monate lang wurden beide Versionen wahlweise geliefert. Doch die Nachfrage bewies, daß das Publikum den stärkeren Wagen bevorzugte.
„Ein Wunschtraum geht in Erfüllung", versprach der Prospekt des MC 500/4, „Kenner schwören: Das ist der richtige Wagen für jeden, der sicher, schnell und bequem in einem geräumigen Auto billig fahren will." Wenn auch der Maico-Wagen einige Eigenheiten aufwies, die ungewöhnlich waren, etwa der entgegen dem Uhrzeigersinn anzeigende Tacho oder auch die Lenkung, die sich nach dem Einschlag nicht wieder in den Geradeauslauf einpendelte, so „vereinigte er doch Merkmale in sich, die man anderswo in dieser Zusammenstellung nicht bekommt" (Auto, Motor, Sport). Allgemein wurde dem MC 500/4 eine gediegene Ausstattung bescheinigt. Und durch den von außen zugänglichen vorderen Kofferraum, die ungeteilte Windschutz-

scheibe, das — damals elegante — weiße Lenkrad und die großen Seitentaschen in den Türen gehörte der Maico-Wagen durchaus zu den Kleinwagen-Konstruktionen, die sich sehen lassen konnten.

In den ersten Wochen flatterten mehr Bestellungen ins Pfäffinger Werk als erwartet. Die Händler rissen den Brüdern Maisch die neuen Fahrzeuge regelrecht aus den Händen. Jeder Händler versuchte mit allen Tricks, mehr Autos vom Werk zu bekommen. Doch im Spätsommer 1956 pendelte sich die Produktion, weil die finanzielle Basis für die Bestellung von genügend Zulieferteile zu schwach war, bei etwa 150 Wagen pro Monat ein. Zuwenig, um rentabel arbeiten zu können. Immerhin hatte Otto Maisch damit gerechnet, wenigstens 400 Wagen im Monat verkaufen zu können. Das sich nun die Umsatzerwartungen nicht erfüllten, stimmte auch die Rendite nicht mehr.

Eigentlich hätte man die Preise anheben müssen. Doch das ging aus Konkurrenzgründen nicht. Der Markt wimmelte jetzt von Klein- und Kleinstwagen. Vor allem der Lloyd machte Maico immer schwerer zu schaffen. Die Ankündigung von NSU und Glas, im Herbst 1957 einen 600-ccm-Kleinwagen herauszubringen, gab schließlich den Ausschlag dazu, nach neuen Wegen zu suchen.

**Die Suche nach der Marktlücke**

Otto und Wilhelm Maisch glaubten, allein mit ausgefallenen Autos in Zukunft eine Lücke zwischen den großen Kleinwagen-Herstellern finden zu können. Mit einem Sportwagen, den das Publikum auch zu höherem Preis akzeptierte, hoffte Maico auch bei kleineren Stückzahlen einen angemessenen Gewinn zu erwirtschaften.

Mit diesem Ziel vor Augen besuchte Otto Maisch im März 1957 den Genfer Automobilsalon und steuerte zielbewußt auf den Stand der Gebrüder Beutler zu. Die Schweizer Karosseriebauer hatten sich bisher darauf spezialisiert, auf Porsche-Fahrwerke viersitzige Coupés zu bauen. Da ihre Kreationen Maisch recht gut gefielen, bekamen sie den Auftrag, für das Chassis eines MC 500/4 eine zweisitzige Cabriolet-Karosse zu entwerfen und zu bauen. Es entstand ein eleganter Aufbau aus Polyester, an dessen Fertigstellung auch Kunststoffexperte Egon Brütsch mitwirkte.

Rechtzeitig zur Frankfurter Autoausstellung im September 1957 wurden die ersten vier Muster-Exemplare des neuen Maico-Sport fertig. Sie gehörten mit zu den Attraktionen der Auto-Show. Sogar NSU-Chef Gerd Stie-

ler von Heycekampf ließ es sich nicht nehmen, das neue Sportcabrio aus der Nähe zu betrachten.

„Mit diesem zauberhaft schönen Sportcabriolet", so verkündete der Prospekt, „hat Maico einen völlig neuen Wagentyp geschaffen: Preisgünstig wie ein Gebrauchswagen und an der unteren Grenze der Unterhaltskosten bietet der Maico 500 Sport allen Komfort eines ausgereiften Luxuswagens."

Unter der Kunststoff-Haut des kleinen „Wunders" (Prospekt) steckte der von achtzehn auf zwanzig PS hochgekitzelte 452-ccm-Heinkel-Motor, der das 610 Kilogramm schwere Fahrzeug auf eine Spitze von 110 km/h bringen sollte. Maico plante eine Luxus- und eine Standard-Ver-

sior. Doch die Einfachversion hat es nie gegeben. Dank des großen Interesses rechnete man sich in Pfäffingen aus, daß die Serienfertigung des Maico 500 Sport etwa Mitte 1958 beginnen könnte und mit einer Stückzahl von 100 Wagen pro Monat eine kleine, profitable Serie aufzubauen sei. Der MC 500/4 sollte dann nur kurze Zeit nebenher laufen um dann ganz aufgegeben zu werden.

**Ärger mit den Lenkhebeln**

Ein Artikel im Nachrichtenmagazin „Der Spiegel" brachte allerdings zu dieser Zeit eine Schwäche des Maico 500/4 ans Licht der Öffentlichkeit, die Händler und Kunden beunruhigte: An einigen der ausgelieferten Wagen kam es zu Lenkhebel-Brüchen. Folge dieser Brüche waren abgeknickte Vorderräder, die in einigen Fällen zu schweren Unfällen und Totalschäden führten.

Maico lehnte jeden Anspruch ab und schob die Schuld an den Unfällen meist den Fahrern in die Schuhe: „Sie haben sich infolge ungeschickten Lenkens zuerst über-

**ein bequemer 4-Sitzer**

MODELL 1958

18 PS   95 km/h

Noch bessere
Straßenlage

Vierganggetriebe

Trotz 14 beachtlicher Verbesserungen zum alten Preis DM **3590.—** aW

- Steuer und Versicherung kosten weniger als 6 Zigaretten am Tag
- Für eine Fahrt über 100 km werden DM 3.60
  für Betriebsstoff benötigt
- Der Motor hat tausendfach eine Lebensdauer von über
  100 000 km bewiesen
- Eine Steigfähigkeit, mit der man jede Paßstraße
  der Welt bewältigt
- Eine Geschwindigkeit, mit der man die Fahrer
  weit größerer Wagen verblüfft
- Ein fein abgestuftes 4-Gang-Getriebe ohne Aufpreisberechnung

## Ein vollwertiges Automobil!

**MAICO - WERKE PFÄFFINGEN - TÜBINGEN**

*(Werbung 1957)*

*Schnittbild durch den Maico. Unter der Fronthaube lag der Tank und das Reserverad, für Gepäck blieb wenig Platz.*

schlagen und dann erst ist beim Aufprall der Lenkhebel abgebrochen". Der in Konkurs gegangene Hamburger Maico-Händler Werner Siek erzählte dem „Spiegel" damals, daß von den 136 verkauften Wagen, 13 Fahrzeuge wegen solch einen Bruches verunglückt seien.

Als schließlich auch noch Professor Dr. Ing. Schropp ein Gutachten über den Schaden erstellte, in dem als Ursache für die Brüche der „untragbar scharfe Übergang zwischen Flansch und Zapfen" festgestellt wurde, mußte Maico handeln.

Die Brüder Maisch ließen neue, verstärkte Lenkhebel anfertigen, die im Juli 1957 an die Werkstätten verschickt wurden. 1400 der insgesamt 2400 zugelassenen Maico-Wagen erhielten im Austauschverfahren das neue Teil. Für die künftige Serie konstruierte man eine ganz neue Vorderachse — nun mit doppelten Querlenkern — wodurch auf den Lenkhebel völlig verzichtet werden konnte. Im Winter 1957/58 kamen die Brüder Maisch zum ersten Mal in finanziellen Konflikt. Ihr amerikanischer Handelspartner hatte für etwa eine Million Mark Autos übernom-

men. Als die Zahlung der Gelder nicht pünktlich einging, wurde die Hausbank nervös. Sie pochte auf die Rückzahlung der Kredite und beruhigten sich erst, als endlich die Dollars aus Amerika dem Firmenkonto gutgeschrieben werden konnten. Ein anderes Ereignis brachte allerdings für die Pfäffinger Automobilfabrik neuen Ärger. Die Plochinger Firma Siba, Zulieferer für elektrische Teile am Maico 500/4, wurde vom Bosch-Konzern geschluckt. Da Maisch auch von Bosch-Zulieferteile bezog, verdoppelte sich sein Saldo im neuen Firmen-Verbund über Nacht. Bosch verlangte dafür Sicherheiten, die wiederum Otto Maisch verweigerte: „Ich kann nicht einem Gläubiger Sicherheiten geben, dem anderen nicht."

Bosch pochte nun auf Zahlung, und Maisch versuchte von seiner Bank Überbrückungsgelder zu bekommen. Die Bankiers sagten anfangs unverbindlich zu, zogen ihre Zusage allerdings wenig später mit der Begründung zurück, daß jetzt französische Kleinwagen auf den Markt kämen, gegen die Maico doch nicht konkurrieren könnte.

*Aus Kunststoff bestand die elegante Karosserie des Maico 500 Sport. Die Linien hatte die Schweizer Firma „Gebrüder Beutler" in Thun entworfen. Kunststoff-Verarbeitungs-Know-how trug Egon Brütsch bei.*

Die Bankiers waren offensichtlich vom Erfolg der Renault Dauphine verblüfft, die um jene Zeit erste Marktanteile in Deutschland eroberte.

So kam es, daß die Maico-Werke am 25. März 1958 zahlungsunfähig waren; der Vergleich wurde beantragt. Otto Maisch suchte den Rat seines Rechtsanwalts.

### Das endgültige Ende des Champion

Schon 1946 hatten die Brüder Maisch in Herrenberg eine weitere kleine Firma gegründet, da zwischen der Pfäffinger Fabrik und Herrenberg die Grenze der Besatzungszone lief. Die Franzosen hatten das Stammwerk demontiert und die Maischs deshalb in Herrenberg auf eine neue Existenz gehofft. Diese Herrenberger Firma blieb auch bestehen, als die Besatzungszonen aufgehoben wurden. Sie war nun Zulieferant für das Pfäffinger Werk. Als Maico in finanzielle Schwierigkeiten geriet,

versuchte sich die Herrenberger Firma als Auffanggesellschaft. Doch die finanzielle Basis war zu klein.

Als Zulieferant hatte diese Herrenberger Firma aber auch noch Forderungen an die Pfäffinger Fabrik. Mietforderungen hatte auch noch die Maico-Besitzgesellschaft, der Grundstücke und Maschinen gehörten und die sie bisher an die nun im Vergleich stehende Maico-Produktions- und Vertriebsgesellschaft vermietet hatte. Der Rechtsanwalt, den Otto Maisch damals aufgesucht hatte, riet, fertige Autos und Auto-Teile der Vertriebsgesellschaft als Sicherheiten für die Forderungen der Zulieferer- und Besitzgesellschaft aus den Hallen zu holen und nach Herrenberg zu bringen.

Als dies allerdings bekannt wurde, zog sich Otto Maisch den Zorn der anderen Gläubiger zu. Der beantragte Vergleich wurde abgelehnt, der Konkurs über der Maico-Produktions- und Vertriebsgesellschaft eröffnet. Otto Maisch wurde wegen seiner Handlungsweise wegen betrügerischen Konkurses angeklagt und verurteilt. Das

Verfahren gegen seinen Bruder Wilhelm wurde ausgesetzt.

Von den turbulenten Ereignissen, die sich um Maico im Frühjahr 1958 abspielten, merkte die Belegschaft nicht viel. Als weitere Zuliefer-Teile ausblieben, arbeitete man die vorhandenen Vorräte auf: Im August 1958 lief die Maico-Automobil-Produktion aus. Der Konkursverwalter ließ nun die Produktionseinrichtungen aus den Hallen schaffen; in Argentinien hatte er einen Käufer dafür gefunden. In Übersee entstand jedoch nie mehr ein Maico-Wagen. Die – zum größten Teil – neuwertigen Montage-Einrichtungen wurden dort angeblich gleich verschrottet. Im schwäbischen Pfäffingen spezialisierte man sich nach dem Auslauf der Automobil-Fertigung und der Überwindung des Konkurses wieder auf Motorräder.

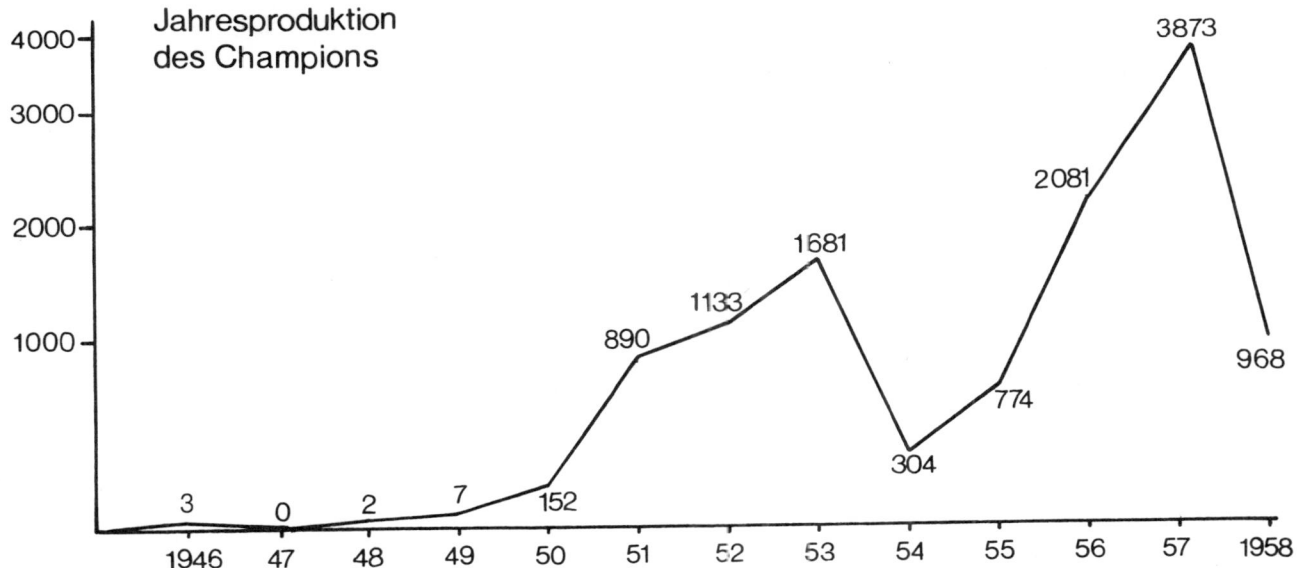

## Champion

KAROSSERIE
>    Roadster, 2 Sitze

MOTOR
>    Luftgekühlter Einzylinder-Zweitakt-Motor (Triumph) 196 ccm, Bohrung/Hub: 65/61 mm, Verdichtung 6,0:1, 5 DIN-PS bei 4000 U/min, maximales Drehmoment 0,9 mkp bei 3400 U/min, Gemischschmierung 1 : 20, zweifach gelagerte Kurbelwelle
>    Batterie: – (Fahrrad-Leuchten mit Dynamo betrieben)
>    Füllmengen: Tankinhalt 4 Liter

KRAFTÜBERTRAGUNG
>    Zweigang-Grasmäher-Getriebe (Irus), Lamellenkupplung, Mittelschalthebel
>    Heckmotor, Hinterachsantrieb, ohne Differential
>    Übersetzungen:
>    1. Gang 3,30 : 1
>    2. Gang 1,58 : 1

FAHRWERK
>    Zentralrohrrahmen mit Stahlblechkarosserie verschraubt, Holzbodenplatte, vorn geschobene Längsschwingarme, hinten gezogene Längsschwingarme, vorn und hinten Torsionsstabfederung, Motorradkotflügel
>    Bremsen: mechanische außenliegende Nabenbremsen auf die Hinterräder
>    Lenkung: Zahnbogenlenkung
>    Reifen: 19 x 3.00

MASSE, GEWICHTE
>    Länge 1980 mm, Breite 1360 mm, Höhe (ohne Verdeck) 940 mm, Radstand 1600 mm, Spurweite vorn und hinten 1150 mm, Leergewicht 170 kg, zulässiges Gesamtgewicht ca. 250 kg

VERBRAUCH
>    3 Liter auf 100 km (Benzin-Öl-Gemisch)

FAHRLEISTUNGEN
>    Höchstgeschwindigkeit über 50 km/h

PRODUKTIONSZAHLEN
>    3 Stück

BAUJAHR
>    (fertiggestellt Sommer 1946)

und hinten 1150 mm, Leergewicht 190 kg, zulässiges Gesamtgewicht 250 kg
VERBRAUCH
3 Liter auf 100 km (Benzin-Öl-Gemisch)
FAHRLEISTUNGEN
Höchstgeschwindigkeit 50 km/h
PRODUKTIONSZAHLEN
1 Stück
BAUJAHR
(fertiggestellt: April 1949)

## Champion Ch-1
KAROSSERIE
Roadster, 2 Sitze
MOTOR
Luftgekühlter Einzylinder-Zweitakt-Motor (Triumph)
Bohrung/Hub: 65/61 mm, 198 ccm, Verdichtung
6,0:1, 5 DIN-PS bei 4000 U/min, maximales Drehmoment 0,9 mkp bei 3400 U/min, Gemischschmierung 1 : 20, zweifach gelagerte Kurbelwelle, Handstarter
Batterie: − (Fahrrad-Leuchten mit Dynamo betrieben)
Füllmengen: Tankinhalt 4 Liter
KRAFTÜBERTRAGUNG
Zweigang-Grasmäher-Getriebe (Irus), Lamellenkupplung, Mittelschalthebel
Heckmotor, Hinterachsantrieb ohne Differential
Übersetzungen:
1. Gang 3,30 : 1
2. Gang 1,58 : 1
FAHRWERK
Zentralrohrrahmen mit Stahlblechkarosserie verschweißt, Holzbodenplatte, vorn geschobene Längsschwingarme, hinten gezogene Längsschwingarme, vorn und hinten Torsionsstabfederung, Motorradkotflügel hinten
Bremsen: mechanische außenliegende Nabenbremsen auf die Hinterräder
Lenkung: Zahnbogenlenkung
Reifen: 19 x 3.00
MASSE, GEWICHTE
Länge 2420 mm, Breite 1380 mm, Höhe (ohne Verdeck) 990 mm, Radstand 1600 mm, Spurweite vorn

## Champion Ch-2
KAROSSERIE
Roadster, 2 Sitze
MOTOR
Luftgekühlter Einzylinder-Zweitakt-Nasenkolbenmotor (Triumph), Bohrung/Hub: 66/70 mm, 248 ccm, Verdichtung 6,1:1, 6,5 DIN-PS bei 4700 U/min, maximales Drehmoment 1,2 mkp bei 4200 U/min, Gemischschmierung 1 : 20, zweifach gelagerte Kurbelwelle, Handstarter, ein Bing-Vergaser
Batterie: 6 Volt/18 Ah, Gleichstrom-Lichtmaschine 90 Watt
Füllmengen: Tankinhalt 6 Liter
KRAFTÜBERTRAGUNG
Dreigang-Getriebe (ZF), Lamellenkupplung, Mittelschaltung
Heckmotor, Hinterachsantrieb
Übersetzungen:
1. Gang 3,30 : 1*
2. Gang 1,58 : 1*

3. Gang 1,00 : 1*
Achsübersetzung: 3,2 : 1*
FAHRWERK
Zentralrohrrahmen mit Stahlblechkarosserie ver-
schraubt, Holzbodenplatte, vorn und hinten gezo-
gene Längsschwingarme und Drehstabfedern
Bremsen: mechanische Außenbacken-Trommel-
bremsen auf die Hinterräder
Lenkung: Zahnbogenlenkung
Reifen: 19 x 3.00
MASSE, GEWICHTE
Länge 2600 mm, Breite 1380 mm, Höhe (mit Ver-
deck) 1270 mm, Radstand 1700 mm, Spurweite
vorn und hinten 1200 mm, Leergewicht 190 kg,
zulässiges Gesamtgewicht 300 kg
VERBRAUCH
3 Liter auf 100 km (Benzin-Öl-Gemisch)
FAHRLEISTUNGEN
Höchstgeschwindigkeit über 60 km/h
PREIS
——
PRODUKTIONSZAHLEN
2 Stück
BAUJAHR
(Debüt Juni 1949)

Verdichtung 6,1:1, 6,5 DIN-PS bei 4700 U/min,
maximales Drehmoment 1,2 mkp bei 4200 U/min,
Gemischschmierung 1 : 20, zweifach gelagerte Kur-
belwelle, Handstarter, ein Bing-Vergaser
Batterie: 6 Volt/18 Ah, Gleichstrom-Lichtmaschine
90 Watt
Füllmengen: Tankinhalt 8 Liter
KRAFTÜBERTRAGUNG
Dreigang-Getriebe (Hörz-Ulm), Einscheiben-Trok-
kenkupplung, Mittelschaltung
Heckmotor, Hinterachsantrieb
Übersetzungen:
1. Gang 3,30 : 1*
2. Gang 1,80 : 1*
3. Gang 1,00 : 1*
Achsübersetzung: 3,2 : 1*
FAHRWERK
Zentralrohrrahmen mit Stahlblechkarosserie ver-
schweißt, vorn und hinten gezogene Längsschwing-
arme und Drehstabfedern
Bremsen: mechanische Trommelbremsen auf die
Hinterräder
Lenkung: Zahnbogenlenkung
Reifen: 19 x 3.00
MASSE, GEWICHTE
Länge 2800 mm, Breite 1360 mm, Höhe (mit Ver-
deck) 1270 mm, Radstand 1700 mm, Spurweite
vorn und hinten 1150 mm, Wendekreisdurchmes-
ser 7,5 m, Leergewicht 220 kg, zulässiges Gesamt-
gewicht 460 kg
VERBRAUCH
4 Liter auf 100 km (Benzin-Öl-Gemisch)
FAHRLEISTUNGEN
Höchstgeschwindigkeit 60 km/h
PREIS
2650,— DM
PRODUKTIONSZAHLEN
11 Stück
BAUJAHR
(Debüt: Juni 1949) von November 1949 bis Juni
1950

## Champion Ch-2
KAROSSERIE
Roadster, 2 Sitze (Karosserie Böbel)
MOTOR
Luft/gebläsegekühlter Einzylinder-Zweitakt-Motor
(Triumph), Bohrung/Hub: 66/70 mm, 248 ccm,

*geschätzte Werte*

# Champion 250

KAROSSERIE
    Roadster, 2 Sitze
MOTOR
    Luft/gebläsegekühlter Einzylinder-Zweitakt-Motor (Triumph), Bohrung/Hub: 66/70 mm, 248 ccm, Verdichtung 6,1:1, 6,5 DIN-PS bei 4700 U/min, maximales Drehmoment 1,2 mkp bei 4200 U/min, Gemischschmierung 1 : 20, zweifach gelagerte Kurbelwelle, Handstarter mit Seilzug, ein Bing-Vergaser
    Batterie: 6 Volt/18 Ah, Gleichstrom-Lichtmaschine 90 Watt
    Füllmengen: Tankinhalt 8 Liter
KRAFTÜBERTRAGUNG
    Dreigang-Getriebe (Hörz-Ulm), Einscheiben-Trockenkupplung, Mittelschaltung
    Heckmotor, Hinterachsantrieb
    Übersetzungen:
    1. Gang 2,90 : 1
    2. Gang 2,20 : 1
    3. Gang 1,15 : 1
    Achsübersetzung: 2,85 : 1
FAHRWERK
    Zentralrohrahmen mit Stahlblechkarosserie verschweißt, vorn und hinten gezogene Längsschwing-arme und Drehstabfederung
    Bremsen: mechanische Trommelbremsen auf die Hinterräder
    Lenkung: Zahnbogenlenkung
    Reifen: 3.25–16
MASSE, GEWICHTE
    Länge 2850 mm, Breite 1360 mm, Höhe (mit Verdeck) 1280 mm, Radstand 1800 mm, Spurweite vorn und hinten 1200 mm, Wendekreisdurchmesser 7,5 m, Leergewicht 260 kg, zulässiges Gesamtgewicht 435 kg
VERBRAUCH
    4 Liter auf 100 km (Benzin-Öl-Gemisch)
FAHRLEISTUNGEN
    Höchstgeschwindigkeit 65 km/h
PREIS
    2650,– DM
PRODUKTIONSZAHLEN
    267 Stück (incl. 250 S)
BAUJAHR
    von März 1950 bis November 1950 (Holbein-Fahrzeugbau)
    von Dezember 1950 bis März 1951 (Champion Automobil GmbH.)

## Champion 250 S

KAROSSERIE
Roadster, 2 Sitze (Karosserie Böbel)
MOTOR
Luft/gebläsegekühlter Einzylinder-Zweitakt-Doppelkolbenmotor (Triumph), Bohrung/Hub: 2 x 60/55 mm, 248 ccm, Verdichtung 6,3:1, 10 DIN-PS bei 4200 U/min, maximales Drehmoment 1,76 mkp bei 3600 U/min, Gemischschmierung 1 : 20, zweifach gelagerte Kurbelwelle, Handstarter, ein Bing-Schrägdüsenvergaser
Batterie: 6 Volt/18 Ah, Gleichstrom-Lichtmaschine 90 Watt
Füllmengen: Tankinhalt 8 Liter
KRAFTÜBERTRAGUNG
Dreigang-Getriebe (Hörz-Ulm), Einscheiben-Trockenkupplung, Mittelschaltung
Heckmotor, Hinterachsantrieb
Übersetzungen:
1. Gang 2,90 : 1
2. Gang 2,20 : 1
3. Gang 1,15 : 1
Achsübersetzung: 2,85 : 1
FAHRWERK
Zentralrohrrahmen mit Stahlblechkarosserie verschweißt, vorn und hinten gezogene Längsschwingarme und Drehstabfedern
Bremsen: mechanische Trommelbremsen auf die Hinterräder
Lenkung: Zahnbogenlenkung
Reifen: 3.25 x 16
MASSE, GEWICHTE
Länge 2850 mm, Breite 1360 mm, Höhe (mit Verdeck) 1280 mm, Radstand 1800 mm, Spurweite vorn und hinten 1200 mm, Wendekreisdurchmesser 7,5 m, Leergewicht 260 kg, zulässiges Gesamtgewicht 435 kg
VERBRAUCH
3,8 Liter auf 100 km (Benzin-Öl-Gemisch)
FAHRLEISTUNGEN
Höchstgeschwindigkeit 75 km/h
PREIS
2750,– DM
PRODUKTIONSZAHLEN
267 Stück (incl. 250)
BAUJAHR
von März 1950 bis November 1950 (Holbein Fahrzeugbau)
von Dezember 1950 bis März 1951 (Champion Automobil GmbH.)

## Champion 400 (Vorserie)

KAROSSERIE
Cabrio-Limousine, 2 Türen, 2 Sitze (Karosserie: Drauz-Heilbronn)
MOTOR
Luft/gebläsegekühlter Einzylinder-Zweitakt-Doppelkolbenmotor (Triumph Gemo 400), Bohrung/Hub: 2 x 52/94 mm, 396 ccm, Verdichtung 5,8 : 1, 11 DIN-PS bei 3000 U/min, maximales Drehmoment 3,6 mkp bei 2000 U/min, Gemischschmierung 1 : 20, zweifach gelagerte Kurbelwelle, ein Fallstrom-Vergaser Solex
Batterie: 6 Volt/50 Ah, Gleichstrom-Lichtmaschine 110 Watt
Füllmengen: Tankinhalt 24 Liter

KRAFTÜBERTRAGUNG
Dreigang-Getriebe, Einscheiben-Trockenkupplung, Mittelschaltung
Heckmotor (Getriebe vor der Hinterachse), Hinterachsantrieb
Übersetzungen:
1. Gang 3,90 : 1
2. Gang 2,13 : 1
3. Gang 1,30 : 1
R-Gang 4,96 : 1
Achsübersetzung: 3,88 : 1
FAHRWERK
Zentralrohrrahmen mit Stahlblechkarosserie verschweißt, vorn doppelte Dreieck-Querlenker, hinten Pendelachse, vorn und hinten Gummi-Torsionsfedern
Bremsen: hydraulische Vierrad-Trommelbremsen, Bremsfläche 310 cm²
Lenkung: Zahnstangenlenkung
Reifen: 3.25–16
MASSE, GEWICHTE
Länge 3180 mm, Breite 1470 mm, Höhe 1300 mm, Radstand 1800 mm, Spurweite vorn 1200 mm, hinten 1150 mm, Wendekreisdurchmesser 8 m, Leergewicht 495 kg, zulässiges Gesamtgewicht 750 kg
VERBRAUCH
4,5 Liter auf 100 km (Benzin-Öl-Gemisch)
FAHRLEISTUNGEN
Höchstgeschwindigkeit 85 km/h
PREIS
geplant: 2950,– DM (später: 3250,– DM)
PRODUKTIONSZAHLEN
4 Stück
BAUJAHR
(Debüt: Mai 1950)

## Champion 400
KAROSSERIE
Cabrio-Limousine, 2 Türen, 2 Sitze (Karosserie Drauz, Heilbronn)
MOTOR
Wassergekühlter Zweizylinder-Zweitakt-Flachkolbenmotor in Reihe (ILO Typ WE 2/200 C), Bohrung/Hub: 61/68 mm, 398 ccm, Verdichtung 6,78 : 1, 14 DIN-PS bei 4000 U/min, maximales

Drehmoment 2,8 mkp bei 2800 U/min, Gemischschmierung 1 : 20, dreifach gelagerte Kurbelwelle, Thermosyphon-Kühlung, ein Fallstrom-Vergaser Solex 26 VFJS
Batterie 6 Volt/50 Ah, Gleichstrom-Lichtmaschine 110 Watt
Füllmengen: Tankinhalt 24 Liter, Kühlsystem 6 Liter, Getriebe 1,5 Liter
KRAFTÜBERTRAGUNG
Dreigang-Getriebe, Einscheiben-Trockenkupplung, Mittelschaltung
Heckmotor (Getriebe vor der Hinterachse), Hinterachsantrieb
Übersetzungen:
1. Gang 3,90 : 1
2. Gang 2,13 : 1
3. Gang 1,30 : 1
R-Gang 4,52 : 1
Achsübersetzung: 3,88 : 1
FAHRWERK
Zentralrohrrahmen mit Stahlblechkarosserie verschweißt, vorn doppelte Querlenker, hinten Pendelachse, vorn und hinten Gummi-Torsionsfedern (ab Juni 1952: gegen Aufpreis vorn Teleskopstoßdämpfer)
Bremsen: hydraulische Vierrad-Trommelbremsen, Bremsfläche 310 cm²
Lenkung Zahnstangenlenkung
Reifen: 3.25–16 (ab Herbst 1951: 4.00–15)
MASSE, GEWICHTE
Länge 3180 mm, Breite 1470 mm, Höhe 1300 mm, Radstand 1800 mm, Spurweite vorn 1200 mm, hin-

ten 1150 mm, Wendekreisdurchmesser 8 m, Leergewicht 495 kg, zulässiges Gesamtgewicht 750 kg
VERBRAUCH
 4,5 Liter auf 100 km (Benzin-Öl-Gemisch)
FAHRLEISTUNGEN
 Höchstgeschwindigkeit 85 km/h
PREIS
 Februar 1951: 3750,– DM
 Juli 1952: 3995,– DM
PRODUKTIONSZAHLEN
 1904 Stück
BAUJAHR
 von Februar 1951 bis Oktober 1952 (Champion Automobilwerk, Paderborn)
 von Dezember 1952 bis Mai 1953 (Rheinische Automobilfabrik, Hennhöfer & Co., Ludwigshafen)

## Champion 400 H
KAROSSERIE
 Cabrio-Limousine, 2 Türen, 2 Sitze
MOTOR
 Wassergekühlter Zweizylinder-Zweitakt-Reihenmotor (Heinkel), Bohrung/Hub: 62/66 mm, 396 ccm, Verdichtung 7,25 : 1, 15 DIN-PS bei 4000 U/min, maximales Drehmoment 3,0 mkp bei 2600 U/min, Gemischschmierung 1 : 20, Umkehrspülung, Thermosyphon-Kühlung, dreifach gelagerte Kurbelwelle, ein Fallstrom-Vergaser Solex 28 JVS
 Batterie: 6 Volt/50 Ah, Gleichstrom-Lichtmaschine 110 Watt
 Füllmengen: Tankinhalt 24 Liter, Kühlsystem 6 Liter, Getriebe 1,5 Liter

KRAFTÜBERTRAGUNG
 Dreigang-Getriebe, Einscheiben-Trockenkupplung, Mittelschalthebel
 Heckmotor (Getriebe vor der Hinterachse), Hinterachsantrieb
 Übersetzungen:
 1. Gang 3,90 : 1
 2. Gang 2,13 : 1
 3. Gang 1,30 : 1
 R-Gang 4,52 : 1
 Achsübersetzung: 4,43 : 1
FAHRWERK
 Zentralrohrrahmen mit Stahlblechkarosserie verschweißt, vorn doppelte Querlenker und Teleskopstoßdämpfer, hinten Pendelachse, vorn und hinten Gummi-Torsionsfedern
 Bremsen: hydraulische Vierrad-Trommelbremsen, Bremsfläche 292 cm²
 Lenkung: Zahnstangenlenkung (Übersetzung 16 : 1)
 Reifen: 4.25–15
 Felgen: 2.50 C x 15
MASSE, GEWICHTE
 Länge 3170 mm, Breite 1470 mm, Höhe 1300 mm, Radstand 1800 mm, Spurweite vorn 1200 mm, hinten 1150 mm, Leergewicht 520 kg, zulässiges Gesamtgewicht 820 kg
VERBRAUCH
 5,6 Liter auf 100 km (Benzin-Öl-Gemisch)
FAHRLEISTUNGEN
 Höchstgeschwindigkeit 90 km/h
PREIS
 Juni 1953: 3995,– DM
 Juli 1954: 3850,– DM
PRODUKTIONSZAHLEN
 1969 Stück (incl. einige Exemplare des 400 mit Ilo-Motor)
BAUJAHR
 von Juni 1953 bis November 1953 (Rheinische Automobilfabrik, Hennhöfer & Co., Ludwigshafen)
 von Juni 1954 bis Oktober 1954 (Rheinische Automobilfabrik, Henning Thorndal, Ludwigshafen)

## Champion 500 G
KAROSSERIE
Kombiwagen, 2 Türen, 4 Sitze
MOTOR
Wassergekühlter Zweizylinder-Zweitakt-Reihenmotor (Heinkel), im Heck um 60 Grad geneigt, Bohrung/Hub: 66/66 mm, 452 ccm, Verdichtung 7,2 : 1, 18 DIN-PS bei 4200 U/min, maximales Drehmoment 3,7 mkp bei 3000 U/min, Gemischschmierung 1 : 20, Thermosyphon-Kühlung, Umkehrspülung, dreifach gelagerte Kurbelwelle, ein Horizontalvergaser Bing 1/24
Batterie: 6 Volt/50 Ah, Gleichstrom-Lichtmaschine 110 Watt
Füllmengen: Tankinhalt 26 Liter, Kühlsystem 5,5 Liter, Getriebe 1,5 Liter
KRAFTÜBERTRAGUNG
Dreigang-Getriebe, Einscheiben-Trockenkupplung, Mittelschaltung
Heckmotor, Hinterachsantrieb
Übersetzungen:
1. Gang 3,90 : 1
2. Gang 2,13 : 1
3. Gang 1,30 : 1
R-Gang 4,52 : 1
Achsübersetzung: 4,43 : 1
FAHRWERK
Zentralrohrrahmen mit kombinierter Stahlblech-Holzkarosserie verschraubt, vorn doppelte Querlenker, hinten Pendelachse, vorn und hinten Gummitorsionsfedern
Bremsen: mechanische Vierrad-Trommelbremsen

Lenkung: Zahnstangenlenkung
Reifen: 4.80—15
MASSE, GEWICHTE
Länge 3400 mm, Breite 1470 mm, Höhe 1350 mm, Radstand 1960 mm, Spurweite vorn 1200 mm, hinten 1150 mm, Leergewicht 595 kg, zulässiges Gesamtgewicht 920 kg
VERBRAUCH
4,5 Liter auf 100 km (Benzin-Öl-Gemisch)
FAHRLEISTUNGEN
Höchstgeschwindigkeit 80 km/h
PREIS
Februar 1954: 4550,— DM
Juni 1954: 4350,— DM
PRODUKTIONSZAHLEN
25 Stück
BAUJAHR
Vorserie: Juli 1953 bis Februar 1954 (Rheinische Automobilfabrik Hennhöfer & Co., Ludwigshafen)
Serie: Februar 1954 bis Frühjahr 1955 (Rheinische Automobilfabrik Henning Thorndal, Ludwigshafen)

## Maico MC 400/H
KAROSSERIE
Cabrio-Limousine, 2 Türen, 2 Sitze
MOTOR
Wassergekühlter Zweizylinder-Zweitakt-Reihenmotor (Heinkel), Bohrung/Hub: 62/66 mm, 396 ccm, Verdichtung 7,25:1, 15 DIN-PS bei 4000 U/min,

maximales Drehmoment 3,0 mkp bei 2600 U/min, Gemischschmierung 1 : 20, Umkehrspülung, Thermosyphon-Kühlung, dreifach gelagerte Kurbelwelle, ein Fallstrom-Vergaser Solex 28 JVS
Batterie: 6 Volt/50 Ah, Gleichstrom-Lichtmaschine 130 Watt
Füllmengen: Tankinhalt 24 Liter, Kühlsystem 5,5 Liter, Getriebe 1,5 Liter

KRAFTÜBERTRAGUNG

Dreigang-Getriebe, Einscheiben-Trockenkupplung, Mittelschaltung
Heckmotor (Getriebe vor der Hinterachse), Hinterachsantrieb
Übersetzungen:
1. Gang 3,90 : 1
2. Gang 2,13 : 1
3. Gang 1,30 : 1
R-Gang 4,52 : 1
Achsübersetzung: 4,45 : 1

FAHRWERK

Kastenrahmen mit Stahlblechkarosserie verschraubt, vorn doppelte Querlenker, hinten Pendelachse mit Teleskopstoßdämpfern, vorn und hinten Gummitorsionsfedern
Bremsen: hydraulische Vierrad-Trommelbremsen, Bremsfläche 291 cm²
Lenkung: Zahnstangenlenkung (Übersetzung 16 : 1)
Reifen: 4.25–15
Felgen: 2.50 C–15

MASSE, GEWICHTE

Länge 3200 mm, Breite 1470 mm, Höhe 1310 mm, Radstand 1800 mm, Spurweite vorn 1200 mm, hinten 1150 mm, Wendekreisdurchmesser ca. 10 m, Leergewicht 540 kg, zulässiges Gesamtgewicht 820 kg

VERBRAUCH

4,5 Liter auf 100 km (Benzin-Öl-Gemisch)

FAHRLEISTUNGEN

Höchstgeschwindigkeit 90 km/h

PREIS

3850,– DM

PRODUKTIONSZAHLEN

1374 Stück

BAUJAHR

von September 1955 bis Juni 1956

# Maico MC 500 G

KAROSSERIE

Kombiwagen, 2 Türen, 4 Sitze

MOTOR

Wassergekühlter Zweizylinder-Zweitakt-Reihenmotor (Heinkel), im Heck um 60 Grad geneigt, Bohrung/Hub: 66/66 mm, 452 ccm, Verdichtung 7,2 : 1, 18 DIN-PS bei 4200 U/min, maximales Drehmoment 3,7 mkp bei 3000 U/min, Gemischschmierung 1 : 25, Umkehrspülung, Wasserpumpe, dreifach gelagerte Kurbelwelle, ein Horizontalvergaser Bing 1/24
Batterie: 12 Volt/24 Ah, Gleichstrom-Lichtmaschine 130 Watt
Füllmengen: Tankinhalt 26 Liter, Kühlsystem 3,5 Liter, Getriebe 1,5 Liter

KRAFTÜBERTRAGUNG

Viergang-Getriebe, Einscheiben-Trockenkupplung, Mittelschaltung
Heckmotor, Hinterachsantrieb
Übersetzungen:
1. Gang 2,07  : 1
2. Gang 1,15  : 1
3. Gang 0,655 : 1
4. Gang 0,484 : 1
R-Gang 2,300 : 1
Achsübersetzung: 4,43 : 1

FAHRWERK

Zentralrohrrahmen mit kombinierter Stahlblech-Holz-Karosserie, vorn doppelte Querlenker, hinten Pendelachse und Teleskopstoßdämpfer, vorn und hinten Gummitorsionsfedern

Bremsen: hydraulische Vierrad-Trommelbremsen
Lenkung: Zahnstangenlenkung
Reifen: 4.80–15
MASSE, GEWICHTE
Länge 3400 mm, Breite 1470 mm, Höhe 1350 mm, Radstand 1960 mm, Spurweite vorn 1200 mm, hinten 1150 mm, Leergewicht 600 kg, zulässiges Gesamtgewicht 920 kg
VERBRAUCH
5 Liter auf 100 km (Benzin-Öl-Gemisch)
FAHRLEISTUNGEN
Höchstgeschwindigkeit 80 km/h
PREIS
4295,– DM
PRODUKTIONSZAHLEN
21 Stück
BAUJAHR
von September 1955 bis Dezember 1956

## Maico MC 400/4

KAROSSERIE
Limousine, 2 Türen, 4 Sitze
MOTOR
Wassergekühlter Zweizylinder-Zweitakt-Reihenmotor (Heinkel), Bohrung/Hub: 62/66 mm, 396 ccm, Verdichtung 7,25:1, 15 DIN-PS bei 4000 U/min,

maximales Drehmoment 3,0 mkp bei 2600 U/min, Gemischschmierung 1 : 25, Umkehrspülung, Thermosyphon-Kühlung, dreifach gelagerte Kurbelwelle, ein Fallstrom-Vergaser Solex 28JVS
Batterie: 12 Volt/24 Ah, Gleichstrom-Lichtmaschine 130 Watt
Füllmengen: Tankinhalt 24 Liter, Kühlsystem 5,5 Liter, Getriebe 1,5 Liter
KRAFTÜBERTRAGUNG
Viergang-Getriebe, Einscheiben-Trockenkupplung, Mittelschaltung
Heckmotor, Hinterachsantrieb
Übersetzungen:
1. Gang 2,07 : 1
2. Gang 1,15 : 1
3. Gang 0,655 : 1
4. Gang 0,484 : 1
R-Gang 2,300 : 1
Achsübersetzung: 4,79 : 1
FAHRWERK
Kastenrahmen mit Stahlblechkarosserie verschraubt, vorn doppelte Querlenker, hinten Pendelachse mit 2 Teleskopstoßdämpfern, vorn und hinten Gummitorsionsfedern
Bremsen: hydraulische Vierrad-Trommelbremsen, Bremsfläche 291 cm²
Lenkung: Zahnstangenlenkung (Übersetzung 16 : 1)
Reifen: 4,25 x 15
Felgen: 2,50 C x 15
MASSE, GEWICHTE
Länge 3420 mm, Breite 1470 mm, Höhe 1395 mm, Radstand 2020 mm, Spurweite vorn 1200 mm, hinten 1150 mm, Wendekreisdurchmesser ca. 11 m, Leergewicht 585 kg, zusätzliches Gesamtgewicht 880 kg
VERBRAUCH
6 Liter auf 100 km (Benzin-Öl-Gemisch)
FAHRLEISTUNGEN
Höchstgeschwindigkeit 95 km/h
PREIS
3490,– DM
PRODUKTIONSZAHLEN
21 Stück
BAUJAHR
Von Mai 1956 bis Oktober 1956

## Maico MC 500/4

KAROSSERIE
Limousine, 2 Türen, 4 Sitze

MOTOR
Wassergekühlter Zweizylinder-Zweitakt-Reihenmotor (Heinkel), Bohrung/Hub: 66/66 mm, 452 ccm, Verdichtung 7,2:1, 18 DIN-PS bei 4000 U/min, maximales Drehmoment 3,7 mkp bei 3000 U/min, Gemischschmierung 1 : 25 Umkehrspülung, Wasserpumpe, dreifach gelagerte Kurbelwelle, ein Horizontalvergaser Bing 1/24/108

Batterie: 12 Volt/24 Ah, Gleichstrom-Lichtmaschine 130 Watt

Füllmengen: Tankinhalt 25 Liter, Kühlsystem 3,5 Liter, Getriebe 1,5 Liter

KRAFTÜBERTRAGUNG
Viergang-Getriebe, Einscheiben-Trockenkupplung, Mittelschaltung
Heckmotor, Hinterachsantrieb
Übersetzungen:
1. Gang 2,07 : 1
2. Gang 1,15 : 1
3. Gang 0,655 : 1 (ab Juli 1957: 0,725 : 1)
4. Gang 0,484 : 1
R-Gang 2,307 : 1
Achsübersetzung: 4,79 : 1 (ab Juli 1957: 4,43 : 1)

FAHRWERK
Kastenrahmen mit Stahlblechkarosserie verschraubt, vorn doppelte Querlenker, hinten Pendelachse mit Teleskopstoßdämpfern, vorn und hinten Gummitorsionsfedern (ab Juli 1957: Schraubenfedern und Teleskopstoßdämpfern vorn und hinten)

Bremsen: hydraulische Vierrad-Trommelbremsen, Bremsfläche 367 cm²

Lenkung: Zahnstangenlenkung (ab Juli 1957: Schneckenrollenlenkung)

Reifen: 5.20 x 12
Felgen: 3,50 x 12

MASSE, GEWICHTE
Länge 3430 mm, Breite 1470 mm, Höhe 1355 mm, Radstand 2070 mm, Spurweite vorn 1200 mm, hinten 1155 mm, Wendekreisdurchmesser ca. 11 m, Leergewicht 575 kg, zulässiges Gesamtgewicht 880 kg

VERBRAUCH
6 Liter auf 100 km (Benzin-Öl-Gemisch)

FAHRLEISTUNGEN
Höchstgeschwindigkeit 95 km/h

PREIS
Standardausführung 3390,— DM
Luxusausführung 3590,— DM
(Heizung + 75 DM)

PRODUKTIONSZAHLEN
6301 Stück

BAUJAHR
vom Juni 1956 bis Oktober 1957

# Maico 500 Sport

KAROSSERIE
Cabriolet, 2 Türen, 2 Sitze (Karosserieentwurf: Gebrüder Beutler, Schweiz)

MOTOR
Wassergekühlter Zweizylinder-Zweitakt-Reihenmotor (Heinkel), Bohrung/Hub: 66/66 mm, 452 ccm, Verdichtung 7,2:1, 20 DIN-PS bei 4500 U/min, maximales Drehmoment 3,7 mkp bei 3200 U/min, Gemischschmierung 1 : 25, Umkehrspülung, Wasserpumpe, dreifach gelagerte Kurbelwelle, ein Horizontalvergaser Bing
Batterie: 12 Volt/24 Ah, Gleichstrom-Lichtmaschine 130 Watt
Füllmengen: Tankinhalt 26 Liter, Kühlsystem 3,5 Liter, Getriebe 1,5 Liter

KRAFTÜBERTRAGUNG
Viergang-Getriebe, Einscheiben-Trockenkupplung, Mittelschaltung
Heckmotor, Hinterachsantrieb
Übersetzungen:
1. Gang 2,070 : 1
2. Gang 1,150 : 1
3. Gang 0,715 : 1
4. Gang 0,484 : 1
R-Gang 2,300 : 1
Achsübersetzung: 4,43 : 1

FAHRWERK
Kastenrahmen mit Kunststoffkarosserie verschraubt, vorn Federbein-Achse, hinten Pendelachse, Kurvenstabilisator, vorn und hinten Teleskopstoßdämpfer und Schraubenfedern
Bremsen: hydraulische Vierrad-Trommelbremsen, Bremsfläche 367 cm²
Lenkung: Schneckenrollenlenkung (Übersetzung 16,6 : 1)
Reifen: 5.20 x 12
Felgen: 3,50 x 12

MASSE, GEWICHTE
Länge 3750 mm, Breite 1520 mm, Höhe 1250 mm, Radstand 2070 mm, Spurweite vorn 1200 mm, hinten 1150 mm, Leergewicht 550 kg, zulässiges Gesamtgewicht ca. 900 kg

VERBRAUCH
5 Liter auf 100 km (Benzin-Öl-Gemisch)

FAHRLEISTUNGEN
Höchstgeschwindigkeit 110 km/h

PREIS
(geplant) Standardausführung 4950,— DM
Luxusausführung 5400,— DM

PRODUKTIONSZAHLEN
4 Stück

BAUJAHR
(Debüt September 1957)

*Wendax-Fahrzeugbau GmbH., Hamburg*

## Das Vertreter-Auto

„Könnten Sie mir ein Auto bauen?" fragte der Mann, der im Frühjahr 1947 ins Büro der Firma Dr. Alpers trat. Er stellte sich als Professor Möbius vor, der während des Krieges das Einmann-Torpedo erfunden habe. Jetzt besitze er ein kleines Ingenieur-Büro in Lübeck und wolle – da es Autos zu jener Zeit nur gegen Bezugsscheine gab – ein handgebasteltes Fahrzeug haben.
Adolf Alpers, 47, promovierter Jurist und Chef der Firma Draisinenbau Dr. Alpers, kam der Kunde gerade recht. Sein 160-Mann-Betrieb hatte schwere Monate hinter sich. Bisher hatte man Draisinen gebaut und vor allem die Reichsbahn mit diesen Schienenfahrzeugen beliefert, die fleißige Eisenbahner zur Streckenkontrolle benützten. Der Krieg hatte einen Teil der kleinen Firma zerstört und die Eisenbahn-Gesellschaften besaßen weder Kapital noch Kapazitäten, um ein guter Kunde von Alpers Firma zu werden.

### Lohnauftrag aus Lübeck

In den ersten Monaten nach der Kapitulation hatten die Arbeiter in der Hamburger Wendenstraße begonnen, wenigstens notdürftig die abgedeckten Dächer des Draisinenbaus zu flicken. Nach harter Aufbau-Arbeit mühten sich nun Adolf Alpers und sein Betriebsleiter Willi Groth in anderen Branchen Aufträge zu bekommen. Groth besaß gute Kontakte zu Stahlrohr-Lieferanten, und so baute man nun in den Jahren – in denen es in Deutschland wegen mangelnder Lebensmittel-Versorgung zu Protestmärschen kam, – alles, was aus Stahlrohren herzustellen war: Stahlrohrmöbel, Bänke, Sessel, ja sogar Vorzimmertüren.

Der Auftrag des Professor Möbius, schien es Adolf Alpers, war wieder ein Schritt voran. Möbius brachte einige Skizzen mit, aus denen hervorging, wie er sich sein privates Fahrzeug vorstellte. Es sollte ein kleiner Roadster werden, mit Wetterverdeck und einem 150-ccm-ILO-Motor, der seine Kraft auf das rechte Hinterrad abgeben sollte.
Heinrich Paartz, Ingenieur und zu jener Zeit als neuer Konstrukteur von Adolf Alpers angestellt, sah sich die Pläne an und nickte; aus den schnell dahingekritzelten Skizzen würde er schon etwas machen. Zumal Professor Möbius das so schwer erhältliche Auto-Lenkrad gleich mitlieferte. Sechs Monate arbeiteten Alpers Leute daran, dieses kleine Auto auf die Räder zu stellen, und Betriebsleiter Groth setzte seinen ganzen Ehrgeiz ein, trotz aller Materialschwierigkeiten in den Besatzungszonen, trotz Bezugsscheinzwang und Zuteilungssystem, alles das zu besorgen, was Konstrukteur Paartz zum Bau dieses kleinen Autos brauchte.
Schließlich war es soweit: Adolf Alpers übergab Professor Möbius den Wagen. Der zeigte zwar im Fahrbetrieb gewisse Eigenheiten, die der Einrad-Antrieb und die entgegengesetzt wirkende Lenkung mit sich brachten, doch in jener Zeit freute sich Möbius, überhaupt ein Auto zu besitzen.
Kaum fuhr der Kunde vom Hof, eilte Firmenchef Alpers ins kleine Konstruktionsbüro. „Wenn das ein Professor machen kann", meinte er zu Paartz, „müßten wir doch auch so etwas zustande bringen." Ihm schwebte ebenfalls ein offener Zweisitzer mit Einrad-Antrieb vor. Denn das ließ sich ohne großen Aufwand bauen. „Das könnte man schon", wandte Paartz ein, „aber das ist doch nichts richtiges."

## Der Vorderlader

Die Idee vom Autobau ließ Alpers nicht los. Er hatte die Firma kurz vor Kriegsende vom Gründer übernommen und wußte, daß der — seit 1900 bestehende — Betrieb in den dreißiger Jahren unter dem Namen „Wendax" (abgeleitet von der Wendenstraße) schon einmal Lasten-Dreiräder gebaut hatte.

Wenn jetzt — wie es in den Zeitungen stand — renommierte Firmen wie Mercedes-Benz, Ford und Opel wieder mit dem Bau ihrer Vorkriegs-Modelle beginnen wollten, warum sollte Alpers nicht auch die Wendax-Wagen wieder bauen? Konstrukteur Paartz suchte die alten Pläne wieder hervor und modernisierte das Lasten-Drei-

dreirad. Von den wenigen Konkurrenten auf dem Markt unterschied es sich vor allem durch den Auto-Lenker. Kunden gab es genug. Das „Hamburger Abendblatt" bestellte gleich Wagen für seinen Zeitungs-Zulieferbetrieb, aus Bremen und Lübeck meldeten sich weitere Abnehmer. Für 1500 Mark bot Wendax damit ein billiges Transportmittel, das sich auch ohne lange Erprobungszeit in Kundenhand bewährte.

Der 16jährige Sohn des Firmenchefs, Jan Alpers, fuhr mit dem kleinen Dreirad allein nach Lüdenscheid zum Patenonkel, und der neu in die Firma aufgenommene ehemalige DKW-Verkäufer Henry Böckmann benützte den „WL 200" sogar zu Geschäftsfahrten von Hamburg aus hinunter ins Rheinland.

*Genau das richtige Transportmittel für Notzeiten: Der Wendax-Vorderlader WL 120. Mit den geschwungenen Kotflügeln und dem Autolenkrad gab er den Fahrern das Gefühl, in einem Auto zu sitzen*

rad, das von 1937 bis 1940 als „Wendax WL 120" gebaut worden war.

Anstatt der früheren Speichen-Räder erhielt der Lasten-Roller nun volle Felgen, die auch im Draisinenbau Verwendung fanden. Paartz änderte die Hinterradschwinge, die Torsionsstabfedern und die Roßlenkung. Auf dem hinteren Einzelrad saß nun ein 200-ccm-ILO-Motor und die beiden Vorderräder bedeckten geschwungene Kotflügel. Drei Monate arbeitete Paartz und sein Zwei-Mann-Team an den Änderungen und dem Bau des ersten Musterexemplars.

Inzwischen war die Währungsreform gekommen, und die wertlose Reichsmark wurde gegen harte, neue und knappe D-Mark ersetzt. Die schlimmste Materialknappheit war vorüber, und so begann man im „Draisinenbau Dr. Alpers" im Juli 1948 mit einem handwerklichen Serienbau. „Wendax Vorderlader WL 200" hieß das Lasten-

## Der erste VW-Transporter

Der Einstieg ins Fahrzeug-Geschäft gelang Adolf Alpers überraschend erfolgreich. Zwar lagen die Stückzahlen nicht hoch, aber gemessen an den vorhandenen Maschinen und Einrichtungen waren die fünf Exemplare des „WL 200" im Monat neben den Draisinen und Rohrmöbeln eine willkommene Bereicherung des Fertigungsprogramms.

So keimte in Adolf Alpers bald der Wunsch auf, das Autosortiment nach oben hin aufzustocken. Von seinen Kunden hatte er erfahren, daß im westlichen Deutschland ein 1,5-Tonnen-Lastwagen fehlte; ein Klein-Transporter unterhalb üblicher Lkw-Größen.

Betriebsleiter Willi Groth hatte zu dieser Zeit gerade einen Posten Volkswagen-Motore der Seriennummer 6 aufgekauft. Aggregate, die 1944 in Afrika eingesetzt und in Alpers eigener Zylinderschleiferei aufpoliert wurden. Eigentlich sollten sie in Draisinen eingebaut werden, doch nun bestimmte sie der Chef für den neuen Transporter: „Den brauchen wir noch zur Messe."

Auf das von Paartz erdachte Rohrrahmen-Chassis setzte man den VW-Motor, der hier die Vorderräder antreiben sollte. Dazu konstruierte Paartz einen Vorderradantrieb, wie es ihn bisher nicht gab; er bestand aus zwei ineinander greifenden Klauen, die kugelartig ausgebildet waren, sowie zwei Kugellagern an den Rädern, die mitschwangen. Schlug das Rad ein, drehte sich das Gelenk in der Mitte. Gegenüber der anderen Frontantriebs-Systemen soll diese Konstruktion besonders verschleißarm gewesen sein. Die Gebrüder Ehlers, eine Hamburger Karosseriebau-Firma und spezialisiert auf Draisinen-Aufbauten, bauten das Holzgestell fürs Fahrerhaus. In der Wendenstraße wurde später das Holzgestell mit Blech verkleidet und als Fahrerhaus auf das Chassis gesetzt.

Parallel zum Bau des Lastwagens arbeitete Paartz mit seinen Leuten jedoch noch an einem kleinen Roadster. Denn Adolf Alpers hatte sich vorgenommen als Publikums-Magnet für die Hannoversche Exportmesse am 2. Mai 1949 ein schnittiges Auto zu bauen. In der Werkstatt entstand ein Rahmen aus U-Profilen, an dem mit Drehstabfedern, ähnlich wie beim Volkswagen, die Vorder- und Hinterräder hingen. Da Betriebsleiter

Groth bei allem Organisationstalent kein passendes Differential herbeischaffen konnte, baute Paartz den neuen Wagen als Mittelmotor-Auto mit Antrieb auf das hintere rechte Rad. Genau hinter dem Sitz des Fahrers saß der 400-ccm-ILO-Motor, ein stationäres Kreissägen-Aggregat aus früheren Tagen, mit 11,5 PS.

Besonderes Kopfzerbrechen bereitete den Technikern hierbei das Schaltgestänge, das vom Mittelschalthebel die Gänge zum Motor hinter dem Fahrersitz übertragen mußte. Schon bei den ersten Versuchen sprangen immer wieder die Gänge heraus, ließ sich das ganze nur ungenau bedienen. Schließlich legte Paartz das Getriebe so, daß die Gänge nicht in Längsrichtung, sondern quer lagen. Eine Rollenkette übertrug die elf Pferdestärken auf das hintere rechte Rad.

Um die Form des Zweisitzers hatte sich Adolf Alpers persönlich gekümmert. Er las damals mit Begeisterung die „Evening Post" und hatte darin einen Sportwagen gesehen. Den zeichnete er nach und bat Paartz, doch die Skizze bei der Formgebung zu berücksichtigen. So entstand auf Paartz Zeichenbrett die elegante Form eines Zweisitzers mit Pontonform, verdeckten Hinterrädern, weit ausladender Heckpartie und drei Scheinwerfern am Bug. Adolf Alpers, bemüht um die elegante Linie seines ersten Personenwagens, nahm noch kleinere Retuschen vor, ehe die Zeichnung mit dem entsprechenden Auftrag an die Gebrüder Ehlers ging.

*Während das Volkswagenwerk hinter verschlossenen Türen an einem Transporter entwickelte, hatte Adolf Alpers seinen Wendax-1,5-Tonner mit VW-Motor schon fertig. Der Käfer-Motor trieb die Vorderräder.*

*Der Wendax Aero WS 700: Ein Roadster mit Pontonform und Mittelmotor. Das kleine 400-ccm-Aggregat gab seine 11,5 PS an das rechte Hinterrad ab.*

Nach althergebrachten Draisinenbau-Rezepten bauten sie die Auto-Karosserie: ein Holzrahmen-Gestell, an dem die gebogenen Blechplatten Halt fanden. Mit dem Lastwagen wurde die in sich tragende Karosserie nun in die Wendenstraße transportiert und auf das vorbereitete Chassis gesetzt.

Alpers hatte inzwischen versucht, ein attraktives Firmenemblem zu entwerfen. Lange Abende zeichnete er daran, dachte zuerst an einen Kreis mit dem „W" von Wendax, ehe er sich schließlich für das geschwungene „W" entschied. Auf der Motorhaube des neuen Wagens fand es den richtigen Platz. „Wendax Aero WS 700" taufte Alpers sein kleines Cabriolet, und äußerlich erschien es als hochmodernes Auto, das dem damaligen Zeitgeschmack mit vielen Attributen, wie durchgehende Sitzbank und weißem Lenkrad, entgegenkam.

Wenn auch im Heck noch der 400-ccm-Motor saß, der Name „WS 700" deutete daraufhin, daß man in Hamburg plante, das Cabriolet später mit einem 700-ccm-Motor und bewährtem Hinterrad-Antrieb auszustatten.

Schon die ersten Probefahrten hatten nämlich gezeigt, daß der simple Einrad-Antrieb dem Vierrad-Wagen eine schlechte Straßenlage bescherte. Beim Anfahren, Gasgeben oder Gaswegnehmen erhielt das Auto einen heftigen Drall. „Beim Anfahren hebt sich die Antriebsseite ruckartig in die Höhe", beschrieb später einmal ein Tester die Fahreigenschaften des WS 700, „den Wagen in der Spur zu halten, zumal auf glatter Straße, erfordert überdurchschnittliches Fahrgeschick."

Innerhalb von nur vier Monaten hatte damit die kleine Firma Alpers gleich zwei neue Autos gebaut. „Das muß gefeiert werden," meinte Henry Böckmann. Deshalb ließ Adolf Alpers in einer angemieteten benachbarten Schul-Aula einen Tisch aufbauen, an dem für alle, die am Bau der Wagen beteiligt waren, Bier ausgeschenkt wurde.

Bereits am nächsten Tag ließ der — zum Chefverkäufer der Marke Wendax avancierte — Henry Böckmann den neuen Roadster auf den neuen Transporter laden und fuhr damit am 2. Mai zur Export-Messe 1949 nach Hannover.

## Nordhoffs Zorn

Henry Böckmann erschien auf der Messe mit einem vielfältigeren Fahrzeug-Programm als mancher größerer Hersteller. Und deshalb gehörte der enge Wendax-Ausstellungsstand auch zu den Besonderheiten der Messe. Das bestätigte auch die Zeitschrift „Das Auto" damals: „Großes Interesse begegnet dem kleinen Wendax-Aero-Zweisitzer mit Pontonkarosserie, dessen Heckmotor-Einbau uns allerdings nicht sonderlich gefällt." Mit rund 4700 Mark liege sein Preis so nahe an dem des Volkswagens, daß für den Neuling „von geringer Leistung und Transportkapazität bei fast gleich hohem Verbrauch kaum größere Zukunftschancen bestehen dürften."

Das autohungrige Publikum ließ sich von äußerer Eleganz beeindrucken. Immerhin galt der kleine Wendax neben dem — auch in Hannover debütierenden — Borgward Hansa 1500 als der erste deutsche Wagen mit der raumsparenden Voll-Pontonform; und die hatte sich zu jener Zeit gerade in Amerika durchgesetzt. Da Henry Böckmann zudem mit nur vierwöchigen Lieferzeiten lockte, verbuchte er unerwartet viel Aufträge und kassierte gleich hohe Anzahlungen.

Den Zorn von Volkswagen-Chef Heinrich Nordhoff zog sich Adolf Alpers allerdings zu, als er auf der Messe seinen Lastwagen als „Wendax mit Volkswagenmotor" zeigte. Prompt flatterte ein Brief der Wolfsburger Rechtsabteilung ins Haus, der die Benutzung des Namens VW untersagte: „... da wir keine Motoren an Sie liefern." Was damals keiner wußte: Die VW-Techniker arbeiteten

*Als die Hannoversche Exportmesse am 2. Mai 1949 öffnete, zeigte der „Draisinenbau Dr. Alpers" den Wendax-Aero WS 700. Dank solcher Attraktionen gehörte der Stand zu den meistumlagerten der Messe.*

zu jener Zeit ebenfalls an einem Kleintransporter, der wenige Monate später auf den Markt kam. Noch auf der Ausstellung boten die Hamburger ihren Frontantriebs-Lastwagen nun als „1,5 Tonner mit Boxermotor" an. Und bald hingen an den Ausstellungswagen die Schilder „verkauft".

Aufgebockt auf Gestelle entstand in der Schul-Aula das nächste Roadster-Chassis und ein weiteres Fahrgestell für den „Wendax-Front WL 1200". Während die Gebrüder Ehlers die Roadster-Karosserie bauten, entstand in der Aula das Fahrerhaus des Transporters. Die Belegschaft des „Draisinenbau Dr. Alpers" war inzwischen auf rund 300 Mitarbeiter angewachsen und aus kleinsten Anfängen heraus begann eine Serienfertigung. Bereits im Juni und den darauffolgenden Monaten produzierte die Firma monatlich zwei „Wendax Aero WS 700" und etwa drei „Wendax Front WL 1200". Angesichts der Nachfrage blieb zu langen Erprobungsfahrten keine Zeit mehr.

## Die Auto-Division

Adolf Alpers wußte ganz genau, daß er seine Autos nicht weiterhin als „Draisinenbau" verkaufen konnte. Der überraschende Erfolg auf der Export-Messe, das Auftragspolster und die überschwenglichen Zukunftsaussichten, die ihm sein Verkäufer Henry Böckmann immer wieder ausmalte, ließen es ratsam erscheinen, eine neue Firma zu gründen. Mit einem Stammkapital von 50 000 Mark ausgestattet, meldete Adolf Alpers deshalb am 16. Juni 1949 die „Wendax Fahrzeugbau GmbH." beim Gewerbeamt an. Zweck der neuen Gesellschaft: „Zusammenbau und Vertrieb von Kraftfahrzeugen aller Art, Handel mit Gebrauchtfahrzeugen, Zubehör und Ersatzteilen, Stahlrohrmöbeln, sowie Benzin, Fette und Öl". Henry Böckmann und der Draisinenbau-Ingenieur Rudolf Barends wurden Geschäftsführer der neuen Alpers-Firma.

In den Hallen der Wendenstraße hatte diese Geschäftsneugründung allerdings keine Auswirkungen. Nach wie vor montierten die Arbeiter des Draisinenbaus die Wendax-Wagen mit einfachsten Mitteln und in Handarbeit. Rudolf Barends kümmerte sich in der Hauptsache um den Draisinenbau, dagegen managte Henry Böckmann die gesamte kaufmännische Seite und den Vertrieb der neuen Auto-Marke.

## Borgward in Kleinformat

Kaum war die Hannover Messe zu Ende, setzte sich Adolf Alpers mit seinem Konstrukteur in Verbindung. „Es wäre doch ratsam, wenn wir nun auch einen vernünftigen Personenwagen bauen", meinte er. Auf der Messe sei ihm der nagelneue Borgward Hansa 1500 aufgefallen. „So etwas müßten wir auch bauen können", hatte er da bei sich gedacht und gab nun im Hause den Startschuß für eine ähnliche Entwicklung.

Heinrich Paartz zeichnete bereits im Juni 1949 die Seitenansicht einer zweitürigen Karosserie mit weit überhängendem Kofferraum. Doch die gefiel dem Chef nicht. Adolf Alpers — selbst voller Styling-Ideen — zeichnete einen viertürigen Aufbau mit chromverzierter Front und großem Kofferraum.

Mit den Entwürfen in der Tasche fuhr Adolf Alpers wenige Tage später mit seiner großen Steyr-Limousine nach Laupheim zur Karosseriefirma Böbel. Dorthin sollte der Auftrag vergeben werden, denn die Aero-Aufbauten der heimischen Blechschmiede Ehlers waren nach Meinung der frischgebackenen Auto-Fabrikanten zu schwer geraten. Von Böbel erhofften die Hamburger leichteres.

Währenddessen begann Heinrich Paartz bereits mit dem Bau des Fahrgestells für die Limousine. In Abmessungen und Art des Aufbaues glich es dem Chassis des „Aero WS 700". Auch hier hingen die Räder an Drehstabfedern und wurden von Längslenkern, nach VW-Art, geführt. Im Gegensatz zum Roadster bekam die Limousine jedoch hydraulische Vierrad-Trommelbremsen, die die Firma Alfred Teves (ATE) extra für Alpers anfertigte. Der Frontantrieb war der gleiche, wie er auch im „Wendax Front WL 1200" Verwendung fand. Als Motor empfahl sich die neueste Kreation der ILO-Werke im benachbarten Pinneberg; ein Zweizylinder-Doppelkolben-Zweitaktmotor mit 750 ccm, der 25 PS leistete und nach den Versprechungen der ILO-Techniker dem VW-Motor an Wirtschaftlichkeit und Lebensdauer ebenbürtig, an Leistung sogar überlegen sein sollte.

Im Herbst 1949 stand das erste Chassis fahrbereit auf Rädern. Zum Draufsitzen montierte man zwei Holzkisten, und dann begannen Betriebsleiter Willi Groth und Konstrukteur Heinrich Paartz mit einigen Versuchsfahrten. Zuerst auf dem Schulhof, später um den Häuserblock und viermal wagten sich die beiden auch auf die Autobahn, um hier Bremsversuche zu machen und das Versuchschassis bis auf Höchstgeschwindigkeit zu bringen.

Einen Versuchsfahrer einzustellen, dazu langten die Finanzen nicht. Deshalb begnügte man sich mit den kurzen Fahrten, die eigentlich auch ganz zur Zufriedenheit der Wendax-Techniker verliefen.

Inzwischen gedieh bei Böbel die erste Roh-Karosserie. Sie war nur noch an großen Rundungen von Holzrahmen gestützt, wog aber infolge ihrer aufwendigen Bauweise noch viel zu viel. Ein Lastwagen brachte sie nach Hamburg, wo sie auf das bereitstehende Chassis gesetzt wurde. Bis allerdings die Ausstattung des neuen „Wendax WS 750" komplett war, dauerte es noch das ganze Frühjahr 1950.

**Die Reklamations-Flut**

Parallel zur Entwicklung des großen Wendax-Wagens lief nach wie vor in kleinsten Stückzahlen der Bau des „Aero WS 700", des Transport-Dreirades und des 1,5-Tonnen-Lastwagens. Unter der Belegschaft galt Chefverkäufer Böckmann als großer Optimist. Er sah die kleine Fabrik bereits als Konkurrenten des Bremer Industriellen Carl Friedrich Borgward. Alpers, selbst großer Auto-Narr, ließ sich von der allgemeinen Begeisterung und von den phantastischen Zukunftsperspektiven Böckmanns hinreißen, immer mehr Geld in den Autobau zu pumpen. Wenn ihm auch trotz geringem Aufwand der neue Erwerbszweig eher Ruhm und Selbstbestätigung als Gewinn gebracht hatte. Zwar beschäftigte der 50jäh-rige Firmenchef nun mehr als 300 Arbeiter, aber die eigentlich notwendigen Investitionen überstiegen die finanziellen Möglichkeiten. Unter dem Strich blieb nur Hoffnung auf die Ernte dessen, was man jetzt säte.

So pochte der Fabrikant auch bei den Verkäufen auf Bargeld. Frisch angeworbene Wendax-Vertreter leisteten auf ihre Vorführwagen im Durchschnitt mit 3000 Mark Anzahlung und erhielten die feste Zusage, in wenigen Wochen das Auto abholen zu können. Meist warteten sie umsonst: Die Wagen, die aus dem Werk rollten, gingen dann bevorzugt an Händler, die den vollen Preis bar zahlten.

Die fehlenden Testfahrten, der hastige Aufbau der Fertigung verursachte — zum Kummer der Techniker — Qualitätsmängel. Händler reklamierten, Kunden kamen mit ihrem „Aero WS 700" ärgerlich auf den Hof gefahren. Ein Händler, der damals vier Exemplare des Roadsters zum Stückpreis von 4700 Mark gekauft hatte, berichtete von seinen Erfahrungen: „Nach 3000 Kilometern mußten die Kupplungen neu belegt werden, Kupplungs- und Bremspedale brachen während der Fahrt ab, da sie stumpf auf einem Rohr aufgeschweißt waren." Infolge einer Fehlberechnung im Kraftstoffsystem konnte der Tank des kleinen schnittigen Roadsters nie leer gefahren werden, zehn Liter blieben immer zurück. Bei einem WS 700 sollen nach 2000 Kilometern Fahrleistung gar die Türen von den Scharnieren gebrochen sein.

Durch die aufwendige Bauweise von selbsttragender

*Fast 4,20 Meter lang war die Karosserie des Wendax-Wagens. Gezeichnet hatte die Linie Firmenchef Adolf Alpers selbst.*

*Von der Karosseriefirma Böbel in Laupheim wurden die Aufbauten zum „WS 750" angefertigt und zur Endmontage per Lastwagen nach Hamburg geschafft.*

Karosserie mit Holzrahmen und zusätzlichem Chassis wog der Aero WS 700 mehr als ursprünglich errechnet. Bei einem Exemplar maß der Technische Überwachungsverein in Duisburg statt der im Kraftfahrzeug-Brief angegebenen 680, ein Leergewicht von 820 Kilogramm.

Die Kunden ließen nach solchen Enttäuschungen Finanzierungswechsel platzen, Händler schickten böse Briefe nach Hamburg. In einigen Fällen drängten Vertreter bei Henry Böckmann sogar auf Rücknahme von Wagen. „Das Werk bot mir damals nicht etwa Ersatzlieferung an", klagte damals ein Händler, „sondern wollte den Wagen nur in Kommission nehmen und bestmöglichst für mich verkaufen." Da es zu jenen Zeiten an neuen Bewerbern für Auto-Vertretungen nicht fehlte, war es für Böckmann ein leichtes, einem anderen Anwärter den Zweithand-Wagen zu verkaufen; denn „nur dann könne eine bevorzugte Belieferung mit Neuwagen" möglich sein.

### Das viertürige Lockmittel

Als Chefverkäufer Böckmann im März 1950 die komplette viertürige Limousine einigen Vertretern zeigte,

schlugen die Begeisterungswogen hoch. Ein solch repräsentiver Wagen mit eloxierten Aluminiumleisten und vier Türen, vorderer Sitzbank und der hochmodernen Lenkradschaltung ließ die meisten Vertreter den Ärger mit dem Vormodell vergessen. Böckmann seinerseits war mit Versprechungen großzügig. Mit Hinweis auf bevorzugte Belieferung mit dem „WS 750" lockte er seine Vertragspartner sogar, weitere Exemplare des mißratenen Roadsters zu kaufen. Berichtete der Generalvertreter für den rechten Niederrhein: „Im März 1950 übernahm ich die Vertretung. Man versprach mir bevorzugte Belieferung mit Limousinen, deren Produktion innerhalb der nächsten 3–4 Wochen anlaufen sollte." Aber erst Mitte Juni erhielt er die Vorführwagen; nicht ohne vorher noch zwei Roadster abnehmen zu müssen.

Wenn erboste Händler den Wendax-Geschäftsführer wegen überschrittener Lieferfristen zur Rede stellten, wußte der auf joviale Art abzuwehren. Beiläufig erzählte er dann, daß er 500 Autos nach Schweden, 180 nach Holland exportiere. Das im Aufbau befindliche neue Werk in Hamburg-Ochsenzoll würde aber alle derzeitigen Lieferschwierigkeiten beheben. Beeindruckt von den Erfolgen ihrer Marke ließen sich dann die Vertreter meist weiter vertrösten. „Die Firma Wendax hat einen derart großen Vertreterstab aufgezogen", warnte die Zeitschrift „Das Auto" damals, „daß er zahlenmäßig in gar keinem Verhältnis mehr zu der geringen Produktion steht. Dabei bemüht man sich noch um weitere Vertretungen."

Böckmanns Taktik: Allein mit dem Bau der Vorführwagen hatte Wendax ein stattliches Auftragspolster. Der Chefverkäufer sprang aber mit seinen Vertragspartnern wenig zimperlich um, er räumte ihnen eine Neuwagen-Garantie von nur 5000 Kilometern ein. Lediglich jenem kapitalkräftigen Vertreter, der 50 000 Mark bar anzahlte, gestand er die übliche 10 000-Kilometer-Gewähr zu.

Von Juli 1950 an schafften Lastwagen monatlich etwa drei Rohkarosserien von Laupheim nach Hamburg. Hier wurden sie auf die Fahrgestelle montiert und fertig ausgestattet. Schon beim ersten Exemplar hatte Betriebsleiter Willi Groth Konstrukteur Paartz gewarnt: „Menschenskind, bau' nicht so viel rein, wer soll denn das bezahlen?" Schließlich – das stand fest – konnte der Wagen nicht viel teurer als ein Volkswagen verkauft werden, und so hatte Alpers den Preis auf 5750 Mark kalkuliert. Ein Gewinn blieb auch hier nicht, nur die Hoffnung, daß eine spätere Großserie die Investitionen wieder einspielen würde. „Unsere 50jährige Erfahrung im Fahrzeugbau bietet die Gewähr für einwandfreie Konstruktion und konkurrenzfähige Qualitätsarbeit", versprach der Prospekt.

Man wollte mehr bieten als Volkswagen es damals tat; einen großen Wagen, den begehrten US-Straßenkreuzern ähnlich, jedoch mit einem kleineren und billigeren Motor.

Alpers und seine Leute wußten sehr genau, daß ihr Roadster mit dem simplen Einrad-Antrieb unausgereift war. Deshalb plante Alpers, ihn auslaufen zu lassen, sobald die Limousine „WS 750" das tragende Geschäft würde.

Stattdessen sollte dann vielleicht einmal ein Coupé ins Programm aufgenommen werden, so wie es Konstrukteur Heinrich Paartz im August 1950 baute. Adolf Alpers, der bisher immer noch mit einem Steyr 600 (5sitziges Cabriolet) von 1938 fuhr, wollte nun auch aufs eigene Fabrikat umsteigen. Deshalb hatte er bei Heinrich Paartz eine Coupé-Version der WS 750-Limousine in Auftrag gegeben. Diese Sonderanfertigung unterschied sich vom Viertürer im wesentlichen durch einen kürzeren Radstand und eine weniger stark ausgeprägte Pontonform mit Coupé-Heck. Und just in den Tagen als das Coupé seiner Vollendung zuging, im Juni 1950, war Henry Böckmann wieder einmal in Schwierigkeiten. Alle vorhandenen Wagen hatten ihm die Händler aus den Hän-

*Dieses Coupé ließ sich Adolf Alpers für den Privatgebrauch anfertigen. Aber dann stand es auf einer Messe in Kopenhagen.*

den gerissen, doch er hatte fest versprochen, ein Wendax-Modell zur Automobil-Ausstellung nach Kopenhagen zu schicken.

So mußte Adolf Alpers noch eine Weile auf sein Coupé verzichten. Sohn Jan fuhr die ganze Nacht den Wagen auf der Autobahn Hamburg-Bremen ein, damit die neue Kreation am Tag darauf aus eigener Kraft nach Kopenhagen starten konnte.

Auf dieser Messe ließ der dänische Wendax-Vertreter Interessenten stolz wissen, daß er das Coupé bald in Lizenz montieren werde, doch ansonsten zeigte er sich recht zugeknöpft. Obwohl das Ausstellungsstück eine Hamburger Nummer trug, behauptete er, völlig vergessen zu haben, aus welcher Stadt Westdeutschlands es komme. Die Schlüssel zur Motorhaube habe er verloren. Ähnlich verhielt sich auch der belgische Wendax-Vertreter auf dem Brüsseler Automobilsalon im Januar 1951. Tatsächlich hatte Henry Böckmann von der Hamburger Zentrale aus strenge Anweisung gegeben, die Motorhaube der Wagen nie zu öffnen; angeblich, um sich vor Werksspionage zu schützen. Tatsächlich fürchtete der Wendax-Geschäftsführer allzu kritische Kennerblicke. Und eine Autozeitschrift zürnte daraufhin, daß „derartige Ausstellungsobjekte dem Renommee der deutschen Autoindustrie im Ausland unerhörten Schaden zufügen" könne. Sie forderte daher: „Es müßte eine Möglichkeit gefunden werden, die Ausstellung minderwertiger Erzeugnisse im Ausland zu unterbinden." Aber eine gesetzliche Regelung kam nicht.

## Die Rüttelmaschine

In der Wendenstraße wußten die Wendax-Leute selbst, daß ihre Autos noch nicht den Standard erreicht hatten, der damals bei den etablierten Fabrikaten üblich war.
Ein schwerer Fehler des WS 750 stellte sich erst nach dem Bau von etwa 20 Exemplaren heraus: daß nämlich der, mit viel Vorschußlorbeeren angepriesene 750-ccm-ILO-Motor wenig Laufkultur besaß. Ausgerechnet in der oft gefahrenen Geschwindigkeit von 75 km/h zeigte er nämlich ausgeprägte Schüttelneigung; hervorgerufen durch eine zu kleine Schwungscheibe. Das Rütteln des Motors setzte sich in der Karosserie in lästigen Vibrationen fort und führte schließlich dazu, daß sich Einzelteile lösten oder Schweißnähte aufbrachen.
Die Reklamationen mehrten sich. Die Fachzeitschrift „Das Auto" wußte zu berichten, daß ein Exemplar des WS 750 nach kurzer Laufzeit von einem vereidigten Sachverständigen wegen technischer Mängel als „verkehrsuntauglich" eingestuft worden sei. Empörte sich die Zeitschrift: „Es gehören schon erstaunlicher Mut oder bodenlose Frechheit dazu, diese Draisinen auf Gummiräder als Automobil für 5000 Mark zu verkaufen."
Betriebsleiter Groth gab sich redlich Mühe, die Beanstandungen zu beheben, er reklamierte bei den ILO-Werken in Pinneberg. Doch eine Korrektur des Motors hätte eine völlige Umarbeitung des Blocks erfordert. Garzugern hätte man einen anderen Motor eingebaut, doch Volkswagen verkaufte keine Aggregate und ein anderes Triebwerk konnten Alpers Leute auf dem Markt nicht finden. So mußte Henry Böckmann seine Autos auch weiterhin mit der rauhen Maschine verkaufen.

## Blendax gegen Wendax

Immer mehr Kunden wurden unzufrieden. Presse-Attacken blieben nicht ohne Wirkung. Als dann noch das Fachblatt „Das Auto" Mitte 1951 in dem Artikel „In Sachen Wendax" alle Sünden der Hamburger Auto-Fabrik aufzählte, kam die Marke völlig in Verruf.
Fieberhaft versuchte Alpers die Autos zu verbessern. Heinrich Paartz hatte schon Anfang 1951 ein Versuchs-Fahrgestell mit einem 1,2-Liter-Ford-Taunus-Motor gebaut. Das besondere daran: Eine Lenkradschaltung mit biegsamen Rohrleitungen, in denen Öl floß. Über Geber

und Nehmer wurden Schaltbewegungen sauber und exakt auch um Ecken übertragen. Diese „hydraulische Schaltung" legte ihre Bewährungsprobe im Hamburger Stadtverkehr ab. Und wenig später fuhr Heinrich Paartz mit dem notdürftig ausgerüsteten Chassis zum Patentamt, um die Neuerung anzumelden. Um zu vermeiden, daß Fremde sich das Chassis zu genau ansahen und gar daran herumbastelten, fuhr man nur zu zweit, beim Parken blieb einer als Bewachung zurück.
Zur gleichen Zeit mühten sich Adolf Alpers und Henry Böckmann, eine Karosseriefirma zu finden, die einen besser verarbeiteten und leichteren Aufbau liefern konnte. Man sah ein, daß auch die viertürige Böbel-Karosse zu schwer geraten war. Gar zu gern hätte Alpers den Auftrag an Wilhelm Karmann in Osnabrück gegeben, doch der winkte ab. Die Wuppertaler Firma Heppert lieferte noch im September 1951 Zeichnungen für eine zweitürige Limousine. Den Auftrag bekam letztendlich eine belgische Karosseriebaufirma. Sie lieferte im gleichen Monat eine Aluminiumkarosserie ab, die auch ohne Holzrahmen selbsttragend war. Die Heckpartie war kürzer, der überragende Kühler in die Kotflügel einbezogen. Das Verarbeitungs-Finish lag wesentlich höher als bei den bisherigen Wagen; leider auch der Preis.
Ohne daß Konstrukteur Heinrich Paartz davon erfuhr, hatte Betriebsleiter Willi Groth die neue Blechhaut auf das Versuchs-Chassis setzen lassen. Aber die neue Kreation erblickte garnicht mehr das Licht der Öffentlichkeit. Die inzwischen angelaufenen Schulden des Wendax-Fahrzeugbaus drohten inzwischen auch den Draisinenbau aufzufressen. Banken, die bisher die Prototypen finanziert hatten, spielten nicht mehr mit.
Zu allem Überfluß wurde nun auch die Mainzer Zahnpasta-Fabrik „Blendax" auf die Hamburger Firma aufmerksam und klagte gegen den so ähnlichen Namen.
Als Adolf Alpers im Oktober 1951 den Vergleich anmeldete, sprangen die Banken ein, um den bis dahin immer noch florierenden Draisinenbau zu retten. In der Wendenstraße bestimmte nun ein Vertrauensmann der Banken. Wendax-Geschäftsführer Henry Böckmann wurde entlassen, die Tochtergesellschaft aufgelöst und die Restbestände an Lagerteilen zu kompletten Autos aufgearbeitet. Die 300 Arbeiter spürten die Krise kaum; statt Roadster, Lastwagen und Limousinen bauten sie nun wieder Draisinen für die Bundesbahn. Der „Draisinenbau Dr. Alpers" überlebte das Abenteuer mit dem Kleinwagen.

## Wendax Aero WS 700

KAROSSERIE
  Roadster, 2 Sitze
MOTOR
  Wassergekühlter Zweizylinder-Zweitakt-Reihenmotor (ILO), Bohrung/Hub: 61/68 mm, 398 ccm, Verdichtung 6,7:1, 11,5 DIN-PS bei 3600 U/min, maximales Drehmoment 2,6 mkp bei 3200 U/min, Querstromspülung, Thermosyphon-Kühlung, Gemischschmierung 1 : 25, ein Bing-Vergaser 22
  Batterie: 6 Volt/80 Ah, Gleichstrom-Lichtmaschine 130 Watt
  Füllmengen: Tankinhalt 15 Liter, Kühlsystem 3,5 Liter, Getriebe 1,5 Liter
KRAFTÜBERTRAGUNG
  Dreigang-Getriebe (Hurth), Einscheiben-Trockenkupplung, Mittelschalthebel
  Heckmotor, Antrieb über Rollenkette auf das rechte Hinterrad
  Übersetzungen:
  1. Gang 3,30 : 1
  2. Gang 2,10 : 1
  3. Gang 1,10 : 1
  R-Gang 4,78 : 1
  Achsübersetzung: 3,3 : 1

FAHRWERK
  Profilrahmen-Chassis mit holzrahmenverstärkter Stahlblech-Karosserie verschraubt, vorn geschobene Längsschwingarme mit Drehstabfederung, hinten gezogene Längsschwingarme mit Drehstabfederung
  Bremsen: mechanische Trommelbremsen auf die Hinterräder
  Lenkung: Zahnstangenlenkung
  Reifen: 4.50 x 16
MASSE, GEWICHTE
  Länge 3700 mm, Breite 1470 mm, Höhe 1250 mm, Radstand 2200 mm, Spurweite vorn 1220 mm, hinten 1220 mm, Leergewicht 550 kg, zulässiges Gesamtgewicht 700 kg
VERBRAUCH
  5,5 Liter Benzin-Öl-Gemisch auf 100 km
FAHRLEISTUNGEN
  Höchstgeschwindigkeit 85 km/h
PREIS
  4750,– DM
PRODUKTIONSZAHLEN
  etwa 19 Stück
BAUJAHR
  (Debüt Mai 1949) von Juni 1949 bis September 1950

# Wendax WS 750

KAROSSERIE

Limousine, 4 Türen, 4 Sitze
Cabriolet, 2 Türen, 2 Sitze (1 Prototyp)

MOTOR

Wassergekühlter Zweizylinder-Zweitakt-Doppelkolbenmotor in Reihe (ILO-U-750), Bohrung/Hub: zweimal 52/88 mm, 748 ccm, Verdichtung 6,0 : 1, 25 DIN-PS bei 3500 U/min, maximales Drehmoment 5,8 mkp bei 2700 U/min, Querstromspülung, Gemischschmierung 1 : 25, Thermosyphon-Kühlung, zweifach gelagerte Kurbelwelle, ein Solex-Fallstromvergaser PB 32
Batterie: 6 Volt/80 Ah, Gleichstrom-Lichtmaschine 130 Watt
Füllmengen: Tankinhalt 18 Liter, Kühlsystem 4,5 Liter, Getriebe 1,5 Liter

KRAFTÜBERTRAGUNG

Synchronisiertes Viergang-Getriebe (2.–4. Gang) (Hermes), Einscheiben-Trockenkupplung, Lenkradschaltung
Frontmotor, Frontantrieb
Übersetzungen:
1. Gang 3,71 : 1
2. Gang 2,07 : 1
3. Gang 1,23 : 1
4. Gang 0,86 : 1
R-Gang 6,0 : 1
Achsuntersetzung: 4,03 : 1

FAHRWERK

Profilrahmen-Chassis mit holzrahmenverstärkter Stahlblechkarosserie verschraubt, vorn obere Querblattfeder mit Drehstabfederung, hinten gezogene Längslenker mit Drehstabfederung, Teleskopstoßdämpfer
Bremsen: hydraulische Vierrad-Trommelbremsen (ATE)
Lenkung: Zahnstangenlenkung
Reifen: 5.50 x 16

MASSE, GEWICHTE

Länge 4140 mm, Breite 1470 mm, Höhe 1360 mm, Radstand 2650 mm, Spurbreite vorn 1220 mm, hinten 1140 mm, Wendekreisdurchmesser 12 m, Leergewicht 850 kg, zulässiges Gesamtgewicht 1000 kg

VERBRAUCH

6,8 Liter auf 100 km (Benzin-Öl-Gemisch)

FAHRLEISTUNGEN

Höchstgeschwindigkeit 95 km/h

PREIS

5750,– DM

PRODUKTIONSZAHLEN

etwa 70 Stück

BAUJAHR

(Debüt März 1950) ab Juli 1950 bis Oktober 1951

*Staunau-Werk, Automobil GmbH, Hamburg-Harburg:*

# Chryslers Flirt: Nur einen Sommer lang

Absatzsorgen drückten — wie in vielen anderen Betrieben auch — auf das Staunau-Werk in Hamburg. Karl-Heinz Staunau, der schon vor dem Krieg zunächst eine Großhandlung, später eine Fertigung von Bohrmaschinen aufgezogen hatte, erhielt sofort nach Kriegsende von den Besatzern eine Betriebserlaubnis und Eisenscheine.

In der Hoffnung auf einen Bau-Boom begann Staunau mit der Herstellung von Kränen und Baumaschinen. Aber die Rechnung ging nicht auf. Die Branche investierte 1947 so gut wie garnicht. Staunau blieb auf seinen Geräten sitzen. Also begann er, mit seinen Technikern einen „Speiseeis-Roboter" zu entwickeln, bei dem oben Milch hineingeschüttet wurde und unten fertiges Eis herausquoll. Die Kunden liefen Staunau ins Haus, und über Nacht zog in den 180-Mann-Betrieb die Konjunktur ein. Die ausgehungerten Deutschen spürten nämlich nach der Währungsreform einen kräftigen Heißhunger nach der kalten Schleckerei. Das Geschäft lief so gut, daß es Staunau auch leicht verschmerzen konnte, als ihm die Militärs im Rahmen der Demontage sämtliche schwere Maschinen aus der Halle holten. Bald aber schmolz der Umsatz mit dem Eis dahin, der Markt war gesättigt, neue Eismaschinen schaffte niemand mehr an. Staunau produzierte noch einige Zeit auf Lager, sah sich aber gleichzeitig nach einem neuen Betätigungsfeld um.

Die Kontakte, die er durch die Eismaschinen zu Konditoreien und Bäckereien unterhielt, brachten ihn darauf, doch künftig Maschinen für diesen Geschäftszweig zu bauen. Und so entstanden neben den Eisrobotern die ersten Teigknet- und Semmelteigmaschinen, die sich auch recht gut verkaufen ließen. Und da Staunau ein umsichtiger und expansionsfreudiger Geschäftsmann war, gründete er neben seiner „Maschinenfabrik Karl-Heinz Staunau" noch die „Staunau Konditoreimaschinen GmbH".

### Das Vorbild: Buick

Nur ein Jahr hielt das Hoch an. 1949 mußte Staunau einsehen, daß auch in dieser Branche für sein Werk kein dauernder Absatzmarkt war. Und wiederum begann die Suche nach neuen Programmen.

Bei einem Besuch einer Bäckerei in Hamburg-Harburg entdeckte Staunau, daß sich der Geschäftsinhaber, der dringend einen fahrbaren Untersatz benötigte, ein solches Vehikel aus Alt-Teilen selbst zusammengeschustert hatte. Im Gespräch mit dem Bäckermeister erkannte Staunau, wie groß der Bedarf an Autos war, und dem 37jährigen Technischen Kaufmann wurde klar, daß „nach dem Kühlschrank die Leute nun auch ihr eigenes Auto haben wollen". Die zu dieser Zeit in Hamburg stattfindende Kleinwagen-Tagung mag Staunau in der Meinung bestärkt haben, daß sich hier ein Markt erschließen ließ, der auf Jahre hin nicht zu sättigen sei.

Um seine Ideen jedoch zu verwirklichen, brauchte Staunau nun einen erfahrenen Konstrukteur. Den fand er in Gerd Krebs. Der Ingenieur hatte bis Kriegsende im Flugzeugbau der Hamburger Firma Blohm & Voss gearbeitet und war maßgeblich am Bau eines Dreiradwagens beteiligt, mit dem die Schiffs- und Flugzeugwerke nach 1945 in den Automarkt einstiegen. Doch dazu kam es nicht. Krebs schied aus und eröffnete ein kleines Ingenieurbüro.

Hier stöberte ihn Staunau auf und bot ihm an, gemeinsam eine Autoproduktion aufzuziehen. Als Staunau noch zusagte, Krebs mit einem Prozent am Umsatz zu beteiligen, sagte der Flugzeug-Ingenieur sofort zu.

Zuerst fuhren beide zu dem Bäckermeister nach Harburg und besichtigten dessen Eigenbau. Staunau meinte, es wäre gut, wenn sein Konstrukteur dieses Vehikel einmal studiere. Doch bei näherer Untersuchung waren sich beide klar darüber, daß man nur über professionellere Wege zum Ziel kommen könne.

Krebs erinnerte sich der Blohm & Voss-Konstruktion. Im Herbst 1949 entwarf er ein ähnliches Dreiradfahrzeug mit hinterem Einzelrad und 200-ccm-Motor. Doch damit war Staunau absolut nicht einverstanden. „Um Himmelswillen kein Dreirad", empörte er sich und bestand darauf, daß sein Auto vier Räder haben müsse. Krebs hatte fast alles so ausgelegt, daß man den Wagen mit Teilen bauen konnte, die es auf dem Zubehörmarkt zu kaufen gab. So wäre das Dreirad ausgesprochen preiswert geworden.

Aber Staunau wollte in erster Linie einen Wagen, der „schöner als der Volkswagen aussieht". Also begann Krebs eine solche Konstruktion, wobei er wiederum möglichst viele Kaufteile verwenden wollte. Beide fuhren zuerst einmal ins benachbarte Pinneberg zu den Ilo-Motorwerken und ließen sich das dortige Programm vorführen. „Wir haben ein ganzes Aggregat da", meinten die Verkäufer, „ein 400-ccm-Nasenkolben-Zweitakter, gekoppelt mit dem Hurth-Getriebe und für Frontantrieb ausgelegt." Genau das Richtige für Staunau.

Um dieses Triebwerk herum konstruierte Krebs nun ein komplettes Auto. Die Firma Bilstein in Ennepetal lieferte inzwischen nämlich wieder Ersatzteile für die Vorkriegs-DKW-Typen F-8 und F-9. Krebs kaufte eine komplette Vorderachse des DKW F-8 für seinen Wagen. Für die Hinterachse sah man eine hintere Drehstabachse vor, die eigentlich für Einachs-Anhänger gedacht war. Die Lenkung kaufte man von ZF, die hydraulischen Vierrad-Trommelbremsen bestellte Krebs bei Alfred Teves (ATE).

Nachdem die Frage der Technik geklärt war, galt es, um Fahrzeuginsassen eine passende Karosserie zu bauen. Im Januar 1950 wurden in einem Drahtkäfig, Maßstab 1:1, die ersten Sitzproben absolviert. Danach

konstruierte Krebs eine völlig selbsttragende Karosserie. Nach Krebs Plänen und dem Drahtkäfig baute der Karosseriemeister Günter Dege die erste komplette Außenhaut. Dege verstand sein Handwerk: Für Fritz Huschke von Hanstein und Alex von Falkenhausen hatte er vor einigen Monaten erst Aluminium-Karosserien für ein VW-Chassis zurechtgeklopft.

Parallel zu Deges Arbeit schnitzte eine Modellwerkstatt ein 1:1-Holzmodell, nach dem man räumliche Schablonen anfertigte. Für die schwer zu biegenden Teile, wie die abschraubbaren Vorderkotflügel, Hinterkotflügel, Dach und Motorhaube nahm Dege erst einmal Aluminiumblech, später sollten auch diese Teile aus Stahlblech entstehen.

Um die Form gab es wenig Diskussionen. Krebs hatte eine weitausladende Pontonkarosserie entworfen, die stark an amerikanische Autos erinnerte. Um Kosten zu sparen, erhielten vordere und hintere Türpfosten die gleiche Schräge, wodurch die Blechteile sowohl für die rechte wie die linke Türe Verwendung fanden. Protest des Firmenchefs zwang den Konstrukteur allerdings, von der Form des Kühlergrills abzugehen. „Für mich ist der Buick der schönste Wagen", erklärte Staunau kategorisch, „und ich will meinen Wagen nach diesem Vorbild bauen." Staunaus privater Buick stand denn auch Pate bei der Gestaltung der neuen Frontverzierung.

*Diese Schnauze trug der Staunau zuerst. Aber dagegen legte der Chef Veto ein.*

„Das Ding kann ja gar nicht halten, es bricht zusammen, wenn Sie einsteigen", riefen die Schlosser Gerd Krebs zu, als der im März 1950 den allerersten kompletten Wagen zur Jungfernfahrt bestieg. Niemand glaubte damals an die selbsttragende Karosserie. Doch sie hielt genau so, wie es Krebs erwartet hatte.

Auf der Probefahrt stellte sich heraus, daß die Übersetzung des Hurth-Getriebes dem Motor nicht angepaßt war. Da Ilo noch andere Zahnräder mitgeliefert hatte, war das Problem schnell behoben. Der Ilo-Motor besaß noch eine schwere Schwungscheibe. Beschleunigte man den Wagen aus dem Stand heraus, sorgte die Scheibe auf den ersten Metern für durchdrehende Reifen.

Noch Ende März 1950 war das erste Exemplar des „Staunau K 400" komplett. Das „K" in der Typenbezeichnung stand für den Namen des geistigen Vaters. Innerhalb von nur drei Monaten hatten die Hamburger ein ganzes Auto entwickelt. Nun kam es darauf an, die Serienproduktion vorzubereiten. Der Absatz an Konditoreimaschinen ließ nämlich immer mehr zu wünschen übrig. Erst vom Auto erhoffte sich Staunau wieder neues Geld in den Kassen.

Die ersten Teile hatte man noch im Zubehör-Großhandel gekauft. Jetzt mußte Staunau die Firmen dazu bewegen, auch größere Stückzahlen für die K 400-Produktion bereitzustellen.

Bei der Probefahrt im Staunau 400 war der Juniorchef der Achsenfabrik Hahn von der Straßenlage derart angetan, daß er versprach, seine Anhänger-Achsen speziell für den neuen Wagen auszulegen. Die Zulieferer waren gerne bereit, für eine Serie von zunächst 300 Wagen Teile zu liefern.

## Einiges Hälserecken

Eigentlich wollte Karl-Heinz Staunau sein neues Produkt auf der zum zweiten Mal stattfindenden Automobilausstellung in Reutlingen zeigen. Doch es war dazu nicht rechtzeitig fertiggeworden. Notierte enttäuscht die Presse: „Die eigentliche Sensation der Ausstellung, der neue Staunau, war nicht erschienen."

Ein Berliner Autohändler bekniete Karl-Heinz Staunau aber, den neuen Wagen unbedingt zur Berliner Automobil-Schau im Mai 1950 auszustellen. Nach einigem Sträuben stimmte Staunau auch zu. Aber alle Plätze waren bereits ausverkauft, und nur weil die italienische Marke Cisitalia kurzfristig zurücktrat, konnte Staunau doch noch seinen Stand aufbauen lassen.

Bis zum Beginn der Schau wollten die Hamburger weitere Exemplare des K 400 bauen, die exakter gearbeitet waren und auch kritischen Blicken standhalten sollten. Auto Nummer eins lief im Versuch, Exemplar Nummer zwei lieferte man an einen Vertreter aus, damit die Kassen für Nummer drei, den in Bau befindlichen Ausstellungswagen, aufgefüllt waren.

Der Tag der Eröffnung rückte näher. Wagen Nummer drei rollte fristgerecht per Eisenbahn nach Berlin. Mit dem Versuchsexemplar fuhr Gerd Krebs selbst durch die Sowjet-Zone in die geteilte Stadt.

Karl-Heinz Staunau, Ex-Werbeleiter beim Ullstein-Verlag, verstand es meisterhaft, für sein Erzeugnis die Trommel zu rühren. Er bezeichnete den K 400 als „schönsten Kleinwagen", und tatsächlich schien der aufgeplusterte Wagen dem Zeitgeschmack weitgehend entgegenzukommen. 1950 himmelte man alles an, was von jenseits des großen Teiches kam, und der Staunau K 400 brachte das begehrte amerikanische Flair in Berlins Messehallen. „Seiner Größe und leicht auch seinem Preis nach vermeint der Beschauer zunächst einen Wagen der Mittelklasse vor sich zu haben", schrieb das Fachblatt „Das Auto", „Es ist spaßig zu beobachten, wenn einer die Haube anhebt und die Umstehenden, nach einigem Hälserecken, den winzigen Motor entdecken." Und der „Kurier" lobte am 30. Mai 1950: „Man muß schon sagen, der Wagen hat eine Linie, die sich wirklich sehen lassen kann. Vier Sitze, Vierradöldruckbremsen, was in dieser Klasse schon etwas Besonderes ist, die moderne Lenkradschaltung und Blinker statt der allmählich veralteten Winker sind Kennzeichen des neuen Wägelchens, das ausschaut wie ein großer." „Beim ersten Anblick möchte man meinen", schrieb das „Hamburger Echo", „einen echten Amerikaner in verkleinerter Ausgabe vor sich zu haben." Die „Neue Zeitung" hob damals besonders die Geräumigkeit hervor: „Der Wagen ist nach amerikanischem Muster völlig verkleidet und bietet bei seiner Geräumigkeit bis zu sechs Personen Platz." Die ach so gelobte vordere Sitzbank mit der ungeteilten Rückenlehne à la USA machte es möglich.

Allerdings gab es auch an diesem Wagen einiges zu bemängeln: So kritisierten Fach-Journalisten, daß trotz der riesigen Motorhaube und dem kleinen Motor das Aggregat in den Fußraum hineinragte und die Pedalanordnung beeinträchtigte. Auch die Brennstoffzu-

*Eine langgestreckte Linie mit geringen Karosserieüberhängen trug der K 400. Die Kofferraumklappe fehlte allerdings am Heck.*

fuhr klappte offensichtlich nicht recht: Wenn nur noch wenig Benzin im Tank war, überstieg in scharf gefahrenen Linkskurven die Zentrifugalkraft den Gefälledruck und die Benzinzufuhr wurde unterbrochen. Und gemessen an dem stolzen Leergewicht von 700 kg war der 400-ccm-Motor viel zu schwach.

Diese Fehler wurden überstrahlt vom äußeren Glanz. Die Bestellungen blieben nicht aus, und wenige Tage nach der Ausstellungseröffnung ließ Staunau durchblicken, daß er schon 120 Aufträge vorliegen habe.

Soviel amerikanische Schönheit lockte den US-Auto-Industriellen Walter Chrysler an Staunaus Stand. „Der grinst mit seiner verchromten Schnauze wie ein Amerikaner", will das Nachrichten-Magazin „Der Spiegel" damals aus Chryslers Mund gehört haben, obwohl die Schnauze ja gar nicht verchromt war, sondern — genau wie alle Blankteile — aus einfachem Aluminium bestand. Chrysler bot Staunau an, den Pseudo-Straßenkreuzer ins europäische Verkaufsprogramm seines Konzerns aufzunehmen. Sollte etwa der drittgrößte Auto-Hersteller der Welt beim Newcomer Staunau eine deutsche Filiale errichten? Die Spekulationen in der

Branche jagten sich. Insider wollten wissen, daß Chrysler den 400-ccm-Wagen auch in den USA anbieten werde und spätere Pläne bestünden, den Staunau K 400 dort zu bauen. Es mag sein, daß Staunau als sein eigener Werbechef solche Gerüchte selbst säte. Während die Berliner Auto-Show ablief, bestellten Schweizer Geschäftsleute schon 1000 Staunau-Wagen unter der Bedingung, daß Goliath und David handelseinig würden.

Da in den Hallen die Verhandlungen liefen, übernahm Konstrukteur Krebs Probefahrten auf dem Freigelände. Mit fünf Kaufinteressenten beladen, fuhr er in ein kleines Tal in der Nähe. Am tiefsten Punkt angelangt, hielt er an, gab viel Gas und fuhr die ersten Meter mit durchdrehenden Reifen den Berg hoch. „Das überzeugt alle", lachte Krebs.

### Wachsen die Bäume in den Himmel?

Kaum waren die Hamburger von der Berliner Ausstellung zurück, meldete sich ein Mann bei Staunau: „Der

ADAC veranstaltet zum ersten Mal die Auto-Rallye Travemünde. Wollen Sie mit Ihren Wagen nicht teilnehmen?" Staunau wollte nicht. Er wußte selbst, daß seine Limousine mit dem 400-ccm-Motor nicht gerade üppig motorisiert war, und da sein Auto in der Klasse bis 750 ccm starten mußte, glaubte er kaum an einen Erfolg. Doch dann ließ er sich überreden und gab das Versuchsexemplar dazu her. Unter 59 Fahrzeugen stand im Juni 1950 zu der Sternfahrt über 1500 Kilometer auch der Staunau K 400 an der Startlinie. Auf den ersten Kilometern hielt sich der Wagen recht gut. Dann passierte die Panne: Die Bremsen waren beim Service in der falschen Richtung nachgestellt worden, und so flogen nach der ersten Vollbremsung die Kolben aus den Bremszylindern heraus. Mit der Handbremse als Nothalt fuhr die Staunau-Besatzung weiter, besorgte sich unterwegs neue Kolben und baute sie ein. Sie verloren zwar eine Stunde Zeit, doch der Wagen kam trotzdem noch als Klassensieger bis 750 ccm ans Ziel. In der Gesamtwertung lag der K 400 auf dem siebten Platz: Ein erstaunlicher Erfolg, der in der Presse viel Beachtung fand und Karl-Heinz Staunau eine Menge Kunden und Händler ins Haus lockte.

Die Konkurrenz argwöhnte, daß in den Harburger Hallen die Bäume in den Himmel wuchsen. Angeregt durch den Sporterfolg plante Staunau nun ein stärkeres Modell. Die Karosserie sollte bleiben wie sie war, doch die Rallye-Teilnehmer, die sich Staunau als ernsthafte Kaufinteressenten zeigten, wollten mehr Dampf unter der Haube. Gerd Krebs fuhr deshalb wieder ins benachbarte Pinneberg, um bei ILO nach einem stärkeren Motor Ausschau zu halten. Gerade zu dieser Zeit hatten die ILO-Werke einen ehemaligen Auto-Union-Konstrukteur angeheuert, der dort einen 750-ccm-Doppelkolben-Zweitakter entwickelt hatte. ILO versprach sich viel von diesem Motor. Er sollte in Leistung und Laufruhe den VW-Motor bei weitem übertreffen.

Im Juli probierte Krebs das neue Triebwerk aus. Um die höhere Leistung zu übertragen, hatte man sich ein VW-Getriebe gekauft. Die ersten Probefahrten verliefen enttäuschend: Der Motor schüttelte sich in allen Drehzahlbereichen. Der Auspuff bereitete größtes Kopfzerbrechen. Es gab keinen zu kaufen, der nicht den größten Teil der angegebenen 28 PS auffraß. Krebs brachte zwar den ersten Staunau K 750 ohne Auspuff mit Donnergetöse auf 120 km/h. Sobald aber ein schalldämpfendes Rohr den Lärm erträglicher machte, sank die Leistung bis auf 95 km/h ab.

## Der tolle Apparat

Während der 750er noch im Versuch lief, begann Anfang Juli 1950 die Serienproduktion des K 400. Stolz erklärte Karl-Heinz Staunau der Presse, er hoffe, bis zum nächsten Jahr 600 bis 900 Wagen pro Monat bauen zu können.

Die Bielefelder Benteler-Werke und die Hamburger Comba-Werke hatten die Preßwerkzeuge für den Staunau installiert und lieferten nun die fertig gezogenen Bleche und Rohre, die in Harburg zur kompletten Karosserie montiert wurden. Daneben lief in Taktfertigung die Motorenstraße, in der das Aggregat aufgebaut wurde. Mit nur vier Schrauben hing es in der selbsttragenden Karosserie und bildete einschließlich Achsen, Aufhängung und Räder eine fertige Einheit.

Seitdem bei Staunau die Serienproduktion angelaufen war, hatte auch der Wirt vom „Hotel Anker" gut lachen. Bei ihm warteten die Vertreter Tag und Nacht auf ihre Autos, die sie „fast warm aus dem Lackierungsofen holten", wie Krebs scherzhaft meinte.

Ob Tag oder Nacht, sowie ein Auto aus der Taktstraße rollte, fuhr Krebs vor der Auslieferung eine Proberunde. Fast 800 Arbeiter bauten täglich rund vier Wagen. Dabei kam es immer wieder zu Stockungen, weil benötigte Teile nicht auf Lager und teilweise nicht von den Zulieferern zu erhalten waren. Aus finanziellen Gründen hielt nämlich Staunau die Vorräte klein, und da es mit der Koordination im allgemeinen noch nicht recht klappte, kam ab und zu die Produktion völlig zum Erliegen.

Inzwischen ging auch der K 750 in Serie. Zwar war es nicht gelungen, dem Motor einen ruhigen Lauf anzuerziehen, worüber Konstrukteur Krebs „äußerst unglücklich" war, aber Firmenchef Staunau legte Wert darauf, das Programm recht schnell nach oben hin abzurunden. Er hoffte, daß es in der Serie noch gelingen werde, das Problem zu lösen.

Als allerdings die Zeitschrift „Das Auto, Motor und Sport" einmal einen K 750 testete, blieb an Staunaus Auto wenig Gutes. „Das tollste an dem ganzen Apparat", empörte sich der Tester, „ist die Karosserie. Die Ausführung muß man gesehen haben, sonst hält man es nicht für möglich. Die Oberfläche ist wellig und voller Beulen." Man bemängelte, daß Türen und Motorhaube nicht paßten und „zentimetergroße" Schlitze ergäben. Zwar sei die Straßenlage „nicht schlecht", aber auf schlechten Wegen nicke und schwanke das Fahrzeug unerträglich. „Das einzig Schöne am Staunau

K 750", vermerkte der Tester, „ist der wassergekühlte ILO-Motor." Während Konstrukteur Krebs das Aggregat bemängelte, lobte die Zeitschrift den „ruhigen und gleichmäßigen Lauf". Absolut ungeeignet sei dagegen das VW-Getriebe, dessen Gangabstufungen für diesen Wagen ganz falsch liegen würden. „Dazu hat Staunau eine Lenkradschaltung gebastelt", schimpfte „Das Auto, Motor und Sport", „die in ihrer Ausführung unter aller Kritik ist." Erfordere schon beim VW das geräuschlose Schalten eine gewisse Übung und Aufmerksamkeit, werde es hier „zum reinen Zufallstreffer".

ILO lieferte damals zum 750er Motor kein Getriebe und deshalb hatten sich die Hamburger in der ersten Zeit mit gekauften VW-Getrieben geholfen. Es kam aber die Zeit, wo kaum Ersatzteile aus Wolfsburg zu haben waren, und so mußte sich Staunau nach einer neuen Lösung umsehen. Aus alten Wehrmachtsbeständen hatte er dann einen Posten alter VW-Getriebe gekauft die angeblich fast neuwertig auf Verwendung warteten. Sie wurden überholt und in die meisten K 750 eingebaut. Erst später entwickelte die Wuppertaler Firma Hermes im Auftrag von ILO ein passendes Getriebe zum 750er Motor. Staunau hatte ebenfalls derweil ein passendes Getriebe entwickeln lassen, das er in Zukunft auch selbst bauen wollte.

Der teuerste Staunau kostete „zuzüglich der üblichen Aufschläge" 6457 Mark. „Wenn man sich vor Augen

*Bei seinem Konstrukteur bestellte Firmenchef Staunau dieses weiße Cabriolet für sich. Es besaß schon vorn angeschlagene Türen; und in das Foto kritzelte Staunau mit einem Stift, wie er sich die Karosserieverbesserungen für die Zukunft vorstellte.*

hält, daß man für einige hundert Mark weniger einen Opel Olympia erhält ... und daß der VW Standard für 4400 Mark dagegen ein Super-Luxussport ist, wird man sich erst der Zumutung gewahr, die das Angebot dieses Wagens darstellt", schimpfte „Das Auto, Motor und Sport". Der K 400 war zwar etwas billiger, aber Staunau verdiente trotzdem an seinen Autos nichts: Er hoffte, durch hohe Stückzahlen später aus den roten Zahlen zu rutschen.

## Wild-West-Zeit

Als Höhepunkt wollten die Hamburger Autoproduzenten den Tag feiern, an dem ihr Münchener Vertreter zehn Fahrzeuge auf einmal in Empfang nahm. Statt der erwarteten Barzahlung bekam Staunau einen Scheck ausgehändigt, der nach telefonischer Rückfrage bei der Bank gedeckt war. Am Tage der Scheck-Einlösung fehlte freilich das nötige Geld auf dem Konto. Die zehn Fahrzeuge buchte Staunau auf sein Verlustkonto.

Wenn auch die Hamburger Autos eine nicht immer günstige Beurteilung bei Fachleuten und in der Presse erhielten, so fanden sich doch mehr Käufer als Staunau Autos liefern konnte.

Für Krebs und Staunau war es eine „Wild-West-Zeit". Es blieben nur wenige Stunden Schlaf, da die meiste Zeit darauf hingearbeitet wurde, möglichst viele Wagen auszuliefern.

Neben der Serienproduktion, die einen ganzen Mann in Anspruch nahm, bastelte Krebs noch an einem Cabriolet. Karl-Heinz Staunau, der schon immer einen gepflegt-eleganten Lebensstil bevorzugte und viel Wert auf Äußerlichkeiten und Repräsentation legte, dürstete nach einem weißen Cabriolet seines Staunau K 400. Gerd Krebs konnte sich dem Wunsch seines Chefs nicht verschließen und überredete seinen Hausarzt – der soeben ein funkelnagelneues VW-Cabriolet erworben hatte – dazu, das Faltverdeck zu Studienzwecken auseinanderzunehmen zu dürfen.

In mühevoller Kleinarbeit, mit Verstärkungen der selbsttragenden Karosserie und handgenähtem Faltverdeck bekam der Firmenchef noch Ende Juli 1950 seine Sonderausführung vor die Tür gestellt. An eine Serienproduktion war nicht zu denken, denn mit dem derzeitigen Typenprogramm schafften die Staunau-Werker mehr als genug.

## Rohstoff-Krise und kein Geld

Jetzt, wo die Serie angelaufen war und das Händlernetz sich rapide vergrößerte, kam der Zeitpunkt, wo Chrysler oder andere Geldgruppen mit einigen hunderttausend Mark Investitionen dem Staunau K 400 zum großen Durchbruch verhelfen sollten. Doch nichts geschah. Im Gegenteil: Die Konditorei-Maschinen verschwanden aus den Hallen, alles konzentrierte sich auf den Autobau, der vorläufig nichts einbrachte. Karl-Heinz Staunau hatte seine Firma inzwischen zur „Staunau-Werk Automobil GmbH" umgetauft und hoffte auf weiterhin erfolgreiche Monate.

Aufbaukredite, wie sie in jenen Jahren vom Staat großzügig verteilt und auch von Staunau beantragt wurden, blieben dem Werk versagt. Obwohl Hamburgs Stadtwappen als Markenzeichen diente, lief ein unterkühlter Draht von Firmenboß Staunau ins Hamburger Rathaus. Aus verschiedenen persönlichen Gründen war der Oberbürgermeister von Harburg und spätere Finanzsenator Dudeck Staunau und seinem Werk nicht gut gesonnen, und so hielt man das Staatssäckel auch kräftig zu, als Staunau es anzapfen wollte. Hilfe aus Bonn hätte Staunau nur dann erhalten, wenn Hamburg die Ausfallbürgschaft übernommen hätte. Der Auto-Fabrikant war also auf sein eigenes Sparschwein angewiesen. Selbst auf dem freien Kapitalmarkt gab es nicht viel zu holen. Vielleicht hätte Staunau dieses monetäre Vakuum überlebt, wenn nicht im Herbst die Auswirkungen des Korea-Krieges eine allgemeine Rohstoff-Krise ausgelöst hätten.

An diesem Krieg scheiterte auch die Zusammenarbeit mit Chrysler, denn die Amerikaner produzierten für Asien und kümmerten sich nicht mehr um ihre Pläne in Europa.

Von einem Tag auf den anderen wußten die Hamburger nicht mehr, woher man Bleche und Ersatzteile für die Produktion nehmen sollte. Ganze 14 Tage lang wurde kein einziges Auto gebaut. Verzweifelt fuhr Staunau mit einigen Lastwagen durch die Lande, um Bleche – 100-kilogrammweise – von verschiedenen Werken zusammenzuschnorren. Jetzt half nur noch Organisationstalent und viel Geld. Um die Serie nicht ganz einstellen zu müssen, begnügte man sich mit 1 × 2-Meter-Blechen, die Karosseriemeister Dege zu größeren Blechen zusammenschweißte. Daraus wurden in Bielefeld Hinterkotflügel und Dächer gepreßt. Peinlichst mußte man darauf achten, daß die Schweißnaht nicht in die belastete Phase geriet, sonst wären die Bleche beim Pressen wieder auseinandergebrochen. Auch nach Fertigstellung der Karosserie erforderten die Schweißnähte aufwendige Nacharbeit. Die aneinandergeflickten Bleche waren nicht glatt und mußten besonders fein gespachtelt werden. Diese Mehrarbeiten warfen sämtliche aufgestellten Kalkulationen über den Haufen. Sie stimmten schon deshalb nicht mehr, weil die Materialknappheit sogenannte Bummelzeiten zur Folge hatte: Arbeitsstunden, die Staunau seiner Belegschaft zahlen mußte, in denen es jedoch nichts zu tun gab, weil es an Material fehlte. Staunau verkaufte seine Autos schon längst unter dem Selbstkostenpreis.

Als dann weitere Vertreter Autos übernahmen und mit Wechseln bezahlten, die später platzten, endete das Staunau-Werk am 20. September 1950 im finanziellen Kollaps. Wenige Wochen vor Weihnachten 1950 meldete Staunau das Vertragshilfeverfahren an. Im Januar 1951 trafen sich darauf eiligst 400 Gläubiger, deren Forderungen insgesamt etwa 300 000 Mark ausmachten. Sie gaben Staunau deutlich zu verstehen, daß er der Leitung des Betriebes nicht mehr gewachsen sei. Über diese Versammlung berichtete das „Hamburger Abendblatt": „Nachdem Fachleute die Qualität des von Staunau hergestellten Kleinwagens gelobt und erklärt hatten, daß ein Betriebskapital von 300 000 Mark zum Wiederflottmachen des Werkes notwendig sei, wurde ein neunköpfiger Gläubigerausschuß gebildet und ein auf drei Monate befristetes Stillhalteabkommen beschlossen."

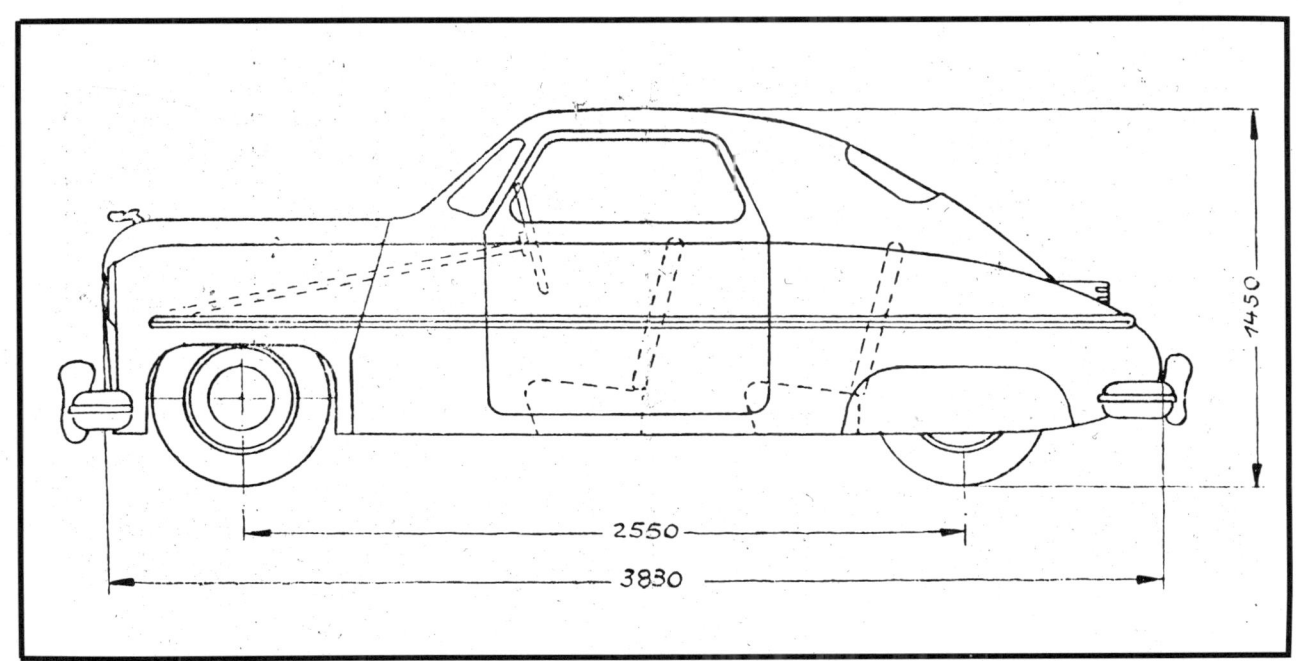

*Während Karl-Heinz Staunau ums Überleben seiner Fabrik kämpfte, entstand auf den Zeichenbrettern im Konstruktionsbüro schon eine neue Variante des K 400: Ein Coupe. Im Grunde nichts anderes als die in Serie laufende Limousine, jedoch ohne hintere Seitenfenster.*

### Zukunft als Genossenschafts-Auto?

Unter der Regie eines Treuhänders baute die Belegschaft aus den Restbeständen die letzten Wagen zusammen. Ein Wettlauf mit der Zeit begann; gelang es innerhalb der nächsten drei Monate, 300 000 Mark aufzutreiben, sollte der Staunau-Wagen fortbestehen. Die Händler glaubten bis zuletzt, das Geld noch aufbringen zu können. Der Kapitalmarkt brachte ihr Vorhaben zum Scheitern.

Als diese Zeit verstrichen war, flog Staunau nach Süd-Amerika. Hier wollte er das nötige Geld locker machen. Er dachte an eine Montage in Brasilien oder Argentinien. Beflügelt zu solchem Optimismus hatten Staunau Geschäftsfreunde, die ihm schon früher den südamerikanischen Markt als besonders aufnahmefähig für den Hamburger Kleinwagen schilderten. Alle Mühen waren vergebens, und Staunau blieb gleich in Süd-Amerika.

Der Konkurs in seiner Hamburger Fabrik war unausweichlich. In den folgenden Wochen reisten etliche Interessenten an, die Staunaus traurigen Nachlaß übernehmen wollten. Ein schwedisches Konsortium zeigte ernstes Interesse daran, die Produktion fortzuführen, und die Gewerkschaft sowie die G-E-G-Konsumgenossenschaft unterstützten diesen Plan. In Schweden sollte eine Automobil-Verbraucher-Genossenschaft gegründet werden und der Staunau künftig als „Genossenschafts-Auto" hier oder irgendwo in Skandinavien weiterleben. Zusammen mit Gewerkschaftsfunktionären sah sich Gerd Krebs schon riesige Hallen an, in denen der Staunau in großen Stückzahlen für Schweden gebaut werden solle. Als es um die nötigen finanziellen Mittel ging, scheiterten alle Pläne. Schweden wollte das gesamte Projekt nämlich mit einigen Millionen Mark bezahlen, die seit dem Dritten Reich in Deutschland auf Sperrkonten lagen. Über die Konsumgenossenschaft G-E-G hofften die Schweden, Bonn dazu bewegen zu können, das Geld freizugeben — umsonst. Und das Gerücht, die Westdeutschen würden sich gegen die Besatzungsmacht nicht halten können, verängstigte Schweden. Deshalb ließen sie sich nicht bewegen, in Hamburg eigenes Geld zu investieren.

Im selben Zeitraum meldete sich ein dänisches Gremium, das ebenfalls am Bau des Staunau K 400 interessiert war. Er sollte nach dänischen Wünschen nicht in der bisherigen Form gebaut werden. Man wünschte vier Türen und ein richtiges Stufenheck. Pläne wurden gezeichnet, Kostenvoranschläge errechnet, lange Korrespondenzen geführt. Auch in Holland zeigte sich einiges Interesse, aber kein Geld.

Die Schweden kauften schließlich 1953 doch noch sämtliche Werkzeuge des Staunau, verpackten und lagerten sie im Hamburger Freihafen ein. Zum Versand kamen sie nie. Einige Jahre später wurden sie verschrottet.

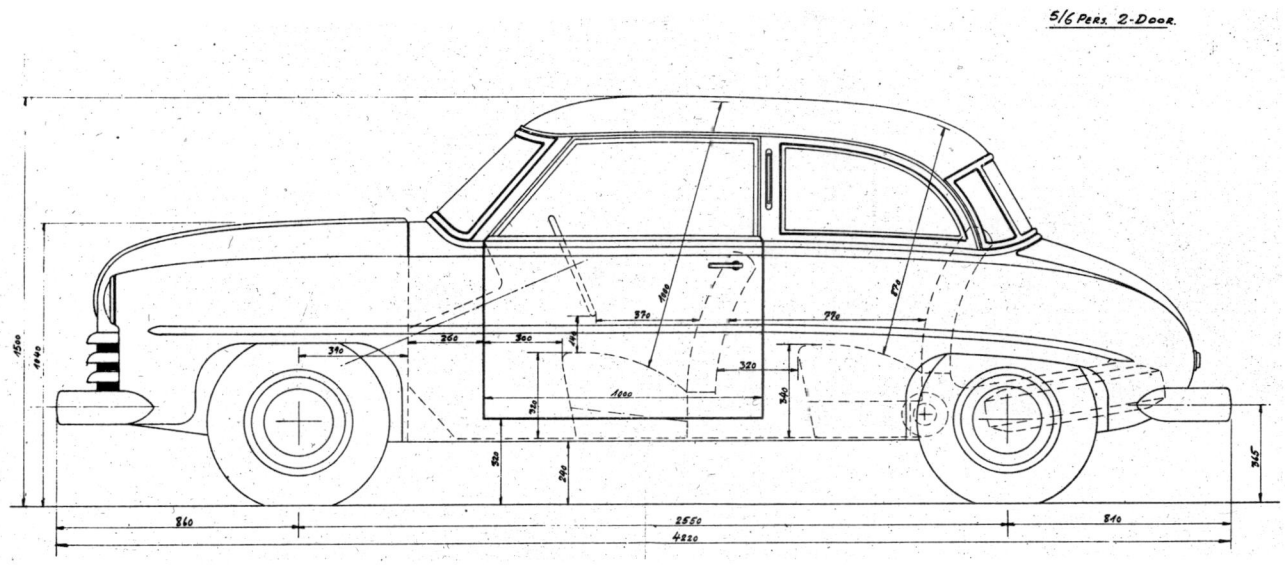

Eine dänische Gruppe wollte Staunau übernehmen, jedoch den K 400 nicht in der derzeitigen Form weiterbauen. Die Neuauflage sollte ein Stufenheck besitzen und auch als Viertürer lieferbar sein. Um den Wünschen der Interessenten entgegenzukommen, zeichnete Konstrukteur Krebs einen neuen Wagen, der als 2- und 4türige Limousine, als Taxi, ja sogar als Cabrio-Limousine ausgelegt war.

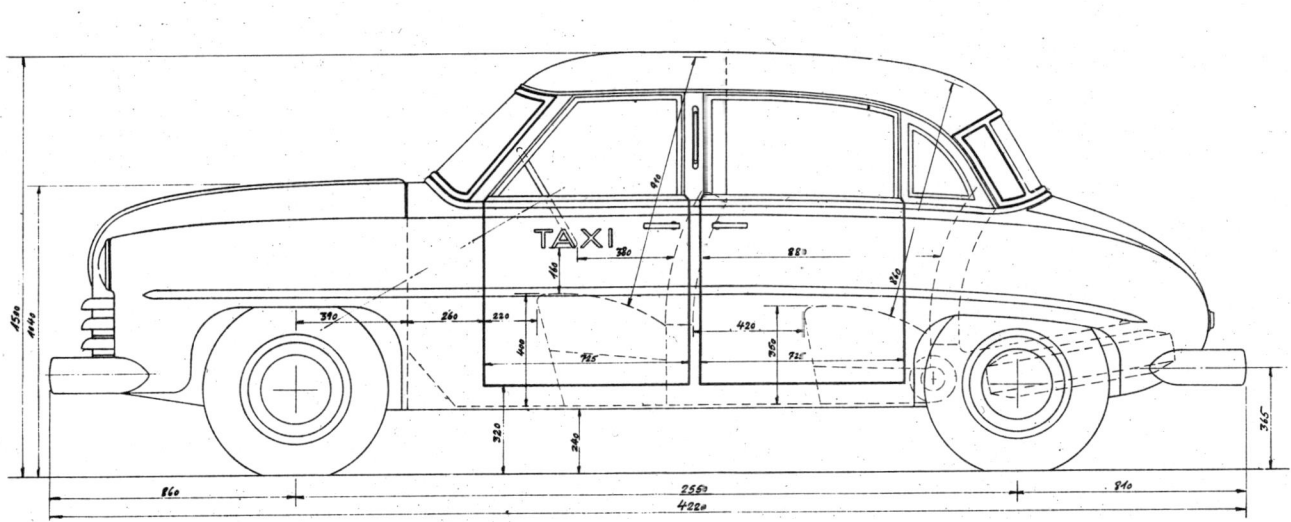

## Staunau K 400

KAROSSERIE
 Limousine, 2 Türen, 4 Sitze
 Cabriolet, 2 Türen, 2 Sitze (Prototyp)
MOTOR
 Wassergekühlter Zweizylinder-Zweitakt-Reihenmotor (ILO WE 2/200), Bohrung/Hub: 61/68 mm, 389 ccm, Verdichtung 5,7:1, 13 DIN-PS bei 3600 U/min, (ab Sept. 1950: Verdichtung 6,85:1, 14 DIN-PS bei 3800 U/min), maximales Drehmoment 2,80 mkp bei 3200 U/min, Querstromspülung, Gemischschmierung 1 : 20, Thermosyphon-Kühlung, ein Bing-Vergaser 22 (ab Sept. 1950: Solex Fallstrom-Vergaser PB 30)
 Batterie: 6 Volt/80 Ah, Gleichstrom-Lichtmaschine 130 Watt
 Füllmengen: Tankinhalt 25 Liter, Kühlsystem 4,5 Liter, Getriebe 1,5 Liter
KRAFTÜBERTRAGUNG
 Dreigang-Getriebe (Hurth), Einscheiben-Trockenkupplung, Schalthebel am Armaturenbrett
 Frontmotor, Frontantrieb
 Übersetzungen:
 1. Gang 3,90 : 1
 2. Gang 2,13 : 1
 3. Gang 1,30 : 1
 R-Gang 4,96 : 1
 Achsübersetzung: 4,6 : 1

FAHRWERK
 Selbsttragende Stahlblech-Karosserie, vorn obere Querblattfeder, unterer Querlenker (DKW), Hebeldämpfer, hinten Starrachse mit Drehstabfedern, Teleskopstoßdämpfer
 Bremsen: hydraulische Vierrad-Trommelbremsen
 Lenkung: Zahnstangenlenkung
 Reifen: 4.50 x 16
MASSE, GEWICHTE
 Länge 4120 mm, Breite 1530 mm, Höhe 1450 mm, Radstand 2550 mm, Spurweite vorn 1190 mm, hinten 1250 mm, Wendekreisdurchmesser 12 m, Leergewicht 690 kg, zulässiges Gesamtgewicht 1000 kg
VERBRAUCH
 5,5 Liter auf 100 Kilometer (Benzin-Öl-Gemisch)
FAHRLEISTUNGEN
 Höchstgeschwindigkeit 92 km/h, Durchschnittsgeschwindigkeit 75 km/h
PREIS
 K 400: 4320,– DM (+ 432 DM Materialzuschlag) geplante Exportausführung des K 400: 4870,– DM (+ 487 DM Materialzuschlag)
PRODUKTIONSZAHLEN
 64 Stück
BAUJAHR
 von April 1950 bis Februar 1951

## Staunau K 750

KAROSSERIE
Limousine, 2 Türen, 4 Sitze
MOTOR
Wassergekühlter Zweizylinder-Doppelkolbenmotor in Reihe (ILO-U-750), Bohrung/Hub: zweimal 52/88 mm, 748 ccm, Verdichtung 6,8:1, 25 DIN-PS bei 3500 U/min, maximales Drehmoment 5,80 mkp bei 2700 U/min, Querstromspülung, Gemischschmierung 1 : 20, Thermosyphon-Kühlung, zweifach gelagerte Kurbelwelle, ein Solex Fallstrom-Vergaser 30 BFR
Batterie: 6 Volt/80 Ah, Gleichstrom-Lichtmaschine 130 Watt
Füllmengen: Tankinhalt 20 Liter, Kühlsystem 4,5 Liter, Getriebe 1,5 Liter
KRAFTÜBERTRAGUNG
Viergang-Getriebe
Marke: Volkswagen, später Hermes. Einscheiben-Trockenkupplung, Lenkradschaltung
Frontmotor, Frontantrieb
Übersetzungen: (VW)
1. Gang 3,60 : 1
2. Gang 2,07 : 1
3. Gang 1,25 : 1
4. Gang 0,86 : 1
R-Gang 6,60 : 1
Achsübersetzung 4,43 : 1

FAHRWERK
Selbsttragende Stahlblechkarosserie, vorn obere Querblattfeder, unterer Querlenker (DKW) Hebeldämpfer, hinten Starrachse mit Drehstabfedern, Teleskopstoßdämpfer
Bremsen: hydraulische Vierrad-Trommelbremsen (ATE)
Lenkung: Zahnstangenlenkung
Reifen: 4.50 x 16
MASSE, GEWICHTE
Länge 4120 mm, Breite 1530 mm, Höhe 1450 mm, Radstand 2550 mm, Spurweite vorn 1190 mm, hinten 1250 mm, Wendekreisdurchmesser 12 m, Leergewicht 800 kg, zulässiges Gesamtgewicht 1120 kg
VERBRAUCH
6,8 Liter auf 100 km (Benzin-Öl-Gemisch)
FAHRLEISTUNGEN
Höchstgeschwindigkeit 105 km/h, Durchschnittsgeschwindigkeit 85 km/h
PREIS
5870,— DM (+ 587 DM Materialzuschlag)
PRODUKTIONSZAHLEN
16 Stück
BAUJAHR
von Juli 1950 bis Februar 1951

*HANOMAG-Aktiengesellschaft, Hannover-Linden*

# Kleine Liebeserklärung

Oberingenieur Carl Pollich kehrte enttäuscht aus der Vorstandssitzung zurück. Zusammen mit seinen Konstrukteuren hatte er Pläne und Holzmodelle für einen viersitzigen Personenwagen vorbereitet. Doch der Vorstand wischte Pollichs Pläne vom Tisch.

Die neuen Direktoren, die im Frühjahr 1949 die Führung der Hanomag-Aktiengesellschaft übernommen hatten, wollten andere und wieder ungewöhnliche Wege gehen, um Personenwagen zu bauen. Hierzu, so meinte vor allem Cheftechniker Rudolf Hiller, müsse man sich „von stereotypen Baumustern lösen".

Die Marktforschung habe ergeben, daß die Käufer nach einem Fahrzeug mittlerer Größe suchten, mit extrem großen Platzbedarf für drei Personen und zwei Kindersitzen, sowie einem überdimensionierten Kofferraum. Aus diesen Resultaten hatte Diplom-Ingenieur Hiller die Idee eines Coupés mit drei nebeneinander liegenden Sitzen entwickelt.

Die Hannoversche Maschinenbau Aktiengesellschaft, kurz Hanomag, wollte nach dem zweiten Weltkrieg an eine erfolgreiche Tradition anknüpfen. Seit 1835 im Bau von Lokomotiven geübt, versuchte man sich in Hannover-Linden erstmals 1925 mit einer Benzinkutsche. Den jungen Konstrukteuren Böhler und Pollich gelang mit dem Typ 2/10 auf Anhieb ein kleines Auto, das noch Epoche machen sollte. „Kommißbrot" hieß es im Volksmund wegen seiner brotartigen Form. Der kleine Hanomag besaß bis dahin ungewöhnliche Konstruktions-Merkmale. Die Räder wurden nicht – wie üblich – von weit ausladenden Kotflügeln überdeckt, sondern in die kastenförmige Karosserie integriert. So gesehen gehörte das „Kommißbrot" zu den Vorreitern der Ponton-

Karosserie. Im Heck saß ein Einzylinder-500 ccm-Motor, der seine zehn Pferdestärken auf die hintere Starrachse ohne Differential abgab. Und im Gegensatz zu manch teurem Konkurrenten besaß das Kommißbrot sogar schon vordere Einzelradaufhängung.

Dank der einfachen Konstruktionsrezepte konnte Hanomag den 2/10 für nur 2300 Reichsmark verkaufen. So avancierte das Kommißbrot innerhalb weniger Jahre zum Inbegriff des Kleinstwagens. Für die Hannoversche Firma brach eine Zeit recht erfolgreichen Autobaus an. Die Typen Kurier, Rekord, Sturm, Garant waren Wagen der Mittelklasse, die sich durch Eleganz und Zuverlässigkeit auszeichneten.

1938 brachte Hanomag schließlich einen neuen 1,3 Liter-Wagen heraus; mit strömungsgünstiger Karosserie und selbsttragendem Aufbau. Für Wehrmachtszwecke stattete Hanomag den „1,3 Liter" sogar mit einem Zweiliter-Aggregat aus, das den Wagen auf eine für damalige Zeiten enorme Spitzengeschwindigkeit von 140 km/h brachte.

Als aber Berlin 1939 den Krieg verkündete, lief bei Hanomag sowohl der Pkw-, wie auch der Lastwagenbau aus. Gefragt waren nun Kanonen, Geschütze und anderes Kriegsgerät.

## Neubeginn mit Handwagen

Nach 1945 begann für Hanomag eine schwere Zeit. Aus kleinsten Anfängen heraus bastelten Hanomagwerker mit den Laufwerk-Rollen alter Wehrmachts-Zugmaschinen kleine Handwagen. Im Werksbereich Autobau reparierte man Straßenbahnwagen.

Nach kurzer Zeit hatte aber die Konstruktionsabteilung schon wieder Unterlagen für den Bau von Lastwagen-Anhängern entwickelt. Fertigung und Vertrieb lehnten sich an das alte Lieferprogramm der schweren 100 PS-Zugmaschinen an. Kurz darauf versuchte man, mit leichten Lastwagen wieder ins Geschäft zu kommen. Anfangs baute Hanomag aus dem Fahrerhaus alter Zugmaschinen kleine Lastwagen. Aber erst mit dem 1,5 Tonnen-Typ „L 28", der im Januar 1950 als erster Diesellastwagen dieser Nutzlastklasse vorgestellt wurde, fand man ein konkurrenzfähiges Fahrzeug.

Parallel dazu hätte man garzugerne schon 1947 den Bau von Personenwagen wiederaufgenommen. Schließlich warteten auf dem Werksgelände die komplette Motorenstraße und die Produktionsmaschinen für den 1,3 Liter-Wagen auf Wiederverwendung. Allein die Gesenke zum Pressen der Karosserieteile fehlten. Denn wie viele andere Firmen auch, hatte Hanomag vor dem Krieg die Blechteile bei der Karosseriefirma Ambi-Budd in Berlin-Johannisthal herstellen lassen, die nun unerreichbar im sowjetischen Besatzungsgebiet lag.

Im Hinblick auf eine bessere Zukunft hatte sich Chefkonstrukteur Carl Pollich schon im Frühjahr 1948 mit Plänen zur Weiterentwicklung des 1,3 Liter-Wagens befaßt. Ihm schwebte vor, das Vorkriegsmodell vorerst mit wenigen Detailänderungen weiterzubauen. Später sollte auf die bewährte Technik eine neue Blechhaut gesetzt werden.

Deshalb bemühten sich die Hanomag-Chefs, die Gesenke aus dem östlichen Teil Berlins zu bekommen. Über die West-Berliner Hanomag-Vertretung gelang schließlich der Kontakt, mit den russischen Besatzern ins Gespräch zu kommen. Doch die ließen sich Zeit.

### Neue Männer — neue Ideen

Inzwischen wechselte jedoch der Vorstand. Von der Lastwagenfabrik Magirus in Ulm zog Direktor Otto Merker in den Chefsessel bei Hanomag. Mit ihm kam Rudolf Hiller. Als Miteigentümer der Phänomen-Werke, Gustav Hiller AG in Zittau, hatte Techniker Hiller die unterschiedlichsten Motorfahrzeuge von 1907 bis 1927 hergestellt. Angefangen vom Lastdreirad bis hin zur feudalen Limousine mit Vierliter-Motor hatten die Phänomen-Werke alles gebaut. Rudolf Hiller galt vor dem Krieg als Fachmann für luftgekühlte Motoren. Als der Fahrzeugfabrikant nach Kriegsende von den Sowjets enteignet wurde, flüchtete er in den Westen. Im Frühjahr 1949 schließlich zog Rudolf Hiller als neuer Tech-

*1939 hatte Hanomag einen modernen Wagen, den 1,3 Liter, auf den Markt gebracht; da bis auf die Karosserie-Werkzeuge sämtliche Montage-Einrichtungen vorhanden waren, sollte mit dem 1,3 Liter der Nachkriegs-Pkw-Bau in Hannover wieder beginnen. Doch es kam anders . . .*

nischer Direktor und direkter Vorgesetzter des altgedienten Hanomag-Chefkonstrukteurs Carl Pollich nach Hannover.

Hiller ließ die 4000 Hanomag-Werker bald wissen, daß er völlig neues plane, denn die „veränderte Lage auf dem Kraftfahrzeug-Sektor" erfordere eine Neukonstruktion. Pollichs Pläne von der schrittweisen Weiterentwicklung des Vorkriegs-Modells wischte er vom Tisch. Die vorhandenen Produktionseinrichtungen für den 1,3 Liter-Vierzylinder-Viertakter verkaufte Hiller kurzerhand.

Inzwischen zeigten sich die Militärs im anderen Teil Deutschlands bereit, die Karosseriewerkzeuge freizugeben. Gegen Lieferung von Zugmaschinen rollte im Frühjahr 1950 endlich ein Güterzug mit allen Ambi-Budd-Gesenken in Richtung Hannover. Sogar ein Fachmann der ehemaligen Karosserieschmiede wechselte mit den Werkzeugen zu Hanomag über, in der Hoffnung, hier einen Karosseriebau aufbauen zu können.

Das kostbare Gut, um das so lange gefeilscht worden war, mochte inzwischen niemand mehr. Rudolf Hiller ließ die Güterzugladung, kaum daß sie in Hannover eingetroffen war, verschrotten.

## Der Dreisitzer

Obwohl der Lastwagen- und Anhängerbau bisher nur kargen Gewinn abwarf, setzte Direktor Hiller durch, daß Finanzchef Korte einige Millionen Mark für die Entwicklung eines von Grund auf neuen Personenwagens lockermachte.

Die Idee des dreisitzigen Coupés faszinierte Hiller, weil hierbei alle Insassen im günstigsten Federungsbereich zwischen den Achsen sitzen. Damit veränderte sich die prozentuale Belastung zwischen Vorder- und Hinterachse selbst bei unterschiedlicher Beladung kaum.

Obwohl diese Lösung technisch sehr interessant war, blieb vor allem Konstrukteur Carl Pollich sehr skeptisch, ob sie beim Publikum Anklang finden würde. Gegen seine innere Überzeugung übernahm er allerdings die Konstruktion des Wagens. Im April 1950 begannen die ersten Arbeiten – just zu jener Zeit, als der äußerlich ähnliche Gutbrod Superior vorgestellt wurde. Drei Personen mußten auf einer Raumbreite von 167 Zentimetern nebeneinander untergebracht werden, und um allen Insassen genug Ellenbogenfreiheit zu schaffen, rückte Pollich den mittleren Sitz etwas zurück.

Es kam Direktor Hiller gerade recht, als eines Tages der freiberufliche Motor-Konstrukteur und Diplom-Ingenieur Hans Müller, ehemals bei der sächsischen Auto-Union in Diensten, nun sein Wissen feilbot. Müller, jetzt Chef des „Ingenieurbüros Andernach" hatte sogar fertige Pläne und Zeichnungen von einem – während des Krieges bei der Auto-Union erprobten 900 ccm-Dreizylinder-Zweitakter – in der Tasche. Nach diesen Vorgaben baute Hanomag innerhalb kürzester Frist einen Dreizylinder-Zweitakter mit 697 ccm Hubraum, der 28 PS leistete.

Hanomag schuf damit einen Wagen, in dem all das verwirklicht wurde, was damals als technischer Fortschritt galt. Die selbsttragende Karosserie in raumsparender Pontonform war gleich so ausgelegt, daß bei der Endmontage nur das komplette Vorderachsaggregat mit Motor eingeschraubt zu werden brauchte. Der Kühler saß nicht vor, sondern hinter dem Motor, um Inspektionsarbeiten zu erleichtern und die Motorhaube niedrig zu halten. Die 13-Zoll-Räder empfanden Fachleute als sehr klein. Erst ein Jahrzehnt später erkannten die meisten anderen Autofirmen die Vorteile solch kleiner Räder.

Als Hinterachse waren Längslenker vorgesehen, welche – wie die Vorderräder – über Gummi-Drehfederelemente am Aufbau hingen. Die Gummielemente bezog man von den Continental-Gummiwerken, die darauf ein Patent besaßen. Ihre Bewährungsprobe hatten die Gummifedern schon vor dem Krieg im Hanomag 1,3 Liter bestanden.

Ursprünglich plante Carl Pollich für den Wagen ein Viergang-Getriebe, doch dann entschied man sich für ein vollsynchronisiertes Dreigang-Getriebe. Konstrukteur Josef Lehr tüftelte es aus, wobei er noch einen fertigungstechnischen Kniff hineinbrachte. Er entwarf das Getriebe als geschlossenes Gehäuse, in das ein – am Abschlußdeckel vormontierter –Triebsatz eingeschoben wurde. Nach den Unterlagen baute die Zahnradfabrik Friedrichshafen das Getriebe, und Hanomag ließ sich auf Lehrs Idee ein Patent erteilen.

Bei der Karosseriefabrik Wilhelm Karmann in Osnabrück entstanden im Sommer 1950 schließlich elf Prototypen des neuen Hanomag „Partner". Und wenn auch keine schriftliche Abmachung bestand, so hatte sich doch Karmann dazu bereit erklärt, bei Anlauf der Serienproduktion solange die Karosserien zu liefern, bis in Hannover eine eigene Produktionsstraße eingerichtet sein würde.

Im September 1950 lieferte Karmann die ersten Exemplare aus. Von nun an rollten Versuchsfahrzeuge rund um Hannover. Der relativ kurze Radstand des Wagens

Bedingt durch die Breite des Wagens, wischten die Scheibenwischer am Hanomag Partner bei Regen nur einen kleinen Teil der Windschutzscheibe frei.

Hanomags Dreisitzer-Prinzip: Der mittlere Sitz war etwas zurückgerückt, damit dem Fahrer Ellenbogenfreiheit blieb.

Drei große Koffer paßten in den von außen zugänglichen Kofferraum des Partner. Sehr fortschrittlich für die damalige Zeit: Das große Rückfenster.

im Vergleich zur Gesamtbreite brachte einige fahrwerkstechnische Schwierigkeiten mit sich.

Bei den allerersten Fahrten entdeckten die beiden Versuchsfahrer wie beim Herannahen des Wagens ein Fußgänger ängstlich hinter den Baum sprang. Sie bremsten ab und forschten nach dem Grund der ungewöhnlichen Reaktion. Der Fußgänger berichtete daraufhin, Vorderräder und Frontpartie des Prototyps hätten so geschüttelt, daß sie nur noch schemenhaft zu erkennen gewesen seien. Ursache – so stellte man fest – waren plötzliche Flattererscheinungen der Räder. Erst entsprechende Korrekturen der Radeinstellung und besseres Auswuchten der Räder konnten den Mangel beheben.

Eine andere erstaunliche Feststellung machten die Hanomag-Techniker, als der Motor eines Versuchswagens seinen Geist aufgab. Da in Eile kein anderer Zylinderkopf aufzutreiben war, montierten sie den eines DKW-Triebwerks ab, das sonst zu Leistungsvergleichen auf dem Prüfstand lief. Der DKW-Zylinderkopf paßte bis auf den Millimeter genau auf den Hanomag-Motor.

### Kühles Publikumsecho

Wenn es den Prototypen auch an Geräuschdämpfung und dem letzten Schliff in der Detailverarbeitung fehlte, so hatte es der Hanomag-Partner nach sechsmonatiger Erprobungszeit schon zu einer gewissen Reife gebracht.

Als die Frankfurter Automobil-Ausstellung am 17. April 1951 ihre Pforten öffnete, zeigte Hanomag stolz seinen ersten Personenwagen der Nachkriegszeit. Genauso wie BMW, deren Typ 501 hier ebenfalls Premiere feiert, handelte es sich bei den Ausstellungsstücken um Prototypen. Konkrete Pläne für eine Serienfertigung gab es noch gar nicht. Der Hanomag-Vorstand wollte hier zunächst die Meinung des Publikums erkunden, um danach die endgültige Produktionseinrichtung festzulegen. 5850 Mark sollte der „Partner" kosten; ein Preis, der etwas über dem des Volkswagens lag.

Schon der erste Tag zeigte: Die Fachpresse nahm von der Neuheit aus Hannover zwar Notiz, aber der „Partner" stand im Schatten anderer Neuheiten, die hier bewundert wurden.

Die Hanomag-Techniker mischten sich unter das Ausstellungs-Publikum, um des Volkes Meinung zu hören. Doch was sie da erfuhren, stimmte sie nicht fröhlich. Die Interessierten akzeptierten zwar den Dreisitzer als Neuheit, erachteten es aber als Nachteil, keine vollwertige Sitzgelegenheit für vier Erwachsene zu haben. Typische Frage: „Wenn wir nun Bekannte mitnehmen, was dann?"

Nach der Ausstellung liefen zwar die Erprobungsfahrten weiter auf Hochtouren, doch die Geschäftsleitung war verunsichert. Noch zu Pfingsten 1951 rollte eine Gruppe Prototypen in Richtung Schwarzwald, um hier die Wagen bei scharfer Straßenfahrt auf Temperament und Bergfreudigkeit zu testen.

Derweil entstanden in Hannover am Zeichenbrett Denkmodelle, das Coupé durch eine passende Heckgestaltung auch zu einem Kombi zu entwickeln. Bei einem Exemplar schnitten die Techniker in die hintere Dachpartie Seitenfenster, um wenigstens von außen den Eindruck eines Viersitzers zu erwecken. Die Zeitschrift „Motor-Rundschau" hatte im August 1951 Gelegenheit, einen Prototyp des Hanomag-Partner zu fahren. „Schon nach zehn Minuten ist man mit dem Partner so vertraut", lobten die Tester, „daß man glaubt, es sei ein alter Freund." Obwohl die Fachleute geradezu überschwenglich von einer „kleinen Liebeserklärung" sprachen, reagierte das Publikum kühl.

Vor allem die etwa 200 Hanomag-Händler im Bundesgebiet hielten wenig von der Hillerschen Idee, in einem Auto zu dritt nebeneinander zu sitzen. Sie wehrten sich auf Händlertagungen gegen den „Partner". Nicht zuletzt deshalb, weil sie seit Kriegsende zu lange auf einen neuen Hanomag-Personenwagen gewartet und oftmals nun neben den Lastwagen aus Hannover die Vertretung einer anderen Personenwagen-Marke übernommen hatten.

### Nur fürs Werksmuseum

Wenn auch noch im Sommer 1951 in den Zeitungen gezielte Gerüchte herumgeisterten, der Hanomag Partner werde vom kommenden Winter 1951/52 an in Serie gebaut, so stand doch in der Hanomag-Vorstandsetage schon fest, daß dieser Wagen nie in Produktion gehen würde. Der Belegschaft wurde mitgeteilt, daß „Schwierigkeiten bei der Beschaffung von Feinblechen" der Hauptgrund für das Ende des Pkw-Projekts sei.

Tatsächlich wirkten sich ausgerechnet in jenen Monaten die Folgen des Korea-Krieges in Europa aus. Eine Rohstoff-Krise ließ Bleche knapp werden, und die etablierten Fahrzeug-Hersteller teilten die vorhandenen Mengen nach Marktanteilen unter sich auf. Hanomag ging dabei leer aus. Man hätte höchstens Bleche mit 25 Prozent Aufpreis unter der Hand kaufen müssen und damit wäre der neue Hanomag gleich zu Anfang viel zu teuer geworden.

Angesichts dieser Schwierigkeiten und des kühlen Echos wegen blies Hanomag das etwa zwei Millionen-Mark-teure Pkw-Projekt kurzerhand ab. Im Dezember 1951 verkaufte man neun Prototypen an Interessenten, zwei Exemplare rollten ins Werksmuseum. Hanomag beschränkte sich auf den Nutzfahrzeugbau.

## Das Projekt Y

Dennoch beschäftigte sich Hanomag-Konstrukteur Carl Pollich und sein Team später nochmals mit neuen Pkw-Prototypen. Am 26. Januar 1955 erwarb nämlich Hanomag durch eine Kommanditeinlage von 4,5 Millionen Mark eine Beteiligung an der Hamburger Firma Vidal & Sohn, Hersteller von Kleinlastwagen.

Die neue Tochter nahm gerade einen Anlauf, um ins Kleinwagen-Geschäft einzusteigen. Ende 1955 bauten die Hamburger das Modell eines viersitzigen Mobils mit hinten eng zusammenstehenden Rädern. Doch man erkannte bald, daß der Trend zum größeren Wagen ging. Auf Anregung von Heinkel projektierten die Vidal-Techniker zusammen mit Ernst Heinkel einen größeren Wagen. Unter dem Projektnamen „Y" gediehen in Hamburg und Speyer Zeichnungen dazu. Im Herbst 1957 brachte ein Lastwagen sogar das 1:1-Holzmodell dieser kleinen Frontantriebs-Limousine mit den Innenmaßen des Fiat 600 von Speyer nach Hamburg. Nach einigen Änderungen rollte der Lastwagen damit auch zu Hanomag nach Hannover. Carl Pollich und sein Team änderten Sitze und Einstieg und gaben auch sonst gute Ratschläge.

Aber wenig später verschwand auch der „Y". Die Investitionen waren zu hoch, die angestrebte Cooperation mit Heinkel hatte sich zerschlagen. Zudem fürchtete man nun die Konkurrenz: Glas hatte mit dem „Isar 600" und NSU mit dem „Prinz" ähnliche Fahrzeuge auf den Markt gebracht. So waren bei Hanomag jegliche Ambitionen zunichte gemacht worden, an den Pkw-Bau der Vorkriegszeit anzuknüpfen.

*Um dem Wagen noch das Gepräge eines Viersitzers zu geben, schnitten die Techniker hintere Seitenfenster in das Dach. Auch das rettete das Projekt nicht mehr.*

294

Die Hanomag-Tochter Vidal & Sohn („Tempo") und Heinkel planten gemeinsam eine viersitzige Limousine, die mit dem bereits vorhandenen Dreizylinder-Zweitakt-Motor (677 ccm, 32 PS) von Heinkel ausgestattet werden sollte. Wegen Geldmangel gedieh der „Y" 1957 aber nur bis zum 1 : 1-Holzmodell.

Hanomag-Techniker überprüften 1955 das kleine Mobil, das die Hanomag-Tochter Vidal & Sohn auf den Markt bringen wollte. Doch die Herstellungskosten waren zu teuer.

## Hanomag Partner

KAROSSERIE
Coupé, 2 Türen, 3 (+ 2) Sitze
(Karosserie: Karmann)

MOTOR
Wassergekühlter Dreizylinder-Zweitakt-Motor, Bohrung/Hub: 65/70 mm, 697 ccm, Verdichtung 7,3:1, 28 DIN-PS bei 4000 U/min, maximales Drehmoment 6,3 mkp bei 2800 U/min, Umkehrspülung, Gemischschmierung 1:25, Thermosyphon-Wasserkühlung, ein Solexflachstromvergaser 30 BFLH
Batterie: 12 Volt/75 Ah, Gleichstrom-Lichtmaschine
Füllmengen: Tankinhalt 34 Liter, Kühlsystem 5,5 Liter

KRAFTÜBERTRAGUNG
Vollsynchronisiertes Dreigang-Getriebe, Einscheiben-Trockenkupplung, Lenkradschaltung
Frontmotor, Frontantrieb
Übersetzungen:
1. Gang 3,750:1
2. Gang 1,715:1
3. Gang 1,036:1
R-Gang 3,830:1
Achsübersetzung: 4,125:1

FAHRWERK
Selbsttragende Stahlblechkarosserie, vorn doppelte Dreieckquerlenker, hinten gezogene Längslenker mit Gummidreh-Federung, vorn und hinten Teleskopstoßdämpfer
Bremsen: hydraulische Vierrad-Trommelbremsen
Lenkung: Zahnstangenlenkung
Reifen: 5.60 × 13

MASSE, GEWICHTE
Länge 4000 mm, Breite 1700 mm, Höhe 1480 mm, Radstand 2165 mm, Spurweite vorn 1350 mm, hinten 1300 mm, Bodenfreiheit 180 mm, Wendekreisdurchmesser 9,50 m, Leergewicht 730 kg, zulässiges Gesamtgewicht 1080 kg

VERBRAUCH
7 Liter (Benzin-Öl-Gemisch) auf 100 km

FAHRLEISTUNGEN
Höchstgeschwindigkeit 100 km/h

PREIS
(geplant: 5850,– DM)

PRODUKTIONSZAHLEN
11 Stück

BAUJAHR
(Debüt: 17. April 1951)

*Gutbrod-Motorenbau GmbH., Plochingen:*

## Geburtshilfe aus Stuttgart

### Telefonat aus Hannover

Im Keller-Cabarett des soeben wieder aufgebauten Hotels „Luisenhof" in Hannover saßen einige gutgekleidete Herren beim Wein und achteten weder auf Musik noch auf Artisten; sie diskutierten heftig.

Die Fahrzeugfabrikanten Carl Friedrich Borgward, Oskar Vidal, Carl Hahn, Richard Bruhn und Walter Gutbrod tauschten ihre Meinung darüber aus, wie es im zerstörten West-Deutschland wohl wirtschaftlich weitergehen könne. Sie wohnten hier anläßlich der Industriemesse – die am 2. Mai 1949 eröffnete – und nützten die Begegnung zum Erfahrungsaustausch. Dabei waren sich alle einig, daß es Mittelklasse- und Großwagen – so wie vor dem Krieg – in diesem Maßstab nie wieder geben werde. Und bei Walter Gutbrod, Inhaber einer Lieferwagen-Fabrik im schwäbischen Plochingen, reifte erstmals der Gedanke, unterhalb üblicher Mittelklasse-Pkws ein kleines Auto zu bauen. Am nächsten Tag wanderte er über die Messe und fühlte sich in seiner Meinung bestärkt, daß ein kleines, erschwingliches Fahrzeug auf dem Markt fehle. Eines, mit geringem Materialaufwand gebaut, das jedoch den Fahrkomfort eines großen Wagens biete. Es sollte zwar unterhalb des Volkswagens, des Opel Olympia und Ford Taunus liegen, jedoch kein Primitiv-Mobil sein. Walter Gutbrod dachte nicht an Herrn Jedermann als Käufer, sondern eher an Rechtsanwälte, Ärzte und Leute, die ein Auto beruflich nützten, denen jedoch die Modelle aus Wolfsburg, Rüsselsheim, Köln und Bremen unerschwinglich waren.

Noch von der Messe aus rief Walter Gutbrod seinen Cheftechniker Hans Scherenberg in Plochingen an und gab den Auftrag durch: „Jetzt machen wir einen Personenwagen." Was er sich darunter vorstellte, beschrieb Gutbrod auch gleich: Ein kleines Auto mit der Ellenbogenbreite eines Mercedes 170 V, die Federung müsse so komfortabel sein wie bei einem Adler Junior (einer Limousine, die Gutbrod vor dem Krieg selbst gefahren hatte). Im Äußeren sollte der neue konzipiert sein wie der italienische Fiat Topolino: als Cabrio-Limousine.

### Der Mammut-Prozeß

Die Auto-Erfahrungen kamen bei Walter Gutbrod nicht von ungefähr: Vater Wilhelm hatte sich in den zwanziger Jahren einen guten Ruf als Fabrikant der „Standard"-Motorräder erworben. Anfang der dreißiger Jahre suchte Gutbrod nach einer Kleinwagen-Konstruktion und fand sie in den Ideen des Diplom-Ingenieurs Josef Ganz, Chefredakteur des Fachblatts „Motor-Kritik". Ganz hatte sich schon lange Gedanken um den idealen Kleinwagen gemacht. Er konstruierte damals ein zweisitziges Coupé mit 400 ccm-Heckmotor und Zentralrohrrahmen. Diese damals hochmoderne Konstruktion übernahm Gutbrod und baute ab 1934 den „Standard Superior" mit Holzkarosserie und Kunststoffüberzug. Ein Jahr darauf erschien der Superior sogar im stromlinienförmigen Blechkleid. Parallel dazu bastelte der fleißige Wilhelm Gutbrod an einigen Kleinstsportwagen auf der Basis des Superiors, mit denen er sogar einmal auf Weltrekordjagd ging. Der Einstieg ins Pkw-Geschäft gelang solange, bis Opel seinen „P 4" für nur 1450 Mark verkaufte.

Prompt stagnierte der Verkauf des 1390 Mark teuren Standard-Wagens.

Bald gab es gar größeren Ärger. Die tschechoslowakische Autofabrik Tatra verklagte nämlich 1936 den schwäbischen Fabrikanten, weil der angeblich mit seinem Heckmotor-Wagen auf Zentralrohrrahmen ein Patent der Tschechen verletzt habe. Angesichts des Prozeßstreitwerts von einer Million Reichsmark und der Opel-Konkurrenz stellte Gutbrod 1936 den Bau des Superiors ein und beschränkte sich auf die Produktion von Motorrädern und Kleinlieferwagen.

Unberührt von dem Rückzug rollte der Mammut-Prozeß gegen Gutbrod und Ganz im gleichen Jahr vor dem Ludwigsburger Gericht an. Und schließlich fanden beide Verbündete: Das Büro von Ferdinand Porsche, damals mit der Entwicklung des Volkswagens beschäftigt (der gleiche Konstruktionselemente aufweisen sollte wie der Standard-Superior) ergriff Partei für Gutbrod. Und die Firma Daimler-Benz, die plötzlich um den Fortbestand ihres damaligen Typs „170 Heck" fürchtete, wenn Gutbrod den Prozeß verloren hätte, stellte sich nun ebenfalls auf dessen Seite. Mit aufwendigen Gutachten wiesen Porsche und Daimler nach, daß bereits 1906 in den USA Fahrzeuge mit Zentralrohrrahmen entstanden seien. Am 25. Februar 1941 wies der Reichsgerichtshof in Berlin als letzte Instanz die Klage der Tschechen zurück.

Durch den Prozeß war nun die englische Automarke Standard auf den deutschen Namensbruder aufmerksam geworden und forderte die Umbenennung. Eingeschüchtert von dem ganzen Wirbel nannte Wilhelm Gutbrod fortan die Kleinlieferwagen nach seinem Namen. Inzwischen war auch der Zweite Weltkrieg ausgebrochen, und die Reichsregierung erzwang Einheitsmodelle. Gutbrod mußte nun in seinen Hallen die Lieferwagen-Typen seines Konkurrenten Vidal (Marke „Tempo") bauen.

**Neubeginn in der Turnhalle**

Bei Kriegsende, im Mai 1945, erhielt das Werk einen Treuhänder. In den Hallen wurden Güterwagen überholt, solange bis Gutbrods Söhne Walter und Wolfgang aus dem Krieg zurückkehrten. Sie kümmerten sich ums Werk, denn der Vater war krank, und der Treuhänder saß in Esslingen. Mit viel Mühe erhielt Walter Gutbrod schließlich bei der französischen Militärregierung die Genehmigung zur Produktion von Motor-

mähern. Doch schon kurz darauf, im April 1947, ließen die Militärs wissen, daß die Gutbrod-Werke als frühere Motorradfabrik unter die Demontage-Bestimmungen fielen. Die Besatzungsmacht ließ kurzerhand die Hallen radikal ausräumen. Um die Firma nicht untergehen zu lassen, mietete Walter Gutbrod in Plochingen eine alte Turnhalle, in der er mit einer kleinen Stamm-Mannschaft weiterhin Motor-Mäher baute.

Als kurze Zeit später amerikanische Truppen das Gebiet um Plochingen übernahmen, wagte Gutbrod einen Vorstoß: Er fuhr zur US-Militärregierung nach Heidelberg und versuchte hier den Offizieren klar zu machen, daß ein Kleinlieferwagen kein Auto, sondern nur eine Transportmaschine sei. Auch wenn der Autobau in

*Nach dem Krieg begann Gutbrod wieder mit der Montage des Kleinlieferwagens „504"*

den Besatzungszonen strikt verboten war, verstieße die Produktion solcher Lastesel nicht gegen das Gesetz. Gutbrod überzeugte: Die Amerikaner gaben ihm die Produktions-Lizenz Nummer eins zur Herstellung von 500 Exemplaren. Und da Gutbrod genug Einzelteile der kleinen Drei- und Vierrad-Vorkriegs-Wagen auf Lager hatte, konnte noch im Sommer 1947 die Montage beginnen.

Der „Gutbrod Heck 504", ein vierrädriger Kleinlieferwagen mit Zentralrohrrahmen und Heckmotor, besaß jetzt allerdings ein neues Triebwerk: Ein Vierzylinder-Zweitakt-Boxermotor mit 500 ccm und 16 PS. Flugmotorenkonstrukteur Willi Krauter vom Institut für Kraftfahrwesen in Stuttgart hatte ihn während des Krieges für einen Motorsegler entwickelt und gebaut. Mit kleinen Änderungen trieb das luftgekühlte Aggregat nun ein Auto. Es zeigten sich hier bald Kühlungsschwierigkeiten. Aber da es keine Auswahl gab, mußte man damit leben und froh sein, überhaupt eine Fahrmaschine liefern zu können.

Im Frühjahr 1948 empfahl sich in Plochingen Adolf Schnürle, 50, promovierter Ingenieur. Er war während des Kriegs Technischer Direktor bei Klöckner-Humboldt-Deutz gewesen und hatte als Erfinder der Umkehrspülung in Zweitakt-Motoren schon vor dem Krieg Lizenzgebühren von 250 000 Mark im Jahr kassiert. Der Zweitakt-Spezialist arbeitete jetzt als freier Ingenieur und lockte mit einem Exposé Kunden: „Dr. Schürle ist überzeugt, daß sich in Zukunft der Zweitakt-Motor zum Standard-Motor für Fahrzeuge entwickelt und den Viertakt-Motor verdrängen wird." Walter Gutbrod schloß mit Schnürle einen Beratungsvertrag, und innerhalb von sechs Monaten präsentierte der Experte seinem Auftraggeber einen luftgekühlten Zweizylinder-Zweitakter mit 600 ccm Hubraum. Noch ehe Firmengründer Wilhelm Gutbrod im August 1948 nach langer Kranheit starb, hatte ihm Sohn Walter das moderne Triebwerk als Musterexemplar vorführen können.

Im März 1949 setzten die Plochinger Techniker ihrem Lieferwagen das neue Aggregat unters Blech, womit der „504" zum „604" wuchs. Gleichzeitig verband man mit der stärkeren Motorisierung eine Renovierung der Hinterachse. So besaß der „604" nun Dreiecksträger mit Schraubenfedern.

Das Vorkriegsmodell verkaufte sich auf Anhieb gut. 1947 hatte Walter Gutbrod 202 Exemplare ausgeliefert, 1948 waren es schon 759 Stück und vom modernen „604" gingen 1949 genau 954 Stück an die Händler. Doch den modernen Konkurrenzfahrzeugen von Tempo und Wendax und dem damals in Entwicklung befindlichen VW-Transporter, mußte auch Gutbrod eine völlige Neukonstruktion entgegensetzen.

Dazu engagierte er Hans Scherenberg, promovierter Ingenieur, der im Team Schnürle arbeitete. Scherenberg war ehemals Flugmotoren-Konstrukteur bei Mercedes-Benz gewesen. Nach Kriegsende hatten ihm aber die Amerikaner verboten, dort wieder einzutreten. Deshalb versuchte der 38jährige bei Schnürle eine neue Existenz aufzubauen.

Als Entwicklungschef wechselte Scherenberg im Frühjahr 1949 nach Plochingen über und verstärkte das technische Team neben dem altgedienten Gutbrod-Oberingenieur Heinrich Seibt. Neu hinzu kam auch Diplom-Ingenieur Karl-Heinz Göschel als Versuchschef, sowie der 29jährige Friedrich Hans von Winsen, der

damals gerade sein Staatsexamen als Diplom-Ingenieur bestanden hatte. Bei der Renovierung des Modellprogramms nahm sich Scherenberg zuerst den kleinen Dreiradwagen vor. Auf dem Werkshof probierte er die Kippfestigkeit des Wagens und landete prompt auf dem Dach. Bald darauf lief die Montage der Lasten-Dreiräder aus.

Mit Elan begann Scherenberg noch im März 1949 die Entwicklung eines 0,75 Tonnen-Lieferwagens mit flacher Schnauze, Zentralrohrrahmen und hinterer Pendelachse. Im Heck saß Schnürles 600 ccm-Triebwerk. Gut ein Jahr später, im Mai 1950, lief dann der erste „Atlas 800" vom Band. Walter Gutbrod, mit 32 Jahren jüngster deutscher Auto-Industrieller, taufte — zusammen mit seinem Sohn Wilhelm, 6, auf dem Arm — das erste Exemplar mit einer Flasche Sekt.

### An einem Wochenende

Parallel zur Entwicklung des „Atlas"-Lieferwagens arbeiteten die Techniker seit Mai 1949 auch an einem kleinen Personenwagen; so, wie es der Chef durch seinen Telefonanruf aus Hannover angeordnet hatte. In der Konzeption sollte der kleine Wagen dem italienischen Fiat Topolino ähneln, jedoch Frontantrieb besitzen. Aus rationellen Gründen; denn nach Art des Hauses besaß man Erfahrung im Bau von Block-Triebwerken. Hierbei wurde Getriebe und Motor als Einheit an der Achse angebracht. War das bei den Lieferwagen die Hinterachse, sollte dieser Block beim Pkw einfach umgedreht an die Vorderachse gesetzt werden. Möglichst viele technische Teile, die der Lieferwagen besaß, mußten auch in dem kleinen Zweisitzer verwendet werden. Die Grenzen für den Motor blieben genau abgesteckt: entweder den 600 ccm-Zweizylinder komplett übernehmen, oder aber den Motor teilen, woraus sich ein 300 ccm-Einzylinder-Zweitakter ergeben hätte. Der eifrige Berater Adolf Schnürle bot zudem noch einen Zweizylinder-Zweitakt-Diesel-Motor mit Ladepumpe an. Doch diese Entwicklung hätte zuviel Geld gekostet.

Also entschieden sich Gutbrod und Scherenberg für den vorhandenen 600 ccm-Zweizylinder, der jedoch aus Gründen der Laufkultur innerhalb von nur drei Monaten von Luft- auf Wasserkühlung umkonstruiert wurde. Der junge Konstrukteur Friedrich Hans van Winsen begann noch Anfang Juni mit den ersten Zeichnungen

*Das erste Fahrgestell des Superiors mit Konstrukteur van Winsen am Steuer (Bild links). Ein Karosseriewerk in Bad Cannstatt baute im Sommer 1949 das 1 : 1 Holzmodell dazu (rechts).*

zum Fahrgestell. Den Auftrag zur Entwicklung einer gefälligen Karosserieform vergab Scherenberg an einen freien Mitarbeiter. Als der allerdings die ersten Entwürfe ablieferte, machte sich allgemeine Enttäuschung breit. So erhielt van Winsen auch noch diesen Auftrag. Noch am selben Tag, einem Freitag, ließ er sich von einem befreundeten Modelltischler einen Rohholzblock anfertigen. Und während die Kollegen ins Wochenende gingen, setzte sich van Winsen mit Hammer, Meißel und Raspel daran, aus dem Holzblock eine Form im Maßstab 1 : 5 herauszuklopfen.

Als montags Walter Gutbrod von der Messe in Hannover zurückkehrte, konnte Scherenberg ihm gleich van Winsens Modell und Zeichnungen zur Genehmigung vorlegen. Spontan meinte Gutbrod: „So wird er gebaut." Was dem Chef allerdings nicht gefiel, war eine Entwurfzeichnung zum Armaturenbrett. Denn van Winsen hatte dazu die Instrumententafel des amerikanischen Mercury als Vorbild genommen; eines Typs, den der Chef damals als Privatwagen fuhr. Walter Gutbrod wünschte in dem neuen Kleinwagen ein zurückhaltender gestyltes Armaturenbrett.

Wenige Tage später ging der Auftrag an ein kleines Karosseriewerk in Bad Cannstatt, für die Gutbrod-Werke anhand der Pläne und des kleinen Modells eine Holz-Karosserie im Maßstab 1 : 1 zu bauen.

Van Winsen hatte die Blechhaut so ausgelegt, daß die Fabrikation mit einem Minimum an Werkzeugen erfolgen konnte. So wurde der linke vordere Kotflügel und der rechte hintere Kotflügel mit einem einzigen Werkzeug gepreßt. Der hintere Kotflügel wurde nur am Ende anders beschnitten. Die Türunterteile legte van Winsen symetrisch aus. Erst durch den oberen aufgeschweißten Rahmen wurden sie als linke oder rechte Tür brauchbar. Sogar Motor- und Heckhaube waren anfangs symmetrisch geformt. Doch da das Heckstück zu sehr beschnitten werden mußte, ging man davon ab. Der Fahrzeugboden war so ausgelegt, daß er aus Abkant-Teilen entstand: Aus Blechteilen, die beim Schneiden anderer Karosserieteile als Abfall anfielen. Innerhalb von sechs Wochen nach den ersten Zeichnungen stand Mitte Juli 1949 das erste Chassis auf den Rädern. Das Blocktriebwerk, so wie es beim Lieferwagen Atlas an der Hinterachse saß, wurde einfach

*Das Schnittbild des Superiors: Der Wasserkühler saß hinter dem Motor. Pendelachse hinten. Der Tank lag vor der Hinterachse.*

Die Einzelsitze mit ausgeformten Seitenwüisten waren mit Cordstoffen bezogen. Hinter den Sitzen der Kofferraum.

Armaturenbrett der Luxusversion: Mit Zeituhr und weißem Lenkrad.

umgedreht und trieb nun die Vorderräder, die — ebenfalls nach bewährter Gutbrod-Manier — an zwei querliegenden Blattfedern hingen. Bei der Jungfernfahrt stellte sich allerdings heraus, daß die Monteure vergessen hatten, das Tellerrad am Getriebe auf die andere Seite zu setzen. Deshalb standen nun vier Rückwärtsgänge und ein Vorwärtsgang zur Verfügung. Das hinderte Versuchschef Göschel allerdings nicht daran, das Fahrgestell noch am gleichen Tag den Berg hinauf zur Villa des Chefs zu fahren. Stolz begutachtete Walter Gutbrod die Fahrmaschine.

Schon am nächsten Tag begannen Testfahrten. Um das Gewicht der noch fehlenden Karosserie zu berücksichtigen, hingen die Techniker Ballast an. Den Beifahrersitz simulierte eine Sandkiste, mit Backsteinen beladen.

## Testfahrten mit der Steckkarte

Vier Fahrer begannen nun in drei Schichten rund um die Uhr mit der Erprobung. Dazu gab es eine festgelegte Strecke. Von Plochingen ging es durch die Schwäbische Alb über Nebenstrecken um den Heimatort herum nach Kirchheim. Über eine kurze Strecke Autobahn führte die Fahrt wieder ins Werk. Der Pförtner prüfte anhand einer Steckkarte, wann das Versuchschassis startete. Kehrten die Testfahrer innerhalb von 30 Minuten nicht zurück und kam danach noch eine Zeitüberschreitung von einer halben Stunde hinzu, schlug der Pförtner Alarm. Er rief bei Gutbrods an und läutete auch Hans Scherenberg nachts aus dem Bett. Dann fuhr man den Testfahrern entgegen.

Ab und zu wurde das Test-Team verstärkt durch Wolfgang Gutbrod, der sich als Geschäftsführer um den Landmaschinen- und Motormäher-Bau kümmerte, aber abends gerne drei bis vier Stunden aushalf. Um einerseits die Testfahrer vor den Witterungseinflüssen zu schützen, andererseits das Chassis zu tarnen, erhielt das erste Fahrgestell kurze Zeit später die Karosserie eines Fiat Topolino angeschnitten.

Im September 1949 stand dann in der Cannstatter Blechschmiede das 1:1-Holzmodell des Gutbrod-Zweisitzers fertig. Mit dem Lastwagen holte Versuchschef Göschel, Konstrukteur van Winsen und der Technische Direktor Hans Scherenberg das Musterstück ab. Sie fuhren damit zum Höhensanatorium Bühler Höhe bei Baden-Baden; Walter Gutbrod befand sich näm-

lich zu jener Zeit zur Kur, und um keine Zeitverzögerung eintreten zu lassen, brachte man das Ergebnis wochenlanger Arbeit dem Chef zur Abnahme. Gutbrod schaute ausgiebig unter die Plane, setzte sich in das Holzmodell und gab schließlich grünes Licht zur weiteren Entwicklung.

In Tag- und Nachtarbeit bogen nun die Karosseriewerker in Cannstatt das Blech zu den ersten drei Exemplaren: eine Stahlkarosse in Gemischtbauweise, denn die Teile wurden neben dem Zentralrohrrahmen zusätzlich von einem Holzrahmen-Gestell gestützt.

## Federungsvorbild: Mercedes 170 V

Zurück von der Kur, rief Gutbrod seine Händler zusammen und zeigte ihnen das Holzmodell. „Sie sollen mitbestimmen, welche Farben und Innenstoffe wir verwenden", hatte Gutbrod gefordert. Denn er wußte, daß viele seiner Geschäftspartner aus früheren Jahren Erfahrung im Pkw-Verkauf besaßen, und auf diesem Fundus wollte Gutbrod aufbauen. Der Händlerbeirat legte schließlich fest, was in die Zubehörliste kam. Gar nicht erst diskutiert wurde der Name der neuen Kreation. Sie sollte so heißen, wie Gutbrods-Personenwagen von 1935: „Superior" (lateinisch: überlegen, siegreich).

Mit dem ersten kompletten Prototyp, der im Oktober 1949 auf dem Werkhof stand, begannen sogleich Federungs-Tests. Denn Walter Gutbrod verlangte von seinem Kleinwagen besonderen Fahrkomfort, der nicht zu Lasten der Straßenlage gehen durfte. In Fachblättern hatte er gelesen, daß der amerikanische Mercury unter internationalen Experten als bestgefederter Wagen galt. Also hatte sich Gutbrod schon zuvor ein solches Exemplar in der Schweiz gekauft. Diesen Wagen stellte er seinen Technikern zur Verfügung. Doch die bevorzugten als Vorbild den Mercedes 170 V. Bei Vergleichsfahrten über Holperstrecken registrierten Schrittmesser genau die Schwingungen am Fahrersitz. Dabei stellte sich aber heraus, daß die vorderen Querblattfedern die Komfort-Erwartungen nicht erfüllten. Sie mußten schließlich Schraubenfedern und hydraulischen Teleskopstoßdämpfern weichen. Zusätzlich sorgten Gummipuffer dafür, daß beim Durchfedern der Wagen härter reagierte.

So erhielt der schwäbische Kleinwagen eine Vorderradaufhängung, die derjenigen großer Wagen in nichts nachstand.

Mit der besseren Federung bereitete aber der Verschleiß von Gelenkwellen Hans Scherenberg und seinem Team Kopfzerbrechen. Diese Teile mußten höhere Schwingungen verkraften, weil sie damals noch auf die steiferen Blattfedern abgestimmt waren.

Überhaupt zeigte die Neukonstruktion noch an einigen Stellen Kinderkrankheiten: Die Motoren neigten zu Kolbenklemmern, und die Laufruhe des gesamten Wagens ließ anfangs zu wünschen übrig. Erst mit einem besonders ausgetüftelten Vorschalldämpfer am Auspuff lief der Zweitakter musterhaft ruhig. Im Getriebe fraß sich öfter eine Stahlbüchse fest, so daß sich während der Testfahrt plötzlich zwei Gänge auf einmal einschalteten. Die Querträger am Zentralrohrrahmen waren anfangs aus Blech einfach aufgesetzt. Doch bei starker Beanspruchung rissen sie leicht ab. Erst als Konstrukteur van Winsen den 80 Millimeter starken Zentralrohrrahmen anbohren und Querträger aus Rohren durchstecken und verschweißen ließ, hielt das Auto. Viel Mühe bereitete auch die Abstimmung der Vierrad-Trommelbremsen. Durch den Frontmotor lag das gesamte Gewicht vorn, deshalb erforderte die gleichmäßige Bremsung bei Vollast einen Ausgleich.

Hilfe für die technische Feinarbeit an den fünf Prototypen, die bis Dezember 1949 liefen, erhielten die Gutbrod-Techniker von Mercedes-Benz. Wilhelm Haspel, damals Vorstandschef in Stuttgart-Untertürkheim, fühlte sich als Freund der Familie Gutbrod verbunden. Deshalb gab Haspel oft gute Ratschläge. Und er hatte es befürwortet, daß Mercedes-Chefkonstrukteur Rudolf Uhlenhaut nach Feierabend gen Plochingen fuhr, um hier sein Wissen beizusteuern.

Das Fachblatt „Das Auto" berichtete im November 1949 erstmals von Gutbrods Aktivitäten. Titel: „Was sich viele wünschen." Darin — so schien es — war Walter Gutbrods Konzept bestätigt: „Dem Entwurf selbst liegen jene Voraussetzungen zugrunde, die sich immer wieder in zahlreichen Leserbriefen widerspiegeln." Und diese Forderungen hießen: geschlossener Aufbau, reichlich Platz für zwei Personen und Gepäck, leistungsfähiger Motor, billig im Unterhalt.

Den ersten Presseberichten von Gutbrod Superior folgte eine Anfrageflut. „Wir haben so viele Anfragen auf unseren neuen Personenwagen erhalten, daß wir diese unmöglich alle individuell beantworten können", schrieb das Werk am 20. Januar 1950 an „unsere Herren Wagenvertreter".

Aus den Interessentenschreiben kristallisierten sich jedoch schon zwei Punkte heraus, die später dem Wagen negativ angelastet wurden: Die Frage nach vier Sitzen und Lenkradschaltung. „Wegen ihrer grundsätzlichen Bedeutung und um eine einheitliche Beantwortung zu gewährleisten" (Brief) sollte die Bezeichnung „Zwei- bis Dreisitzer" besagen, daß es sich um einen Zweisitzer handele, der „im Bedarfsfall auch die Beförderung von drei Personen" erlaube. Und die Anordnung der Getriebeschaltung sei so vorgesehen, daß „diese im Fußraum nicht störend wirkt". Tatsächlich begann zu jener Zeit ein Modetrend im Automobilbau, den Gutbrod damals unterschätzte. Die Käufer wollten am modernen Wagen Pontonform, durchgehende vordere Sitzbank, Lenkradschaltung und Blinklichter haben; alles das, was US-Straßenkreuzer auch trugen.

Der kleine Gutbrod Superior besaß zwar eine moderne Pontonform, blieb aber mit ausklappbaren Winkern, anatomisch gut geformten Einzelsitzen und Mittelschaltung vernünftig konventionell.

### Zweimal pro Woche nach Weinsberg

Zur Jahreswende begannen die Vorbereitungen zur Serienproduktion. Den Zweizylinder-Zweitakt-Motor, das stand schon fest, würde die Motorenfabrik Hirth für Gutbrod bauen: das Getriebe sollte von Getrag in Ludwigsburg kommen. Nur für die Karosserie fehlte noch der Zulieferer. Die Cannstatter Blechschmiede, welche die fünf Prototypen gebaut hatte, war dazu zu klein. Bei Gutbrod selbst war man für den Karosseriebau nicht eingerichtet. Walter Gutbrod nahm deshalb Kontakt zu der renommierten Karosseriefabrik Weinsberg auf. Und bald waren sich beide Partner handelseinig.

Die Weinsberger Spezialisten bereiteten den Serienbau vor, überarbeiteten zuvor aber die Karosserie noch einmal. Aus der Stahlhaut, bisher von einem Holzrahmen gestützt, entstand nun eine völlig selbsttragende Karosserie.

Als im März 1950 die Frankfurter Frühjahrsmesse eröffnete, feierte hier nicht nur der Gutbrod Superior in der endgültigen Ausführung sein offizielles Debüt, auf dem Gutbrod-Stand wurde zudem gleich eine Cabriolet-Variante präsentiert. Sie besaß nicht jene strenge Pontonform, sondern geschwungene Linien; dafür wog das kleine Fahrzeug trotz Aluminium-Karosse fast 50 Kilogramm mehr als der Original-Superior, was wiederum die Fahrleistungen negativ beeinträchtigte.

Im Auftrag von Walter Gutbrod entwarf und baute die
Karosseriefirma Wendler
in Reutlingen im Frühjahr
1950 diese Sportversion auf
dem Superior-Chassis, die
jedoch trotz Aluminium-
karosserie schwerer als das
Original geriet.

Zusammen mit dem
Superior schickte Gutbrod
die Wendler-Version von
Ausstellung zu Ausstellung.
Doch die Linie kam beim
Publikum nicht an. Der
Sportwagen blieb ein
Einzelstück.

Der Original-Superior („Ein Zweisitzer von Format") sollte in der Standard-Ausführung 3990 Mark, in der Luxusversion 4380 Mark kosten. Das Wendler-Auto war in Frankfurt mit 5900 Mark ausgezeichnet. Zum Vergleich: Der Volkswagen kostete damals in der Standardversion 4400, in der Exportausführung 5700 Mark. „Der Superior ist ein Fahrzeug für viele Kreise, die geradezu nach einem leistungsfähigen Wagen mit zwei bis drei Sitzen suchen", hieß es im Prospekt. Das 20-PS-Auto mit den Schiebefenstern und langer Motorhaube lockte so viele Ausstellungsbesucher an, daß Gutbrods Stand der meistumlagerte war. Zur Eröffnung hatte sich sogar Bundespräsident Theodor Heuss, seit jeher mit der Familie Gutbrod befreundet, im Superior von einer Halle zur anderen fahren lassen.

Bei der Presse schlugen die Wellen der Begeisterung hoch. „Nach der kurzen Probefahrt dankten wir Herrn Gutbrod", schrieb damals die „Autowelt", „und sprachen ihm zu seinem neuen Wagen unsere Glückwünsche aus, die aus einem freudig überraschten Herzen kamen." Die „Auto- und Motorradzeitschrift" meinte: „Ein schön karossierter Kleinwagen — wir werden sicherlich unsere Freude daran haben." Und die Zeitschrift „Kraftfahrer und Verkehr" sprach damals im Zusammenhang mit dem Superior von „erstaunlicher technischer Reife".

Kurz nach der Ausstellung erhielt Walter Gutbrod einen Brief von der Regierung des Landesbezirks Nordrhein. Darin fragte man an, ob Gutbrod Interesse daran habe, seinen gelungenen Kleinwagen in den brachliegenden Hallen der Krupp-Werke in Essen zu bauen. Kurze Zeit später fuhr der Schwabe gen Norden, um sich im Ruhrgebiet das Angebot näher anzuschauen.

Was er allerdings hier vorfand, ermutigte ihn wenig; alte, teils zerstörte Hallen, die erst mit viel Geld wieder hergerichtet werden mußten, um sie dann auf eine Auto-Produktion umzurüsten. Da erschien Walter Gutbrod eine andere Lösung einfacher: Die Stadt Calw im Schwarzwald hatte ihm eine Fabrik angeboten, in der er eine Taktfertigung nach modernsten Erkenntnissen einrichten konnte.

### Schneegekühlte Bremsen

Mit den ersten beiden — bei Weinsberg hergestellten — Superior-Wagen starteten Wolfgang und Walter Gutbrod auf der Rallye „Fahrt durch Bayerns Berge"

im März 1950. Die Vorserienwagen muckten zwar noch in einigen Details, doch Wolfgang Gutbrod entdeckte dabei, daß er Fahrtalent besaß: Trotz des unzuverlässigen Gefährts erreichte er schneller als andere Teilnehmer das Ziel.

Das spornte ihn an, sich im Juni 1950 zur „Österreichischen Alpenfahrt" anzumelden. Mit einem neuen Wagen der Nullserie rollte er nach Kitzbühl. Dort erwartete ihn der Gutbrod-Importeur für Österreich nicht gerade freundlich. „Bist Du völlig wahnsinnig, diese Fahrt mitzumachen?", raunzte der den Junior-Chef an, „da kommst Du doch nie an." Und das wiederum wäre eine Negativ-Reklame für einen Wagen, der erst in den nächsten Wochen auf dem Markt erschiene.

24 Stunden vor dem eigentlichen Start fuhr Wolfgang Gutbrod und sein Mechaniker — leicht eingeschüchtert — die ersten beiden Etappen ab. Im ersten Gang kroch der Superior mit 20 km/h den Großglockner hoch und bei der Abfahrt in halber Höhe qualmten bereits die Bremsbeläge. In der schlaflosen Nacht vor dem Start kam dem jungen Mann die Idee, die ihn dann wieder auf eine gute Plazierung hoffen ließ: „Man muß die Radzierkappen mit Schnee füllen, um die Bremsen zu kühlen."

Zu Beginn der Rallye — nachts um 0.30 Uhr — zogen die Konkurrenten in ihren französischen Renault 4 CV zwar den Großglockner schneller hinauf, bei der Abfahrt holte Wolfgang Gutbrod dank der gutgekühlten Bremsen alles wieder auf. Am ersten Tag war er bereits Klassenbester und zum Schluß der Rallye hatte er die Goldmedaille und das „Edelweiß" für die beste Zeit gewonnen.

Von jetzt an versäumte Wolfgang Gutbrod mit seinem Vorserien-Superior keine Zuverlässigkeitsfahrt, keine größere Rallye.

### Die Zuteilungsquote 3:1

Während der junge Gutbrod auf Wettbewerben für den sportlichen Ruhm des neuen Autos sorgte, grübelte der ältere Bruder Walter daran, möglichst schnell die Serienproduktion anzukurbeln.

Nachdem die Fertigmontage des Kleinlasters „Atlas" inzwischen vollständig in das neue Werk Calw verlegt worden war, trafen die Techniker letzte Vorbereitungen zum Anlauf der Superior-Serie. Am 9. Juni 1950 schrieb Walter Gutbrod seinen Händlern, daß sie im

Juli oder August mit Vorführwagen rechnen könnten. Etwa 3000 Aufträge lagen seit der Frühjahrsmesse vor, so daß sich schon vor Serienbeginn Lieferfristen zwischen sechs und acht Monaten ergaben. Um überhaupt die Auftragsflut in den Griff zu bekommen, führte man im Juni „Zuteilungsquoten" ein: Danach bekam jeder Händler, der drei Lieferwagen monatlich abnahm, auch einen Superior zugeteilt. „Wir sind bestrebt, die Produktion des Gutbrod Superior schnellstmöglich zu steigern", tröstete das Rundschreiben Nummer 40.

Bis zum 26. Juli mußte sich die Händlerschaft doch noch gedulden. Die Zulieferung der hydraulischen Bremsen hatte sich verzögert. Aber dann rollte endlich die kleine Taktfertigung mit sieben Autos pro Tag an. Plochingen lieferte allerdings jetzt nur die Luxusausführung zum Preis von 4380 Mark. „Wir haben einige Großaufträge auszuliefern", hieß es in der Begründung, „so daß für die Standard-Ausführung mit einer Lieferzeit von rund 18 Monaten gerechnet werden muß." Tatsächlich aber mochte Gutbrod die Einfach-Variante zum versprochenen Preis von 3990 Mark gar nicht ausliefern, weil die L-Ausführung mehr Verdienst brachte.

Zum Anlauf der Serie hatte Walter Gutbrod seiner Mannschaft einige Kästen Bier spendiert. Den fleißigen Konstrukteur Friedrich Hans van Winsen schickte Gut-

brod mit Wagen Nummer sechs in Urlaub: „Nun spannen Sie mal sechs Wochen aus." Doch van Winsen blieb nur 14 Tage weg.

In den Farben „beige" oder „taubengrau", jedoch in einheitlich beigefarbener Cord-Innenausstattung rollten die ersten Wagen im August 1950 zu den Händlern. Der „Kleinwagen für Kenner" (Werbung) besaß einige Details, die selbst nach heutigen Maßstäben noch modern sind. Der Tank saß — vor Auffahrunfällen sicher — vor der Hinterachse. Mit dem 600-ccm-20-PS-Motor erreichte der Superior die gleichen Fahrleistungen wie ein — im Hubraum doppelt so großer — Volkswagen. Allerdings stapelten die Schwaben bei der Leistungsangabe etwas zu tief: die 20 PS schaffte das Zweitakt-Triebwerk schon bei 3400 U/min. Kurzzeitig ließ es sich aber bis auf 4300 U/min drehen und leistete dann 24 PS. „Dieser Motor hat es in sich", lobte ein Fachblatt. Begeistert schrieb die ADAC-Motorwelt: „Man kann mit gutem Gewissen den Gutbrod Superior mit seinen Fahreigenschaften, seiner Leistung und seinem Verbrauch als kleinen Wagen der Extraklasse bezeichnen."

Das kleine Auto hatte aber auch Schattenseiten: Das Dreigang-Getriebe besaß recht große Übersetzungssprünge, was zaghaften Umgang mit dem Gaspedal verbot. Zum Kofferraum gelangte man nur durch den Innenraum, und zugunsten großer Ellbogenfreiheit im

*Bei der „Fahrt durch Bayerns Berge", im März 1950, entdeckte Wolfgang Gutbrod sein Talent, schneller zu fahren als andere. Trotz des unzuverlässigen Vorserien-Wagens belegte er einen der vorderen Plätze.*

Innenraum besaß der Superior Schiebefenster. Kurz nach Serienanlauf stellte sich heraus, daß die Schaltung nicht exakt funktionierte und Getriebezahnräder recht laut schnurrten. Die Qualität der Bremsschläuche ließ zu wünschen übrig, und ein Flattern in der Lenkung beseitigte erst der Einbau von Lenkungsdämpfern. Das alles kratzte nicht am Image, zumal sich die Firma ernsthaft bemühte, diese Mängel schnellstens zu beseitigen.

Übler stieß der Kundschaft auf, daß kaum sechs Wochen nach der Auslieferung des ersten Wagens auch die erste Preiserhöhung kam. So kostete die – bisher noch gar nicht gebaute – Standard-Ausführung nun 4280 Mark, die Luxusvariante 4680 Mark. In Plochingen hoffte man, schnell aus den Lieferengpässen heraus zu sein: Die Anlagen waren auf eine Monatsproduktion von 600 Wagen ausgelegt.

## Die schwangere Ente

Im Januar 1950 waren Walter Gutbrod und Hans Scherenberg nach Reutlingen zur Karosseriefabrik Erhard Wendler gefahren. Hier regten beide an, doch auf dem Chassis des Superior einen kleinen Roadster zu bauen, der später als „Sport-Version" über das Gutbrod-Händlernetz verkauft werden solle. Wendler ging den Handel ein und wenige Tage später zeichnete Karosseriestylist Helmut Schwandtner die Linien dazu. Wilhelm Benz übertrug die Zeichnungen in exakte Risse von natürlicher Größe. Und danach klopften etwa 30 Karosserieklempner einen Roadster-Aufbau aus Aluminiumblech zurecht. Gestützt wurde er durch ein Holzgestell, die Kotflügel saßen auf einem Rohrrahmen. Innerhalb von acht Wochen war der Superior-Sport komplett.

Zusammen mit dem Original feierte die Wendler-Karosserie im März öffentliches Debüt. Man schickte das Einzelstück zusammen mit dem Serienwagen von Ausstellung zu Ausstellung. Dabei stellte sich aber heraus, daß die Linien nicht so recht Anklang fanden.

Also bestellte Walter Gutbrod im Herbst bei Wendler noch einmal einen Roadster. Wiederum zeichnete Helmut Schwandtner die Linien, wiederum klopfte die Wendler-Mannschaft in bewährter Manier das Aluminiumblech zurecht. Dieses neue Modell hatte innenliegende Türgriffe, die Scheiben wurden aufgesteckt. Die Heckleuchten stammten vom Superior, alles andere war Handarbeit. Der neue Sport-Superior feierte im Januar 1951 auf dem Brüsseler Automobilsalon sein Debüt. Kostenpunkt: 7800 Mark, kaum weniger als ein Mercedes 170 V.

In Plochingen war man über die geschwungenen Linien der Wendler-Kreation wiederum nicht glücklich und nannte die Sport-Version spöttisch „schwangere Ente". Bedingt durch den stabilen Rahmen waren die Wendler-Karosserien zudem schwerer als der Original-Superior und deshalb in Beschleunigung und Spitze entsprechend langsamer.

Immerhin nahm man nun den Sport-Superior in das offizielle Verkaufsprogramm auf; Wendler lieferte von Januar 1951 bis Ende 1952 rund zehn Exemplare an Individualisten aus. Vor allem hinsichtlich der Farbe berücksichtigte Wendler bei Bestellungen jeden Wunsch. Einige Exemplare wurden sogar nach Südamerika exportiert.

Noch im Januar 1951 setzte sich Friedrich Hans van Winsen ans Zeichenbrett und entwarf innerhalb weniger Tage ebenfalls ein kleines Sondercabriolet mit Pontonform, breiter Frontschnauze – und mehr Familienähnlichkeit zum Original-Superior. Nach Angaben van Winsens wurde dieses Einzelstück ebenfalls bei Wendler gebaut. Später fuhr Wolfgang Gutbrod die Sonderkarosserie lange Jahre hindurch.

Doch damals, als sie gerade aus Reutlingen angeliefert wurde, diente sie der optischen Garnierung einer anderen Neuheit. Im April 1951 waren nämlich Fachjournalisten aus der ganzen Bundesrepublik ins Werk gekommen, um eine Weltneuheit zu bestaunen: den ersten Automotor mit Benzineinspritzung. Ein solcher Motor war sowohl in der Sonderkarosserie eingebaut, wie auch im normalen Superior, die auf dem Werkshof zur Probefahrt der Gäste warteten.

## Der alte Traum geht in Erfüllung

Schon kurz nach Serienbeginn des Superiors hatten nämlich Kunden den Wunsch an Walter Gutbrod herangetragen, den Wagen mit einem stärkeren Motor auszurüsten. Da kein größeres Triebwerk zur Verfügung stand, andererseits sich das vorhandene Aggregat nur bis zu einem Hubraum von 660 ccm aufbohren ließ, ging Scherenberg ganz neue Wege.

Als ehemaliger Flugmotoren-Konstrukteur besaß er Erfahrung im Bau von Einspritzmotoren. Hierbei wird der Treibstoff nicht über den Vergaser, sondern wohldosiert direkt in den Brennraum eingespritzt. Damit er-

Weil in Plochingen die erste Wendler-Karosserie nicht gefiel, bauten die Reutlinger im Januar 1951 diesen Roadster. Er wurde ins Gutbrod-Programm aufgenommen und als Superior-Sport in zehn Exemplaren bis Ende 1952 gebaut. Graf Schulenburg, Freund des Hauses Gutbrod, fuhr mit einem solchen Exemplar sogar Rallyes (rechts).

Weil im Werk auch die zweite Wendler-Version nicht gefiel, entwarf Friedrich Hans van Winsen diese neue Sonderkarosserie, die von Wendler gebaut wurde und im April 1951 Premiere hatte. Der Wagen blieb ein Einzelstück, das später Wolfgang Gutbrod privat fuhr.

reichte man im Flugzeugbau höhere Leistung und mehr Laufruhe der Motoren. Warum sollte man solches Prinzip nicht auch zur Verbesserung des kleinen Zweitakters benützen? Gutbrods Technischer Direktor nahm Verbindung zur Elektrofirma Bosch auf und regte gemeinsame Entwicklungsarbeit an.

Der auf 658 ccm aufgebohrte Superior-Motor wurde nun an den Lagerstellen und im Zylinder unmittelbar von einer Pumpe mit Benzin-Öl-Gemisch versorgt. Während man bei bisherigen Zweitaktern Benzin und Öl in einer Kanne mischte und danach in den Tank einfüllte, tüftelte Scherenberg an neuen Lösungen: Aus einem Öl- und einem Benzintank liefen Treibstoff und Schmiermittel separat zum Motor und wurden hier erst gemischt.

Die Einspritz-Maschine leistete auf Anhieb 26 PS, zeigte doppelt so lange Dauerlaufeigenschaften wie ein Vergaser-Motor und damit auch entsprechend längere Lebensdauer. Das neue Triebwerk schluckte etwa 20 Prozent weniger Benzin, und das lästige Zweitakt-Blubbern im Leerlauf entfiel teilweise.

Patentieren ließ sich das Einspritz-System allerdings nicht, da das Prinzip im Flugzeugbau ja schon länger bekannt war. Nur auf den Sitz der Einspritzdüsen erteilte das Deutsche Patentamt Schutz gegen Nachbauten. Und mit der Firma Bosch, die an der Entwicklung beteiligt war und entsprechende Zulieferteile für die Einspritzung lieferte, handelte Walter Gutbrod aus, daß seine Firma ein ganzes Jahr lang Exklusivrechte auf die Teile besaß.

Am 16. April 1951 informierte das Werk seine 400 Händler erstmals von der Neuheit: „Gutbrod verwirklicht einen alten Traum der Zweitakt-Freunde ..." Wenige Tage später kamen Motor-Journalisten ins Werk, um sich von der Qualität des neuen Motors persönlich zu überzeugen. Der Gutbrod „700 E" unterschied sich vom Vergaser-Modell äußerlich nur durch die geänderte Typenbezeichnung. Mit seinen 26 PS und einer – für damalige Zeiten – hohen Verdichtung von 8,0 : 1 schaffte er eine Spitze von 110 km/h. „Das ist die Leistung eines gesunden Sportmotors", schrieb das Fachblatt Auto, Motor und Sport, „der aber absolut tourenmäßigen Charakter hat." Allerdings besaß die neue Version auch einen Schönheitsfehler: Der Einspritzmotor war in seiner Baulänge 30 Zentimeter länger als die Vergaserversion. Mit Mühe paßte die Maschine unter die Haube, und die Ölpumpe arbeitete hinter der Stoßstange.

## Auf der Suche nach dem Viersitzer

Aber die Verkäufer mochten sich mit der E-Version nicht zufriedengeben. Seit Juli 1950 baut nämlich Goliath seine 700-ccm-Limousine „GP 700" und die Auto-Union offerierte seit August 1950 den DKW-Meisterklasse, ebenfalls ein 700-ccm-Viersitzer. Modelle, die kaum teurer waren als ein Superior, aber vier Personen Platz boten.

Walter Gutbrods Verkaufsmannschaft forderte energisch, der Chef möge doch endlich grünes Licht zur Entwicklung eines Viersitzers geben, nach dem immer mehr Kunden fragten. Dazu wünschten die Händler noch einen Kleinstwagen von etwa 300 ccm Motorhubraum, womit man mit den immer beliebter werdenden Zwergen der Landstraße konkurrieren wolle. Als selbst Versuchschef Karl-Heinz Göschel vorstellig wurde, jetzt müßte endlich ein Viersitzer mit Viergang-Getriebe entwickelt werden, drohte ihm Walter Gutbrod mit Kündigung. Gutbrod weigerte sich, weil er glaubte, Kapazität und Finanzen seines mittelgroßen Industriebetriebs würden zu einem breiten Modellprogramm nicht ausreichen. Zudem wollte er sich auf keinen Fall mit Großserien-Fabrikaten anlegen, sondern lieber mit ausgefallenen Autos profitablere Marktlücken suchen.

Als ungewöhnlich erschien Walter Gutbrod eine Kombi-Version des Superior. Scherenberg hatte Anfang 1951 heimlich ein Einzelstück anfertigen lassen. Es besaß den gleichen Radstand wie der Zweisitzer-Superior, glatte Seitenwände und große Fensterflächen. Nach Meinung der Techniker in Plochingen ein hübsches Fahrzeug. Doch Walter Gutbrod mochte es nicht im Werk bauen. Er trat an die Karosseriefabrik Westfalia in Wiedenbrück heran, die sich auch sofort bereit erklärte, entsprechende Kombi-Karosserien nach Plochingen zu liefern.

In den folgenden Wochen pendelten Friedrich Hans van Winsen und Karl-Heinz Göschel zwischen Plochingen und Wiedenbrück hin und her. Der Kombiwagen sollte nämlich ein etwas höheres Dach bekommen, damit die Höhe des Innenraums wuchs. Damit aber geriet der Superior-Kombi mehr zum nutzfahrzeugähnlichen Auto und weniger zum Kombinations-Viersitzer. Im Juni 1951 schon hatte Westfalia den ersten Wagen auf die Räder gestellt. In den Preislisten wurde der Neuling zum Preis von 5500 Mark angeboten. Doch wer ein Exemplar bestellte, mußte noch lange warten. „Bedingt durch die allseits bekannten Schwierigkeiten in der Blechbelieferung", wie Gutbrod seine Verkäufer im Oktober 1951 wissen ließ, konnte die Serie noch nicht anlaufen. Erst im November lieferte Westfalia die Vorführwagen aus, und im Januar 1952 konnten die Kunden den Wagen erhalten. Zur Auswahl standen zwei Farbkombinationen: Unterteil dunkelgrün, Oberteil mittelgrün oder Unterteil dunkelbraun, Oberteil grau-beige.

## Bleche vom Schwarzen Markt

Seit langem schon litt Gutbrod — so wie andere deutsche Unternehmen auch — unter dem allgemeinen Mangel an Feinblechen. Der Korea-Krieg hatte diese Rohstoff-Knappheit ausgelöst, die in Deutschland zu drastischen Preiserhöhungen und letztendlich wieder zur Bewirtschaftung und Zuteilung von Blechen führte. In diesem Rahmen verlangte man allgemein „Materialzuschläge". Auch Gutbrod kassierte nun für den Superior 94 Mark mehr. „Wir dürfen darauf hinweisen, daß über 50 Prozent der eingetretenen Verteuerungen auch weiterhin vom Werk getragen werden", tröstete Gutbrod seine Händler.

Fünf Monate später mußte Gutbrod sogar 295 Mark Zuschlag verlangen. Zudem stiegen die Grundpreise der Autos um fünf Prozent. Durch die drastische Verteuerung stockte zwar einige Wochen der Absatz, doch Gutbrod erhielt viel zu wenig Eisen und Stahl zugeteilt, als daß er alle Aufträge abwickeln konnte. Um seine Kunden trotzdem zu bedienen und die Produktion im bisherigen Rahmen weiterführen zu können, kaufte Walter Gutbrod Feinbleche auf dem Schwarzen Markt hinzu. Sie kosteten zwar 25 Prozent mehr als üblich. Doch er hoffte, daß die Zuteilungen bald wieder aufgehoben würden und daß die höhere Produktion den Einkauf der teueren Feinbleche wieder ausgleichen würde.

Angesichts der schwierigen Zeiten stemmte sich Walter Gutbrod auch mit aller Gewalt dagegen, ein neues Modell in Serie zu bauen. Er bewilligte lediglich, daß im März 1951 einige Versuchswagen mit Lenkradschaltung ausgerüstet wurden. Jedoch diese Fernschaltung erwies sich als unexakt und störanfällig. Ein Superior besaß sogar ein Fünfgang-Getriebe. Aber die Verkaufsabteilung meinte, ein Fünfgang-Superior bringe den Kunden nur wenig, und die Kosten stünden in keiner Relation zum Komfort. So blieb er künftig Wolfgang Gutbrod vorbehalten, der damit sportliche Einsätze fuhr.

Nur äußerst widerwillig duldete es Walter Gutbrod, daß im Herbst 1951 sein Technischer Direktor wieder einmal das Thema Viersitzer ins Gespräch brachte. Scherenberg meinte, ein Werk wie Gutbrod dürfe nicht erst warten, bis die Konkurrenz mit neuartigen Viersitzern auf den Markt käme. Zumindest im Experimentierstadium müsse in Plochingen ebenfalls ein solches Fahrzeug laufen.

Mit Seitenblick auf den französischen Renault 4 CV, einer kleinen 700-ccm-Heckmotor-Limousine mit vier Türen, entstand nun ein ähnliches Konzept. Ein serienmäßiges Superior-Chassis wurde um 30 Zentimeter gestreckt und darauf ließ man von Wendler eine viersitzige Karosserie mit vier Türen bauen: In der Form genau wie der Serien-Superior, jedoch nur mit einem verlängerten Passagier-Abteil. Fast ein Jahr lang fuhr Scherenbergs Team damit intensive Versuche. Konstrukteur van Winsen reiste damit im Urlaub sogar ins Allgäu. Doch diese kleine Limousine sollte immer ein Prototyp bleiben.

## Umzug nach Berlin?

Im September 1951 schrieb der Wirtschaftssenator von Westberlin an Walter Gutbrod, ob die Produktion des Superiors nicht besser in der geteilten Stadt erfolgen solle. Der Senat lockte mit zinsgünstigen Krediten und einer Fusion Gutbrod mit den Rheinmetall-Borsigwerken In den Marienfelder Hallen von 10 000 Quadratmeter Fläche sollte eine Autofabrik entstehen, die für eine Produktion von 1500 Wagen im Monat ausgereicht hätte.

In der Hoffnung auf bessere Zeiten zeigte sich Walter Gutbrod nicht abgeneigt, und als sich das herumsprach, gingen bei den West-Berliner Arbeitsämtern gleich 300 Bewerbungsschreiben für Gutbrod ein. Zwischen Plochingen und West-Berlin entstand enger Kontakt, der sogar bis zu Verträgen führte. Mit einem Kapital von sieben Millionen Mark sollte die neue Gesellschaft ausgestattet sein, bereits im Februar 1952 würde danach der erste „Atlas"-Lieferwagen, einen Monat später der „Superior" hier vom Band laufen.

Aber noch im November 1951 brach Walter Gutbrod die Kontakte ab, löste die Verträge auf. Die lang anhaltende Rohstoffkrise ließ ihn vorsichtiger taktieren.

Zu der vorsichtigeren Expansion hatte auch Wolfsburg beigetragen: Volkswagen hatte nämlich einen neuen Kleintransporter herausgebracht, der sich anfangs gegen die etablierten Modelle nicht durchsetzen konnte. Nun legte Volkswagen Zuteilungsquoten fest: Nur diejenigen Händler, die *einen* VW-Transporter abnahmen, durften auch auf die Belieferung mit je *vier* der begehrten Volkswagen-Limousinen hoffen. So boxte VW-Chef Nordhoff den Neuling auf den Markt. Und das ging besonders zu Lasten des Gutbrod-Lieferwagens.

### Schneller durch Graphit

Mehr denn je suchte Walter Gutbrod seine Wagen in jene Marktlücke zu schieben, in der die Käufer etwas besonderes suchten. Der jüngere Bruder half dabei. Von fast jeder größeren Rallye brachte er Preise heim. Daß Wolfgang Gutbrod so erfolgreich war, lag nicht nur an seinem Fahrtalent: er machte auch seine serienmäßigen Fahrzeuge mit einem Trick schneller. Auf der Fahrt zur Veranstaltung mischte er Molybdänsulfid (zerriebenes Graphit) dem Motoröl bei. Ging die Straße einmal bergab, fuhr er mit Vollgas hinunter und schaltete dabei die Zündung aus. Dadurch erhielt der kleine Zweitakter eine bessere Schmierung. Am Start lief der Motor dann leichtgängiger und meist rund 500 Touren schneller als andere Superior.

Im Januar 1952 fuhr Wolfgang Gutbrod zum ersten Male die Rallye Monte Carlo mit, doch er blieb liegen, weil das Fünfgang-Getriebe die Strapazen nicht mitmachte. Sein Konkurrent, der Arzt Dr. Heinz Schwind („Der rasende Chirurg") kam mit einem Viergang-Superior bis zum Ziel. Bald taten sich die beiden schnellsten Gutbrod-Fahrer zu einem Team zusammen und brachten es zu ungewöhnlichen Fertigkeiten. Vor allem bei Bergrennen zeigte das Duo alle Tricks: Wenn die Strecke zu steil anstieg und die Vorderräder Mühe hatten, Kraft auf die unbefestigten Strecken zu bringen, stieg der Beifahrer während der Fahrt über die Windschutzscheibe auf die Motorhaube. Dort hielt er sich an den eigens dafür angebrachten Griffen fest und sorgte mit seinem Körpergewicht für größere Belastung der Antriebsräder. Um schneller zu sein als andere, füllte der Beifahrer während solcher Bergfahrten auch den Benzintank auf.

Solche Extrembelastungen deckten unbarmherzig die schwachen Stellen des Zweisitzers auf: Stoßdämpferverschleiß, Brüche von Silentblöcken, die zwischen Rohrrahmen und Karosserie lagen. Einspritzmotoren reagierten auf zu hohe Umdrehungszahlen mit Ventilfeder-Rissen. Als Wolfgang Gutbrod im Juni 1952 zur

zweiten Österreichischen Alpenfahrt startete, entdeckte er, daß die Benzineinspritzung auf Höhenluft sehr empfindlich reagierte. Am Katschberg lief der Motor nur in kleinen Drehzahlen, und so mußte sich Wolfgang Gutbrod mit der Goldmedaille begnügen, den Klassensieg heimste die Konkurrenz ein.

Die Erfahrungen von der Strecke registrierte Cheftechniker Hans Scherenberg aufmerksam und versuchte, die daraus resultierenden Verbesserungen möglichst schnell dem Serienbau zukommen zu lassen.

*Kein Unfall, sondern Absicht: Wenn das Gutbrod-Team Bergrennen fuhr, kletterte der Beifahrer während der Fahrt durchs Dach auf die Motorhaube und belastete mit seinem Körpergewicht die Antriebsräder.*

### Schrottfahrzeuge zum Neuwagenpreis

Weil der junge Gutbrod so erfolgreich fuhr, argwöhnte die Konkurrenz, daß er vom Bruder mit besonders zurechtgemachten Exemplaren versorgt würde. Deshalb gab es immer wieder Proteste und der ADAC mußte nach erfolgreichem Lauf Wolfgang Gutbrods Superior zerlegen, um die Serienmäßigkeit zu prüfen. Oftmals wollten auch andere Rallye-Fahrer den Siegerwagen an Ort und Stelle kaufen, in der Hoffnung auf einen Super-Superior.

Bei der Rallye „Fahrt durch Bayerns Berge 1953" blokkierte ein Vorderrad. Gutbrods Wagen rutschte aus der Kurve gegen einen Baum, überschlug sich und landete im Bach. Der Motor lief noch und nach der

Bergung fuhr Wolfgang den total zerbeulten Wagen nach Hause. Unterwegs hielt ihn ein anderer Fahrer an, bot für das Schrottfahrzeug den Neupreis: wieder in der Hoffnung auf einen besonders präparierten Motor. Wolfgang Gutbrod ging auf den Handel ein und kam per Bahn und mit rund 5000 Mark Bargeld in Plochingen an.

Von einer Geschäftsreise nach Skandinavien hatte Wolfgang Gutbrod sogar Sturzhelm und Sicherheitsgurte mitgebracht. Als er beides beim nächsten Wettbewerb auf dem Nürburgring anlegte, reagierten die Fahrer mit verständnislosem Kopfschütteln.

Insgesamt 40 Goldmedaillen hatte Gutbrod in seiner dreijährigen Sportkarriere geholt. Und das Siegen wurde eigentlich erst Mitte 1953 mühevoller, als die Auto Union mit einer kompletten Werksmannschaft und Profi-Fahrern gegen ihn antrat. Schließlich konnte Wolfgang Gutbrod, der werktags die Geschäfte des Landmaschinenwerks führte, nur am Wochenende trainieren.

## Die Generalüberholung

Nicht so erfreulich wie die Sportbilanz sah die Verkaufsbilanz aus: Hatte das Plochinger Werk 1951 noch insgesamt 3135 Wagen ausgeliefert, waren es 1952 nur noch 1923 Exemplare. Gemessen am Volkswagen war der Superior zu teuer im Anschaffungspreis. Zudem stiegen die Ansprüche an Automobile. Die Käufer störten sich nun an dem rauhbeinigen Getriebe und einer mangelnden Karosserieverarbeitung. Berichtete das Fachblatt „Auto, Motor, Sport", daß an einem Superior die Wasserabdichtung der Türen „zu wünschen übrig" ließe. Man gab sogar Tips für ein Unterhaltungsspiel besonderer Art: „Tür zuwerfen und (man) hält im letzten Moment die Finger dazwischen! Absolut harmlos." Harte Kritik wurde an der Heizungs- und Belüftungsanlage geübt: „Die winzigen, nur einen Schlitz weit zu öffnenden Schiebefenster saugen die Luft ab und schaffen einen Unterdruck, der aus dem Motorraum oder sonstwoher kalte Luft ansaugt."

Ein negatives Urteil fällten nun Auto-Tester auch über die nach vorn zu öffnenden Türen. „Das jetzige Türschloß ist nicht nur ungünstig und viel zu schwach eingesetzt, so daß es oft ausreißt", hieß es in einem Testbericht, „sondern durch sein Öffnen gegen die Fahrtrichtung für Fußgänger, besonders Kinder, gefährlich." Im übrigen beschwerten sich die Kunden, daß die Türschlösser dauernd klapperten und sich in einigen Fällen sogar schon die Türen während der Fahrt geöffnet hätten.

Diese herbe Kritik an dem kleinen Auto gab in den Sommermonaten 1952 den Anstoß zu dem Plan, die Karosseriefertigung ins eigene Haus zu legen, was jedoch letztendlich wegen Geldmangel scheiterte. Unabhängig davon begannen die Techniker den Superior gründlich zu überarbeiten. Hans Scherenberg war schon zur Jahreswende 1951/52 bei Gutbrod ausgeschieden und zu Mercedes übergewechselt. Also übernahm Konstrukteur van Winsen die Hauptarbeit der Überarbeitung.

Die Türen wurden vorne angeschlagen, als Türklinken fanden nun Zuggriffe Verwendung, so, wie sie auch der Volkswagen trug. Das Reserverad unter dem Kofferraum war nun durch eine Klappe von außen zugänglich. Die Unterkante der Windschutzscheibe zog man tiefer. Der Tankverschluß — bisher offen im Fahrtwind liegend — verschwand unter einer abschließbaren Klappe. Hinter dem horizontalen Kühlergrill fiel das Gitter weg.

Besonders viel Zeit und Mühe widmete van Winsen und Versuchschef Göschel der kompletten Neukonstruktion einer Heizungs- und Belüftungsanlage. Das nahm mehr Zeit in Anspruch als 1949 die gesamte Konstruktion des Motors. Und die Werkzeugkosten für diese Belüftungsanlage lagen höher als damals der Bau des ersten Fahrzeugs.

Um wirklich etwas außergewöhnliches auf diesem Gebiet zu bieten, lieh sich Walter Gutbrod von Mercedes-Chefkonstrukteur Rudolf Uhlenhaut dessen nagelneuen Dienstwagen vom Typ 300 und gab als Ersatz seinen privaten Lincoln nach Stuttgart. Nun unternahm Walter Gutbrod persönlich Vergleichsfahrten mit dem kleinen Superior und dem Mercedes 300, um herauszufinden, wie gut die neue Belüftungsanlage sein müßte.

Die Renovierungskosten beliefen sich auf insgesamt 750 000 Mark und deswegen überlegte Walter Gutbrod schon damals, den Autobau ganz und gar aufzugeben. Andererseits hatte er eine Menge Zukunftspläne, den Superior zu einem richtigen Kleinsportwagen weiterzuentwickeln. Und dazu hatten die Gutbrods das Stammkapital auf 3,5 Millionen Mark aufgestockt.

In Gutbrods Auftrag tüftelte das Ingenieurbüro Krauter an einem Vierzylinder-Viertakt-Reihenmotor mit 1,2 Liter Hubraum. Dafür erprobte die Firma Getrag in Ludwigsburg bereits ein neues Fünfgang-Getriebe. Parallel dazu arbeitete Adolf Schnürle in seinem Stuttgarter

Büro an einem Vierzylinder-Zweitakter mit 1200 ccm Hubraum, der mit einem 30 000 U/min-Gebläse und Benzineinspritzung auf dem Motorprüfstand runde 60 PS abgab. Schon fertig war dagegen ein Dreizylinder-990-ccm-Zweitakter, der 28 PS leistete und ab Januar 1953 in den Kleinlaster „Atlas 1000" eingebaut wurde. „Wenn der Motor erst da ist", hatte Walter Gutbrod immer gesagt, „schaffen wir den Rest allein."

Im September 1952 erschien erst einmal das verfeinerte Modell des Gutbrod Superior. Der 660-ccm-Motor war nun im Typ „700 Luxus" auch als Vergaser-Version zu haben, der 20-PS-Motor einer Standard-Version vorbehalten. Alle Motor-Varianten leisteten mehr PS, und das Getriebe besaß nun eine Synchronisation im zweiten und dritten Gang.

### Zehn Millionen zum Weiterleben

Als der Buchhalter dem Chef die erste überschlägige Bilanz von 1952 vorlegte, stutzte der: trotz rückläufiger Produktion und Materialschwierigkeiten wies die Bilanz einen Gewinn von 300 000 Mark aus. „Das kann nicht stimmen", vermutete Gutbrod und rief eine Wirtschaftsprüfungsgesellschaft zu Hilfe, die ihm von der Auto Union empfohlen worden war. Die Wirtschaftsprüfer forsteten alle Belege durch und stellten im April 1953 fest, daß die Plochinger Fabrik im Vorjahr einen Verlust von 3,2 Millionen Mark erwirtschaftet hatte.

Als Walter Gutbrod zu dieser Zeit von einer Geschäftsreise aus Italien zurückkehrte, empfing ihn sein Finanzleiter gleich mit einer schlechten Nachricht: Die Hausbank diskontiere nicht mehr alle Wechsel. Gutbrod rief sogleich die Commerzbank an und wurde zurückgewiesen: „Wir müssen doch vorsichtig sein." Daraufhin ließ der Auto-Fabrikant sofort seinen Rechtsanwalt aus Stuttgart kommen: „Ich glaube, die lassen uns über die Klinge springen." Beide berieten anschließend im Konferenzzimmer, wie die Zukunft der kleinen Automobilfabrik aussehen könnte, und der Rechtsanwalt kam zu dem Schluß: „Beantragen Sie einen Vergleich, denn es sind ja noch 4,2 Millionen Mark an Vermögensüberschuß vorhanden."

Mit Wirtschaftsprüfer und Anwalt fuhr Walter Gutbrod im Mai 1953 zur Commerzbank. Die Bankiers schlugen vor, das Kapital der Auto-Schmiede von 3,5 auf 10 Millionen Mark heraufzusetzen und damit die Commerzbank-Kredite in haftendes Kapital umzuwandeln. Auf diese Weise wäre die Bank Mitinhaber geworden. Doch Walter Gutbrod winkte gleich ab: „Auch mit diesem Geld kann kein Auto gegen den Volkswagen antreten". Bestärkt wurde der schwäbische Fabrikant in seiner Meinung vom Chef der Auto Union, Carl Hahn, der als Freund von Wilhelm Gutbrod auch den Söhnen mit Rat und Tat zur Seite stand. Hahn war damals schon der Ansicht, daß die Vormachtstellung von Wolfsburg nicht mehr zu brechen sei. VW-Chef Nordhoff steigerte von Jahr zu Jahr die Produktion, entsprechend

*Auf der Suche nach einem originellen Viersitzer baute man in Plochingen dieses Einzelstück, eine Schrägheck-Limousine mit viel Kopffreiheit für die Fondpassagiere.*

mehr rationalisierte er und baute billiger als andere. Kleine Produzenten wie Gutbrod konnten da nicht mithalten.

So war es im Mai 1953 im kleinen Kreis bereits beschlossene Sache, daß der Gutbrod-Motorenbau in Plochingen und Calw in Liquidation gehen sollte. Unbemerkt von der Öffentlichkeit begann damals bereits die Suche nach einem Käufer für beide Fabriken.

### Das Viersitzer-Programm

Die Belegschaft merkte von der Resignation der Familie Gutbrod wenig. Die Produktion lief, und die Händler pochten weiterhin darauf, neben dem Kombiwagen endlich einen Viersitzer anbieten zu können.

Im Frühjahr 1953 schied auch Friedrich Hans van Winsen bei Gutbrod aus und wechselte zu Daimler-Benz über. Noch ehe er allerdings die neue Stelle angetreten hatte, verlebte er einen sechswöchigen Urlaub zu Haus, und Walter Gutbrod rief ihn an: „Entwickeln Sie mir doch noch einen Viersitzer." Also tüftelte van Winsen auf Honorarbasis noch einmal für Gutbrod. Der Techniker schuf eine viersitzige Limousine mit schrägem – etwas rundlichem – Heck und hinterer Tür; in Anklängen etwa so, wie heute die Minis ausschauen. Für damalige Zeiten war dies ein besonders mutiger Schnitt, denn die Auto-Mode aus Detroit diktierte das Stufen-Heck. In

Plochingen mag deshalb van Winsens Entwurf durchaus nicht mit Begeisterung aufgenommen worden sein. Dennoch ließ Walter Gutbrod ein Exemplar nach den Plänen van Winsens bei den Karosseriewerken Erhard Wendler bauen. Denn Gutbrod suchte auch jetzt noch nach dem ganz ungewöhnlichen Viersitzer.

Um unentdeckte Talente im Werk zu finden, rief er die Mitarbeiter zu einem Wettbewerb auf. An alle ließ er Zeichnungen verteilen, auf denen nur die Umrisse des Chassis und der Sitze aufgezeichnet waren. Jeder Mitarbeiter durfte nun darüber grübeln, wie eine ungewöhnliche Form drumherum ausschauen könnte. Doch revolutionäre Ideen brachte der Wettbewerb nicht zutage.

So ging Oberingenieur Heinrich Seibt im Juli nach bewährter Manier ans Werk. Er baute auf dem unveränderten Fahrwerk des Superiors eine kleine Stufenheck-Limousine. Im wesentlichen war hierbei nur das Faltdach gegen ein richtiges Limousinen-Dach ausgetauscht worden. Das Insassen-Abteil verjüngte sich nach hinten, bot zwei Fond-Passagieren nicht gerade reichlichen Platz. Unter der Haube saß der kleine 600-ccm-20-PS-Vergasermotor, der an diesem wesentlich schwereren Aufbau arg zu schleppen hatte.

Mehr Aufwand steckte Seibt in die Entwicklung der 700-Limousine. Hierbei verlängerte er das Zentralrohrrahmen-Chassis um 185 mm und setzte darauf einen Aufbau, der zwar auf den ersten Blick ebenfalls einer verlängerten Superior-Variante ähnlich sah, jedoch bot hier die hintere Sitzbank ähnliche Sitzbreite wie im vorderen Raum. Die hinteren Seitenfenster waren gegenüber der 600-Limousine größer und die Proportionen der gesamten Linie ausgewogener. Mit den breiten – als Blinklichter ausgearbeiteten – Chromleisten auf den Kotflügeln und dem 700-ccm-Einspritzmotor sollte diese Limousine das Flaggschiff des Programms werden.

Als im September 1953 die Internationale Automobilausstellung in Frankfurt eröffnete, war Gutbrod sowohl mit dem Serienprogramm als auch mit den drei Viersitzer-Prototypen vertreten. Nach außen hin blieb der Schein gewahrt, daß die Plochinger nun gegen Goliath und DKW antreten würden.

Interessenten gab es genug, die in den Prospekten von den Superiors als „Wagen voll Kraft und Temperament" lasen. Mit den „Modellen 1954" sollte die Lücke geschlossen werden. Gemessen am Volkswagen waren jedoch auch die neuen Superior zu teuer; der 700 sollte 5490 Mark kosten, billiger zwar als ein DKW und Goliath, doch teurer als der 5150-Mark-VW Export. So blieben die Neulinge nur Musterwagen. Kurz nach der Ausstellung, am 23. September 1953, stellte der Gutbrod-Motorenbau wegen einer Überschuldung von 2,4 Millionen Mark die Zahlungen ein.

## Bauknecht weiß, was Kunden wünschen

Walter Gutbrod versuchte noch, durch Fusion oder Kooperation sein Werk zu retten. In Hamburg sprach er bei seinem Konkurrenten im Kleinlieferwagen-Bereich, der Firma Vidal & Sohn (Marke: Tempo), vor. Vergeblich verhandelte Gutbrod um eine Übereinkunft. Kurz darauf bat er bei Ford in Köln um Unterstützung. Hier hoffte er, Ford für die Lieferung von 12-M-Motoren gewinnen zu können. Ähnlich wie Porsche sich zur Sportwagenmarke des Volkswagens gemausert hatte, wollte Walter Gutbrod Ford-Chef Erhard Vitger davon überzeugen, daß der Superior zur Sportversion des braven Ford Taunus heranreifen könne. Ford winkte ab. Die Firma Mathies in Straßburg wollte den Superior für den französischen Markt bauen, doch die Verhandlungen zogen sich immer wieder hin.

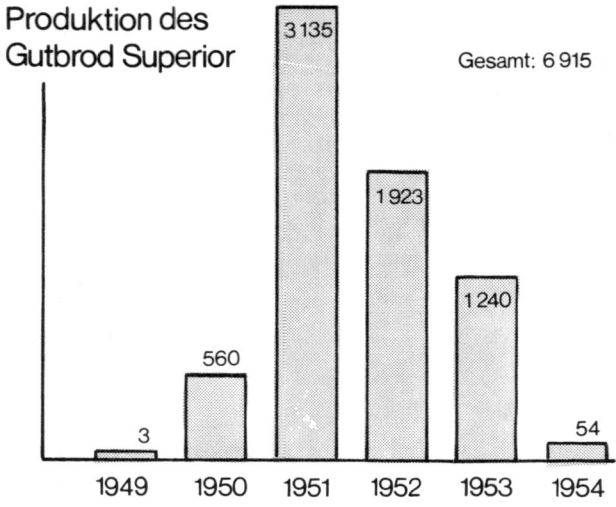

Produktion des Gutbrod Superior

Gesamt: 6 915

| 1949 | 1950 | 1951 | 1952 | 1953 | 1954 |
|------|------|------|------|------|------|
| 3 | 560 | 3 135 | 1 923 | 1 240 | 54 |

Am 10. Dezember kam es zum außergerichtlichen Vergleich. Die Gläubiger durften mit 40 Prozent ihrer Forderungen rechnen – allerdings in 18 Monatsraten. Ein Vergleichsverwalter zog ein. Er sorgte dafür, daß die Restbestände noch zusammengebaut wurden. Bis zum Frühjahr 1954 wickelte man Kundenaufträge ab, und bald hatte sich auch ein Käufer für die Fabrik-Anlagen gefunden.

Bauknecht, Hersteller von Elektro-Geräten, übernahm 1955 das Werk Calw samt Produktionseinrichtungen und 1000-Mann-Belegschaft. Die neuen Herren verschrotteten die Superior-Montageeinrichtung, die Mannschaft schulte man auf den Bau von Elektromotoren um.

Viele Techniker fanden bei Mercedes-Benz einen neuen Arbeitsplatz. Einige Vertriebsexperten wechselten zu BMW nach München.

In Altbach gründete die Commerzbank eine Vertriebsgesellschaft, welche die Ersatzteilbelieferung der etwa 7000 Gutbrod-Wagen im In- und Ausland übernahm.

Unbeschadet vom Ende der Gutbrod-Autos blieb nur das Landmaschinenwerk im saarländischen Bübingen im Besitz der Familie.

Kurz bevor Gutbrod den Autobau
aufgab, entstanden noch diese
beiden Viersitzer. Oben der „600"
mit unverändertem Chassis und
sich nach hinten verjüngendem
Dachaufbau. Der „700" besaß
dagegen ein um 185 mm ver-
längertes Fahrgestell, das nun
auch Platz für vollwertige Rück-
sitze bot.

# Gutbrod Superior

KAROSSERIE
    Cabrio-Limousine, 2 Türen, 2 Sitze
MOTOR
    Wassergekühlter Zweizylinder-Zweitakt-Motor (System Schnürle), Bohrung/Hub: 70/75 mm, 576 ccm, Verdichtung 1 : 6,2, 18 DIN-PS bei 3000 U/min, maximales Drehmoment 3,6 mkp bei 2200 U/min, Leichtmetall-Zylinderkopf, dreifach gelagerte Kurbelwelle, Umkehrspülung, Gemischschmierung 1 : 25, Thermosyphon-Kühlung, elektrischer Anlasser, ein Fallstrom-Vergaser Solex
    Batterie: 6 Volt/75 Ah, Gleichstrom-Lichtmaschine 130 Watt
    Füllmengen: Tankinhalt 28 Liter, Kühlsystem 8,0 Liter, Getriebeöl 2,0 Liter
KRAFTÜBERTRAGUNG
    Dreigang-Getriebe (Hurth), Einscheiben-Trockenkupplung, Mittelschaltung
    Frontmotor, Frontantrieb
    Übersetzungen:
    1. Gang 4,68 : 1
    2. Gang 2,01 : 1
    3. Gang 1,17 : 1
    R-Gang 6,77 : 1
    Achsübersetzung: 4,15 : 1

FAHRWERK
    Zentralrohr-Rahmen mit Querträgern an Holzrahmen-Karosserie geschraubt, vorn querliegende Halbelliptik-Blattfeder und untere Querlenker, hinten Eingelenk-Pendelachse und Schraubenfedern, vorn und hinten hydraulische Teleskopstoßdämpfer
    Bremsen: mechanische Vierrad-Trommelbremsen
    Lenkung: Zahnstangenlenkung
    Reifen: 4.00 x 15
    Felgen: 2,50 x 15
MASSE, GEWICHTE
    Länge 3560 mm, Breite 1490 mm, Höhe 1365 mm, Radstand 2000 mm, Spurweite vorn 1130 mm, hinten 1160 mm, Wendekreisdurchmesser 9,70 m, Leergewicht 690 kg, zulässiges Gesamtgewicht 900 kg
VERBRAUCH
    5,8 Liter Benzin-Öl-Gemisch auf 100 km
FAHRLEISTUNGEN
    Höchstgeschwindigkeit 90 km/h
PREIS
    (geplant: 3990,– DM)
PRODUKTIONSZAHLEN
    5 Stück
BAUJAHR
    (Debüt März 1950)

## Gutbrod Superior

KAROSSERIE
Cabrio-Limousine, 2 Türen, 2 Sitze (Karosserie: Weinsberg)

MOTOR
Wassergekühlter Zweizylinder-Zweitakt-Motor in Reihe (System Schnürle), Bohrung/Hub: 71/75 mm, 593,50 ccm, Verdichtung 1 : 6,5 (ab September 1951: 1 : 6,7), 20 DIN-PS bei 3350 U/min (ab September 1951: 22 DIN-PS bei 3500 U/min), Höchstleistung 24 DIN-PS bei 4300 U/min, maximales Drehmoment 4,3 mkp bei 3250 U/min, Leichtmetall-Zylinderkopf, dreifach gelagerte Kurbelwelle, Umkehrspülung, Gemisch-Schmierung 1 : 25, Thermosyphon-Kühlung, elektrischer Anlasser, ein Fallstrom-Vergaser Solex 32 PBJ
Batterie: 6 Volt/75 Ah, Gleichstrom-Lichtmaschine 130 Watt
Füllmengen: Tankinhalt 28 Liter, Kyhlsystem 8,0 Liter, Getriebeöl 2,0 Liter

KRAFTÜBERTRAGUNG
Dreigang-Getriebe (Hurth), Einscheiben-Trockenkupplung, Mittelschaltung
Frontmotor, Frontantrieb
Übersetzungen:
1. Gang 4,68 : 1
2. Gang 2,01 : 1
3. Gang 1,17 : 1
R-Gang 6,77 : 1
Achsübersetzung: 4,15 : 1

FAHRWERK
Zentralrohr-Rahmen mit Querträgern an Stahlblech-Karosserie geschweißt, vorn Dreieck-Querlenker oben, einfacher Querlenker unten, hinten Eingeenk-Pendelachse, vorn und hinten Schraubenfedern und hydraulische Teleskopstoßdämpfer
Bremsen: hydraulische Vierrad-Trommelbremsen
Lenkung: Zahnstangenlenkung
Reifen: 4.25 x 15
Felgen: 2.50 x 15

MASSE, GEWICHTE
Länge 3560 mm, Breite 1490 mm, Höhe 1365 mm, Radstand 2000 mm, Spurweite vorn 1130 mm, hinten 1160 mm, Wendekreisdurchmesser 9,70 m, Leergewicht 690 kg, zulässiges Gesamtgewicht 920 kg

VERBRAUCH
5,8 Liter Benzin-Öl-Gemisch auf 100 km

FAHRLEISTUNGEN
Höchstgeschwindigkeit 100 km/h

| PREIS | | Superior 600 Stand. | Superior 600 Luxus |
|---|---|---|---|
| Aug. | 1950 | 3990 DM | 4380 DM |
| Sept. | 1950 | 4280 DM | 4680 DM |
| Juni | 1951 | 4580 DM | 4980 DM |
| Sept. | 1952 | 4800 DM | — |
| Mai | 1953 | 4490 DM | — |
| Materialzuschlag ab Jan. 1951: | | 94 DM | |
| | ab Juni: | 295 DM | |

PRODUKTIONSZAHLEN
ca. 3000 Stück

BAUJAHR
Standard: ab August 1950 bis April 1954
Luxus: von August 1950 bis August 1951

## Gutbrod Superior Sport Roadster

KAROSSERIE
  Cabriolet, 2 Türen, 2 Sitze (Karosserie: Wendler, Reutlingen)

MOTOR
  Wassergekühlter Zweizylinder-Zweitakt-Motor in Reihe (System Schnürle), Bohrung/Hub: 71/75 m, 593,50 ccm, Verdichtung 1 : 6,5, 20 DIN-PS bei 3350 U/min, Höchstleistung 24 DIN-PS bei 4300 U/min, maximales Drehmoment 4,3 mkp bei 3250 U/min, Leichtmetall-Zylinderkopf, dreifach gelagerte Kurbelwelle, Umkehrspülung, Gemischschmierung 1 : 25, Thermosyphon-Kühlung, elektrischer Anlasser, ein Fallstrom-Vergaser Solex 32 PBJ
  Batterie: 6 Volt / 75 Ah, Gleichstrom-Lichtmaschine 130 Watt
  Füllmengen: Tankinhalt 28 Liter, Kühlsystem 8,0 Liter, Getriebeöl 2,0 Liter

KRAFTÜBERTRAGUNG
  Dreigang-Getriebe (Hurth), Einscheiben-Trockenkupplung, Mittelschaltung
  Frontmotor, Frontantrieb
  Übersetzungen:
  1. Gang 4,68 : 1
  2. Gang 2,01 : 1
  3. Gang 1,17 : 1
  R-Gang 6,77 : 1
  Achsübersetzung: 4,15 : 1

FAHRWERK
  Zentralrohr-Rahmen mit Querträgern an mit Holzrahmen verstärkter Aluminium-Karosserie verschraubt, vorn Dreieck-Querlenker oben, einfacher Querlenker unten, hinten Eingelenk-Pendelachse, vorn und hinten Schraubenfedern und hydraulische Teleskopstoßdämpfer
  Bremsen: hydraulische Vierrad-Trommelbremsen
  Lenkung: Zahnstangenlenkung
  Reifen: 4.25 – 15
  Felgen: 2.50 – 15

MASSE, GEWICHTE
  Länge 3680 mm, Breite 1430 mm, Höhe 1370 mm, Radstand 2000 mm, Spurweite vorn 1130 mm, hinten 1160 mm, Wendekreisdurchmesser 9,7 m, Leergewicht 780 kg, zulässiges Gesamtgewicht 930 kg

VERBRAUCH
  5,8 Liter Benzin-Öl-Gemisch auf 100 km

FAHRLEISTUNGEN
  Höchstgeschwindigkeit 100 km/h

PREIS
  (geplant: 5900,– DM)

PRODUKTIONSZAHLEN
  1 Stück

BAUJAHR
  (Debüt: März 1950)

# Gutbrod Superior 700

**KAROSSERIE**

Cabrio-Limousine, 2 Türen, 2 Sitze (Karosserie: Weinsberg)

Kombi-Wagen, 3 Türen, 4 Sitze (Karosserie: Westfalia)

**MOTOR**

Wassergekühlter Zweizylinder-Zweitakt-Motor in Reihe (System Schnürle), Bohrung/Hub: 75/75 mm, 663 ccm, Verdichtung 1 : 6,8, 26 DIN-PS bei 4300 U/min, maximales Drehmoment 4,7 mkp bei 2700 U/min, Leichtmetall-Zylinderkopf, dreifach gelagerte Kurbelwelle, Gemisch-Schmierung 1 : 25, Umkehrspülung, Thermosyphon-Kühlung, elektrischer Anlasser, ein Solex-Fallstromvergaser 32 PBI

Batterie: 6 Volt / 75 Ah, Gleichstrom-Lichtmaschine 130 Watt

Füllmengen: Tankinhalt 40 Liter, Kühlsystem 8,0 Liter, Getriebeöl 2,0 Liter

**KRAFTÜBERTRAGUNG**

Synchronisiertes Dreigang-Getriebe (2. bis 3. Gang), Einscheiben-Trockenkupplung, Mittelschaltung Frontmotor, Frontantrieb

Übersetzungen:

1. Gang 4,68 : 1
2. Gang 2,01 : 1
3. Gang 1,17 : 1
R-Gang 6,75 : 1

Achsübersetzung: 4,15 : 1

**FAHRWERK**

Zentralrohr-Rahmen mit Querträgern an Stahlblech-Karosserie verschweißt, vorn Dreieck-Querlenker, hinten Eingelenk-Pendelachse, vorn und hinten Schraubenfedern und hydraulische Teleskopstoßdämpfer

Bremsen: hydraulische Vierrad-Trommelbremsen

Lenkung: Zahnstangenlenkung mit Lenkungsdämpfer

Reifen: 4.25 – 15

Felgen: 2.50 – 15

**MASSE, GEWICHTE**

Länge 3560 mm, Breite 1430 mm, Höhe 1365 mm (Kombi: 3600 × 1490 × 1485 mm), Radstand 2000 mm, Spurweite vorn 1130 mm, hinten 1160 mm, Wendekreisdurchmesser 9,70 m, Leergewicht 740 kg (Kombi 775 kg), zulässiges Gesamtgewicht 950 kg (Kombi: 1070 kg)

**VERBRAUCH**

6,3 Liter Benzin-Öl-Gemisch auf 100 km

**FAHRLEISTUNGEN**

Höchstgeschwindigkeit 110 (Kombi 100) km/h

**PREIS**

700 Luxus: 5275,– DM

700 Kombi Luxus: 5995,– DM

**PRODUKTIONSZAHL**

ca. 2000 Stück

**BAUJAHR**

von September 1952 bis April 1954

# Gutbrod Superior 700 E

KAROSSERIE
Cabrio-Limousine, 2 Türen, 2 Sitze (Karosserie: Weinsberg)
Kombi-Wagen, 3 Türen, 4 Sitze (Karosserie: Westfalia)

MOTOR
Wassergekühlter Zweizylinder-Zweitakt-Motor in Reihe (System Schnürle), Bohrung/Hub: 75/75 mm 663 ccm, Verdichtung 1 : 8,0, 30 DIN-PS bei 4300 U/min, maximales Drehmoment 4,9 mkp bei 3500 U/min, Leichtmetall-Zylinderkopf, dreifach gelagerte Kurbelwelle, Frischöl-Schmierung mit separatem Öltank, Umkehrspülung, Thermosyphon-Kühlung, elektrischer Anlasser, Bosch-Benzineinspritzung
Batterie: 6 Volt/75 Ah, Gleichstrom-Lichtmaschine 130 Watt
Füllmengen: Tankinhalt 40 Liter, Kühlsystem 8,0 Liter, Getriebeöl 2,0 Liter, Öltank 2,0 Liter

KRAFTÜBERTRAGUNG
Synchronisiertes Dreigang-Getriebe (2. bis 3. Gang), Einscheiben-Trockenkupplung, Mittelschaltung
Frontmotor, Frontantrieb
Übersetzungen:
1. Gang 4,68 : 1
2. Gang 2,01 : 1
3. Gang 1,17 : 1
R-Gang 6,75 : 1
Achsübersetzung: 4,15 : 1

FAHRWERK
Zentralrohrrahmen mit Querträgern an Holzrahmen-verstärkter Stahlblech-Karosserie verschweißt, vorn Dreieck-Querlenker, hinten Eingelenk-Pendelachse, vorn und hinten Schraubenfedern und hydraulische Teleskopstoßdämpfer
Bremsen: hydraulische Vierrad-Trommelbremsen
Lenkung: Zahnstangenlenkung mit Lenkungsdämpfer
Reifen: 4,25–15
Felgen: 2,50–15

MASSE, GEWICHTE
Länge 3560 mm, Breite 1430 mm, Höhe 1365 mm (Kombi: 3600 x 1490 x 1485 mm), Radstand 2000 mm, Spurweite vorn 1130 mm, hinten 1160 mm, Wendekreisdurchmesser 9,70 m, Leergewicht 760 kg (Kombi 795 kg), zulässiges Gesamtgewicht 975 (Kombi 1070) kg

VERBRAUCH
4,8 Liter Benzin-Öl-Gemisch auf 100 km

FAHRLEISTUNGEN
Höchstgeschwindigkeit 115 km/h (Kombi 105 km/h)

PREIS
Superior 700 E Luxus: 5 725,– DM
Superior 700 E Kombi Luxus: 6 445,– DM

PRODUKTIONSZAHLEN
ca. 1000 Stück

BAUJAHR
(Debüt 16. April 1951) ab September 1951 bis April 1954
Kombiwagen: (Debüt Juni 1951) ab Januar 1952 bis 28. August 1953

## Gutbrod Superior Sport Roadster

KAROSSERIE
Roadster, 2 Türen, 2 Sitze (Karosserie: Wendler)

MOTOR
Wassergekühlter Zweizylinder-Zweitakt-Motor in Reihe (System Schnürle), Bohrung/Hub: 75/75 mm, 663 ccm, Verdichtung 1 : 8,0, 30 DIN-PS bei 4300 U/min, maximales Drehmoment 4,9 mkp bei 3500 U/min, Leichtmetall-Zylinderkopf, dreifach gelagerte Kurbelwelle, Frischöl-Schmierung mit separatem Öltank, Umkehrspülung, Thermosyphon-Kühlung, elektrischer Anlasser, Bosch-Benzineinspritzung
Batterie: 6 Volt/75 Ah, Gleichstrom-Lichtmaschine 130 Watt
Füllmengen: Tankinhalt 40 Liter, Kühlsystem 8,0 Liter, Getriebeöl 2 Liter, Öltank 2,0 Liter

KRAFTÜBERTRAGUNG
Synchronisiertes Dreigang-Getriebe (2. bis 3. Gang), Einscheiben-Trockenkupplung, Mittelschaltung
Frontmotor, Frontantrieb
Übersetzungen:
1. Gang 4,68 : 1
2. Gang 2,01 : 1
3. Gang 1,17 : 1
R-Gang 6,75 : 1
Achsübersetzung: 4,15 : 1

FAHRWERK
Zentralrohrrahmen mit Querträgern an Holzrahmen-verstärkter Aluminium-Karosserie verschraubt, vorn Dreieck-Querlenker, hinten Eingelenk-Pendelachse, vorn und hinten Schraubenfedern und hydraulische Teleskopstoßdämpfer
Reifen: 4.25–15
Felgen: 2.50–15

MASSE, GEWICHTE
Länge ca. 3600 mm, Breite 1430 mm, Höhe 1280 mm, Radstand 2000 mm, Spurweite vorn 1130, hinten 1160 mm, Wendekreisdurchmesser 9,70 m, Leergewicht 780 kg, zulässiges Gesamtgewicht ca. 1000 kg

VERBRAUCH
4,8 Liter auf 100 km (Benzin-Öl-Gemisch)

FAHRLEISTUNGEN
Höchstgeschwindigkeit ca. 120 km/h

PREIS
7800,– DM (ab Juni 1951: 295,– Materialzuschlag)

PRODUKTIONSZAHLEN
ca. 10 Stück

BAUJAHR
(Debüt 16. April 1951) von April 1951 bis Herbst 1952

*Protek-Gesellschaft für Industrieentwicklungen,*
*Stuttgart (1949–1950)*
*Protek-Gesellschaft für Industrieentwicklungen,*
*Tuttlingen (1950–1951)*
*Protek-Gesellschaft für Industrieentwicklungen,*
*Stuttgart (1951–1958)*
*Fahrzeugwerk Weidner OHG, Schwäbisch Hall*
*(1957–1958)*

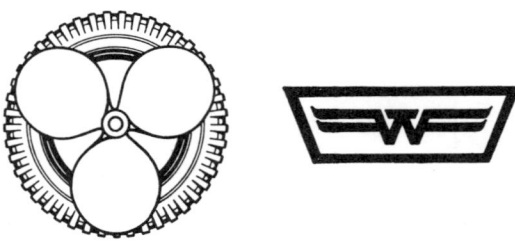

## Als Industrie-Dünger gedient?

Mit 40 neuen D-Mark in der Tasche stand er an der Bastion 12 in Rastatt, war gerade aus französischer Internierung entlassen worden und wußte nicht recht wie es nun weitergehen könnte.

Hanns Trippel, 40, Schwimmwagen-Konstrukteur, suchte am 15. Dezember 1948 nach einer neuen Existenz. Er fuhr zuerst einmal nach Hannover, wo er bei Bekannten für die erste Zeit Unterschlupf zu finden hoffte. Doch der angebliche Freund, ehemals im Aufsichtsrat der Trippel-Werke, mochte nun mit dem entlassenen Häftling keinen Kontakt mehr haben. Ganz auf sich allein gestellt, mietete sich Trippel ein kleines Zimmer und tüftelte an einer hydraulischen Beinprothese. Die vielen Kriegsinvaliden wären für diese Hilfe sicher dankbare Abnehmer. Trippel, mit Fleisch und Blut Fahrzeugkonstrukteur, wollte mit den Prothesen wenigstens soviel Geld verdienen, um sich später seinem alten Metier wieder zuwenden zu können.

Denn dort galt sein Name als Markenzeichen. Der Sohn eines Kaufhausbesitzers aus Groß-Umstadt hatte zwar die kaufmännische Lehre mit Erfolg abgeschlossen, doch anstatt in Vaters Geschäft einzutreten, hatte sich der 24jährige im Jahre 1932 mit etwas Geld selbständig gemacht. In der Heidelberger Straße in Darmstadt hatte er sich für 15 Mark Monatsmiete einen alten Pferdestall gemietet und begann hier ein Auto zu

konstruieren. Auf einem nagelneuen 600-ccm-DKW-Chassis zimmerte er eine Aluminium-Karosserie, die hinten spitz zulief — und die schwimmen konnte. Der „Land-Wasser-Zepp", wie Trippel sein erstes Gefährt taufte, bestand auf Anhieb die erste Wasserprobe. Im Herbst 1932 ging Hanns Trippel mit seinem Wagen sogar bei den Wiesbadener Motorsporttagen an den Start. Und wäre das Rennen wegen eines Platzregens nicht abgebrochen worden, er hätte sicher einen guten Platz belegt. Mit großem Eifer perfektionierte Trippel in den folgenden Jahren die Idee, Autos schwimmfähig zu machen. Bald sprach es sich im Deutschen Reich bis zur Hauptstadt Berlin herum, was da in Darmstadt ungewöhnliches passierte. Im Oktober 1936 erhielt Hanns Trippel vom Kriegsminister General Blomberg persönlich die Einladung, seine Schwimmwagen einmal vorzuführen.

Nun ging es aufwärts: Dank eines Entwicklungszuschusses von 10 000 Reichsmark konnte Trippel mit System weiterarbeiten. Er kaufte in Homburg an der Saar eine stillgelegte Schlachterei und baute sie zur kleinen Autofabrik aus. Mit 250 Mann Belegschaft baute er schwimmfähige Geländewagen für die Reichswehr.

Als der Weltkrieg begann, forderte ihn Berlin auf, größere Kapazitäten zu schaffen. Dazu schlug man vor, sich das Bugatti-Werk in Molsheim anzusehen. Bereits am ersten Tag nach dem Waffenstillstand im Frankreich-Feldzug stand Trippel in den völlig leergeräumten Hallen. Der legendäre Autokonstrukteur Ettore Bugatti hatte nämlich seine Fabrik mit Menschen und Maschinen nach Bordeaux verlagert. Während Trippel mit dem elsässischen Landrat einen Pachtvertrag abschloß, verhandelte die Reichsregierung von Berlin aus mit Bugatti um den Maschinenpark. Der Italiener verlangte den von einem Wirtschaftsprüfer getaxten Preis von 3,5 Millionen Reichsmark, doch Berlin kaufte ihm für 7,5 Millionen kurzerhand alles ab. 360 Eisenbahnwaggons brachten nun den Maschinenpark von Bordeaux nach Molsheim zurück. Am 15. Januar 1941 wurden hier die Trippel-Werke GmbH gegründet, eine sogenannte reichsbeteiligte Gesellschaft. Hier entstanden rund 1000 Wagen des Typs „Trippel SG 6" mit 2,5-Liter-Opel-Kapitän-Motor.

## Rache der Franzosen

Als der Krieg zu Ende war, saß Hanns Trippel bald die französische Geheimpolizei auf den Fersen. Obwohl sich der nun enteignete Fabrikbesitzer keiner Schuld bewußt war, bohrten die Franzosen beim Alliierten Kontrollrat solange, bis der Konstrukteur im Frühjahr 1946 zu fünf Jahren Haft verurteilt worden war. Nach 35 Monaten begnadigte ihn dann der französische Oberkommandierende General König.

Nun saß Hanns Trippel in Hannover und wußte nicht recht, wie es weitergehen soll. Eines Tages, im Frühjahr 1949, kam allerdings unverhoffter Besuch. Fritz Kiehn, Inhaber der FK-Zigarettenpapier-Fabrik in Trossingen, weilte zu Kundenbesuchen in der niedersächsischen Stadt. Beide Männer hatten sich in der Haft kennengelernt und manchen Tag gemeinsam Skat gespielt. Nun trafen sich beide zum erstenmal in Freiheit wieder. Kiehn brachte zum Treffen seine Tochter Gretel mit, und Hanns Trippel verliebte sich halsüberkopf in sie.

In den nächsten Wochen fuhr Trippel deshalb öfter nach Trossingen und zum Landsitz der Kiehns in Überlingen. Noch im Laufe des Jahres 1949 heiratete Trippel. Damit wurde er unverhofft Schwiegersohn des Industriellen Kiehn, der damals gerade plante, die Chiron-Werke in Tuttlingen zu kaufen; eine Fabrik, die chirurgische Instrumente herstellte.

*Ende 1949 baute Hanns Trippel dieses kleine Cabriolet, mit einem 300 ccm-DKW-Motor im Heck.*

## Der schwimmende Roadster

Mit seiner Frau Gretel zog Hanns Trippel nun nach Stuttgart und gründete hier die „Protek-Gesellschaft für Industrieentwicklungen". Gesellschafterin: Gretel Trippel. Zweck der Firma: Bau eines Kleinwagens. Die Pläne dazu waren schon im Gefängnis von Rastatt herangereift.

In der Gustav-Siegel-Straße mietete Hanns Trippel eine 300 Quadratmeter große Werkstatt, und dann versuchte er, drei seiner alten Konstrukteure von Molsheim zum Umzug nach Stuttgart zu bewegen.

Von einem Autofriedhof hatte man sich einen 300-ccm-Einzylinder-Zweitakt-Motor aus einem DKW-Motorrad besorgt. Um dieses Triebwerk herum baute Trippel und seine Mitarbeiter noch Ende 1949 ein ganz niedriges Cabriolet. Es maß etwa 90 Zentimeter in der Höhe, besaß eine einteilige Windschutzscheibe und eine Lenkkeule, wie sie später auch im Messerschmitt-Kabinenroller Verwendung fand. Das türlose Auto mit seiner aalglatten Karosserie und den kleinen Heckflossen konnte sogar schwimmen.

Mit dem kleinen Auto wollte Trippel an seine Vorkriegsentwicklung anknüpfen. 1939 hatte er einen Schwimm-Kraftwagen, Typ SK 8, gebaut. Ein eleganter Sportwagen mit Zwei-Liter-50-PS-Motor, der dem Eigner sowohl als schnelles Fortbewegungsmittel auf der Straße wie auch als perfektes Motorboot im Wasser dienen sollte. Das kleine 300-ccm-Cabriolet, Typ SK 9, blieb ein Studienobjekt. Den Deutschen erschien es erst einmal wichtiger, einen fahrbaren Untersatz nur für die Straße zu erwerben.

## Coupé mit Klappsitz

Auf der Basis des SK 9 begannen allerdings im Frühjahr 1950 die ersten Arbeiten an einem kleinen Coupé. Trippel und sein Team hatten als Antrieb dazu den 600-ccm-Einzylinder-Zweitakt-Motorradmotor von Horex ausgewählt. Und auf dem Papier stand bald der Entwurf einer nach hinten flach auslaufenden Karosserie. Gebaut wurde allerdings in Stuttgart nichts mehr. Schwiegervater Kiehn hatte nämlich in der Zwischenzeit die Chiron-Werke erworben und bat Trippel nun, seine Zukunftspläne auf größerer Basis in Tuttlingen zu verwirklichen. Die Protek GmbH löste die Stuttgarter Werkstatt auf und ließ sich auf dem Gelände der Chiron-Werke nieder. Hanns Trippel avan-

cierte hier zum zweiten Geschäftsführer. Rechtlich blieb die Protek zwar eine selbständige Gesellschaft, in der Praxis verschwammen dagegen die Grenzen zu Chiron völlig. Hanns Trippel, oft als Herr Direktor angeredet, durfte in dem großen Werk alles das benutzen, was zum professionellen Autobau nötig war: Gesenkschmieden, Drehbänke, Werkzeugmaschinen.

„Einstweilen sehen wir in den Straßen Tuttlingens nur einen offenen Wagen", plauderte am 4. März 1950 die Zeitung „Gräzer Bote" aus, „bei der in diesem Jahr anlaufenden Produktion wird es sich jedoch um eine zweisitzige Limousine handeln." Tatsächlich planten die Kiehns, die chirurgischen Instrumente im Herbst gegen den Serienbau des vom Schwiegersohn entwickelten Wagens auszuwechseln. Bis zu 1000 Exemplare wollte man in Tuttlingen monatlich bauen. Hanns Trippel hatte von seinem „SK 10" ganz konkrete Vorstellungen: „Der kleine Wagen mit der großen Leistung" (Slogan), mußte eine selbsttragende Stahlblechkarosserie besitzen mit „vollkommen glatter, staub- und wasserdichter Unterseite" (Prospekt); denn eines Tages sollte man den Kleinwagen mit einem Zusatzpaket zum Schwimmwagen umrüsten können.

Die Radaufhängungen bestanden aus einem Außenrohr mit innenliegender Welle, die durch aufvulkanisierten Gummi Federeigenschaften entwickelte. Um die selbsttragende Karosserie nicht durch Türeinschnitte zu schwächen, dachte sich Trippel einen ungewöhnlichen Einstieg aus. Auf der rechten Seite besaß das kleine Coupé eine Luke mit nach oben zu öffnender Flügeltür, die in sich zusammenklappte. Der Protek-Chef ließ sich diese Lösung patentieren, und einige Jahre später kaufte ihm Mercedes-Benz diese Türkonstruktion ab. Um bei dem nur 1100 Millimeter hohen Wagen bequemen Zugang zu schaffen, installierte man auf der rechten Seite den Sitz nach Art von Kinosesseln: bei Nichtbenutzung klappt die Sitzfläche hoch. Überhaupt waren es keine der üblichen Autosessel, sondern bespannte Rohrgestelle, die sich als Hängesitze jeder Körperform anpaßten und nur wenig wogen. Im Heck saß die Horex-Zweitakt-Maschine und gab ihre 18 PS an die Hinterräder, an der linken Seite des Fahrersitzes lag die Kulissenschaltung. Da der kleine SK 10 nur 300 Kilogramm Leergewicht auf die Waage brachte, schafften die 18 Pferdestärken damit immerhin eine Spitzengeschwindigkeit von 95 km/h.

*Der kleine Trippel SK 10 besaß eine ganz glatte Karosserie. Auf der rechten Seite hatte der SK 10 eine Einstiegsluke. Im Heck saß ein 600 ccm-Einzylinder-Zweitakt-Motor vom Horex-Motorrad.*

*Unten: Der aerodynamisch gut gestaltete Wagen hatte allerdings einen großen Wendekreis: Schuld daran waren die voll verkleideten Radkästen, die keinen großen Einschlag der Vorderräder zuließen.*

**Soviel Ungewohntes**

Am 5. Mai 1950 zeigte die Protek ihre Kreation zum erstenmal auf der Technischen Exportmesse in Hannover. Der „Wiesbadener Kurier" nannte den kleinen Trippel-Wagen „eine beachtliche Neuerscheinung" und tat kund, daß der SK 10 bereits im Oktober zum Preis von nur 2000 Mark zu kaufen sein werde. Kurze Zeit später, am 12. Mai 1950, eröffnete die Internationale Motorschau in Reutlingen. Und auch hier stellte die Protek den SK 10 aus. „Der Trippel wird vermutlich auch in Reutlingen seine in Hannover begonnene Erfolgsserie fortsetzen", meinten die „Stuttgarter Nachrichten". Und so war es auch.

Er war das dichtest umlagerte Ausstellungsstück. „Schon sein sehr eigenartiges, von jeder Norm abweichendes Äußere läßt dies verständlich erscheinen", schrieb das Fachblatt „Das Auto". Vor allem aber der niedrige Preis von nur 2000 Mark lockte das Volk in Scharen herbei. „Das verehrte Publikum drängt sich um den kleinen Schlager und vermag kaum soviel Ungewohntes auf einmal zu verdauen."

Wenige Monate später, im Oktober 1950, hatte der Chefredakteur der Fachzeitschrift „Das Auto", Oberingenieur F. A. Martin, Gelegenheit, das Versuchsexemplar zu fahren. Er bemängelte dabei, daß Motor und Getriebe sehr laut liefen, weil noch keine Schallisolierung vorhanden war. Er meinte, die sehr geringen Wege beim Kuppeln und Schalten müßten noch geändert werden, ebenso die zu direkte Übersetzung der Lenkung. Dagegen beurteilte Martin Beschleunigung, Straßen- und Kurvenlage mit „recht gut", wobei er sich allerdings mehr Last auf den Vorderrädern wünschte. Beim Trippel-Versuchswagen lag nämlich nicht nur der Motor hinter der Hinterachse, sondern auch noch der Tank.

**Eine Nummer größer**

Zu dieser Zeit hatte Hanns Trippel schon neues in der Planung. Er hatte die Rohkarosse für einen etwas größeren SK 10 fertig. Der Bug war nicht mehr so rund gestaltet, die Scheinwerfer in eine vordere Stoßstange integriert. Auf der linken Seite besaß der Wagen ebenfalls keine Tür, sondern nur die Einstiegsluke. Der etwas größere Innenraum gestattete es, drei Personen auf der vorderen Sitzbank zu befördern. Und im Heck saß ein Zweizylinder-Viertakt-Boxermotor mit 500 ccm Hubraum von Zündapp.

Aber auch die neue Ausführung mochte Hanns Trippel nicht zufriedenzustellen, zumal von Interessenten immer wieder der eigenwillige Einstieg („bei geöffneter Luke regnet es in den Wagen") reklamiert wurde.

So bauten das Trippel-Team noch im Oktober einen zweiten Versuchswagen in größerer Ausführung, jedoch diesmal mit zwei Seitentüren und einer kleinen chromverzierten Frontschnauze. Den Traum, auch dieses Auto schwimmfähig zu machen, hatte Trippel längst ausgeträumt.

Er hatte nämlich erst kurz vorher einen seiner ehemals gebauten Schwimmwagen vom Typ „SG 6" gebraucht kaufen können.

Von seinen Mechanikern ließ er ihn wieder aufpeppeln und führte das Erinnerungsstück an Gewässern immer noch gerne vor. So reiste Trippel im Sommer 1950 in die Schweiz und zeigte Vertretern der Schweizer Armee die Fähigkeiten seines „SG 6" im Thuner See.

Als Hanns Trippel allerdings eine solche Vorstellung auch am Essener Baldeney-See abhielt, war ein englischer Offizier anwesend, der in dem Schwimmwagen gleich neuen deutschen Militarismus entdeckte. Als der Amphibien-Fahrzeug-Konstrukteur gar noch den Anwesenden arglos verkündete, er werde in Kürze wieder schwimmfähige Autos bauen, murrte der Engländer: „Wenn Sie das nicht aufhören, sorge ich dafür, daß Sie wieder eingesperrt werden."

Das wirkte. Der Schreck saß Hanns Trippel noch lange in den Gliedern. Deshalb baute er bei dem größeren Wagen nicht mehr so sehr auf Schwimmfähigkeit hin, sondern achtete mehr auf einen günstigen Luftwiderstand. Mit dem neuen grünen Versuchsexemplar hätte Hanns Trippel nun gar zu gerne den Serienbau begonnen.

Aber Fritz Kiehn spielte plötzlich nicht mehr mit. Er hatte wieder Geschmack am Verdienst durch chirurgische Instrumente gefunden und wollte außerdem Schreibmaschinen bauen. Wahrscheinlich waren dem Chiron-Chef die Investitionen für den Serienbau des SK 10 zu hoch.

**Die letzten Proben bestanden**

Enttäuscht über die Haltung des Schwiegervaters reiste Hanns Trippel im Oktober 1950 in den Raum Hannover, um im Notstandsgebiet Watenstedt–Salz-

*Ausstellungsstand der Protek auf der Motorschau in Reutlingen am 12. Mai 1950: „Das verehrte Publikum drängte sich um den kleinen Schlager."*

*Prototyp zu einem neuen SK 10: länger, breiter, höher, aber mit rechter Klapptüre (Gebaut im Oktober 1950)*

gitter mit zwei Firmen über den Serienbau zu verhandeln. Der Tageszeitung „Die Welt" verriet Trippel, daß die Produktion im Januar 1951 aufgenommen werde, und dann würden rund 500 Menschen einen Arbeitsplatz finden. Aber die Verhandlungen drohten schon bei der Finanzierung des Werkgeländes zu scheitern. Berichtete „Die Welt": „Nur wenn der Bund und das Land Niedersachsen eingreifen, werden die Pläne verwirklicht." Trotzdem gab sich Trippel optimistisch: „Gebaut wird der Wagen auf jeden Fall." Die Produktionsmittel seien vorhanden, und ein Angebot aus Süddeutschland liege auch schon vor.

Die nächsten Monate zeigten, daß Trippel nicht weiterkam. Zwar verschickte die Protek zum Jahreswechsel 1950/51 Kartengrüße an Geschäftsfreunde und Interessenten: „Ihr Wunsch geht im Neuen Jahr in Erfüllung", hieß es darin, „unser Wagen hat die letzten Proben bestanden und ist nun serienreif."

Trotz des Optimismus zerschlugen sich alle bisherigen Verhandlungen. Es fand sich kein Lizenznehmer für den schmucken Wagen. Im Laufe des Januar verbesserte Trippel sein Versuchsfahrzeug noch einmal. Statt der flach ablaufenden Heckpartie schneiderte man eine sich nach hinten verjüngende Form mit breitem geteilten Rückfenster. Viel Feinarbeit gedieh dem SK 10 im Innern an. Um die Dröhngeräusche der zu einem Stück verschweißten Karosserie zu mildern, entwickelte Trippel ein neuartiges Verfahren „Schallschluck 161". Er tüftelte dazu spezielle Dickstoff-Spritzpistolen und Druckbehälter aus. Diese Neuheit seines Schwiegersohns nahm Fritz Kiehn sofort in Produktion und lieferte sie an die Automobilindustrie. Urteilte das Kfz-Fachblatt über die verfeinerte Version des SK 10: „Ein Kleinwagen neigt ins Große". Und die Kraftfahrt-Rundschau fand: „Der SK 10 ist kein Notbehelf, kein motorisiertes Seifenkisterl, in dem der anfangs so stolze Besitzer später beim Anblick größerer Wagen seine Minderwertigkeitskomplexe spazieren fährt." Lob verteilte auch die „Neue Kraftfahrer Zeitung": „Im vorigen Jahr auf der Autoschau in Reutlingen sah er wesentlich primitiver und halbfertig aus."

Der größere und aufwendigere Wagen sprengte allerdings auch die bisherigen Preiskalkulationen. Wenn Trippel nach dem Preis gefragt wurde, antwortete er, daß bei einer Serie von 1000 Stück im Monat ein Verkaufspreis von 3500 Mark nötig sei. Der Schweizer Automobil Revue versicherte er im Februar 1951, daß die Herstellung für den deutschen Inlandsmarkt, „für

die Verhandlungen vor dem Abschluß stehen, innerhalb kurzer Zeit aufgenommen werden kann". Doch auf der Frankfurter Automobil-Ausstellung im April 1951 stand Hanns Trippel mit seinem Wagen und vertröstete Kaufinteressenten noch immer weiter.

Zwar war der SK 10 ein durchaus leistungsfähiges Kleinauto, doch schwamm es in vielen Details gegen den modischen Trend der damaligen Zeit. Die Käufer nahmen sich amerikanische Straßenkreuzer zum Vorbild. Der Trippel SK 10 konnte weder mit der begehrten Lenkradschaltung, noch mit vorderen Dreiecks-Ausstellfenster aufwarten; er trug ein schlichtes Blechkleid, während die Käufer verchromte Frontziergitter suchten. Zu jener Zeit ging der Trend auch zum Stufenheck, während Trippel seinem Wagen ein Fließheck gegeben hatte. Was dem Volkswagen noch verziehen wurde, kreidete das Publikum anderen Autos als Minus an.

Der Wistü-Kraftfahrzeug-Anzeiger nannte die Nachteile des Trippel SK 10 beim Namen: „Seine zu geringe Aufmachung, seine spartanische Einfachheit". Und die englische Autozeitschrift „The Autocar" meinte nach einer kurzen Fahrt: „Die einzigen Mängel liegen im Sektor des Komforts." Die Sitzbank von 1,26 Meter Breite sei „ziemlich ungemütlich" und Platz für Gepäck praktisch nicht vorhanden, da vorn der Tank, Ersatzreifen und Werkzeug lag.

### Der Auszug aus Tuttlingen

Zu dieser Zeit begrub Hanns Trippel auch alle Pläne, sein Fahrzeug eines Tages doch noch bei Chiron zu bauen. Der Familienzwist spitzte sich soweit zu, daß Trippels Ehe zerbrach. Der Konstrukteur erhielt eine Abfindung und mußte mit seiner Protek-Gesellschaft aus den Chiron-Werken ziehen.

Am 8. Mai 1951 ließ sich Hanns Trippel mit seinen vier Vorführwagen wieder in Stuttgart nieder, mietete hier in der Wielandstraße eine Werkstatt mit Büro.

Einen Monat später schien es Hanns Trippel geschafft zu haben. Einige große Händler schlossen sich zusammen und gründeten am 10. Juni 1951 die „Trippelwagen-Verkaufsgesellschaft GmbH." Diese erwarb von der Protek die Produktionsrechte, womit auch die Voraussetzungen für einen soliden Serienbau geschaffen waren. Chef der Verkaufsorganisation wurde Hugo Renner, ehemals Direktor der tschechischen Tatra-Werke. Mit vier Wagen fuhr man nun kreuz und quer durch Deutschland, zeigte die Konstruktion herum und warb Vertreter an. „Die Welt" berichtete im September 1951 von der Trippel-Premiere in Hamburg: „Die Vorführung des kleinen sportlichen Fahrzeugs im Salon der Villa in der Fährhausstraße war ein netter Einfall."

Zündapp erklärte sich jetzt bereit, ihr bundesweites Motorrad-Werkstatt-Netz auch für Service-Arbeiten an Trippel-Wagen einzusetzen. Damit blieb immer noch die Frage ungeklärt, woher das Kapital zum Serienbau des SK 10 kommen solle. Im letzten Halbjahr 1951 mag wohl dazu gar keine Aussicht bestanden haben, denn in Deutschland herrschte durch die Nachwirkungen der Korea-Krise Not an Stahl, Eisen und Devisen. Schon die etablierte Fahrzeugindustrie hatte mit Rohmaterialschwierigkeiten zu kämpfen, wie sollte da ein Neuling in der Branche zurechtkommen?

Für Hanns Trippel bedeutete das weiterhin vergebliches Mühen, um einen Partner zu finden. Noch konnte er und seine Gesellschaft von der Chiron-Abfindung leben, aber das durfte kein Dauerzustand sein.

*Im Oktober 1950 baute Trippel den ersten SK 10 mit zwei Seitentüren.*

*Die vorerst endgültige Ausführung des SK 10 entstand im Winter 1950. „Unser Beitrag zur Lösung des Kleinwagenproblems" lautete die Werbung.*

Die Zeit arbeitete gegen Hanns Trippel und sein Projekt. Inzwischen zeigte der Trend nämlich, daß die Bundsbürger vor allem kleine Viersitzer bevorzugten. Der Lloyd LP 400, der Goliath GP 700 und der DKW-Meisterklasse waren — abgesehen vom Volkswagen — große Verkaufsschlager. Immer öfter wurde Hanns Trippel gefragt, ob nicht auch er seinen Wagen zum Viersitzer umbauen könne. Die 1260 Millimeter breite Sitzbank vorn reichte den Interessenten nicht mehr aus.

Schließlich beugte sich der Techniker den Wünschen, verlegte die Motorwand weiter nach hinten und schuf damit Platz für eine hintere Notsitzbank. Um das auch optisch zu demonstrieren, schnitt man ins Dach des Coupés hintere Seitenfenster. Eine Limousine war der SK 10 damit noch nicht geworden.

Um auf das Produkt aufmerksam zu machen, startete ein Münchener Rallyefahrer mit einem Trippel SK 10 am 13. Januar 1952 zur Wintersternfahrt nach Garmisch-Partenkirchen. 2500 Kilometer legte der Wagen in Eis und Schnee zurück, und am Ziel errang er die Goldmedaille. Dieser Sporterfolg wog besonders, weil der eingesetzte SK 10 durchaus kein neues Fahrzeug war, sondern vor dem Start bereits über 100 000 Kilometer zurückgelegt hatte. Worauf die Zeitschrift „Auto und Kraftrad" den Siegerwagen nochmals fuhr und beurteilte: „Obwohl selbsttragende Karosserien stark beansprucht werden, ist es der Gummi-Torsionsfederung zu danken, daß keinerlei Ermüdungserscheinungen oder Klappern bei dem SK 10-Veteran auftraten." Die Tester lobten die sportlich untersetzte Lenkung und die Lage des Handbremshebels links neben dem Fahrersitz.

Ende März 1952 schien aber der Punkt gekommen zu sein, wo es endlich weiterging. Die Trippelwagen-Verkaufsorganisation unter Leitung von Hugo Renner hatte soviel Kapital zusammen, daß sie der Karosseriefabrik Böbel in Laupheim den Auftrag gab, eine Serienproduktion von etwa 200 Fahrzeugen im Monat aufzunehmen.

Bekannt wurde das Projekt, als am 19. März drei SK 10 auf dem Marktplatz in Laupheim in Formation zu einem Foto standen: Sie machten sich auf die Reise zum Genfer Automobilsalon.

Während Volkswagen auf die Beteiligung an diesem Salon verzichtete, „weil man nichts neues zu zeigen hatte" (Cosmo Press), fuhr Hanns Trippel nun in der Gewißheit nach Genf, den SK 10 noch in diesem Jahr wirklich ausliefern zu können. Böbel wollte zudem nicht nur das Coupé bauen, sondern auch ein Cabriolet. Diese offene Version unterschied sich im wesentlichen durch eine stabile vordere Stoßstange vom bisherigen Modell.

Zusätzlich debütierte der Trippel SK 10 in Genf mit einer schnelleren Version. Sollte der SK 10 weiterhin der „Porsche unter den Kleinstwagen" (Auto- und Motorradwelt) bleiben, mußte er mehr Leistung bieten, denn die Konkurrenz schlief nicht. Der SK 10 Sport besaß also die schon bisher bekannte Zündapp-Maschine, jedoch jetzt mit 597 ccm und einer von 6,4 auf 6,7 heraufgesetzten Verdichtung, sowie zwei Solex-Vergaser. Mit einer Leistung von 26 PS erreichte die Sportversion damit eine Spitzengeschwindigkeit von 140 km/h. „Die Leistung (sofern sie zutrifft), hebt den Trippel natürlich weit über den Rahmen eines Kleinstwagens hinaus, wenn er auch in seinen Dimensionen ein solcher ist", meinte skeptisch „das Auto".

Trippel versprach Preise von 4200 DM für das Coupé und 5350 Mark für das Cabriolet. „Nach Angaben des Konstrukteurs soll die Serienherstellung in Laupheim bei Ulm vorgesehen sein und innerhalb von vier Monaten beginnen", berichtete die Schweizer „Automobil Revue". Dabei sollte vor allem der Bau des modernen Cabriolets forciert werden. Nach einer Anlaufserie richtete sich Böbel auf eine Stückzahl von monatlich 500 Exemplaren ein.

*Böbel in Laupheim baute zum Genfer Automobilsalon 1952 einige Exemplare des SK 10 als Cabriolet.*

**Nur für den Stadtverkehr?**

*Dem Wunsch nach vier Sitzen konnte sich auch Trippel nicht verschließen: Im März 1951 baute er eine neue Version des SK 10. Diesmal mit etwas zurückverlegtem Heckmotor, wodurch Platz für eine hintere Notsitzbank und hintere Seitenfenster blieb.*

Während des Salons hatte die Schweizer „Automobil Revue" Gelegenheit, einen SK 10 zu fahren: „Der viel gefahrene Prototyp war noch laut und zeigte Spuren starker Abnützung, ließ aber bereits große Hoffnungen auf die Serie aufkommen." Die Experten fanden, daß der kleine Trippel ungewöhnlich schnell sei. Besonderes Lob wurde den weit nach vorn gezogenen Türöffnungen zuteil, durch die sich die Beine leicht „hinein- und hinausschwingen" ließen. Sehr distanziert äußerten sie sich allerdings zu den Fahreigenschaften: „Sie sind für ein kurz gebautes Heckmotorfahrzeug sportlichen Charakters mit sehr direkter Lenkung typisch." Das besagte, der Trippel SK 10 neigte in zu schnell gefahrenen Kurven leicht zum Ausbrechen des Hecks, was sich aber durch Gegenlenken sofort abfangen läßt. Kurze Heckmotorwagen besitzen naturgemäß auch schlechte Geradeauslaufeigenschaften. Meinte die „Aachener Volkszeitung": „Nach Ansicht vieler Besucher (des Salons), eignet sich das Fahrzeug nur für den Stadtverkehr."

## Zuviel versprochen

Zum Ende der Ausstellung begann in Laupheim pünktlich eine kleine Serienfertigung, die allerdings nach etwa 15 Exemplaren und vier Wochen Laufzeit schlagartig stoppte. Grund: Böbel, der auch Blechaufbauten für andere Fabriken herstellte, ging über Nacht in Konkurs. Bereits festgebuchte Aufträge platzten.
Eine hektische Suche nach neuen Firmen begann. Die Trippel-Händler wollten nun in eigener Regie den Bau übernehmen. Man gründete die Wormser Motorenwerke GmbH, die ihre Werksanlagen auf dem Gelände der Lederwerke Cornelius Heyl AG errichten sollten. Der „Mannheimer Morgen" berichtete Mitte Juni 1952, daß die neue Gesellschaft ein Stammkapital von 1,2 Millionen Mark besitze; tatsächlich hatten die Händler versprochen, 400 000 Mark Kapital aufzutreiben. Gegenüber der Protek hatte man sich verpflichtet, die Serie innerhalb von sechs Monaten auf die Beine zu stellen. Trotz guten Willens schafften es die Geschäftspartner aber nicht. Man trennte sich.
Den Schaden hatte vor allem Hanns Trippel. Abgesehen von den finanziellen Lücken glaubte die Presse seinen Angaben kaum noch. „Man verüble uns nicht unser Mißtrauen", schrieb die Zeitschrift „Das Auto", „aber Herr Trippel hat bisher schon zu oft und zuviel versprochen, angefangen vom Preis (zuerst 2000 Mark,

heute das Doppelte bis Dreifache) bis zu den Liefermöglichkeiten."
Folge dieses Mißtrauens: Die deutsche Presse berichtete in den nächsten Monaten kaum noch von der Protek und ihren Autoplänen.
Trippel störte das wenig, er hatte zu dieser Zeit bereits enge Kontakte ins Ausland. Als nämlich die Fertigung bei Böbel anlief, erschien dort ein Franzose und fragte an, ob er die Lizenz des Wagens für das westliche Nachbarland haben könne. Er konnte. Für eine Anzahlung von 30 000 Mark und einer vereinbarten Stücklizenz von drei Prozent des Verkaufspreises sollte Trippels Wagen auf dem französischen Markt erscheinen.
Ehe es allerdings dazu kam, mußte der SK 10 noch einmal gründlich überarbeitet werden. Die neuen Vertragspartner hatten nämlich zur Bedingung gemacht, daß als Motor der französische Zweizylinder-Viertakt-Motor mit 850 ccm und 42 PS von Panhard & Levassor Verwendung finden müsse. Die Karosserie blieb zwar in den Grundzügen erhalten, veränderte aber durch neue Details ihrer Linie. Die Scheinwerfer mußten höher gerückt werden, so verlangte es die Zulassungsordnung in Frankreich. Die Front schützte nun eine stabile Stoßstange. Die Radausschnitte wurden vergrößert, denn sie standen einem kleineren Wendekreisdurchmesser im Weg. Die vorderen Seitenfenster erhielten Dreieck-Ausstellfenster, die Glasfläche rundum wurde vergrößert. Durch Zurückrücken des Aggregats schuf Trippel noch mehr Innenraum. Das Reserverad saß nun im Bug unter einer kleinen Haube.
Die Umbauten zogen sich bis zum Frühjahr 1953 hin. Dann lieferte Hanns Trippel in Paris zwei komplette Autos — ein Coupé, ein Cabriolet — mit sämtlichen Konstruktions-Unterlagen ab.

## Trippelwagen á la France

Der neue Wagen sah zwar ausgesprochen schnell aus, war aber durch die Umbauten behäbiger im Temperament geworden. Vom Trippel-Leichtgewicht aus dem Jahre 1950 blieb wenig übrig. Die Forderung nach besseren Sitzen, der stärkere Motor, das größere Getriebe, die bessere Ausstattung hatten den SK 10 schwerer gemacht.
Lange grübelte man gemeinsam, wie das Handicap wettgemacht werden könnte. Schließlich erinnerten sich die Franzosen der Chevrolet Corvette, jenes

*Aus dem Trippel SK 10 war im Frühjahr 1953 der „Marathon Corsaire" entstanden, der im Sommer eine Kunststoffkarosserie erhielt.*

Sportwagens aus Kunststoff, den General Motors im Juni 1953 vorgestellt hatte. Einer der Konstrukteure der Corvette war Franzose und hieß Grandvalee. Er kehrte noch im Sommer 1953 in seine Heimat zurück und baute hier — zusammen mit einigen jungen Leuten — den „Reac", den ersten europäischen Wagen mit Kunststoff-Karosserie. Trippels Geschäftspartner machten den Kunststoff-Experten schnell ausfindig und heuerten ihn für ihr Vorhaben an. Grandvalee leistete schnelle und gründliche Arbeit: Am 1. August 1953 präsentierte die „Societe Marathon" den „Corsaire". Im Grunde ein Trippel-Wagen, doch nun mit einer Polyesterharz-Karosserie, die nur 46 Kilogramm wog. Überschwenglich hieß es im Prospekt: „Das Auto, das auf dem Weltmarkt fehlte."

Auf dem Pariser Automobilsalon im Oktober 1953 war der Kunststoffwagen die Sensation. Hanns Trippel glaubte, jetzt endlich den Sprung nach vorn geschafft zu haben. Er siedelte nach Paris über, um bei den Vorbereitungen zur Großserie zu helfen. Schon während der Ausstellung tauchte am Marathon-Stand ein Belgier auf, der dringend darum bat, den „Corsair" in den Benelux-Staaten montieren zu dürfen. Zu Verhandlungen flogen alle Marathon-Manager und Trippel im Hubschrauber von Paris nach Brüssel. Man vereinbarte die Lieferung von Einzelteilen, die in Belgien zu kompletten Autos montiert würden.

Aus Wien meldete sich der Kommerzialrat Perl, Chef der einst größten kaiserlich-österreichischen Automobilfabrik „Perl-Auhof". Auch er begehrte die Lizenz, und er bekam sie. Schon kurze Zeit später erschienen Prospekte: „Der Perl-Sportwagen — ein Traum, der in Erfüllung geht." Im Grunde war der Perl-Wagen nichts anderes als das Marathon-Cabriolet „Pirate", ebenfalls mit Panhard-Motor, jedoch mit leicht veränderter Lage der Scheinwerfer.

**Das Plagiat aus Norwegen**

Im Laufe des Jahres 1954 verschwand die neue Marke Marathon aber so plötzlich wie sie erschienen war. Deren Manager hatten nämlich mit den Anzahlungen der Händler erst einmal die Aktien der darniederliegenden Autofabrik „Rosengart" aufgekauft. Ausgerechnet jener Firma, die Ettore Bugatti nach dem Krieg mit dem Erlös von Molsheim erworben hatte und die in den letzten Jahren nicht so recht florierte. Mit der Aktienmehrheit übernahmen die Marathon-Leute aber auch die Verantwortung für 800 Arbeiter, die plötzlich nichts mehr zu tun hatten. Denn die Produktion des „Marathon Corsaire" und des „Marathon Pirate" war erst im Anlaufstadium und bot zu dieser Zeit gerade 100 Arbeitern Beschäftigung.

Das Bargeld ging also zum Aktienkauf drauf, für Löhne und Material war kein Geld mehr da. Die Marathon-Gesellschaft brach zusammen, die Manager wanderten ins Gefängnis. Nachdem auch die Lizenznehmer in Belgien und Österreich — bedingt durch die Pariser Pleite — die Produktion einstellten, zog Trippel wieder zurück nach Stuttgart und arbeitete dort mit drei Mitarbeitern weiter an seinen Konstruktionen.

Mitte 1955 entstand hier ein neues Sportcoupé. Eine Weiterentwicklung des Corsaire, jedoch als erster europäischer Wagen mit der weit um die Ecke gezogenen Panorama-Scheibe ausgestattet. Unter der Haube saß nun ein Dreizylinder-Zweitakt-Motor von Heinkel mit 677 ccm und 26 PS. Ein Triebwerk, das im Kleinlastwagen Tempo Matador bereits seine Bewährungsprobe abgelegt hatte. Im Frühjahr 1956 entdeckte die Zeitschrift „Roller, Mobil und Kleinwagen" den Prototyp und rätselte: „Die allerneueste Version hat die Typschrift 750. Aber auch drei Auspuffrohre. Na ja, warten wir weiter ab." Zwar fand sich für den eleganten Wagen mit Panoramascheibe im „Etablissement Wilford", Brüssel, bald ein Lizenznehmer. Aber er brachte das Fahrzeug nicht aus dem Prototypen-Stadium heraus.

Ein neuer Bewerber rief direkt von Oslo aus in Stuttgart an: Hans Kohl-Larsen. Sein Vater war Bordarzt der Zeppelin-Polarfahrt gewesen und mit Hanns Trippel bekannt. Nun bat der Sohn um die Lizenz des 750. Der Stuttgarter packte seine Koffer und fuhr — zusammen mit einem Monteur — gen Norwegen. Hier handelte man gemeinsam einen Lizenzvertrag aus, wonach der Kunststoff-Wagen als „Troll" in Oslo montiert werden solle. Trippel verpflichtete sich, Einzelteile zu senden. Doch dann kam das große Mißverständnis: Trippel wartete in Stuttgart vergeblich auf Aufträge zur Teilelieferung. Kohl-Larsen wartete in Oslo vergeblich auf Einzelteile.

So heuerte der Norweger stattdessen den ehemaligen Gutbrod-Monteur Falck an. Der baute ein Chassis — ähnlich dem des Gutbrod Superiors. Dahinein setzte man einen Dreizylinder-Zweitakt-Motor von Saab und stülpte ein Polyesterharzkleid drüber, das in den kleinen Linien Anklänge an den Trippel-Wagen zeigte. Kein Wunder, denn Falck hatte zuvor einige Zeit bei der Protek GmbH. gearbeitet. Am 6. November 1956 debütierte der „Troll", am 2. Januar 1957 begann eine kleine Serienfertigung, die aber nur zwei Jahre währte. Hanns Trippel setzte zu dieser Zeit auf neue Pläne. Er hatte ein Exposé ausgearbeitet, mit dem er neue Geldgeber suchte. „Betrachtet man die Entwicklung genauer", schrieb er, „so fällt auf, daß sportlich-schnelle Wagen gefragt sind." Fahrzeuge wie der Porsche oder Jaguar fänden immer mehr Liebhaber. Trippel habe es sich zur Aufgabe gemacht, einen ähnlichen Wagen für Leute zu entwickeln, die sich keinen Porsche oder Jaguar leisten könnten. Er verwies darauf, daß die kurz vor dem Konkurs stehende Firma Marathon bereits Aufträge über mehr als 2600 Fahrzeuge vorliegen gehabt hätte und auf ein Jahr ausverkauft gewesen sei. In dem Exposé schlug Trippel vor, im süddeutschen Raum ein Montagewerk zu errichten, um den Anfragen von Interessenten aus mehr als 40 Ländern gerecht zu werden. Das in Deutschland montierte Fahrzeug solle einen Universal-Motor aus der Schweiz und ein Getrag-Getriebe aus Ludwigsburg besitzen. Eine Weltvertriebsfirma in der Schweiz solle dann die Nachfrage nach Trippel-Wagen weltweit regeln. „Der Eigenkapitalbedarf der schweizerischen Vertriebsgesellschaft ist nicht höher als 200 000 bis 250 000 Franken, wobei eine Beteiligung an der deutschen Gesellschaft in der Größenordnung von 50 000 bis 100 000 Franken als ausreichend erachtet wird."

Die Finanzierung der deutschen Montage-Gesellschaft würde durch weitere deutsche Teilhaber und langfristige Staatskredite erfolgen. Die Protek-Entwicklungsgesellschaft beteilige sich durch Einbringung ihrer Konstruktion und übernehme die technische Verantwortung.

Die Stadt Kehl stand damals, im Herbst 1955, dem Projekt recht aufgeschlossen gegenüber und stellte die kostenlose Erstellung von Werksanlagen auf einem erschlossenen Industriegelände mit Hafen und Gleisanschluß in Aussicht.

## Das teure Mauerblümchen

Mit diesem Exposé lockte Hanns Trippel jedoch nur einen Interessenten, Willi Kirchhammer. Er sei, so erzählte er, in den letzten Kriegstagen Direktor einer Messerschmitt-Verlagerung gewesen und wolle jetzt eine Vertriebsorganisation für Automobile aufziehen. Man schloß einen Vertrag ab, und der neue Lizenznehmer legte 10 000 Mark Anzahlung auf den Tisch.

Dafür durfte er den Trippel 750 für einige Tage zur Erprobung mitnehmen. In den Frühjahrstagen 1956 fuhr Kirchhammer damit zur Neckarsulmer Motorradfabrik NSU und fragte an, ob man dieses Coupé nicht bauen wolle. Die NSU-Techniker behielten den 750 eine ganze Woche lang da und studierten das Kunststoff-Coupé von oben bis unten. Dann lehnten sie das Angebot ab. Als Trippel davon erfuhr, daß sein Wagen zu Studienzwecken bei NSU stand, war er entsetzt. Kirchhammer ließ sich nicht entmutigen. Er reiste mit dem Coupé jetzt nach Schwäbisch Hall. Die Weidner OHG baute hier Ackerwagen und Heulader, aber auch Lkw-Anhänger in kleiner Serie. Die Brüder Fritz und Reinhold Weidner ließen sich für den Gedanken begeistern, den kleinen Kunststoff-Sportwagen zusätzlich ins Programm aufzunehmen. Das Geschäft erschien ihnen schon deshalb risikolos, weil Kirchhammer sich verpflichtete, alle gebauten Stücke sofort zu übernehmen. So räumten die Weidners eine ganze Halle leer und richteten sie für den Bau des Trippel-Wagens her. Die Karosseriefabrik Binz in Lorch wurde zur Herstellung der Kunststoffhüllen eingeschaltet.

Mit Eifer kümmerte sich Hanns Trippel als Berater um die Einrichtung der Produktion. Als Redakteure des Fachblatts „Roller, Mobil und Kleinwagen" in Schwäbisch Hall die kleine Automobilschmiede besichtigten, schrieben sie: „Wir waren erstaunt über die Großzügigkeit, mit der man dort die Fertigung anzugehen gedenkt." Alles war für eine Kapazität von 400 Wagen im Monat ausgelegt, und im März 1957 begann die Serienfertigung. Lastwagen schafften aus Lorch jeweils drei bis vier Kunststoff-Rohkarosserien herbei, die bei Weidner ausgestattet und auf ein Rohrrahmen-Chassis gesetzt wurde.
Der „Weidner Condor" feierte auf dem Genfer Automobilsalon 1957 ein Mauerblümchendebüt. Im Heck saß der bekannte 677-ccm-Heinkel-Motor, der nun 32 PS leistete und den Wagen auf eine Spitze von 135 km/h brachte. Mit einem Preis von 7000 Mark war der kleine Sportwagen jedoch gemessen an Coupés

*Nach dem Ende des „Marathon" entwickelte Hans Trippel die Karosserieform 1955 weiter. Das Kunststoff-Coupé erhielt größere Fenster und eine Panorama-Frontscheibe.*

*Der Weidner Condor sollte in der 7000 Mark-Klasse Käufer finden. Aber nur etwa 200 Exemplare wurden von 1957 bis 1958 gebaut.*

wie dem Karmann Ghia oder dem Goliath-Coupé zu teuer. So blieb die Nachfrage gering, zumal auch ein zuverlässiges Servicenetz fehlte. Kirchhammer hatte Mühe, den inzwischen aus Wettbewerbsgründen zum „S 70" umgetauften Wagen an den Mann zu bringen. Als im Herbst 1958 NSU ankündigte, man werde einen „Sport-Prinz" herausbringen, ein kleines 600-ccm-Coupé mit eleganter Blechhaut vom italienischen Karosserie-Couturier Nuccio Bertone, verlor Kirchhammer und Weidner den Mut zum Weitermachen. Im Dezember 1958 lief der letzte Weidner Condor vom Band. Nur 200 Stück waren insgesamt gebaut worden.

Für Trippel war wieder ein Versuch fehlgeschlagen, seine Ideen zur Großserie durchzuboxen. Er erkannte

nun, daß die Zeit der Kleinwagen vorbei war. Gegen die etablierte Autoindustrie und die Großserienfahrzeuge konnte man mit Kleinbetrieben nichts mehr ausrichten. Mit seinen konsequent weiterentwickelten Konstruktionen wie Gummidrehfederung, Flügeltüren und aerodynamisch günstigen Karosserieformen hatte sich Trippel nicht durchsetzen können.

Selbstironisch und resignierend meinte er, er habe „oft als Industriedünger dienen dürfen": Als Ideenlieferant, ohne an der Ernte beteiligt zu sein.

Hanns Trippel gab den Kleinwagenbau auf und versuchte in einem Metier wieder Fuß zu fassen, mit dem er vor dem Krieg schon erfolgreich arbeitete: im Bau von Schwimmwagen.

Lenkung: Zahnstangenlenkung
Reifen: 3.50 – 15
MASSE, GEWICHTE
Länge 3000 mm, Breite 1200 mm, Höhe 1100 mm, Radstand 1900 mm, Spurweite vorn 870 mm, hinten 870 mm, Leergewicht 300 kg, zulässiges Gesamtgewicht 500 kg, Wendekreisdurchmesser 12 m
VERBRAUCH
3,2 Liter auf 100 km (Benzin-Öl-Gemisch)
FAHRLEISTUNGEN
Höchstgeschwindigkeit 95 km/h
PREIS
(geplant: DM 2000.–)
PRODUKTIONSZAHLEN
3 Stück
BAUJAHR
(Debüt: 5. Mai 1950)

## Trippel SK 10 (TE 106)

KAROSSERIE
Coupé, 1 Klapptür an der rechten Seite, 3 Sitze
MOTOR
Luft/gebläsegekühlter Einzylinder-Zweitakt-Motor (Horex), Bohrung/Hub: ? mm, 597 ccm, Verdichtung 6,0 : 1, 18 DIN-PS bei 4000 U/min, maximales Drehmoment 1,0 mkp bei 2900 U/min, zweifach gelagerte Kurbelwelle, Gemischschmierung 1 : 20, 1 Bing-Vergaser
Batterie: 12 Volt/50 Ah, Gleichstrom-Lichtmaschine
Füllmengen: Tankinhalt 15 Liter
KRAFTÜBERTRAGUNG
Dreigang-Getriebe (Hurth), Lamellenkupplung, Kulissenschaltung an der linken Seite, Kraftübertragung Motor-Getriebe durch Kette auf die Hinterräder
Heckmotor, Hinterachsantrieb
Übersetzungen:
1. Gang 4,68 : 1
2. Gang 2,01 : 1
3. Gang 1,10 : 1
R-Gang 4,98 : 1
Achsübersetzung: 3,50 : 1
FAHRWERK
Selbsttragende Stahlblechkarosserie, vorn geschobene Längsschwingen, hinten gezogene Längsschwingen, vorn und hinten Gummitorsionsfederung
Bremsen: hydraulische Vierrad-Trommelbremsen

## Trippel SK 10

KAROSSERIE
Coupé, 2 Türen, 3 Sitze (Karosserie: Böbel, Laupheim)
Cabriolet, 2 Türen, 3 Sitze (Karosserie: Böbel, Laupheim)
MOTOR
Luft/gebläsegekühlter Zweizylinder-Viertakt-Boxermotor (Zündapp KS 500), Bohrung/Hub: 75/67 mm, 498 ccm, Verdichtung 6,4 : 1, 18,5 DIN-PS bei 4000 U/min, maximales Drehmoment 1,8 mkp bei 2000 U/min, hängende Ventile, zentrale Nockenwelle, Leichtmetall-Zylinderköpfe, dreifach gela-

gerte Kurbelwelle (ein Kugel- und zwei Rollen-
lager), ein Solex-Vergaser
Batterie: 6 Volt/50 Ah, Gleichstrom-Lichtmaschine
350 Watt
Füllmengen: Tankinhalt 28 Liter
KRAFTÜBERTRAGUNG
a) Dreigang-Getriebe, Einscheiben-Trockenkupplung, Kulissenschaltung in der Mitte
b) Viergang-Getriebe, Einscheiben-Trockenkupplung, Kulissenschaltung in der Mitte
Heckmotor, Hinterachsantrieb

| Übersetzungen | a) | b) |
|---|---|---|
| 1. Gang | 4,00 : 1 | 3,88 : 1 |
| 2. Gang | 1,72 : 1 | 2,40 : 1 |
| 3. Gang | 1,00 : 1 | 1,50 : 1 |
| 4. Gang | – | 1,00 : 1 |
| R-Gang | 5,80 : 1 | 5,80 : 1 |

Achsübersetzung 4,2 : 1
FAHRWERK
Selbsttragende Stahlblechkarosserie, Boden glatt
als Schlitten ausgebildet, vorn und hinten gezo-
gene Längsschwingarme, vorn und hinten Gummi-
torsionsfederung
Bremsen: hydraulische Vierrad-Trommelbremsen
Lenkung: Zahnstangenlenkung (Übersetzung
12,5 : 1)
Reifen: 3.50 – 13
MASSE, GEWICHTE
Länge 3090 mm, Breite 1380 mm, Höhe 1190 mm,
Bodenfreiheit 170 mm, Radstand 1920 mm, Spur-
weite vorn und hinten 980 mm, Leergewicht 480 kg,
zulässiges Gesamtgewicht 800 kg, Wendekreis-
durchmesser 11 m
VERBRAUCH
3,8 Liter auf 100 km (Normalbenzin)
FAHRLEISTUNGEN
Höchstgeschwindigkeit 115 km/h (bei 5000
U/min), Reisegeschwindigkeit 80 km/h (bei 3600
U/min)
PREIS

| | Februar 1951 | September 1951 | März 1952 |
|---|---|---|---|
| Coupé DM | 3500.– | 3950.– | 4200.– |
| Cabriolet DM | – | – | 5350.– |

PRODUKTIONSZAHLEN
ca. 20 Stück
BAUJAHR
(Debüt: Coupé Februar 1951 / Cabriolet März
1952)

# Trippel SK 10 Sport

KAROSSERIE
Coupé, 2 Türen, 3 Sitze
MOTOR
Luft/gebläsegekühlter Zweizylinder-Viertakt-Boxer-
motor (Zündapp), Bohrung/Hub: 75/67,6 mm, 597
ccm, Verdichtung 6,7 : 1, 26 DIN-PS bei 5000 U/
min, maximales Drehmoment 2.0 mkp bei 4200
U/min, hängende Ventile, zentrale Nockenwelle,
dreifach gelagerte Kurbelwelle, 2 Solex-Vergaser,
Leichtmetall-Zylinderköpfe
Batterie: 6 Volt/75 Ah, Gleichstrom-Lichtmaschine
Füllmengen: Tankinhalt 28 Liter
KRAFTÜBERTRAGUNG
a) Dreigang-Getriebe (Hurth), Einscheiben-Trok-
kenkupplung, Kulissenschaltung in der Mitte
b) gegen Aufpreis: Viergang-Getriebe, Einscheiben-Trockenkupplung, Kulissenschaltung in der
Mitte
Heckmotor, Hinterachsantrieb

| Übersetzungen: | a) | b) |
|---|---|---|
| 1. Gang | 4,00 : 1 | 3,88 : 1 |
| 2. Gang | 1,72 : 1 | 2,40 : 1 |
| 3. Gang | 1,00 : 1 | 1,55 : 1 |
| 4. Gang | – | 1,00 : 1 |
| R-Gang | 5,80 : 1 | 5,80 : 1 |

Achsübersetzung: 4,10 : 1
FAHRWERK
selbsttragende Stahlblechkarosserie, vorn gezogene Längsschwingarme, hinten Pendelachse mit
Längslenkern, vorn und hinten Gumitorsionsfede-
rung
Bremsen: hydraulische Vierrad-Trommelbremsen

Lenkung: Zahnstangenlenkung
Reifen: 4,25 – 13
MASSE, GEWICHTE
Länge 3090 mm, Breite 1380 mm, Höhe 1190 mm,
Radstand 1920 mm, Spurweite vorn und hinten
980 mm, Leergewicht 530 kg, zulässiges Gesamt-
gewicht 800 kg, Wendekreisdurchmesser 12 m
VERBRAUCH
4,3 Liter auf 100 km (Normalbenzin)
FAHRLEISTUNGEN
Höchstgeschwindigkeit 140 km/h
PREIS
(geplant: DM 4600.–)
PRODUKTIONSZAHLEN
2 Stück
BAUJAHR
(Debüt: März 1952)

## Trippel 750

KAROSSERIE
Coupé, 2 Türen, 2 + 2 Sitze
Cabriolet, 2 Türen, 2 + 2 Sitze
MOTOR
Wassergekühlter Dreizylinder-Zweitakt-Reihenmo-
tor (Heinkel), Bohrung/Hub: 66/66 mm, 677 ccm,
Verdichtung 6,8 : 1, 26 DIN-PS bei 4000 U/min,
maximales Drehmoment 6,75 mkp bei 3500 U/
min, Gemischschmierung 1 : 25, Umkehrspülung,
Thermosyphon-Kühlung, ein Solex-Fallstromver-
gaser
Batterie: 6 Volt/50 Ah, Gleichstrom-Lichtmaschine
160 Watt
Füllmengen: Tankinhalt 35 Liter, Kühlsystem 8 Li-
ter, Getriebeöl 1,5 Liter
KRAFTÜBERTRAGUNG
synchronisiertes Viergang-Getriebe (2.–4. Gang),
(GETRAG), Einscheiben-Trockenkupplung, Lenk-
radschaltung
Heckmotor, Hinterachsantrieb
Übersetzungen:
1. Gang   3,93 : 1
2. Gang   2,08 : 1
3. Gang   1,35 : 1
4. Gang   1,00 : 1
Achsübersetzung: 4,16 : 1
FAHRWERK
Kunststoff-Karosserie (teilweise mit Rohrrahmen
gestützt) mit Zentralrohrrahmen verschraubt, vorn
und hinten gezogene Längsschwingarme mit
Gummitorsionsfedern
Bremsen: hydraulische Vierrad-Trommelbremsen
Lenkung: Zahnstangenlenkung
Felgen: 3,5 x 15
Reifen: 5.00 – 15
MASSE, GEWICHTE
Länge 3850 mm, Breite 1500 mm, Höhe 1230 mm,
Radstand 2040 mm, Spurweite vorn und hinten
1370 mm, Leergewicht 600 kg, zulässiges Gesamt-
gewicht ca. 900 kg
VERBRAUCH
6,0 Liter auf 100 km (Benzin-Öl-Gemisch)
FAHRLEISTUNGEN
Höchstgeschwindigkeit 135 km/h (bei 5700 U/
min)
PREIS
–
PRODUKTIONSZAHLEN
2 Stück
BAUJAHR
Debüt 1956
(Der Trippel 750 wurde in Belgien bei „Etablisse-
ments Wilford" in Lizenz gebaut)

# Weidner Condor S-70

KAROSSERIE
Coupé, 2 Türen, 2 + 2 Sitze

MOTOR
Wassergekühlter Dreizylinder-Zweitakt-Reihenmotor (Heinkel), Bohrung/Hub: 66/66 mm, 677 ccm, Verdichtung 6,8 : 1, 32 DIN-PS bei 4500 U/min, maximales Drehmoment 6,30 mkp bei 3200 U/min, Gemischschmierung 1 : 40, Umkehrspülung, Thermosyphonkühlung, ein Solex-Fallstromvergaser, vierfach gelagerte Kurbelwelle
Batterie: 6 Volt/50 Ah, Gleichstrom-Lichtmaschine 160 Watt
Füllmengen: Tankinhalt 35 Liter, Kühlsystem 8 Liter

KRAFTÜBERTRAGUNG
Vollsynchronisiertes Viergang-Getriebe (GETRAG), Einscheiben-Trockenkupplung, Lenkradschaltung
Heckmotor, Hinterachsantrieb
Übersetzungen:
1. Gang   3,93 : 1
2. Gang   2,08 : 1
3. Gang   1,35 : 1
4. Gang   1,00 : 1
Achsübersetzung: 4,16 : 1

FAHRWERK
Kunststoff-Karosserie (teilweise durch Rohrrahmen gestützt) mit Zentralrohrrahmen verschraubt, vorn und hinten gezogene Längsschwingarme mit Gummitorsionsfedern und hydraulischen Teleskopstoßdämpfer
Bremsen: hydraulische Vierrad-Trommelbremsen
Lenkung: Einfingerspindellenkung (ZF)
Felgen: 3,5 x 15
Reifen: 4.80 — 15

MASSE, GEWICHTE
Länge 3850 mm, Breite 1520 mm, Höhe 1300 mm, Bodenfreiheit 200 mm, Radstand 2040 mm, Spurweite vorn und hinten 1200 mm, Leergewicht ca. 720 kg, zulässiges Gesamtgewicht ca. 950 kg

VERBRAUCH
7,0 Liter auf 100 km (Benzin-Öl-Gemisch)

FAHRLEISTUNGEN
Höchstgeschwindigkeit 135 km/h

PREIS
DM 7500.—

PRODUKTIONSZAHLEN
ca. 200 Stück

BAUJAHR
von März 1957 bis Dezember 1958

*Hurst-Fahrzeugbau, Stuttgart-Untertürkheim:*

## Geschenk des Himmels

**Statt Papier eine weiße Garagenwand**

Als der Ingenieur Arthur Friedrich Hurst aus dem Haus seines Gastgebers in Kirchheim/Teck trat und den Mantelkragen hochklappte, bemerkte er am anderen Ende der düsteren Straße etwas, was ihm ans Gemüt ging; im strömenden Regen mühte sich ein Beinamputierter mit Hilfe eines kleinen Jungen auf den Sitz eines dreirädrigen Krankenfahrstuhls zu kommen. Es fiel ihm sehr schwer, da die linke Hand vollkommen verstümmelt war und die rechte nur noch drei Finger besaß.

Hurst ging hinüber und sprach den Invaliden an. Der erzählte, daß er mit dem klapprigen Gefährt die weite Strecke von Pforzheim nach Kirchheim gefahren war, um hier Papier einzukaufen. Sein sechsjähriger Sohn habe während der Fahrt als treuer Beifahrer hinter dem Sitz des Vaters gestanden. „Ich habe das Fahrzeug nun seit eineinhalb Jahren", klagte der Invalide, „es hat mich mehr Reparaturen gekostet, als ich beim Kauf gezahlt habe." Der 37jährige Hurst war tief beeindruckt. Zwar hatte er sich an den Anblick der vielen Menschen gewöhnt, die im Krieg Arme oder Beine verloren hatten und die sich nun mühsam auf Leiterwagen oder primitiven Rollbrettern fortbewegten. Doch das Gespräch mit dem Invaliden aus Pforzheim brachte Hurst auf den Gedanken: „Diesen Menschen müßte geholfen werden." Aktiv helfen konnte Hurst schon kurze Zeit später, als nämlich ein Freund von ihm – durch die Kriegsereignisse beinamputiert – bat, Hurst möge ihm doch sein Motorrad umbauen.

Der ehemalige Daimler-Benz-Techniker sah hier eine Chance, wieder in sein altes Metier zu kommen; er wollte für die rund 1,7 Millionen Kriegsversehrten, die es in den Westzonen gab, ein spezielles Fahrzeug konstruieren – bequemer als die dreirädrigen Selbstfahrer.

Allein die Idee erschien dem gebürtigen Mannheimer angesichts der schlechten Lage Deutschlands schon wieder utopisch; Motoren und Stahl gab es nur gegen Bezugsscheine, die Reichs-Mark verlor täglich an Wert, der Schwarze Markt blühte, und die Besatzer hatten jeglichen Autobau verboten.

Hursts eigenes Leben war ebenfalls nicht rosig: Der Versuchsingenieur war lange Jahre bei Daimler-Benz beschäftigt gewesen und hatte sich besonders mit Flugmotoren und dem Anlassen von Schnellboot-Dieselmotoren beschäftigt. Doch der Firma ging es schlecht, der Bau von Flug-Triebwerken schien auf unabsehbare Zeit verboten. Die meisten Mitarbeiter im Untertürkheimer Werk beschäftigten sich mit Aufräumungsarbeiten. Da mochte der Versuchsingenieur nicht mehr; er kündigte. Zuerst kümmerte er sich darum, sein Haus notdürftig zu renovieren, kurz danach stieg er als Geschäftsführer in der kleinen Druckerei seiner Schwiegereltern ein. Der Umgang mit Papier konnte den Vollbluttechniker absolut nicht zufriedenstellen. Aber der Bau eines Fortbewegungsmittels für Schwerkriegsbeschädigte um so mehr. Kurzentschlossen ließ er den Job bei den Schwiegereltern sausen, tünchte die Wand in seiner Garage ganz in weiß und malte darauf mit einem Bleistift im Maßstab 1:1 ein Fahrzeug. Es besaß vier Räder, bot einem Mann Platz und sollte mit einem aufrecht stehenden Knüppel nach Flugzeugart gelenkt werden. Durch Drücken nach rechts und links ließ es sich lenken, durch Zurückziehen bremsen und nach vorne Drücken beschleunigen. Damit würden auch Leute ohne Beine umgehen können.

Schon am 3. Juli 1946 meldete der Stuttgarter auf diese Idee einen Gebrauchsmusterschutz an: „Modell Kleinstfahrzeug für Versehrte". Unter der Nummer 5008 erhielt Hurst auf dieses „Plastische Erzeugnis" am 21. Juli eine Schutzfrist von drei Jahren.

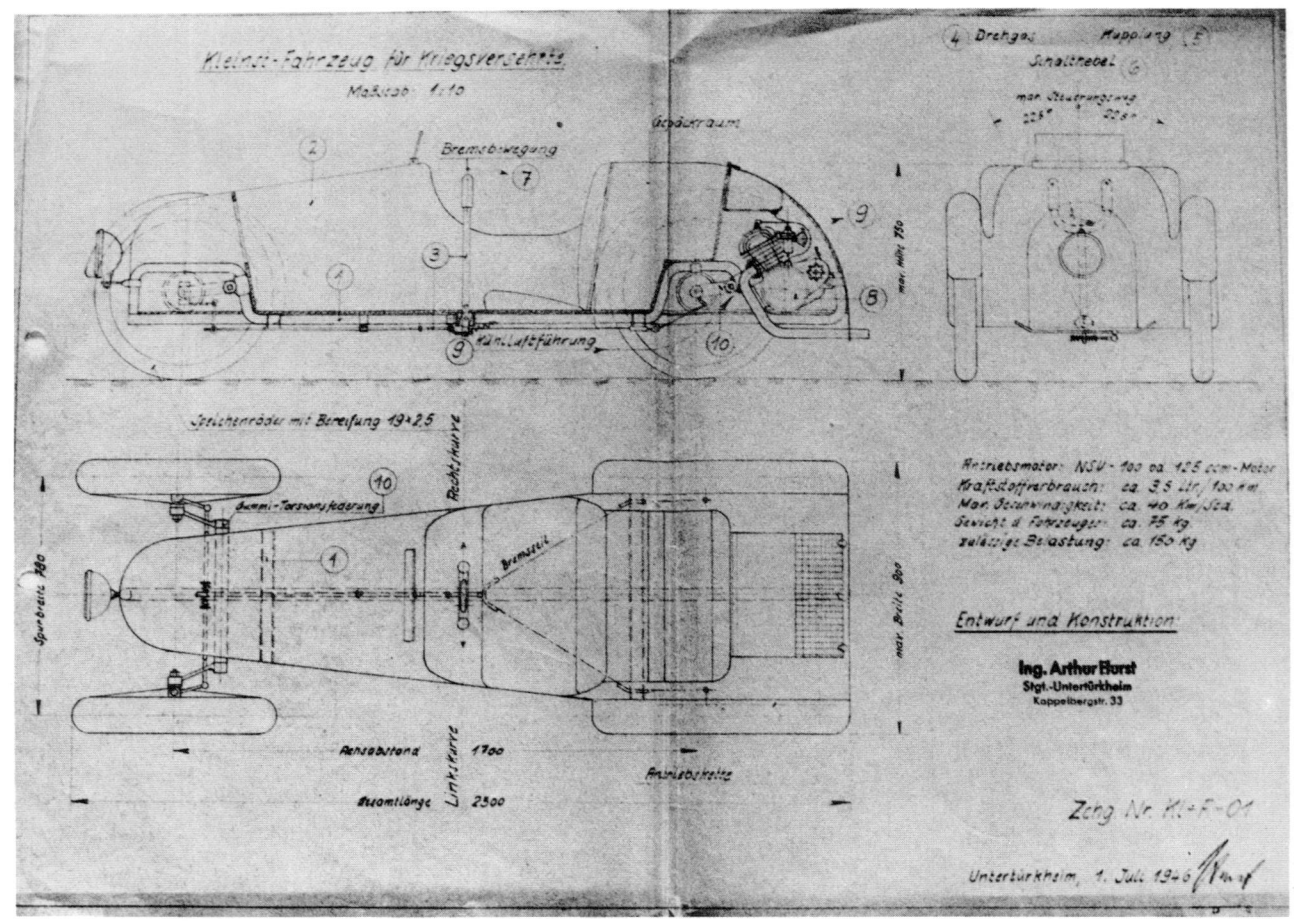

*Mit Einhand-Kombihebel zum Bremsen und Lenken: Plan zu einem Versehrten-Fahrzeug. Gezeichnet am 1. Juli 1946.*

## Teile vom Flugzeug

Kurz danach opferte der Ingenieur sein wertvollstes Stück; ein gepflegtes NSU-Quick-Motorrad wurde in Einzelteile zerlegt. Hurst schrieb an NSU eine Postkarte und bestellte zwei zusätzliche Motorrad-Räder. Wider Erwarten erfüllten die Neckarsulmer die Order umgehend.

Nach der Wandzeichnung in der Garage konnten nun die Arbeiten an dem Fortbewegungsmittel beginnen. Ein Freund, der Kinder-Dreiräder baute, half Hurst. Er besorgte die Rohre und schweißte sie nach den Ideen des Ingenieurs zusammen. Doch die senkrecht ste-

hende Lenkstange erwies sich als zu kompliziert im Bau, deshalb schwenkte Hurst auf eine konventionelle Lenkung mit nach oben gebogenen Motorradlenker um. Das 100 ccm-Triebwerk aus der NSU-Quick kam in die Mitte des Rohrrahmens; als Heckmotor transplantiert, von wo aus es seine Kraft an das linke Hinterrad abgab. Viele Kleinteile, die zur Komplettierung nötig waren, holte Hurst aus dem nahen Echterdingen. Dort lagen seit Monaten Segellaster der US-Armee herum, Flugzeuge aus dem Zweiten Weltkrieg, um die sich niemand kümmerte. Zusammen mit einem inzwischen angeheuerten Mechaniker radelte Hurst dorthin, um Spannschlösser, Drahtseile und Schrauben abzubauen. Wertvolle Teile, die sich zum Bau einer Vierradbremse eigneten. Bei dieser Gelegenheit fand Hurst sogar den Sitz aus einem alten Jeep.

Nach nur drei Monaten Arbeit stand das 2,50 Meter lange Fahrzeug mit dem Motorradscheinwerfer am Bug fertig auf den Rädern. Es war eher ein Rohrgestell mit Motor und vier Rädern geworden – heutigen Go-Karts ähnlich. Später wollte Hurst seinem Benzinvehikel vielleicht einmal ein Blechkleid geben, doch erst mußte die Technik erprobt sein. Und die ersten Fahrten erregten beträchtliches Aufsehen.

Zu jener Zeit durften nämlich außer den Militärs nur ganz wenige Deutsche ein Auto fahren. Mit der Begründung, ein Versehrten-Fahrzeug zu erproben, mischte sich Hurst in den dünnen Straßenverkehr. Und er verknüpfte die Probefahrten damit, Teile für ein zweites oder drittes Exemplar zu organisieren.

Das rasende Rohrgestell lief nicht ohne Pannen, dafür sorgten schon die schlechten Materialqualitäten. Dauernd sprang die Antriebskette, welche die zwei PS auf das linke Hinterrad übertrug, vom Kettenrand. Auch der Antriebskeil mochte einfach nicht halten. Als der junge Ingenieur wieder einmal bei Vaihingen mit seinem 100 ccm-Auto unterwegs war, riß an einem leichten Berghang die Kette. Auf Winken hielt kurze Zeit später ein Lastwagen, beladen mit Kies. Der Fahrer erklärte sich gern bereit, Abschlephilfe zu leisten. Kaum oben am Berg angekommen, riß das Abschleppseil, und der Lkw-Fahrer staunte nicht schlecht, als bergab das kleine Auto den Schleppwagen im Leerlauf überholte. Unten im Tal wartete Hurst wieder, bis der Lastwagen kam und nochmals Hilfe leistete – bis hin zu einer kleinen Motorrad-Werkstatt.

Wieder zu Hause, legte sich Hurst ein kleines Ersatzteillager unter den Sitz, um unterwegs selbst reparieren zu können.

## Der Förderer

Damit Hurst auch seine Frau mitnehmen konnte, war zwischen dem Fahrersitz und dem Motor eine Aussparung im Rahmen. Hierhin legte Hurst ein Kissen, der Beifahrersitz war fertig. Überall, wo die Hursts auftauchten, erregte ihr fahrbarer Untersatz viel Aufsehen. Sogar bis zur Landesversicherungsanstalt (LVA) hatte es sich herumgesprochen, was in der Kappelbergstraße herumfuhr. Anfang 1947 bat die Behörde den Erbauer zu einem Besichtigungstermin.

Wenige Tage darauf führte Arthur F. Hurst im Hof der Versicherungsanstalt in Stuttgart sein Versehrten-Fahrzeug vor. Von den anwesenden Herren war besonders Direktor Schmid, Chef der Kriegsbeschädigten-Abteilung, von Hursts Ideen angetan. „Wenn wir es schaffen, Amputierte wieder in den Beruf einzugliedern und dies mit Hilfe eines solchen Fahrzeugs", überlegte er, „dann fallen sie dem Staat nicht mehr zur Last." Demzufolge, entschied er, sei der Ingenieur Hurst förderungswürdig.

Alle, die da auf dem Hof standen und diskutierten, waren sich aber einig darüber, daß ein künftiges Versehrten-Fahrzeug etwas aufwendiger mit Karosserie und Platz für eine Begleitperson gebaut werden müsse. Die höhere Transportlast erfordere wiederum einen etwas stärkeren Motor.

Hurst versprach, innerhalb der nächsten Monate auf eigene Kosten drei solche Prototypen zu bauen. Die Beamten sicherten ihm dazu volle Unterstützung in Form von Empfehlungsschreiben und Materialscheinen zu. Die erlaubten es Hurst, Räder, Stahl und Kleinteile zu kaufen.

Das ganze Fahrzeug-Projekt erschien Arthur F. Hurst nun in neuen Perspektiven. Von seinen Schwiegereltern lieh er sich 27 000 Reichsmark, um die neuen Autos zu bauen. Da diese komplizierter und aufwendiger wurden, mußte auch ein routinierter Konstrukteur her. Den fand Hurst in Josef Müller, ehemals Diplom-Ingenieur bei Daimler-Benz, dessen Zugehörigkeit zu Hitlers Partei ihm vor wenigen Wochen die Stellung gekostet hatte. Für ein geringes Salär ließ sich Müller überreden, ein solches Versehrten-Fahrzeug zu konstruieren. Hurst selbst wollte sich mehr auf die Versuchsarbeiten konzentrieren.

Zusammen mit seiner Frau fuhr Hurst an einem Frühlingstag 1947 mit der Eisenbahn nach Neckarsulm. Er sprach bei NSU-Direktor Victor Frankenberger vor, erzählte ihm vom Versehrtenfahrzeug und bat darum, doch insgesamt 18 Motorrad-Speichenräder kaufen zu dürfen. Dank der Empfehlungsschreiben lieferte Frankenberger auch anstandslos die Ware, und vollbepackt zogen Hurst und seine Frau wieder zum Bahnhof. Sowohl auf dem Bahnsteig, wie auch im Zug wurde Hurst angesprochen; solch begehrte Ware wollte ihm jeder abkaufen. Schmuck, Lebensmittel und Vieh boten die Eisenbahn-Passagiere. Doch Hurst blieb hart. Der nächste Weg führte Hurst nach Plochingen; hier baute die Firma Gutbrod seit kurzem den vierrädrigen Kleinlieferwagen „Heck 504" – genauso wie er auch vor

344

dem Krieg ausgeliefert worden war. Mit Hilfe der Empfehlungsschreiben erreichte der Stuttgarter auch hier, daß Kleinstteile aller Art gegen wertlose Reichsmark zu kaufen waren.

In den folgenden Wochen des Jahres 1947 entwickelten Hurst und Müller gemeinsam ein völlig neues Versehrten-Fahrzeug. Um mit einfachsten Mitteln eine selbsttragende Karosserie zu schaffen, teilte ein Rohrrahmen den Innenraum. Nach Art eines Zentralrohrrahmens war der Aufbau dadurch in der Mitte fest, zu den Seiten hin benötigte er nur geringe Versteifungen. Eine Idee, die sich Hurst patentieren ließ. Zwei Passagiere saßen nun nebeneinander, eine Windschutzscheibe und richtige Kotflügel über den Rädern ließen das Fortbewegungsmittel autoähnlich werden. Auf dem kleinen Bug war das Reserverad befestigt. Im Innern blieb Hurst auch beim neuen Wagen alten Grundsätzen treu; alle Bedienungshebel lagen am gekröpften Motorradlenker, Pedale gab es nicht. Im Heck saß ein 6 PS starker Einzylinder-250-ccm-Motor, der mit einer Drehkurbel angeworfen wurde und seine Kraft über ein Dreiganggetriebe (diesmal mit Rückwärtsgang) an das linke Hinterrad abgab. Das Triebwerk hatte Hurst ebenfalls dank des Empfehlungsschreibens und eines Materialscheins bei Ilo gekauft. Es war eines jener Aggregate, das Ilo schon vor dem Krieg der Reichsbahn für ihre Draisinen geliefert hatte und das nun in dem neuen Dreirad-Lieferwagen „Tempo" der Firma Vidal & Sohn Verwendung fand. Ein robustes Triebwerk, aber äußerst drehzahlträge.

Was dem neuen Wagen nun noch an Teilen fehlte, holte Hurst aus dem ersten Mobil. Der Einsitzer hatte gerade 4500 Kilometer auf dem Buckel und wurde rigoros ausgeschlachtet.

**„Volkswirtschaftlich dringlich"**

Im Februar 1948 stellte Hurst seine neue Kreation dem Versicherungsdirektor Schmid vor – und der war begeistert. Er versprach, sofort nach Serienanlauf 100 Fahrzeuge für Behinderte in Württemberg zu kaufen. Darüber mochte Schmid zwar keinen schriftlichen Auftrag geben, jedoch stellte er dazu eine unverbindliche Bescheinigung aus. Hurst erhielt daraufhin sofort Materialkontingente zum Bezug von 100 Motoren.

Doch alle Zuteilungen nutzten nichts, wenn der frischgebackene Autobauer keine Räume zum Bau des Wagens besaß – und ohne Räume keine Betriebs-Erlaubnis. So sandte Hurst noch im März einen Antrag

auf „Erlaubnis der Errichtung eines Fabrikationsbetriebs für Spezialfahrzeuge für Schwerbeschädigte" an das Gewerbeamt Stuttgart. Parallel dazu stellte Hurst beim Finanzministerium Stuttgart den „Antrag auf Zuteilung eines Fabrikationsraums". Kurz nach der Absendung meldete sich die „Vereinigung der Kraftfahrzeug-Industrie Baden-Württemberg". Sie sei zu einer „gutachtlichen Stellungnahme bezüglich der volkswirtschaftlichen Dringlichkeit" eingeschaltet worden und bitte nun den Initiator zur Befragung über das Projekt in ihr Büro. Hurst ging damals davon aus, daß die „Entwicklung soweit abgeschlossen (sei), daß bis April/Mai dieses Jahres mit der Fabrikation von größeren Stückzahlen begonnen werden könnte". Da der Platz in der heimischen Garage für Hurst und zwei Monteure nun wirklich nicht mehr ausreichte, hatte die Behörde die Glasdachfabrik Johann Eberspächer in Oberesslingen angewiesen, Hurst einige Räume zur Verfügung zu stellen und die Mitbenutzung von Maschinen zu erlauben. Jetzt konnten die Autobauer erstmals Bleche maschinell biegen. Der Antrag auf noch mehr Platz wurde am ersten April 1948 beim Finanzministerium „vordringlich vorgemerkt". Derzeit ständen jedoch keine entsprechenden Räume in „Liegenschaften der ehemaligen Wehrmacht zur Verfügung."

Immerhin konnte bei Eberspächer nun mit dem Bau von Exemplar zwei und drei begonnen werden. Der Chef selbst erprobte Exemplar eins – soweit es die Benzinvorräte zuließen. Meist nützte er die Probefahrten, um Teile für den Weiterbau heranzuschaffen. Bei der Industrie- und Handelskammer in Stuttgart stellte er dazu einen Antrag über 20 000 Reichsmark Staatszuschuß. Grund: „Konstruktive Entwicklung eines motorisierten Spezialfahrzeugs für Beinamputierte und Gehbehinderte." Die Zulieferteile für den vierrädrigen, zweisitzigen Spezialwagen mit neuartiger, selbsttragender Karosserie führte Hurst so auf: Motoren von Ilo, elektrische Ausrüstung von Bosch, Armaturen von Magura, Scheibenräder von Kronprinz. Tatsächlich handelte es sich nur um vage Zusagen. In den Besatzungszonen herrschte nach wie vor schlimmste Materialnot.

Am 22. Mai 1948 wurde erstmals der „Mannheimer Morgen" auf das kleine Auto aufmerksam: „Der Schalenbau der 0,75 mm starken selbsttragenden Ganzstahlkarosserie verleiht dem Kraftwagen trotz der verhältnismäßig leichten Bauart eine besondere Stabilität, die gerade bei den heutigen Straßenverhältnissen eine besondere Rolle spielt." Überschwenglich schrieb das Blatt, daß die Produktion „zur Zeit in Stuttgart anläuft", und dieses Fahrzeug von Versehrten gegen Bezugsschein erworben werden könnte, wenn die Raum- und Werkzeugbeschaffungs-Schwierigkeiten überwunden seien.

Und dies schien äußerst schwierig. Arthur Hurst meinte schließlich, in anderen Besatzungszonen würden sich ihm und seinem Wagen leichter Tür und Tor öffnen. Ende Mai setzte er sich in sein Mobil und fuhr in Richtung Südbaden los, in jenes Gebiet, das die Franzosen besetzt hatten. Er besaß weder Genehmigung noch Papiere, um in eine andere Zone zu rollen, doch vielleicht fand sich ein Ausweg. Spätestens an der Schranke in Biberach hätte seine Fahrt enden müssen. Doch als er keinen Bewacher sah, fuhr er kurzerhand unter der geschlossenen Schranke hindurch in das andere Gebiet. Unbehelligt tuckerte Hurst bis nach Friedrichshafen, wo er in einer französischen Garnison sein kleines Auto zeigen und um Hilfe bitten wollte. Aber die Militärs fanden kein Verständnis für das urige Gefährt, es fand sich niemand als Gesprächspartner. Unverrichteter Dinge kehrte Hurst auf die gleiche Weise zurück, wie er gekommen war – unter der geschlossenen Zonenschranke hindurch.

Wieder zu Hause schrieb Hurst verbittert an das Verkehrsministerium und bettelte wieder einmal um Räumlichkeiten. „Die Produktion könnte jetzt anlaufen", schrieb Hurst, „da die Grundidee sich praktisch bewährte und das erste Fahrzeug 5000 Kilometer hinter sich gebracht hat." Eine noch längere Erprobung sei an der Benzinzuteilung gescheitert.

Endlich, am 10. Juni 1948, erhielt der Stuttgarter vom Wirtschaftsministerium die „Erlaubnis zur Errichtung eines Fabrikationsbetriebs in Stuttgart-Untertürkheim zur Herstellung von Spezialkraftwagen für Schwerbehinderte".

## Praktisch pleite

Nun hätte es endlich vorangehen können, doch wenige Tage später kam die Währungsreform. Am 20. Juni endete der Wert der Reichsmark und jeder Deutsche, der in den Westzonen wohnte, mußte mit 40 neuen Deutschen Mark wieder ganz von vorn beginnen. Der Auto-Konstrukteur wußte nicht, wie er nun seine Mitarbeiter bezahlen sollte: „Wir sind praktisch pleite." Um wenigstens etwas Geld in die Kassen zu bekommen, verkaufte er den einzigen fahrbereiten Prototyp. Kunden gab es genug; seit Mai hatten immer mehr Schwer-

beschädigte angefragt, ob sie nicht endlich einen Wagen kaufen könnten. Hurst mochte die Versuchswagen nicht aus der Hand geben, doch jetzt waren sie sein einziges Kapital.

Mit 2000 D-Mark aus dem Verkauf und neuem Kredit konnte im Juli 1948 die Arbeit weitergehen. Die wirtschaftliche Situation hatte sich allgemein gebessert, es gab wieder genügend Material zu kaufen, Warenkontingente wurden von den Behörden großzügiger verteilt. Zusammen mit der neu erteilten Herstellungsgenehmigung vom Landwirtschaftsamt erhielt Hurst zur Herstellung von monatlich fünf Wagen eine Stahlmenge von 2000 Kilogramm.

Nun fand sich auch ein Interessent, der Hurst-Wagen für Nordbaden herstellen wollte. Die Mannheimer Ingenieure Rudi Zimmermann und Bernhard Herrmann planten, einen kompletten Betrieb zu errichten. Am 12. September 1948 unterschrieben alle Beteiligten einen Vertrag, der den Mannheimern „die alleinige Herstellung und den Vertrieb" des Versehrtenfahrzeugs im Gebiet Nordbaden zusicherte. Die Lizenznehmer sollten dabei auf eigenes Risiko arbeiten und von jedem verkauften Exemplar zehn Prozent des Verkaufspreises an Hurst entrichten.

Inzwischen hatte Hurst sein Mobil auch der Zulassungsstelle vorgeführt und die bemängelte den einzelnen Scheinwerfer am Bug. Es zeigte sich auch, daß die Materialien nach der Währungsreform qualitativ besser waren und damit ein Auto haltbarer gebaut werden konnte. Die Kunden wünschten das Fortbewegungsmittel außerdem Auto-ähnlicher. Konstrukteur Müller unterbreitete dazu seinem Chef eine Menge Verbesserungsvorschläge, wie ein Hurst-Wagen rationeller gebaut werden könnte. Kurz: Im Laufe des Herbstes 1948 verkaufte Hurst auch die beiden anderen Prototypen zum Stückpreis von 2500 Mark und begann zum zweiten Mal ganz von vorn.

## Dem Beruf nachfahren

Hurst und Müller zeichneten nochmals ein neues Kleinstauto; wieder mit selbsttragender Karosserie und dem verstärkendem Rahmen im Innenraum. Im Gegensatz zum Vormodell bekam die neue Kreation nun einen eckigen Bug mit zwei Scheinwerfern, einer hochklappbaren Haube und darunter Kofferraum. Anstatt der einfachen Speichenfelgen sollten nun Aluminium-Scheibenfelgen Verwendung finden. Sie sollten, ebenso wie

346

*Felgen vom NSU-Motorrad: Arthur Friedrich Hurst am Lenker seines Wagens im August 1948.*

*Das erste Exemplar: noch mit Kickstarter am hinteren rechten Rad ausgestattet.*

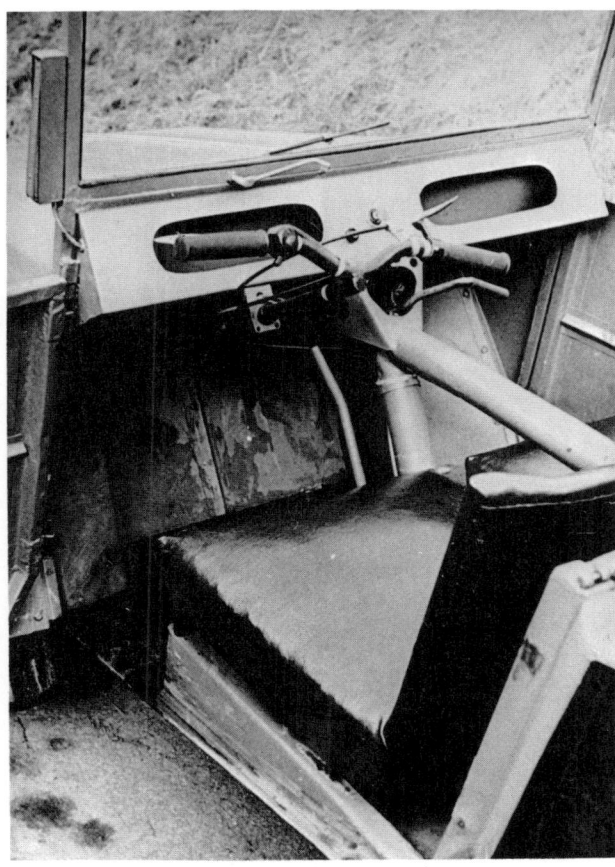

*Rohrrahmen zwischen den Sitzen und (in der späteren Ausführung) Scheibenwischer mit Handkurbel.*

die Bremsbacken, eigens für den Hurst-Wagen angefertigt werden. Breitere Türen erhöhten den Einstiegskomfort für die Behinderten. Aber auch jetzt wurde aus dem kleinen Cabriolet kein Luxuswagen; die Türen besaßen keine Innenverkleidungen, am Armaturenbrett saß nur der Tachometer, der Licht- und Winkerschalter – sowie auf Wunsch und gegen Aufpreis der Druckknopf für einen elektrischen Anlasser. Abgesehen von dem Stoffverdeck, das sich über ein Rohrgestell spannte, fehlten Seitenfenster völlig. Der neue Wagen besaß als Prototyp weder Scheibenwischer noch Heizung. Anstatt der serienmäßigen Drehkurbel zum Anlassen des Motors war ein elektrischer Anlasser wenigstens gegen Aufpreis vorgesehen. Wie bei den

Vormodellen, blieb auch beim Modell 1949 die Bedienungsart: Alle Schalter saßen an einem Motorradlenker, der Schalthebel zum Getriebe hing am mittleren Rohrrahmen, Pedale gab es nicht.

Am 19. Dezember 1949 führte Hurst der „Wochenpost" das neue Modell vor. „Das Fahrzeug des kleinen Mannes", schrieb sie begeistert und lobte: „Es paßt sich den Belangen von Beinamputierten an, die Bedienung erfolgt restlos von Hand." Die Bedienung erfordere „Übung, jedoch keine besonderen Kenntnisse." Geblieben war die Technik: Wiederum saß ein 250 ccm-Ilo-Motor im Heck, der seine sechs PS auf das linke Hinterrad abgab. Die Nachteile solcher Antriebsart mußte der Fahrer beim Lenken ausgleichen, denn sowohl beim Gasgeben wie Gaswegnehmen erhielt das winzige Auto einen ganz leichten Linksdrall.

Unklar blieb vorerst die Frage nach dem Preis. Die „Wochenpost" berichtete, der „Hurst 250" werde in Serie etwa 3000 Mark kosten. Vorerst, so hatte der Stuttgarter errechnet, kostete ihn jedes Einzelexemplar rund das Doppelte. Erst bei einer Serie von etwa 50 Wagen pro Monat wäre der 3000 Mark-Preis auch kostendeckend.

Wenn aber Käufer kamen, baute ihnen Hurst schon ihren Wagen zum künftigen Serienpreis. So auch für den Schwerbehinderten Werner Toberer aus Hubstadt. Der Doppelbeinamputierte und einarmige Kriegsversehrte hatte Hurst schon im Dezember um dringende Lieferung gebeten. Als sich auch das Hilfswerk der evangelischen Kirche und die Landesversicherungsanstalt einschalteten, wurde Toberers Wagen bevorzugt fertiggestellt. Er ähnelte äußerlich schon dem Modell 1949, besaß jedoch eine große, in einem Stück geformte Fronthaube und aus Sparsamkeitsgründen Motorradfelgen. Als es an den Käufer ging, beteiligte sich das Hilfswerk mit 1000 Mark Spende an dem 3000 Mark-Kaufpreis. Am 7. Januar 1949 übergab Hurst den Wagen und im Februar berichtete die „Stuttgarter Illustrierte" darüber: „Der Körperbehinderte kann seinem Beruf wieder nachfahren."

In der amerikanischen Besatzungszone gelangte Hurst in den folgenden Wochen zu Ruhm und Ehre. Das „Schwäbische Tageblatt" berichtete unter der Schlagzeile „Doppelbeinamputierter steuert Kleinauto" von den Arbeiten Hursts. Die „Oberpfälzische Zeitung" schilderte den „Hurst 250", der angeblich eine „beachtliche Geschwindigkeit von 70 km/h erreichen" sollte. Zwischen den Bildern der Woche von Winston Churchill, Frankfurts Oberbürgermeister Dr. Meyer und

348

*Mit eleganterer Motorhaube: das Modell 49 des kleinen Hurst-Wagens mit einem Käufer.*

dem Münchener Polizeipräsidenten Pitzer war im „Frankfurter Tag" auch Hurst mit seinem Mini abgelichtet. Die Zeitung „Die Fackel" brachte einen großen Bericht: „Es ist Ingenieur Hurst mit Hilfe seiner Mitarbeiter, die selbst von der „Wiege des Automobils" stammen, nämlich aus den Daimler-Benz-Werken, gelungen, ein wirklich brauchbares Versehrtenfahrzeug herzustellen, das augenscheinlich in Deutschland zur Zeit an der Spitze aller ähnlichen Konstruktionen steht." Und das Fachblatt „Das Auto" stellte fest: „Die jetzt abgeschlossene Konstruktion des Fahrzeugtyps ist für seinen Zweck als vollendet anzusprechen." Hurst selbst ließ nun Prospekte drucken: „Hurst 250 bietet Ihnen wieder Verdienstmöglichkeit und mehr Lebensfreude." Den Preis seines Kleinstwagens gab er nun erstmals mit exakt 2800 Mark an.

## Versicherungszuschuß 800 Mark

Durch die Veröffentlichungen häuften sich die Bestellungen in der Kappelbergstraße. Arthur F. Hurst fand längst nicht mehr die Zeit, sich allein der Weiterentwicklung und dem Bau seines Autos zu widmen. Er erstellte Kalkulationen und kümmerte sich um Zulieferteile. Er mußte endlich von der teuren Einzelfertigung zu einer geregelten Serienproduktion kommen. Ein Motorrad mit Beiwagen kostete damals rund 2500 Mark und sehr viel teurer durfte der Zweisitzer auch nicht sein, um erschwinglich zu bleiben. Den Käufern wurde aber die Anschaffung soweit als möglich erleichtert. Die Landesversicherungsanstalt übernahm auf Antrag 800 Mark des Kaufpreises als verlorenen Zuschuß. 1500 Mark gewährte die Hauptfürsorgestelle als zinsloses Darlehen, so daß der Käufer sofort nur 500 Mark aufbringen mußte. Bei Bestellung verlangte Hurst 1500 Mark Anzahlung.

Landesversicherungdirektor Schmid rührte bei Behörden und bei der neuen Bundesregierung die Werbetrommel für das Versehrten-Fahrzeug. Denn immer noch fehlte es Hurst an Geld, um aus der handwerklichen Fertigung herauszukommen – und eine große Automobilfabrik mochte den Typ 250 auch nicht in Serie nehmen, obwohl dort langsam wieder eine geregelte Produktion in Gang kam. Dabei fehlte es Hurst nicht an Bestellungen.

Der Auftragsordner füllte sich noch mehr. Als am 8. April 1949 die Frankfurter Frühjahrsmesse öffnete und Hurst dort mit seinem Spezialwagen vertreten war, meldete die Frankfurter „Abendpost" im Rahmen ihrer Ausstellungsberichterstattung: „Der geräumige Kleinwagen besitzt eine gute Straßenlage und wiegt nur 320 Kilo." Die „Rhein-Neckar-Zeitung" berichtete gar: „Eine neuartige Spezialkonstruktion erregt Aufsehen auf der Frankfurter Messe." Für die Mannheimer Zeitung war dies von besonderem Interesse, denn kurz vor Ausstellungsbeginn war bekanntgeworden, daß der Kleinstwagen auch in Mannheim gebaut würde.

### Eigene Aluminium-Gießerei

Vor fast einem halben Jahr hatte Hurst einen Lizenzvertrag mit dem Ingenieur Bernhard Herrmann abgeschlossen, doch aus dem erhofften Serienbau wurde nichts, weil auch Hermann die finanziellen Mittel zur Einrichtung fehlten. Als sich durch die vielen Presse-Veröffentlichungen andere Interessenten als Lizenznehmer bei Hurst meldeten, handelte der kurzentschlossen – und kündigte. Aussichtsreichster neuer Bewerber schien ihm Dr. Walter Steinmann, Besitzer einer Apparatebau-Fabrik in Mannheim. Er besaß genügend Kapital, um die Werkzeuge zum Bau des „Hurst 250" anzuschaffen.

Im Februar schon hatte man sich an einen Tisch gesetzt und einen neuen Vertrag ausgehandelt: der alte Lizenznehmer, Ingenieur Herrmann, sollte sein Know-how, Steinmann seine Finanzen und seine Fabrik für den Bau der 250er einbringen. Auf die Dauer von zehn Jahren würde dann die „Apparatebau Dr. Steinmann" die alleinige Lizenz zum Bau des Hurst-Wagens bekommen. 20 bis 30 Wagen pro Monat sollten hergestellt werden. Der neue Lizenznehmer erklärte sich bereit, „alles daranzusetzen" um den Preis von 2800 Mark nach der ersten

Anlaufphase herabzusetzen. Außerdem sollte nach Möglichkeit bei späteren Serien elektrischer Anlasser und Lichtmaschine ohne Preiserhöhung eingebaut werden. Hurst sollte von jedem verkauften Wagen eine Lizenzgebühr von fünf Prozent erhalten. Außerdem blieb bei ihm das Recht, weiterhin auf eigene Rechnung Autos in Stuttgart zu produzieren. Am 18. Februar 1949 unterzeichneten die Beteiligten den Vertrag.

Und im April wurden in der Montagehalle der Firma in Mannheim-Käfertal bereits die ersten Wagen aufgebockt. Bald stand ein Güterwagen, vollgeladen mit Stahlblechen auf dem Gelände zur Entladung bereit. Die Bleche wurden maschinell geschnitten, von Hand zusammengeschweißt, und Montagegruppen komplettierten den Aufbau. Jubelte die „Rhein-Neckar-Zeitung" am 9. April 1949: „Mannheim baut das erste Kleinauto für Versehrte."

*Mit zwölf Mann Belegschaft die zweitgrößte Autofabrik Stuttgarts: Hursts Montagehalle.*

350

*Blumengeschmückte Attraktion: Hurst-Wagen bei einem Stuttgarter Kinderfest 1949.*

Aufwind hatte der Konstrukteur auch in Stuttgart. Die Stadt stellte dem fleißigen Mann in Untertürkheims Bruckwiesenweg 42 eine Baracke zur Verfügung. Während des Kriegs lebten darin Fremdarbeiter, die bei Daimler-Benz arbeiten mußten. Nun standen die Baracken leer und in eine davon durfte Hurst seinen Betrieb legen. Noch im Sommer 1949 zog er ein und hing das Schild „Fahrzeugbau Hurst" vor die Tür. Der Chef zog seine vier Leute aus den angemieteten Räumen bei Eberspächer ab und richtete mit Hilfe von Aufbau-Krediten, aber auch mit Hilfe der Anzahlungen seiner Kunden, die Baracke zu einer Montagehalle um. Sogar in eine kleine Aluminium-Gießerei investierte er, in der die Felgen des Wagens gegossen wurden. Die Blechteile ließ Hurst in einer Stuttgarter Karosseriefirma nach Schablonen schneiden und in die Baracke anliefern. Ein Mann wurde angeheuert, der nur die Stoff-Verdecke zuschnitt. Insgesamt 12 Leute begannen systematisch mit dem Bau der lange bestellten Fahrzeuge.

Das Auto, das nun in kleiner handwerklicher Fertigung entstand, war wieder ein Stück perfekter; die Blechteile waren glatter geformt, an der Windschutzscheibe saß ein Scheibenwischer, der von innen mit Hilfe einer Kurbel bedient wurde; am Heck saß eine Stoßstange. Allerdings entfiel nun der Tachometer, die Armaturentafel bestand aus zwei großen Ablagefächern.

Rund zehn Fahrzeuge rollten im Juni und Juli aus der kleinen Halle. Scherzte der Firmenchef damals nicht ohne Stolz: „Ich besitze nach Daimler-Benz die zweitgrößte Automobilfabrik in Stuttgart-Untertürkheim." Er selbst war in diesen Tagen viel unterwegs, um Verträge für Zulieferteile abzuschließen. Zulieferteile, die aber erst später bezahlt wurden, denn nach wie vor mußte Hurst mit dem Pfennig rechnen.

Für die weiten Reisen durch die Besatzungszonen, verließ er sich nicht mehr auf den eigenen fahrbaren Untersatz, sondern er leistete sich einen alten Stoewer, Baujahr 1939. Waren einige Fahrzeuge fertiggestellt, fuhr Hurst in seinem Stoewer vorneweg, die Monteure in den 250ern hinterher. War ein Wagen ausgeliefert, stieg der Fahrer in den Chefwagen ein und weiter gings. Über das Rheinland, die Eifel bis hinauf nach Hamburg führten einige solcher Auslieferungsfahrten, die der Chef zugleich als Betriebsausflug für seine Leute organisierte.

Noch größere Freude erlebten aber die Menschen, die bisher an Rollstühle oder gar an ihre Zimmer gefesselt waren und nun ein Auto bekamen. So schrieb der an Kinderlähmung leidende Leonhard Eder, Schreibwarenhändler in Monheim: „Sie können sich kaum vorstellen, wie groß meine Freude war, als Sie meinen Wagen überführten. Ich war gerade auf dem Weg in unseren

Garten, das heißt, mein kleiner Bruder schob mich in einem Leiterwägelchen." Drei Jahre mußte Eder abgeschnitten von der Außenwelt verbringen, nun erst komme er dazu, einmal die Natur zu besichtigen: „Der Wagen ist wirklich für einen Körperbehinderten ein Geschenk des Himmels." Ähnlich rührende Gefühlsausbrüche erlebten die Auslieferer auch bei anderen Kunden. Oft war die Übergabe eine Berichterstattung in der Lokalzeitung wert. Schrieb zum Beispiel die „Rheinische Post": „Herr Thummes, Düsseldorf, Oststraße 118 erhielt als erster Düsseldorfer das von Ingenieur Hurst konstruierte Spezialkleinauto für Beinamputierte."

## Das unrühmliche Ende

Die Freude über den Aufschwung währte nur kurz. Vor allem der immer wieder erhoffte Festauftrag über 100 Fahrzeuge von der Landesversicherungsanstalt blieb aus. Die Auftragsflut ließ nach, so daß auch keine Anzahlungen mehr eingingen. Die aber wurden dringend benötigt, um die lange bestellten bauen zu können. Am Beispiel der selbstgegossenen Aluminium-Felgen zeigte es sich auch, daß der „Hurst 250" in etlichen Details produktionstechnisch zu aufwendig konstruiert war. Als der „Apparatebau Dr. Steinmann" auch nach dem Bau von 32 Wagen nicht aus den roten Zahlen kam, stoppte Jurist Walter Steinmann kurzerhand den Weiterbau. Ende Oktober kündigte daraufhin Hurst seinem Lizenznehmer den Vertrag.

Auch in Stuttgart liefen die Geschäfte zum Ende des Jahres 1949 nicht mehr gut. Seit Jahresmitte waren hier 17 Fahrzeuge entstanden, zu wenig um zu verdienen. Um einen höheren Verdienst zu erreichen, annoncierte der „Fahrzeugbau Hurst" schon im September 1949 mit „Auto-Reparaturen" und „Ausführung sämtlicher Karosseriearbeiten", angefangen von Lackierungen bis hin zu Polsterungen. Es half nichts. Am 23. Januar 1950 schrieb Hurst an das Amtsgericht in Bad-Cannstatt: „Nachdem alle meine bisherigen Bemühungen, die finanzielle Grundlage zur Weiterführung meines Betriebes, als auch die für einen Vergleichsvorschlag, gescheitert sind, bin ich nun gänzlich zahlungsunfähig geworden und mußte die Produktion vorläufig einstellen."

Wenige Tage später stand auch schon der Gerichtsvollzieher in dem kleinen Betrieb und pfändete die Einrichtung. Zuvor hatte Hurst noch drei fahrfertige Autos in die Fabrik eines Freundes in Mannheim-Rheinau geschafft.

Während in Stuttgart alles unter den Hammer kam, komplettierte Hurst diese Wagen noch in aller Ruhe und verkaufte sie, um damit noch Schulden zu tilgen.

Der Zusammenbruch der Firma schmerzte Hurst insofern weil er von anderer Seite noch ideelle Anerkennung für seine Arbeit fand. Im November 1949 hatte ihm der promovierte Ingenieur Heinz Schlichting im Auftrag eines Gremiums technischer und wissenschaftlicher Fachleute aus Hagen angeschrieben, daß „angesichts der enorm wichtigen sozialen Bedeutung eines Vertriebs dieses Fahrzeugs" man sich bei den öffentlichen Stellen und beim Verband der Automobilindustrie einsetzen wolle. Direktor Schmid von der Landesversicherungsanstalt gab im Februar 1950 noch eine Stellungnahme zu dem „Schwerbeschädigtenfahrzeug" ab: „Ich halte die Herstellung dieses motorisierten Behelfsmittels für durchaus förderungswürdig." Schmid lobte die Hurst-Konstruktion, die „viele Vorzüge hat, die keines der heute im Handel befindlichen motorisierten Fahrzeuge dieser Art aufweisen kann". Er warnte davor, ein solches Vehikel nicht mit herkömmlichen Personenwagen zu vergleichen, sondern eher als Ersatz für ‚die im Gebrauch befindlichen Hand-Selbstfahrer" anzusehen. Die Landesversicherungsanstalt wollte sich dafür einsetzen, daß Hurst noch einmal 20000 Mark Entwicklungsbeihilfe vom Wirtschaftsministerium erhielte.

Einige Interessenten brachten Hurst mit den Krankenfahrzeugfabriken Petri & Lehr in Offenbach und mit Vertretern der Firma Köhler & Cie. in Heidelberg in Kontakt. Doch das Bemühen, eine Interessengemeinschaft zum Bau des „Hurst 250" zu gründen, scheiterte.

Während in Stuttgart alles aufgelöst wurde, meldeten sich aus europäischen Ländern noch Käufer: die Commercial-Industrial in Athen wollte noch im Herbst 1950 rund 100 Fahrzeuge in Stuttgart-Untertürkheim ordern. Nacheinander meldeten sich 1951 eine dänische und eine türkische Importfirma, die unbedingt Hurst-Fahrzeuge importieren wollten. 1952 schrieb eine holländische Firma, sie wolle Hurst-Wagen nach Indonesien exportieren.

Doch Arthur F. Hurst hatte längst aufgegeben. Nach dem Konkurs seiner Firma übernahm er die Vertretung einiger Zulieferfirmen der Autobranche für Baden-Württemberg. Mit dem Geld, das er nun verdiente, stotterte er noch jahrelang jene Schulden ab, die aus Anzahlungen von Invaliden stammten und denen Hurst nie einen Wagen dafür liefern konnte.

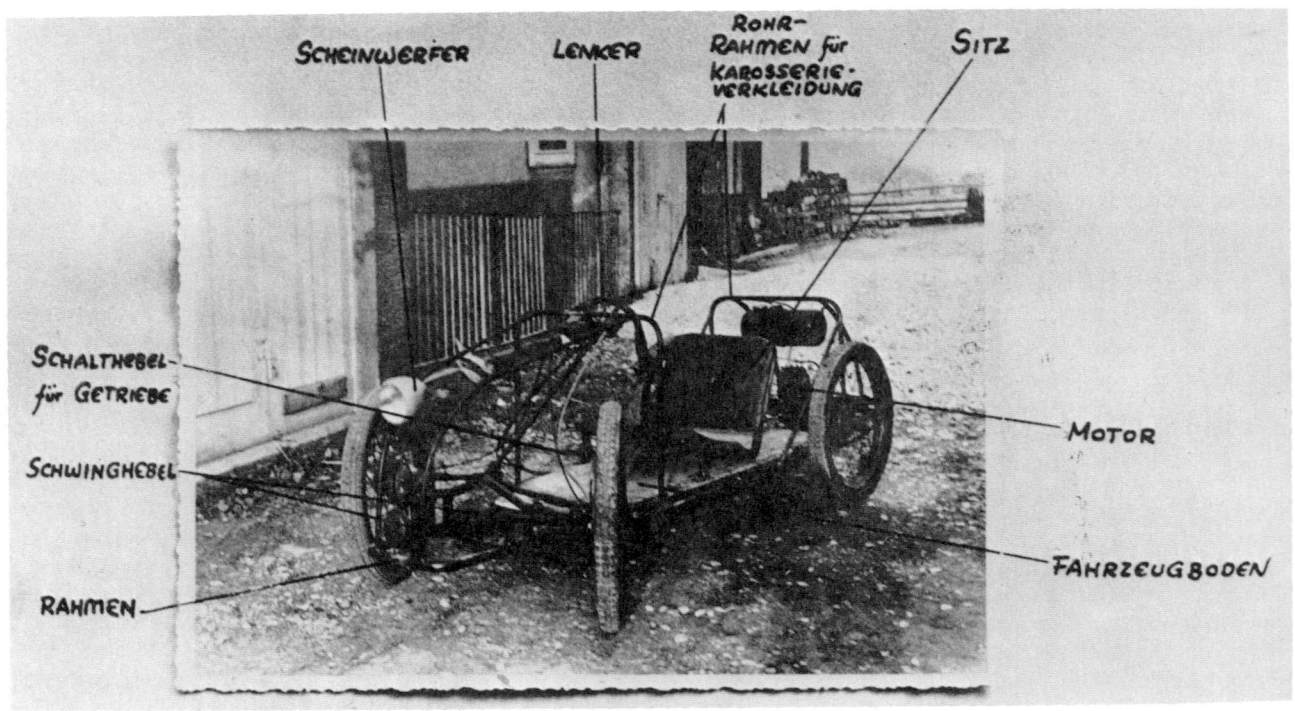

SCHEINWERFER  LENKER  ROHR-RAHMEN für KAROSSERIE-VERKLEIDUNG  SITZ

SCHALTHEBEL für GETRIEBE

SCHWINGHEBEL

RAHMEN

MOTOR

FAHRZEUGBODEN

# Hurst 100

KAROSSERIE
Fahrwerk ohne Verkleidung, 1 Sitz
MOTOR
Luftgekühlter Einzylinder-Zweitakt-Motor (NSU), Bohrung/Hub: 48/54 mm, 97 ccm, Verdichtung 5,8:1, 2 DIN-PS bei 3600 U/min, maximales Drehmoment 0,4 mkp bei 2500 U/min, Gemischschmierung 1:20, zweifach gelagerte Kurbelwelle, ein Handstarter, ein Vergaser
Batterie: 6 Volt/40 Ah
Füllmengen: Tankinhalt 8 Liter
KRAFTÜBERTRAGUNG
Dreigang-Getriebe mit Klauenschaltung, Mehrscheiben-Kupplung im Ölbad, Kraftübertragung auf das linke Hinterrad durch Kette
Motor hinter der Hinterachse, Einradantrieb
Übersetzungen:

| | |
|---|---|
| 1. Gang | 3,50:1 |
| 2. Gang | 2,00:1 |
| 3. Gang | 1,00:1 |
| R-Gang | — |

FAHRWERK
Rohrrahmen mit Holzbodenplatte, Radaufhängung vorn und hinten mit Torsionsfederstäben; mechanische Nabenbremsen, auf Vorder- und Hinterräder.
Lenkung: Achsschenkellenkung
Reifen: 19 × 2,5
Felgen: NSU-Motorradfelgen
MASSE, GEWICHTE
Länge 2500 mm, Breite 900 mm, Höhe 750 mm, Radstand 1700 mm, Spurweite vorn und hinten 780 mm, Wendekreisdurchmesser 9,8 m, Leergewicht 75 kg, zulässiges Gesamtgewicht 225 kg
VERBRAUCH
3,5 Liter (Benzin-Öl-Gemisch) auf 100 km
FAHRLEISTUNGEN
Höchstgeschwindigkeit 40 km/h
PREIS
—
PRODUKTIONSZAHLEN
1 Stück
BAUZEIT
Dezember 1946

# Hurst 250

KAROSSERIE
Roadster, 2 Türen, 2 Sitze

MOTOR
Gebläse/luftgekühlter Einzylinder-Zweitakt-Motor (ILO), Bohrung/Hub: 66/70 mm, Verdichtung 6,0 : 1, 6 DIN-PS bei 3800 U/min, maximales Drehmoment 1,0 mkp bei 3200 U/min, Gemischschmierung 1 : 20, Handstarter, zweifach gelagerte Kurbelwelle, ein Vergaser Bing 1/26/31
Batterie: 6 Volt/40 Ah
Füllmengen: Tankinhalt 10 Liter

KRAFTÜBERTRAGUNG
Dreigang-Getriebe mit Klauenschaltung, Mehrscheibenkupplung im Ölbad, Schalthebel am Armaturenbrett, Heckmotor hinter der Hinterachse, Kraftübertragung auf das linke Hinterrad durch Kette
Übersetzungen:

| | |
|---|---|
| 1. Gang | 4.00 : 1 |
| 2. Gang | 2,10 : 1 |
| 3. Gang | 1,00 : 1 |
| R-Gang | 4,50 : 1 |

FAHRWERK
Selbsttragende Stahlblechkarosserie mit Stoffverdeck, Radaufhängungen an Torsionsfederstäben vorn und hinten, keine Pedale
Bremsen: mechanische Trommelbremsen auf Vorder- und Hinterräder
Lenkung: Achsschenkellenkung mit gekröpftem Motorradlenker
Reifen: 3,25 × 19
Felgen: NSU-Motorradfelgen

MASSE, GEWICHTE
Länge 3000 mm, Breite 1300 mm, Höhe 1250 mm, Wendekreisdurchmesser 10,1 m
Leergewicht 300 kg, zulässiges Gesamtgewicht 500 kg

VERBRAUCH
4,5 Liter (Benzin-Öl-Gemisch) auf 100 km

FAHRLEISTUNGEN
Höchstgeschwindigkeit 55 km/h

PREIS
2800,– DM

PRODUKTIONSZAHLEN
3 Stück

BAUZEIT
März 1948

# Hurst 250

KAROSSERIE
Roadster, 2 Türen, 2 Sitze
MOTOR
Gebläse/luftgekühlter Einzyliner-Zweitakt-Motor (ILO), Bohrung/Hub: 66/70 mm, Verdichtung 6,0 : 1, 6 DIN-PS bei 3800 U/min, maximales Drehmoment 1,1 mkp bei 3000 U/min, Gemischschmierung 1 : 20, zweifach gelagerte Kurbelwelle, Andrehkurbel als Handstarter (gegen Aufpreis: elektrischer Anlasser) ein Bing-Vergaser 1/26/31
Batterie: 6 Volt/50 Ah
Füllmengen: Tankinhalt 15 Liter
KRAFTÜBERTRAGUNG
Dreigang-Getriebe mit Klauenschaltung, Mehrscheiben-Kupplung im Ölbad, Schalthebel am Armaturenbrett, Motor hinter der Hinterachse, Einradantrieb auf das linke Hinterrad über Kette
Übersetzungen:

| | |
|---|---|
| 1. Gang | 4,00 : 1 |
| 2. Gang | 2,10 : 1 |
| 3. Gang | 1,00 : 1 |
| R-Gang | 4,50 : 1 |

FAHRWERK
Selbsttragende Stahlblechkarosserie mit Stoffverdeck, Radaufhängung vorn an einfachen Querlenkern mit Schraubenfedern, hinten Torsionsstabfedern und Schraubenfedern, keine Pedale
Bremsen: mechanische Trommelbremsen auf die Vorder- und Hinterräder
Lenkung: Achsschenkellenkung am gekröpften Motorradlenker
Reifen: 3,25 × 19
Felgen: Guß-Aluminium-Felgen
MASSE, GEWICHTE
Länge 3000 mm, Breite 1300 mm, Höhe 1350 mm, Radstand 1700 mm, Spurweite vorn und hinten 1100 mm, Wendekreisdurchmesser 10,1 m, Leergewicht 320 kg, zulässiges Gesamtgewicht 500 kg
VERBRAUCH
4,5 Liter (Benzin-Öl-Gemisch) auf 100 km
FAHRLEISTUNGEN
Höchstgeschwindigkeit 55 km/h
PREIS
2800,– DM
PRODUKTIONSZAHLEN
17 Stück in Stuttgart gebaut
32 Stück in Mannheim gebaut
BAUZEIT
(Debüt: 19. Dezember 1948) von Januar 1949 bis Januar 1950

*C. M. Gick-Fahrzeugbau, Berlin*

**JFG**
JNGENIEURBÜRO / FAHRZEUG- u. GERÄTEBAU
C. M. GICK / BERLIN-GRÜNAU / AM KANAL 31

# Gnome für die Stadt

### Zu hart für Beamte

Als der Oberbürgermeister von West-Berlin, Ernst Reuter, am 27. Mai 1950 den Eröffnungsrundgang durch die Automobilausstellung am Kaiserdamm absolvierte, zog ihn plötzlich ein Mädchen von hinten am Ärmel. „Sie, Herr Oberbürgermeister", sagte das junge Ding keck, „aber unseren kleenen Berliner müssen Sie doch angucken."

Zuerst blickte Reuter etwas hilflos um sich. Dann löste er sich aus dem Pulk von Sicherheitsbeamten und Journalisten und ging mit dem Mädchen zu einem kleinen Stand, auf dem vier winzige, in bunten Farben lackierte Dreirad-Mobile warteten. „Hier sind sie", lachte Anneliese Schorling stolz, und Ernst Reuter setzte sich auch gleich in einen der „kleinen Berliner" mit der Typenbezeichnung „Gnom". Der Oberbürgermeister probierte Lenkung und Mittelschaltung und meinte dann verschmitzt: „Um meine Beamten damit nach Bonn zu schicken, dazu ist er wohl ein bißchen zu hart."

Der hohe Besuch hatte das Projekt des Ingenieurs Curt Max Gick ins Licht der Öffentlichkeit gerückt. Der gebürtige Thüringer hoffte, auf dieser Ausstellung genügend Käufer für sein Dreirad zu finden und eine kleine Fertigung aufziehen zu können. Das türlose Fahrzeug mit der rundlichen Karosserie und der kleinen Flosse am Heck trieb ein 125 ccm-Ilo-Motor ohne Gebläse, der seine 5,5 PS über eine Kette auf das hintere rechte Rad abgab. Die mechanische Fußbremse wirkte nur auf die Hinterräder. Immerhin; die Höchstgeschwindigkeit lag bei 60 km/h und der Verbrauch bei nur 2,5 Liter auf 100 km. Das 2,10 Meter lange Auto, das serienmäßig ohne jegliches Verdeck geliefert werden sollte, hatte einen Wendekreis von nur 4,50 Meter. Mit einem Preis von 1490 Mark war es das billigste Fahrzeug auf der gesamten Ausstellung.

Der Ingenieur Gick hatte schon immer ein besonderes Faible für Flugzeuge und Automobile. Vor dem Krieg hatte Gick als freiberuflicher Konstrukteur, später im Reichsluftfahrtministerium gearbeitet. Seine Kontakte zur Flugzeug-Industrie führten dazu, daß er – obwohl nicht in der Partei – 1943 eine Firma leitete, die „Ansbach-Peilgeräte" – Vorläufer heutiger Radargeräte – baute. Ehe die erste Serie ausgeliefert wurde, zerstörten Bomben das Werk. Daraufhin mußte sich Gick, auf Anordnung der Braunen, einfacheren Aufgaben widmen; er bekam die Leitung einer Werkstatt zugeteilt, die Attrappen von Messerschmitt-Flugzeugen aus Lattengestellen zimmerte. Diese Holzgestelle wurden auf Flughäfen aufgestellt und sollten Angreifer abschrecken. Als die Alliierten jedoch auf diese eindimensionalen Gestelle Holz-Bomben mit der Aufschrift „Für eure Flugzeuge die richtigen Bomben" warfen, erhielt Gick den Befehl, dreidimensionale Flugzeug-Attrappen herzustellen. Die junge Technische Zeichnerin Anneliese Schorling wurde dazu dienstverpflichtet in den Betrieb versetzt. Mit der Fertigstellung der Zeichnungen dieser aufwendigen Holzgestelle war allerdings auch schon der Krieg zu Ende.

### Aus Stahlrohr: Handwagen

Der Chef hatte sich in seine Zeichnerin verliebt, und so blieben die beiden auch zusammen, als die Nachkriegs-Wirren ausbrachen. In der Garage von Gicks Haus in Grünau (Berlin-Johannisthal) bastelten beide aus noch vorhandenen Stahlrohren Handwagen zusammen und verkauften sie zum Stückpreis von 65 Mark. 1946 mietete

*Ingenieur Curt Max Gick (im Regenmantel) als Bohr-*
*maschinen-Fabrikant vor seinem alten Opel P-4.*

Gick zusammen mit einem Teilhaber eine stillgelegte Fabrik. Beide kauften einen Posten alter Elektromotoren auf, die ausgeschlachtet wurden. Das Alt-Kupfer tauschte man gegen neues Material um. Der Kupferdraht diente dann dazu, eine von Gick neu entwickelte Bohrmaschine in handwerklicher Serie zu bauen. Dazu mußte Gicks Freundin Anneliese Schorling noch das Ankerwickeln lernen. Überhaupt blieb an ihr die praktische Arbeit hängen. Mit einer bunten Schürze und Kopftuch geschützt, dirigierte sie oft vier bis fünf Männer in der Werkstatt. Curt Max Gick stand lieber am Reißbrett oder kümmerte sich – in feinen Zwirn gekleidet – um die Abwicklung der Geschäfte.

Der Ingenieur wußte natürlich, daß es überall im zerstörten Deutschland an einem billigen Fortbewegungsmittel fehlte. „Immer nur auf die Straßenbahn warten, das ist ja katastrophal", sagte er, „wir müßten ein Fahrzeug speziell für Berlin machen." Und abends am Stammtisch fand er auch Leute, die nicht nur zuhörten,

sondern ihn in seinen Kleinstwagen-Plänen unterstützen wollten.

Kurz nach der Währungsreform, im Juli 1948, fand Gick sogar einen Laden-Inhaber, dem eine winzige Schweißerei gehörte. Und der war begeistert: „Kinder, da mach ich mit." Wenige Tage später wurde die Bohrmaschinen-Produktion in die Schweißerei verlegt, die wiederum genau gegenüber von der alteingesessenen Fahrzeug-Aufbauten-Fabrik Ludwig Loewe lag. Auch Loewe versprach tatkräftige Hilfe für das neue Projekt. Während nun tagsüber die fünf Mitarbeiter weiterhin Bohrmaschinen bauten, entwickelte Gick zu Hause Pläne für ein winziges Dreirad, für das er auch schon einen Namen parat hatte: „Gnom" (nach dem Volksglauben häßliche Zwerge aus dem Geisterreich, die häufig Quellen oder Schätze bewachen). Anneliese Schorling entwarf eine kunstvolle Kühlerfigur in Ton, nach dem ein Spritzguß-Meister auch gleich ein Aluminium-Modell formte.

### Nach Feierabend gebaut

Eines Tages, im Frühjahr 1949, war es soweit: Anneliese Schorling kaufte in einer Eisenhandlung ein Stahlrohr mit 60 Millimeter Durchmesser und zwei Meter Länge und schleppte es auf der Schulter in die Werkstatt. Das Rohr wurde der Mittelträger für das erste Exemplar des Wagens.

Tagsüber werkelte die ganze Mannschaft weiterhin an den Bohrmaschinen, nach 18 Uhr bis etwa gegen Mitternacht baute man den ersten Gnom. Konstrukteur Gick hatte mittlerweile auch den Berliner Generalvertreter der Ilo-Motorenwerke kennengelernt, der für das Projekt einen 125 ccm-Motor stiftete. Die Bekanntschaft zu einem Federfabrikanten war es, die dem Gnom Schraubenfedern an der hinteren Starrachse bescherte. Lenkrad, Scheinwerfer, kaufte Gick, ebenso die Räder und Felgen, die ursprünglich für Motorroller bestimmt waren. Für die nur auf die Hinterräder wirkende mechanische Fußbremse bastelte man den Bowdenzug ebenso wie für das Gaspedal.

Nicht recht voran ging es mit der Karosserie: Es fand sich niemand, der Bleche formen konnte. Erst einige Wochen später hörte Gick von einem Mann in Neukölln, der Bleche durch zwei dicht aneinandergelagerte Kugellager zog. Er gab auch den Teilen des Gnoms die Form. Alles wurde aneinandergeschweißt, mit dem Pinsel grundiert und danach lackiert. Das Oberteil erhielt

*In zweifarbiger Lackierung und mit kleiner Haifisch-Heckflosse: der Gnom 250.*

eine silbergraue, die Seitenteile eine rote Farbe. Die breite Sitzbank war mit rotem Kunstleder bespannt.

Mitternacht an einem Frühjahrstag 1950; das erste Fahrzeug war komplett fertig. Die Jungfernfahrt aber sparte sich Gick bis zum nächsten Morgen. Sehr früh drehte er mit „seinem" Wagen die erste Runde um den Häuserblock. Danach durften die anderen je einmal fahren. Nach der dritten Runde riß allerdings das Bremsseil bei Tempo 30, worauf die anderen hinterher liefen und den Gnom mit Muskelkraft stoppten.

Nachdem das erste Auto seine Bewährungsprobe bestanden hatte, hoffte Gick auf eine bessere Zukunft. Ab sofort wurden Anfragen mit dem Briefkopf „C. M. Gick-Fahrzeugbau" beantwortet und die Bohrmaschinen-Produktion eingestellt. Unter Aufbietung aller finanziellen Kräfte begann der Bau von Exemplar zwei und drei.

Währenddessen fuhr Gick mit dem ersten Wagen Versuche im Stadtteil Moabit, wo es gar einige Steigungen zu bewältigen gab; kleine Verbesserungen flossen direkt in den Bau der nächsten Wagen ein.

Parallel dazu entwarf Gick auf dem Zeichenbrett ein kleines Coupé. Vom Ilo-Generalvertreter hatte er dazu einen 145 ccm-Motor erhalten. Als Exemplar Nummer 4 wurde es im April 1950 von den fünf Leuten unter Anleitung von Anneliese Schorling gebaut. Dabei stellte sich aber heraus, daß der Aufbau durch das Blechdach und die Seitentüren doch arg schwer geriet. Deshalb machte der Konstrukteur kurzfristig aus dem Drei- ein Vierrad. Am vorn spitz zulaufenden Bug wurden links und rechts Kotflügel und eine Starrachse angebracht. Doch das wirkte wiederum als Mehrgewicht. Zudem zeigte sich, daß der 145 ccm-Motor längst nicht so lebendig drehte wie der kleine 125er. Das Vierrad-

Coupé rollte im praktischen Fahrbetrieb nur träge dahin. Curt Max Gick fuhr meist mit seinem Dreirad durch Berlin. Er zeigte das gute Stück auch dem Autohändler Hellmut Butenuth, der selbst an einem Kleinstwagen („Econom Teddy") bastelte. Über einen losen Gedankenaustausch gingen solche Gespräche nie hinaus. Jeder von beiden glaubte, den Durchbruch allein zu schaffen. Butenuth stand zudem eine große Werkstatt zur Verfügung.

Beide setzten ihre Hoffnungen auf die erste Internationale Automobil-Ausstellung nach dem Krieg auf deutschem Boden. Ehe allerdings Gick seinen angemieteten Stand beziehen durfte, mußte er mit seinem Dreirad vor einer Kommission eine Fahrprobe ablegen. Denn es gab damals etliche Aussteller, die mit einer elegant gezeichneten Blechhülle allein auf das große Geschäft hofften.

*„Ein bißchen zu hart" – Gnom-Stand auf der Berliner Automobil-Ausstellung im Mai 1950.*

### „Schade um die Arbeit"

Um so größer war Gicks Enttäuschung als Reuter beim Eröffnungsrundgang den „Gnom" übersah. So lief beherzt Anneliese Schorling dem Oberbürgermeister nach und holte ihn zum Stand. Nach dem Besuch Reuters kamen auch gleich die ersten Interessenten. Ein schwedischer Import-Kaufmann versprach, 100 Fahrzeuge sofort zu übernehmen. Ein junger Berliner erbot sich: „Für die vier Fahrzeuge übernehme ich sofort den Verkauf."

Die 1490 Mark für das erste Exemplar blätterte er gleich auf den Tisch. In den folgenden Tagen herrschte auf Gicks Stand großer Andrang. Rund 300 Interessenten ließen sich für ein Exemplar des Gnom „einschreiben". Denn feste Verträge mochte Gick nicht abschließen, da er selbst noch nicht wußte, woher er die Gelder für eine Serienproduktion bekommen sollte. Vorausgesetzt, dies würde klappen, errechnete sich Gick ein gutes Geschäft. Die Presse informierte er jedenfalls euphorisch. „Im Juli sollen 50, im August 150, im September 300 und im Oktober an 500 Wagen monatlich produziert werden", schrieb der Berliner Tagesspiegel, „die Jahresproduktion von 1950 Wagen ist bereits ausverkauft." Ein geradezu vernichtendes Urteil fällte damals das Fachblatt „Das Auto": „Leider ist die Billigkeit der einzige Vorzug dieses Fahrzeugs". Die Form habe „verzweifelte" Ähnlichkeit mit Rummelplatz-Fahrzeu-

gen. Bemängelt wurde der Einradantrieb und die nur auf die Hinterräder wirkende Fußbremse. „Der Berichterstatter bedauert, sein Urteil mit dem Satz zusammenfassen zu müssen: Schade um Material und Arbeit."

Vielleicht war es diese Bemerkung: Aber nach der Ausstellung fand Gick weder beim Berliner Senat noch bei anderen Geldgebern Unterstützung für sein Projekt. Der Ausbruch des Korea-Krieges brachte Europa zudem Rohstoff-Mangel. Stahl und Eisen wurden wieder – wie in Nachkriegszeiten – nur auf Bezugsscheine verteilt.

So gab es absolut keine Chance für Gicks Kreation. Der junge Mann, der sich für die Generalvertretung angeboten hatte, übernahm noch Exemplar zwei und drei und verkaufte sie an Interessenten weiter. Die Fahrzeuge gingen mit 1490 Mark unter dem Herstellungspreis weg. Denn der kalkulierte Preis hätte erst Verdienst bei einer Serie von 50 Stück gebracht. Das Vierrad-Coupé fand einen Liebhaber, der rund 1800 Mark dafür zahlte.

Ingenieur Gick entließ seine fünf Mitarbeiter, verkaufte die Werkzeuge und löste die gesamte Werkstatt auf. Der 55jährige zog sich in sein Haus im Osten Berlins zurück und lebte fortan wieder von Konstruktionsaufträgen. Seine langjährige Mitarbeiterin und Freundin, Anneliese Schorling, startete im Berliner Zweigwerk der Daimler-Benz AG zu einer neuen Karriere, die bis zum Betriebsratsvorsitz reichte. Der Gnom geriet schnell in Vergessenheit.

# Gnom

KAROSSERIE
Roadster, 2 Sitze

MOTOR
Luftgekühlter Einzylinder-Zweitakt-Motor (ILO M-6, 125 E), Bohrung/Hub: 52/58 mm, 123 ccm, Verdichtung 6,8 : 1, 5,5 DIN-PS bei 5000 U/min, maximales Drehmoment 1,2 mkp bei 4500 U/min, Gemischschmierung 1 : 20, Handstarter mit Seilzug, Vergaser Bing 1/21
Batterie: 6 Volt/14 Ah, Gleichstrom-Lichtmaschine 25 Watt
Füllmengen: Tankinhalt 6 Liter

KRAFTÜBERTRAGUNG
Dreigang-Getriebe mit Ratschenschaltung, Lamellenkupplung, Mittelschalthebel
Heckmotor, Kraftübertragung mit Rollenkette auf das hintere rechte Rad (vorn ein Einzelrad, hinten zwei Räder)
Übersetzungen:

| | |
|---|---|
| 1. Gang | 2,84 : 1 |
| 2. Gang | 1,50 : 1 |
| 3. Gang | 1,00 : 1 |
| Achsübersetzung: | * |

FAHRWERK
Zentralrohrrahmen mit Stahlblechkarosserie verschweißt, vorn Vorderradgabel mit Schraubenfeder, hinten Starrachse mit Schraubenfedern
Bremsen: mechanische Trommelbremsen auf die Hinterräder
Lenkung: indirekte Motorradlenkung mit Auto-Lenkrad
Reifen: 4.00 – 8

MASSE, GEWICHTE
Länge ca. 2200 m, Breite 1000 m, Höhe 1000 m, Radstand 1200 mm, Spurweite hinten ca. 900 mm, Leergewicht ca. 300 kg, zulässiges Gesamtgewicht 400 kg

FAHRLEISTUNGEN
Höchstgeschwindigkeit 60 km/h, Reisegeschwindigkeit 45 km/h

VERBRAUCH
2,5 Liter auf 100 km (Normalbenzin-Öl-Gemisch)

PREIS
1490.– DM

PRODUKTIONSZAHLEN
3 Stück

BAUJAHR
(Debüt 27. Mai 1950)

---

* = nicht mehr zu ermitteln

# Gnom 4

KAROSSERIE
   Coupé, 2 Sitze, 2 Türen
MOTOR
   Luftgekühlter Einzylinder-Zweitakt-Motor (Ilo), Bohrung/Hub: 52/65 mm, 143 ccm, Verdichtung 6,8:1, 7 DIN-PS bei 5000 U/min, maximales Drehmoment 1,4 mkp bei 4500 U/min, Gemischschmierung 1:20, Handstarter mit Seilzug, Vergaser: Bing 1/21
   Batterie: 6 Volt/14 Ah, Gleichstrom-Lichtmaschine 25 Watt
   Füllmengen: Tankinhalt 6 Liter
KRAFTÜBERTRAGUNG
   Dreigang-Getriebe mit Ratschenschaltung, Lamellenkupplung, Mittelschalthebel
   Heckmotor, Kraftübertragung mit Rollenkette auf das hintere rechte Rad
   Übersetzungen:

| | |
|---|---|
| 1. Gang | 2,84:1 |
| 2. Gang | 1,50:1 |
| 3. Gang | 1,00:1 |
| R-Gang | — |
| Achsübersetzung: | * |

FAHRWERK
   Zentralrohrrahmen mit Stahlblechkarosserie verschweißt, vorn und hinten Starrachse mit Schraubenfedern
   Bremsen: mechanische Trommelbremsen auf die Hinterräder
   Lenkung: Zahnstangenlenkung
   Reifen: 4.00 – 8
MASSE, GEWICHTE
   Länge *, Breite * m, Höhe * mm, Radstand 1400 mm, Spurweite vorn 900 mm, Spurweite hinten 900 mm, Leergewicht 550 kg, zulässiges Gesamtgewicht 700 kg
VERBRAUCH
   3,0 Liter auf 100 km (Normalbenzin-Öl-Gemisch)
FAHRLEISTUNGEN
   Höchstgeschwindigkeit 45 km/h
PREIS
   1800,– DM
PRODUKTIONSZAHLEN
   1 Stück
BAUJAHR
   (Debüt: 27. Mai 1950)

———

*\* = nicht mehr zu ermitteln*

———

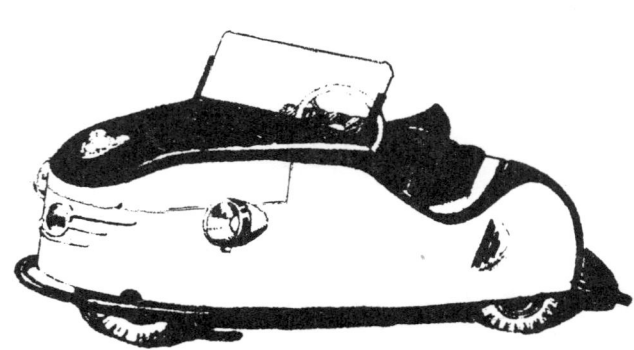

*2,10 Meter kurz und 60 km/h schnell: Gnom 250.*

# Inhalt

## Bildquellen-Nachweis:

Alpers (5), Automobilhistorischer Bilderdienst (2), BMW (1), Bleicher (2), Brütsch (23), Butenuth (4), Dornier (11), Fend (23), von Fersen (1), Friedrich (3), Glas (1), Gutbrod (18), Hanomag (5), Heinkel (7), Holbein (39), Keinath (1), Kersting (7), Kilian (1), Kleinschnittger (30), Krebs (5), Kroboth (7), Maico (5), Meyra (17), Müthing (8), Paartz (5), Röger (6), Rosellen (11), Sauter (1), Seifert (5), Seeger (6), Stevenson (16), Trippel (15), VDA (1), Victoria (12), Weidner (2), Wendler (7), ZF (3), Zinser (3), Zündapp (7), auto, motor sport (8), Schorling (6), Hurst (12)